ORGANISCHE CHEMIE IN EINZELDARSTELLUNGEN

HERAUSGEGEBEN VON

HELLMUT BREDERECK UND EUGEN MÜLLER

4

CHEMIE DER BETA-DICARBONYL-VERBINDUNGEN

VON

HANS HENECKA
DR. PHIL. NAT.

MIT 10 ABBILDUNGEN

BERLIN · GÖTTINGEN · HEIDELBERG

SPRINGER-VERLAG

1950

ISBN-13: 978-3-642-94570-0   e-ISBN-13: 978-3-642-94569-4

DOI: 10.1007/978-3-642-94569-4

Vorwort.

Mit vorliegendem Werk wird erstmalig der Versuch unternommen, die gesamte Chemie der β-Dicarbonylverbindungen einheitlich und zusammenfassend darzustellen. Seit nahezu 25 Jahren in der pharmazeutischen Industrie als Synthetiker im chemisch-wissenschaftlichen Laboratorium tätig, hegte ich seit langem den Wunsch nach einer systematischen Darstellung dieser Körperklasse, deren eingehende Kenntnis ein unentbehrliches Rüstzeug des Synthetikers darstellt. Den Grundstock des Werkes bildeten zunächst Ausarbeitungen über die Ergebnisse eigener Untersuchungen auf dem Gebiet der β-Dicarbonylverbindungen, die dann systematisch zu einem Gesamtüberblick ergänzt wurden.

Bei der Abfassung des Werkes wurde vornehmlich darauf Bedacht genommen, die vielfältigen Reaktionen der β-Dicarbonylverbindungen zu entwickeln und verständlich zu machen aus den besonderen Verhältnissen heraus, die sich durch die 1,3-Stellung der Carbonylgruppen ergeben; es wurde daher stets versucht, zu deuten, *warum* eine Reaktion in der beschriebenen Weise abläuft, und nicht nur Eintritt und Ablauf einer Reaktion lediglich registriert. Ein solches tieferes Eindringen in den Mechanismus chemischen Reaktionsgeschehens ist aber erst möglich geworden durch Behandlung der Probleme nach den Lehren der *modernen Elektronentheorie*, insbesondere der Lehre von der *Mesomerie*. Ich bin mir wohl bewußt, daß manche, besonders ältere Fachgenossen dieser modernen Betrachtungsweise mehr oder weniger skeptisch gegenüberstehen; wer es aber unternimmt, das vorliegende Werk zwar kritisch, aber vorurteilsfrei zu studieren, wird bald zur Erkenntnis kommen, daß WHELAND nicht unrecht hat, wenn er die Aufstellung und Entwicklung des Begriffs der Mesomerie als einen der bedeutendsten Fortschritte der organischen Chemie der letzten 25 Jahre bezeichnet. So stellt das vorliegende Werk einen Beitrag dar zu einer modernen Gesamtschau chemischen Tatsachenmaterials, die B. EISTERT in seiner nunmehr schon klassischen Monographie „Tautomerie und Mesomerie" angeregt hatte. Viele der gegebenen elektronischen Deutungen von Reaktionsabläufen sind neu; es ist daher verständlich, daß manche dieser Vorstellungen noch recht problematisch und lediglich als Vorschlag einer Deutung und als Anregung zur Diskussion zu werten sind.

Bei der Niederschrift und der Abfassung des vorliegenden Werkes konnte ich mich der Mithilfe und steten Förderung einer Reihe hervorragender Fachgenossen erfreuen. Mein tiefster Dank gebührt hier vor allem Herrn Professor Dr. FRITZ ARNDT für viele fruchtbare Diskussionen, Änderungs- und Verbesserungsvorschläge, die ihren Niederschlag in dieser Arbeit gefunden haben. Dabei bin ich mir stets bewußt gewesen, daß es ohne die grundlegenden Ergebnisse der Forschungen F. ARNDTs überhaupt nicht möglich gewesen wäre, eine Chemie der β-Dicarbonylverbindungen in der vorliegenden Form zu schreiben. Zu gleichem herzlichen Dank bin ich auch Herrn Professor Dr. BERND EISTERT verpflichtet, der mir stets ratend und helfend beistand, und dessen Formulierungen chemischen Geschehens bei der Abfassung dieses Werkes ebenso richtungweisend waren, wie die Forschungsergebnisse F. ARNDTs. Besonderen Dank schulde ich weiterhin den Herausgebern der Sammlung „Organische Chemie in Einzeldarstellungen", insbesondere Herrn Professor Dr. EUGEN MÜLLER, für seine große Mühe beim Lesen der Manuskripts und der Korrekturen und seine stetige Hilfe und Förderung meiner Arbeit. Für sehr wertvolle Ratschläge bei der Abfassung des Manuskripts bin ich schließlich Herrn Professor Dr. WALTER HÜCKEL zu Dank verpflichtet.

Beim Lesen der Umbruchkorrekturen durfte ich mich der Mitarbeit meines Kollegen, Herrn Dr. HEINZ WICHMANN, erfreuen, dem auch an dieser Stelle hierfür herzlich gedankt sei. Für die schnelle und saubere Drucklegung bin ich dem Springer-Verlag besonders verpflichtet, insbesondere für das stete bereitwillige Eingehen auf meine oft komplizierten Korrekturwünsche.

Der Direktion der Farbenfabriken Bayer danke ich schließlich für die gern gegebene Erlaubnis zur Drucklegung des vorliegenden Werkes; dabei bin ich mir weiterhin wohl bewußt, daß es mir ohne die großzügige Organisation der wissenschaftlichen Forschung der Farbenfabriken Bayer nicht möglich gewesen wäre, die zur Abfassung dieses Werkes nötigen Kenntnisse zu erwerben.

Elberfeld, im Mai 1950.

HANS HENECKA

Inhaltsverzeichnis.

I. Konstitution. — Keto-Enol-Desmotropie.

1. Konstitution.

Eine unsubstituierte β-Dicarbonylverbindung ist allgemein charakterisiert durch das folgende Formelbild:

$$R_1\!-\!CO\!-\!CH_2\!-\!CO\!-\!R_2\; ;$$

hierin bedeuten R_1 und R_2 Reste beliebiger Zusammensetzung, die gleich oder verschieden voneinander sein können. Je nach der Natur der Gruppen R_1 und R_2 unterscheidet man folgende Hauptgruppen von β-Dicarbonylverbindungen:

a) *β-Diketone*; (R_1 und R_2 = Alkyl, Aralkyl oder Aryl) Typus: Acetylaceton ($R_1 = R_2 = CH_3$);

b) *β-Ketocarbonsäureester*; (R_1 = Alkyl, Aralkyl oder Aryl; R_2 = Alkoxyl) Typus: Acetessigsäureäthylester ($R_1 = CH_3$, $R_2 = OC_2H_5$);

c) *Malonsäureester*; (R_1 und R_2 = Alkoxyl).

Abgesehen von der synthetisch wichtigen Gruppe der Malonester und der β-Diketone kommt der großen Gruppe der β-Ketocarbonsäureester sowohl in theoretischer als auch in praktisch-synthetischer Hinsicht die größte Bedeutung zu. Die für die beiden ersten Gruppen, die β-Diketone und β-Ketocarbonsäureester, wesentlichen Darlegungen über ihre Konstitution und ihre Reaktionen seien daher vornehmlich am Beispiel des wichtigsten Vertreters dieser Gruppe, des Acetessigsäureaethylesters, schlechthin kurz Acetessigester genannt, auseinandergesetzt.

Im Jahre 1863 erhielt GEUTHER[1] durch Einwirkung metallischen Natriums auf siedenden Essigester eine Verbindung, die nach Analyse und Reaktionen als Acetyl-substitutionsprodukt des Essigesters, als acetylierter Essigester, kurz als Acetessigester, $CH_3\cdot CO\cdot CH_2\cdot COOC_2H_5$, aufgefaßt werden mußte. Bei dieser Darstellung wird der Acetessigester in Form eines *Natriumsalzes* erhalten, das in Wasser und in Alkohol leicht löslich ist; aus der Lösung dieses Natriumsalzes entsteht dann beim Ansäuern der freie Acetessigester.

Die Möglichkeit der Existenz eines Natriumsalzes führt zwangsläufig dazu, den Acetessigester als eine, wenn auch nur schwache Säure aufzufassen; da der Ester bereits durch Kohlensäure aus der Lösung des Natriumsalzes freigemacht wird, ist der saure Charakter des Esters durch eine freie Carboxylgruppe nicht bedingt. Die Konstitution des „sauren“ Esters ergibt sich jedoch ohne weiteres aus der Natur seiner Spaltungsprodukte:

1. beim Verseifen des Esters mit verdünnten Mineralsäuren entstehen Aceton, Kohlensäure und Alkohol;

---

[1] Jber. Chem. **1863**, 323; **1865**, 302.

2. beim Verseifen mit starker Lauge entstehen zwei Mol Essigsäure.

Dieser experimentelle Befund ist nur mit der Konstitution eines acetylierten Essigesters vereinbar:

$$1)\ CH_3 \cdot CO \cdot CH_2 \cdot COOC_2H_5 \rightleftharpoons CH_3 \cdot CO \cdot CH_2 \cdot COOH + C_2H_5 \cdot OH$$
$$CH_3 \cdot CO \cdot CH_2 \cdot COOH \longrightarrow CH_3 \cdot CO \cdot CH_3 + CO_2 \ .$$
$$2)\ CH_3 \cdot CO \cdot CH_2 \cdot COOC_2H_5 \longrightarrow 2\,CH_3 \cdot COOH + C_2H_5 \cdot OH \ .$$

Die saure Natur des Acetessigesters mußte also darauf zurückzuführen sein, daß er als ein Methan aufzufassen ist, von dem ein Wasserstoffatom durch den Acetyl-rest, $CH_3 \cdot CO-$, ein zweites durch den Carboxäthyl-rest, $-COOC_2H_5$, substituiert ist. Beide als „acidifizierende" Reste bekannten Radikale machen die zwei restlichen Wasserstoffatome des Methans „beweglich", so daß mindestens eines der beiden Wasserstoffatome durch Metall direkt ersetzbar wird. Gegenüber dieser Theorie der „direkten CH-Acidität" machte sich sehr frühe eine andere Ansicht geltend, nach der das bewegliche Wasserstoffatom erst dann „richtig sauer" werden konnte, wenn es an Sauerstoff in Form einer Hydroxylgruppe gebunden ist. Dies führte zwangsläufig zur Annahme einer vorherigen Umlagerung der Ketoform des Acetessigesters in eine ungesättigte Form mit Hydroxylgruppe, eine *Enol*form, die dadurch entsteht, daß ein bewegliches Wasserstoffatom seinen ursprünglichen Platz am Kohlenstoff verläßt und zum Sauerstoff wandert unter Ausbildung einer Hydroxylgruppe und Entstehung einer Doppelbindung zwischen dem ursprünglichen C-Atom und demjenigen der vorherigen CO-Gruppe:

$$CH_3 \cdot CO \cdot CH_2 \cdot COOC_2H_5 \ \rightleftharpoons\ CH_3\underset{\displaystyle OH}{C}=CH \cdot COOC_2H_5$$

Diese Enolform wirkt durch die Stellung der Hydroxylgruppe an einem doppelt gebundenen Kohlenstoffatom wie eine schwache Säure, die in H^+-Ion und den verbleibenden Rest als Anion dissoziiert:

$$CH_3\underset{\displaystyle OH}{C}=CH \cdot COOC_2H_5 \ \rightleftharpoons\ H^+ + \left[CH_3 \cdot \underset{\displaystyle O}{C}=CH \cdot COOC_2H_5\right]^- \ .$$

Durch die Salzbildung wird daher das Enol laufend verbraucht und seine stete Nachbildung aus der Ketoform veranlaßt.

GEUTHER selbst hatte, abgeleitet aus der Salzbildung, den Acetessigester als Enol formuliert, während FRANKLAND[2] und danach WISLICENUS[3] den Acetessigester als Keton, d. h. als Acetoncarbonester, auffaßten. KNORR[4] konnte dann zeigen, daß im flüssigen Acetessigester beide Formen gleichzeitig vorhanden sind. Keto- und Enolformen der β-Dicarbonylverbindungen stehen ganz allgemein in den flüssigen Verbindungen bzw. ihren Lösungen miteinander im Gleichgewicht; es sind ineinander umwandelbare Formen derselben Brutto-

[2] A. **135**, 217 (1865); **138**, 204, 328 (1866).
[3] A. **186**, 163 (1877).
[4] B. **44**, 1138 (1911).

zusammensetzung, denen jedoch verschiedene Struktur und damit verschiedene Reaktionsfähigkeit zukommt. Diese Erscheinung bezeichnet man als *Tautomerie*, die beiden möglichen Formen als einander *desmotrop* oder *tautomer* und das Gleichgewichtsgemisch als *allelotropes* Gemisch.

Da also tautomere Substanzen verschiedene Struktur besitzen und daher zwei voneinander verschiedene chemische Individuen verschiedenen Energieinhalts darstellen, so müssen sie sich sowohl in ihren chemischen, als auch in ihren physikalischen Eigenschaften unterscheiden. In einem solchen allelotropen Gemisch wie es der „Gleichgewichts"-Acetessigester darstellt, kann man nun tatsächlich beide Formen nachweisen und auch aus dem Gemisch getrennt voneinander abscheiden; nach rein *chemischen* Methoden gelingt dies auf folgende Weise:

1. Viele β-Dicarbonylverbindungen geben in wäßriger bzw. alkoholischer Lösung auf Zusatz von Ferrichlorid typische Farbreaktionen, die auf der Bildung innerer Komplexsalze der Enolformen beruhen und die sich nur aus der Enolform bilden können[5], sie besitzen folgende allgemeine Konstitution:

$$\left[\begin{array}{c} R_2 \\ | \\ HC-C\diagdown O \\ \| \quad \diagup \\ R_1 \cdot C \diagdown {}_O{-}Fe \end{array} \right]^{++} Cl_2 {}^{--} \, .$$

Daß es sich tatsächlich um innere Komplexsalze handelt, geht daraus hervor, daß diese Salze in hydroxylfreien Lösungsmitteln leicht löslich sind. Ähnliche innere Komplexsalze bilden sich mit Cu^{2+}-acetat.

2. Die Enolformen enthalten ein alkoholisches Hydroxyl, das acylierbar sein muß: tatsächlich gelingt es, Acetessigester durch Acetylierung in Pyridinlösung mit Acetylchlorid oder Essigsäureanhydrid quantitativ überzuführen in den β-Acetoxy-crotonsäureester[6]

$$CH_3{-}C{=}CH \cdot COOC_2H_5$$
$$|$$
$$O \cdot CO \cdot CH_3$$

O-Acetyl-acetessigester entsteht auch leicht durch Einwirkung von Keten auf Acetessigester bei Gegenwart einer Spur konzentrierter Schwefelsäure[7].

Hiermit in Übereinstimmung steht das Ergebnis der Einwirkung von Diazomethan auf Acetessigester[8]: dabei entsteht vorwiegend der β-Methoxy-crotonsäureester

$$CH_3{-}C{=}CH \cdot COOC_2H_5$$
$$|$$
$$OCH_3$$

---

[5] HANTZSCH, A.: A. **392**, 292 (1912); vgl. a. L. KNORR, l. c.

[6] CLAISEN, L.: A. **291**, 25 (1896); **297**, 2 (1900); B. **33**, 1242 (1900).

[7] SPENCER, DEGERING: J. Amer. chem. Soc. **66**, 1624 (1944). — HURD, EDWARDS, ROACH: J. Amer. chem. Soc. **66**, 2013 (1944). — Über den Phosphorsäureester des β-Oxycrotonsäureesters s. P. KARRER u. H. BENDAS: Helvet. chim. Acta **19**, 98 (1936).

[8] PECHMANN, H. v.: B. **28**, 1626 (1895); **30**, 646 (1897). — ARNDT, F., u. C. MARTIUS: A. **499**, 247, 268, 274 (1932). — ARNDT, F., L. LOEWE, T. SEVERGE u. J. TÜREGÜN: B. **71**, 1640 (1938). — Über die Reaktion des α-Methylacetessigesters mit Diazomethan s. F. ARNDT, L. LOEWE u. B. BEYER: B. **74**, 1460 (1941).

Da Diazomethan ausschließlich mit acidem, d. h. leicht als Proton abspaltbarem Wasserstoff reagiert, ist hierdurch bewiesen, daß im Acetessigester das Enol, der β-Oxycrotonsäureester, Träger der Acidität ist. Da bei dieser Reaktion kein zusätzlicher basischer Acceptor, wie bei der Acetylierung das Pyridin, das seinerseits die Enolisierung begünstigt, bzw. sogar erst dazu veranlaßt, anwesend ist, folgt aus dem Ergebnis der Diazomethanreaktion, daß die Enolform im Acetessigester bereits vorgebildet sein muß.

Der Acetessigester liegt daher entweder vollständig oder doch zum Teil als β-Oxycrotonsäureester vor, der sich dann nach Verbrauch durch Acetylierung bzw. Methylierung aus der Ketoform durch Umlagerung neu bildet, bis die gesamte Menge in β-Acetoxy- bzw. β-Methyoxycrotonsäureester übergegangen ist. Daß im gewöhnlichen Acetessigester auch die Ketoform anwesend ist, oder daß der Ester zum mindesten in der Ketoform reagieren kann, geht u. a. daraus hervor, daß er die zu erwartenden Addukte mit Natriumbisulfit und mit HCN[9] gibt.

3. Die Enolformen enthalten im Gegensatz zu den Ketoformen eine $C{=}C$-Doppelbindung, die sich durch ihre Additionsfähigkeit bemerkbar machen muß. Tatsächlich gelingt es, nachzuweisen, daß bei der Einwirkung methanolischer Bromlösung bei $-10°$ der langsam verlaufenden Bromsubstitution eine spontan eintretende Bromaddition vorausgeht[10]:

$$a)\quad CH_3-\underset{\underset{OH}{|}}{C}{=}CH\cdot COOC_2H_5 + Br_2 \longrightarrow CH_3-\underset{\underset{OH}{\overset{|}{|}}}{\overset{\overset{Br}{|}}{C}}-\underset{\underset{H}{\overset{|}{|}}}{\overset{\overset{Br}{|}}{C}}-COOC_2H_5$$

$$b)\quad CH_3-\underset{\underset{OH}{\overset{|}{|}}}{\overset{\overset{Br}{|}}{C}}-\underset{\underset{H}{\overset{|}{|}}}{\overset{\overset{Br}{|}}{C}}-COOC_2H_5 \longrightarrow HBr + CH_3\cdot CO\cdot \underset{\underset{Br}{|}}{CH}\cdot COOC_2H_5.$$

Die im ersten Stadium der Reaktion durch Addition an die Doppelbindung verbrauchte Brommenge läßt sich titrimetrisch erfassen nach der Rücktitrationsmethode K. H. MEYERs[11]: entfernt man nach Zufügen der Bromlösung die nach der spontan verlaufenden Addition an die Doppelbindung des im Gleichgewicht anwesenden Enoles verbleibende überschüssige Brommenge sofort durch Zusatz alkoholischer β-Naphthollösung und setzt alsdann Jodnatriumlösung zu, so scheidet sich nach kurzem Erwärmen auf 35—40° die der addierten Brommenge äquivalente Menge Jod aus, das mit Thiosulfat titriert wird:

$$CH_3\cdot \underset{\underset{OH}{\overset{|}{|}}}{\overset{\overset{Br}{|}}{C}}-\underset{\underset{H}{\overset{|}{|}}}{\overset{\overset{Br}{|}}{C}}\cdot COOC_2H_5 \longrightarrow CH_3\cdot CO\cdot \underset{\underset{Br}{|}}{CH}\cdot COOC_2H_5 + HBr$$

---

[9] BUCHERER u. GROLEE: B. **39**, 1227, 1858 (1906); s. a. MOWRY u. ROSSOW: J. Amer. chem. Soc. **67**, 926 (1945).
[10] MEYER, K. H.: A. **380**, 212 (1911); *Mechanismus* s. Kap. III.
[11] B. **44**, 2720 (1911).

$$CH_3 \cdot CO \cdot \underset{\underset{Br}{|}}{CH} \cdot COOC_2H_5 + HJ \longrightarrow CH_3 \cdot CO \cdot \underset{\underset{J}{|}}{CH} \cdot COOC_2H_5 + HBr$$

$$CH_3 \cdot CO \cdot \underset{\underset{J}{|}}{CH} \cdot COOC_2H_5 + HJ \longrightarrow CH_3 \cdot CO \cdot CH_2 \cdot COOC_2H_5 + J_2.$$

Auf diese Weise ergibt sich im gewöhnlichen Acetessigester ein Enolgehalt von 7,2 %.

4. Daß der Natracetessigester das Natriumsalz der Enolform darstellt, hat KNORR[12] bewiesen durch den Nachweis, daß die bei — 78° aus Natracetessigester mit trockenem Chlorwasserstoff freigemachte „Säure" die nahezu reine Enolform darstellt; die erhaltene Substanz gibt sofort die Eisenchloridreaktion und erweist sich nach der Bromtitrationsmethode als zu 96 % aus der Enolform bestehend . Beim Stehen bei Zimmertemperatur bildet sich hieraus allmählich durch tautomere Umlagerung der Gleichgewichtsester mit einem Enolgehalt von 7,2 % zurück.

Durch *physikalische* Methoden läßt sich der Nachweis und auch die Trennung der beiden tautomeren Formen des Acetessigesters auf folgende Weise erreichen:

1. **Fraktionierte Krystallisation**[12]. Kühlt man Lösungen des Acetessigesters in Äther-Petroläther auf — 78° ab, so krystallisiert eine Form vom F·—39° aus; diese Form unterscheidet sich in ihren physikalischen Konstanten nur wenig vom Gleichgewichtsacetessigester; sie gibt jedoch bei tiefer Temperatur die charakteristische weinrote Farbreaktion des Ausgangsesters mit Eisenchlorid erst nach längerem Stehen. Daraus folgt, daß auf diese Weise die reine Ketoform abgeschieden wurde.

2. **Fraktionierte Destillation**[13]. Destilliert man Gleichgewichtsacetessigester mit 7,2 % Enolgehalt langsam aus gewöhnlichen Glaskolben, so erhält man einen Ester mit etwa 20—25 % Enolgehalt. Da das Verhältnis der Isomeren von der Temperatur nahezu unabhängig ist[14], ist diese starke Enolisierung durch die Destillation dem katalytischen Einfluß des Alkaligehalts des Glases zuzuschreiben, der bewirkt, daß nach Abdestillieren des leichter flüchtigen Enols der verbleibende Ketoester rasch von neuem z. T. enolisiert. Destilliert man jedoch unter Ausschaltung der Alkalikatalyse des Glases aus Quarzgefäßen, so gelingt es, den im Gleichgewicht vorhandenen Anteil an Enolform von dem schwerer flüchtigen Ketoester durch fraktionierte Destillation zu trennen. Man erhält so folgende Fraktionen in gleicher Menge:

1. Fraktion. . . .	22 % Enol
2. Fraktion. . . .	11 % Enol
3. Fraktion. . . .	2,5 % Enol
Rückstand	0 % Enol

---

[12] KNORR: l. c.; B. **44**, 1139 (1911).

[13] MEYER, K. H., u. V. SCHOELLER: B. **53**, 1410 (1920). — MEYER, K. H., u. H. HOPFF: B. **54**, 579 (1921).

[14] MEYER, K. H.: B. **47**, 832 (1914). — GROSSMANN, P.: Z. phys. Chem. **109**, 305 (1924).

Für den Ausgangsester errechnet sich hieraus ein Enolgehalt von 8,8%.

Die Tatsache, daß es bei Ausschaltung enolisationsfördernder Einflüsse gelingt, die beiden Tautomeren voneinander zu trennen, bzw. Fraktionen mit wechselndem Enolgehalt unter Hinterlassung reinen Ketoesters zu erhalten, läßt erkennen, daß die Einstellung des Tautomeriegleichgewichts sowohl von seiten der Enolform als auch der Ketoform nicht sofort, sondern nur allmählich mit meßbarer Geschwindigkeit erfolgt.

Eine weitere physikalische Methode, mit deren Hilfe man nachweisen kann, daß der Acetessigester aus einem allelotropen Gemisch von Keto- und Enolform besteht, stellt die Bestimmung der

3. Molekularrefraktion[15] dar. Da die Molekularrefraktion sich additiv aus den Atomrefraktionen zusammensetzt, ist es möglich, für beide Tautomeren unter Berücksichtigung der nötigen Inkremente die theoretischen Werte zu errechnen. Aus dem am Gleichgewichtsester experimentell ermittelten Wert gelingt es dann leicht, den Anteil der Tautomeren im Gleichgewichtsester zu errechnen. Die so ohne chemischen Eingriff erhaltenen Zahlen stehen in guter Übereinstimmung mit den nach der Bromtitrationsmethode erhaltenen.

Auch durch Aufnahme der

4. UV-Absorptionsspektren gelang es HANTZSCH[16] zum mindesten nachzuweisen, daß im Gleichgewichtsacetessigester Keto- und Enolform gleichzeitig anwesend sind.

Ähnliche Verhältnisse wie beim Acetessigester finden sich naturgemäß auch bei anderen Vertretern der β-Dicarbonylverbindungen; es ist daher verständlich, daß Verbindungen aufgefunden wurden, bei denen beide Isomere, Keto- sowohl als auch Enolform, krystallin abgeschieden und isoliert werden konnten. Dies gelang zum ersten Male L. CLAISEN, dem Altmeister und Klassiker der Erforschung der β-Dicarbonylverbindungen, bei einem acetylierten Dibenzoylmethan[17],

$$C_6H_5 \cdot CO \cdot CH \cdot CO \cdot C_6H_5$$
$$| $$
$$CO \cdot CH_3$$

Nur eine der beiden Isomeren des Acetyldibenzoylmethans ist sauer, löst sich bereits in verdünnter Sodalösung und gibt sich so als Enolform zu erkennen, während die isomere Ketoform in Alkali schwerer und erst nach allmählicher Umlagerung in die Enolform löslich ist.

---

[15] AUWERS, K. v.: A. **415**, 169 (1918). — MEYER, K. H. u. SCHOELLER: B. **53**, 1410 (1920). — AUWERS, K. v., u. H. JACOBSEN: A. **426**, 161 (1922). — HÜCKEL, W., u. E. GOTH: A. **441**, 41 (1925); vgl. a. H. BILTZ: B. **72**, 809 (1939).

Über das *Dipolmoment* des Acetessigesters und seine Abhängigkeit vom Lösungsmittel und Enolgehalt siehe LE FÈVRE, R. J. W., u. H. WELSH, J. chem. Soc. London **1949**, 1909. —

[16] B. **43**, 3049 (1910); B. **44**, 1771 (1911). — GORDY, W.: J. chem. Phys. **8**, 516 (1940). — *Raman-Spektren* von β-Dicarbonylverbindungen s. M. MILONE: Gazz. **65**, 339 (1935). — KAHOVER, L., u. K. W. F. KOHLRAUSCH: B. **73**, 1304 (1940). *Ultrarot-Spektren* von β-Diketonen s. R. S. RASMUSSEN, D. D. TUNNIELIFF, R. R. BRATTAIN, J. Amer. chem. Soc. **71**, 1068 (1949).

[17] A. **291**, 25 (1896).

2. Theorie der Keto-Enol-Umlagerung.

Alle sowohl nach chemischen als auch nach physikalischen Methoden gewonnenen Untersuchungsergebnisse zeigen also übereinstimmend, daß die empirisch ermittelte saure Natur des Acetessigesters einem Gehalt von 7—8% der tautomeren Enolform zuzuschreiben ist und daß der Acetessigester ein allelotropes Gemisch von Keto- und Enolform darstellt, die miteinander im Gleichgewicht stehen.

Ein solches Gleichgewicht zweier isomerer, ineinander umwandelbarer Formen unterliegt dem Gesetz der chemischen Massenwirkung; bezeichnet man mit C_{Enol} die Konzentration des Enolanteils und mit C_{Keton} diejenige des restlichen Ketons, so gilt nach dem Massenwirkungsgesetz für das Gleichgewicht:

$$\frac{C_{\text{Enol}}}{C_{\text{Keton}}} = \text{const} = K\,.$$

Diese Gleichgewichtskonstante K ist, wie bereits erwähnt, von der Temperatur weitgehend unabhängig: selbst längere Zeit im Quarzgefäß erhitzter Acetessigester zeigt praktisch gleichen Enolgehalt wie zuvor. Einen großen Einfluß auf die Lage des Gleichgewichts übt jedoch, wie die Untersuchungen K. H. Meyers[18] zeigen, das jeweilige Lösungsmittel aus; außerdem ist die Gleichgewichtskonstante naturgemäß stark abhängig von der Konstitution der β-Dicarbonylverbindung. Dies zeigt die folgende Tabelle der von K. H. Meyer nach der Bromtitrationsmethode erhaltenen K-Werte:

Lösungsmittel	Acet-essigester	Benzoyl-essigester	E	Acetyl-aceton	E	Benzoyl-aceton	E
Wasser	0,004	0,008	2,0	0,22	55	—	—
Ameisensäure .	0,011	0,028	2,5	—	—	2,3	200
67% CH_3OH . .	0,023	0,046	2,0	0,9	38	2,5	110
Methanol. . . .	0,074	0,16	2,2	2,6	35	9	120
Äthanol	0,13	0,32	2,5	4,0	31	14	110
Essigester . . .	0,15	0,33	2,2	3,1	22	—	—
Benzol	0,22	0,45	2,1	5,7	26	—	—
Äther	0,43	0,90	2,1	16	32	—	—
Hexan	1,0	2,2	2,2	12	12	—	—

Setzt man die gefundenen Gleichgewichtskonstanten des Acetessigesters im jeweiligen Lösungsmittel $= 1$, so ergeben sich die in Spalte E errechneten Werte

$$E = \frac{K_{\text{Dicarbonylverbdg.}}}{K_{\text{Acetessigester}}}\,.$$

Die recht gute Konstanz dieser Werte zeigt, daß allgemein die Gleichgewichtskonstanten verschiedener Keto-Enol-tautomerer Substanzen in

---

[18] B. **47**, 828 (1914).

verschiedenen Lösungsmitteln einander proportional sind; es gilt also
für jedes Lösungsmittel die Beziehung:

$$\frac{C_{\text{Enol}}}{C_{\text{Keton}}} = L \cdot E.$$

Die Größe der Gleichgewichtskonstanten ist also von zwei Faktoren
abhängig: einmal von der enolisierenden Kraft des jeweiligen Lösungsmittels, ausgedrückt durch $L =$ „*desmotrope Konstante des Lösungsmittels*“ und zum andern von der Enolisierungstendenz der jeweiligen
Substanz (bezogen auf diejenige des Acetessigesters $= 1$), ausgedrückt
durch $E =$ „*Enolkonstante*“.

Aus theoretischen Erwägungen hat nun VAN 'T HOFF den Satz abgeleitet, daß „zwei sich wechselseitig umlagernde Isomere in beliebigen
Lösungsmitteln dann im Gleichgewicht sind, wenn ihre Konzentrationen
sich verhalten wie ihre Löslichkeiten in dem betreffenden Solvens, multi-
pliziert mit einer von der Natur des Lösungsmittels unabhängigen, für
jede Umlagerung charakteristischen Konstanten G“; es gilt also für
das Gleichgewicht:

$$\frac{C_{\text{Enol}}}{C_{\text{Keton}}} = \frac{L_{\text{Enol}}}{L_{\text{Keton}}} \cdot G.$$

Die Gültigkeit dieses Satzes für die Keto-Enol-Tautomerie wurde
von O. DIMROTH[19] bewiesen durch Untersuchung der Abhängigkeit
der Gleichgewichtskonstanten von der Löslichkeit der Tautomeren beim
Benzoyl-campher

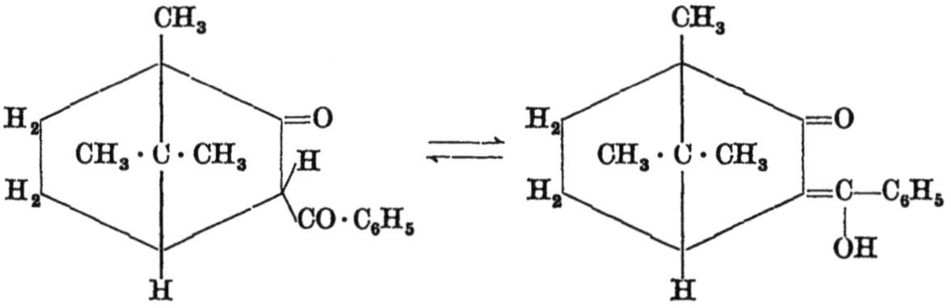

bei dem die Verhältnisse deswegen besonders günstig liegen, weil hier
Keto-, sowohl als auch Enolform in Substanz isolierbar sind und auch
Löslichkeitsbestimmungen der geringen Umlagerungsgeschwindigkeit
wegen leicht durchführbar sind; auch bei dieser Untersuchung wurde
der Enolgehalt mittels der K. H. MEYERschen Bromtitrationsmethode
ermittelt.

Diese Untersuchung ergab die folgenden Werte: (0°)

---

[19] A. **377**, 127 (1910); **399**, 110 (1919); s. a. TH. M. LOWRY, A. H. MACCONKEY
u. H. BURGESS: J. chem. Soc. London **1928**, 1333. — Anwendung zur
Analyse von Lösungsmittelgemischen: H. FANDRE: Angew. Chem. **53**, 430 (1940).

Lösungsmittel	C_{Enol}/C_{Keto}	L_{Enol}/L_{Keto}	$G = \dfrac{C_e}{C_k} \cdot \dfrac{L_k}{L_e}$	E
Aceton	$\dfrac{46,0}{54,0} = 0,852$	$\dfrac{11,69}{14,53} = 0,80$	1,06	—
Methanol	$\dfrac{46,5}{53,5} = 0,869$	$\dfrac{1,49}{1,99} = 0,748$	1,15	11,7
Äthanol	$\dfrac{62,6}{37,4} = 1,67$	$\dfrac{2,06}{1,31} = 1,57$	1,06	12,8
Essigester . . .	$\dfrac{66,5}{33,5} = 1,98$	$\dfrac{12,79}{7,05} = 1,81$	1,09	13,2
Äther	$\dfrac{87,2}{12,8} = 6,81$	$\dfrac{12,86}{2,012} = 6,39$	1,06	15,8
		im Mittel:	1,085	13,4

Diese von der Natur der Substanz abhängige Konstante G ist der wirkliche Ausdruck für die Enolisierungstendenz der jeweils betrachteten β-Dicarbonylverbindung.

In der letzten Spalte der Tabelle ist die K. H. MEYERsche Enolkonstante E eingetragen, die in üblicher Weise unter Zugrundelegung der oben mitgeteilten Werte K. H. MEYERs der Gleichgewichtskonstante des Acetessigesters in dem jeweiligen Lösungsmittel errechnet wurde. Diese Werte gestatten nun, die Konstante G auch für den Acetessigester zu errechnen:

$$G_{\text{Acetessigester}} = \frac{G_{\text{Benzoylcampher}}}{E_{\text{Benzoylcampher}}} = 0,08 \; .$$

Durch Bestimmung der Löslichkeiten der Keto- und Enolform des Acetessigesters in Wasser und Einsatz dieser Werte in die VAN'T HOFFsche Formel ermittelte K. H. MEYER die Konstante G des Acetessigesters experimentell zu 0,09.

Die „desmotrope Konstante L" des jeweiligen Lösungsmittels ist also definiert durch das *Verhältnis* $\dfrac{L_{\text{Enol}}}{L_{\text{Keto}}}$, das mit dem Lösungsmittel stark variiert, *aber unabhängig ist von der jeweiligen β-Dicarbonylverbindung*. Dieses Ergebnis wird verständlich, wenn man bedenkt, daß für jede β-Dicarbonylverbindung der charakteristische Unterschied zwischen Keto- und Enolform stets der gleiche ist; das Verhältnis der Löslichkeiten muß daher stets gleich bleiben:

$$\text{R—CO—CH}_2\text{—CO—R}' \; \rightleftharpoons \; \text{R—C=CH—CO—R}'$$
$$\underset{\text{OH}}{\phantom{\text{R—C=}}|}$$

während die Löslichkeit selbst abhängt von der Natur der Gruppen R und R'.

Betrachtet man nun die Größe des Quotienten $\dfrac{L_{\text{Enol}}}{L_{\text{Keto}}}$, so fällt auf, daß diese desmotrope Konstante um so größer ist, je weniger polar das betreffende Solvens ist; das bedeutet also, daß die Enole in polaren Medien wie Alkohol oder Wasser weniger löslich sind als in nichtpolaren Mitteln. Nach der allgemein gültigen Faustregel „Ähnliches löst sich in Ähnlichem" hätte man nun erwarten müssen, daß die Enolformen als Hydroxylderivate in polaren Mitteln leichter löslich sind als in nichtpolaren. Der Grund für das gerade umgekehrte Verhalten der Enole ist darin zu erblicken, daß die OH-Gruppe der Enolformen durch sog. *Chelat*bildung maskiert ist, z. B.:

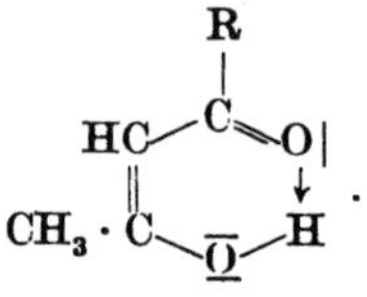

$$\begin{array}{c}
R \\
| \\
HC{-}C{=}O\,| \\
\| \qquad \downarrow \\
CH_3\cdot C{-}\underline{O}{-}H
\end{array}$$

Dieses cyclische innermolekulare Chelat kommt dadurch zustande, daß die β-ständige CO-Gruppe vermittels eines ihrer beiden einsamen Elektronenpaare als Elektronen-donator wirkt zur Ausbildung der cyclischen 6-Ringstruktur unter Einbau des elektronenaffinen Protons als Elektronen-acceptor[20]. Durch diese Chelatbildung wird der an sich hydrophile Eigenschaften bedingende Charakter der OH-Gruppe maskiert, es entsteht ein cyclisches, in sich abgeschlossenes System, das sich daher leichter in Estern, Äther und besonders in Kohlenwasserstoffen löst als in polaren Alkoholen, Säuren oder gar Wasser. Damit steht denn auch im Zusammenhang, daß die Bildung dieses Chelats, d. h. die Enolisierung, um so leichter eintritt, je weniger seine Bildung durch die polare Natur des Lösungsmittels gestört wird.

Diese Chelatbildung macht übrigens auch erklärlich, warum die Enolformen leichter flüchtig sind als die Ketoformen, denn die innermolekulare Festlegung der enolischen Hydroxylgruppe verhindert die bei Hydroxylgruppen stets zu beobachtende Assoziation, die die Flüchtigkeit der gewöhnlichen Alkohohle erniedrigt.

Außer von der Natur des Lösungsmittels erwies sich die Enolisierungstendenz auch von der Konzentration der β-Dicarbonylverbindung abhängig derart, daß die Enolkonzentration des jeweiligen Gleichgewichts mit der Verdünnung zunimmt. Dies zeigen die nebenstehenden beim Acetessigester ermittelten Werte[21].

Die Werte nähern sich also erst mit zunehmender Verdünnung jenem Grenzwert, der für das jeweilige Lösungsmittel charakteristisch ist.

Lösungsmittel	% Ester	% Enol
Alkohol . . .	65,0	7,8
	25,0	10,2
	2,2	12,7
Hexan . . .	90,0	9,3
	69,0	12,9
	32,0	23,1
	24,0	28,5
	15,0	36,8
	5,1	48,4

Die Ursache dieses eigenartigen Verhaltens ist leicht einzusehen: bei ungenügender Verdünnung wirkt die desmotrope Substanz selbst

[20] SIDGWICK, N. V.: J. chem. Soc. London **127**, 907 (1925).
[21] MEYER, K. H.: B. **44**, 2722 (1911).

als Lösungsmittel des Enols; dieser Einfluß der „*Eigensolvatation*"[22] wird erst ausgeschaltet bei hinreichender Verdünnung. Hieraus ergibt sich folgerichtig, daß der Enolgehalt des unverdünnten flüssigen Desmotropengemisches kein Kriterium für die Enolisierungstendenz des enolisierbaren Systems selbst darstellt, da nicht nur die Enolkonstante E der Substanz, sondern auch die durch ihre eigene Lösungsmittelkonstante L ausdrückbare Eigensolvatation die Enolisierungstendenz beeinflußt. Der Enolgehalt des unverdünnten Desmotropengemisches wird also abhängig sein von der Natur der Gruppen, an die das enolisierbare System gebunden ist. Tatsächlich ist daher auch bei β-Ketocarbonsäureestern der Enolgehalt des unverdünnten Esters abhängig von der Natur des Ester-Alkyls: je höher molekular der Alkyl-Rest des Esters ist, um so größer wird der Einfluß der zunehmenden Hydrophobität dieses Restes auf die Enolisierungstendenz des unverdünnten Esters sein, die daher um so größer sein wird, je höher molekular der Alkyl-Rest des Esters ist. Schaltet man andererseits die Eigensolvatation durch hinreichende Verdünnung aus, so zeigen alle β-Ketocarbonsäureester unabhängig von der Natur des Ester-Alkyls den durch die Solvatationskonstante des jeweiligen Lösungsmittels bedingten Enolgehalt:

Acetessigsaures	Unverdünnt %	Methanol %	Aether %	Schwefelkohlenstoff %
Methyl	5,3	7,7	31,6	42,3
Äthyl	7,3	7,2	32,9	41,3
Propyl	8,5	7,4	33,9	42,3
Butyl	10,0	7,6	33,0	39,6
2-Oktyl	15,3	6,6	33,6	42,0
Benzyl	9,3	6,8	33,7	42,1

Einen ähnlichen Einfluß üben die Alkyl-Reste in der Reihe der β-Diketone aus[23]: auch hier steigt der Enolgehalt des flüssigen Diketons $CH_3 \cdot CO \cdot CH_2 \cdot CO \cdot R$ mit wachsender Kettenlänge des Alkyl-Restes R:

R	CH_3	C_2H_5	C_3H_8	C_6H_{14}	C_9H_{20}	$(CH_3)_3C$
Enolgehalt . . .	76,4%	80,2%	83,6%	93,9%	100%	ca. 60%

Die Verringerung der Enolisierungstendenz durch den tert.-Valeryl-Rest hingegen ist bedingt durch die starke Verzweigung; (vgl. Kap. V).

Je hydrophober das Lösungsmittel ist, um so mehr wird bei hinreichender Verdünnung die Solvatation ausgeschaltet und die Enolisierung begünstigt. Außer durch hydrophobe Lösungsmittel wie Hexan kann man dies auch dadurch erreichen, daß man die β-Dicarbonylverbindung in den hinreichend verdünnten Gaszustand überführt: so beträgt der Enolgehalt des gasförmigen Acetessigesters nach J. B. CONANT

---

[22] ARNDT, F., L. LOEWE u. R. GINKÖK: Rev. Fac. Sci. Istanbul **11**, 149 (1946); **13**, 197 (1948); s. a. F. ARNDT, L. LOEWE u. L. CAPUANO: Rev. Fac. Sci. Istanbul **8**, 2, 132 (1943).

[23] WEYGAND, C., u. R. BAUMGÄRTEL: B. **62**, 575 (1929).

und A. F. Thompson[24] 45—47%, nach einer neueren Bestimmung durch G. Briegleb und H. Rebelein[25] bei 0° 63%, bei 20° 52% und bei 180° 14% Enol. Mit steigender Temperatur nimmt also die Enolisierungstendenz beträchtlich ab (s. a. S. 5).

Der höhere Enolgehalt frisch destillierten Acetessigesters wird, wie bereits erwähnt (vgl. S. 5), auf die größere Flüchtigkeit des Chelats zurückgeführt. Daneben spielt nun zweifellos die höhere Enolisierungstendenz im Gaszustand sicherlich eine entscheidende Rolle. Gelingt es doch, durch sehr langsame „aseptische" Destillation des Acetessigesters[26] ohne Hinterlassung eines ketoreichen Rückstands ein Destillat mit einem Enolgehalt von 98—99% zu erhalten.

Die Keto-Enol-Umlagerung ist eine einwandfrei monomolekulare Reaktion, die von seiten des Ketons als auch des Enols mit verschiedenen Geschwindigkeiten einen für die jeweilige Substanz typischen Gleichgewichtszustand anstrebt. Bezeichnet man mit

k_1 = Geschwindigkeit der Ketisierung
k_2 = Geschwindigkeit der Enolisierung
c = Enolkonzentration im Gleichgewicht
x_1 bzw. x_2 die im Zeitpunkt t_1 bzw. t_2 herrschenden Enolkonzentrationen,

dann lautet das Zeitgesetz für die Keto-Enol-Umlagerung als Reaktion 1. Ordnung:

$$k_1 + k_2 = \frac{1}{t_2 - t_1} \ln \frac{c - x_1}{c - x_2}.$$

Da im Gleichgewicht die Mengen der gegenseitig in der Zeiteinheit sich umwandelnden Tautomeren einander gleich geworden sind, so gilt für das Gleichgewicht:

$$c \cdot k_1 = (1 - c)\, k_2 \;\; ; \;\; \frac{k_1}{k_2} = \frac{1 - c}{c}.$$

Aus beiden Gleichungen kann man daher k_1 und k_2 einzeln berechnen.

In grundlegenden Versuchen hat nun K. H. Meyer[27] die Geschwindigkeit der Ketisierung und der Enolisierung gemessen und dabei festgestellt:

1. Ketisierung und Enolisierung verlaufen mit meßbarer, voneinander verschiedener Geschwindigkeit;

2. die Umlagerungsgeschwindigkeit ist in hohem Maße abhängig vom Lösungsmittel; sie ist sehr empfindlich gegenüber katalytischen Einflüssen (z. B. H^+-Ion). Auch diese katalytische Beeinflussung ist in verschiedenen Lösungsmitteln verschieden stark und um so stärker, je höher die desmotrope Konstante des Lösungsmittels ist.

3. die Umlagerungsgeschwindigkeit ist abhängig von der Konstitution der β-Dicarbonylverbindung.

[24] J. Amer. chem. Soc. 54, 4039 (1932).
[25] Z. Naturforsch. 2a, 562 (1947).
[26] Décombe, J.: Ann. Chim. [10] 18, 81 (1932).
[27] A. 380, 233 (1911),

Diese experimentellen Ergebnisse werden verständlich, wenn man die VAN 'T HOFF-DIMROTHschen Überlegungen über die Abhängigkeit der Umlagerungsgeschwindigkeit von der Löslichkeit der sich umwandelnden tautomeren Form in dem jeweiligen Solvens berücksichtigt. Danach ist *die Umwandlungsgeschwindigkeit umgekehrt proportional der Löslichkeit des sich umwandelnden Isomeren.* Es gilt also:

$$k_1 = \frac{h_1}{L_{\text{Enol}}} \; ; \; k_2 = \frac{h_2}{L_{\text{Keto}}} \; ; \; \frac{k_2}{k_1} = \frac{L_{\text{Enol}}}{L_{\text{Keto}}} \cdot \frac{h_2}{h_1} ; \; \frac{h_2}{h_1} = G \, .$$

Je schwerer löslich demnach eine Form im betreffenden Lösungsmittel ist, um so leichter und schneller erfolgt die Umlagerung in die leichter lösliche tautomere Form.

Die am Acetessigester als dem Prototyp einer Keto-Enol-tautomeren Substanz durchgeführten Bestimmungen führten nun zu folgenden Ergebnissen:

1. Flüssiger Acetessigester. Im Gleichgewichtsester sind 7,2% Enol enthalten; frisch destillierter Ester enthält jedoch etwa 20% Enol, die sich allmählich bis zum Gleichgewicht ketisieren. Aus den zu verschiedenen Zeiten während dieser Umwandlung ermittelten Enolgehalten läßt sich daher leicht die Umwandlungsgeschwindigkeit bestimmen. Es wurden folgende Werte erhalten[28]:

Zeit (min)	% Enol	$k_1 + k_2$	$t = 15°$	
0	18,54	—		Demnach:
60	18,13	0,00058		$k_1 = 0,00055$
960	13,90	0,00058		$k_2 = 0,00004$
2400	10,36	0,00062		
	im Mittel:	0,00059		

2. Wäßrige Lösung. Acetessigester ist in wäßriger Lösung im Gleichgewicht zu 0,4% enolisiert. Löst man daher Gleichgewichtsester mit 7,2% Enol in Wasser, so ist starke Ketisierung zu erwarten. Die Messungen ergaben folgende Werte:

Zeit (min)	% Enol	$k_1 + k_2$	$t = 0°$	
0	7,71	—		Demnach:
$1/6$	5,3	2,3		$k_1 = 2,4$
$1/4$	4,48	2,3		$k_2 = 0,01$
$1/2$	2,46	2,5		
1	1,11	2,4		
	im Mittel:	2,4		

3. Alkoholische Lösung. In alkoholischer Lösung ist Acetessigester im Gleichgewicht zu 12% enolisiert; beim Lösen von Gleich-

---

[28] Die Bestimmung der Enolkonzentrationen wurden durchgeführt nach der etwas älteren Methode K. H. MEYERS durch direkte Titration mit n/10-Bromlösung bis zum Umschlag und Bestimmung des gebundenen Broms mit $NaJ/Na_2S_2O_3$; die Werte liegen daher etwas zu hoch (z. B. 7,7% für Gleichgewichtsester); die Werte für die Konstanten werden hierdurch jedoch nur unwesentlich beeinflußt.

gewichtsester in Alkohol tritt also zusätzliche Enolisierung ein. Hierfür wurden die folgenden Werte gefunden;

Zeit (min)	% Enol	$k_1 + k_2$	$t=0°$	
0	7,71	—		Demnach:
2	8,35	0,082		$k_1 = 0,077$
5	9,27	0,090		$k_2 = 0,0105$
10	10,25	0,090		

im Mittel: 0,088

4. Hexan als Lösungsmittel. In homöopolaren Lösungsmitteln sind β-Dicarbonylverbindungen hoch enolisiert; Acetessigester stellt sich hierin zu einem Enolgehalt von 46,4% ein. Beim Lösen von Gleichgewichtsester in Hexan wurden daher folgende Werte erhalten:

Zeit (min)	% Enol	$k_1 + k_2$	$t=0°$	
0	7,71	—		Demnach:
35	17,12	0,0079		$k_1 = 0,0041$
	21,50	0,0080		$k_2 = 0,0035$
80	25,11	0,0073		
140	31,82	0,0072		

im Mittel: 0,0076

Da bei der Enolbestimmung die jeweils vorhandene Enolmenge sofort mit Brom reagiert, wird die Bromierungsgeschwindigkeit bestimmt durch die Geschwindigkeit der Protonabspaltung vom α-C-Atom, von der auch die Enolisierungsgeschwindigkeit abhängt. Da die Bromierungsgeschwindigkeit leicht gemessen werden kann, ergibt sich hieraus eine unabhängige Methode zur Bestimmung der Geschwindigkeitskonstante der Enolisierung k_2.

In wäßriger Lösung wurde durch Titration mit n/10-Bromlösung für die Enolisierungsgeschwindigkeit ein Wert von $k_2 = 0,013$ ($t = 0°$) erhalten. Dieser Wert liegt etwas höher als der nach der ersten Methode erhaltene Wert von $k_2 = 0,010$; dies ist zurückzuführen auf die katalytische Beschleunigung der Enolisierung durch die entstehenden H^+-Ionen.

Bei 10° ergab sich $k_2 = 0,039$, der Temperaturkoeffizient der Umlagerung also zu 3, in Übereinstimmung mit der R.G.T.-Regel.

Durch Bestimmung der Bromierungsgeschwindigkeit in Alkohol bei 0° wurde für dieses Lösungsmittel $k_2 = 0,018$ gefunden; d. h., daß die H^+-Ion-Katalyse in Alkohol etwas stärker zur Auswirkung kommt als in Wasser[29]. In den Lösungsmitteln mit hoher desmotroper Konstante jedoch ist die katalytische Beschleunigung der Enolisierungsgeschwindigkeit so hoch, daß sich das in diesen Mitteln sonst mit meßbarer Geschwindigkeit einstellende Gleichgewicht nunmehr augenblicklich einstellt.

---

[29] s. a. K. J. Pedersen: J. phys. Chem. **38**, 999 (1936).

Durch eine einfache Überlegung[30] kann man die für k_1 und k_2 erhaltenen
Zahlen leicht anschaulich machen; wenn in Äthylalkohol $k_1 = 0,077$ ist, so bedeutet dies, daß sich in diesem Lösungsmittel pro Minute von 100/7,7, d. h. von
13 Enolmolekülen je eines ketisiert; in derselben Zeit wird von 100/1,05 = 95 Keto-
molekülen je eines enolisiert ($k_2 = 0,0105$). Jedes Ketonestermolekül lagert sich
daher nur alle 95 min einmal in die Enolform um; als Enol wird dieses Estermolekül jedoch bereits jede 13. Minute in Keton umgelagert. Jedes Estermolekül
hat daher nach 108 min einmal die Umlagerung Keto $\longrightarrow$ Enol $\longrightarrow$ Keto durch-
laufen.

In wäßriger Lösung findet man auf Grund der Konstanten $k_1 = 2,4$ und
$k_2 = 0,01$, daß jedes Molekül nach jeder 100. Minute Aussicht hat, zu enolisieren,
während es in der Enolform nur rund $^1/_2$ min verharrt.

Im flüssigen Acetessigester schließlich braucht ein Molekül

$$\frac{100}{0,0046} + \frac{100}{0,055} = 24\,000 \text{ Minuten} = 17 \text{ Tage}\,,$$

bis es einmal die Umlagerung durchgemacht hat.

Wie die von K. H. MEYER ermittelten Werte zeigen, ist die Enolisierungstendenz einer β-Dicarbonylverbindung sehr stark von der Konstitution abhängig. So steigt die Enolisierungstendenz beim Ersatz der
$CH_3 \cdot CO$-Gruppe des Acetessigesters durch die $C_6H_5 \cdot CO$-Gruppe auf
das $2^1/_2$fache im Benzoylessigester; Ersatz der $-COOC_2H_5$-Gruppe
des Acetessigesters durch die $CH_3 \cdot CO$-Gruppe bewirkt im Acetylaceton Steigerung der Enolisierungstendenz auf das rund 30—35fache
des beim Acetessigester gefundenen Wertes und Ersatz einer $CH_3 \cdot CO$-
Gruppe des Acetylacetons durch Benzoyl hat abermals eine Steigerung
der Enolisierungstendenz auf das 3—4fache des beim Acetylaceton
und das 120fache des beim Acetessigester gefundenen Wertes zur Folge.
Aus den mitgeteilten und bei weiteren β-Dicarbonylverbindungen
gefundenen Werten der Enolkonstanten hat K. H. MEYER[31] die Substituenten $-CO \cdot R$ in folgende Reihe ansteigender Enolisierungstendenz geordnet:

$$\underset{OCH_3}{-CO} <\underset{OC_2H_5}{-CO} <\underset{OH}{-CO} <\underset{NH \cdot C_6H_5}{-CO} <\underset{CH_3}{-CO} <\underset{C_6H_5}{-CO} <\underset{COOCH_3}{-CO} \approx \underset{H}{-CO}$$

d. h., daß beispielsweise bei einer Verbindung $CH_3 \cdot CO \cdot CH_2 \cdot CO \cdot R$
die Enolkonstante und damit die Enolisierungstendenz um so größer
ist, je weiter rechts in der Reihe die Gruppe $-CO \cdot R$ steht. Diese Reihe
erscheint nun in bester Übereinstimmung mit der sogenannten CLAISEN-
schen Regel[32], die besagt, ,,daß die Umlagerung der Gruppierung
$R \cdot CO \cdot CH_2 \cdot CO-$ in die hydroxylhaltige Form $R-\underset{OH}{C}=CH \cdot CO-$ um so

leichter stattfindet, je negativeren Charakter das mit der Methylengruppe
verbundene Säureradikal besitzt. Denkt man sich daher im Essigäther
ein Wasserstoffatom des Methylrestes succesive durch das schwach negative Carboxäthyl, durch das stärker negative Acetyl und durch das sehr

---

[30] Vgl. O. DIMROTH: A. **335**, 1 (1904).
[31] B. **45**, 2843 (1912).
[32] B. **25**, 1763 (1892); A. **277**, 296 (1893).

stark negative Formyl ersetzt, so ist die natürliche Folge der angegebenen Gesetzmäßigkeit, daß die erste der so entstehenden Verbindungen, der Malonester, sich ausschließlich wie $C_2H_5O \cdot CO \cdot CH_2 \cdot CO \cdot OC_2H_5$ verhält; daß die zweite, der Acetessigäther, bei den meisten Umsetzungen noch wie $CH_3 \cdot CO \cdot CH_2 \cdot COOC_2H_5$, bei einigen aber schon wie $CH_3 \cdot C(OH)=$ $=CH \cdot COOC_2H_5$ reagiert; während der dritte, der sogenannten Formylessigäther entsprechend dem sehr stark negativen Charakter des Formyls, überhaupt nur in der hydroxylhaltigen Form $(HO)CH=CH \cdot COOC_2H_5$ bekannt ist".

Betrachtet man nun vom Standpunkt der klassischen Strukturchemie die Konstitution dieser „acidifizierenden" Substituenten, so erkennt man ohne weiteres, daß sie alle Doppelbindungen, nämlich die der Gruppe $—C=O$, enthalten. Beim Übergang von der „neutralen" Ketoform zur „sauren" Enolform bildet sich demnach ein *konjugiertes* System von Doppelbindungen aus, wodurch dann das zuvor am Kohlenstoff sitzende durch den acidifizierenden Substituenten „beweglich" gemachte bzw. „gelockerte" Wasserstoffatom nach seiner Wanderung an den Sauerstoff in der dadurch entstehenden an einem doppelt gebundenen Kohlenstoffatom sitzenden Hydroxylgruppe erst „richtig sauer", d. h. noch beweglicher und als Proton abspaltbar wird; z. B.:

$$CH_3—\underset{\underset{O}{\|}}{C}—CH_2—C=O \;\rightleftharpoons\; CH_3—\underset{\underset{OH}{|}}{C}=CH—\underset{\underset{OC_2H_5}{|}}{C}=O \;\rightleftharpoons\; \left[CH_3—\underset{\underset{O}{|}}{C}=CH—\underset{\underset{OC_2H_5}{|}}{C}=O \right]^{-} + H^{+}.$$

Vom energetischen Standpunkt aus ist es nun, worauf F. ARNDT und C. MARTIUS[33] hinweisen, zunächst nicht einzusehen, warum der durch den sauren Rest in seiner Kohlenstoffbindung gelockerte Wasserstoff sich *von selbst* an einen Ort begibt, wo er noch lockerer gebunden ist. Denn ein solcher Vorgang verbraucht Energie; da er nun aber bei der Keto-Enolumlagerung tatsächlich stattfindet, so erhebt sich die Frage, welcher freiwillig unter Energieabgabe verlaufende Vorgang die Energie zu diesem „*prototropen Arbeitsaufwand*" liefert.

Bereits im Jahre 1899 erklärte J. THIELE[34] die Enolisierungstendenz einer β-Dicarbonylverbindung als Ausfluß des Konjugationsbestrebens der Substanz, das darin besteht, daß zwei zunächst isolierte Doppelbindungen von selbst miteinander in Konjugation zu treten suchen, sobald die Struktur der Verbindung die dazu erforderliche Bindungsverschiebung gestattet. THIELE ging dann noch einen Schritt weiter und folgerte, daß die saure Natur einer β-Dicarbonylverbindung überhaupt erst hervorgerufen wird durch die Enolisierung und daß die Tendenz zur Enolisierung erst eine Folge des Konjugationsbestrebens der Substanz ist. Hierdurch wird also die mögliche Acidität eines am Kohlenstoff sitzenden Wasserstoffatoms vollkommen in Abrede gestellt, was jedoch zweifellos mit den Erfahrungen in anderen Stoffklassen (z. B. Disulfonylmethane) und auch mit den Reaktionen der β-Dicarbonylverbindungen selbst nicht in Einklang zu bringen ist.

<hr>

[33] A. **499**, 247 (1932).
[34] A. **306**, 119 (1899).

Richtig ist jedoch ohne Zweifel, daß die Enolisierungstendenz einer enolisierbaren Substanz eng verknüpft ist mit dem Konjugationsbestreben ihrer zunächst isolierten Doppelbindungen. Denn da ein System mit isolierten Doppelbindungen um etwa 10—15 Calorien energiereicher ist als ein System mit konjugierten Doppelbindungen[35], die Konjugation also dort, wo sie konstitutionell möglich ist, *freiwillig unter Energieabgabe* abläuft, so ist klar ersichtlich, daß die freiwillig ablaufende Konjugation derjenige energieliefernde Vorgang ist, der den „prototropen Arbeitsaufwand" kompensiert.

Die unter Energiegewinn ablaufende Konjugation der Doppelbindungen wird nun zweifellos weiterhin begünstigt durch die bereits erwähnte Tendenz der Enolform zur Chelatbildung, wodurch ein Gebilde von cyclischer 6-Ringstruktur entsteht, z. B.:

$$R_1-C=CH-C=\overline{O} \ \rightleftharpoons \ \left\{ \ \begin{array}{c} H-C-C=O| \\ R_1-C-\overline{O}-H \end{array} \ \longleftrightarrow \ \begin{array}{c} H-C \times \times \times O| \\ R_1-C \times \times \times H \end{array} \ \longleftrightarrow \ \begin{array}{c} H-C-C-\overline{O}| \\ R_1-C-O \rightarrow H \end{array} \ \right\}$$

Hierbei ist dann aber außerdem die Möglichkeit nicht von der Hand zu weisen, daß durch Entkoppelung der beiden π-Elektronenpaare der Doppelbindungen und Beteiligung eines einsamen Elektronenpaares des Enolsauerstoffatoms der Chelat-ring in einen dem aromatischen ähnlichen, mesomeren Zustand übergehen kann; hierdurch wird das Bestreben zur Konjugation abermals erleichtert, da dieses „aromatisierte" Chelat zweifellos noch energieärmer ist als die offene Kette mit konjugierter Doppelbindung. Eine solche Mesomerie wird um so leichter eintreten, je symmetrischer die β-Dicarbonylverbindung gebaut ist; die hohe Enolisierungstendenz des Acetylacetons gegenüber der weitaus geringeren des Acetessigesters wird wohl z. T. auch auf die hohe Symmetrie des Acetylaceton-chelats zurückzuführen sein.

Zusammenfassend ergibt sich also, daß eine Keto-Enol-Umlagerung in zwei voneinander unabhängige Teilvorgänge zerlegbar ist:

1. die Wanderung eines Wasserstoffatoms bzw. eines Wasserstoffkernes, eines Protons, vom Kohlenstoff an den Sauerstoff, kurz als *Prototropie* (Protomerie) bezeichnet;

2. die zur Konjugation der Doppelbindungen in der Enolform führende Bindungsverschiebung, die auf eine Verschiebung der Elektronenverteilung zurückzuführen ist, und die daher als *Enotropie* oder *elektromerer Effekt* (Elektromerie) bezeichnet wird.

Bezeichnet man die zur Prototropie nötige Energie, den „prototropen Arbeitsaufwand", mit E_p, die Energie des durch das Konjugationsbestreben ausgelösten elektromeren Effekts mit E_k, so ergibt sich also rein mathematisch[36] die freie Energie der Keto-Enol-Umlagerung, die Enolisierungstendenz $E_{\text{keto} \to \text{enol}}$ zu

$$E_{\text{keto} \to \text{enol}} = E_k - E_p.$$

<hr>

[35] ROTH, W. A.: Z. Elektrochem. **16**, 655 (1910); **17**, 791 (1911).
[36] ARNDT, F., u. C. MARTIUS: A. **499**, 252 (1932).

Der treibende Faktor der Enolisierung ist also der energieliefernde
Vorgang der Konjugation, der elektromere Effekt; Enolisierung tritt
nur dann ein, wenn der durch die Konjugation freiwerdende Energiebetrag größer ist als die für die Prototropie aufzuwendende Energie. Bei
konstant gedachtem elektromerem Effekt ist die Enolisierungstendenz
daher um so größer, je geringer der prototrope Arbeitsaufwand ist, d.h.
mit anderen Worten, je weniger die an sich der höheren Elektronenaffinität des Sauerstoffs wegen größere OH-Acidität des Enols die CH-
Acidität der Ketoform übertrifft.

Das Wesen der Keto-Enoltautomerie wird also nach ARNDT und Mitarbeiter bestimmt durch zwei voneinander unabhängige Teilvorgänge,
die Prototropie und den elektromeren Effekt, deren Zusammenspiel jedoch
erst die zu beobachtenden Erscheinungen entstehen läßt. Da die beiden
Effekte wesensverschieden sind, die Stärke der Effekte jedoch bedingt
ist durch die Natur der beiden die β-Dicarbonylverbindung aufbauenden
Substituenten, so ist verständlich, daß ein und derselbe Substituent den
prototropen Effekt anders beeinflußt als die Elektromerie. Bei der
Beeinflussung der Prototropie spielen die durch den Substituenten auf
die mittelständige —CH_2— bzw. —CH-Gruppe ausgeübten induktiven
Effekte eine wesentliche Rolle: die Protonbeweglichkeit und damit die
CH-Acidität wird bestimmt durch die Stärke der elektrischen Unsym-
metrie, der Polarität, die der Substituent der CH-Gruppe induziert
(*A-Effekt*, verstärkt durch den *Grenzformelfeldeffekt*[37]; daneben
spielt auch der rein elektrostatische Feldeffekt eine Rolle, den Atome
hoher Kernladung auf die Nachbaratome ausüben (*F-Effekt*; Kos-
SEL[38]). Der elektromere Effekt (*E-Effekt*) hingegen hängt ab von der
Fähigkeit des Substituenten, seine Doppelbindung „aufzurichten" oder
als Konjugationspartner zu einer umlagerungsfähigen (elektromerisier-
baren) Gruppe zu wirken. An Hand eines größeren Versuchsmaterials
über die „Beziehungen zwischen Acidität und Enolisierung" haben
ARNDT und Mitarbeiter[39] diese beiden voneinander verschiedenen
Effekte der Substituenten klar herausgearbeitet und die beiden folgenden Reihen aufgestellt:

1. Protonlockernde (CH-Acidität erzeugende) Wirkung (A- und
F-Effekt):

$$—NO_2 > —SO_2 \cdot OR > —SO_2 \cdot R > —CN > —COOR > —CHO > —CO \cdot R;$$

2. Elektromeriefähigkeit (Tendenz zur Aufrichtung der Mehrfach-
bindung und Wirkung als Konjugationspartner, E-Effekt):

$$\underset{H}{—C{=}O} > \underset{R}{—C{=}O} > —CN > \underset{OR}{—C{=}O} > —NO_2 \;.$$

SO_2-haltige Gruppen können nicht elektromer wirksam werden, da
sie keine Doppelbindungen enthalten, sondern nur semipolare Bindungen;

---

[37] ARNDT, F., u. B. EISTERT: B. **74**, 435 (1941).

[38] Ann. Physik [4] **49**, 229 (1916); Z. Elektrochem. **26**, 314 (1920); s. a. B. **74**,
429 (1941).

[39] ARNDT, F., H. SCHOLZ u. E. FROBEL: A. **521**, 111 (1935); B. **71**, 1629 (1938)

solche Gruppen können daher niemals Konjugationspartner sein, ihre prototrope Wirkung ist jedoch sehr hoch.

Sind mehrere elektromere Gruppen im Molekül enthalten, dann tritt die Enolisierung nach derjenigen Gruppe hin ein, die am weitesten links in der Reihe steht und damit den höheren elektromeren Effekt aufweist; die andere —C=O-haltige Gruppe wirkt dann als Konjugationspartner. Es ist ohne weiteres verständlich, daß außer der C=O-Doppelbindung auch eine normale —C=C-Doppelbindung als Konjugationspartner auftreten kann; darüber hinaus tritt völlige Enolisierung stets dann ein, wenn durch die entstehende Doppelbindung ein aromatisches System zur Ausbildung kommt.

Unter Zugrundelegung elektronentheoretischer Vorstellungen läßt sich daher die Keto-Enol-Umlagerung am Beispiel des Acetessigesters wie folgt beschreiben:

$$\overset{\delta+}{CH_3—C}—\overset{\delta-}{CH}—\overset{\delta+}{C}=\bar{O}\ .$$
$$\quad\ \underset{|O|}{\|}\quad\underset{H}{|}\quad\ \underset{|\underline{O}—C_2H_5}{|}$$

Durch die Anwesenheit von elektronenaffinen Sauerstoffatomen als „*Schlüsselatome*" in der Acetyl- und der Carbäthoxygruppe werden die Oktette der zentralen C-Atome dieser Gruppen instabil („*desintegriert*"), da die gemeinsamen Elektronenpaare innerhalb dieser Gruppen vornehmlich von den Sauerstoffatomen beansprucht werden. Hierdurch wird dann das C-Atom der mittelständigen CH_2-Gruppe induktiv polarisiert im Sinne einer Stabilisierung dessen Oktetts (A-Effekt), wodurch die Wasserstoffatome beweglich werden und dazu neigen, sich unter Hinterlassung des anteiligen Elektronenpaares als Proton abzuspalten. Dieser Effekt wird noch weiter gesteigert durch die elektrostatische abstoßende Wirkung der in der mesomeren Grenzformel von Elektronen entblößten Rumpfladung der Carbonyl-C-Atome (Grenzformel-Feldeffekt)

$$>C=\bar{O}\ \longleftrightarrow\ >\overset{\oplus}{C}—\overset{\ominus}{\underline{O}}|\ .$$

So kommt es schließlich zur Abspaltung eines Protons aus der CH_2-Gruppe unter Hinterlassung eines Anions mit einsamem Elektronenpaar am mittelständigen C-Atom (I. Phase der Umlagerung):

$$\text{I.}\quad CH_3—\underset{\underset{|O|}{\|}}{C}—\underset{\underset{H}{|}}{CH}—\underset{\underset{|\underline{O}—C_2H_5}{|}}{C}=\bar{O}\ \rightleftharpoons\ \left[CH_3—\underset{\underset{|O|}{\|}}{C}—\underline{CH}—\underset{\underset{|\underline{O}—C_2H_5}{|}}{C}=\bar{O}\right]^{-}\ +H^{+}\ .$$

Innerhalb des so entstehenden *Carbeniat*-Anions tritt nunmehr Elektronenverschiebung ein derart, daß die C=O-Gruppe der Acetylgruppe, die stärker elektromer ist als die Carbäthoxygruppe, sich anionisch aufrichtet, wodurch am C-Atom dieser Gruppe eine Okettlücke auftritt (II. Phase der Umlagerung):

$$\text{II.}\quad\left[CH_3—\underset{\underset{|O|}{\|}}{C}—\underline{CH}—\underset{\underset{|\underline{O}—C_2H_5}{|}}{C}=\bar{O}\ \longleftrightarrow\ CH_3—\overset{\oplus}{\underset{\underset{\ominus\,|\underline{O}|}{|}}{C}}—\underline{CH}—\underset{\underset{|\underline{O}—C_2H_5}{|}}{C}=\bar{O}\right]^{-}\ .$$

In der dritten Phase der Umlagerung wird dann diese Oktettlücke aufgefüllt durch das einsame Elektronenpaar der zentralen —CH-Gruppe unter Ausbildung einer Doppelbindung, die zur Carbonyldoppelbindung der Carbäthoxygruppe in Konjugation steht:

$$\text{III.} \quad \left[\begin{array}{c} \overset{\oplus}{\text{CH}_3-\text{C}-\text{CH}-\text{C}=\overline{\text{O}}} \\ \ominus \;\; |\underline{\text{O}}| \qquad |\underline{\text{O}}-\text{C}_2\text{H}_5 \end{array}\right. \longleftrightarrow \left.\begin{array}{c} \text{CH}_3-\text{C}\rightleftharpoons\text{CH}-\text{C}=\overline{\text{O}} \\ |\underline{\text{O}}| \qquad |\underline{\text{O}}-\text{C}_2\text{H}_5 \end{array}\right]^{-}.$$

Das auslösende Moment der Umlagerung ist also die kationische Abspaltung eines Protons vom zentralen C-Atom; das dort zurückgelassene, nunmehr einsame Elektronenpaar verschiebt sich dann als π-Elektronenpaar nach demjenigen Carbonyl-C-Atom hin, bei dem durch Elektronenverschiebung innerhalb dieser Carbonylgruppe am leichtesten eine Oktettlücke zur Aufnahme des einsamen Elektronenpaares der —CH-Gruppe entstehen kann: nach der Acetylgruppe hin. Das treibende Moment dieser Elektronenverschiebung ist in dem Bestreben des einsamen Elektronenpaares zu erblicken, eine solche Doppelbindung auszubilden, die unter Energiegewinn zu einer C=O-Doppelbindung in Konjugation tritt.

In der IV. Phase der Umlagerung tritt dann das H^+-Ion mit dem so entstandenen *Enolat*-Anion zur Enolverbindung zusammen:

$$\text{IV.} \quad \left[\begin{array}{c} \text{CH}_3-\text{C}=\text{CH}-\text{C}=\text{O} \\ |\underline{\text{O}}| \qquad |\underline{\text{O}}-\text{C}_2\text{H}_5 \end{array}\right]^{-} + \text{H}^+ \rightleftharpoons \begin{array}{c} \text{CH}_3-\text{C}=\text{CH}-\text{C}=\overline{\text{O}} \\ |\underline{\text{O}}\rightarrow\text{H} \quad |\underline{\text{O}}-\text{C}_2\text{H}_5 \end{array}.$$

Der nunmehr am Sauerstoff sitzende Wasserstoff ist durch diese neue Bindung saurer, d. h. beweglicher geworden; einmal deswegen, weil Sauerstoff elektronenaffiner ist als Kohlenstoff, in der Hauptsache aber wegen der allgemein stärkeren Polarisierbarkeit der Doppelbindung, wodurch induktiv die Polarität der Sauerstoff-Wasserstoffbindung noch mehr gesteigert wird.

Das *cis*-Enoltautomere seinerseits tritt dann mit dem daraus entstehenden Chelat ins Gleichgewicht

$$\text{V.} \quad \begin{array}{c} \text{CH}_3-\text{C}=\text{CH}-\text{C}-\overline{\text{O}}-\text{C}_2\text{H}_5 \\ |\underline{\text{O}}-\text{H} \quad |\overset{\|}{\text{O}}| \end{array} \rightleftharpoons \quad \begin{array}{c} |\overline{\text{O}}-\text{C}_2\text{H}_5 \\ \text{HC}\diagdown\overset{\text{C}}{}\diagup\text{O}| \\ \| \qquad \downarrow \\ \text{CH}_3-\text{C}\diagdown\underline{\text{O}}\diagup\text{H} \end{array}$$

das um so mehr auf Seiten des Chelats liegen wird, je höher der elektromere Gesamteffekt des Enols ist.

Phase I und IV stellen zusammen den Teilvorgang der Prototropie, Phase II, III und V den der Elektromerie dar.

Schließlich soll nicht unerwähnt bleiben, daß man nach B. Eistert[40] den prototropen Teilvorgang der Keto-Enol-Umlagerung auf eine zwischenmolekulare

---

[40] Eistert, B.: Tautomerie und Mesomerie; Sammlung chemischer und chemisch-technischer Vorträge, N. F. **40**, 172 (1938).

H-Brückenbildung zurückführen kann, wodurch die kationische H^+-Abspaltung eingeleitet wird:

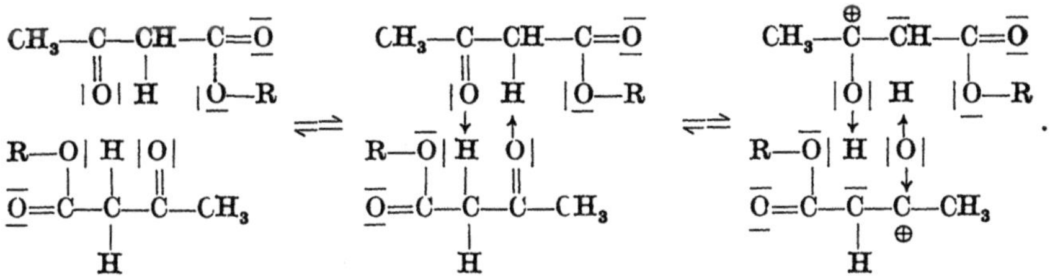

$$CH_3\!-\!C\!-\!CH\!-\!C\!=\!\bar{O} \quad\rightleftharpoons\quad CH_3\!-\!C\!-\!CH\!-\!C\!=\!\bar{O} \quad\rightleftharpoons\quad CH_3\!-\!\overset{\oplus}{C}\!-\!\bar{C}H\!-\!C\!=\!\bar{O}\,.$$

Auf diese Weise stellt sich die Prototropie als zwischenmolekularer Protonaustausch dar; die wesentlichen Überlegungen der skizzierten Zergliederung der Keto-Enol-Umlagerung bleiben hierdurch unberührt. Durch diese Vorstellung wird im Gegenteil besonders hervorgehoben, daß die Keto-Enol-Umlagerung nur durch das innige Zusammenwirken des protomeren und elektromeren Effekts zustandekommt.

Auf analoge Weise ist bei β-Dicarbonylverbindungen ganz allgemein die Keto-Enol-Umlagerung zu deuten.

In diesem Zusammenhang ist übrigens die intuitive Deutung CLAISENs[41] von Interesse, die er für die seinerzeit (1896) nicht genügend erklärbare säureartige Natur der Atomgruppierung $-C(OH) = CH-CO-$ gab. Er stellte die Hypothese auf, „daß der acidifizierende Einfluß, welchen in $-COOH$ das Carbonyl auf das direkt mit ihm verbundene Hydroxyl ausübt, sich in ähnlicher, nur schwächerer Weise auch äußern muß, wenn CO dem OH stark genähert", bzw. nur durch eine Doppelbindung voneinander getrennt sind, z. B.:

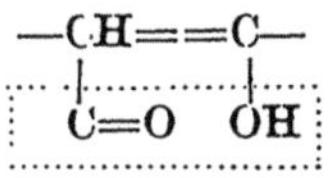

$$\begin{array}{ccc} -CH & = = & C- \\ | & & | \\ C=O & & OH \end{array} \; ;$$

hierdurch entstehe „eine Art" Carboxylgruppe, eine $-CO\varDelta OH$-Gruppe.

Die moderne elektronentheoretische Deutung des aciden Charakters der Enole läßt diese CLAISENsche Hypothese als durchaus nicht abwegig erscheinen.

Die Enolisierungstendenz einer β-Dicarbonylverbindung wird also im wesentlichen bestimmt durch das für das System $-CO-CH_2-CO-$ charakteristische Konjugationsbestreben, das eine erhöhte Aufrichtungstendenz einer der beiden Carbonyl-Gruppen bewirkt:

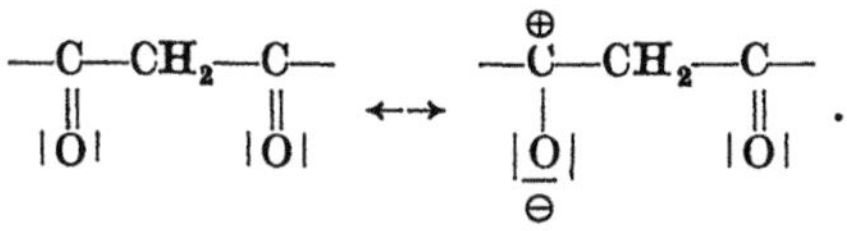

$$\begin{array}{c} -C\!-\!CH_2\!-\!C- \\ \|\quad\quad\| \\ |O|\quad\ |O| \end{array} \quad\longleftrightarrow\quad \begin{array}{c} -\overset{\oplus}{C}\!-\!CH_2\!-\!C- \\ |\quad\quad\| \\ \underset{\ominus}{|O|}\quad\ |O| \end{array} \;.$$

Diese besondere Eigenschaft der β-Dicarbonylverbindungen gestattet nun auch eine Deutung der Abhängigkeit der Enolisierungstendenz vom jeweiligen Lösungsmittel. Unpolare, hydrophobe Mittel erleichtern, wie bereits erwähnt, die Enolisierung durch Begünstigung der cyclischen, in sich geschlossenen Chelatformen. Die Zurückdrängung des Enolgehalts durch hydrophile polare Mittel nun hat ihre Ursache in der durch

[41] A. **291**, 35, Anm. 12 (1896); vgl. a. L. ANSCHÜTZ: Nachruf auf L. CLAISEN, B. **69** A, 163 (1936).

die Aufrichtungstendenz der Carbonyl-Gruppe bedingten erhöhten Anlagerungsfähigkeit dieser Gruppe, die, sehr wahrscheinlich unter Zwischenschaltung von H-Brücken, zu Hydraten bzw. Alkoholaten[42] führt (R = H, Alkyl, —COR′):

$$
\underset{\overset{\ominus}{|\underline{O}|}}{\overset{\oplus}{-C}}-CH_2-CO- \quad \rightleftharpoons \quad \underset{|\underline{O}\rightarrow H}{\overset{\overset{OR}{\downarrow}}{-C}}-CH_2-CO- \quad \rightleftharpoons \quad \underset{O-H}{-C}=CH-CO- \;.
$$

Dieses Hydratations-Gleichgewicht, das sowohl vom Enol als auch vom Keton aus sich einstellt, liegt um so mehr auf seiten des Hydrats bzw. Alkoholats, je hydrophiler das jeweilige Lösungsmittel ist. Man versteht daher nun leicht, warum der Enolgehalt des Acetessigesters in Wasser geringer ist als in Ameisensäure, in Methyl- oder Äthylalkohol (vgl. Tab. S. 7): je mehr die Hydroxyl-Gruppe im Lösungsmittel überwiegt, um so mehr liegt das Gleichgewicht auf seiten des Hydrats. Die K. H. MEYERsche Gleichung, $K = L \cdot E$, gilt daher streng nur dann, wenn das Verhältnis der hydrophoben Solvatation des Enol-chelats zur hydrophilen Solvatation des Ketons bzw. Enols von Substanz zu Substanz parallel gehen. Tritt die Hydrat- bzw. Alkoholatbildung stärker hervor, so wird der Enolgehalt in Wasser bzw. Alkoholen geringer sein, als die Gleichung erwarten läßt. Dieser Fall ist gegeben beispielsweise beim Formyl-phenyl-essigsäuremethylester[43], der sich daher aus methanolischer Lösung als Methylalkoholat[44] abscheiden läßt.

Da die Aufrichtungsdendenz der Carbonyl-Doppelbindung durch eine direkt mit dieser verknüpften Trihalogenmethyl-Gruppe als Ausfluß des hohen elektrostatischen Feldeffekts der Halogenatome stark erhöht und die Hydrat- bzw. Alkoholatbildung dadurch wesentlich begünstigt wird (Chloral-Chloralhydrat), so ist verständlich, daß sowohl der γ,γ,γ-Trichlor-[45] als auch der γ,γ-Difluoracetessigester[46] leicht Hydrate bilden. Der Rückgang des Enolgehalts des frisch destilliert zu 82% enolisierten γ,γ-Difluoracetessigesters in alkoholischer Lösung bei —15° von 58% auf 2% Enol innerhalb 90 min ist daher wohl zum überwiegenden Teil auf Alkoholatbildung von seiten des Enols her zurückzuführen. Ebenso sind die Unregelmäßigkeiten der Enolbestimmung des γ,γ,γ-Trichlor[45] als auch des entsprechenden Trifluoracetessigesters[47] durch Hydrat- bzw. Alkoholatbildung bedingt.

Bei allen β-Dicarbonylverbindungen ist grundsätzlich eine Enolisierung nach jeder der beiden Carbonyl-Gruppen hin möglich. Ist der elektromere Effekt beider Gruppen wie bei den β-Ketocarbonsäureestern stark voneinander verschieden, dann erfolgt die Enolisierung nach der Carbonyl-Gruppe mit dem höheren elektromeren Effekt. Diese ein-

[42] ARNDT, F., L. LOEWE u. R. GINKÖK: Rev. Fac. Sci. Istanbul 11, 152 (1946).
[43] DIECKMANN, W.: B. 50, 1376 (1917).
[44] WISLICENUS, W.: A. 413, 212 (1917).
[45] ARNDT, F., L. LOEWE u. L. CAPUANO: Rev. Fac. Sci. Istanbul 8, 131 (1943).
[46] DÉSIRANT, Y.: Bull. Acad. roy. Belg. [5] 15, 966 (1929).
[47] SWARTS, FRÉD.: Bull. Soc. chim. Belg. 36, 319 (1927); Bull. Acad. roy. Belg. [5] 12, 679, 692, 721 (1926).

seitige Enolisierungsrichtung wird nun um so mehr gegen eine Enolisierung nach beiden möglichen Richtungen hin zurücktreten, je geringer der Unterschied der elektromeren Effekte der beiden Carbonyl-Gruppen ist:

$$R-\underset{\underset{OH}{|}}{C}=CH-CO-R' \;\rightleftharpoons\; R-CO-CH_2-CO-R' \;\rightleftharpoons\; R-CO-CH=\underset{\underset{OH}{|}}{C}-R'$$

wenn auch in unsymmetrischen β-Diketonen eine der beiden Enolisierungsrichtungen zumeist stark überwiegt. Wäre es nun möglich, die Enolisierungsrichtung unsymmetrischer β-Diketone exakt zu bestimmen, so wäre diese Bestimmung hervorragend geeignet, feinere Unterschiede der elektromeren Effekte der Gruppen R—CO— zu bestimmen. Alle Versuche jedoch, auf rein chemischem Wege Einblick in die hier obwaltenden Verhältnisse zu gewinnen, geben naturgemäß nur darüber Auskunft, welche der beiden Enolformen unter den jeweils angewandten Bedingungen die reaktionsbereitere ist. So geben z. B. die von R. P. Barnes und Mitarbeitern[48] durchgeführten Versuche, die Enolisierungsrichtung unsymmetrischer β-Diketone durch Festlegung der Konstitution der aus ihnen entstehenden Isoxazole zu bestimmen, nur Aufschluß über die unter den Bedingungen der Isoxazol-Bildung schneller reagierende Enolform. Es wird hier also nur die reaktionsfähigere der beiden Enolformen ermittelt, woraus über die Enolisierungsrichtung des chemisch nicht beeinflußten β-Diketons selbst nichts ausgesagt werden kann. Wenn auch nicht im gleichen Maße, so gilt dieselbe Einschränkung dennoch auch für eine andere rein chemische Methode zur Ermittelung der Enolisationsrichtung: die Bestimmung der durch Ozonisieren erhaltenen Spaltstücke. So erhielten Scheiber und Herold[49] durch Einwirkung von Ozon auf Benzoylaceton zu 95% Benzoesäure und Methyglyoxal, ein Hinweis darauf, daß das Benzoylaceton unter der Einwirkung von Ozon als $C_6H_5-C(OH)=$ $=CH-CO-CH_3$ reagiert.

Um die chemische Beeinflussung der Enolisierung auszuschließen, hat man daher versucht, auf rein physikalischem Wege der Lösung dieses Problems näher zu kommen. So benutzten C. Weygand und Mitarbeiter[50] den morphologischen Vergleich mit den beiden möglichen Enolen entsprechenden Chalkonen. Auf diese Weise wurde festgestellt, daß das krystallin abscheidbare Enol des p-Toluyl-benzoylmethans nach der Seite des Benzoyl-Restes enolisiert, während beim m-Toluyl-benzoylmethan das Enol nach dem m-Toluyl-Rest vorliegt; o-Nitrobenzoyl-benzoylmethan enolisiert erwartungsgemäß nach dem nitrierten Rest hin. Auf ähnlichem Wege wurde festgestellt, daß Acylketone $R-CO-CH_2-CO-CH_3$, worin R einen gesättigten Alkyl-Rest bedeutet, nach dem längeren Rest hin enolisieren[51].

[48] J. Amer. chem. Soc. 62, 1084 (1940); 64, 2262 (1942); 65, 1070, 1585 (1943); 67, 132, 138 (1945); 69, 3129, 3132, 3135 (1947).

[49] A. 405, 318 (1914); s. a. B. 46, 1105 (1913).

[50] A. 472, 143 (1929); B. 68, 234 (1935).

[51] Weygand, C., u. R. Baumgärtel: B. 62, 575 (1929).

Durch Vergleich der UV-Absorption der Lösung unsymmetrischer
β-Diketone mit in ihrer Struktur gesicherten nahe verwandten Derivaten wurde festgestellt[52], daß Benzoylaceton in Kohlenwasserstoffen gelöst nach der Acetyl-Gruppe hin enolisiert, während das α-Me-
thylbenzoylaceton nach dem aromatischen Rest enolisiert. Im Einklang
damit stehen Befunde L. Claisens[53], wonach das Einwirkungsprodukt von Diazomethan auf das Benzoylaceton zu zwei Dritteln aus dem
A-Äther und zu einem Drittel aus dem B-Äther besteht:

$$C_6H_5-CO-CH=C-CH_3 \qquad\qquad C_6H_5-C=CH-CO-CH_3$$
$$\qquad\qquad\quad | \qquad\qquad\qquad\qquad\qquad\qquad\quad |$$
$$\qquad\qquad\quad OCH_3 \qquad\qquad\qquad\qquad\qquad\quad OCH_3$$

A—Äther   B—Äther

Die Alkalisalze des Benzoylacetons erwiesen sich nach der Methode
der vergleichenden Auswertung der UV-Absorptionsspektren in alkoholischer Lösung hingegen als Salze des Benzoyl-Enols. Bei Überschuß
von Natriumäthylat verschwindet hingegen der Unterschied zwischen
beiden Enolen, da durch die Mesomerie des Anions:

$$\left[C_6H_5-C\overset{CH}{\diagup\diagdown}C-CH_3\right]^- \longleftrightarrow \left[C_6H_5-C\overset{CH}{\diagup\diagdown}C-CH_3\right]^-$$

die beiden Enolisierungsrichtungen nur als Grenzformeln der Mesomerie
erscheinen.

O-Acetylbenzoylaceton stellt den Ester der Acetyl-Enol-Form

$$C_6H_5-CO-CH=C-CH_3$$
$$\qquad\qquad\qquad\quad |$$
$$\qquad\qquad\qquad O-CO-CH_3$$

dar, da bei der Hydrierung Butyrophenon entsteht[54].

3. Enolisierungstendenz und Acidität.

Die geschilderte elektronentheoretische Zergliederung der Keto-
Enoltautomerie läßt erkennen, daß die durch das Verdienst Arndts und
seiner Mitarbeiter möglich gewordene Herausarbeitung der entscheidenden Rolle des protomeren und des elektromeren Effekts einen tieferen
Einblick in das Wesen dieser freiwillig verlaufenden Umlagerung gestattet. Es liegt nun nahe, anzunehmen, daß die Stärke dieser beiden Effekte
als eine den verschiedenen Carbonylgruppen konstante Größe in allen
β-Dicarbonylverbindungen unbeeinflußt von der weiteren Substitution
wiederkehrt, so daß sich rein qualitativ aus der Zusammensetzung der
β-Dicarbonylverbindung Enolisierungstendenz und Acidität ohne weiteres würden vorhersagen lassen. Dies trifft in dieser vereinfachenden
Verallgemeinerung jedoch zweifellos nicht zu; die Beziehungen zwischen
Enolisierungstendenz und Acidität liegen vielmehr weit verwickelter.

[52] Morton, R. A., A. Hassan u. T. C. Calloway: J. chem. Soc. London **1934**, 883.

[53] B. **59**, 144 (1926).

[54] Roll, L. J., u. R. Adams: J. Amer. chem. Soc. **53**, 3469 (1931).

Dies zeigt bereits folgende Überlegung: substituiert man eine β-Dicarbonylverbindung in α-Stellung durch eine neutrale Alkylgruppe, wie beispielsweise eine Methylgruppe,

$$R-\underset{\underset{O}{\|}}{C}-CH_2-\underset{\underset{O}{\|}}{C}-R' \longrightarrow R-\underset{\underset{O}{\|}}{C}-\underset{\underset{CH_3}{|}}{CH}---\underset{\underset{O}{\|}}{C}-R'$$

so tritt zunächst eine Störung der Induktion durch diese Substitution der aciden Methylengruppe ein, die durch Erhöhung des prototropen Arbeitsaufwands zu einer Verringerung der CH-Acidität führt. Gleichzeitig aber tritt durch diese Substitution auch eine Verringerung des elektromeren Effekts der Carbonylgruppen deswegen ein, weil durch diese Substitution auch die Konjugation gestört wird:

$$R-\underset{\underset{OH}{|}}{C}=CH-\underset{\underset{R'}{|}}{C}=O \longrightarrow R-\underset{\underset{OH}{|}}{C}=\overset{\overset{CH_3}{|}}{C}---\underset{\underset{R'}{|}}{C}=O \; .$$

Die Enolisierungstendenz von α-Methyl-acetylaceton wird also geringer sein als diejenige von Acetylaceton selbst; durch die Beeinträchtigung des elektromeren Effekts der Acetylgruppen wird dabei die Herabsetzung der Enolisierungstendenz größer sein, als die Erhöhung des prototropen Arbeitsaufwands zunächst vermuten ließ.

Diese Herabsetzung der Enolisierungstendenz durch einen neutralen Substituenten in α-Stellung gilt ganz allgemein für alle β-Dicarbonylverbindungen, wie die nachfolgende Tabelle zeigt[55]:

a) *β-Ketocarbonsäureester* $CH_3-CO-CH(R)-COOC_2H_5$.

R	Enolgehalt in %			
	Flüssigkeit	Gas	Hexan (0,1 M)	Alkohol (0,1 M)
H	7,3	46,1	49,0	10,0
CH_3	4,1	14,0	10,6	5,1
C_2H_5	2,9	10,0	14,5	3,5
n-C_3H_7 . . .	7,0	13,2	14,4	—
iso-C_3H_7 . .	4,9	6,1	5,9	—
n-C_4H_9 . . .	6,1	14,0	10,0	6,0
sec.-C_4H_9 . .	8,4	9,0	9,2	9,3
C_6H_5	30,5	80,0	67,0	30,7
$CH_2 \cdot C_6H_5$.	4,9	12,5	12,0	5,3

b) *β-Diketone* $CH_3-CO-CH(R)-CO-CH_3$.

R	Enolgehalt in %			
	Flüssigkeit	Gas	Hexan (0,1 M)	Alkohol (0,1 M)
H	76,5	92,0	91,7	83,0
CH_3	29,5	44,0	59,0	31,4
C_2H_5	26,4	33,5	26,5	28,6
$CH_2 \cdot C_3H_5$.	61,0	70,0	68,0	46,3

[55] CONANT, J. B., u. A. F. THOMPSON: J. Amer. chem. Soc. **54**, 4039 (1932).

Diese Beeinträchtigung der Enolisierungstendenz ist um so ausgeprägter, je höhermolekular der (aliphatische) Substituent ist. Eine besonders starke Herabsetzung der Enolisierungstendenz tritt stets dann ein, wenn der Substituent stark verzweigt ist, ein Effekt, der um so mehr in Erscheinung tritt, je näher die Verzweigungsstelle dem substituierenden C-Atom steht[56]. Die Werte der Tabelle zeigen außerdem sehr deutlich den in verdünnter alkoholischer Lösung und auch in dem flüssigen Desmotropen auftretenden Solvatationseffekt[57], der im Gaszustand und in verdünnter Hexanlösung weitgehend ausgeschaltet ist.

Besonders bemerkenswert ist die Erhöhung der Enolisierungstendenz durch eine α-ständige Phenyl-Gruppe, die wohl im wesentlichen auf eine starke Erhöhung der CH-Acidität zurückzuführen ist, da das nach Abdissoziation des Protons von der α-CH-Gruppe verbleibende einsame Elektronenpaar in die Mesomerie des Phenyl-Restes einbezogen wird. Diese Herabsetzung des prototropen Arbeitsaufwands bewirkt nun eine starke Erhöhung der Enolisierungstendenz, da der Phenyl-Rest sterisch die Konjugation anscheinend nur wenig stört und dadurch den elektromeren Effekt der Acetyl-Gruppe kaum beeinträchtigt.

Anders liegen die Verhältnisse jedoch bei der α-Substitution durch einen stark raumfüllenden, acidifizierenden Rest, dem ein elektromerer Effekt nicht zukommt, wie beispielsweise beim Methylsulfonyl-Rest. So tritt im α-Methylsulfonyl-acetylaceton

$$
\begin{array}{ccc}
\mathrm{CH_3{-}CO{-}CH{-}CO{-}CH_3} & & \overset{\displaystyle \mathrm{CH_3}}{\underset{}{|}}\\[-0.3em]
\overset{\displaystyle |}{\ominus|\overline{\mathrm{O}}|{\leftarrow}\overset{\oplus}{\mathrm{S}}{-}\mathrm{CH_3}} & \rightleftharpoons & \mathrm{CH_3{-}C{=\!=}C{-}C{=}O}\\[-0.2em]
\underset{\ominus|\underline{\mathrm{O}}|}{\overset{\oplus}{\downarrow}} & & \quad\ \ \mathrm{OH}\ \ \ \ \mathrm{SO_2\cdot CH_3}
\end{array}
$$

durch den hohen Grenzformel-Feldeffekt der Methylsulfonylgruppe zwar induktiv eine starke Erhöhung der CH-Acidität ein; der geringere protrope Arbeitsaufwand müßte dann jedoch, wenn der elektromere Effekt der Acetylgruppen konstant wäre, zu einer deutlichen Erhöhung der Enolisierungstendenz führen. Dies ist jedoch keineswegs der Fall: nach G. Schwarzenbach und E. Felder[58] beträgt der Enolgehalt des α-Methylsulfonyl-acetylacetons in Wasser nur 1,1% gegen 15% des Acetylacetons im gleichen Lösungsmittel. Dies ist im wesentlichen darauf zurückzuführen, daß durch den raumfüllenden Methylsulfonylrest auch eine starke Störung der Konjugation eintritt, die eine nach-

---

[56] MEYER, K. H.: A. 380, 241 (1911); B. 45, 2850 (1912). — AUWERS, K. v.: A. 415, 169 (1918). — NESS, A. B., u. S. M. McELVAIN: J. Amer. chem. Soc. 60, 2213 (1938); s. a. H. HENECKA: B. 81, 194 (1948). — Diese Herabsetzung der Enolisierungstendenz durch sperrige Substituenten gilt übrigens auch in der Reihe der 1,2-Diketone: so fand C. F. KOELSCH: J. Amer. chem. Soc. 65, 1640 (1943), daß das 3-tert. Butyl-1,2-diketohydrinden als reines Keton vorliegt, während die entsprechende 3-Methyl- und auch die 3-Phenylverbindung völlig enolisiert sind.
[57] Vgl. a. S. 11.
[58] Helvet. chim. Acta 27, 1052, 1054 (1944).

haltige Verringerung des elektromeren Effekts der Acetylgruppen bedingt. Der elektromere Effekt erscheint daher weniger als eine einer bestimmten Gruppe eigentümlich konstante Größe; er ist vielmehr darüber hinaus eine Eigentümlichkeit der ganzen Molekel und nicht einfach aus Gruppenanteilen additiv zusammensetzbar [59].

Trotz dieser geringen Enolisierungstendenz ist jedoch die Acidität, d. h. die Ionisierungstendenz des α-Methylsulfonyl-acetylacetons durch den hohen elektrostatischen Feldeffekt der Methylsulfonylgruppe so hoch, daß diese Verbindung eine Säure von der Stärke der Essigsäure darstellt.

Bei den Beziehungen zwischen Enolisierungstendenz und Acidität spielt ein gewisser *sterischer* Faktor eine wesentliche Rolle, worauf G. SCHWARZENBACH und E. FELDER [60] besonders hinweisen. Dieser sterische Faktor wird verständlich, wenn man bedenkt, daß bei der Enolisierung einer β-Dicarbonylverbindung durch die Ausbildung der Doppelbindung zwischen zwei Kohlenstoffatomen die zuvor zwischen diesen C-Atomen vorhandene freie Drehbarkeit unterbunden wird. Nur eine kleine Anzahl der verschiedenen Formen, die die β-Dicarbonylverbindung infolge der freien Drehbarkeit der C—C-Bindungen einnehmen kann, wird daher *ohne* vorherige Verstellung der Gruppen zueinander in die Enolform übergehen können. Die Enolisierung bewirkt daher gleichsam ein *Erstarren* des Moleküls, das sich um so nachteiliger auf die Enolisierungstendenz auswirken muß, je größer die Gruppen sind, die zur Auslösung der Enolisierung gegeneinander verstellt werden müssen.

Aus dieser Vorstellung folgt weiterhin, daß die Enolisierungstendenz temperaturabhängig sein muß, denn da mit steigender Temperatur dieses Erstarren des Moleküls zunehmend erschwert ist, wird die Enolisierungstendenz mit steigender Temperatur sinken. Tatsächlich beträgt der Enolgehalt des Acetessigesters im Gaszustand bei 0° 63%, bei 20° 52%, und bei 180° nur noch 14% [61].

Dieser sterische Faktor beeinflußt nun auch die Ionisierungstendenz des Enols, da zufolge der nach Abdissoziation des Protons im verbleibenden Anion eintretenden Mesomerie ein abermaliges Erstarren des Enolations eintritt:

$$\left[R_1-C \overset{\overset{\displaystyle H}{|}}{\underset{\underset{\displaystyle |\underline{O}|}{\|}}{C}} \underset{\underset{\displaystyle |O|}{\|}}{C}-R_2 \leftrightarrow R_1-C \overset{\overset{\displaystyle H}{|}}{\underset{\underset{\displaystyle |O|}{\|}}{\overset{-}{C}}} \underset{\underset{\displaystyle |O|}{\|}}{C}-R_2 \leftrightarrow R_1-C \overset{\overset{\displaystyle H}{|}}{\underset{\underset{\displaystyle |O|}{\|}}{C}} \underset{\underset{\displaystyle |\underline{O}|}{|}}{C}-R_2 \right]^- .$$

[59] SCHWARZENBACH, G., u. E. FELDER: Helvet. chim. Acta **27**, 1705 (1944).

[60] Helvet. chim. Acta **27**, 1706 (1944).

[61] BRIEGLEB, G., u. H. REBELEIN: Z. Naturforsch. **2a**, 562 (1947); s. a. K. H. MEYER: B. **47**, 832 (1914); — GROSSMANN, P.: Z. phys. Chem. **109**, 305, (1924); RICE, F. O., u. J. J. SULLIVAN: J. Amer. chem. Soc. **50**, 3048 (1928). — CONANT, J. B., u. A. F. THOMPSON: J. Amer. chem. Soc. **54**, 4039 (1932). — SCHWARZENBACH, G., H. SUTTER u. K. LUTZ: Helvet. chim. Acta **23**, 1191 (1940).

Es bildet sich dadurch ein System von vier gleichartigen „$1^1/_2$-Bindungen" aus, die relativ starre Winkel einschließen und keine unbeschränkte freie Drehbarkeit mehr besitzen.

Die Tatsache, daß α-monosubstituierte β-Dicarbonylverbindungen eine geringere Enolisierungstendenz besitzen, als die unsubstituierten Stammverbindungen, wird durch diese Überlegungen dem Verständnis näher gebracht. Dem Einfluß des sterischen Faktors ist es nun auch zuzuschreiben, daß beim Einbau der β-Dicarbonylkonfiguration in einem 6-Ring wie beim Dimethyldihydroresorcin

eine Verbindung erhalten wird, die hoch enolisiert[62] und gleichzeitig stark sauer ist; denn nunmehr fällt der sterische Faktor deswegen fort, weil bereits durch die Cyclisierung die β-ständigen Carbonylgruppen starr in der zur Enolisierung günstigsten gegenseitigen Stellung sich befinden. Da das gleiche für die Ionisierung gilt, ist die Verbindung aus dem gleichen Grunde stark sauer.

Verlegt man nun wie beim Indandion

die β-ständigen Carbonylgruppen in einen 5-Ring, so bleibt hier trotz Wegfalls des sterischen Faktors die Enolisierungstendenz deswegen gering (in Wasser 1,6% Enol), weil der 5-Ring einer Verlagerung der Doppelbindung in den Ring wegen der dadurch auftretenden Ringspannung einen gewissen Widerstand entgegensetzt. Da aber einer Verteilung der ringständigen Doppelbindung in zwei $1^1/_2$-Bindungen, d. h. der Ausbildung des mesomeren Anions, nichts im Wege steht, ist das Indandion trotz geringer Enolisierungstendenz stark sauer.

Liegt nun, wie beim Cyclopentanon- bzw. Cyclohexanoncarbonester, eine der beiden Carbonylgruppen außerhalb des 5- bzw. 6-Ringes, so werden auch bei solchen β-Dicarbonylverbindungen Enolisierungstendenz und Acidität beherrscht durch den geschilderten sterischen Effekt. Wie bereits W. DIECKMANN[63] feststellte, ist Cyclohexanoncarbonester zu 76% enolisiert, aber schwach sauer, während Cyclopentanoncarbonester nur zu 4% enolisiert, aber so stark sauer ist, daß er bereits in Natriumcarbonatlösung im Gegensatz zum Cyclohexanoncarbonester löslich ist. Der Unterschied in der jeweiligen Enolisierungstendenz ist auf die gleiche Ursache zurückzuführen, wie bei dem Verbindungspaar Dimethyl-

---

[62] SCHWARZENBACH, G.: Helvet. chim. Acta **27**, 1059 (1944): Enolgehalt im Wasser 95,3%.

[63] A. **317**, 60 (1901); B. **55**, 2470 (1921). S. a. R. SCHRECK: J. Amer. chem. Soc. **71**, 1881 (1941).

dihydroresorcin/Indandion. Der Unterschied in der Acidität hingegen wird dadurch verständlich, daß beim 5-Ring die durch die Verlagerung der Doppelbindung in den Ring eintretende Ringspannung die Ausbildung des mesomeren Anions deswegen begünstigt, weil durch die Verteilung der π-Elektronen der Doppelbindung in zwei bzw. vier $1^1/_2$-Bindungen die Ringspannung weitgehend gelöst wird. Beim 6-Ring des Cyclohexanoncarbonesters hingegen ist dieser Anlaß zur Ionisierung nicht gegeben, da der Ring auch nach Ausbildung der Doppelbindung spannungsfrei bleibt.

Substituiert man eine acyclische β-Dicarbonylverbindung in α-Stellung durch eine Carbonyl-Gruppe selbst, so gelangt man in den Triacylmethanen zu Verbindungen hoher CH- und Enolacidität, da der protomere Effekt einer Carbonyl-Gruppe dem zuvor geschilderten Effekt der Sulfomethyl-Gruppe analog ist. Da nun aber ein Triacylmethan nur *einmal* nach der Gruppe mit der höchsten Elektromeriefähigkeit hin enolisieren kann, bewirkt der dritte Acyl-Substituent im wesentlichen eine Störung der Konjugation, die die Enolisierungstendenz um so mehr beeinträchtigt, je raumfüllender die Acyl-Gruppe ist. Während so Triacetyl- und Benzoyl-diacetylmethan noch weitgehend enolisieren, sinkt die Enolisierungstendenz über das Acetyl-dibenzoylmethan zum Tribenzoylmethan stark ab[64].

II. Alkylierung und Acylierung.

Säuert man eine Lösung des Natracetessigesters in Wasser oder Alkohol bei tiefer Temperatur an, so erhält man den freien Acetessigester als hochprozentiges Enol[1]. Daraus geht zweifellos hervor, daß im Natracetessigester das Natriumsalz der Enolform vorliegt:

$$CH_3\text{---}C\text{=}CH \cdot COOC_2H_5$$
$$|$$
$$O\text{---}Na$$

Dieser Formulierung des Natracetessigesters entsprechend sollte man nun erwarten, daß bei doppelten Umsetzungen dieses Na-Salzes mit Acyl- oder Alkylhalogeniden Derivate der Enolform des Acetessigesters, des β-Oxycrotonsäureesters entstehen sollten. In der überwiegenden Mehrzahl der Fälle trifft dies jedoch nicht zu: läßt man auf eine alkoholische Lösung bzw. benzolische Suspension des Natracetessigesters beispielsweise Acetylchlorid einwirken, so erhält man neben nur wenig des erwarteten O-Acetylderivates in der Hauptsache C-Acetylacetessigester:

$$CH_3\text{---}CO\text{---}CH\text{---}COOC_2H_5$$
$$|$$
$$CO\text{---}CH_3$$

Bei der Einwirkung von Halogenalkylen auf Natracetessigester entsteht ausschließlich in der großen Mehrzahl der studierten Reaktionen das C-Substitutionsprodukt des Acetessigesters, $CH_3 \cdot CO \cdot CH(R) \cdot COOC_2H_5$,

[64] CLAISEN, L.: A. **291**, 25 (1896). — AUWERS, K. v.: B. **65**, 1634 (1932).
[1] Vgl. I, S. 5.

eine für die Praxis der organischen Synthese so überaus
wichtige Reaktion, die jedoch mit der Enolatformel des Natracetessigesters unvereinbar ist. Es hat nun nicht an Versuchen gefehlt, diese
„anomale" Reaktion unter Bezugnahme auf die Lehren der klassischen
Valenztheorie zu erklären und so letzten Endes die Enolatformel des
Natracetessigesters zu „retten" auch für diejenigen Fälle, bei denen das
Ergebnis der Reaktion offenbar in Widerspruch stand mit dem rein
strukturchemisch zu erwartenden Reaktionsverlauf. Die verbreitetste
Hypothese, die sich lange Zeit allgemeiner Anerkennung erfreute und
die auch Altmeister CLAISEN für wahrscheinlich hielt, ist die von A. MI-
CHAEL[2] gegebene Erklärung der C-Alkylierung des Acetessigesters und
verwandter β-Dicarbonylverbindungen. Nach dieser Hypothese soll
sich das angewandte Alkylhalogenid $R \cdot Hal$ zunächst in einer Primärreaktion an die im Enolat enthaltene Doppelbindung anlagern, woraus
dann sekundär unter Abspaltung von Metallhalogenid das C-Alkylderivat entstehen könnte, z. B.:

$$
\begin{array}{ccccc}
CH_3\text{—}C\text{—}ONa & & CH_3\text{—}C\overset{\diagup ONa}{\diagdown Hal} & & CH_3\text{—}C{=}O \\
\parallel & \xrightarrow{+\,R\,\cdot\,Hal} & \mid & \xrightarrow[-NaHal]{} & \mid \\
H\text{—}C & & H\text{—}C\text{—}R & & H\text{—}C\text{—}R \\
\mid & & \mid & & \mid \\
COOC_2H_5 & & COOC_2H_5 & & COOC_2H_5
\end{array}\quad.
$$

In ähnlicher Weise hatte bereits VAN'T HOFF[3] die durch Einwirkung
von Jodmethyl auf Silbercyanid erfolgende Bildung von Methyl-iso-
nitril erklärt:

$$
\underset{N}{\overset{Ag\text{—}C}{\parallel\parallel}} + \underset{CH_3}{\overset{J}{\mid}} \longrightarrow \underset{N\text{—}CH_3}{\overset{Ag\text{—}C\text{—}J}{\parallel}} \longrightarrow CH_3\text{—}NC + AgJ \,.
$$

Diese MICHAEL-VAN'T HOFFsche Hypothese des Verlaufs der C-Alkylierung erscheint jedoch bereits deswegen unwahrscheinlich, weil bisher
eine Anlagerung eines Halogenalkyls an eine Doppelbindung noch nie
beobachtet worden ist. Man erklärte daher mangels eines Analogie-
beweises die Doppelbindung in einem Enolat als eine besondere reaktionsfähige Doppelbindung unter Hinweis auf die hohe Reaktionsfähigkeit
der Enole mit Brom[4]. Aber auch dieser Hinweis ist nicht beweiskräftig,
da das Brom als Halogen weit reaktionsfähiger ist als ein Halogenalkyl
und es daher nicht statthaft erscheint, von der Reaktionsweise eines
Halogens auf die entsprechende Reaktionsfähigkeit eines Halogenalkyls
zu schließen.

Eine zweite Hypothese zur Erklärung der C-Alkylierung von β-Dicar-
bonylverbindungen nahm Bezug auf eine besondere Reaktion der O-Acylverbindungen. So erhält man, wie bereits erwähnt[5], durch Einwirkung
von Acetylchlorid auf Acetessigester bei Gegenwart von Pyridin als
alleiniges Reaktionsprodukt den O-Acetylacetessigester, den β-Acetoxy-

---

[2] J. pr. [2] **37**, 486 (1888); **46**, 189 (1892); vgl. a. L. CLAISEN: Z. angew. Chem.
36, 478 (1923).
[3] Ansichten über organische Chemie, Bd. I, S. 225. Braunschweig 1878.
[4] Vgl. hierzu K. H. MEYER: A. **398**, 69 (1913).
[5] Vgl. I, S. 3.

crotonsäureester, eine Reaktion, die auch mit anderen Carbonsäure-
chloriden alle β-Ketocarbonsäure-ester und β-Diketone zeigen. Diese
O-Acylverbindungen besitzen nun die bemerkenswerte Eigenschaft,
sich beim Erwärmen bei Gegenwart einer geringen Menge des Alkali-
enolats der Ausgangsverbindung umzulagern in die entsprechende C-Acyl-
verbindung[6], z. B.:

$$CH_3-C=CH-COOC_2H_5 \qquad CH_3-CO-CH-COOC_2H_5$$
$$\underset{\text{O} \cdot \text{CO} \cdot \text{CH}_3}{|} \longrightarrow \underset{\text{CO}-\text{CH}_3}{|} .$$

Wenn daher durch Einwirkung von Acetylchlorid auf Natracetessigester in der Hauptsache die C-Acetylverbindung entsteht, so erscheint
es durchaus logisch, diesen anomalen Reaktionsverlauf durch eine in
zweiter Phase erfolgende *Umlagerung* der zunächst entstehenden O-Acetylverbindung zu erklären. Obwohl nun bei der Einwirkung gesättigter
Alkylhalogenide auf Natracetessigester eine auch nur spurenweise Bildung von O-Alkylderivaten nie beobachtet worden war, ging man dennoch dazu über, auch die C-Alkylierung analog durch eine sekundäre
Umlagerung eines primär entstehenden O-Alkylderivats zu erklären.
Dieser Hypothese der C-Alkylierung der β-Dicarbonylverbindungen
wurde jedoch durch die Ergebnisse der Forschungen CLAISENs sehr bald
der Boden entzogen durch den Nachweis, daß die von CLAISEN zum ersten
Male erhaltenen O-Alkylderivate durchaus beständige Verbindungen
darstellen, die sich unter den Bedingungen der C-Alkylierung in keiner
Weise, auch nicht zu einem noch so geringen Bruchteil, in die isomeren
C-Alkylderivate umlagern ließen[7].

Daß auch die C-Alkylierung des Malonesters nicht über ein Keten-
acetal als Zwischenprodukt verlaufen kann, haben F. ADICKES und
Mitarbeiter[8] gezeigt durch den Nachweis, daß beim Verseifen des aus
Malonsäurediäthylester mit Jodmethyl und des aus Malonsäuredime-
thylester mit Jodäthyl erhaltenen C-Alkylmalonesters nicht die dem
Alkylierungsmittel entsprechenden Alkohole in dem abgespaltenen
Alkohol enthalten sind.

Alle Versuche, die „anomale" C-Alkylierung und -Acylierung unter
Zugrundelegung der Lehren der klassischen Strukturchemie zu deuten,
sind daher ergebnislos geblieben. Aber bereits i. J. 1900 erkannte
W. WISLICENUS[9], der der Erforschung des Tautomerieproblems seine
wesentliche Lebensarbeit gewidmet hatte, dem damaligen Stand der
Entwicklung vorauseilend, den Weg zu einer Deutung dieser rätsel-
haften Reaktionen, wenn er sagt: „Man kann an diesen Erscheinungen

---

[6] CLAISEN, L., u. E. HAASE: B. **33**, 3778 (1900).—CLAISEN, L. u. E. TIETZE:
B. **58**, 275 (1925).

[7] CLAISEN, L., u. E. HAASE: l. c. — Die einzige bisher bekanntgewordene Umlagerung eines O-Alkyl- in ein C-Alkylderivat ist die von CLAISEN entdeckte Umlagerung von O-Allyl- in C-Allyl-β-dicarbonylverbindungen [B. **45**, 3157 (1912)],
die unter anderen Bedingungen verläuft und nur möglich ist durch die besondere
Natur des Allylrestes (vgl. S. 36; s. a. L. CLAISEN: A. **442**, 223 (1925).

[8] B. **45**, 5157 (1912); **66**, 826, 1984 (1933).

[9] Sammlung chemischer und chemisch-technischer Vorträge, Bd. 2: Über
Tautomerie, S. 187. Vgl. a. A. **312**, 58 (1900).

(der Tautomerie) nicht vorübergehen, ohne auf den Gedanken zu kommen, daß *Umwandlungen der Formen ineinander mit der Dissoziation zusammenhängen*. Dissoziation wird ja bei diesen Substanzen immer etwas anzunehmen sein, also eine Loslösung des beweglichen Wasserstoffatoms, *sagen wir geradezu einmal als Kation*, wenn auch nur bei einer geringen Zahl von Molekeln. In den Anionen kann dann der Bindungswechsel um so leichter eintreten, als ein Transport des Wasserstoffatoms nicht mehr nötig ist".

Nun ist doch der Natracetessigester als Salz einer wenn auch nur schwachen „Säure" mit einem Alkalimetall ohne Zweifel aus Ionen, dem Natrium-ion als Kation und dem verbleibenden sauren Rest als Anion aufgebaut. Betrachtet man den Reaktionspartner, beispielsweise das Halogenalkyl, so steht fest, daß ein solches Molekül ausgesprochen heteropolar gebaut ist. In der Sprache der Elektronentheorie der Valenz bedeutet dies, daß das elektronenaffine Halogenatom die beiden die Bindung an den Alkylrest vermittelnden Elektronen weitgehend für sich beansprucht, wodurch das Molekül elektrisch unsymmetrisch (polarisiert) wird. Von da bis zur Ablösung des Halogenatoms als Ion im Augenblick der Reaktion mit dem ionogen spaltbaren Metallsalz einer β-Dicarbonylverbindung ist es daher nur ein kleiner Schritt. Dabei erscheint es gleichgültig, ob die teilweise Dissoziation des Natracetessigesters in Ionen im Reaktionsgemisch bereits vorgebildet war (alkoholische Lösung) oder ob die Dissoziation in reagierende Ionen erst im Augenblick der Reaktion mit dem Halogenalkyl (benzolische Suspension) eintritt. Ohne Zweifel wird bei der Reaktion das Metall als Kation abgespalten und zurück bleibt ein Anion, in dem ein innerer „Bindungswechsel", wie WISLICENUS sich ausdrückt, nun „um so leichter eintreten kann", als diese nur hinausläuft auf eine Verschiebung der Elektronen-Anteiligkeit der einzelnen Atome und Atomgruppen innerhalb des Anions im Augenblick der Reaktion mit dem nach Ablösung des Halogens als Ion verbleibende Kation des Reaktionspartners. Die Frage der reinen Strukturchemie nach dem Sitz des Natriums im Natracetessigester ist daher für die Frage der Deutung der Reaktionen dieses Salzes gegenstandslos geworden; geblieben ist die Frage nach der Elektronenverteilung im Anion im Augenblick der Reaktion. Die Elektronenverteilung innerhalb des Anions nun wird beherrscht allein durch den elektromeren Effekt dieses Anions, da wegen des Fehlens des Protons ein prototroper Arbeitsaufwand nicht mehr zu leisten ist. Wie bereits früher ausführlich bei der Deutung der Keto-Enoltautomerie dargelegt, bestehen für dieses Anion zwei Möglichkeiten der Elektronenverteilung, nämlich

$$\left[CH_3-C=CH \cdot COOC_2H_5 \atop \underset{|\underline{O}|}{|} \right]^{-} \quad \text{bzw.} \quad \left[CH_3-C-\underline{CH}-COOC_2H_5 \atop \underset{|O|}{\|} \right]^{-}$$

$$\text{I} \hspace{10em} \text{II}$$

Form I als Enolat-anion mit dem Sitz der negativen Ladung am Sauertoff der vorherigen Hydroxylgruppe und Form II als Carbeniat-anion

mit dem Sitz der negativen Ladung am meso-C-Atom der Ketoform.
Beide Formen stellen energiereichere Grenzformen der Elektronenverteilung dar, die nur für kurze Zeit im Augenblick der Reaktion sich
einstellen; normalerweise liegt die Elektronenverteilung innerhalb dieses
Anions zwischen diesen beiden Grenzformeln. Das Anion des Acetessigesters oder allgemein einer β-Dicarbonylverbindung ist also *mesomer*
zwischen den Grenzzuständen der Enolat- und der Carbeniatverteilung
der Bindungselektronen bzw. mesomer im Hinblick auf den Sitz des einsamen Elektronenpaares, das die negative Ladung des Anions ausmacht:

$$\left[\begin{array}{c} R-C=CH-C=\overline{O} \\ | \qquad\qquad | \\ |\underline{O}| \qquad\quad R' \end{array} \right. \longleftrightarrow \left. \begin{array}{c} R-C-\underline{C}H-C=\overline{O} \\ \| \qquad\qquad | \\ |O| \qquad\quad R' \end{array} \right]^{-}$$

Eine solche Ionen-Mesomerie haben Ch. Prévost und A. Kirrmann [9a]
in treffender Weise als *Synionie* bezeichnet.

Die Deutung der C-Alkylierung läuft daher darauf hinaus, eine Antwort auf die Frage zu finden, warum im Augenblick der Reaktion eines
Alkyl-kations mit dem mesomeren Anion die Geschwindigkeit der Reaktion dieses Kations mit der Carbeniat-Grenzformel des Anions so groß
ist, daß das C-Alkylderivat als alleiniges Reaktionsprodukt auftritt und
die Bildung des ebenfalls möglichen Enoläthers in der Regel unterbleibt.
Es ist nun zwar bekannt, worauf W. Hückel [10] hinweist, daß die Reaktionsgeschwindigkeit von Halogenalkylen mit metallorganischen Verbindungen groß ist im Gegensatz zu der Trägheit der Reaktion von
Halogenalkylen mit Alkoholaten. Aus Analogiegründen erscheint daher
die C-Alkylierung der β-Dicarbonylverbindungen verständlich, wenn
man annimmt, daß hierbei nur Moleküle mit rein metallorganischer Bindung ihrer höheren Reaktionsfähigkeit wegen mit dem Halogenalkyl
reagieren; diese Annahme setzt jedoch voraus, daß ein solches Salz im
Gleichgewicht wirklich vorhanden ist.

Unter Zugrundelegung der Erörterungen von F. Arndt und C. Martius [11] und B. Eistert [12] kann man die Entstehung der C-Alkyl- und
Acylderivate nun auch folgendermaßen in einer bereits recht befriedigenden Weise interpretieren: ein stark polarisiertes Halogenalkyl dissoziiert, wie schon erwähnt, zum mindesten im aktivierten Zustand im
Augenblick der Reaktion in Halogen-Ion und positives Alkyl-Ion
$R \cdot CH_2^{+}$ mit Oktettlücke an demjenigen C-Atom, das zuvor mit dem
Halogen verbunden war. Nach Abdissoziation des Halogens als Ion
sind nun in dem verbleibenden Alkylrest, beispielsweise CH_3^{+} oder
$CH_3CH_2^{+}$ keine polarisierenden Schlüsselatome mehr vorhanden; es
sind Kationen, die einen solchen Platz im Anion des Reaktionspartners
besetzen werden, daß durch Aufnahme des dort verfügbaren einsamen
Elektronenpaares ein *möglichst stabiles Oktett* entsteht. Dies ist aber nur

---

[9a] Bull. Soc. chim. France [4] **49**, 194 (1931).

[10] Theoretische Grundlagen der organischen Chemie, 3. Aufl., Bd. I, S. 258 (1940).

[11] A. **499**, 262, Fußnote 1, unterer Teil (1932).

[12] Sammlung chemischer und chemisch-technischer Vorträge. N. F. **40**, 126 ff. (1938).

möglich, wenn die Oktettlücke sich mit dem einsamen Elektronenpaar
dann auffüllt, wenn dieses am meso-C-Atom sich befindet:

$$\left[\overset{||}{\underset{|O|}{R-C}}-\overset{-}{CH}-\overset{-}{\underset{R'}{C=\bar{O}}}\right]^{-} + CH_3^{+} \longrightarrow \overset{||}{\underset{|O|}{R-C}}-\overset{\downarrow}{\underset{CH_3}{CH}}-\overset{-}{\underset{R'}{C=\bar{O}}}$$

Zur Erreichung eines möglichst stabilen Oktetts ist die Bindung an
das meso-C-Atom am günstigsten, da

1. dieses Atom frei ist von polarisierenden Schlüsselatomen, und
2. durch den gleichsinnigen A-Effekt beider Carbonlygruppen ein
bereits stabiles Oktett besitzt.

Die C-Alkylierung wird nun weiterhin wesentlich begünstigt durch den polarisierenden Einfluß des Alkylkations auf die C=C-Doppelbindung des Enolat-
anions, wodurch die elektromere Verschiebung nach der Carbeniatformel des
mesomeren Anions stark gefördert wird; das Alkylkation aktiviert mit anderen
Worten das mesomere Anion nach der für die Reaktion günstigsten energiereicheren
Grenzformel; so erhält man bei der Alkylierung des Dimethyldihydroresorcins
um so mehr C-Alkylderivat neben dem bei diesem cyclischen β-Diketon auch entstehenden Enoläther, je höher polar in gewissen Grenzen das angewandte Halogenalkyl ist[13]. Benutzt man jedoch die hochpolarisierten Dialkylsulfate zur Alkylierung, so kann der hohen Reaktionsgeschwindigkeit wegen die langsam verlaufende
Aktivierung des Anions nach der energiereicheren Carbeniat-Grenzformel unter-
bleiben, so daß nunmehr in gewissen Fällen vorzugsweise O-Alkylderivate sich
bilden[14]: so entsteht aus p-Brombenzoyl-acetonitril bei Gegenwart von Natriumäthylat mit Dimethylsulfat der Enoläther, mit Jodmethyl hingegen die α-Methyl-
verbindung[15].

Läßt man daher auf Natracetessigester den hochreaktionsfähigen
Chlorkohlensäureester einwirken, so erhält man den Kohlensäureester
der Enolform

$$\underset{\underset{O-COOC_2H_5}{|}}{CH_3-C}=CH-COOC_2H_5$$

Außer durch die dargelegten reaktionskinetischen Verhältnisse wird
diese Reaktion verständlich durch eine rein elektronische Erwägung:

Im Chlorkohlensäureester $Cl-C\overset{\bar{O}|}{\underset{O-C_2H_5}{\diagup}}$ ist das Oktett des zentralen

C-Atoms sowohl durch den Einfluß des Chlors als auch den der O-haltigen Substituenten weitgehend instabil geworden. Zum Unterschied von den zuvor erörterten Alkylhalogeniden bleibt nun beim Chlorkohlensäureester nach ionogener Ab-
trennung des Chlors ein Kation $\left[\bar{O}=\overset{\oplus}{C}-\bar{O}-C_2H_5\right]$ zurück, das nur desintegrierende
Schlüsselatome enthält und dessen zentrales C-Atom daher nach wie vor ein in-
stabiles Oktett besitzt. Die im Kation vorhandene Oktettlücke wird daher bestrebt
sein, sich auf solche Weise mit dem einsamen Elektronenpaar aufzufüllen, daß die
elektrische Polarität durch die neu entstehende Bindung nicht gestört, sondern

---

[13] DESAI, R. D.: J. chem. Soc. London 1932, 1079. — Über die Alkylierungsgeschwindigkeit s. A. MICHAEL u. J. ROSS: J. Amer. chem. Soc. 53, 2394 (1931).
[14] HERZIG u. ERTAL: Mh. Chem. 31, 827 (1910); 32, 491 (1911). — WILL-
STÄTTER, R. u. CLARKE: B. 47, 291 (1914). — MEYER, K. H., u. R. SCHLÖSSER:
A. 420, 126 (1920); s. a. K. v. AUWERS u. Mitarb.: B. 61, 410 (1928); 65, 828 (1932).
— NASAROW: B. 70, 594 (1937).
[15] FUSON, R. C., u. D. E. WOLF: J. Amer. chem. Soc. 61, 1940 (1939).

möglichst erhalten oder gar verstärkt wird. Dies ist aber nur dann der Fall, wenn das Carbäthoxykation sich mit der Enolatgrenzform des mesomeren Anions vereinigt:

$$\left[\begin{array}{c} CH_3{-}C{=}CH{-}C{=}\overline{O} \\ | \qquad\qquad | \\ |\underline{O}| \qquad |\underline{O}{-}C_2H_5 \end{array} \right]^- + \left[\overline{O}{=}\overset{\oplus}{C}{-}\overline{O}{-}C_2H_5 \right] \longrightarrow$$

$$\longrightarrow CH_3{-}C{=}CH{-}C\underset{\underline{O}|}{\overset{\overline{O}{-}C_2H_5}{<}}$$

$$| \atop |\underline{O}{\rightarrow}\, C{=}\overline{O} \atop | \atop |\underline{O}{-}C_2H_5$$

Ähnlich wie Chlorameisensäureester wirkt der Chlormethyläther, dessen hohe Reaktionsfähigkeit zur raschen Verätherung des Enolat-Anions führt, so daß eine Aktivierung der Carbeniat-Grenzanordnung nicht mehr eintreten kann[16].

Da ein Carbonsäurechlorid, wie z. B. Acetylchlorid, $CH_3 \cdot C\underset{\underline{Cl}|}{\overset{\overline{O}|}{<}}$, eine Mittelstellung zwischen den beiden bisher behandelten Reaktionspartnern einnimmt, so ist verständlich, daß bei der Einwirkung von Acetylchlorid auf Natracetessigester nunmehr Gemische von O- und C-Acetylverbindung entstehen; analog verläuft die Einwirkung anderer Säurechloride auf β-Dicarbonylverbindungen. Daß bei der Einwirkung von Acetylchlorid bei Gegenwart von Pyridin ausschließlich O-Acetylderivate entstehen, ist darauf zurückzuführen, daß in dem hier reagierenden Anlagerungsprodukt

$$\left[\langle\!\!\!\bigcirc\!\!\!\rangle{N}{-}\underset{R}{\overset{|}{C}}{=}\overline{O} \right]^+$$

das Oktett des zentralen C-Atoms stärker desintegriert ist als im $CH_3 \cdot CO \cdot Cl$ selbst; das reagierende Kation ist dadurch dem Carbäthoxykation des Chlorkohlensäureesters sehr ähnlich geworden.

Allgemein ergibt sich also, daß die Entstehung von C- oder O-Alkyl- bzw. Acylderivat in hohem Maße abhängig ist von der Reaktionsfähigkeit des Alkyl- bzw. Acyl-halogenids, denn je reaktionsfähiger das polare Alkylierungsmittel ist, um so leichter tritt Reaktion mit der reaktionsbereiten Enolatform des Anions ein, während geringe Alkylierungsgeschwindigkeit die Aktivierung des Anions zur Carbeniatgrenzanordnung ermöglicht und somit zur C-Alkyl- bzw. Acylverbindung führt.

Bei β-Dicarbonylverbindungen mit nur geringem elektromerem Effekt, wie z. B. beim Malonester, entstehen sowohl bei der Alkylierung als auch bei der Acylierung nur C-Substitutionsprodukte, da das reagierende Anion des Malonesters nahezu völlig in der Carbeniat-Grenzformel

---

[16] CLAISEN, L.: B. **33**, 1242, 3782 (1900); s. a. F. KRÖHNKE: B. **70**, 1115 (1937).

3*

$$\left[\begin{array}{c} |O| \\ \| \\ CH \overset{C-\bar{O}-C_2H_5}{\underset{C-\bar{O}-C_2H_5}{}} \\ \| \\ |O| \end{array}\right]^{-}$$

vorliegt[17].

Die Umlagerung der O-Acetylderivate in C-Acetylverbindungen beim Erwärmen mit einer geringen Menge der ursprünglichen β-Dicarbonylverbindung in alkalischem Medium (z. B. K_2CO_3 in Essigester)[18] ist nun eine typische Zwischenstoffkatalyse; diese Reaktion ist so zu deuten, daß z. B. der O-Acetyl-acetessigester nunmehr selbst acetylierend wirkt auf das in geringer Menge vorhandene Carbeniat-anion des Acetessigesters, wodurch dieses übergeführt wird in ein Gemisch von O- und C-Acetyl-acetessigester unter Regeneration der ursprünglich anwesenden Menge Acetessigester:

$$\left[CH_3-CO-\underline{CH}-COOC_2H_5\right]^{-} + CH_3-\underset{\underset{\ominus\,|\underline{O}|\,[CO\cdot CH_3]^{+}}{|}}{C}=CH-COOC_2H_5 \longrightarrow$$

$$CH_3-CO-\underset{\downarrow}{CH}-COOC_2H_5 \;+\; \left[CH_3-\underset{\underset{|\underline{O}|}{|}}{C}=CH-COOC_2H_5\right]^{-}.$$
$$CO-CH_3$$

Der C-Acetyl-acetessigester scheidet aus dem Reaktionscyclus durch Salzbildung aus; das wiedererstandene Acetessigester-anion unterliegt nunmehr von neuem dem gleichen Reaktionsmechanismus, bis schließlich alle O-Acetylverbindung auf diese Weise in Diacetylessigester übergegangen ist.

Diese Umlagerung von O-Acetyl- in C-Acetyl-β-dicarbonylverbindungen, die der Reaktionsbilanz nach als Reaktion I. Ordnung erscheint, ist also in Wirklichkeit eine Reaktion II. Ordnung, eine bimolekulare Reaktion, die als monomolekulare Reaktion erscheint, da der eine Reaktionspartner, die freie β-Dicarbonylverbindung, stets nur in sehr geringer Konzentration im Reaktionsgemisch anwesend ist; die Umlagerung ist daher ein ausgesprochenes Schulbeispiel für eine sog. *pseudomonomolekulare* Reaktion.

Nach einem ähnlichen Mechanismus verläuft übrigens auch die bekannte KOLBEsche Salicylsäuresynthese. (Vergl. Kapitel VI, S. 164).

Die einzige bisher bekannt gewordene Umlagerung eines O-Alkylderivates in eine C-Alkylverbindung ist die von CLAISEN[19] entdeckte Umlagerung von O-Allyl-acetessigester bzw. O-Allyl-acetylaceton in die betr. C-Allylverbindungen, die dann eintritt, wenn man die Allyläther

---

[17] Über das sehr kurzlebige Enol des Malonesters s. K. H. MEYER: B. **45**, 2865 (1912).

[18] CLAISEN, L., u. E. HAASE: B. **33**, 3778 (1900).

[19] B. **45**, 3157 (1912); s. a. O. MUMM u. F. MÖLLER: B. **70**, 2215 (1937).

mit kleinen Mengen Salmiak erhitzt. Die Reaktion ist möglich nur durch
die besondere Elektronenanordnung innerhalb des Allylrestes und ist
folgendermaßen zu deuten: durch die Gegenwart einer Spur Säure
wird die Polarisierung der π-Elektronenpaare in I nach der mesomeren
Grenzformel II begünstigt:

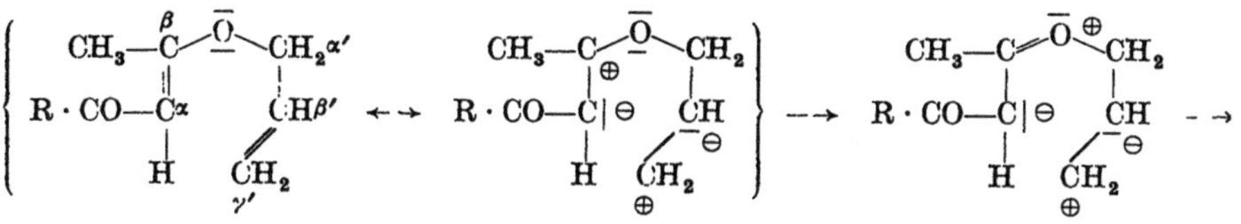

$$
\begin{array}{ccc}
\text{I} & \text{II} & \text{III}
\end{array}
$$

Die hierdurch in II am β-C-Atom entstehende Oktettlücke schließt sich
nun durch Anteiligwerden eines einsamen Elektronenpaares des Äther-
sauerstoffes zu III und die am γ'-C-Atom des Allylrestes durch Einlagerung des einsamen Elektronenpaares des α-C-Atoms unter Her-
stellung einer neuen C-C-Bindung zu IV

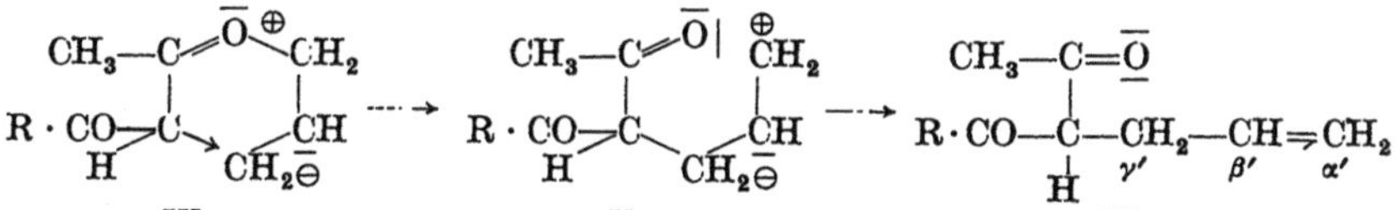

$$
\begin{array}{ccc}
\text{IV} & \text{V} & \text{VI}
\end{array}
$$

unter Zwischenbildung einer cyclischen Struktur; schließlich beansprucht
der Sauerstoff nunmehr als Ketosauerstoff das die Bindung an das
α'-C-Atom des Allylrestes vermittelnde Elektronenpaar unter Lösung
dieser Bindung für sich, da nunmehr das einsame Elektronenpaar am
β'-C-Atom des Allylrestes zur Auffüllung der hierdurch am α'-C-Atom
entstehenden Oktettlücke durch Ausbildung einer Doppelbindung zur
Verfügung steht. Dadurch entsteht aus IV über V die C-Allylverbindung
VI, und zwar unter *Drehung* des Allylrestes. Aus diesem Grunde entsteht auch aus O-Cinnamyl-acetessigester VII der α-(α-Phenylallyl)-
acetessigester VIII:

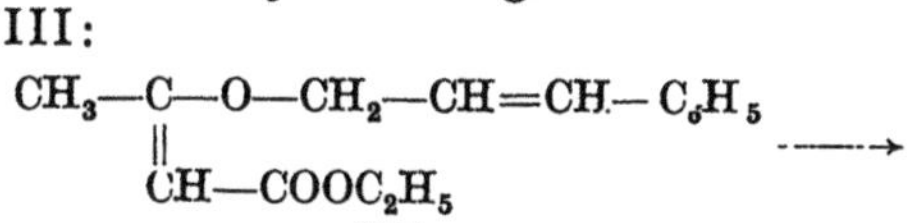

$$
\begin{array}{l}
CH_3-C-O-CH_2-CH{=}CH-C_6H_5 \\
\quad \| \\
CH-COOC_2H_5
\end{array}
\longrightarrow
$$

$$
\text{VII}
$$

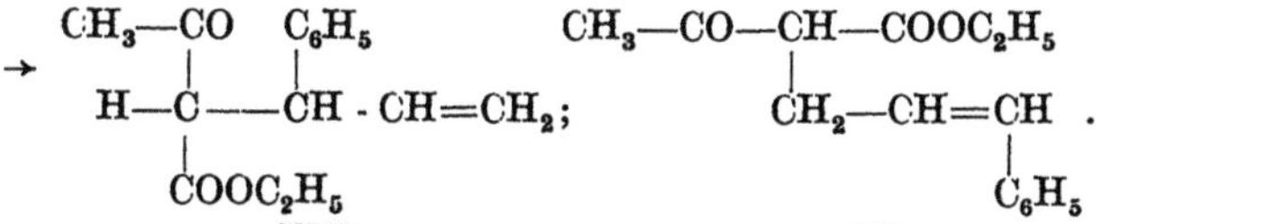

$$
\begin{array}{cc}
\begin{array}{l}
CH_3-CO \quad C_6H_5 \\
\quad | \qquad\quad | \\
H-C\text{---}CH\cdot CH{=}CH_2; \\
\quad | \\
COOC_2H_5
\end{array}
&
\begin{array}{l}
CH_3-CO-CH-COOC_2H_5 \\
\qquad\qquad\quad | \\
CH_2-CH{=}CH\,. \\
\qquad\qquad | \\
\qquad\qquad C_6H_5
\end{array}
\end{array}
$$

$$
\begin{array}{cc}
\text{VIII} & \text{IX}
\end{array}
$$

Bei der Einwirkung von Cinnamylbromid auf Acetessigester unter
üblichen Bedingungen bei Gegenwart von Natriumäthylat entsteht nun
in normaler Reaktion der α-Cinnamyl-acetessigester, (IX), ein Beweis
mehr dafür, daß die C-Alkylierung der β-Dicarbonylverbindungen niemals über O-Alkylderivate als Zwischenprodukte führen kann[20].

---

[20] LAUER, W. M., u. F. J. KILBURN: J. Amer. chem. Soc. **59**, 2586 (1937).

Die durch Alkylierung von β-Dicarbonylverbindungen entstehenden α-Monoalkylderivate sind nun abermals in zwei tautomeren Formen existenzfähig; z. B.:

$$R \cdot CO \cdot \underset{\underset{CH_3}{|}}{CH} \cdot CO \cdot R' \quad\rightleftharpoons\quad R \cdot C \underset{\underset{OH}{|}}{=\!\!=} \underset{\underset{CH_3}{|}}{C} \cdot CO \cdot R' \;.$$

Diese α-Monoalkylsubstitutionsprodukte geben daher die meisten der bei den α-unsubstituierten Verbindungen erörterten Reaktionen, die auf die Anwesenheit eines beweglichen Wasserstoffatoms zurückzuführen sind. Insbesondere sind sie daher nochmals als Alkalisalze durch Einwirkung von Halogenalkyl alkylierbar zu den α,α-Dialkyl-β-dicarbonylverbindungen, z. B.:

$$CH_3 \cdot CO \cdot \underset{\underset{CH_3}{|}}{CH} \cdot COOC_2H_5 \longrightarrow CH_3 \cdot CO \cdot \overset{\overset{CH_3}{|}}{\underset{\underset{CH_3}{|}}{C}} \cdot COOC_2H_5 \;.$$

Diese α,α-Dialkylverbindungen sind charakterisiert einmal naturgemäß durch das Fehlen jeglicher Enolreaktionen, besonders aber durch eine synthetisch wichtige Spaltungsreaktion: beim Erhitzen in alkoholischer Lösung bei Gegenwart einer geringen Menge Natriumäthylat tritt glatt Alkoholyse ein zu zwei Mol Ester, z. B.:

$$CH_3 \cdot CO \cdot \overset{\overset{CH_3}{|}}{\underset{\underset{CH_3}{|}}{C}} \cdot COOC_2H_5 + C_2H_5OH \longrightarrow CH_3 \cdot COOC_2H_5 + (CH_3)_2CH \cdot COOC_2H_5$$

Der Mechanismus dieser Spaltung wird später erörtert (vgl. IV. Kapitel, S. 65).

Während die α-Monoalkyl-β-dicarbonylverbindungen durch erneute Alkylierung in neutrale α,α-Dialkyl-β-dicarbonylverbindungen überführbar sind, lassen sich die α-Monoacyl-β-dicarbonylverbindungen durch abermalige Acylierung nur noch in die zugehörigen O-Acylderivate überführen, z. B.[21]):

$$C_6H_5 \cdot CO \cdot \underset{\underset{CO \cdot C_6H_5}{|}}{CH} \cdot CO \cdot C_6H_5 \longrightarrow C_6H_5 \cdot \overset{\overset{O \cdot CO \cdot C_6H_5}{|}}{C} =\underset{\underset{CO \cdot C_6H_5}{|}}{C} \cdot CO \cdot C_6H_5 \;,$$

die in die entsprechenden C-Acylderivate nicht mehr umgelagert werden können, wahrscheinlich deswegen, weil Diacylessigester und Triacylmethane unter den Bedingungen der Umlagerung nur in der Enolat-Grenzform reagieren und daher eine C-Acylierung nicht mehr möglich ist.

α-Monoalkylierte β-Dicarbonylverbindungen besitzen im allgemeinen eine geringere Enolisierungstendenz als die unsubstituierten Stammverbindungen[22], was, wie bereits erwähnt[23], auf eine Verringerung der

[21] CLAISEN, L., u. E. HAASE: B. **36**, 3674 (1903). — MICHAEL, A.: J. Amer. chem. Soc. **57**, 150 (1935).
[22] MEYER, K. H.: A. **380**, 241 (1911); B. **45**, 2850 (1912); s. a. A. B. NESS u. S. M. MCELVAIN: J. Amer. chem. Soc. **60**, 2213 (1938).
[23] Vgl. I, S. 25.

CH-Acidität und des elektromeren Effekts durch Störung der Induktion und der Konjugation durch den α-ständigen Substituenten zurückzuführen ist.

Sind die beiden die β-Dicarbonylverbindung aufbauenden Carbonylreste konstitutionell verschieden, dann wird das α-C-Atom durch die α-Monosubstitution asymmetrisch. Versuche, solche α-monosubstituierten β-Dicarbonylverbindungen in optisch aktive Komponenten zu spalten, sind jedoch nur dann erfolgreich, wenn die Enolisierungstendenz und die Enolisierungsgeschwindigkeit der α-monosubstituierten β-Dicarbonylverbindung nur gering sind, so daß die Racemisierung über das Enol stark verzögert wird. So gelingt es, den α-Benzhydryliden-acetessigester des l-Menthols, der keine merkbare Enolisierungstendenz mehr besitzt, in zwei diastereomeren Formen zu isolieren[24]:

$$\text{l-,,Säure``-l-menthylester} \ldots \ldots \text{F. } 90°; = -65,15°$$
$$\text{d-,,Säure``-l-menthylester} \ldots \ldots \text{F. } 118°; = -41,94°.$$

Die gleiche Zerlegung in optisch aktive Diastereomere gelingt auch beim α-Styrylbenzoylessigsäure-l-menthylester. Da die Enolisierungsgeschwindigkeit α-phenylierter β-Ketocarbonsäureester nur gering ist[25] läßt sich der α-Phenylacetessigsäure-l-menthylester[26] in einer stark rechtsdrehenden Form isolieren. Die beim Lösen dieses Esters infolge der allmählich eintretenden Enolisierung stattfindende Racemisierung ist am Rückgang der Drehung leicht zu beobachten. Ähnlich verhält sich der α-Phenyl-benzoylessigsäure-l-menthylester.

Ist jedoch einer der beiden Carbonylreste einer β-Dicarbonylverbindung an sich optisch aktiv, wie bei β-Carbonylderivaten des d-Camphers, so werden die zugehörigen Keto- und Enolformen voneinander verschiedene spezifische Drehungen besitzen, da ja Keto- und Enolform stets verschiedene chemische Individuen verschiedenen Energieinhalts darstellen.

So besitzt nach O. DIMROTH[27] die Ketoform des Benzoyl-d-camphers in Alkohol eine spezifische Drehung von $[\alpha]_D = +129°$, während die zugehörige Enolform $[\alpha]_D = +258°$ zeigt.

SCHRÖTER[28] fand für die Ketoform des d-Campher-carbonsäuremethylesters in Benzol $[\alpha]_D = +18,40°$, während das Enol in Alkohol bei Gegenwart eines Äquivalents Natriumäthylat $[\alpha]_D = +145,3°$ zeigt. Da die Enolisierungstendenz vom Lösungsmittel abhängig ist, liegt die Enddrehung des d-Campher-carbonsäuremethylesters in verschiedenen Lösungsmitteln im allgemeinen um so höher, je höher die desmotrope Konstante des betreffenden Lösungsmittels ist; es wurden folgende Werte gemessen:

	Alkohol	Essigester	Aether	Aceton	Chloroform
$[\alpha]_D$	$+59,58°$	$+59,00°$	$+54,39°$	$+62,66°$	$+62,33°$

[24] KAEGI, H.: A. **420**, 33 (1920).
[25] HENECKA, H.: B. **81**, 194 (1948).
[26] RUPE, H., u. E. LENZINGER: A. **395**, 87, 104 (1913); **398**, 372 (1913).
[27] A. **399**, 109 (1913); s. a. FORSTER: J. chem. Soc. London **79**, 987 (1901).
[28] B. **53**, 1919 (1920).

Eine interessante Mutarotation zeigt der Oxymethylen-d-campher, und zwar besonders ausgeprägt beim Lösen in Benzol[29]:

Zeit (Std.)	0	1	3,5	8,5	36	60	20 Tage
$[\alpha]_D$	$+169,5°$	$+143,2°$	$+112,9°$	$+92,0°$	$+88,0°$	$+88,0°$	$+80,$

In Alkohol wurden folgende Werte gemessen:

Zeit (Std).	0	4	7	24	72
$[\alpha]_D$	$+201,8°$	$+189,2°$	$+189,2°$	$+186,0°$	$+186,0°$

Da nach BRÜHL[30] im Oxymethylen-campher auf Grund refraktometrischer Messungen die β-Dicarbonylform

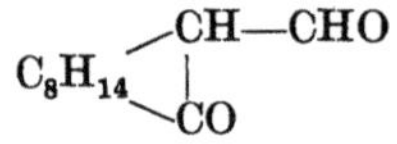

$$C_8H_{14}\begin{cases} CH-CHO \\ CO \end{cases}$$

nicht enthalten ist, dürfte es sich hierbei um die allmähliche Einstellung des Gleichgewichts zwischen den beiden möglichen Enolformen handeln, die wahrscheinlich über einen H-Brückenmechanismus verläuft[31]:

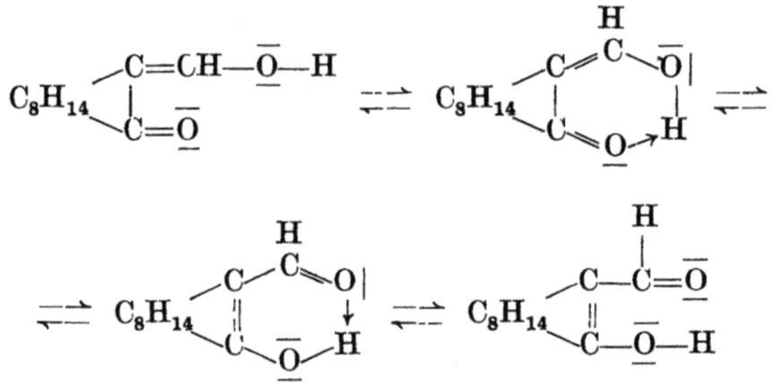

Eine ähnliche Mutarotation zeigen auch die Kondensationsprodukte des Oxymethylen-d-camphers mit primären Aminen, wie z. B. des Naphthylamino-derivat[32]:

Innerhalb von 10 Std. sinkt in alkoholischer Lösung $[\alpha]_D$ dieser Verbindung von $+264,6°$ auf $+10,1°$.

Die Tatsache, daß die Kondensationsprodukte des Oxymethylen-d-camphers mit sekundären Aminen diese Mutarotation nicht zeigen, ist ein Beweis für die Richtigkeit der für die Mutarotation gegebenen Deutung.

[29] POPE, W. J., u. J. READ: J. chem. Soc. London **95**, 171 (1909).
[30] Z. physik. Chem. **34**, 31 (1900); vgl. a. FEDERLIN: A. **356**, 251 (1907).
[31] BHAGWAT, W. V., S. HARMALKAR u. S. S. DESHAPANDEE: J. Indian chem. Soc. **17**, 545 (1940); s. a. B. K. SINGH u. M. K. SRINIVASAN: Proc. Indian Acad. Sci. A **12**, 21 (1940).
[32] POPE u. READ: l. c.

III. Halogenierung.

Bei der Einwirkung der Halogene Chlor und Brom auf β-Dicarbonylverbindungen entstehen in zumeist glatter Reaktion die α-Mono- und α,α-Dihalogenderivate durch aufeinander folgenden Ersatz der aciden Wasserstoffatome der Methylengruppe durch Halogen[1]. Diese Mono- und Dihalogensubstitutionsprodukte ähneln in ihren wesentlichen Reaktionen durchaus den entsprechenden Mono- und Dialkylderivaten: α-Monohalogenderivate zeigen noch Enolreaktionen, während α,α-Dihalogenderivate nicht mehr enolisationsfähig sind.

Ähnlich wie durch andere Substituenten in α-Stellung wird auch durch α-ständiges Halogen die Enolisierungstendenz im Vergleich zur α-unsubstituierten Verbindung zurückgedrängt: so enthält der α-Bromacetessigester im Gleichgewicht nur 4% Enol; der hohe elektrostatische Feldeffekt des Halogens bewirkt hingegen eine deutliche Steigerung der Acidität gegenüber der nicht halogenierten Verbindung.

Summarisch stellt die Halogenierung eine einfache Substitutionsreaktion dar, z. B.:

$$CH_3 \cdot CO \cdot CH_2 \cdot COOC_2H_5 + Br_2 - \longrightarrow CH_3 \cdot CO \cdot \underset{\underset{Br}{|}}{CH} \cdot COOC_2H_5 + HBr .$$

Die bisherige Ansicht über den Verlauf dieser Reaktion (vgl. I., S. 2) sah die Primärreaktion in der Anlagerung von Brom an die „besonders aktive" Doppelbindung der Enolform der β-Dicarbonylverbindung; aus dem intermediär entstandenen Dibromid sollte dann in zweiter Phase der Reaktion unter Abspaltung von HBr das α-Monobromderivat entstehen. Diese Ansicht vom Wesen dieser Reaktion stützt sich auf die Schlüsse, die man aus den Ergebnissen der Versuche LAPWORTHs[2] glaubte ziehen zu dürfen. LAPWORTH hatte beim reaktionskinetischen Studium der Bromierung des Acetons festgestellt, daß diese Reaktion monomolekular verläuft, denn die Geschwindigkeit der Bromierung ist unabhängig von der Bromkonzentration; sie nimmt hingegen zu mit der H^+-Ionenkonzentration. Hieraus folgt, daß der geschwindigkeitsbestimmende Vorgang der Acetonbromierung in einer unter Beteilung von H^+-Ionen erfolgenden Umwandlung des Acetons in eine reaktionsfähige aktivierte Form zu erblicken ist, die dann ihrerseits mit Brom sofort reagiert. Da nun die Keto-Enol-Umlagerung durch H^+-Ionen im allgemeinen beschleunigt wird, so nahm man an, daß diese geschwindigkeitsbestimmende Aceton-Aktivierung in der Enolisierung des Acetons zu erblicken sei. Da nun aber, wie F. ARNDT und C. MARTIUS[3] und auch B. EISTERT[4] ausführen, im Aceton jegliche die Enolisierung erst

---

[1] Bromierung in Eisessig bei Gegenwart von Kaliumacetat s. T. FJÄDER: Acta chem. fenn. **6**, 60 (1933); C. **1933** II, 52.

[2] J. chem. Soc. London **85**, 30 (1904).

[3] A. **499**, 258 (1932); A. **521**, 95 (1935); B. **74**, 423 (1941).

[4] „Tautomerie und Mesomerie". Sammlung chemischer u. chemisch-technischer Vorträge. N. F. **40**, 51 (1938). — Nach einer Feinbestimmung nach besonderer Methode ergibt sich nach G. SCHWARZENBACH u. CH. WITTWER [Helvet. chim. Acta **30**, 669 (1947)] der Enolgehalt des Acetons zu $2,5 \cdot 10^{-4}$% Enol.

ermöglichende Konjugation konstitutionsbedingt fehlt, so kann nicht das Enol selbst, sondern nur eine aktivierte Vorstufe der Enolisierung das schnell bromierbare Reaktionszwischenprodukt sein. Die genannten Forscher erblicken daher das Wesen dieser H^+-Ion-Katalyse der Bromierung des Acetons in der Aufnahme eines Protons an der Carbonylgruppe unter Ausbildung eines „Hydroxy-carbenium-kations"[5]:

$$CH_3-\overset{\overset{\textstyle |O|}{\|}}{C}-CH_3 \;+\; H^+ \longrightarrow \left[\; CH_3-\overset{\overset{\textstyle \overset{\oplus}{|}O\to H}{\|}}{C}-CH_3 \;\leftrightarrow\; CH_3-\underset{\oplus}{\overset{\overset{\textstyle |\overline{O}-H}{|}}{C}}-\underset{\underset{\textstyle H}{|}}{CH_2} \;\right]$$

Die hierdurch am Carbonyl-C-Atom auftretende Oktettlücke übt nun einen „sehr starken Elektronenzug" auf die benachbarte Methylgruppe aus, so daß die H-Atome dieser Gruppe nur noch locker gebunden werden. Ist nun ein Konjugationspartner wie bei einer β-Dicarbonylverbindung zugegen, so wird unter Auslösung des elektromeren Effekts in zweiter Stufe eines dieser beweglich gewordenen H-Atome als Proton abgespalten unter Entstehung des Enols. Die H^+-Ion-Katalyse der Enolisierung einer β-Dicarbonylverbindung läßt sich daher durch folgendes Schema darstellen:

$$CH_3-\overset{\overset{\textstyle |O|}{\|}}{C}-CH_2-\underset{\underset{\textstyle R}{|}}{C}=\overline{O} \;+\; H^+ \longrightarrow \left[\; CH_3-\underset{\oplus}{\overset{\overset{\textstyle \overset{\textstyle H}{|}}{|O|}}{C}}-\overset{\overset{\textstyle H}{|}}{CH}-\underset{\underset{\textstyle R}{|}}{C}=\overline{O} \;\right] \longrightarrow$$

$$\left\{\; CH_3-\underset{\oplus}{\overset{\overset{\textstyle \overset{\textstyle H}{|}}{|O|}}{C}}-\overline{C}H-\underset{\underset{\textstyle R}{|}}{C}=\overline{O} \;\leftrightarrow\; CH_3-\overset{\overset{\textstyle \overset{\textstyle H}{|}}{|O|}}{C}=CH-\underset{\underset{\textstyle R}{|}}{C}=\overline{O} \;\right\} \;+\; H^+$$

Ist jedoch, wie beim Aceton, ein Konjugationspartner nicht vorhanden, so wirkt bei der Bromierung nunmehr das Brom unter Substitution als Protonacceptor:

$$\left[\; CH_3-\underset{\oplus}{\overset{\overset{\textstyle \overset{\textstyle H}{|}}{|O|}}{C}}-\overset{\overset{\textstyle H}{|}}{CH_2} \;\right] \;+\; Br^+\!-Br^- \longrightarrow \left[\; CH_3-\underset{\oplus}{\overset{\overset{\textstyle \overset{\textstyle H}{|}}{|O|}}{C}}-\overset{\overset{\textstyle \uparrow}{Br}}{CH_2} \;\right] \;+\; Br^-\!\to H^+$$

---

[5] Daß sich solche Hydroxycarbeniumkationen tatsächlich bilden, haben G. SCHWARZENBACH u. CH. WITTWER [Helvet. chim. Acta **30**, 659 (1947)] sehr wahrscheinlich gemacht durch Messung des Enolgehalts von Acetylaceton in stark sauren Lösungsmitteln. Beim Ansäuern nimmt der Enolgehalt zunächst langsam ab [s. a. NACHOD: Z. physik. Chem. A **182**, 193 (1938)] bis zu einem flachen Minimum bei 30% Säuregehalt, um bei weiterer Erhöhung dann stark anzusteigen:

$$\left[CH_3-\overset{\overset{\textstyle \|}{|O\to H}}{C}-CH_2-CO-CH_3 \right]^+ \;\underset{\longleftarrow}{\overset{\longrightarrow}{}}\; H^+ \;+\; CH_3-\overset{\overset{\textstyle |}{|O-H}}{C}=CH-CO-CH_3$$

da das Brom seinerseits durch das aktive Kation polarisiert wird; während der Bromierung durchläuft das aktive Kation den Zustand eines Zwitter-Ions:

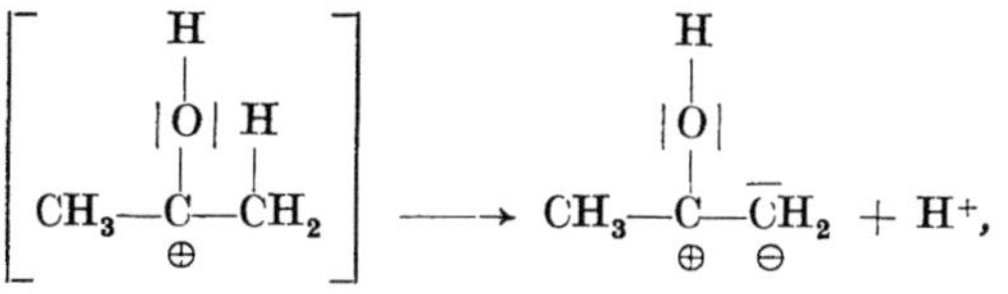

$$\left[\begin{array}{c} H \\ | \\ |O|\ \ H \\ | \quad | \\ CH_3 {-} \underset{\oplus}{C} {-} CH_2 \end{array} \right] \longrightarrow CH_3 {-} \underset{\oplus}{C} {-} \overset{H}{\overset{|}{\underset{\ominus}{O|}}} CH_2 + H^+,$$

das dann sofort das durch Polarisierung der Brom-molekel gebildete Brom-kation aufnimmt.

Da das als Substituent eingetretene Brom viel stärker elektronenaffin ist als der zuvor dort stehende Wasserstoff, schließt sich in dem nach der Bromierung entstandenen Kation die Oktettlücke am Carbonyl-C-Atom durch Abstoßung des zuvor unter Aufrichtung der C$=$O-Doppelbindung aufgenommenen Protons:

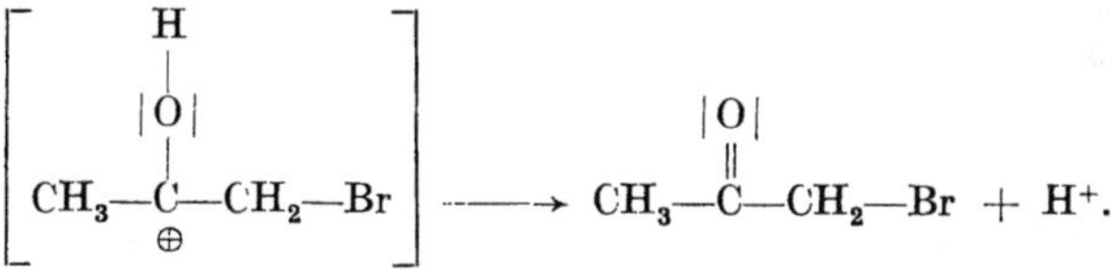

$$\left[\begin{array}{c} H \\ | \\ |O| \\ | \\ CH_3 {-} \underset{\oplus}{C} {-} CH_2 {-} Br \end{array} \right] \longrightarrow CH_3 {-} \overset{|O|}{\overset{\|}{C}} {-} CH_2 {-} Br + H^+.$$

Wenn also bei der Bromierung von Carbonylverbindungen das Enol nicht Zwischenprodukt sein kann, wie ist es dann aber möglich, daß man nach K. H. MEYERs Bromtitrationsmethode dennoch den Enolgehalt von β-Dicarbonylverbindungen so exakt bestimmen kann? Der Erfolg der K. H. MEYERschen Enolbestimmung beweist doch, daß tatsächlich bei einer β-Dicarbonylverbindung das im Gleichgewicht vorhandene Enol diejenige desmotrope Form darstellt, die *augenblicklich* mit Brom reagiert, daß also m. a. W. die Bromierung einer β-Dicarbonylverbindung tatsächlich über das Enol als reaktionsfähiges Zwischenprodukt führt. Dies ist jedoch kein Widerspruch in sich, sondern besagt lediglich, daß ein dem inneren Verlauf der Aceton-Bromierung analoges reaktionsfähiges Zwitter-Ion bei enolisationsfähigen β-Dicarbonylverbindungen aus der bereits vorhandenen Enolform unter dem polarisierenden Einfluß des Broms sehr viel rascher entsteht als aus der Ketoform durch H$^+$-Ion-Katalyse. Dieses aktive Zwitter-Ion ist ja nichts anderes als *eine mesomere Grenzform des Enols selbst*:

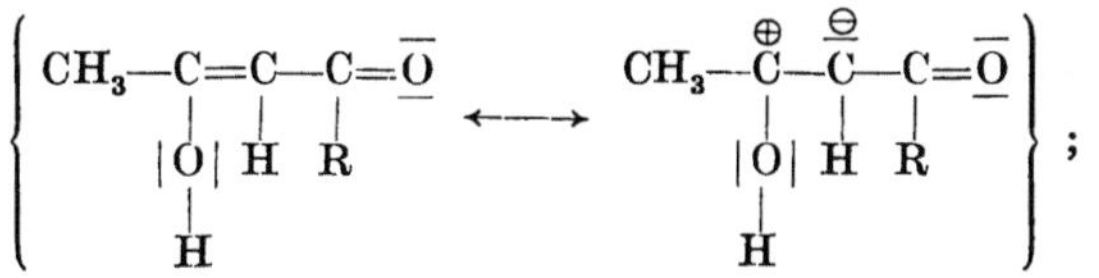

$$\left\{ \begin{array}{c} CH_3 {-} C {=} C {-} C {=} \overline{O} \\ | \quad | \quad | \\ |O|\ \ H\ \ R \\ | \\ H \end{array} \longleftrightarrow \begin{array}{c} CH_3 {-} \overset{\oplus}{C} {-} \overset{\ominus}{C} {-} C {=} \overline{O} \\ | \quad | \quad | \\ |O|\ \ H\ \ R \\ | \\ H \end{array} \right\};$$

dies ist um so wahrscheinlicher, als eine Entstehung des gleichen Zwitter-Ions aus der Ketofom durch H$^+$-Ion-Katalyse zweifellos eine *Zeitreaktion* darstellt, die mit der Tatsache der augenblicklichen Reaktion des Enols mit Brom nicht ohne weiteres vereinbar ist.

Die Bromierung der Enolform einer β-Dicarbonylverbindung verläuft also folgendermaßen, ausgehend von der polarisierten Enolform:

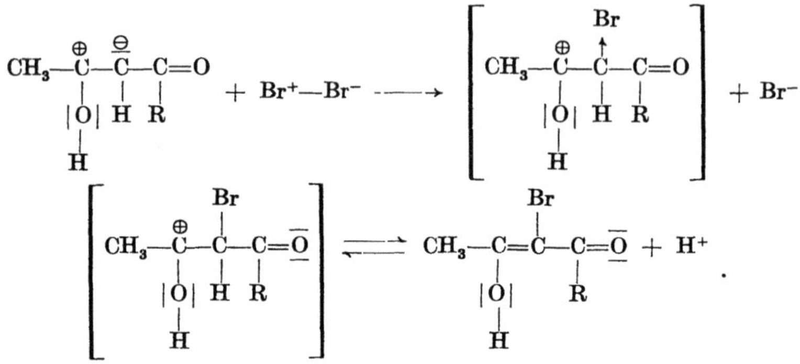

$$
CH_3\!-\!\overset{\oplus}{C}\!-\!\overset{\ominus}{C}\!-\!C\!=\!O \;(|O|H, H, R) \;+\; Br^+\!-\!Br^- \;\longrightarrow\; \left[CH_3\!-\!\overset{\oplus}{C}\!-\!\overset{\uparrow Br}{C}\!-\!C\!=\!O \right] \;+\; Br^-
$$

$$
\left[CH_3\!-\!\overset{\oplus}{C}\!-\!\overset{Br}{C}\!-\!C\!=\!\bar{O} \right] \;\rightleftharpoons\; CH_3\!-\!C\!=\!\overset{Br}{C}\!-\!C\!=\!\bar{O} \;+\; H^+
$$

Zunächst tritt also an das einsame Elektronenpaar des mesomeren Zwitter-Ions ein Brom-kation einer (aktivierten) Brommolekel unter Ausbildung eines Hydroxy-carbenium-kations, in dem sich dann, veranlaßt durch den neuen stark elektronenaffinen Substituenten unter Auslösung des elektromeren Effekts nach Abspaltung des α-H-Atoms als Proton die Oktettlücke schließt unter Ausbildung der konjugierten Doppelbindung. Das als H^+-Ion abgespaltene α-H-Atom katalysiert alsdann die Enolisierung der Keto-form der β-Dicarbonylverbindung, so daß rein präparativ eine β-Dicarbonylverbindung quantitativ bromiert werden kann. Diese, die Reaktionsgeschwindigkeit der Bromierung bestimmende Ausbildung eines Hydroxy-carbenium-kations bei der H^+-Ion-katalysierten Enolisierung ist eine *Zeitreaktion, die langsam verläuft* zum Unterschied von der *Sofort-Reaktion der mesomeren zwitterionischen Enol-Grenzform mit Brom*, die die K. H. MEYERsche Bestimmung des im Gleichgewicht bereits vorhandenen Enols überhaupt erst ermöglicht.

Bromiert man nun in homogener „neutraler" Lösung unter Ausschaltung der H^+-Ion-Katalyse der Enolisierung durch Abfangen des entstehenden Bromwasserstoffs, so wird die Bromierungsgeschwindigkeit allein nur bestimmt durch die Geschwindigkeit, mit der sich die durch die Bromierung verbrauchte Enolmenge aus der Keto-form neu bildet. Es ist daher möglich, auf diesem Wege die Geschwindigkeit der Keto-Enol-Umlagerung einer β-Dicarbonylverbindung experimentell zu bestimmen (vgl. I., S. 14).

Bei hoher HBr-Konzentration liegen nun die Verhältnisse wesentlich anders, denn hierbei entsteht beispielsweise aus Acetessigester nicht das α-Brom-, sondern das γ-Bromderivat[6]

$$Br \cdot CH_2 \cdot CO \cdot CH_2 \cdot COOC_2H_5 \,.$$

Das reine α-Bromderivat entsteht nur dann, wenn man für die stete Entfernung des sich bildenden Bromwasserstoffs Sorge trägt, etwa

[6] CONRAD, M. u. M. GUTHZEIT: B. **16**, 1553 (1883). — HANTZSCH, A.: B. **27**, 355, 3168 (1894); vgl. a. CONRAD, M. u. L. SCHMIDT: B. **29**, 1046 (1896).

durch Bromierung bei Gegenwart von $Ca\,CO_3$ oder aber durch Arbeiten in wäßriger Suspension in großer Verdünnung, da im heterogenen System in der wasserunlöslichen Phase keine hohe HBr-Konzentration entstehen kann. Da nun α-Brom-acetessigester beim Lösen in Eisessig-Bromwasserstoff unter vorübergehender Entstehung freien Broms in γ-Brom-acetessigester übergeht[7], so folgt hieraus einmal, daß der beim Arbeiten auch in homogener Lösung zunächst entstehende α-Brom-acetessigester durch den sich anreichernden Bromwasserstoff zu Acetessigester wiederum reduziert und danach zu γ-Bromacetessigester bromiert wird; zum andern ergibt sich hieraus zwangslos, daß auch aus Acetessigester bei hoher Anfangskonzentration von HBr direkt γ-Brom-acetessigester entsteht.

Rein strukturchemisch kann man die bei hoher HBr-Konzentration sich abspielenden Vorgänge daher leicht formelmäßig darstellen:

$$CH_3 \cdot CO \cdot CH(Br) \cdot COOC_2H_5 + HBr \longrightarrow CH_3 \cdot CO \cdot CH_2 \cdot COOC_2H_5 + Br_2$$
$$\downarrow$$
$$Br \cdot CH_2 \cdot CO \cdot CH_2 \cdot COOC_2H_5 + HBr.$$

Einen Einblick in den inneren Chemismus dieser Reaktion gestattet nun zunächst die Beobachtung von M. S. KHARASCH und E. STERNFELD[8], wonach die durch Bromwasserstoff bewirkte α,γ-Umlagerung des α-Bromacetessigesters bei Licht- und Luftabschluß nicht eintritt. Diese Reaktion unterliegt daher dem Peroxydeffekt und tritt nur ein bei Gegenwart von Sauerstoff oder Peroxyden; der Start der Reaktion verläuft daher wahrscheinlich nach folgendem radikalischen Kettenmechanismus:

1) $HBr + O_2 \rightleftarrows H{-}\overline{O}{-}\overline{O}\cdot + Br\cdot$; $H{-}\overline{O}{-}\overline{O}\cdot \rightleftarrows H\cdot + |\overline{O}{-}\overline{O}|$

2) $CH_3{-}CO{-}CH(Br){-}COOR + Br\cdot \rightarrow CH_3{-}CO{-}\dot{C}H{-}COOR + Br_2$

$$\left\{
\begin{array}{c}
CH_3{-}\underset{\underset{|O|}{\|}}{C}{-}\dot{C}H{-}COOR \leftrightarrow CH_3{-}\underset{\underset{|\underline{O}\cdot}{|}}{C}{=}CH{-}COOR
\end{array}
\right\} + H\cdot \rightarrow CH_3{-}\underset{\underset{|\underline{O}{-}H}{|}}{C}{=}CH{-}COOR$$

Bei Gegenwart von Bromwasserstoff tritt nun weitgehende Polarisierung des entstehenden Acetessigester-Enols ein, die im Grenzfalle in der Ausbildung eines Hydroxycarbenium-Kations unter Einbeziehung der Carbäthoxy-Gruppe gipfelt:

$$\left\{
CH_3{-}\underset{|\underline{O}{-}H}{C}{=}CH{-}\underset{|\underline{O}{-}C_2H_5}{C}{=}\overline{O} \leftrightarrow CH_3{-}\overset{\oplus}{\underset{|\underline{O}{-}H}{C}}{-}\overline{C}H{-}\underset{|\underline{O}{-}C_2H_5}{C}{=}\overline{O}
\right\} + H^+ \rightleftarrows$$

$$\rightleftarrows \left[
CH_3{-}\overset{\oplus}{\underset{|\underline{O}|}{C}}{-}\overline{C}H{-}\overset{\oplus}{\underset{|\underline{O}{-}C_2H_5}{C}}{-}\overline{O}{\rightarrow}H
\right]^+$$

In diesem Kation wird nun durch die wechselnde Folge Oktettlücke — einsames Elektronenpaar — Oktettlücke das Oktett des γ-Methyl-C-Atoms induktiv weitgehend stabilisiert, so daß ein H-Atom beweglich und leicht als Proton abspaltbar wird. Im Übergangszustand nimmt daher das so entstehende Zwitterion

$$\left[
CH_3{-}\overset{\oplus}{\underset{|\underline{O}{-}H}{C}}{-}\overline{C}H{-}\overset{\oplus}{\underset{|\underline{O}{-}C_2H_5}{C}}{-}\overline{O}{-}H
\right]^+ \rightleftarrows H^+ + \overline{C}H_2{-}\overset{\oplus}{\underset{|\underline{O}{-}H}{C}}{-}\overline{C}H{-}\overset{\oplus}{\underset{|\underline{O}{-}C_2H_5}{C}}{-}\overline{O}{-}H$$

---

[7] KRÖHNKE, F., u. H. TIMMLER: B. **69**, 614 (1936); s. a. MACBETH, A. K., u. Mitarb.: J. chem. Soc. London **127**, 1118 (1925).

[8] J. Amer. chem. Soc. **59**, 1655 (1937).

nunmehr in γ-Stellung ein Bromkation eines aktivierten Brommoleküls auf

$$\overset{-}{CH_2}-\overset{\oplus}{C}-\overset{-}{CH}-\overset{\oplus}{C}-\overset{-}{O}-H \quad (|\underset{}{O}-H \quad |\underset{}{O}-C_2H_5) \;+\; Br^+-Br^- \;\rightarrow\; \left[Br\leftarrow CH_2-C=CH-\overset{\oplus}{C}-\overset{-}{O}-H\right]^+ Br^-$$

da das α-ständige einsame Elektronenpaar wegen der überwiegenden Beanspruchung durch die beiden benachbarten positivierten C-Atome zur Aufnahme eines Brom-Kations nicht mehr befähigt ist.

In diesem Zustand verharrt der entstandene γ-Brom-acetessigester in der Eisessig-HBr-Lösung; gießt man nunmehr in Wasser, so schließt sich die Oktettlücke des C-Atoms der Carbäthoxygruppe durch Abspaltung des aufgenommenen Protons und die der Carbonylgruppe durch Wirksamwerden des hierdurch ausgelösten elektromeren Effekts:

$$\left[Br-CH_2-\overset{\oplus}{C}-\overset{-}{C}-\overset{\oplus}{C}-\overset{-}{O}-H\right] \longrightarrow Br-CH_2-C=C-C=\overset{-}{O} \;+\; H^+$$

Ähnlich wie hier am Beispiel des Acetessigesters gezeigt, verhalten sich, soweit bisher bekannt, die β-Diketone bei der Bromierung; beim Malonester hingegen kann nur ein einziges Monobromderivat entstehen.

Die gleiche Umlagerung geben naturgemäß auch die α-Brom-α-alkyl-β-dicarbonylverbindungen: so entsteht aus α-Brom-α-methyl-acetessigester beim Behandeln mit Eisessig-HBr der γ-Brom-α-methyl-acetessigester[9]:

$$CH_3-CO-\underset{\underset{CH_3}{|}}{\overset{\overset{Br}{|}}{C}}-COOC_2H_5 \longrightarrow Br-CH_2-CO-\underset{\underset{CH_3}{|}}{CH}-COOC_2H_5 \;;$$

ebenso entsteht aus Acetyl-brom-bernsteinsäureester mit HBr das analoge Umsetzungsprodukt[10]:

$$CH_3-CO-\underset{\underset{CH_2COOC_2H_5}{|}}{\overset{\overset{Br}{|}}{C}}-COOC_2H_5 \longrightarrow Br-CH_2-CO-\underset{\underset{CH_2-COOC_2H_5}{|}}{CH}-COOC_2H_5 .$$

Den Einfluß γ-ständigen Halogens auf Enolisierungstendenz und Acidität studierten F. ARNDT, L. LOEWE, und L. CAPUANO[11]. Durch reine Feldwirkung wird in γ-Halogenacetessigestern CH- und Enolacidität in gleichem Maße erhöht, da das γ-ständige Halogen sowohl im Keton als auch im Enol gleichweit vom beweglichen Wasserstoff entfernt ist. Während also ohne Änderung des prototropen Arbeitsauf-

[9] CONRAD, M., u. L. SCHMIDT: B. **29**, 1046 (1896).

[10] MACBETH, A. K., u. Mitarb.: J. chem. Soc. London **121**, 2169 (1922); **127**, 1118 (1925). — Über das ω,ω'-Dibromacetylaceton s. P. RUGGLI, A. v. WARTBURG u. H. ERLENMEYER: Helvet. chim. Acta **30**, 348 (1947). — Über den γ,γ'-Dibromdiacetessigester s. A. BECKER: Helvet. chim. Acta **32**, 1115 (1949); R. RICHTER: Helvet. chim. Acta **32**, 1123 (1949).

[11] Rev. Fac. Sci. Istanbul (A) **8**, 122 (1943).

wands sowohl Enol- als auch CH-Acidität gleichmäßig beeinflußt werden, wird der elektromere Effekt der Carbonyl-Gruppe durch γ-ständiges Halogen infolge Förderung der Aufrichtungstendenz der C=O-Doppelbindung stark beeinflußt, was in einer Erhöhung der Enolisierungstendenz zum Ausdruck kommt (direkte Titration):

$$CH_3—CO—CH_2—COOC_2H_5 \qquad 7,9\% \text{ Enol}$$
$$ClCH_2—CO—CH_2—COOC_2H_5 \qquad 10,9\% \text{ Enol}$$
$$Cl_3C—CO—CH_2—COOC_2H_5 \qquad 40—50\ \% \text{ Enol.}$$

Die geschilderte α,γ-Umlagerung der α-Brom-β-dicarbonylverbindungen läßt klar erkennen, daß das α-ständige Brom als „positives" Brom reagiert als Folge des A-Effektes, der das α-ständige C-Atom der β-Dicarbonylverbindungen weitgehend stabilisiert:

$$R—\overset{\delta^+}{C}—\overset{\overset{\text{Br}}{|}}{CH}—\overset{\delta^+}{C}—R' \quad \longrightarrow \quad \left[R—C—\overline{CH}—C—R' \right]^{-} \; + \; Br^{+}.$$

Es ist daher leicht verständlich, daß α-Brom-β-dicarbonylverbindungen sowohl bromierend als auch allgemein oxydierend wirken können, indem das Br-Kation oxydierbaren Molekeln Elektronen entzieht: so reagiert beispielsweise Brom-malonester mit Hydrazinhydrat bereits bei gewöhnlicher Temperatur innerhalb weniger Minuten nach folgendem Mechanismus[12]:

$$Br—CH(COOR)_2 \; \rightleftharpoons \; Br^{+} + [\,|CH(COOR)_2]^{-}$$

$$2\,Br^{+} + H_2\overline{N}—\overline{N}H_2 \; \longrightarrow \; 2\,Br^{-} + |N\equiv N| + 4\,H^{+}$$

Analog reagiert der Dibrom-malonester.

α-Brom-indandion-(1,3) zersetzt sich bereits beim Kochen mit Wasser unter Bildung von unterbromiger Säure:[13]

Die analoge Reaktion tritt auch beim Kochen in alkoholischer Lösung ein.

Ähnlich wie α-ständiges Brom wirkt naturgemäß eine α-ständige Nitro-Gruppe: so erhält man aus α-Nitro-α-methyl-dimethyldihydroresorcin bei der Reduktion nicht die zugehörige Aminoverbindung, sondern unter Abspaltung der Nitro-Gruppe das Trimethyl-dihydroresorcin zurück[14]:

[12] GALLUS, H. P., u. A. K. MACBETH: J. chem. Soc. London **1937**, 181)0; s.a. HIRST u. MACBETH: J. chem. Soc. London **121**, 904 (1922). — VOITALA (FÄDJER), T.: Ann. Acad. Sci. fenn. (A) **49**, N. 1 (1938).

[13] WANAG, G.: B. **69**, 1066 (1936).

[14] TOIVONEN, N. J., E. OSARA u. O. OLLILA: Acta chem. fenn .(B) **6**, 67 (1933).

Aus Brom-nitro-indandion entsteht beim kurzen Kochen in Nitrobenzol unter
Entwicklung von N_2O_3 das Ninhydrin neben Dibrom-indandion[15]:

$$2\ \text{(Brom-nitro-indandion)} \longrightarrow \text{(Dibrom-indandion)} + \text{(Ninhydrin)} + N_2O_3$$

Da Chlor elektronenaffiner ist als Brom, ist eine α,γ-Umlagerung
der α-Chlor-β-dicarbonylverbindungen nicht möglich[16]. Außer durch
Einwirkung von Chlor sind diese α-Chlorderivate in einer rein präparativ
sehr vorteilhaften Methode durch Einwirkung von Sulfurylchlorid[17]
in Methylenchlorid oder Chloroform auf β-Dicarbonylverbindungen
leicht zu erhalten; diese Reaktion verläuft wahrscheinlich folgendermaßen:

$$CH_3\text{—}CO\text{—}CH_2\text{—}COOC_2H_5 + SO_2Cl_2 \longrightarrow CH_3\text{—}CO\text{—}\underset{\underset{\displaystyle SO_2Cl}{|}}{CH}\text{—}COOC_2H_5 + HCl$$

$$CH_3\text{—}CO\text{—}\underset{\underset{\displaystyle SO_2Cl}{|}}{CH}\text{—}COOC_2H_5 \longrightarrow CH_3\text{—}CO\text{—}\underset{\underset{\displaystyle Cl}{|}}{CH}\text{—}COOC_2H_5 + SO_2$$

über ein labiles Chlorsulfonylderivat als Zwischenprodukt.

In ähnlicher Weise gelingt auch gelegentlich die α-Sulfurierung einer
β-Dicarbonylverbindung: so erhielten H. J. BAKER und M. TOXO-
PÉNS[18] aus n-Propylmalonsäure mit SO_3 die α-Sulfo-n-propylmalonsäure
und F. FEIST[19] durch Einwirkung rauchender Schwefelsäure auf Benzoylessigsäureester einen α-Sulfobenzoylessigsäureester:

Wie W. D. KUMLER[20] gefunden hat, gelingt auch die α-Jodierung
der β-Dicarbonylverbindungen durch Einwirkung von Jod, wenn man
durch Zusatz von Wasserstoffsuperoxyd die reduzierende Wirkung des
entstehenden Jodwasserstoffs ausschaltet:

$$CH_3\text{—}CO\text{—}CH_2\text{—}COOR + J_2 \longrightarrow CH_3\text{—}CO\text{—}CH(J)\text{—}COOR + HJ$$
$$2\ HJ + H_2O_2 \longrightarrow J_2 + 2\ H_2O$$

Das Halogen der α-Halogen-β-dicarbonylverbindungen ist, wenn
auch nicht allzu leicht, zu doppelten Umsetzungen befähigt: so erhält
man durch längere Einwirkung von Kaliumacetat in siedendem Eisessig
die entsprechenden α-Acetoxy-derivate, z. B.:[21]

$$CH_3\text{—}CO\text{—}\underset{\underset{\displaystyle Cl}{|}}{CH}\text{—}COOC_2H_5 + CH_3\text{—}COO^- \longrightarrow CH_3\text{—}CO\text{—}\underset{\underset{\displaystyle O\cdot CO\cdot CH_3}{|}}{CH}\text{—}COOC_2H_5 + Cl^-$$

[15] WANAG, G., u. A. LODE: B. **71**, 1267 (1938). — WANAG, G., u. J. BUNGS:
B. **76**, 763 (1943).
[16] HANTZSCH, A.: B. **27**, 355, 3168 (1894).
[17] ALLIHN, F.: B. **11**, 567 (1878).
[18] Rec. trav. chim. Pays-Bas **45**, 890 (1926).
[19] B. **58**, 2311 (1925).
[20] J. Amer. chem. Soc. **60**, 855, 857, 859 (1938).
[21] HENECKA, B. **81**, 188 (1948).

Der Grund für die geringe Reaktionsgeschwindigkeit ist darin zu erblicken, daß die Voraussetzung für diese nach dem anionischen Substitutionsmechanismus verlaufende Reaktion die Abdissoziation des Halogens als Anion unter Hinterlassung eines Kations mit Oktettlücke am α-C-Atom ist:

$$R\!-\!CO\!-\!\underset{|\underline{Cl}|}{CH}\!-\!CO\!-\!R' \;\rightleftharpoons\; \left[R\!-\!CO\!-\!\underset{\oplus}{CH}\!-\!CO\!-\!R' \right] + Cl^-$$

eine Reaktion, die der hohen Stabilisierung des Oktetts des α-C-Atoms wegen nur schwierig eintritt und nur ermöglicht wird durch die hohe Elektronenaffinität des Halogenatoms. Andererseits wird die Reaktion dadurch erleichtert, daß unter den angewandten Reaktionsbedingungen das Cl-Ion aus dem Gleichgewicht entfernt wird, da es sich als KCl krystallin abscheidet, wodurch das Gleichgewicht zugunsten des Kations verschoben wird, das dann sofort mit dem Essigsäure-Anion unter Bildung der α-Acetoxy-β-dicarbonylverbindung reagiert:

$$\left[R\!-\!CO\!-\!\underset{\oplus}{CH}\!-\!CO\!-\!R' \right] + \left[CH_3\!-\!CO\!-\!\overline{\underline{O}}| \right]^- \longrightarrow R\!-\!CO\!-\!\underset{|\underset{\uparrow}{O}\cdot CO\cdot CH_3}{CH}\!-\!CO\!-\!R'$$

Wie aus α-Chloracetessigester der α-Acetoxy-acetessigester entsteht, so erhält man auf analoge Weise aus α-Chlor-acetylaceton das α-Acetoxy-acetylaceton [22]. Versucht man jedoch, aus α-Chlor-γ-methoxy-acetylaceton durch Umsatz mit Kaliumacetat in Eisessig das α-Acetoxy-γ-methoxy-acetylaceton zu erhalten, so nimmt die Reaktion einen unerwarteten Verlauf [23]: unter innermolekularer Abspaltung von HCl entsteht eine Verbindung $C_6H_8O_3$, die bereits in der Kälte durch hohes Reduktionsvermögen gegenüber FEHLINGscher Lösung und ammoniakalischer Silberlösung ausgezeichnet ist. Bildung und Konstitution dieser interessanten Verbindung sind folgendermaßen zu deuten: zunächst entsteht auch hier unter den angewandten Bedingungen unter anionischer Ablösung des Chlors ein Kation mit Oktettlücke am α-C-Atom:

$$CH_3\!-\!\overline{\underline{O}}\!-\!CH_2\!-\!\overset{|O|}{\underset{|\underline{Cl}|}{\overset{\|}{C}}}\!-\!\overset{H}{\underset{}{C}}\!-\!\overset{|O|}{\overset{\|}{C}}\!-\!CH_3 \longrightarrow \left[CH_3\!-\!\overline{\underline{O}}\!-\!\underset{\delta^+}{\overset{\gamma}{CH_2}}\!-\!\overset{\overset{\beta}{|O|}}{\underset{\delta^-}{\overset{\|}{C}}}\!-\!\overset{H}{C}\!-\!\overset{\overset{\alpha}{|O|}}{\underset{\oplus}{\overset{\|}{C}}}\!-\!CH_3 \right]^+ + Cl^-$$

Da nun in diesem Kation das Oktett des γ-C-Atoms durch die Substitution durch die elektronenaffine Methoxygruppe einerseits und durch das durch die α-ständige Oktettlücke stabilisierte Oktett der β-ständigen Carbonylgruppe andrerseits in besonderem Maße induktiv desintegriert ist, so daß den H-Atomen der γ-ständigen CH_2-Gruppe die anteiligen Elektronenpaare gewissermaßen „in die Arme gedrängt"

---

[22] COMBES, A.: Compt. rend. Acad. Sciences **111**, 421, (1800); BLATT, A. H.: J. Washington Acad. Sci. **28**, 1 (1938). — Über den Umsatz von Brommalonester mit Phthalimid siehe: BOOTH, BURNOP, JONES, J. chem. Soc. London **1944**, 666.
[23] HENECKA, H.: B. **82**, 32 (1949).

werden, kommt es dann zur anionischen Ablösung eines H-Atoms vom
γ-C-Atom; dieses H⁻-Anion schließt alsdann unmittelbar die Oktettlücke des α-C-Atoms. Es tritt also zunächst folgende *H-Anionotropie* ein:

$$\left[CH_3-\overset{-}{O}-\underset{\underset{H}{|}}{\overset{\overset{H}{|}}{C}}-\underset{\overset{\oplus}{}}{\overset{\overset{|O|}{\|}}{C}}-\overset{\overset{H}{|}}{C}-\overset{\overset{|O|}{\|}}{C}-CH_3 \right]^+ \longrightarrow \left[CH_3-\overset{-}{O}-\overset{\overset{H}{|}}{C}-\underset{\oplus}{\overset{\overset{|O|}{\|}}{C}}-\overset{\overset{H}{|}}{C}-\overset{\overset{|O|}{\|}}{C}-CH_3 \right]^+ .$$

In diesem durch die Umlagerung entstandenen Kation schließt sich
nunmehr die neu entstandene Oktettlücke am γ-C-Atom dadurch, daß
zunächst unter dem Einfluß des Protonacceptors Kaliumacetat vom
α-C-Atom ein H-Atom als Proton sich abspaltet unter Bildung eines
zwitter-ionischen Carbenium-carbeniats:

$$\left[CH_3-\overset{-}{O}-\underset{\oplus}{\overset{\overset{H}{|}}{C}}-\overset{\overset{|O|}{\|}}{C}-\underset{\underset{H}{|}}{\overset{\overset{H}{|}}{C}}-\overset{\overset{|O|}{\|}}{C}-CH_3 \right]^+ \longrightarrow CH_3-\overset{-}{O}-\underset{\oplus}{\overset{\overset{H}{|}}{C}}-\overset{\overset{|O|}{\|}}{C}-\underset{}{\overset{\overset{H}{|}}{C}}-\overset{\overset{|O|}{\|}}{C}-CH_3 + H^+ ,$$

in dem dann alsbald elektromere Verschiebung zu einem Carbenium
enolat eintritt, die auf zweierlei Weise erfolgen kann:

In dem Carbeniumenolat I würde dann Stabilisierung eintreten durch
„Kurzschluß" zu einem Äthylenoxyd-derivat III

während das Carbeniumenolat II sich zu einem Derivat des Dihydro-
furanons IV stabilisieren kann:

Die Entstehung dieses Furan-derivates ist nun sehr wahrscheinlich vor
der Stabilisierung des Carbenium-carbeniats zu einem Derivat des
Äthylenoxyds bevorzugt, einmal, weil die elektromere Verschiebung a
dadurch erschwert erscheint, weil das Oktett des β-C-Atoms durch die
γ-ständige Oktettlücke stark induktiv stabilisiert ist, und zum andern

deswegen, weil das durch Stabilisierung aus II entstehende Furanon durch einfache Tautomerisierung zu α-'Methyl-α-methoxy-β-oxyfuran in die mesomere Energiemulde des aromatischen Furan-Ringes abgleiten kann:

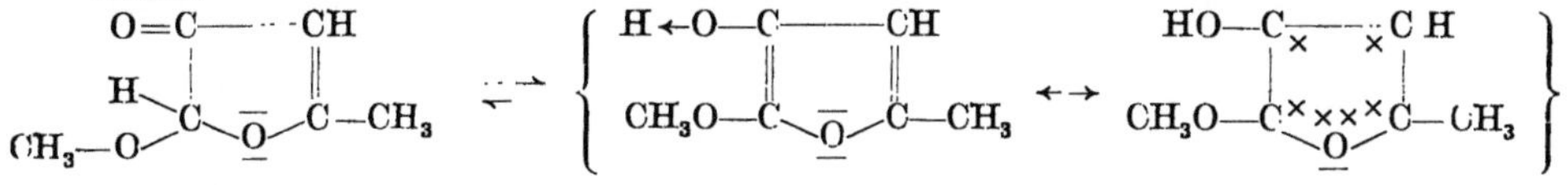

so daß die Stabilisierung zu einem Furan-derivat auch aus rein energetischen Gründen bevorzugt erscheint.

Die Verbindung $C_6H_8O_3$ ist nicht sehr beständig: löst man die Substanz in Wasser, worin sie relativ leicht löslich ist, und setzt man Eisenchlorid hinzu, so tritt zunächst keine Reaktion ein; nach einigem Stehen tritt jedoch die Rotgelbfärbung α-unsubstituierter β-Diketone auf. Diese Reaktion ist darauf zurückzuführen, daß die Verbindung $C_6H_8O_3$ leicht der hydrolytischen Spaltung zu Pentan-2,4-dion-al-(1) unterliegt, als dessen inneres Acetal sie erscheint:

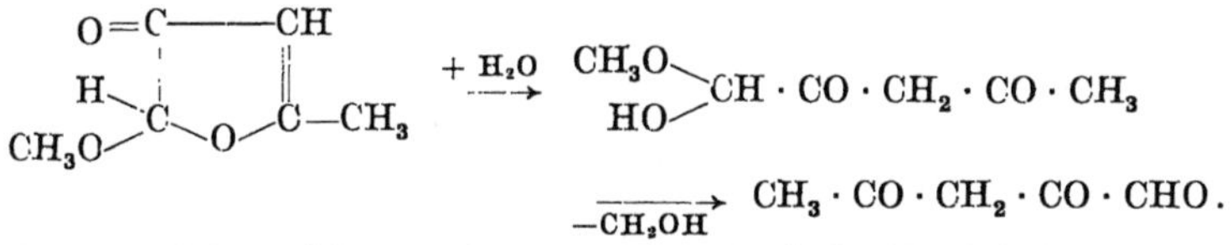

$$\xrightarrow{+\ H_2O}\ \overset{CH_3O}{\underset{HO}{}}\!\!>CH \cdot CO \cdot CH_2 \cdot CO \cdot CH_3$$

$$\xrightarrow[-CH_3OH]{}\ CH_3 \cdot CO \cdot CH_2 \cdot CO \cdot CHO.$$

Auf diese Weise erklärt sich zwanglos das hohe Reduktionsvermögen der Substanz, auf das bereits hingewiesen wurde.

Die geschilderte Reaktion ist nicht beschränkt auf das α-Chlor-γ-methoxy-acetylaceton; aus dem γ-Phenoxy-α-chlor-acetyl-aceton erhält man in analoger Weise das entsprechende α'-Methyl-α-phenoxy-β-oxyfuran.

Eine ähnliche unter H-Anionotropie verlaufende Umlagerung tritt wahrscheinlich ein bei der von J. W. Baker[24] studierten Einwirkung von wäßrigem Pyridin auf α-Brom-α-carbäthoxy-β-methyl-bernsteinsäureester, die zum Carbäthoxy-itaconsäureester führt. Unter der Wirkung der Base findet auch hier zunächst Abspaltung des Broms statt als Anion unter Hinterlassung eines Kations a, in dem sich dann H-Anionotropie zu b vollzieht:

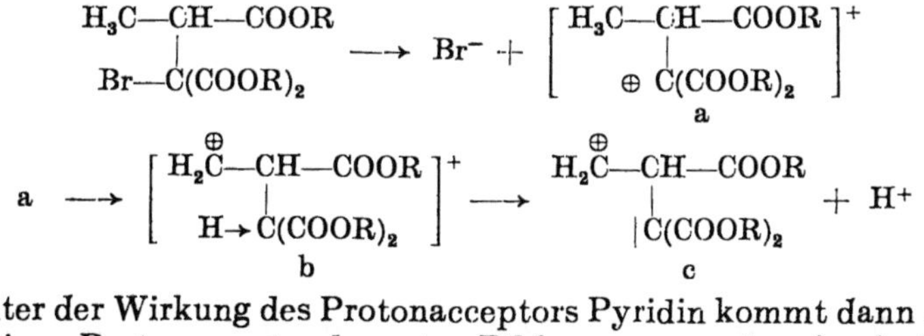

Unter der Wirkung des Protonacceptors Pyridin kommt dann Abspaltung eines Protons zustande unter Bildung von c, das durch die nunmehr mögliche Dreikohlenstoff-Tautomerie in das Tautomerenpaar d $\rightleftharpoons$ e übergeht:

---

[24] J. chem. Soc. London **1935**, 188.　　　　　　　　4*

$$c \longrightarrow \underset{d}{\overset{H_2C=C-COOR}{\underset{|}{HC(COOR)_2}}} \;\rightleftharpoons\; \underset{e}{\overset{H_3C-C-COOR}{\underset{\parallel}{C(COOR)_2}}}$$

Da bei der Verseifung und Decarboxylierung Itaconsäure entsteht, stellt wahrscheinlich d die stabile Form dar.

Läßt man auf den so erhaltenen Carbäthoxy-itaconsäureester d konz. methanolisches Kali einwirken, so bildet sich zunächst, vielleicht über die γ-Methoxyverbindung, c unter Prototropie zurück, das sich nunmehr zur Cyclopropan-1,2,2-tricarbonsäure f stabilisiert:

$$\underset{d}{\overset{H_2C=C-COOR}{\underset{|}{H-C(COOR)_2}}} \longrightarrow \underset{c}{\overset{\overset{H}{\uparrow}}{\overset{\oplus}{\underset{\ominus}{H_2C-C-COOR}}}{|C(COOR)_2}} \longrightarrow \underset{f}{H_2C\!\!\underset{\diagdown}{\overset{\diagup}{}}\!\!\overset{CH-COOH}{\underset{C(COOH)_2}{|}}}$$

Unter der Wirkung von Natriummethylatlösung hingegen tritt unter zweimaliger *Michael*-Addition Dimerisierung ein zu einem Dicarbäthoxy-hexahydropyromellitsäureester, der durch Verseifung, Decarboxylierung und Dehydrierung übergeht in Pyromellitsäure:

$$\longrightarrow \qquad \longrightarrow \qquad \underset{COOH}{\overset{COOH}{HOOC-\!\!\bigcirc\!\!-COOH}}$$

Die besondere Neigung halogenierter β-Dicarbonylverbindungen zu innermolekularen Umlagerungen und Ringschlüssen läßt auch die von C. F. Koelsch[25] studierte Einwirkung von Cyannatrium auf γ-Brom-α,α-dimethylacetessigester erkennen. Durch normale Cyanhydrin-Reaktion bildet sich hierbei zunächst a, das sich unter Abspaltung des Broms als Anion zum Äthylenoxyd-Derivat b cyclisiert:

$$\underset{CH_3}{\overset{CH_3}{Br-CH_2-CO-\overset{|}{\underset{|}{C}}-COOCH_3}} \xrightarrow{+\,CN^-} \underset{a}{\overset{\ominus\;|\overline{O}|\;CH_3}{Br-CH_2-\underset{\underset{NC}{\uparrow}}{C}-\overset{|}{\underset{CH_3}{C}}-COOCH_3}} \xrightarrow[-\,Br^-]{}$$

$$\longrightarrow \underset{b}{\overset{/O\backslash\quad CH_3}{H_2C\!-\!\underset{NC}{\overset{|}{C}}\!-\!\overset{|}{\underset{CH_3}{C}}\!-\!COOCH_3}} \cdot$$

Bei der Hydrolyse lagert sich b um in 2,2-Dimethyl-3-oxyfuranon-(2)-carbonsäure-(3):

$$b \longrightarrow \underset{HOOC\;\;CH_3}{\overset{\ominus\;|\overline{O}|\;CH_3}{\overset{\oplus}{H_2C}-\overset{|}{C}-\overset{|}{C}-COOH}} \longrightarrow \underset{H_2C\cdot\;\underline{\;\;}\;C=O}{\overset{COOH\;\;CH_3}{H\!\leftarrow\!\overline{O}-\overset{|}{C}\!-\!-\!-\!\overset{|}{C}-CH_3}}$$

<hr>

[25] J. Amer. chem. Soc. **66**, 306 (1944).

Anders als die freien Halogene wirkt naturgemäß Phosphorpentachlorid auf β-Dicarbonylverbindungen ein. Aus β-Ketocarbonsäureestern entstehen dabei, wie bereits GEUTHER und FRÖLICH[26] 1869 fanden, die β-Chlorcrotonsäureester. Der innere Mechanismus der PCl_5-Einwirkung führt, beispielsweise beim Acetessigester, sowohl von der Keto- als auch der Enolform zum β-Chlorcrotonsäureester:

$$CH_3\!-\!\overset{\oplus}{C}\!-\!CH_2\!-\!COOR \xrightarrow{Cl^- \,[PCl_4]^+} \left[CH_3\!-\!\underset{|O|}{\overset{\overset{\textstyle Cl}{\downarrow}}{C}}\!-\!CH_2\!-\!COOR \right]^{-} \xrightarrow[-OH^-]{}$$

$$\left\{ CH_3\!-\!\underset{Cl}{\overset{\oplus}{C}}\!-\!\overline{C}H\!-\!COOR \quad \longleftrightarrow \quad CH_3\!-\!\underset{Cl}{C}\!=\!CH\!-\!COOR \right\} ; \; HO^- + [PCl_4]^+ \to [HO\!\to\!PCl_4] \to$$

$$POCl_3 + HCl$$

bzw.

$$\left[CH_3\!-\!\underset{OH}{\overset{\overset{\textstyle Cl}{\downarrow}}{C}}\!-\!\overline{C}H\!-\!COOR \right]^{-} \xrightarrow[-OH^-]{} CH_3\!-\!\underset{Cl}{C}\!=\!CH\!-\!COOR$$

In analoger Weise entstehen aus α-monosubstituierten Acetessigestern die entsprechenden β-Chlorcrotonsäureester[27]. Der gleichen Reaktion sind auch β-Diketone zugänglich: so entsteht aus Phenyldihydroresorcin unter der Einwirkung von Pentachlorid das 3,5-Dichlor-1-phenyl-cyclohexadien-(2,4)[28]:

wobei bemerkenswerterweise beide O-haltigen Gruppen durch Chlor ersetzt werden.

Läßt man Phosphorpentachlorid bei 80° auf Acetessigester einwirken, so erstreckt sich die Einwirkung hierbei auch auf die Carbonester-Gruppe unter Bildung von β-Chlorcrotonsäurechlorid[29]:

$$CH_3\!-\!\underset{Cl}{C}\!=\!CH\!-\!\overset{\overset{\textstyle |O|}{\|}}{C}\!-\!\overline{O}\!-\!CH_3 \xrightarrow{+ \, Cl^-} CH_3\!-\!\underset{Cl}{C}\!=\!CH\!-\!\underset{Cl}{\overset{\overset{\textstyle \overline{|O|}^{\ominus}}{|}}{C}}\!-\!\overline{O}\!-\!CH_3 \xrightarrow[- \, OCH_3^-]{}$$

$$CH_3\!-\!\underset{Cl}{C}\!=\!CH\!-\!CO\!-\!Cl \qquad ; CH_3O^- + [PCl_4]^+ \to [CH_3\overline{O}\!\to\!PCl_4] \to POCl_3 + CH_3Cl.$$

---

[26] Z. Chem. **1869**, 270; **1871**, 237; s. ferner A. AUTENRIETH: A. **259**, 359 (1890). — MICHAEL, A., u. SCHULTHESS: J. pr. [2] **46**, 236 (1892).

[27] DÉMARCAY: C. r. Acad. Sci. **84**, 1088 (1877); B. **10**, 1177 (1877). — RÜCKER; A.: **201**, 56 (1880). —

[28] HINKEL, L. E., u. D. H. HEY: J. chem. Soc. London 1928, 2786.

[29] MICHAEL, A., u. O. SHULTHESS: J. pr. [2] **46**, 236, (1892).

IV. Synthese der β-Dicarbonyl-Verbindungen.

1. Ältere Hypothesen über den Verlauf der Synthese.

β-Dicarbonylverbindungen entstehen durch Einwirkung von Natrium, Natriumalkoholat oder Natriumamid auf Carbonsäureester oder Gemische von Carbonsäureestern und Ketonen unter Abspaltung von einem Mol Alkohol nach folgender summarischer Reaktionsgleichung:

$$R{-}COOC_2H_5 + R'{-}CH_2{-}CO{-}R'' \longrightarrow R{-}CO{-}CH(R'){-}CO{-}R'' + C_2H_5OH.$$

Ist $R = CH_3$, $R' = H$ und $R'' = OC_2H_5$, so stellt dies die Bildungsgleichung des Acetessigesters aus zwei Mol Essigester dar:

$$CH_3{-}COOC_2H_5 + H{-}CH_2{-}COOC_2H_5 \rightarrow CH_3{-}CO{-}CH_2{-}COOC_2H_5 + C_2H_5OH$$

bedeutet hingegen $R = CH_3$, $R' = H$ und R'' ebenfalls $=CH_3$, so ergibt sich die Bildungsgleichung des Acetylacetons aus je einem Mol Aceton und Essigester:

$$CH_3{-}COOC_2H_5 + H{-}CH_2{-}CO{-}CH_3 \rightarrow CH_3{-}CO{-}CH_2{-}CO{-}CH_3 + C_2H_5OH.$$

Die Kondensation von zwei Mol Essigester zu Acetessigester wurde im Jahre 1863 von GEUTHER[1] entdeckt; Kondensationen von Carbonsäureestern mit Ketonen hat zum ersten Male L. CLAISEN[2] durchgeführt. Da die Acetessigester-Synthese nur ein Spezialfall des von CLAISEN entdeckten allgemeinen Reaktionstypus darstellt, bezeichnet man Kondensationen dieser Art wohl auch zu Ehren des Altmeisters der Forschung auf dem Gebiet der β-Dicarbonylverbindungen als CLAISEN-*Kondensationen*; daneben ist auch die Bezeichnung „*Ester-Kondensation*" gebräuchlich.

Wie sich bereits aus der allgemeinen Reaktionsgleichung ergibt, tritt die Kondensation nur dann ein, wenn eine der beiden Komponenten die Gruppe $-CH_2{-}CO-$ enthält.

So summarisch einfach nach der allgemeinen Reaktionsgleichung Ausgangsmaterialien und Reaktionsprodukt miteinander verknüpft sind, so schwierig war die Deutung des eigentlichen Reaktionsgeschehens. Bis in die jüngste Zeit hinein konnte sich keine der verfochtenen Theorien allgemeiner Anerkennung erfreuen; erst der auf Grund elektronentheoretischer Vorstellungen entwickelten Theorie vom Wesen der CLAISEN - Kondensationen war es unter Beachtung der Prinzipien der Mesomerie-Lehre vorbehalten, diese und auch damit verwandte Reaktionen in befriedigenderer Weise zu deuten.

Die älteste und wohl auch einfachste Deutung des Reaktionsmechanismus der Acetessigester-Synthese stammt von FRANKLAND und DUPPA[3]; nach dieser Theorie sollte sich durch Einwirkung von Natrium auf Essigester zunächst eine C-Natriumverbindung des Essigesters bilden, die in zweiter Reaktionsphase mit einem Mol unveränderten Essigesters unter Abspaltung von Natriumäthylat den Acetessigester entstehen läßt:

---

[1] Vgl. I, 1, S. 1.
[2] B. **20**, 655, 2178, 2188 (1887); **21**, 1131, 1141, 1149 (1888); **22**, 1009 (1889); **38**, 693 (1905).
[3] A. **138**, 342 (1866).

$$CH_3-COOC_2H_5 + Na \longrightarrow Na-CH_2-COOC_2H_5 + H$$

$$CH_3-C\overset{O}{\underset{OC_2H_5}{\diagdown}} + Na-CH_2-COOC_2H_5 \longrightarrow CH_3-CO-CH_2-COOC_2H_5 + NaOC_2H_5$$

Eine Weiterentwicklung dieser Hypothese brachte A. Michael[4], der annahm, daß der Alkoholspaltung eine Anlagerung des Natrium-essigesters an die Carbäthoxygruppe vorausgeht:

$$CH_3-C\overset{OC_2H_5}{\diagup}\!\!=O + Na-CH_2-COOC_2H_5 \longrightarrow CH_3-C\overset{OC_2H_5}{\underset{CH_2-COOC_2H_5}{\diagdown ONa}} \longrightarrow$$

$$CH_3-CO-CH_2-COOC_2H_5 + NaOC_2H_5 .$$

Claisen[5] selbst lehnte die Annahme einer C-Natriumverbindung des Essigesters als Reaktionszwischenprodukt ab, weil eine Reihe von Esterkondensationen sich auch mit alkoholischem Natriumäthylat bereits in der Kälte bewirken lassen, d. h. unter Bedingungen, unter denen eine rein metallorganische Verbindung überhaupt nicht mehr existenzfähig ist. Einen weiteren gewichtigen Grund zur Ablehnung dieser Hypothese erblickte Claisen[6] in der Tatsache, daß *Natrium auf absolut alkoholfreien Essigester ohne Einwirkung* ist. Die von Clai-sen dann schließlich entwickelte Anschauung über den Reaktions-mechanismus der Esterkondensationen steht in engstem Zusammenhang mit seinen Studien der Reaktionen der Ortho-ester. So entsteht z. B. durch Einwirkung von Ortho-ameisensäureester auf Acetessigester unter Abspaltung von zwei Mol Alkohol der Äthoxymethylen-acetessigester[7]:

$$C_2H_5O-CH\overset{OC_2H_5}{\underset{OC_2H_5}{\diagdown}} + H_2C\overset{CO-CH_3}{\underset{COOC_2H_5}{\vert}} \longrightarrow C_2H_5O-CH=C\overset{CO-CH_3}{\underset{COOC_2H_5}{\vert}} + 2\,C_2H_5OH .$$

Da nun, wie Claisen[8] fand, Natriumäthylat sich an Benzoesäure-ester anlagert unter Bildung eines Derivates einer Orthosäure:

$$C_6H_5-C\overset{OC_2H_5}{\underset{OC_2H_5}{\diagdown OC_2H_5}}$$

und ähnliche Additionsverbindungen auch vom Trifluoressigester[9] und vom Oxalester[10] späterhin bekannt geworden sind, lag die Annahme nahe, daß bei der Acetessigester-Synthese ein analoges Derivat der Ortho-essigsäure als Zwischenprodukt reagiert nach dem vom Ortho-ameisensäureester her bekannten Reaktionsmechanismus:

[4] B. **33**, 3736 (1900).

[5] B. **38**, 709 (1905); s. a. Richter-Anschütz: Chemie der Kohlenstoffverb. 12. Aufl., I, 516 (1928).

[6] A. **297**, 92 (1897).

[7] B. **29**, 1005 (1896); A. **297**, 1 (1897).

[8] B. **20**, 649 (1887); A. **297**, 92 (1897).

[9] Swarts, F.: Bull. Soc. chim. Belg. **35**, 412 (1927); C. **1927** I, 996.

[10] Adickes, F.: B. **65**, 522 (1932). Nach dem gleichen Autor existiert ein Addukt Benzoesäureester + NaOC_2H_5 nicht: B. **58**, 1992 (1925); **59**, 2522 (1926); s. a. F. Adickes u. Mitarb.: J. pr. [2] **133**, 308 (1932).

$$CH_3-C{\Large\langle}^{O}_{OC_2H_5} + NaOC_2H_5 \longrightarrow CH_3-C{\Large\langle}^{ONa}_{OC_2H_5}{\scriptstyle OC_2H_5}$$

$$CH_3-\underset{\overset{|}{ONa}}{C}{\Large\langle}^{OC_2H_5}_{OC_2H_5} + {\Large{}^{H}_{H}}{\Large\rangle}CH-COOC_2H_5 \longrightarrow CH_3-\underset{\overset{|}{ONa}}{C}\!=\!=\!\underset{\overset{|}{H}}{C}-OOC_2H_5 + 2\,C_2H_5OH$$

Trotz der bestechenden Einfachheit dieser Hypothese stellte CLAISEN späterhin eine andere Formulierung zur Diskussion[11], die er entwickelt hatte auf Grund einer irrtümlichen Anschauung über das Wesen der ,,Umlagerung'' von Acetophenon-O-benzoat in Dibenzoylmethan beim Behandeln mit Acetophenon und Natrium. CLAISEN deutete diese Reaktion folgendermaßen: zunächst sollte aus Acetophenon und Natrium die Na-Verbindung des zugehörigen Enols entstehen:

$$C_6H_5-CO-CH_3 + Na \longrightarrow C_6H_5-\underset{\overset{|}{ONa}}{C}=CH_2 \quad ;$$

dieses Natriumsalz sollte sich dann in zweiter Phase anlagern an die Carbonylgruppe des aus Acetophenon und Benzoylchlorid bei Gegenwart von Pyridin dargestellten Acetophenon-O-benzoats:

$$C_6H_5-CO-CH_3 + Cl-CO-C_6H_5 \longrightarrow C_6H_5-C{\Large\langle}^{CH_2}_{O-CO-C_6H_5}$$

$$C_6H_5-C{\Large\langle}^{O-\underset{\overset{|}{C_6H_5}}{C}=CH_2}_{O} + CH_2=\underset{\overset{|}{ONa}}{C}-C_6H_5 \longrightarrow C_6H_5-C{\Large\langle}^{O-\underset{\overset{|}{C_6H_5}}{C}=CH_2}_{ONa}{\scriptstyle O-\underset{\overset{|}{C_6H_5}}{C}=CH_2} \quad .$$

Wörtlich sagt nun CLAISEN weiter: ,,alsdann klappt sich — der eine der beiden sauerstoffgebundenen Acetophenonreste um unter Kohlenstoffbindung und Bildung von

$$C_6H_5-C{\Large\langle}^{CH_2-CO-C_6H_5}_{ONa}{\scriptstyle O-C(C_6H_5)=CH_2} \quad \cdot$$

Aus diesem Komplex wird durch Abspaltung von Acetophenon schließlich Na-dibenzoylmethan erzeugt'':

$$C_6H_5-C{\Large\langle}^{CH_2-CO-C_6H_5}_{ONa}{\scriptstyle O-C(C_6H_5)=CH_2} \longrightarrow C_6H_5-C{\Large\langle}^{CH-CO-C_6H_5}_{ONa} + C_6H_5COCH_3 \quad \cdot$$

In analoger Weise sollte dann in Modifikation seiner früheren Ansicht die Synthese des Acetessigesters vor sich gehen: das zunächst durch Anlagerung von Na-äthylat an Essigester entstehende

---

[11] B. **36**, 3674 (1903).

Orthoessigesterderivat sollte durch Alkoholabspaltung übergehen in Essigester-enolat:

$$CH_3-C\underset{OC_2H_5}{\overset{ONa}{<}}OC_2H_5 \longrightarrow CH_2=C\underset{OC_2H_5}{\overset{ONa}{<}} + C_2H_5OH.$$

Dieses Ester-enolat würde sich dann in zweiter Phase an das Carbonyl eines zweiten Moleküls Essigester anlagern:

$$CH_3-C\underset{O}{\overset{OC_2H_5}{<}} + CH_2=\underset{ONa}{\overset{|}{C}}-OC_2H_5 \longrightarrow CH_3-C\underset{O-C=CH_2}{\overset{OC_2H_5}{<}}\underset{OC_2H_5}{ONa}$$

Unter Umlagerung und Austritt von Alkohol könnte dann hieraus der Natracetessigester entstehen:

$$CH_3-\underset{ONa}{\overset{OC_2H_5}{C}}-O-\underset{OC_2H_5}{\overset{}{C}}=CH_2 \longrightarrow CH_3-\underset{ONa}{\overset{OC_2H_5}{C}}-CH_2-COOC_2H_5 \longrightarrow CH_3-\underset{ONa}{\overset{}{C}}=CH-COOC_2H_5$$

$$+ C_2H_5OH$$

Diese Hypothese stellt jedoch zweifellos einen Irrweg dar, da die „Umlagerung" des Acetophenon-O-benzoats mittels Acetophenon und Natrium *nichts anderes ist, als eine normale Esterkondensation, bei der das Benzoat die Rolle des Esters übernimmt*;

$$C_6H_5-COO\underset{C_6H_5}{\overset{|}{C}}=CH_2 + H-CH_2-CO-C_6H_5 \overset{Na}{\longrightarrow} C_6H_5-CO-CH_2-CO-C_6H_5 +$$

$$HO-C\underset{C_6H_5}{\overset{CH_2}{<}} \rightleftharpoons C_6H_5-CO-CH_3.$$

Diese mit geringen Mengen Acetophenon durchführbare Umlagerung des Acetophenon-O-benzoats in Dibenzoylmethan ist ein Analogon der „Umlagerung" von O-Acetyl-acetessigester in C-Acetylacetessigester (Diacetylessigester).

Das meiste Ansehen genoß daher lange Zeit die erste CLAISENsche Hypothese des Reaktionsverlaufs, die durch die beiden folgenden Tatsachen eine weitere Stütze erfuhr:

1. Aus Isobuttersäureester ist mit Hilfe von Natrium der Isobutyryl-isobuttersäureester (= α,α-Dimethyl-isobutyrylessigester)

$$\underset{CH_3}{\overset{CH_3}{>}}CH-CO-\underset{CH_3}{\overset{CH_3}{\underset{|}{\overset{|}{C}}}}-COOC_2H_5$$

nicht zu erhalten[12]; der Grund für das Versagen der Reaktion war nach CLAISEN darin zu erblicken, daß dieser Ester keine Gruppe —CH₂—CO—

[12] HANTZSCH, A.: A. **249**, 54 (1888); vgl. a. WOHLBRÜCK: B. **20**, 2332 (1887) und BRÜGGEMANN: A. **246**, 145 (1888). — CLAISEN, L.: A. **297**, 92 (1897). — DILTHEY, W.: B. **71**, 1351 (1938).

enthält, die den doppelten Alkohol-Austritt des ersten CLAISENschen Reaktionsschemas erst ermöglicht.

2. Gewisse cyclische Kohlenwasserstoffe wie Fluoren[13] und Cyclopentadien[14], die eine $>CH_2$-Gruppe mit beweglichem Wasserstoff enthalten, kondensieren unter dem Einfluß von Natriumäthylat sehr leicht mit Oxalester, z. B.:

$$\boxed{}CH_2 \; + \; \begin{matrix} COOC_2H_5 \\ | \\ COOC_2H_5 \end{matrix} \;\xrightarrow{\text{Na}}\; \boxed{}CH\!-\!CO\!-\!COOC_2H_5 \; .$$

Diese Tatsachen, sowie die bereits erwähnte Feststellung, daß vollkommen alkoholfreier Essigester mit Natrium nicht reagiert, werden daher stets nach wie vor die Prüfsteine für eine Theorie des Mechanismus der Esterkondensation sein.

Eine weitere Theorie, die eine Zeitlang verbreitete Anerkennung gefunden hatte, ist die von SCHEIBLER[15] gegebene Deutung des Reaktionsverlaufs, deren erste Phase mit der CLAISENschen Formulierung übereinstimmte: Anlagerung von Natriumäthylat an Essigester und nachträgliche Abspaltung zum Ester-enolat; dieses Ester-enolat sollte nun befähigt sein, ein zweites Molekül Essigester in Gestalt der beiden Reste $CH_3\!-\!CO\!-\!$ und $-\!OC_2H_5$ direkt an die Doppelbindung anzulagern.

$$CH_2\!=\!C\!\!\left\langle\begin{matrix} ONa \\ OC_2H_5 \end{matrix}\right. \; + \; CH_3CO\!-\!OC_2H_5 \;\longrightarrow\; CH_3\!-\!CO\!-\!CH_2\!-\!C\!\!\left\langle\begin{matrix} ONa \\ OC_2H_5 \end{matrix}\right. \; .$$

SCHEIBLER leitete diese Hypothese aus von ihm beigebrachten experimentellen Unterlagen her, die jedoch nach Untersuchungen von MC ELVAIN[16] und auch ADICKES[17] anders als dies SCHEIBLER getan hatte, zu deuten waren.

2. Moderne elektronentheoretische Deutung des Verlaufs der Claisen-Kondensation.

Die moderne Theorie vom Chemismus der Claisen-Kondensation wurde von F. ARNDT und B. EISTERT[18] entwickelt. Sie soll zunächst am Beispiel der Acetessigestersynthese in einer solchen Form dargelegt werden, daß das gesamte experimentelle Material zwanglos damit vereinbar erscheint.

Wirkt metallisches Natrium auf nur Spuren von Alkohol enthaltenden Essigester ein, so beeinflußt das in geringer Menge entstehende Natriumalkoholat die normale Mesomerie der Carbäthoxygruppe

[13] WISLICENUS, W.: B. **33**, 771 (1900).

[14] THIELE, J.: B. **33**, 671 (1900).

[15] B. **53**, 388 (1920); **55**, 789 (1922); A. **458**, 28 (1928); B. **65**, 988 (1932) **66**, 428 (1933); **67**, 1341 (1934).

[16] J. Amer. chem. Soc. **51**, 3124 (1929); **55**, 416, 427 (1933); **58**, 529 (1936).

[17] Z. angew. Chem. **48**, 400 (1935); B. **63**, 3012 (1930); **68**, 1138, 2191 (1935); **69**, 654 (1936). Siehe hierzu a. SCHEIBLER, A. **565**, 157, 176 (1950).

[18] B. **69**, 2386 (1936); **71**, 1547 (1938). — ARNDT, F., u. L. LOEWE: B. **71**, 1631 (1938); s. ferner CH. D. HURD u. M. A. POLLACK: J. org. Chemistry **3**, 550 (1939). — TSCHELINZEW u. DUBININ: C. **1938** I, 567; s. a. CH. R. HAUSER: J. Amer. chem. Soc. **60**, 1957 (1938); CH. R. HAUSER u. D. S. BRESLOW: J. Amer. chem. Soc. **62**, 2389 (1940).

$$\left\{ CH_3-C-\overline{O}-C_2H_5 \quad \longleftrightarrow \quad CH_3-\overset{\oplus}{C}-\overline{O}-C_2H_5 \quad \longleftrightarrow \quad CH_3-C\overset{\oplus}{-\overline{O}}-C_2H_5 \right\}$$

$$a \qquad\qquad b$$

katalytisch in der Weise, daß der in der zwitter-ionischen Grenzformel a durch die Oktettlücke am Carbonyl-C-Atom ausgelöste starke Elektronenzug sich soweit verstärkt, daß aus der Methylgruppe ein Wasserstoffatom als Proton abgelöst wird unter Hinterlassung des mesomeren Anions $c \longleftrightarrow d$

$$a \qquad\qquad c \qquad\qquad d \qquad + H^+$$

$$H^+ + C_2H_5-\overline{O}| \longrightarrow C_2H_5-\overline{O} \rightarrow H$$

das abgespaltene Proton vereinigt sich mit einem Oxäthyl-anion des Natriumäthylats zu Alkohol unter Hinterlassung eines Na^+-Kations, das zum mesomeren Anion c $\longleftrightarrow$ d in Ionenbeziehung tritt.[19]

Nunmehr erfolgt der erste Schritt der Claisen-Kondensation, der darin besteht, daß das einsame Elektronenpaar der mesomeren Grenzformel d, der Carbeniat-Form der sog. *Methylen-Komponente* sich einlagert in die Oktettlücke der mesomeren Grenzformel a, der *Ester-Komponente*:

$$a \qquad\qquad d \qquad\qquad e$$

---

[19] Ob daneben ein Gleichgewicht mit einer echten metallorganischen Verbindung $Na-CH_2-COOC_2H_5$ besteht, ist für den Ablauf der Synthese belanglos. Da eine solche Verbindung konstitutionsbedingt weitgehend polarisiert ist, würde das Gleichgewicht

$$Na-CH_2-COOC_2H_5 \rightleftharpoons Na^+ + [CH_2-COOC_2H_5]^-$$

zweifellos weitgehend zugunsten der Ionenbeziehung liegen.

Über die Auffassung der Esterkondensation als metallorganische Synthese s. a. G. W. Tschelinzew: C. **1935** II, 2353.

Daß aus Carbonsäureestern $R-CH_2-COOC_2H_5$ das Carbeniat-Anion des Esters $[R-CH-COOC_2H_5]^-$ entsteht, geht daraus hervor, daß diese Ester, wie W. G. Brown u. K. Eberly [J. Amer. chem. Soc. **62**, 113 (1940)] gezeigt haben, unter dem Einfluß von Natriumäthylat mit Deutero-alkohol Wasserstoff-Deuterium-Austausch, $R-CH_2-COOC_2H_5 + C_2H_5-OD \rightleftharpoons C_2H_5-OH + R-CH(D)-COOC_2H_5$ geben. Auch die Tatsache, daß optisch-aktive Ester $RR''CH-COOC_2H_5$ unter dem Einfluß von Äthylat rasch racemisieren [Kenyon, J., u. D. P. Young: J. chem. Soc. London **1940**, 216], ist nur durch intermediäre Bildung des Carbeniat-Anions deutbar.

Mit Triphenylmethyl-Natrium entstehen aus Carbonsäureestern quantitativ die Natrium-carbeniate bzw. Enolate (Malonester) unter Bildung von Triphenylmethan [Schlenk, W., u. Mitarb.: B. **47**, 1664 (1914); **49**, 608 (1916); A. **487**, 135 (1931). — Müller, Eugen, u. Mitarb.: A. **515**, 97 (1934).]

Diese zweite Reaktionsphase der Esterkondensation ist eng verknüpft mit der ersten Stufe der Ausbildung des Carbeniat-Anions des Esters, denn es ist möglich, daß in dem entstehenden Reaktionsknäuel das erste Addukt als Folge einer Dipol-Beeinflussung zweier aktivierter Estermoleküle [19a] entsteht, die zu einer *Wasserstoffbrücke* zwischen dem anionisch aufgerichteten Carbonyl-O-Atom der Esterkomponente und dem als Proton abspaltbaren Wasserstoff der Methylenkomponente führt:

$$\text{(Reaktionsschema)}$$

darauf erfolgt Abspaltung des Protons von der Methylenkomponente und sofortige Vereinigung mit der Esterkomponente über ein Carbeniumcarbeniat als Zwischenstufe, schließlich die nunmehr leicht eintretende völlige Ablösung des Protons durch die Wirkung des anwesenden Natriumäthylats:

$$\text{(Reaktionsschema)}$$

Die Bildung dieses ersten Addukts e auf dem Wege zur eigentlichen Kondensation ist reversibel; das Gleichgewicht liegt weitgehend zugunsten der Komponenten, da die Mesomerie der reagierenden Komponenten zuungunsten der reaktionsfähigen Form liegt, nicht zuletzt deswegen, weil durch die Addition die Mesomerie der Carbäthoxy-Gruppe blockiert wird. In dem in geringer Menge entstehenden Anion e steht nun das mittlere C-Atom der CH_2-Gruppe unter dem direkten Einfluß zweier weitgehend positivierter Nachbaratome, wodurch das Oktett dieses C-Atoms stabilisiert und demgemäß ein H-Atom beweglich und leicht unter Hinterlassung des anteiligen Elektronenpaars als Proton abgespalten werden kann. Unter dem katalytischen Einfluß weiteren Alkalis wird daher abermals ein Proton abgespalten unter vorübergehender Bildung des Carbeniat-anions f:

[19a] ARNDT, F. u. L. LOEWE, B. **71**, 1635 (Fußnote) (1938).

[20] Ein solches Halbketal als Zwischenprodukt der Esterkondensation hatten bereits R. F. B. COX, E. H. KROEKER u. S. M. McELVAIN [J. Amer. chem. Soc. **56**, 1173 (1934)] formuliert; s. a. K. BODENDORF: B. **67**, 1338 (1934): „lockere Additionsverbindung" als Vorstufe.

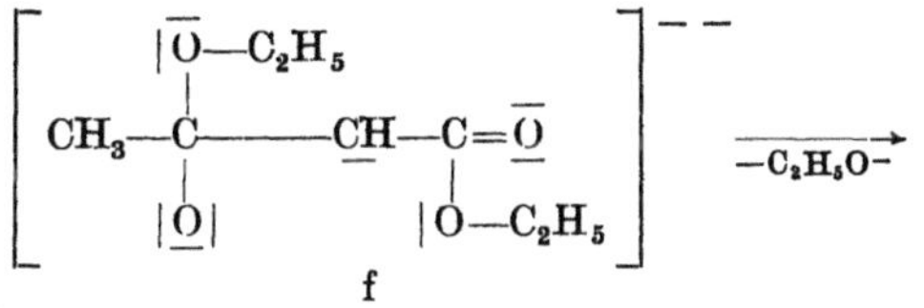

$$\left[\begin{array}{c}|\overline{O}\!-\!C_2H_5\\ CH_3\!-\!C\!-\!\!-\!\!-\!CH\!-\!C\!=\!\overline{O}\\ |\underline{O}| \qquad |O\!-\!C_2H_5\end{array}\right]^{-\,-} \xrightarrow{-C_2H_5O^-}$$

f

$$\xrightarrow{-C_2H_5O^-}\left[\begin{array}{cc}CH_3\!-\!\overset{\oplus}{C}\!-\!CH\!-\!C\!=\!\overline{\underline{O}} & \longleftrightarrow \quad CH_3\!-\!C\!\!\rightleftharpoons\!\!CH\!-\!C\!=\!O\\ |\underline{O}| \quad |\underline{O}\!-\!C_2H_5 & \qquad |\underline{O}| \quad |\underline{O}\!-\!C_2H_5\end{array}\right]^{-}\cdot$$

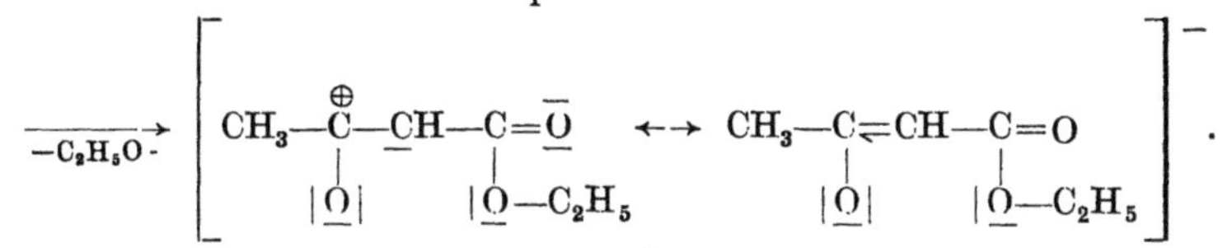

g

Dieses Carbeniat-anion f unterliegt nun dem durch Abspaltung des Protons ausgelösten *elektromeren Effekt*, der bewirkt, daß von dem linken bereits weitgehend positivierten C-Atom der elektronenaffinste Substituent, nämlich die Äthoxygruppe, unter Mitnahme des anteiligen Elektronenpaars als $C_2H_5O^-$-Anion abdissoziiert, so daß das einsame Elektronenpaar des mittleren C-Atoms nunmehr die intermediär am linken C-Atom entstehende Oktettlücke schließen kann durch Ausbildung einer Doppelbindung, die zur C=O-Doppelbindung der Carbäthoxygruppe in Konjugation tritt unter Bildung des *mesomeren* und daher energetisch begünstigten Anions (Synions) g des Acetessigesters.

Die Möglichkeit der Ausbildung dieses mesomeren Anions g stellt nun die eigentliche treibende Kraft der Reaktion dar, denn dieses Anion ist energetisch begünstigt aus zweierlei Gründen: einmal geschieht die Alkohol-Abspaltung als Ausfluß des Konjugationsbestrebens des ersten Addukts e; der hauptsächlichste Energiegewinn ist jedoch gegeben durch die ausgeprägte Mesomerie dieses Carbeniat-Enolat-Anions g:

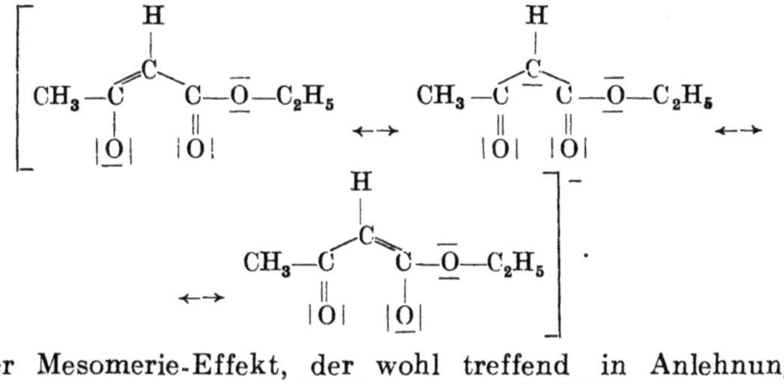

$$\left[\begin{array}{c}\qquad H\\ \qquad |\\ \qquad C\\ CH_3\!-\!C\!\!\diagdown\!\!C\!-\!\overline{O}\!-\!C_2H_5\\ \quad |\underline{O}| \quad |\underline{O}|\end{array}\quad\longleftrightarrow\quad\begin{array}{c}\qquad H\\ \qquad |\\ \qquad C\\ CH_3\!-\!C\!\diagup\!\diagdown\!C\!-\!\overline{O}\!-\!C_2H_5\\ \quad \|\underline{O}| \quad \|\underline{O}|\end{array}\quad\longleftrightarrow\right.$$

$$\left.\quad\longleftrightarrow\quad\begin{array}{c}\qquad H\\ \qquad |\\ \qquad C\\ CH_3\!-\!C\!\diagup\!\!C\!-\!\overline{O}\!-\!C_2H_5\\ \quad \|\underline{O}| \quad |\underline{O}|\end{array}\right]^{-}\cdot$$

Dieser Mesomerie-Effekt, der wohl treffend in Anlehnung an Prévost und Kirrmann (vgl. S. 33) als *Synionie-Effekt* zu kennzeichnen wäre, bestimmt daher im wesentlichen den Ablauf der Reaktion, denn erst durch die Möglichkeit der Ausbildung dieses energetisch weitgehend begünstigten mesomeren Anions wird das Gleichgewicht f $\rightleftharpoons$ g entscheidend nach Seiten dieses Synions g des Acetessigesters verschoben. Dieses Gleichgewicht wird um so mehr auf seiten des mesomeren Anions liegen, je höher die CH-Acidität des Ausgangsesters und je ausgeprägter der elektromere Effekt dieses Anions ist.

Insgesamt wird also aus dem ersten instabilen Addukt e ein Proton und ein Äthoxyl-anion, d. h. ein Mol Alkohol abgespalten; die Stabilisierung dieses Addukts kann man sich daher auch so vorstellen, daß die Alkohol-Abspaltung, ausgelöst durch das Konjugationsbestreben und die die Bildung des Synions begünstigende Alkali-Wirkung *innermolekular* dadurch erfolgt, daß die Äthoxygruppe aus dem positivierten linken C-Atom sich unter direkter Vereinigung mit dem aus dem mittleren C-Atom sich ablösenden Proton als Alkohol abspaltet unter Hinterlassung des so entstehenden mesomeren Acetessigesteranions g: [21]

$$\left[\ \text{CH}_3-\overset{\displaystyle|\bar{\text{O}}-\text{C}_2\text{H}_5}{\underset{\displaystyle|\underline{\text{O}}|}{\text{C}}} \cdots \cdots \overset{\displaystyle \text{H}}{\underset{\displaystyle|\underline{\text{O}}-\text{C}_2\text{H}_5}{\text{CH}}}-\text{C}=\bar{\underline{\text{O}}}\ \right]^{-} \quad \rightleftharpoons$$

e

$$\rightleftharpoons \left[\ \overset{\displaystyle +\ \text{C}_2\text{H}_5\text{O}\ \rightarrow\ \text{H}}{\text{CH}_3-\underset{\displaystyle|\underline{\text{O}}|}{\overset{\displaystyle\oplus}{\text{C}}}-\underset{}{\text{CH}}-\underset{\displaystyle|\underline{\text{O}}-\text{C}_2\text{H}_5}{\text{C}}=\bar{\underline{\text{O}}}\ }\ \longleftrightarrow\ \text{CH}_3-\underset{\displaystyle|\underline{\text{O}}|}{\text{C}}\!\!\rightleftharpoons\!\!\text{CH}-\underset{\displaystyle|\underline{\text{O}}-\text{C}_2\text{H}_5}{\text{C}}=\bar{\underline{\text{O}}}\ \right]^{-}.$$

g

Hierdurch kommt die Reaktion erst richtig in Gang, denn der sich abspaltende Alkohol reagiert normal mit dem Natrium unter Bildung von Natriumäthylat und Wasserstoff, der entweicht:

$$\text{C}_2\text{H}_5-\bar{\underline{\text{O}}}-\text{H} + \text{Na}\cdot \longrightarrow \left[\text{C}_2\text{H}_5-\bar{\underline{\text{O}}}|\right]^{-}\text{Na}^{+} + \text{H}\cdot\ ;\ 2\,\text{H}\cdot \rightarrow \text{H}_2.$$

Das so neu entstehende Natriumäthylat aktiviert dann weitere Estermoleküle zur Carbeniat-Grenzformel der Methylenkomponente.

Bei Anwendung von metallischem Natrium als Kondensationsmittel der Esterkondensation kann man daher bei der üblichen Ausführungsform der Synthese — Zutropfen des Esters zu vorgelegtem Natrium unter Äther oder Benzol — zwei Reaktionsphasen unterscheiden:

1) $2\,\text{CH}_3-\text{COOC}_2\text{H}_5 + 2\,\text{Na} \rightarrow [\text{CH}_3-\text{CO}-\bar{\text{CH}}-\text{COOC}_2\text{H}_5]^{-}\,\text{Na}^{+} + \text{NaOC}_2\text{H}_5 + \text{H}_2$

2) $2\,\text{CH}_3-\text{COOC}_2\text{H}_5 + \text{NaOC}_2\text{H}_5 \rightarrow [\text{CH}_3-\text{CO}-\bar{\text{CH}}-\text{COOC}_2\text{H}_5]^{-}\,\text{Na}^{+} + \text{C}_2\text{H}_5\text{OH}$

Hiermit erklärt sich die bekannte Erscheinung, daß bei der Durchführung der Reaktion in der geschilderten Weise nur die erste Hälfte der Reaktion mit kräftiger Wärmetönung verläuft.

Nach dem gleichen Reaktionsmechanismus verläuft die von CLAISEN entdeckte Kondensation eines Carbonsäureesters mit einem Keton bei Gegenwart von Natrium, Natriumalkoholat oder Natriumamid, wobei das Keton die Rolle der Methylenkomponente übernimmt. Auch diese Kondensation gelingt nur bei Anwesenheit einer Spur Alkohol und verläuft über die folgenden Zwischenstufen:

---

[21] Siehe a. F. ARNDT u. L. LOEWE: B. **71**, 1633 (1938); ferner Kap. VII, 2, S. 204

$$\left\{ CH_3-C=\overline{O} \;\longleftrightarrow\; CH_3-\overset{\oplus}{C}-\overset{\ominus}{\underline{O}}| \right\} \longrightarrow$$

$$\longrightarrow \left[CH_3-\overset{\oplus}{C}-\overline{O}| \right]^{-} H^{+} \;;\; H^{+} + C_2H_5O^{-} \rightarrow C_2H_5O \rightarrow H$$

(with CH_3 / $\underline{CH_2}$ substituents)

$$CH_3-\overset{|\overline{O}-C_2H_5}{\underset{|\underline{O}|\,\oplus}{C}}\oplus \;+\; \left[\overline{CH_2}-C=\overline{O} \right]^{-} \rightleftharpoons$$

$$\rightleftharpoons \left[CH_3-\underset{|\underline{O}|}{\overset{|\overline{O}-C_2H_5\;H}{C}}\!\!\leftarrow\!\!-\!\!-CH-C=\overline{O} \right]^{-} \rightleftharpoons \left[CH_3-\underset{|\underline{O}|}{C}=CH-C=\overline{O} \right]^{-} \quad C_2H_5O \rightarrow H$$

Nach der eingehenden Zergliederung des Reaktionsverlaufs der
Acetessigester-Synthese ist dieses Reaktionsschema der Bildung des
Acetylacetons aus Aceton und Essigester ohne weiteres verständlich.
Als weiteres Beispiel sei die Synthese des Formylessigesters aus Ameisen-
säureester + Essigsäureester formuliert:

$$H-\underset{|\underline{O}|\,\ominus}{\overset{|\overline{O}-C_2H_5}{C}}\oplus \;+\; \left[\underline{CH_2}-C=\overline{O} \right]^{-} \rightleftharpoons \left[H-\overset{|\overline{O}-C_2H_5\;H}{C}\!\leftarrow\!\!-\!\!-CH-C=\overline{O} \right]^{-} \rightleftharpoons$$

$$+ C_2H_5O \rightarrow H$$

$$\rightleftharpoons \left[H-C=CH-C=\overline{O} \right]^{-}$$

Die geschilderte moderne Auffassung vom Mechanismus der Claisen-
Kondensation läßt erkennen, daß das Gelingen der Kondensation in vol-
ler Übereinstimmung mit den experimentellen Erfahrungen an die folgenden Voraussetzungen geknüpft ist:

1. *Das Reaktionsmedium muß zum Start der Reaktion eine Spur Alkohol enthalten.*

Dieses Erfordernis wird erklärlich durch die oben gegebene Darstellung der Entstehung des reaktionsfähigen Carbeniat-Anions der Methylen-Komponente. Dieses entsteht daher *nicht* über eine noch mögliche
metallorganische Verbindung, wie z. B. $Na-CH_2-COOC_2H_5$, bei der
also das Metall durch ein Elektronenpaar mit dem Kohlenstoff verknüpft ist; der organische Rest der Methylenkomponente fungiert vielmehr als *Anion*, das mit dem Na^+-Kation in *Ionenbeziehung* steht. Das
Anion der Methylenkomponente entsteht nicht durch direkte Einwirkung
des Natriums beispielsweise auf Essigester; es entsteht erst durch

doppelte Umsetzung mit dem in geringer Menge anwesenden Natrium-äthylat:[22]

$$[C_2H_5\text{---}O]^-\,Na^+ + H\text{---}CH_2\text{---}COOC_2H_5 \rightleftharpoons [\underline{C}H_2\text{---}COOC_2H_5]^-\,Na^+ + C_2H_5OH.$$

Diese katalytische Wirkung der zunächst nur geringen Menge Alkohol erklärt auch die dem Synthetiker bekannte Erscheinung, daß eine Esterkondensation im allgemeinen nur langsam „angeht" und erst allmählich in Gang kommt, denn die Reaktion wird um so schneller verlaufen, je mehr Alkohol durch die bereits eingetretene Kondensation entstanden ist.

Dies trifft auch dann zu, wenn ein Kohlenwasserstoff mit aciden H-Atomen als Methylenkomponente fungiert, wie beispielsweise bei der Kondensation von Cyclopentadien mit Oxalester. Im Cyclopentadien ist das Oktett des Kohlenstoffatoms der CH_2-Gruppe durch den polarisierenden Einfluß der konjugierten Doppelbindung stabilisiert, so daß ein H-Atom als Proton abspaltbar ist. Da das unter dem katalytischen Einfluß einer geringen Menge Natriumalkoholat sich bildende Carbeniat-Anion zu aromatischer Mesomerie fähig ist, so tritt seine Bildung besonders leicht ein:

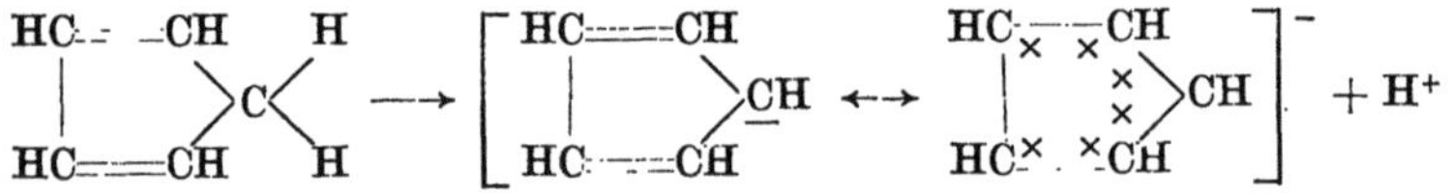

Dieses Anion reagiert alsdann mit der mesomeren Grenzformel des Oxalesters in üblicher Weise:

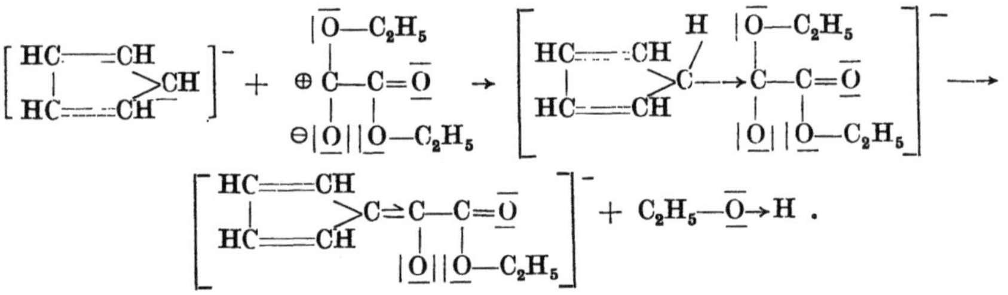

Das Konjugationsbestreben des ersten Addukts dürfte bei dieser Synthese besonders ausgeprägt sein, da die neu entstehende Doppelbindung auch zu den Doppelbindungen des Kohlenwasserstoffrestes in Konjugation steht; tatsächlich ist z. B. der so entstehende Fluoren-oxalester völlig enolisiert[23].

Die zweite Voraussetzung, an die das Gelingen der Claisen-Kondensation geknüpft ist, lautet:

2. Kondensation tritt nur ein, wenn die Methylenkomponente eine ---CH_2---*CO-Gruppe enthält.*

Sowohl das erste CLAISENsche Reaktionsschema als auch die elektronentheoretische Deutung des Reaktionsmechanismus lassen klar erkennen, daß nur unter dieser Voraussetzung die Kondensation überhaupt erst durchführbar ist, da nacheinander zwei H-Atome als Proton

---

[22] Daß tatsächlich $NaOC_2H_5$ und nicht das metallische Natrium das wirksame Agens der Esterkondensation darstellt, haben N. FISHER u. S. M. McELVAIN [J. Amer. chem. Soc. **56**, 1766 (1934)] gezeigt; s. a. W. WISLICENUS: A. **246**, 310 (1888).

[23] KUHN, RICH., u. E. LEVY: B. **61**, 2240 (1938).

aus der Methylengruppe abgespalten werden. Es ist daher nicht möglich, z. B. Isobuttersäureester unter den Bedingungen der Claisen-Kondensation in α,α-Dimethyl-isobutyryl-essigester überzuführen, da hierbei die Reaktion nur bis zur reversiblen Bildung des instabilen ersten Addukts geht, aus dem ein mesomeres Carbeniat-Enolat-Anion bei Gegenwart von Natriumäthylat nicht mehr entstehen kann:

$$\underset{CH_3}{\overset{CH_3}{>}}CH-\overset{|\overline{O}-C_2H_5}{\underset{|\underline{O}|^{\ominus}}{C}}{}^{\oplus} + \left[\overset{CH_3}{\underset{CH_3\;|\underline{O}-C_2H_5}{|C}}\text{---}C=\overline{O}\right]^{-} \rightleftharpoons \left[\underset{CH_3}{\overset{CH_3}{>}}CH-\overset{|\overline{O}-C_2H_5}{\underset{|\underline{O}|}{C}}\longleftarrow\overset{CH_3}{\underset{CH_3\;|\underline{O}-C_2H_5}{C}}\text{---}C=\overline{O}\right]^{-}$$

Aus dem gleichen Grunde unterliegen α,α-dialkylierte β-Dicarbonylverbindungen sehr leicht der alkoholytischen Spaltung, die bereits beim Erwärmen in alkoholischer Lösung bei Gegenwart einer Spur Natriumäthylat eintritt[24], z. B.:

$$R-CO-\overset{CH_3}{\underset{CH_3}{C}}-COOR + C_2H_5OH \xrightarrow{Na} \left[R-\overset{|\overline{O}-C_2H_5}{\underset{|\underline{O}|}{C}}\text{---}\overset{CH_3}{\underset{CH_3}{C}}-COOR\right]^{-} H^+ \longrightarrow$$

$$R-C\underset{\overline{\underline{O}}-C_2H_5}{\overset{\overline{O}}{<}} + H\longleftarrow\overset{CH_3}{\underset{CH_3}{C}}-COOR$$

Eine ähnliche Spaltung erleiden auch die α-monosubstituierten β-Dicarbonylverbindungen beim Erhitzen mit molekularen Mengen alkoholischen Natriumäthylat. Auch die in α-Stellung unsubstituierten β-Dicarbonylverbindungen sind, wenn auch weniger leicht, durch die gleiche Behandlung aufspaltbar zu den Monocarbonylverbindungen, aus denen sie entstanden. *Die Claisen-Kondensation ist also ein umkehrbarer Prozeß*, eine Tatsache, die durch die elektronentheoretische Deutung der Reaktion leicht verständlich wird.

Tatsächlich liegt das Gleichgewicht der Esterkondensation

$$2\,CH_3-COOC_2H_5 \rightleftharpoons CH_3-CO-CH_2-COOC_2H_5 + C_2H_5OH$$

bei 44—50% β-Ketocarbonsäureester, das sich auch von der rechten Seite her aus Acetessigester und Alkohol unter dem Einfluß von Natriumäthylat einstellt[25].

Das Prinzip, daß Esterkondensation nur dann eintritt, wenn der Ausgangsester die Konstitution $R-CH_2-COOR'$ besitzt, gilt streng für alle Esterkondensationen, die bei gewöhnlicher oder erhöhter Temperatur ohne Entfernung des sich abspaltenden Alkohols durchgeführt werden. Arbeitet man jedoch ohne Lösungsmittel mit Natriumäthylat als Kondensationsmittel bei erhöhter Temperatur unter steter Gleichgewichtsverschiebung durch Entfernung des entstehenden

[24] DIECKMANN, W.: B. **33**, 2672 (1900); **55**, 3344 (1922).

[25] KUTZ, W. A., u. H. ADKINS: J. Amer. chem. Soc. **52**, 4391, (1930). — Zur Umkehrbarkeit der Esterkondensation s. a. D. VORLÄNDER: B. **33**, 3185 (1900). — KRÖHNKE, F., u. HEFFE: B. **70**, 864 (1937). — ARNDT, F., u. L. LOEWE: B. **71**, 1636 (1938).

Alkohols aus dem reagierenden System, so gelingen Esterkondensationen ausgehend von Estern R_2CH—$COOR'$ dann, wenn ein Malonesterderivat vorliegt, das durch eine durch die Kondensation eintretende Cyclisierung in einen β-Ketocarbonsäureester höherer Acidität übergehen kann. Ein solcher Fall liegt vor bei der durch S. M. McElvain und Mitarbeiter[26] aufgefundenen Kondensation gewisser substituierter Butan-tri- oder tetracarbonsäureester: so geht der α-Äthyl-δ-carbäthoxy-adipinsäure-diäthylester unter dem Einfluß von Natriumäthylat bei $100°$ unter einem Druck von $200\,mm$ mit 22% Ausbeute über in 2-Äthyl-cyclopentan-1-on-dicarbonsäure-(2,5)-diäthylester; diese Reaktion verläuft nach dem folgenden elektronischen Mechanismus:

$$
\left[
\begin{array}{c}
\text{COOR} \\
\text{H}_2\text{C}\!-\!\text{C}| \\
\qquad \text{H}\leftarrow\text{O}\!=\!\text{C}\!-\!\overline{\text{O}}\!-\!\text{C}_2\text{H}_5 \\
\text{H}_2\text{C}\!-\!\text{C}\!-\!\text{COOR} \\
\text{C}_2\text{H}_5
\end{array}
\right]^{-}
\rightleftharpoons
\left[
\begin{array}{c}
\text{COOR} \\
\text{H}_2\text{C}\!-\!\text{C}| \\
\qquad \text{C}\!=\!\overline{\text{O}} \\
\text{H}_2\text{C}\!-\!\text{C}\!-\!\text{COOR} \\
\text{C}_2\text{H}_5
\end{array}
\right]^{-}
+\ \text{C}_2\text{H}_5\!-\!\overline{\text{O}}\!\rightarrow\!\text{H}
$$

Solche cyclisierende Esterkondensationen können auch unter Abspaltung von Kohlensäureester an Stelle von Alkohol verlaufen[27]; so entsteht nach S. M. McElvain[28] aus dem entsprechenden Tetracarbonsäureester unter analogen Bedingungen das gleiche Reaktionsprodukt nach folgendem Mechanismus:

$$
\left[
\begin{array}{c}
\text{COOR} \\
\text{H}_2\text{C}\!-\!\text{C}\!-\!\text{COOR} \\
\overline{\text{O}}\!=\!\text{C}\!-\!\overline{\text{O}}\!-\!\text{C}_2\text{H}_5 \\
\text{H}_2\text{C}\!-\!\text{C}\!-\!\text{COOR} \\
\text{C}_2\text{H}_5
\end{array}
\right]^{-}
\rightleftharpoons
\left[
\begin{array}{c}
\text{COOR} \\
\text{H}_2\text{C}\!-\!\text{C}\!-\!\text{COOR} \\
\quad \text{C}\;\overline{\text{O}}|\;\;\overline{\text{O}}\!-\!\text{C}_2\text{H}_5 \\
\text{H}_2\text{C}\!-\!\text{C}\!-\!\text{COOR} \\
\text{C}_2\text{H}_5
\end{array}
\right]^{-}
\xrightarrow{-\text{OC(OC}_2\text{H}_5)_2}
$$

$$
\left[
\begin{array}{c}
\text{H}_2\text{C}\!-\!\text{C}\!-\!\text{COOR} \\
\quad \text{C}\!-\!\overline{\text{O}}| \\
\text{H}_2\text{C}\!-\!\text{C}\!-\!\text{COOR} \\
\text{C}_2\text{H}_5
\end{array}
\right]^{-}
\leftrightarrow
\left[
\begin{array}{c}
\overline{\text{H}}_2\text{C}\!-\!\overline{\text{C}}\!-\!\text{COOR} \\
\quad \text{C}\!=\!\overline{\text{O}} \\
\text{H}_2\text{C}\!-\!\text{C}\!-\!\text{COOR} \\
\text{C}_2\text{H}_5
\end{array}
\right]^{-}
$$

Aus dem ersten Addukt spaltet sich die Äthoxy-Gruppe unter Vereinigung mit dem kationisch aus der 5-Stellung sich ablösenden Carbäthoxy-Rest zu Kohlensäureester ab unter Bildung der polarisierten Grenzformel des 2-Äthyl-cyclopentan-1-on-2,5-dicarbonsäure-diäthylesters.

Nach der gleichen Reaktionsfolge entsteht aus Butan-1,1,4,4-tetracarbonsäureester mit Natrium als Kondensationsmittel der Cyclopentanon-2,5-dicarbonsäureester selbst[29].

Solche „anomalen" Esterkondensationen gelingen also bei Gegenwart von Natriumäthylat nur dann, wenn ein leicht ionisierbares Malonester-Derivat vorliegt, in dessen *Anion* dann die eigentliche Kondensation, gesteuert durch den Synionie-Effekt, stattfinden kann. Insgesamt werden auch bei solchen Kondensationen, wie bei der eigentlichen Claisen-Kondensation, *zwei H-Atome*, wenn

[26] J. Amer. chem. Soc. **57**, 1443 (1935).

[27] Meerwein, H., u. S. Schürmann: A. **398**, 223 (1913); J. pr. [2] **104**, 181 (1922); s. a. Kap. IX, 3 a, S. 268.

[28] J. Amer. chem. Soc. **57**, 1133 (1935).

[29] Nandi, B. L.: J. Indian chem. Soc. **11**, 213 (1934).

auch von verschiedenen C-Atomen, abgespalten; es sind *echte Claisen-Kondensationen, bei denen lediglich die Aktivierung der Methylenkomponente und die Kondensation im bereits gebildeten Anion stattfinden.*

Schließlich ist das Gelingen der Claisen-Kondensation an eine dritte Voraussetzung geknüpft:

3. die Methylenkomponente muß eine elektromeriefähige Gruppe enthalten; d. h., eine der folgenden Gruppen, die eine Doppelbindung enthalten und demgemäß als Konjugationspartner wirken können, geordnet nach ansteigender Elektromeriefähigkeit:

$$-\!\!\underset{\underset{\displaystyle O\!-\!R}{|}}{C}\!=\!O \;<\; -\!C\!\equiv\!N \;<\; -\!\!\underset{\underset{\displaystyle CH_3}{|}}{C}\!=\!O \;<\; -\!\!\underset{\underset{\displaystyle C_6H_5}{|}}{C}\!=\!O \;<\; -\!\!\underset{\underset{\displaystyle COOCH_3}{|}}{C}\!=\!O\;.$$

Die Aldehydgruppe hingegen kommt als Substituent der Methylenkomponente nicht in Frage, da Aldehyde unter dem Einfluß alkalischer Mittel sich rasch anderweitig verändern (Aldolkondensation usw.). Formylverbindungen stellt man daher nur durch Wahl von Ameisensäureester als Esterkomponente dar.

Da die Sulfoxyl- und die Sulfogruppe, $-SO \cdot R$ bzw. $- SO_2 \cdot R$, keine Doppelbindungen, sondern nur semipolare Bindungen enthalten,

$$-\!\!\underset{\underset{\displaystyle R}{|}}{\overline{S}} \;\rightarrow\; \overline{\underline{O}}| \quad \text{bzw.} \quad -\!\!\underset{\underset{\displaystyle R}{|}}{S}\!\!\underset{\searrow\, \overline{\underline{O}}|}{\overset{\nearrow\, \overline{\underline{O}}|}{}}$$

können diese Reste nicht als Konjugationspartner wirken. Mit Verbindungen, wie z. B. $CH_3\!-\!SO\!-\!C_6H_5$ oder $CH_3\!-\!SO_2OC_2H_5$ tritt daher die Claisen-Kondensation überhaupt nicht ein.

3. Energetische Verhältnisse der Claisen-Kondensation.

Die Claisen-Kondensation ist bei Anwendung metallischen Natriums als Kondensationsmittel eine im allgemeinen exotherme Reaktion; die Wärmetönung Q der Reaktion setzt sich zusammen aus der Wärmetönung mehrerer Teilreaktionen und zwar:

1. der bei allen Reaktionen gleichen Wärmetönung

    a) der Auflösung metallischen Natriums in Alkohol $= q_1$

    b) der Vereinigung von $C_2H_5O^-$-Anion mit abgespaltenem Proton zu Alkohol $= q_2$;

2. der von der Natur der Reaktionskomponenten abhängigen Wärmetönung

    a) der Vereinigung der Ester- mit der Methylenkomponente $= q_a$

    b) des elektromeren bzw. Synionie-Effekts $= q_e$, erzeugt durch die Elektromeriefähigkeit der Ester- und der Methylenkomponente.

Energieverbrauchend sind folgende Teilreaktionen:

1. die Aktivierung der Methylenkomponente $= q_0'$; diese Aktivierungsenergie wird im wesentlichen verbraucht für den erforderlichen prototropen Arbeitsaufwand der Aktivierung[30];

---

[30] Die Aktivierungsenergie der Esterkomponente dürfte hingegen nur gering sein, da bereits im freien Carbonsäureester Mesomerie nach der zwitterionischen Carbenium-Form vorhanden ist.

2. die Ablösungsarbeit des Äthoxyl-anions und des Protons aus dem labilen ersten Addukt $= q_0''$.

Es ergibt sich also in einfacher Beziehung rein empirisch:

$$Q = q_1 + q_2 + q_a + q_e - (q_0' + q_0'')$$

da $q_1 + q_2 = \text{const}$, folgt:

$$Q = \text{const} + (q_a + q_e) - (q_0' + q_0'').$$

Die Energie der Vereinigung der Ester- mit der Methylenkomponente steht nun sehr wahrscheinlich in Abhängigkeit von dem Energiebetrag, der durch Wirksamwerden des Synionie-Effekts frei wird, d. h., je größer der Synionie-Effekt der entstehenden Verbindung ist, um so größer wird die Tendenz zur Vereinigung beider Komponenten und mithin auch die dadurch freiwerdende Energie sein. Auch die Lage des Gleichgewichts einer Esterkondensation wird daher von der Größe dieses Effekts bestimmt: je geringer der Synionie-Effekt einer β-Dicarbonylverbindung ist, um so mehr liegt das Gleichgewicht auf seiten der Komponenten und um so leichter tritt die alkali-katalysierte Spaltung der β-Dicarbonylverbindung in die Komponenten ein. Aus diesem Grunde sind α-monosubstituierte β-Dicarbonylverbindungen leichter alkoholytisch spaltbar als die unsubstituierten Stammverbindungen, und α,α-disubstituierte β-Dicarbonylverbindungen unterliegen deswegen so leicht der alkali-katalysierten Alkoholyse, weil eine solche Verbindung der Unmöglichkeit der Enolisierung wegen einen Synionie-Effekt nicht mehr besitzt.

Aus der Gleichung ergibt sich ohne weiteres, daß die Wärmetönung der Reaktion um so größer sein wird, je höher der elektromere Effekt beider Komponenten und je geringer die Aktivierungsenergie der Methylenkomponente und die Ablösungsarbeit des Äthoxyl-anions und des Protons aus dem ersten instabilen Addukt sind. Man erkennt daher leicht, daß, ähnlich wie bei der Keto-Enol-Umlagerung, so auch hier bei den energetischen Verhältnissen der Synthese der Keto-Enol-Desmotropen, das Wechselspiel zwischen elektromerem Effekt und prototropem Arbeitsaufwand die wesentliche und ausschlaggebende Rolle spielt. Es wird daher im allgemeinen so sein, daß die Wärmetönung der Synthese einer β-Dicarbonylverbindung um so größer ist, je größer die Acidität und die Enolisierungstendenz (Synionie-Effekt) der entstehenden Verbindung selbst ist und je geringer der zur Aktivierung der Methylenkomponente aufzuwendende prototrope Arbeitsaufwand q_0' ist. Arbeitet man mit Natriumäthylat als Kondensationsmittel, so fällt q_1 weg; bei hohem q_0' wird daher die Reaktion zumeist *endotherm* wie beispielsweise bei der Kondensation von Adipinsäureester zum Cyclopentanon-2-carbonsäureester, die bei Gegenwart von Natriumäthylat in alkoholischer Lösung erst beim Erwärmen eintritt und zu Ende geführt werden kann. Mit diesen Verhältnissen steht wahrscheinlich in Zusammenhang die „Leichtigkeit", mit der eine solche Synthese in „Gang gebracht" werden kann oder „angeht", wie der Synthetiker sich gerne ausdrückt. Hierfür einige Beispiele:

a) Formylcarbonsäureester $HO \cdot CH = C(R) \cdot COOR'$ oder Formylketone $HO \cdot CH = C(R) \cdot COR'$ sind in freiem Zustand zumeist über 95% enolisiert[31]; die Kondensation von Ameisensäureester mit einem Carbonsäureester oder einem Keton geht daher sehr leicht an; der hohen Wärmetönung der Reaktion wegen läßt man daher eine solche Kondensation gewöhnlich unter Eiskühlung von selbst ablaufen. Das gleiche gilt für die Kondensation eines Ketons oder eines Carbonsäureesters mit Oxalester zu den hochenolisierten Keton-oxalestern bzw. Oxalcarbonsäureestern. Hierbei, besonders bei der Kondensation eines Ketons mit Oxalester, kann man auf die „innere Heizung" der Reaktion durch Ausnützung der Wärmetönung der Auflösung von Natrium in Alkohol ganz verzichten, indem man die Reaktion in alkoholischer Lösung bei Gegenwart von Natriumäthylat unter Kühlung durchführt.

b) Die Kondensation eines Mono-carbonsäureesters mit einem Keton geht gewöhnlich etwas schwerer an und verläuft mit etwas geringerer Wärmetönung als die zuvor erwähnten Kondensationen; damit steht im Zusammenhang, daß β-Diketone nur einen mittleren Enolgehalt von 20—60% besitzen. Trotzdem ist auch hier die Wärmetönung so hoch, daß es zur Vermeidung unerwünschter Nebenreaktionen oft zweckmäßig ist, auch eine solche Kondensation unter Eiskühlung ablaufen zu lassen. Arbeitet man hingegen mit Natriumäthylat als Kondensationsmittel, so wird auch hierbei die Reaktion zumeist endotherm.

c) Ganz anders hingegen die eigentliche GEUTHERsche Kondensation zweier Moleküle Carbonsäureester, wie beispielsweise die Synthese des Acetessigesters selbst: der Start dieser Reaktion tritt erst nach mitunter längerem Erwärmen des Natriums in Essigester ein; die Reaktion selbst wird dann unter Erwärmen zu Ende geführt. Die Wärmetönung der Reaktion ist daher nur gering; daß der entstehende Acetessigester daher auch nur geringe Enolisierungstendenz besitzt, ergibt sich aus diesem Verhalten von selbst.

Quantitative Messungen der Wärmetönung oder der Reaktionsgeschwindigkeit bei Claisen-Kondensationen sind bisher, soweit bekannt, noch nicht durchgeführt worden; soweit sich aus vorhandenen Daten errechnen läßt, ist beispielsweise die Bildung von Acetessigsäure aus zwei Mol Essigsäure nach A. NEUNHOEFFER und P. PASCHKE[31a] mit ca. —80 kcal ein stark endothermer Prozeß.

Die angestellten Überlegungen erhellen zwanglos die überragende Bedeutung des elektromeren Effekts und des prototropen Arbeitsaufwands der Reaktionskomponenten auch für die Synthese der β-Dicarbonylverbindungen.

4. Nebenreaktionen der Claisen-Kondensation.

Die bei Claisen-Kondensationen erzielbaren Ausbeuten an Reaktionsprodukt lassen mitunter zu wünschen übrig. So erhält man aus Essigester bei Anwendung metallischen Natriums als Kondensationsmittel

---

[31] BENARY, E., u. Mitarb.: B. **59**, 108 (1926). — SCHWARZENBACH, G., u. E. FELDER: Helvet. chim. Acta. **27**, 1044 (1944).
[31a] B. **72**, 925 (1939).

Ausbeuten an Acetessigester, die gewöhnlich 50—60% d. Th. nicht übersteigen; die Ausbeuten an β-Diketonen überschreiten bei Anwendung des sehr wirksamen Natriumamids ebenfalls im allgemeinen nicht 50% d. Th. Diese relativ geringen Ausbeuten sind zurückzuführen einmal auf die Tatsache, daß die Claisen-Kondensation eine Gleichgewichtsreaktion darstellt, bei der das Gleichgewicht um so mehr auf seiten der Komponenten liegt, je geringer der Synionie-Effekt der entstehenden Verbindung ist; daneben werden jedoch die Ausbeuten zumeist beeinträchtigt durch Nebenreaktionen, die durch die Einwirkung des alkalischen Kondensationsmittels auf Carbonsäureester, besonders aber auf die Ketone, zu unerwünschten Nebenprodukten führen. Die hauptsächlichsten Nebenreaktionen, mit denen man rechnen muß, sind folgende;

a) Verwendet man bei der Synthese von β-Ketocarbonsäureestern Natrium als Kondensationsmittel, so entstehen durch die Reduktionswirkung des Metalls häufig α-Diketone und α-Oxyketone (Acyloine) als Nebenprodukte[32]. Ihre Entstehung ist so zu deuten, daß durch Aufnahme des Außen-Elektrons des Natriums durch die mesomere zwitterionische Carbenium-Form des Carbonsäureesters intermediär ein radikalartiges Anion entsteht, das sich alsbald dimerisiert, z. B.:

$$CH_3{-}\overset{|\overline{O}{-}C_2H_5}{\underset{|\underline{O}|^{\ominus}}{C}}{\oplus} \;+\; Na{\cdot} \longrightarrow \left[CH_3{-}\overset{|\overline{O}{-}C_2H_5}{\underset{|\underline{O}|}{C}}{\cdot}\right]^{-} + Na^+ ;\; 2\left[CH_3{-}\overset{|\overline{O}{-}C_2H_5}{\underset{|\underline{O}|}{C}}{\cdot}\right]^{-} \longrightarrow$$

$$\longrightarrow \left[CH_3{-}\overset{|\overline{O}{-}C_2H_5}{\underset{|\underline{O}|}{C}}{\longrightarrow}{\longleftarrow}\overset{|\overline{O}{-}C_2H_5}{\underset{|\underline{O}|}{C}}{-}CH_3\right]^{--}$$

Aus diesem Zwischenprodukt spalten sich nunmehr die beiden Äthoxygruppen als Anionen ab unter der Wirkung des alkalischen Mediums, wodurch Diacetyl entsteht:

$$\left[CH_3{-}\overset{|\overline{O}{-}C_2H_5}{\underset{|\underline{O}|}{C}}{-}\overset{|\overline{O}{-}C_2H_5}{\underset{|\underline{O}|}{C}}{-}CH_3\right]^{--} \longrightarrow \left\{ +2\,[C_2H_5{-}\overline{\underline{O}}|]^{-} \atop CH_3{-}\overset{\oplus}{\underset{|\underline{O}|}{C}}{-}\overset{\oplus}{\underset{|\underline{O}|}{C}}{-}CH_3 \longleftrightarrow CH_3{-}\overset{}{\underset{\|\underline{O}|}{C}}{-}\overset{}{\underset{\|\underline{O}|}{C}}{-}CH_3 \right\}$$

Das Diacetyl unterliegt leicht weiterer Reduktion, die dann zum Butanol-(2)-on-(3) führt:

$$CH_3{-}\overset{\oplus}{\underset{|\underline{O}|}{C}}{-}\overset{\oplus}{\underset{|\underline{O}|}{C}}{-}CH_3 + 2\,Na{\cdot} \longrightarrow \left[CH_3{-}\overset{\cdot}{\underset{|\underline{O}|}{C}}{-}\overset{\cdot}{\underset{|\underline{O}|}{C}}{-}CH_3\right]^{--} + 2\,Na^+ \xrightarrow{\;+\,2\,C_2H_5OH\;}$$

[32] BOUVEAULT, L., u. LOCQUIN: Bull. Soc. chim. France [3] 35, 629 (1906). — CORSON, BENSON u. GODWIN: J. Amer. chem. Soc. 52, 3988 (1930). — SNELL u. McELVAIN: J. Amer. chem. Soc. 53, 2310 (1931).

$$CH_3-C\!\!=\!\!C-CH_3$$

$$\longrightarrow \quad |O| \;\; |O| \qquad +2\,C_2H_5ONa.$$

$$\downarrow \quad \downarrow$$
$$H \quad H$$

$$CH_3-C\!=\!=\!C-CH_3 \quad \rightleftharpoons \quad CH_3-C\!-\!-\!CH\!-\!CH_3$$
$$OH \quad OH \qquad\qquad O \quad\;\; OH$$

Durch Verkettung der verschiedenen radikalartigen Zwischenprodukte können dann schließlich nebenher höhermolekulare Produkte entstehen.

Auf die Zwischenbildung von 1,2-Diketonen ist auch die interessante Nebenreaktion zurückzuführen, die bei der Kondensation von Fettsäureestern mit Oxalester unter dem Einfluß von Natrium eintritt: wie F. Fichter[33] fand, entstehen hierbei neben den normalen Kondensationsprodukten Dialkyl-dioxy-chinone. Nach F. Kögl und A. Lange[34] kommt diese Reaktion dadurch zustande, daß die als Nebenprodukt gebildeten 1,2-Diketone mit einem Mol Oxalester eine normale Esterkondensation eingehen:

$$\begin{array}{ccc}
R & & R \\
| & & | \\
OC-CH_2 & COOC_2H_5 & OC-CH-CO \\
| \qquad + & | & \xrightarrow{-\,2\,C_2H_5OH} \quad | \qquad\quad \rightleftharpoons \\
OC-CH_2 & COOC_2H_5 & OC-CH-CO \\
| & & | \\
R & & R
\end{array}$$

b) Bei der Darstellung der β-Diketone entstehen als Nebenprodukte ziemlich regelmäßig α,β-ungesättigte Ketone, die *nach einem der Claisen-Kondensation analogen Mechanismus* dadurch entstehen, daß die mesomere zwitterionische Grenzformel des Ketons „normal" mit der mesomeren Carbeniat-form des Ketons reagiert (Aldol-Kondensation), z. B.:

$$\left[CH_3-\overset{CH_3}{\underset{|O|^{\ominus}}{C^{\oplus}}} \right] + \left[\overline{C}H_2-C-CH_3 \atop |O| \right]^{-} \longrightarrow \left[CH_3-\overset{CH_3}{C}\leftarrow CH_2-C-CH_3 \atop |O| \qquad |O| \right]^{-}$$

$$\left[CH_3-\overset{CH_3}{C}-\overset{CH_3}{CH}-C\!=\!\overline{O} \atop |O| \quad H \right]^{-} \longrightarrow \left\{ CH_3-\overset{CH_3}{\underset{\oplus}{C}}-\underset{\ominus}{CH}-C\!=\!\overline{O} \leftrightarrow \overset{CH_3}{\underset{CH_3}{}}\!\!>\!C\!=\!CH-C\!=\!\overline{O} \right\}$$

$$+\;\left[|\overline{O}\rightarrow H \right]^{-}$$

Aus dem zuerst entstehenden Anion des Diacetonalkohols spaltet sich, ausgelöst durch das Konjugationsbestreben der Substanz leicht Wasser bzw. OH⁻-Ion unter dem Einfluß des Alkalis ab unter Ausbildung einer zur Carbonylgruppe in Konjugation stehenden Doppelbindung, d. h. unter Bildung von *Mesityloxyd*[35].

---

[33] B. **37**, 2384 (1904); A. **361**, 363 (1908); **395**, 1 (1913).

[34] B. **59**, 910 (1926); A. **465**, 248 (1928).

[35] Nach dem gleichen Kondensationsschema verlaufen ganz allgemein die Aldolkondensationen und auch die Perkinsche Synthese α,β-ungesättigter Carbonsäuren. Vgl. Eistert: Tautomerie und Mesomerie. Sammlung chemischer und chemisch-technischer Vorträge. N. F. **40**, 118, 130 (1938).

Bei der Darstellung von beispielsweise Acetylaceton aus Essigester und Aceton ist daher die Bildung des Diacetonalkohols und des Mesityloxyds keine eigentliche Nebenreaktion, d. h. eine nach anderem Mechanismus als die Hauptreaktion verlaufende Umsetzung, sondern eine der Hauptreaktion analog verlaufende Konkurrenzreaktion, die nur deswegen gegenüber der Bildung von Acetylaceton in den Hintergrund tritt, weil aus den beiden sich entsprechenden Addukten:

$$\left[\begin{array}{c} |\overline{O}-C_2H_5 \;\; H \;\; CH_3 \\ CH_3-C-\!\!-\!\!-\!\!-CH-C=\overline{O} \\ |\underline{O}| \end{array}\right]^{-} \qquad \left[\begin{array}{c} CH_3 \;\;\;\;\;\; CH_3 \\ CH_3-C-\!\!-\!\!-\!\!-CH-C=\overline{O} \\ |\underline{O}| \;\;\;\;\; H \end{array}\right]^{-}$$

a   b

die Alkoholabspaltung aus Addukt a leichter vonstatten geht als die OH^--Ionabspaltung aus b, da das linke Carbonyl-C-atom in a durch zwei Schlüsselatome stärker desintegriert ist als in b durch nur einen elektronenaffinen Substituenten. Außerdem wirkt sich das alkalische Medium katalytisch dahin aus, daß die Bildung des aus a entstehenden Enolat-Anions als mesomeres Anion (Synion) energetisch stärker begünstigt ist als die Entstehung des elektroneutralen Mesityloxyds aus b.

Daneben treten auch höhere Kondensationsprodukte des Acetons auf, die einmal dadurch entstehen, daß das Mesityloxyd seinerseits in der Grenzformel des Carbeniat-Anions mit Aceton reagiert; auf diese Weise bildet sich das Phoron. Andererseits kann aber auch der anionisch aufgerichtete Sauerstoff im Addukt b mit einem aus Aceton abgespaltenen Proton als OH^--Anion austreten unter Einlagerung des so aus Aceton entstehenden Carbeniat-Anions in die entstandene Oktettlücke zu c,

$$CH_3-\underset{\underset{|\underline{O}|}{\|}}{C}-CH_2 \longrightarrow \underset{\underset{CH_3}{|}}{\overset{\overset{CH_3}{|}}{C}}-CH_2-\underset{\underset{|\underline{O}|}{\|}}{C}-CH_3,$$

c

woraus dann durch innermolekulare Aldolkondensation leicht alicyclische Produkte entstehen können.

Verwendet man Natrium als Kondensationsmittel, so ist, ähnlich wie bei der Einwirkung von Natrium auf Carbonsäureester, auch hier mit der Entstehung von Reduktionsprodukten zu rechnen; aus den Ketonen entstehen hierbei, wahrscheinlich über Natriumketyle als radikalische Zwischenstufen, die *Pinakone*:

$$CH_3-\underset{\underset{|\underline{O}|\ominus}{|}}{\overset{\overset{CH_3}{|}}{C}}\oplus \; + \; Na\cdot \longrightarrow \left[\underset{\underset{|\underline{O}|}{|}}{\overset{\overset{CH_3}{|}}{CH_3-C\cdot}}\right]^{-} Na^+; \; 2\left[\underset{\underset{|\underline{O}|}{|}}{\overset{\overset{CH_3}{|}}{CH_3-C\cdot}}\right]^{-} \longrightarrow$$

$$\longrightarrow \left[\begin{array}{c} CH_3 \;\; CH_3 \\ CH_3-C-\!\!-\!\!-C-CH_3 \\ |\underline{O}| \;\; |\underline{O}| \end{array}\right]^{--}.$$

5. Weitere Synthesen von β-Dicarbonyl-Verbindungen.

Die Startreaktion der Esterkondensation besteht darin, daß ein Mol des Carbonsäureesters dadurch zur Methylenkomponente der anschließenden Kondensationsreaktion wird, daß durch doppelte Umsetzung mit dem Kondensationsmittel das Natrium-Salz des Estercarbeniats entsteht. Das Gleichgewicht dieser Startreaktion

$$R\text{—}CH_2\text{—}COOC_2H_5 + B^- \; Na^+ \rightleftharpoons [R\text{—}\overline{C}H\text{—}COOC_2H_5]^- \; Na^+ + B \rightarrow H$$

wird um so mehr auf Seiten des Estercarbeniats liegen, je höher sowohl die Protonaffinität des Anions B^- des Kondensationsmittels als auch die CH-Acidität der α-CH_2-Gruppe des Esters ist.

Da bei Verwendung von Natriumäthylat das Gleichgewicht dieser Startreaktion weitgehend auf der linken Seite, auf Seiten der Komponenten liegt, so kann eine Esterkondensation nur dann eintreten, wenn die entstehende β-Dicarbonylverbindung sowohl eine zur Ionisation genügende CH-Acidität besitzt *und* auch enolisieren kann, da nunmehr die bei hohem elektromeren Effekt des Gesamtmoleküls freiwerdende Konjugations- und Mesomerie-Energie ($=$ Synionie-Energie) die treibende Kraft der Reaktion darstellt. Verbindungen $R_2CH\text{—}COOC_2H_5$ sind daher zur Esterkondensation unter der Wirkung von Natriumäthylat als Kondensationsmittel nicht mehr fähig.

Verwendet man nun als Kondensationsmittel solche Verbindungen, deren Anionen eine so hohe Protonaffinität (Basizität) besitzen, daß das Gleichgewicht der Startreaktion *vollkommen* auf seiten des Carbeniat-Anions des Esters liegt, so werden nunmehr Kondensationen der Ester $R_2CH\text{—}COOC_2H_5$ durchführbar, da auch die Stabilisierung des ersten Addukts durch Abspaltung des Äthoxyl-Anions allein durch die überlegene Basizität des Kondensationsmittels bewirkt wird, auch dann, wenn eine normale Enolisierung und dadurch bewirkter Gewinn an Synionie-Energie nicht mehr möglich ist. Solche Kondensationsmittel sind einmal Grignard-Verbindungen

$$R\text{—}Mg\text{—}Cl \rightleftharpoons R^- + MgCl^+$$

und zum andern Triphenylmethyl-Natrium oder -Kalium, Natriumamid und Natriumhydrid:

$$(C_6H_5)_3C\text{—}Na \rightleftharpoons (C_6H_5)_3\overline{C} + Na^+$$
$$H_2N\text{—}Na \rightleftharpoons H_2N^- + Na^+$$
$$H\text{—}Na \rightleftharpoons H^- + Na^+,$$

Substanzen, deren Anionen stärker basisch sind als das Äthoxyl-Anion, da sie alle mit Alkohol *quantitativ* unter Bildung von BH reagieren:

$$R\text{—}Mg\text{—}Cl + C_2H_5OH \longrightarrow R \rightarrow H + C_2H_5\text{—}O \rightarrow MgCl$$
$$(C_6H_5)_3C\text{—}Na + C_2H_5OH \longrightarrow (C_6H_5)_3C \rightarrow H + Na^+ + C_2H_5O^-$$
$$H_2N\text{—}Na + C_2H_5OH \longrightarrow H_2N \rightarrow H + Na^+ + C_2H_5O^-$$
$$H\text{—}Na + C_2H_5OH \longrightarrow H \rightarrow H + Na^+ + C_2H_5O^-$$

Berücksichtigt man, daß die erste und dritte Stufe der CLAISENschen Esterkondensation Säure-Basen-Austausch-Reaktionen sind, so kann man die hierbei obwaltenden Verhältnisse gut verstehen, wenn man bedenkt, daß Kondensation nur dann eintreten kann, wenn aus den elektroneutralen Komponenten ein Anion entstehen kann von geringerer Protonaffinität (Basizität) als dem Anion des Kondensationsmittels zukommt. Oder mit anderen Worten: die entstehende β-Dicarbonyl-Verbindung muß stets eine stärkere Säure sein, als die dem Kondensationsmittel korrespondierende Säure BH. Je größer der Unterschied der Basizitäten des Anions des Kondensationsmittels und des Anions der β-Dicarbonyl-Verbindung ist, um so leichter wird Kondensation eintreten.

Charakteristisch für die eigentliche Claisen-Kondensation ist der reaktionsbestimmende Einfluß des Synionie-Effekts; erzwingt man jedoch die Alkohol-Abspaltung aus dem ersten Addukt durch die dem Äthoxyl-Anion überlegene Protonaffinität des Anions des Kondensationsmittels, so liegt eine *allgemeine Esterkondensation* vor, deren Mechanismus von dem der durch die Synionie des β-Dicarbonyl-Anions gesteuerten eigentlichen Claisen-Kondensation wohl zu unterscheiden ist.

Die Besonderheiten der mit diesen hochbasischen Kondensationsmitteln bewirkten Esterkondensationen werden in den nachfolgenden Abschnitten geschildert.

a) Metallorganische Synthesen.

Die Synthese von β-Ketocarbonsäureestern gelingt auch mit Hilfe der GRIGNARDschen Reaktion. So erhält man durch Einwirkung von Magnesium auf α-Halogenfettsäureester γ-Halogen-β-ketocarbonsäureester[36]; der innere Mechanismus dieser Reaktion ist, abgesehen von der Stabilisierung des ersten Addukts, dem der Claisen-Kondensation analog: durch Einwirkung von Magnesium auf den Halogenfettsäureester $R \cdot CH(Cl) \cdot COOC_2H_5$ entsteht zunächst die normale Grignard-Verbindung, die als metallorganische Verbindung mit der ionischen Form im Gleichgewicht steht:

$$\underset{\text{Cl}-\text{Mg}-\overset{\displaystyle R}{\overset{|}{\text{C}}\text{H}}-\text{COOC}_2\text{H}_5}{} \;\rightleftharpoons\; \left[\underset{\underline{\text{C}}\text{H}-\text{COOC}_2\text{H}_5}{\overset{\displaystyle R}{\overset{|}{}}}\right]^{-} + \left[\text{Mg}-\text{Cl}\right]^{+}$$

Diese anionische Carbeniat-grenzform tritt analog dem Mechanismus der Claisen-Kondensation mit der zwitter-ionischen Grenzformel des Esters zum ersten instabilen Addukt a zusammen:

$$\underset{|\underline{\text{O}}|^{\ominus}}{\overset{\displaystyle R \quad |\overline{\text{O}}-\text{C}_2\text{H}_5}{\text{Cl}-\overset{|}{\text{C}}\text{H}-\overset{|}{\text{C}}\,\oplus}} \;+\; \left[\overset{\displaystyle R}{\underset{\underline{\text{C}}\text{H}-\text{COOC}_2\text{H}_5}{\overset{|}{}}}\right]^{-} \;\;\text{MgCl}^{+} \longrightarrow$$

---

[36] ALEXANDROW, D. K.: B. **46**, 1022 (1913).

$$\longrightarrow \left[\begin{array}{c} \text{R} \quad |\overline{\text{O}}\text{—C}_2\text{H}_5 \quad \text{R} \\ \text{Cl—CH—C} \longleftarrow \text{CH—COOC}_2\text{H}_5 \\ |\underline{\text{O}}| \qquad \text{a} \end{array} \right]^{-} \text{MgCl}^{+}.$$

Abweichend vom inneren Mechanismus der Claisen-Kondensation erfolgt nun die Stabilisierung dieses Addukts a dadurch, daß, ausgelöst durch die starke Positivierung des β-C-Atoms, die Äthoxygruppe als elektronenaffinster Substituent sich als Anion abspaltet unter Vereinigung mit dem MgCl+-Kation zu Äthoxymagnesiumchlorid unter gleichzeitiger Bildung der Keto-form des β-Ketocarbonsäureesters:

$$\left[\begin{array}{c} \text{R} \quad |\overline{\text{O}}\text{—C}_2\text{H}_5 \quad \text{R} \\ \text{Cl—CH—C} \longrightarrow \text{CH—COOC}_2\text{H}_5 \\ |\underline{\text{O}}| \qquad \text{a} \end{array} \right]^{-} \text{MgCl}^{+} \longrightarrow$$

$$\longrightarrow \begin{array}{c} \text{R} \qquad \text{R} \\ \text{Cl—CH—C—CH—COOC}_2\text{H}_5 + \text{C}_2\text{H}_5\overline{\text{O}} \rightarrow \text{MgCl} \\ \;|\updownarrow \\ |\text{O}| \end{array}$$

Aus der entsprechenden Enolform bildet sich dann sekundär durch Umsetzung mit dem Äthoxymagnesiumchlorid das MgCl+-Salz des Enols:

$$\begin{array}{c} \text{R} \qquad \text{R} \\ \text{Cl—CH—C}=\text{C—COOC}_2\text{H}_5 \\ |\text{O—MgCl} \end{array} \quad .$$

Neben dieser Deutung der Stabilisierung des ersten Addukts erscheint es diskutabel, daß die Abspaltung des Alkohols durch die Einwirkung des stärker basischen Carbeniat-Anions der durch die Startreaktion entstehenden Grignard-Verbindung bewirkt wird:

$$\left[\begin{array}{c} \text{R} \quad |\overline{\text{O}}\text{—C}_2\text{H}_5 \\ \text{Cl—CH—C—CH—COOC}_2\text{H}_5 \\ |\text{O}| \quad \text{R} \end{array} \right]^{-} \text{MgCl}^{+} + \left[\begin{array}{c} \text{R} \\ |\text{CH—COOC}_2\text{H}_5 \end{array} \right]^{-} \text{MgCl}^{+} \longrightarrow$$

$$\left[\begin{array}{c} \text{R} \qquad \text{R} \\ \text{Cl—CH—C}=\text{C—COOC}_2\text{H}_5 \\ |\text{O}| \end{array} \right]^{-} \text{MgCl}^{+} + \text{H} \leftarrow \overset{\text{R}}{\text{CH}}\text{—COOC}_2\text{H}_5 + \text{C}_2\text{H}_5\text{—}\overline{\text{O}} \rightarrow \text{MgCl}$$

Auf diese Weise erhält man aus Chloressigester den γ-Chloracetessigester. Nach der gleichen Methode gelingt es auch, zwei verschiedene Carbonsäureester miteinander zu kondensieren: so entsteht aus Benzoesäureester und Bromessigester mit Magnesium der Benzoylessigester[37], aus Bromessigester und Essigester der Acetessigester,

<hr>

[37] MEYER, R., u. K. TÖGEL: A. **347**, 71 (1906); s. a. B. RASSOW u. R. BAUER: J. pr. [2] **80**, 87 (1909).

aus Bromessigester und Isobuttersäureester der Isobutyryl-essigester[38] und aus Oxalester und zwei Mol Bromessigester der Ketipinsäureester, ROOC—CH$_2$—CO—CO—CH$_2$—COOR [39]. Anstelle der Carbonsäureester kann man hier als Esterkomponente auch die Säurechloride anwenden, da sich die hierbei entstehenden chlorhaltigen Addukte

$$\underset{\underset{|\underline{O}|\ominus}{|}}{\overset{\overset{Cl}{|}}{R-C}}\oplus\ +\ \left[|CH_2-COOC_2H_5\right]\ \rightleftharpoons\ \left[\underset{\underset{|\underline{O}|}{|}}{\overset{\overset{Cl\ \ H}{|\ \ \ |}}{R-C{\leftarrow}CH}}-COOC_2H_5\right]$$

unter dem Einfluß des Grignard-Reagens besonders leicht stabilisieren unter Abspaltung des Chlors als Anion[37].

Anstelle des Magnesiums kann man mit gleichem Erfolg auch Zink oder amalgamiertes Aluminium verwenden[40]. Mit metallischem Zink als Kondensationsmittel gelingt auch die Kondensation eines α-bromierten Fettsäureesters mit Carbonsäurenitrilen als Esterkomponente[41]:

$$R{-}CN + Br{-}CH_2{-}COOC_2H_5 \xrightarrow{\ Zn\ } \underset{\underset{NH}{\|}}{R{-}C}{-}CH_2{-}COOC_2H_5 \longrightarrow$$

$$\longrightarrow \underset{\underset{O}{\|}}{R{-}C}{-}CH_2{-}COOC_2H_5$$

Besonders bemerkenswert ist, daß dieser Reaktion auch der α-Bromisobuttersäureester zugänglich ist[42].

Die zunächst bei diesen Grignard-Synthesen von β-Ketocarbonsäureestern entstehenden metallorganischen Verbindungen reagieren bei den bisher beschriebenen Umsetzungen in der ionischen Form, die mit der rein metallorganischen Verbindung im Gleichgewicht steht. Es ist daher verständlich, daß auch Reaktionen bekannt wurden, bei denen nicht, wie bei der Darstellung des γ-Chloracetessigesters, der halogenierte Ester selbst, sondern die daraus entstandene metallorganische Verbindung als Esterkomponente in Erscheinung tritt. Das bedeutet aber zugleich eine Reduktionswirkung des Magnesiums, da hierdurch letzten Endes das Halogen der Esterkomponente durch Wasserstoff ersetzt wird. So erhielt J. ZELTNER[43] aus α-Brombuttersäureester durch Einwirkung von Magnesium den α-Äthyl-butyrylessigester nach folgendem Chemismus:

---

[38] MONTAGNE, L.: Bull. Soc. chim. France [5] **13**, 63 (1946); dort weitere Beispiele.

[39] FITTIG, R., C. DAIMLER u. H. KELLER: A. **249**, 184 (1888). — HANN, A. C. O., u. A. LAPWORTH: Proc. chem. Soc. **19**, 189 (1903).

[40] BLOOM, M. S., u. CH. R. HAUSER: J. Amer. chem. Soc. **66**, 152 (1944); s. a. M. PICHA: Mh. Chem. **27**, 1247 (1906).

[41] BLAISE, E. E.: C. r. Acad. Sci. **132**, 478, 978 (1901).

[42] HOREAU, A., u. J. JACQUES: Bull. Soc. chim. France [5] **14**, 58 (1947).

[43] B. **41**, 590 (1908); s. ferner R. STOLLÉ [B. **41**, 954 (1908)], der aus Bromessigester unter der Einwirkung von Magnesium neben γ-Bromacetessigester auch den Acetessigester selbst erhielt.

$$C_2H_5-\overset{\underset{\displaystyle |}{\displaystyle\underset{Br-Mg}{}}}{C}H-\overset{\overset{\displaystyle |O|}{\|}}{\underset{\underset{\displaystyle |O-C_2H_5}{}}{C}} \;+\; \left[\;\overset{\displaystyle |CH-COOC_2H_5}{\underset{\displaystyle C_2H_5}{|}}\;\right]^{-} MgBr^{+} \;\rightleftharpoons$$

$$\rightleftharpoons \left[\;C_2H_5-\overset{\underset{\displaystyle Br-Mg}{\displaystyle |}}{C}H-\overset{\overset{\displaystyle |\overline{O}|}{}}{C}\!\!\leftarrow\!\!\overset{\overset{\displaystyle C_2H_5}{\displaystyle |}}{C}H-COOC_2H_5 \;\right] MgBr^{+}$$

$$\underset{-\,C_2H_5-\overline{\underline{O}}\rightarrow MgBr}{\cdots\cdots\longrightarrow}\; C_2H_5-CH-\overset{\overset{\displaystyle |O|}{\|}}{\underset{\underset{\displaystyle Mg-Br}{\displaystyle |}}{C}}-\overset{\overset{\displaystyle C_2H_5}{\displaystyle |}}{C}H-COOC_2H_5 \;\overset{+\,H_2O}{\underline{\qquad}}\rightarrow$$

$$\rightarrow\; C_2H_5-CH-CO-\overset{\overset{\displaystyle C_2H_5}{\displaystyle |}}{C}H-COOC_2H_5 \;+\; HO-Mg-Br$$
$$\underset{\displaystyle H}{\downarrow}$$

Analog entsteht aus α-Bromisovaleriansäureester der α-Isopropyl-isovalerylessigester und, was besonders bemerkenswert ist, aus α-Brom-isobuttersäureester der α,α-Dimethyl-isobutyrylessigester.

Die Grignard-Variation der Esterkondensation ist einer breiteren Anwendung fähig als die eigentliche GEUTHERsche Kondensation unter dem Einfluß von Natrium oder Natriumäthylat, da, wie die Möglichkeit der Darstellung des α,α-Dimethyl-isobutyryl-essigesters zeigt, der Geltungsbereich dieser Reaktion über den der eigentlichen Claisenkondensation hinausgeht.

Dieses besondere Verhalten ist dadurch bedingt, daß einmal die erste Phase der Kondensation, die Bildung des Carbeniat-Anions der Methylenkomponente *quantitativ* erfolgt. Zum andern ist bei der Stabilisierung des in zweiter Phase entstehenden ersten Addukts der Esterkondensation der Synionie-Effekt des sich bildenden β-Keto-carbonsäureesters ohne besonderen Einfluß auf den Reaktionsablauf, da die Stabilisierung dieses ersten Addukts dank der dem Äthoxyl-Anion überlegenen hohen Protonaffinität des Anions der Grignard-Verbindung auch dann gelingt, wenn, ausgehend von einem Ester R_2CH-
$-COOC_2H_5$, ein nicht mehr enolisierbarer β-Ketocarbonsäureester entsteht.

Neben diesen von Halogenfettsäureestern ausgehenden Synthesen kennt man nun eine besonders elegante Variation der metallorganischen Esterkondensation, die darin besteht, daß nunmehr eine normale Grignard-Verbindung $R''MgCl$ direkt als Kondensationsmittel eines halogenfreien Esters benützt wird. Dabei entsteht in erster Phase der Reaktion aus dem Carbonsäureester die Grignard-Verbindung der Carbeniatform des Esters, während sich das abgespaltene Proton mit dem aus der zugesetzten Grignard-Verbindung freiwerdenden Anion zum Kohlenwasserstoff vereinigt:

$$\frac{R'}{R}\!\!>\!\!CH\text{---}COOC_2H_5 + R''MgCl \longrightarrow \frac{R'}{R}\!\!>\!\!\underset{\underset{MgCl}{\downarrow}}{C}\text{---}COOC_2H_5 + R''\!\rightarrow\!H$$

$$\frac{R'}{R}\!\!>\!\!\underset{\underset{MgCl}{|}}{C}\text{---}COOC_2H_5 \rightleftharpoons \left[\frac{R'}{R}\!\!>\!\!\underline{C}\text{---}COOC_2H_5\right]^{-} MgCl^{+}$$

In zweiter Phase erfolgt dann über die mit der entstandenen metallorganischen Verbindung im Gleichgewicht stehenden ionischen Carbeniat-Form die Bildung des Addukts:

$$\frac{R'}{R}\!\!>\!\!CH\text{---}\underset{\underset{|\underline{O}|^{\ominus}}{|}}{\overset{|\overline{O}\text{---}C_2H_5}{C}}\!\!\oplus \;+\; \left[\underset{R}{\overset{R'}{\underset{|}{\overset{|}{|C\text{---}COOC_2H_5}}}}\right]^{-} \longrightarrow$$

$$\longrightarrow \left[\frac{R'}{R}\!\!>\!\!-CH\text{---}\underset{\underset{|\underline{O}|}{|}}{\overset{|\overline{O}\text{---}C_2H_5}{C}}\!\!\leftarrow\!\!\underset{\underset{R}{|}}{\overset{R'}{\overset{|}{C}}}\text{---}COOC_2H_5\right]^{-}$$

aus dem dann unter Abspaltung der Äthoxylgruppe unter direkter
metallorganischer Bindung an das $MgCl^{+}$-Kation zu $C_2H_5O \rightarrow MgCl$
Stabilisierung unter Bildung des freien Ketoesters eintritt:

$$\left[\frac{R'}{R}\!\!>\!\!CH\text{---}\underset{\underset{|\underline{O}|}{|}}{\overset{|\overline{O}\text{---}C_2H_5}{C}}\text{---}\underset{\underset{H}{|}}{\overset{R'}{\overset{|}{C}}}\text{---}COOC_2H_5\right]^{-} MgCl^{+} \longrightarrow$$

$$\longrightarrow \frac{R'}{R}\!\!>\!\!CH\text{---}\underset{\underset{|\overline{O}|\;R}{\parallel}}{\overset{}{C}}\text{---}\underset{\underset{R}{|}}{\overset{R'}{\overset{|}{C}}}\text{---}COOC_2H_5 + C_2H_5\overline{O} \rightarrow MgCl.$$

Daneben erscheint es auch hier durchaus möglich, daß die Stabilisierung des ersten Addukts durch das stärker basische Carbeniat-
Anion der Grignard-Verbindung $R''MgCl$ zustande kommt:

$$\left[\frac{R'}{R}\!\!>\!\!CH\text{---}\underset{\underset{|\underline{O}|}{|}}{\overset{|\overline{O}\text{---}C_2H_5}{C}}\text{---}\underset{\underset{R}{|}}{\overset{R'}{\overset{|}{C}}}\text{---}COOC_2H_5\right]^{-} MgCl^{+} + R''MgCl \rightarrow H\!\leftarrow\!R'' + C_2H_5\text{---}\underline{O}\!\rightarrow\!MgCl$$

$$+ \left[\frac{R'}{R}\!\!>\!\!\overline{C}\text{---}\underset{\underset{|O|\;R}{\parallel}}{\overset{}{C}}\text{---}\underset{\underset{R}{|}}{\overset{R'}{\overset{|}{C}}}\text{---}COOC_2H_5 \longleftrightarrow \frac{R'}{R}\!\!>\!\!C\!\!=\!\!\underset{\underset{|\underline{O}|\;R}{|}}{\overset{}{C}}\text{---}\underset{\underset{R}{|}}{\overset{R'}{\overset{|}{C}}}\text{---}COOC_2H_5\right]^{-} MgCl^{+}$$

So läßt sich der Isobuttersäureester mit Hilfe von Mesitylmagnesiumbromid nach M. A. SPIELMANN und M. T. SCHMIDT[44] mit **26%** Ausbeute zu α,α-Dimethyl-isobutyryl-essigsäureester

$$\begin{array}{c} CH_3 \\ CH_3{-}CO{-}\overset{|}{\underset{|}{C}}{-}COOC_2H_5 \\ CH_3 \end{array}$$

kondensieren.

Diese Methode läßt sich daher mit Erfolg auch bei solchen Kondensationen anwenden, die unter den Bedingungen der Claisen-Kondensation nicht durchführbar sind, trotzdem die Ausgangsester die allgemeine Konstitution $R \cdot CH_2 \cdot COOR$ besitzen. So gelingt es mit Hilfe von Natrium nicht, den Isovaleriansäureester zu α-Isopropyl-isovalerylessigsäureester:

$$2 \; \overset{CH_3}{\underset{CH_3}{}}{>}CH \cdot CH_2 \cdot COOC_2H_5 \longrightarrow \overset{CH_3}{\underset{CH_3}{}}{>}CH \cdot CH_2 \cdot CO \cdot \underset{CH(CH_3)_2}{CH} \cdot COOC_2H_5$$

oder den tert.-Butylessigsäureester zu α,γ-Di-tert.-butylacetessigsäureester zu kondensieren:

$$2\,(CH_3)_3C \cdot CH_2 \cdot COOC_2H_5 \longrightarrow (CH_3)_3 \cdot C \cdot CH_2 \cdot CO \cdot \underset{C(CH_3)_3}{CH} \cdot COOC_2H_5 \, .$$

Das Versagen der Claisen-Kondensation dieser Ester ist darauf zurückzuführen, daß die beiden hieraus zu erwartenden β-Ketocarbonsäureester in α-Stellung einen verzweigten raumfüllenden Substituenten tragen, durch den elektromerer Effekt und CH-Acidität soweit zurückgedrängt werden, daß beide Verbindungen keine *cis*-Enolisierungstendenz mehr besitzen.

Der sowohl von A. B. NESS und S. M. MCELVAIN[45] als auch von H. HENECKA[45a] festgestellte geringe Enolgehalt solcher β-Ketocarbonsäureester mit verzweigten α-Substituenten ist auf eine geringe RestTendenz zur *trans*-Enolisierung zurückzuführen (vgl. a. S. 125). Der die Claisen-Kondensation beherrschende Synionie-Effekt kann nun sehr wahrscheinlich *nur dann wirksam werden,* wenn die entstehende β-Dicarbonyl-Verbindung *cis*-enolisieren kann, da dieser MesomerieEffekt *nur bei ebener Lage der beteiligten Atome eintreten kann,* die nur bei der *cis*-Enolisierung durch die Möglichkeit der Mesomerie erzwungen wird. Es sind also letzten Endes *sterische* Verhältnisse für die Reaktionsuntüchtigkeit des Isovalerian- und des tert.-Butylessigesters verantwortlich zu machen, da die sperrigen Reste insbesondere der α-Substituenten die Carbonyl-Gruppen in *trans*-Stellung zwingen und durch ihre Raumerfüllung eine Einebnung der Molekel als Voraussetzung für das Wirksamwerden des Synionie-Effekts unmöglich machen.

Verwendet man hingegen das vom Synionie-Effekt des entstehenden β-Ketocarbonsäureesters unabhängige Grignard-Reagens als Kon-

---

[44] J. Amer. chem. Soc. **59**, 2009 (1937).
[45] J. Amer. chem. Soc. **60**, 2213 (1938).
[45a] B. **81**, 189 (1948).

densationsmittel, so gelingt nunmehr auch bei diesen Estern durch die höhere Basizität des Anions des Kondensationsmittels die irreversible Stabilisierung des ersten Addukts durch Abspaltung von Alkohol als $R \rightarrow H + C_2H_5O \rightarrow MgCl$ unter Bildung des $MgCl^+$-Salzes des β-Ketocarbonsäureesters.

So erhielten SPIELMANN und SCHMIDT[44] aus Isovaleriansäureester mit Hilfe von Mesitylmagnesiumbromid den α-Isopropyl-isovalerylessigsäureester mit 51% Ausbeute und aus tert.-Butylessigsäureester den α,γ-Di-tert.-butyl-acetessigester mit 32% Ausbeute.

Da bei dieser Kondensationsmethode eine genaue Dosierung der als Kondensationsmittel dem Ester allmählich zugesetzten Grignard-Verbindung möglich ist, verläuft diese Reaktion zumeist ohne wesentliche Bildung von Nebenprodukten. Es ist daher mitunter vorteilhaft, auch normale Esterkondensationen mit Hilfe des Grignard-Reagenses durchzuführen. So erhielten beispielsweise CONANT und BLATT[46] durch Kondensation von Phenylessigsäureester mittels Isopropyl-magnesiumbromid den α,γ-Diphenyl-acetessigester in glatter Reaktion mit 90% Ausbeute.

Mit demselben Kondensationsmittel gelingt auch die Benzoylierung des Diphenylessigesters mit Benzoylchlorid zu α,α-Diphenyl-benzoylessigester[47]. Entsprechend der allgemeinen Reaktionsweise der Grignard-Verbindungen gelingen auch Carbonisierungen zu Carbonsäuren: so läßt sich das $MgCl^+$-Salz der Phenylessigsäure mit Hilfe von Äthyl-Mg-bromid in die zugehörige MgBr-Verbindung überführen, aus der bei der Einwirkung von Kohlensäure Phenylmalonsäure entsteht[48]:

$$C_6H_5-CH_2-COO-MgCl + C_2H_5-MgBr \xrightarrow{-C_2H_6} \left[C_6H_5-\overline{C}H-COOMgCl\right]^- MgBr^+$$
$$\xrightarrow{+CO_2} C_6H_5-CH(COOH)_2$$

Schließlich gelingt auch, ausgehend von geeigneten Halogenketonen, die Synthese von β-Diketonen auf metallorganischem Wege: Acetomesitylen-Mg-bromid geht sowohl mit Säurechloriden als auch mit Carbonsäureestern über in β-Diketone[49].

Zusammenfassend sei nochmals besonders hervorgehoben, daß zwei Typen metallorganischer Synthesen von β-Ketocarbonsäureestern zu unterscheiden sind:

[46] J. Amer. chem. Soc. 51, 1227 (1929). — Über Esterkondensationen mit Hilfe von $(C_2H_5)_2N \cdot MgBr$ s. CH. R. HAUSER u. H. G. WALKER jr.: J. Amer. chem. Soc. 69, 295 (1947). Dieses Kondensationsmittel versagt bei Isobuttersäureester oder Isovaleriansäureester. Über Di-isopropylamino-Mg-bromid als Kondensationsmittel siehe: FROSTICK, C. F. jr. u. CH. R. HAUSER: J. Amer. chem. Soc. 71, 1350 (1949). — Über tert.-Butyl-Mg-chlorid als Kondensationsmittel s. H. D. ZOOK, W. J. McALEER u. L. HORWIN: J. Amer. chem. Soc. 68, 2404 (1946).

[47] HAUSER, CH. R., P. O. SAPERSTEIN u. J. C. SHIVERS: J. Amer. chem. Soc. 70, 606 (1948).

[48] IWANOW, D., u. A. SPASSOW: Bull. Soc. chim. France [4] 49, 19 (1931).

[49] FUSON, R. C., W. O. TUGATE u. C. H. FISHER: J. Amer. chem. Soc. 61, 2362 (1939).

1. Synthesen, ausgehend von Halogenfettsäureestern, aus denen durch Einwirkung des *Metalls* direkt die als Methylenkomponente reagierende metallorganische Verbindung des Esters entsteht.

2. Kondensation zweier Mole Carbonsäureester mit Hilfe einer *fertigen* Grignard-Verbindung als Kondensationsmittel, wobei die reagierende metallorganische Verbindung des Esters zuvor durch doppelte Umsetzung mit dem Kondensationsmittel entsteht.

b) Synthesen mit Triphenylmethyl-Natrium als Kondensationsmittel.

Verwendet man als Kondensationsmittel der Esterkondensation das stark basische Triphenylmethyl-Natrium, so findet ebenfalls eine entscheidende Verlagerung der Gleichgewichte der Esterkondensation dadurch statt, daß die Bildung des Carbeniat-Anions der Methylenkomponente *quantitativ* erfolgt. Wie CH. R. HAUSER und W. B. RENFROW JR.[50] fanden, gelingt es daher auch mit Triphenyl-methyl-Natrium, Kondensationen der Ester $R_2CH—COOC_2H_5$ durchzuführen: aus dem zunächst quantitativ entstehenden Carbeniat-Anion beispielsweise des Isobuttersäureesters:

$$(CH_3)_2CH—COOC_2H_5 + (C_6H_5)_3C—Na \longrightarrow$$

$$\longrightarrow [(CH_3)_2\bar{C}—COOC_2H_5]^- Na^+ + (C_6H_5)_3C \rightarrow H$$

bildet sich in normaler Reaktion das erste Addukt a,

$$\left[\begin{array}{c} |\overline{O}| \\ | \\ (CH_3)_2C—C\leftarrow C(CH_3)_2—COOC_2H_5 \\ | \quad | \\ H \ |O—C_2H_5 \qquad a \end{array}\right] + (C_6H_5)_3C^- Na^+ \ \dashrightarrow \ (C_6H_5)_3C \rightarrow H +$$

$$+ \left[\begin{array}{c} |O| \\ \| \\ (CH_3)_2\bar{C}—C—C(CH_3)_2—COOC_2H_5 \end{array} \longleftrightarrow \begin{array}{c} |\overline{O}| \\ | \\ (CH_3)_2C = C—C(CH_3)_2—COOC_2H_5 \end{array}\right] + Na^+OC_2H_5$$

dessen Stabilisierung unter Abspaltung von Alkohol als Natriumäthylat + Triphenylmethan durch die Einwirkung einer weiteren Molekel Triphenylmethyl-Natrium dank der dem Äthoxyl-Anion überlegenen Basizität des Triphenylmethyl-Anions bewirkt wird.

Statt mit sich selbst, kann man mittels dieser Reaktion den Isobuttersäureester auch mit Benzoesäureester zu α,α-Dimethyl-benzoylessigester kondensieren[51]. Dabei ist bemerkenswert, daß dieser Ester mit ca. 38% Ausbeute nur dann entsteht, wenn man die Kondensation nach etwa einer halben Stunde unterbricht; läßt man längere Zeit stehen, so tritt Rückbildung der Ausgangsmaterialien ein, wobei dann aus dem wieder freiwerdenden Isobuttersäureester der α,α-Dimethyl-isobutyrylessigester entsteht.

---

[50] J. Amer. chem. Soc. **59**, 182 — (1937). — Sa. W. SCHLENK u. Mitarb: B. **47**, 1664 (1914); **49**, 608 (1916); A. **487**, 135 (1931): MÜLLER, EUGEN u. Mitarb., A. **515**, 197 (1934). —

[51] HAUSER u. RENFROW JR.: J. Amer. chem. Soc. **60**, 463 (1938).

Als Kondensationsmittel erwies sich das Triphenylmethyl-Kalium besonders geeignet, da es im Gegensatz zum Natriumsalz in kochendem Äther beständig ist[52].

Mit Hilfe von Triphenylmethyl-Natrium oder Kalium gelingen auch Acylierungen von Carbonsäureestern mit Säurechloriden zu β-Ketocarbonsäureestern. So entstehen durch Acylierung des zuvor mit Triphenylmethyl-Natrium bereiteten Na-Isobuttersäureesters mit Acetylchlorid in 50% Ausbeute der α,α-Dimethylacetessigester[53]. Nach der gleichen Methode ist der α,α-Dimethyl-isobutyrylessigester weiter acylierbar zu einem β-Ketocarbonsäureester, der zugleich β-Diketon ist;

$$(CH_3)_2CH-COCl + (CH_3)_2CH-CO-C(CH_3)_2-COOR \longrightarrow$$

$$(CH_3)_2CH-CO-C(CH_3)_2-CO-C(CH_3)_2-COOR \longrightarrow$$

Dieser Diketocarbonsäureester läßt sich nun bemerkenswerterweise mit Triphenylmethyl-Natrium cyclisieren zum Hexamethyl-phloroglucin, während die analoge Reaktion bei der Acetylverbindung des α,α-Dimethyl-isobutyrylessigesters nicht gelingt.

Dem Triphenylmethyl-Natrium analog wirkt auch das Natriumhydrid[54] durch seine dem Natriumäthylat weit überlegene Basizität, die die gleichen Gleichgewichtsverlagerungen bewirkt. Mit Hilfe dieses Kondensationsmittels gelingt daher ebenfalls die Esterkondensation des i-Valeriansäureesters zu α-Isopropyl-i-valerylessigester.

c) Ketonbildung aus Carbonsäuren.

Erhitzt man Bernsteinsäure oder Glutarsäure mit Essigsäureanhydrid, so bilden sich in normaler Reaktion die inneren Anhydride:

Unterwirft man jedoch, wie H. G. Blanc[55] gefunden hat, die Adipin- oder Pimelinsäure der gleichen Behandlung, so entstehen unter Abspaltung von Wasser und Kohlendioxyd Cyclopentanon bzw. Cyclohexanon, z. B.:

[52] R. Levine, E. Baumgarten, Ch. R. Hauser, J. Amer. chem. Soc. **66**, 1230 (1944).
[53] Ch. R. Hauser u. Mitarb., J. Amer. Chem. Soc. **60**, 1960 (1938), **61**, 3567 (1938), **68**, 3156 (1948).
[54] F. W. Swamer, Ch. R. Hauser, J. Amer. chem. Soc. **68**, 2647 (1946).
[55] Compt. rend. Acad. Sci. **144**, 1356 (1907).

Diese Reaktion ist nur verständlich, wenn man als Zwischenprodukt die Bildung von Cyclopentanon-2-carbonsäure annimmt:

$$\underset{\text{CH}_2-\text{CH}_2-\text{COOH}}{\overset{\text{CH}_2-\text{COOH}}{\text{CH}_2}} \xrightarrow{-\text{H}_2\text{O}} \underset{\text{CH}_2-\text{CH}-\text{COOH}}{\overset{\text{CH}_2-\text{CO}}{\text{CH}_2}} \xrightarrow{-\text{CO}_2} \underset{\text{CH}_2-\text{CH}_2}{\overset{\text{CH}_2-\text{CO}}{\text{CH}_2}} .$$

Wie nun O. Neunhoeffer und P. Paschke[56] gezeigt haben, verläuft wahrscheinlich auch die altbekannte Ketondarstellung durch trockene Destillation der Kalksalze von Carbonsäuren nach dem gleichen Reaktionsmechanismus unter Zwischenbildung von β-Ketocarbonsäuren, was bei Anwesenheit basischer Mittel durchaus verständlich erscheint. Auch bei der Darstellung des Cyclopentanons durch Erhitzen von Adipinsäure mit Essigsäureanhydrid nach Blanc ist man daher zunächst geneigt, anzunehmen, daß diese Reaktion durch die Alkaliwirkung des Glases, Entstehung geringer Mengen Natriumacetat, katalysiert wird. Nun konnten aber Neunhoeffer und Paschke[57] zeigen, daß Adipinsäure auch dann, und zwar *nahezu quantitativ, in Cyclopentanon übergeht, wenn man diese Säure aus Quarzkolben langsam bei 300°destilliert*; analog geht die Phenylpropion-o-carbonsäure bei der gleichen Temperatur fast quantitativ in α-Hydrindon über:

$$\underset{-\text{COOH}}{\overset{-\text{CH}_2-\text{CH}_2-\text{COOH}}{\bigcirc}} \xrightarrow{-\text{H}_2\text{O}} \underset{\underset{\text{CO}}{\overset{}{|}}\text{CH}-\text{COOH}}{\overset{-\text{CH}_2}{\bigcirc}} \xrightarrow{-\text{CO}_2} \underset{\underset{\text{O}}{\overset{}{\big\|}}}{\overset{\text{H}_2}{\bigcirc}}\text{H}_2 .$$

Ähnlich liegen nach Neunhoeffer und Paschke die Verhältnisse bei der Essigsäure selbst: erhitzt man reinen Eisessig in einem Quarzgefäß 50 Stdn. auf 350°, so erhält man eine Aceton-Ausbeute von 3,5%; bei gleichlangem Erhitzen auf 450° hingegen bereits 35% d. Th. Aceton. Erhitzt man in einem Hartglasrohr 50 Stdn. auf 450°, so steigt durch die katalytische Alkaliwirkung des Glases die Ausbeute auf 81% d. Th. nahezu theoretische Acetonausbeute erhält man, wenn man Eisessig bei Gegenwart von Natriumacetat 50 Stdn. auf 350° erhitzt. Durch diesen Nachweis der Abhängigkeit der Aceton-Ausbeute von einem katalytisch wirksamen geringen Alkaligehalt ist es bereits äußerst wahrscheinlich gemacht, daß die Reaktion über Acetessigsäure als Zwischenprodukt verläuft. Für den Fall der Überführung von Adipinsäure in Cyclopentanon konnte die Zwischenbildung von Cyclopentanon-2-carbonsäure durch deren Nachweis mittels der Eisenchlorid-Reaktion nach kurzem Erhitzen von Barium-adipinat erbracht werden; bei langsamer Destillation von Adipinsäure-mono-äthylester bei 270—280° erhält man unmittelbar Cyclopentanon-2-carbonsäureester.

Gleichwie die Bildung der Acetessigsäure aus zwei Mol Essigsäure ein umkehrbarer Prozeß ist, so auch ihre Decarboxylierung:

$$\text{CH}_3 \cdot \text{CO} \cdot \text{CH}_2 \cdot \text{COOH} \;\rightleftharpoons\; \text{CH}_3 \cdot \text{CO} \cdot \text{CH}_3 + \text{CO}_2$$

denn beim Durchleiten von Aceton, Kohlendioxyd und Wasserdampf

---

[56] B. **72**, 919 (1939).
[57] l. c. S. 923.

durch ein auf 350° erhitztes Glasrohr gelingt es, im Kondensat Essigsäure nachzuweisen; ebenso entsteht beim Erhitzen von Cyclopentanon mit Kohlensäure und Wasser bei Gegenwart von Natriumacetat auf 350°Adipinsäure.

Die geschilderten Versuche machen es sehr wahrscheinlich, daß die Ketonbildung durch Erhitzen von Carbonsäuren über intermediär entstehende β-Ketocarbonsäuren verläuft. Am Beispiel der Adipinsäure sei daher versucht, diese Reaktion elektronentheoretisch zu deuten.

Die Reaktion verläuft auch unter diesen besonderen Bedingungen im wesentlichen nach der bereits früher gegebenen Deutung der Claisen-Kondensation; dabei ist jedoch zu berücksichtigen, daß die Reaktion auch bei völliger Abwesenheit alkalischer Mittel vonstatten geht. Beim Erhitzen von Adipinsäure auf höhere Temperatur muß daher zunächst angenommen werden, daß durch diese Energiezufuhr die Elektromerie der Carboxylgruppen durch Aufrichtung der Carbonylgruppen unter Entstehung der zwitterionischen Carbenium-Form in verstärktem Maße in Erscheinung tritt, z. B.:

$$\left\{ \begin{array}{c} \text{CH}_2\text{--C}\!\!\bigg\langle\!\!\begin{array}{c}\overline{\text{O}}\text{--H}\\[2pt]\text{O}\,|\end{array} \\ \text{CH}_2 \qquad \text{H} \\ \text{CH}_2\text{--CH--COOH} \end{array} \right. \quad \longleftrightarrow \quad \left. \begin{array}{c} |\overline{\text{O}}\text{--H} \\ \text{CH}_2\text{--}\overset{\oplus}{\text{C}}\text{--}\overline{\text{O}}\,|^{\ominus} \\ \text{CH}_2 \qquad \text{H} \\ \text{CH}_2\text{--CH--COOH} \end{array} \right\} .$$

Die Hauptmenge der zugeführten Energie wird jedoch verbraucht zur *Aktivierung der α-CH$_2$-Gruppe*, deren Oktett durch den Einfluß des positivierten Carbonyl-C-Atoms der Carboxylgruppe bereits stabilisiert ist, so daß zum mindesten ein H-Atom beweglich und leicht als Proton abspaltbar wird. Es erscheint nun durchaus verständlich, daß in der durch die Energiezufuhr hochaktivierten Molekel diese Abspaltung eines Protons über die intermediäre Bildung einer Wasserstoffbrücke nach dem anionisch aufgerichteten Sauerstoff der Carbonylgruppe hin verläuft:

danach erfolgt Ringschluß unter Einlagerung des einsamen Elektronenpaars in die Oktettlücke der Carbonylgruppe, gefolgt von der Stabilisierung des Addukts

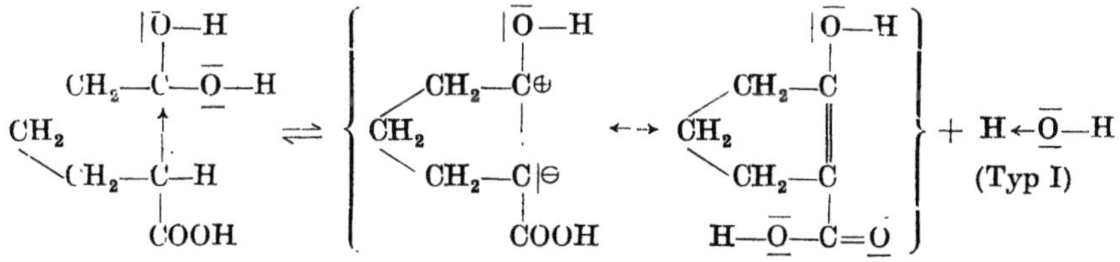

durch innermolekulare Wasserabspaltung, die ermöglicht wird durch den Elektronenzustand der Oktette der beiden sich verbindenden C-Atome.

Diese Wasserabspaltung kann nun in zweierlei Weise erfolgen: einmal, bedingt durch das Konjugationsbestreben, durch Abspaltung eines Hydroxyl-anions vom oberen Carbonyl-C-Atom zusammen mit dem zweiten, vom α-C-Atom abspaltbaren Proton unter Entstehung der Enolform (Reaktionstyp I); zum andern aber auch durch Abspaltung des Hydroxyl-anions mit dem Proton der zweiten Hydroxylgruppe des Carbonyl-C-Atoms unter direkter Ausbildung der Keto-Form (Reaktionstyp II; R = H oder Alkyl):

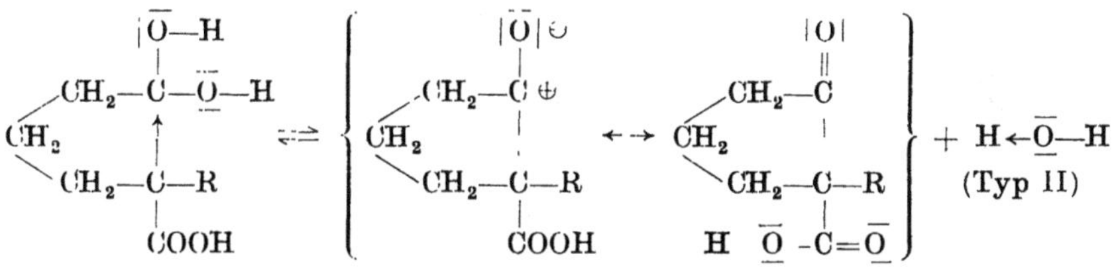

Beide Wege werden beschritten, und zwar erfolgt die Stabilisierung des cyclischen Addukts nach Typ II dann, wenn das α-C-Atom sekundär ist und daher ein zweites abspaltbares H-Atom nicht verfügbar ist.

Da in der entstehenden β-Ketocarbonsäure der Wasserstoff der Carboxylgruppe naturgemäß besonders beweglich und die Bindung der Carboxylgruppe an das α-C-Atom nach diesem hin induktiv polarisiert ist, so erfolgt nunmehr sowohl aus der Enol- als auch aus der Ketoform sehr leicht die Abspaltung von Kohlendioxyd unter Bildung von Cyclopentanon:

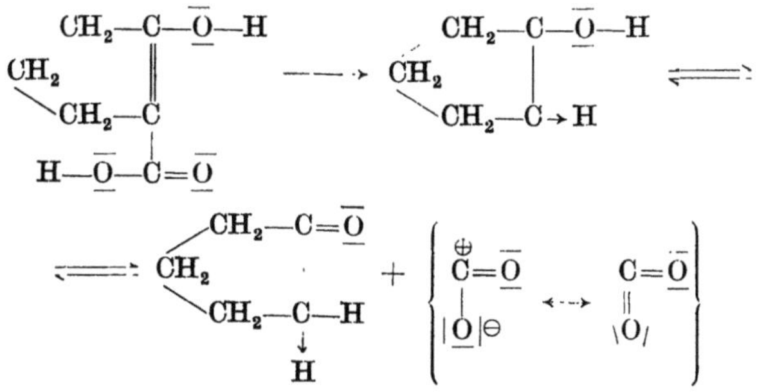

Die eigentliche Blancsche Reaktion — Erhitzen der 1,4- bzw. 1,5-Dicarbonsäure mit Essigsäureanhydrid und direkte Destillation des Abdampfrückstandes — scheint nun nach Blanc so zu verlaufen, daß

sich in erster Phase beim Erhitzen mit Essigsäureanhydrid zunächst das
normale Säureanhydrid bildet, das dann bei höherer Temperatur unter
Abspaltung von Kohlendioxyd in das Keton übergeht; z. B.:

$$
\begin{array}{ccc}
\mathrm{H_3C}\!\diagdown\!\!\diagup\mathrm{CH_3} & \mathrm{H_3C}\!\diagdown\!\!\diagup\mathrm{CH_3} & \mathrm{H_3C}\!\diagdown\!\!\diagup\mathrm{CH_3} \\
\mathrm{C} & \mathrm{C} & \mathrm{C} \\
\mathrm{H_2C}\diagup\diagdown\mathrm{COOH} & \mathrm{H_2C}\diagup\diagdown\mathrm{CO{-}O} & \mathrm{H_2C}\diagup\diagdown\mathrm{CO} \\
\mathrm{H_2C{-}CH_2{-}COOH} & \mathrm{H_2C{-}CH_2{-}CO} & \mathrm{H_2C{-}CH_2}
\end{array}
\quad {+}\ CO_2.
$$

$\xrightarrow{-H_2O}$

Den Verlauf der entscheidenden zweiten Reaktionsphase kann man sich folgendermaßen denken:

[Reaktionsschema mit Übergangszuständen]

$$ {+}\ CO_2 $$

Der Wert des Erhitzens mit Essigsäureanhydrid besteht also darin,
daß durch die hierdurch eintretende Anhydrisierung die reaktionsfähigen Gruppen in möglichste Nähe zueinander gelagert werden. Die
Zergliederung des Reaktionsverlaufs läßt weiterhin leicht erkennen,
daß die Reaktion auch dann noch eintreten kann, wenn z. B. eine α,α,α'-
Trialkyladipinsäure vorliegt, während $\alpha,\alpha,\alpha',\alpha'$-Tetraalkyladipinsäuren
nurmehr das normale Anhydrid zu bilden vermögen[58].

Auf ähnliche Weise läßt sich auch die Ketonbildung durch Erhitzen
der Ca-Salze von Carbonsäuren erklären, wobei es von vornherein vorteilhaft erscheint, daß durch die Bindung der beiden reagierenden Säure-
reste an *ein* Ca-Atom die Reaktion ähnlich wie bei der Cyclopentanon-
Bildung aus Adipinsäure zu einer innermolekularen wird:

[Reaktionsschema der Ca-Salz-Umsetzung, Addukt a]

Die Stabilisierung dieses ersten Addukts a, dessen Bildung durch
seine 6-Ringstruktur besonders begünstigt erscheint, erfolgt nun da-

---

[58] FARMER, E. H. u. J. KRACOVSKI: J. chem. Soc. London 1927, 680.

durch, daß die Hydroxlgruppe als Anion mit einem Proton der o-ständigen CH_2-Gruppe als Wasser austritt, das dann den Ring des entstehenden enol-carbonsauren Salzes b hydrolytisch spaltet unter Bildung
von basisch-acetessigsaurem Calcium c (Reaktionstyp-I):

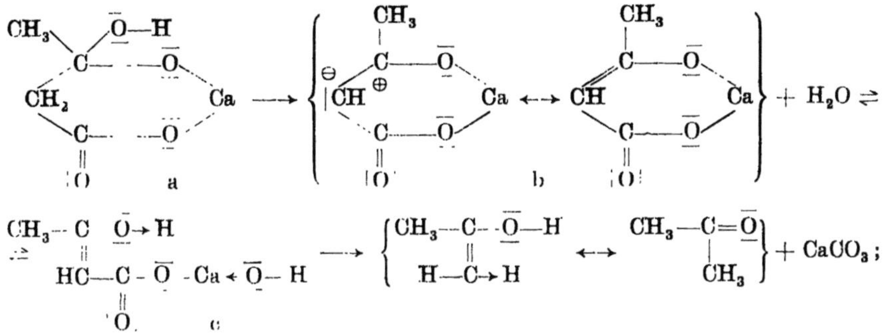

$$
\begin{array}{ccc}
\text{(a)} & \longrightarrow & \text{(b)} + H_2O \rightleftharpoons
\end{array}
$$

$$
\rightleftharpoons \quad \text{(c)} \quad + CaCO_3 ;
$$

dieses Salz c zerfällt dann naturgemäß leicht in $CaCO_3$ und Aceton.

Aus dem intermediär entstehenden enol-carbonsauren Salz b kann
Aceton nur dann entstehen, wenn dieses Salz durch das Reaktionswasser zu basisch - acetessigsaurem Calcium hydrolysiert wird. Da bei
der herrschenden hohen Temperatur sicherlich das sich bildende Wasser z. T. sich verflüchtigt, so erscheint es zur Erzielung einer guten Aceton-Ausbeute wichtig, während der Reaktion Wasserdampf zuzuführen.
Dies stimmt mit den Erfahrungen der Praxis durchaus überein; ebenso
wird dadurch erklärlich, daß die Ausbeute verbessert wird durch die
Anwesenheit eines geringen Säureüberschusses, da dieser katalytisch
wirkt durch Zwischenbildung von essigsauer-acetessigsaurem Calcium,

$$
+ \; CH_3 \cdot COOH \longrightarrow
$$

$$
+ \; H_2O \longrightarrow \quad \cdots \quad + \; CH_3COOH
$$

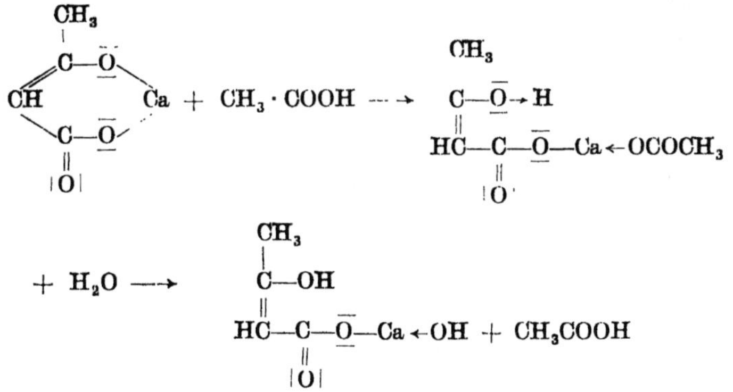

das dann unter Rückbildung von Essigsäure zu basisch-acetessigsaurem
Calcium hydrolysiert wird[59].

---

[59] VAVON u. APCHIÉ: Bull. Soc. chim. France [4] 43, 667 (1928). — VOGEL:
J. chem. Soc. London 1929, 727. — Der gewöhnlich benützte technische Graukalk
enthält 8 % freie Essigsäure; vgl. ARDAGH, BARBOW, McCLELLAN u. BRIDE: Ind.
engng. Chem. 16, 1133 (1924).

Wie bereits bei der Erörterung der BLANCschen Reaktion erwähnt, geht nun der Geltungsbereich der pyrogenen Ketonbildung aus Carbonsäuren, ähnlich wie bei den metallorganischen Synthesen von β-Ketocarbonsäureestern, über den Geltungsbereich der eigentlichen Claisen-Kondensation hinaus, da die Ketonbildung auch dann eintritt, wenn das zur Carboxylgruppe α-ständige C-Atom nur noch *ein* H-Atom verfügbar hat: aus isobuttersaurem Calcium entsteht Di-isopropylketon[60]. Diese Reaktion kann daher nur nach Reaktionstyp II auf folgende Art verlaufen:

$$
\begin{array}{ccccc}
(CH_3)_2CH-\overset{|\overline{O}|}{\underset{|}{C}}-\overline{O}\diagdown & & (CH_3)_2CH-\overset{\oplus}{\underset{|}{C}}-\overline{O}\diagdown & & (CH_3)_2CH-\overset{|\overline{O}\rightarrow H}{\underset{|}{C}}-\overline{O}\diagdown \\
& Ca & H\leftarrow\overline{O}|^{\ominus} & Ca \rightarrow & \overset{\uparrow}{} \quad Ca \\
(CH_3)_2CH-\underset{|\overline{O}|}{C}-\overline{O}\diagup \rightleftharpoons & & (CH_3)_2C-\underset{|\overline{O}|}{C}-\overline{O}\diagup & & (CH_3)_2C-C\underset{|\overline{O}|}{\diagup}\overset{\overline{O}|}{} \rightarrow
\end{array}
$$

$$
\begin{array}{ccc}
(CH_3)_2CH-\overset{\oplus}{\underset{|}{C}}-\overline{O}|^{\ominus} & & (CH_3)_2CH-C=\overline{O} \\
(CH_3)_2\underset{|\overline{O}|}{C}-C-\overline{O}-Ca-\overline{O}\rightarrow H \longrightarrow & & (CH_3)_2\underset{}{C}\rightarrow H \; + \; CaCO_3 \, .
\end{array}
$$

Als Ergänzung dieser pyrogenen Ketonbildung aus Carbonsäuren über β-Ketosäuren als Zwischenprodukte verdient erwähnt zu werden, daß auch die Bildung der Brenztraubensäure durch Erhitzen von Traubensäure über eine β-Keto-carbonsäure, nämlich Oxal-essigsäure, als Zwischenprodukt verläuft[61]:

$$
\begin{array}{cccc}
HO-CH-COOH & CH-COOH & CH_2-COOH & CH_3 \\
\quad | & \| & | & | \\
HO-CH-COOH \;\xrightarrow{-H_2O}\; & HO-C-COOH \;\rightleftharpoons\; & CO-COOH \;\longrightarrow\; & CO-COOH \\
& & & +\,CO_2
\end{array}
$$

d) Diketen.

Dem Dimerisationspunkt des einfachsten Ketens, dem *Diketen*, kommt für die technische Darstellung wichtiger von der Acetessigsäure sich ableitender Zwischenprodukte eine hohe Bedeutung zu.

Das Diketen entsteht durch Dimerisation des Ketens, das selbst durch pyrogene Zersetzung des Acetons oder der Essigsäure bzw. des Acetanhydrids leicht zugänglich ist[62]:

[60] POPOFF: B. **6**, 1255 (1873).

[61] Siehe hierzu: A. WOHL: B. **40**, 2288 (1907). — WOHL, A., u. L. H. LIPS: B. **40**, 2312 (1907).

[62] STAUDINGER, H.: Die Ketene. Stuttgart 1912. — WILSMORE: J. chem. Soc. London **91**, 1939 (1908). — WILSMORE u. STEWART: B. **41**, 1025 (1908). — SCHMIDLIN, J., u. M. BERGMANN: B. **43**, 2821 (1910). — Über die Pyrolyse von Malonsäureanhydriden, bei der unter CO_2-Abspaltung ebenfalls Ketene entstehen, s. STAUDINGER u. OTT: B. **41**, 2208 (1908). — EINHORN: A. **359**, 145 (1908). — STAUDINGER: Helvet. chim. Acta **8**, 306 (1925); s. a. MANNICH u. BUTZ: B. **62**, 456 (1929). — Organic Reactions III, 116. New York: J. Wiley & Sons 1947.

$$CH_3{-}CO{-}CH_3 \longrightarrow H_2C{=}C{=}O + CH_4$$
$$CH_3{-}COOH \longrightarrow H_2C{=}C{=}O + H_2O$$
$$CH_3{-}CO{-}O{-}CO{-}CH_3 \longrightarrow H_2C{=}C{=}O + CH_3{-}COOH$$

während höhere Ketendimere leicht durch Einwirkung tertiärer Basen auf Fettsäurechloride entstehen[63]:

$$R{-}CH_2{-}CO{-}Cl \longrightarrow R{-}CH{=}C{=}O + HCl$$
$$2\,R{-}CH{=}C{=}O \longrightarrow R{-}CH_2{-}CO{-}C(R){=}C{=}O.$$

Die Dimerisation des Ketens verläuft sehr leicht und exotherm[64] nach einem der Claisen-Kondensation analogen Mechanismus: das Keten selbst ist mesomer im Sinne der Grenzformeln:

$$\left\{ H_2\ddot{C}{=}C{=}\underline{\ddot{O}} \;\longleftrightarrow\; H_2\underset{\ominus}{\overline{C}}{-}\underset{\oplus}{C}{=}\underline{\overline{O}} \;\longleftrightarrow\; H_2C{=}\underset{\ominus}{C}{-}\underset{\ominus}{\underline{\ddot{O}}} \right\}$$
$$\qquad\qquad\qquad\qquad a \qquad\qquad\qquad\qquad b$$

Der erste Schritt der Dimerisation besteht nun darin, daß sich die mesomere Grenzformel a in die Oktettlücke der Grenzanordnung b einlagert unter Bildung von c

$$\underset{b}{\underline{|}\underline{O}{-}\overset{\overset{\textstyle CH_2}{\|}}{C}\, \psi} \;+\; \underset{a}{|CH_2{-}\underset{\oplus}{C}{=}\underline{O}} \;\rightleftarrows\; \underset{c}{|\underline{O}{-}\overset{\overset{\textstyle CH_2}{\|}}{C}{\leftarrow}CH_2{-}\underset{\oplus}{C}{=}\underline{\overline{O}}}\,.$$

Dieses erste Addukt kann sich nun auf verschiedene Weise stabilisieren: einmal dadurch, daß einfache Cyclisierung zu einem β-Lacton eintritt durch Einlagerung eines einsamen Elektronenpaars der aufgerichteten Carbonyl-Gruppe in die Oktettlücke der endständigen Carbonyl-Gruppe:

$$\left\{ \underset{c}{\overset{\textstyle H_2C{=}C\ {-}CH_2}{\underset{\underset{\ominus}{|}\ \underset{\oplus}{|}}{\cdot\underline{O}|\ \ C{=}\underline{\overline{O}}}} \;\longleftrightarrow\; \overset{\textstyle H_2C{=}C\,{-}\,CH_2}{O{\rightarrow}C{=}\underline{\overline{O}}}\quad d \right\}.$$

Diese Stabilisierung geschieht also durch einfache elektromere Verschiebung, so daß die β-Lactonformel d des Diketens bereits als mesomere Grenzformel des ersten Addukts erscheint. Das Auftreten bzw. Vorherrschen dieser mesomeren Grenzformel des Diketens läßt den Nachweis A. WASSERMANNs[65] verständlich erscheinen, daß das Diketen eine Säure ist: in Analogie zu anderen stark sauren cyclischen Carbonylverbindungen (Dihydroresorcin, Tetronsäure etc.) steht daher d im Gleichgewicht mit der tautomeren Enolform e, deren Kation zwischen $d_1 \leftrightarrow d_2$ mesomer ist; diese Tautomerisierung erscheint durch den Synionie-Effekt des Anions energetisch begünstigt:

<hr>

[63] SAUER, J. C.: J. Amer. chem. Soc. **69**, 2444 (1947); s. a. WEDEKIND u. Mitarb.: B. **34**, 2070 (1901); **39**, 1631 (1906); A. **323**, 246 (1902); B. **41**, 2297 (1908); **44**, 3285 (1910); A. **378**, 261 (1910). — Ferner HURD u. Mitarb.: J. Amer. chem. Soc. **58**, 962 (1936); **61**, 3567 (1939); **62**, 1147 (1940). – RICIE u. ROBERTS: J. Amer. chem. Soc. **65**, 1677 (1943).

[64] CHICK u. WILSMORE: J. chem. Soc. London **93**, 946 (1908).

[65] J. chem. Soc. London **1948**, 1323.

$$
\begin{array}{ccc}
\underset{\text{d}}{
\begin{array}{c}
H_2C\!=\!C\!-\!CH_2 \\
| \quad\; | \\
|O\!-\!C\!=\!\bar{O}
\end{array}}
\;\rightleftharpoons\;
\left[\;
\underset{\text{d}_1}{
\begin{array}{c}
H_2C\!=\!C\!-\!\bar{C}H \\
| \quad\; | \\
|O\!-\!C\!=\!\bar{O}
\end{array}}
\;\leftrightarrow\;
\underset{\text{d}_2}{
\begin{array}{c}
H_2C\!=\!C\!-\!CH \\
| \quad\;\; || \\
|O\!-\!C\!-\!\bar{O}|
\end{array}}
\;\right]^{-}
+\; H^{+} \;\rightleftharpoons
\end{array}
$$

$$
\rightleftharpoons\;
\underset{\text{e}}{
\begin{array}{c}
H_2C\!=\!C\!-\!CH \\
| \quad\;\; || \\
|O\!-\!C\!-\!\bar{O}\!\rightarrow\! H.
\end{array}}
$$

Neben dieser an sich natürlichen Form der Stabilisierng des ersten Addukts c spielt nun eine zweite Form der Stabilisierung eine Rolle, die zu einer sehr wichtigen Reaktionsformel des Diketens führt: im ersten Addukt c ist die mittelständige CH_2-Gruppe durch die Nachbarschaft zweier hoch desintegrierter C-Atome als Ausfluß des A-Effektes in besonderem Maße induktiv stabilisiert, so daß im Addukt c ein Proton besonders leicht abgegeben wird unter Hinterlassung eines zwischen den Formeln c_1, c_2 und c_3 mesomeren Anions, in dem, bedingt durch das Konjugationsbestreben, die mesomeren Formeln $c_2 \leftrightarrow c_3$ energetisch bevorzugt erscheinen. Die Aufnahme des Protons über die Grenzformel c_2 führt zur Enolform f, die zu dem Chelat g im Verhältnis der H-Brückenmesomerie steht, während aus der Grenzanordnung c_3 heraus die *Acetyl-keten*-Form h des Diketens entsteht:

$$
\begin{array}{c}
\overset{\ominus}{O}\;\;H \\
|\quad\; | \\
H_2C\!=\!C\!-\!CH\!-\!\overset{\oplus}{C}\!=\!\bar{O} \;\rightleftharpoons\; H^{+} +
\end{array}
$$

$$
+\left\{
\underset{\text{c}_1}{
\begin{array}{c}
\overset{\ominus}{|\bar{O}|} \\
| \\
H_2C\!=\!C\!-\!\overset{\ominus}{\bar{C}}H\!-\!\overset{\oplus}{C}\!=\!\bar{O}
\end{array}}
\;\longrightarrow\;
\underset{\text{c}_2}{
\begin{array}{c}
\overset{\ominus}{|\bar{O}|} \\
| \\
H_2C\!=\!C\!-\!CH\!=\!C\!=\!\bar{O}
\end{array}}
\;\cdots\rightarrow\;
\underset{\text{c}_3}{
\begin{array}{c}
/O\backslash \\
|| \\
H_2\overset{\ominus}{C}\!-\!C\!-\!CH\!=\!C\!=\!\bar{O}
\end{array}}
\right\}
$$

$$
1.)\;\rightleftharpoons\left\{
\underset{\text{f}}{
\begin{array}{c}
|\bar{O}\!\rightarrow\! H \\
| \\
H_2C\!=\!C\!-\!CH\!=\!C\!=\!\bar{O}
\end{array}}
\;\leftrightarrow\;
\underset{\text{g}}{
\begin{array}{c}
H_2C\!=\!C\!\diagdown^{CH}\diagdown C \\
\quad\quad\quad || \\
|O\diagdown\;H\diagup\bar{O}|
\end{array}}
\right\}
$$

$$
2.)\;\rightleftharpoons\;
\underset{\text{h}}{
\begin{array}{c}
H_3C\!-\!C\!-\!CH\!=\!C\!=\!\bar{O}. \\
|| \\
|O|
\end{array}}
$$

Da nach A. WASSERMANN[66] das unveränderte Diketen keine Eisenchlorid-Reaktion zeigt, tritt die Tautomerie zum Enol f ↔ g normalerweise wohl vollkommen zurück gegenüber der Tautomerie nach der Acetylketen-Form h.

Als Ergebnis dieser Befunde und besonders in Anbetracht der hohen Reaktionsfähigkeit des Diketens erscheint es daher *nicht angebracht, eine einzige Diketen-formel als den allein nur richtigen Ausdruck für die Struktur des Diketens anzuerkennen.* Im chemisch, auch durch reine Lösungsmittel, nicht beeinflußten Diketen dürfte zwar die β-Lacton-

<hr>

[66] l. c. S. 89.

struktur d als einfachste Stabilisierungsform des ersten Addukts vorherrschen. Außer den Befunden A. WASSERMANNs spricht hierfür das Ergebnis des vergleichenden Studiums des Raman-[67] und des Ultrarot-Spektrums des Diketens[68], mit dem sowohl Struktur d als auch h vereinbar erscheinen. In dem insbesondere durch polare Mittel aktivierten Diketen stellt jedoch die Acetylketen-Form h die vorherrschende Reaktionsform dar: so erhält man mit Wasser die leicht zersetzliche Acetessigsäure selbst, während mit Alkoholen unter dem katalytischen Einfluß von Toluolsulfosäure oder wenig Natriumalkoholat die Ester der Acetessigsäure entstehen: (R = H bzw. Alkyl)[69]

$$\left\{CH_3\text{—}CO\text{—}CH\!=\!C\!=\!\overline{O} \;\leftarrow\rightarrow\; CH_3\text{—}CO\text{—}\overset{\ominus}{\overline{CH}}\text{—}\overset{\oplus}{C}\!=\!\overline{O}\right\} + ROH \;\rightarrow$$

$$\rightarrow\; CH_3\text{—}CO\text{—}CH\text{—}C\leftarrow\overline{O}\text{—}R$$

Chlorwasserstoff addiert sich an Diketen bei tiefer Temperatur zu dem unbeständigen Chlorid der Acetessigsäure[70], $CH_3\text{—}CO\text{—}CH_2\text{—}CO\text{—}Cl$, das beim Erwärmen auf Zimmertemperatur in Dehydracetsäure übergeht. Mit Phenylhydrazin entsteht über das Acetoacetylphenylhydrazin das 1-Phenyl-5-methyl-3-pyrazolon: (s. a. Kap. XI, S. **352**). Die Ozonisierung des Diketens[71] führt über die Acetylketenform zum Methylglyoxal, $CH_3\text{—}CO\text{—}CHO$; ebenso stellt bei der zum Benzoylaceton führenden Einwirkung von Benzol in Gegenwart von Aluminiumchlorid[72] die Acetylketenform die Reaktionsform des Diketens dar:

$$CH_3\text{—}CO\text{—}CH\!=\!C\!=\!O + C_6H_6 \;\longrightarrow\; CH_3\text{—}CO\text{—}CH_2\text{—}CO\text{—}C_6H_5.$$

Auch die zur Dehydracetsäure führende, leicht eintretende Dimerisierung des Diketens[69] ist am einfachsten formulierbar als Dien-Reaktion der Acetylketenform:

<hr>

[67] ANGUS, LECKIE, LE FÈVRE u. WASSERMANN: J. chem. Soc. London 1935, 1751. — TAUFEN, H. J., u. M. J. MURRAY: J. Amer. chem. Soc. **67**, 754 (1945).
[68] WHIFFEN, D. H., u. H. W. THOMPSON: J. chem. Soc. London **1946**, 1005.
[69] CHICK u. WILSMORE: J. chem. Soc. London **93**, 946 (1908); **97**, 1978 (1910). — BOESE: Ind. Engng. Chem. **32**, 16 (1940).
[70] HURD, CH. D., u. CH. D. KELSO: J. Amer. chem. Soc. **62**, 1548 (1940).
[71] HURD, CH. D., u. Mitarb.: l. c. S. 89.
[72] CHICK u. WILSMORE: J. chem. Soc. London **97**, 1987 (1910); s. a. CH. D. HURD, A. D. SWEET u. CH. L. THOMAS: J. Amer. chem. Soc. **55**, 335 (1933).

Bei dieser wahrscheinlich nach dem krypto-radikalischen Chemismus[73] verlaufenden Dimerisation ist außerdem das die Dimerisierung solcher α,β-ungesättigter Carbonylverbindungen beherrschende Prinzip der größten Sauerstoffdichte[74] gewahrt. Diese Dimerisation des Diketens zu Dehydracetsäure ist energetisch begünstigt, da das Reaktionsprodukt einer aromatischen Mesomerie fähig ist.

Demgegenüber kennt man aber auch einige Reaktionen, bei denen die β-Lactonform als reagierende Form in Erscheinung tritt: so entsteht bei der kationischen Bromierung mit Bromsuccinimid[75] ein sehr labiles Brom-Substitutionsprodukt, das beim Behandeln mit Alkohol in α-Bromacetessigester übergeht.

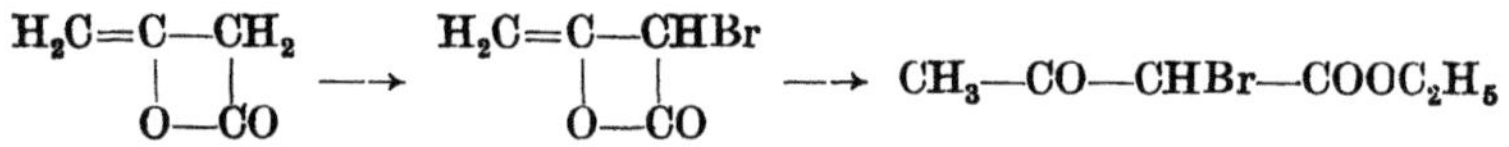

$$H_2C{=}C{-}CH_2 \quad\longrightarrow\quad H_2C{=}C{-}CHBr \quad\longrightarrow\quad CH_3{-}CO{-}CHBr{-}COOC_2H_5$$
$$\scriptstyle O{-}CO \qquad\qquad\qquad O{-}CO$$

wobei wahrscheinlich das Primärprodukt nach dem zuvor erläuterten Mechanismus zunächst in α-Brom-acetylketen übergeht, das dann den Alkohol anlagert:

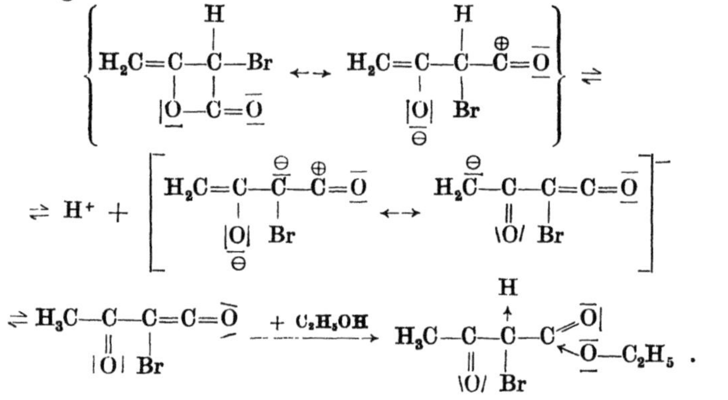

$$\left\{\; H_2C{=}C{-}\overset{H}{C}{-}Br \;\longleftrightarrow\; H_2C{=}C{-}\overset{H}{C}{-}\overset{\oplus}{C}{=}\bar O \;\right\} \rightleftharpoons$$

$$\rightleftharpoons H^+ + \left[\; H_2C{=}C{-}\overset{\ominus}{\bar C}{-}\overset{\oplus}{C}{=}\bar O \;\longleftrightarrow\; H_2\bar C{-}C{-}C{=}C{=}\bar O \;\right]^-$$

$$\rightleftharpoons H_3C{-}C{-}C{=}C{=}\bar O \;+\; C_2H_5OH \;\dashrightarrow\; H_3C{-}C{-}\overset{H}{C}{-}C{\overset{\bar O|}{\underset{\bar O{-}C_2H_5}{}}} \;.$$

Bei der Einwirkung von Chlor hingegen entsteht α-Chloracetessigsäurechlorid[69], eine Reaktion, die am besten verständlich ist als Addition eines polarisierten Chlormoleküls an die polarisierte Grenzformel c_1:

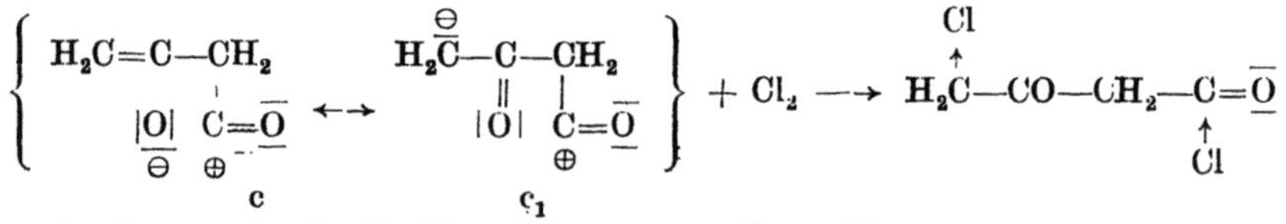

$$\left\{\; H_2C{=}C{-}CH_2 \;\longleftrightarrow\; H_2\bar C{-}C{-}CH_2 \;\right\} \;+\; Cl_2 \;\longrightarrow\; H_2\overset{Cl}{C}{-}CO{-}CH_2{-}\underset{Cl}{C}{=}\bar O$$
$$\qquad c \qquad\qquad\qquad c_1$$

Analog verläuft die Einwirkung von Brom[76].

Die Pyrolyse des Diketens führt zu 18% zu einem Gemisch von Kohlendioxyd und Allen[77], ein Befund, der nur mit der β-Lactonformel zwangslos vereinbar ist.

[73] HENECKA, H.: Z. Naturforsch. 4b, 15 (1949).
[74] ALDER, K., H. OFFERMANNS u. E. RÜDEN: B. 74, 905, 926 (1941).
[75] BLOMQUIST, A. T., u. F. H. BALDWIN: J. Amer. chem. Soc. 70, 29 (1948).
[76] HURD, SWEET u. THOMAS: l. c. S. 91.
[77] FITZPATRICK, J. T.: J. Amer. chem. Soc. 69, 2236 (1947).

Bei der Dimerisation α,α-disubstituierter Ketene liegen im Gegensatz zur Dimerisation des einfachen Ketens insofern andere Verhältnisse vor, als hier aus dem ersten Addukt heraus eine prototrop-elektromere Umlagerung zu einer Acylketenform nicht möglich ist, da ein prototropie-fähiges H-Atom nicht mehr vorhanden ist. In solchen Dimeren wird daher die β-Lactonformel vorherrschen, z. B. beim Dimethylketen die Mesomerie m $\leftrightarrow$ n:

$$
\begin{array}{ccc}
H_3C{-}C{-}CH_3 & & CH_3 \\
\ominus|\overline{O}{-}C\,\oplus & + & \bigcirc|C{-}C{=}\overline{O} \\
& & \underset{\oplus}{\quad}\ \ CH_3
\end{array}
$$

$$
\longrightarrow \left\{
\begin{array}{c}
\underbrace{
\begin{array}{cc}
H_3C{-}C{-}CH_3 & CH_3 \\
|\overline{O}{-}C\ \leftarrow & C{-}C{=}\overline{O} \\
\ominus & CH_3
\end{array}}_{m}
\quad \leftrightarrow \quad
\underbrace{
\begin{array}{cc}
CH_3 & CH_3 \\
C{=}C{-}C{-}CH_3 \\
CH_3\ |O{\rightarrow}C{=}\overline{O}
\end{array}}_{n}
\end{array}
\right\}
$$

Hierfür sprechen die Ergebnisse der Einwirkung von Methyl-Mgbromid auf das Bis-dimethylketen[78], die aus der Grenzformel m heraus zum 2,4,4,5-Tetramethyl-hexanol-(5)-on-(3) führt:

$$
\text{m} + 2\,CH_3{-}Mg{-}Br \longrightarrow (CH_3)_2CH{-}CO{-}\underset{\underset{CH_3}{|}}{\overset{\overset{CH_3}{|}}{C}}{-}\underset{\underset{OH}{|}}{C}(CH_3)_2\ ,
$$

das durch Alkalien leicht in Isobutyron und Aceton gespalten wird. Mit Mesityl-Lithium entsteht, ebenfalls aus der Grenzformel m heraus, das α,α-Dimethyl-mesitoylbutyron, das durch Alkalien hydrolysiert zu Mesityl-isopropyl-keton und Isobuttersäure:

$$
\left[
\begin{array}{c}
\overset{H_3C}{\underset{H_3C}{}}\!\!\diagdown C{=}C{-}\underset{|O|}{C}{-}\underset{CH_3}{|}\ \underset{|O|}{C}{\leftarrow}\ \langle\ \rangle{-}CH_3 \\
\end{array}
\right]^{\ominus} Li^+ \xrightarrow{+H^{\oplus}}
$$

$$
\longrightarrow \overset{H_3C}{\underset{H_3C}{}}\!\!\diagdown CH{-}\underset{\underset{|O|}{\|}}{C}{-}\underset{CH_3}{\underset{|}{C}}{-}\underset{\underset{|O|}{\|}}{C}{-}\langle\ \rangle{-}CH_3\ .
$$

Daneben erscheint es nicht ganz ausgeschlossen, daß den dimeren Dialkyl- bzw. arylketenen aus sterischen Gründen die Cyclobutan-1,3-dionstruktur zukommt, die als zweite mögliche Stabilisierungsform einer polarisierten mesomeren Grenzanordnung des ersten Addukts m erscheint:

---

[78] ERICKSON, J. L. E., u. G. C. KITCHENS: J. Amer. chem. Soc. 68, 492 (1946).

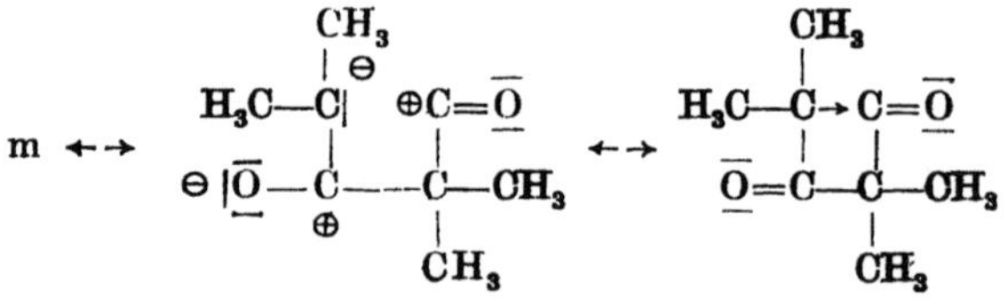

und die bei der Einwirkung polarisierender Mittel dann leicht über die
mesomere Formel m reagiert. Mit dieser Auffassung ist auch die Untersuchung des Raman-Spektrums dieses 2,2,4,4-Tetramethyl-1,3-cyclo-
butandions[79] vereinbar.

Eine außerordentliche interessante Bildung eines cyclischen α-Acyl-
β-ketocarbonsäureesters findet bei der Einwirkung von Chinolin auf
Malonestersäurechlorid[80] statt. Die Reaktion, die über einen Keten-
carbonester als Zwischenprodukt verläuft, ist folgendermaßen zu deuten:
durch HCl-Entzug aus dem Malonesterchlorid entsteht zunächst die
Carbeniat-Grenzformel des Keten-carbonesters, die sich alsbald mit der
in der Carbonylgruppe polarisierten Grenzformel des Keten-carbonesters zu einem Diketen a dimerisiert:

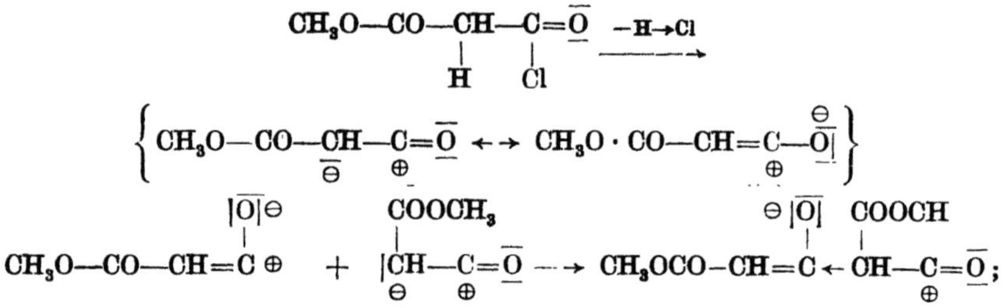

noch wesentlich erleichtert durch die Oktettlücke am Ketencarbonyl
spaltet sich unter dem Einfluß des basischen Acceptors nunmehr das
α-ständige Proton ab unter gleichzeitiger anionischer Aufrichtung des
Ketencarbonyls und Ausbildung einer enolischen Doppelbindung im
Anion a ↔ b:

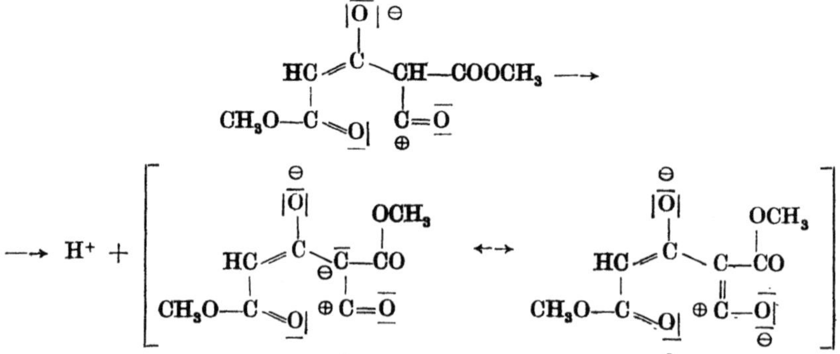

[79] Taufen, H. F., u. M. J. Murray: J. Amer. chem. Soc. **67**, 754 (1945).
[80] Staudinger, H., u. H. Becker: B. **50**, 1016 (1917).

in dem nun glatt Ringschluß eintritt zur aromatischen Oxoniumform c, die mesomer ist mit der anionischen Grenzformel d des so entstehenden α'-Methoxy-γ-oxy-α-pyron-β-carbonsäureesters:

$$
\text{b} \longrightarrow \left[\;
\begin{array}{c}
\overset{\ominus}{|\overline{O}|} \qquad OCH_3 \\[4pt]
HC \diagup \overset{|}{C} \diagdown C \!-\! CO \\[2pt]
CH_3O \!-\! C \diagdown O \diagup C \!-\! \overline{O}| \\[2pt]
\overset{}{\underset{\oplus}{}} \qquad \overset{}{\underset{\ominus}{}}
\end{array}
\;\right]
\longleftrightarrow
\left[\;
\begin{array}{c}
\overset{\ominus}{|\overline{O}|} \\[4pt]
HC \diagup \overset{|}{C} \!=\! C \!-\! COOCH_3 \\[2pt]
CH_3O \!-\! C \diagdown \overline{O} \diagup C \!=\! \overline{O} \\
\end{array}
\;\right]^{-} .
$$

c   d

Die Tendenz des reagierenden Systems zur Ausbildung des energetisch begünstigten mesomeren Anions c ↔ d aromatischer Resonanz stellt die treibende Kraft der Reaktion dar.

Selbstverständlich ist diese Dimerisierung des Ketencarbonsäureesters analog der Dimerisierung des Diketens selbst auch als Diensynthese deutbar; da die Reaktion beim Ketencarbonsäureester aber unter dem Einfluß des Chinolins stattfindet, wurde der krypto-ionischen Deutung der Vorzug gegeben.

Die große praktische Bedeutung des Diketens selbst besonders für die Darstellung technisch wichtiger Acetessiganilide und Pyrazolone wird später beschrieben.

e) Synthese von β-Dicarbonyl-Verbindungen mit Hilfe von Komplexbildnern als Katalysator.

H. MEERWEIN[81] hat gefunden, daß die Tendenz des *Borfluorids* zur Bildung besonders beständiger Molekülverbindungen mit Wasser, Alkoholen und Säuren dazu ausgenutzt werden kann, Kondensationen durchzuführen, bei denen im Verlaufe der Reaktion Wasser, Alkohol oder Säuren abgespalten werden.

Diese besondere Eigenschaft des Borfluorids ist darauf zurückzuführen, daß es, ähnlich wie das Aluminiumchlorid, ein Zentralatom mit einem Elektronen-Sextett besitzt, das bestrebt ist, diese Lücke zum Oktett aufzufüllen. Hierzu sind besonders geeignet Verbindungen, die einsame Elektronenpaare zur Verfügung stellen können, z. B. hydroxylhaltige Stoffe wie Wasser, Alkohole oder Säuren:

$$
\begin{array}{c}
F \\[2pt]
F\!-\!B \\[2pt]
F
\end{array}
\;+\;
\begin{array}{c}
|\overline{O}\!-\!R \\[2pt]
| \\[2pt]
H
\end{array}
\;\dashrightarrow\;
\begin{array}{c}
F \\[2pt]
F\!-\!\underset{\ominus}{B}\!\leftarrow\!\overset{\oplus}{\overline{O}}\!-\!R \\[2pt]
F \qquad H
\end{array}
\;\dashrightarrow\;
\left[\;
\begin{array}{c}
F \\[2pt]
F\!-\!B\!-\!\overline{O}\!-\!R \\[2pt]
F
\end{array}
\;\right]^{-}
H^{+} .
$$

Die zunächst entstehenden oxoniumartigen Addukte spalten sehr leicht ein H-Atom als Proton ab unter Hinterlassung eines Anions mit koordinativ gesättigtem Zentralatom. Die so entstehenden Verbindungen sind daher starke Säuren (Alkoxosäuren); dies gilt besonders für das Adukt von Essigsäure an Borfluorid:

<hr>

[81] MEERWEIN, H., u. W. PANNWITZ: J. pr. [2] 141, 123 (1934).

$$F_3B + |\overline{O}(H)\!\!-\!\!CO\!\!-\!\!CH_3 \longrightarrow F_3B \leftarrow \overline{O}(H)\!\!-\!\!CO\!\!-\!\!CH_3 \longrightarrow \left[F_3B\!\!-\!\!\overline{O}\!\!-\!\!CO\!\!-\!\!CH_3\right]^- H^+$$

das eine Säure von der annähernden Stärke der Schwefelsäure darstellt[82].
Die Bildungstendenz solcher Alkoxosäuren ist daher sehr hoch.

Die hohe Bildungstendenz der Borfluorid-essigsäure ermöglicht nun
eine Synthese von β-Diketonen durch Einwirkung von Borfluorid auf
ein Gemisch von Ketonen und Essigsäureanhydrid[83]. Diese Reaktion
verläuft wahrscheinlich nach einem der Claisen-Kondensation ähnlichen
Mechanismus, wobei das Acetanhydrid die Rolle der Esterkomponente
übernimmt. Die für den Eintritt der Reaktion wesentliche Aktivierung
des Acetons als Methylenkomponente geht wohl so vonstatten, daß sich
zunächst aus Aceton und Borfluorid eine oxoniumartige lockere Verbindung bildet, die mit der daraus durch Ionisierung entstehenden Säure
im Gleichgewicht steht:

$$CH_3\!\!-\!\!\underset{\underset{CH_3}{|}}{C}\!\!=\!\!\overline{O} + BF_3 \longrightarrow CH_3\!\!-\!\!\underset{\underset{CH_3}{|}}{C}\!\!=\!\!\overset{\oplus}{\overline{O}}\!\rightarrow\!\overset{\ominus}{BF_3} \rightleftharpoons \left[\dot{C}H_2\!\!-\!\!\underset{\underset{CH_3}{|}}{C}\!\!=\!\!\overline{O}\!\rightarrow\!BF_3\right] H^+ \; .$$

Das Carbeniat-anion dieser Säure reagiert alsdann normal mit der
in der Carbonylgruppe polarisierten Grenzformel des Acetanhydrids
unter Bildung des instabilen ersten Addukts a:

$$CH_3\!\!-\!\!\underset{\underset{|\underline{O}|\,\ominus}{|}}{\overset{\overset{|\overline{O}-CO-CH_3}{|}}{C}}\!\oplus \quad + \quad \left[\overline{C}H_2\!\!-\!\!\underset{\underset{CH_3}{|}}{C}\!\!=\!\!\overline{O}\rightarrow BF_3\right]^- H^+ \rightleftharpoons$$

$$\rightleftharpoons \left[CH_3\!\!-\!\!\underset{\underset{|\underline{O}|}{|}}{\overset{\overset{|O-CO-CH_3\ H}{|}}{C}}\leftarrow\!\!-\!\!-\!\!-\!\!-\!\!-\!\!\underset{}{\overset{\overset{|}{}}{C}}H\!\!-\!\!\underset{\underset{CH_3}{|}}{C}\!\!=\!\!O\rightarrow BF_3\right]^- H^+ \; ,$$

a

dessen innermolekulare Stabilisierung durch Abspaltung von Borfluorid-
essigsäure durch die hohe Bildungstendenz dieser Verbindung unter
Auslösung des Konjugationsbestrebens leicht vonstatten geht:

$$\left[CH_3\!\!-\!\!\underset{\underset{|\underline{O}|}{|}}{\overset{\overset{\overline{O}-CO-CH_3\ H}{|}}{C}}\cdots\cdots\overset{\overset{|}{}}{C}H\!\!-\!\!\underset{\underset{CH_3}{|}}{C}\!\!=\!\!O\rightarrow BF_3\right]^- H^+ \longrightarrow$$

$$\longrightarrow \left[CH_3\!\!-\!\!\underset{\underset{|\underline{O}|}{|}}{C}\!\!\rightleftharpoons\!\!CH\!\!-\!\!\underset{\underset{|\overset{||}{O}|}{}}{C}\!\!-\!\!CH_3\right]^- H^+ + |CH_3CO\overline{O}\rightarrow BF_2|^- H^+ \; .$$

[82] MEERWEIN, H.: A. **455**, 227 (1927).
[83] MEERWEIN, H.: B. **66**, 411 (1933). — MEERWEIN, H., u. D. VOSSEN: J. pr. [2] **141**, 149 (1934).

Dieses so entstehende Acetylaceton geht dann unter Reaktion mit einer zweiten Molekel Essigsäureanhydrid zunächst in O-Acetyl-acetylaceton über, das dann seinerseits acetylierend wirkt auf Acetylaceton unter Entstehung eines Gemisches von O- und C-Acetyl-acetylaceton, bis schließlich alles zunächst entstandene Acetylaceton übergegangen ist in Triacetyl-methan. Bei der Aufarbeitung des Reaktionsgemisches durch Destillation mit Wasserdampf bei Gegenwart von Natriumacetat wird dann unter partieller Verseifung Acetylaceton erhalten.

Es wird hier also bei der Reaktion des zunächst entstehenden Acetylacetons mit einer zweiten Molekel Acetanhydrid zu Triacetyl-methan der gleiche Reaktionsmechanismus angenommen wie bei der „Umlagerung" von O-Acetyl- in C-Acetyl-acetessigester (vgl. II., S.36), denn es wurde festgestellt, daß auch diese Reaktion unter dem Einfluß von Borfluorid besonders leicht bereits in der Kälte mit einer Ausbeute von 93,5% verläuft[84]. Dabei muß angenommen werden, daß zunächst eine sehr geringe Menge O-Acetyl-acetessigester zu Acetessigester verseift wird, da diese innere Acetylierung erst in Gang kommen kann, wenn eine geringe Menge freier Acetessigester im Reaktionsgemisch enthalten ist.

In analoger Weise entsteht nun durch Einwirkung von Borfluorid auf ein Gemisch von Acetophenon und Essigsäureanhydrid im Molverhältnis 1:2 in besonders glatter Reaktion mit 83% Ausbeute das Benzoylaceton; ersetzt man das Acetophenon durch α-Tetralon, so erhält man mit gleicher Ausbeute leicht das β-Acetyl-α-tetralon. Aus Cyclohexanon und Acetanhydrid entsteht mit 56% Ausbeute das 2-Acetyl-cyclohexanon-(1) und aus Diäthylketon mit 62,5% Ausbeute das 3-Methylhexan-2,4-dion.

Da nun das durch Einwirkung von Essigsäureanhydrid auf Cyclohexanon leicht darstellbare Cyclohexenyl-acetat durch Einwirkung von Borfluorid mit ca. 55% Ausbeute in 2-Aceto-cyclo-hexanon-(1) übergeht.

$$\underset{\underset{\textstyle H_2}{\textstyle H_2}}{\overset{\textstyle H_2}{\underset{H_2}{\bigcirc}}}\!\!-OCOCH_3 \quad\xrightarrow{\ BF_3\ }\quad \text{(2-Aceto-cyclohexanon-(1))}$$

so ist man geneigt anzunehmen, daß bei der BF_3-Synthese von 2-Aceto-cyclohexanon-(1) aus Cyclohexanon und Essigsäureanhydrid nicht dieses, sondern intermediär zunächst entstehendes Cyclohexenyl-acetat als Esterkomponente mit dem Carbeniat-anion des Cyclohexanons bzw. dessen BF_3-Addukt reagiert (s. nachstehende Formel).

Bei der Stabilisierung des Addukts spaltet sich dann unter dem Einfluß des Bortrifluorids Cyclohexen-(1)-ol-(1) (= Cyclohexanon) ab, das nach abermaliger Acetylierung den Reaktionscyclus von neuem durchläuft[85].

Der gleiche Reaktionsmechanismus liegt sehr wahrscheinlich auch bei der Acetylierung des α-Tetralons vor; vielleicht auch noch, wenn

---

[84] KÄSTNER, D.: Diss. Marburg 1937.

[85] Wahrscheinlich verläuft auch die bekannte FRIESsche Verschiebung nach dem analogen Reaktionsmechanismus; sie ist daher wohl eine *pseudomonomolekulare* Reaktion.

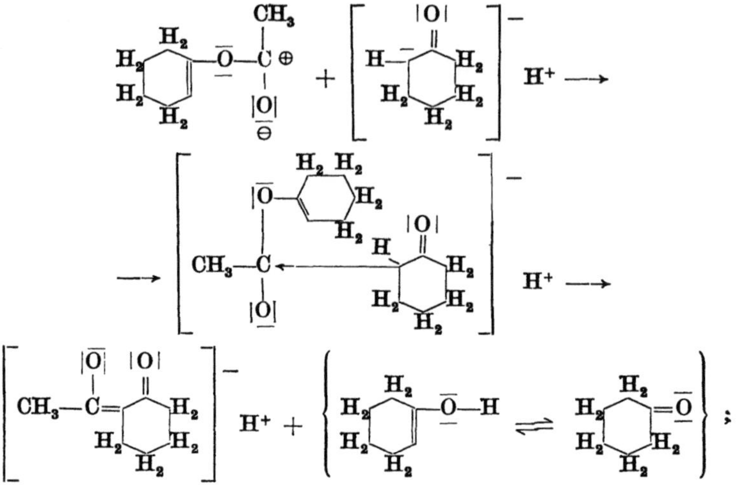

$$CH_3-CO-O-C(\oplus) \cdots + [\text{Cyclohexanon-Enolat}]^- \; H^+ \longrightarrow$$

$$\longrightarrow [CH_3-C(-O)(-O|) \leftarrow \text{Cyclohexanon}]^- \; H^+ \longrightarrow$$

$$[CH_3-C(|\bar{O}|)=(\text{Cyclohexenyl})]^- \; H^+ + \{\text{Cyclohexenol} \rightleftharpoons \text{Cyclohexanon}\} \; ;$$

auch möglicherweise nur teilweise, beim Acetophenon, während bei den acyclischen Ketonen wie Aceton oder Diäthylketon wohl das Essigsäureanhydrid selbst die Rolle der Esterkomponente übernimmt.

Wie bei der eigentlichen Claisen-Kondensation, so können auch bei der Borfluorid-Kondensation unsymmetrischer Ketone mit Acetanhydrid zwei Isomere entstehen, je nachdem, welche der Keto-Gruppe benachbarte CH_2-Gruppe als Methylen-Komponente reagiert:

$$CH_3-CO-CH_2-R \begin{cases} a \to CH_3-CO-CH_2-CO-CH_2-R \\ b \to CH_3-CO-CH(R)-CO-CH_3 \end{cases}$$

CH. R. HAUSER und J. T. ADAMS[86] haben mehrere solcher unsymmetrischer Ketone der BF_3-Kondensation mit Acetanhydrid unterzogen und dabei folgende Ergebnisse erhalten:

Keton	Reaktionsprodukt nach	
	a	b
Methyläthylketon	—	100%
Methyl-isopropylketon . . .	32%	68%
Methyl-isobutylketon	55%	45%
Methyl-cyclohexanon	50%	50%

Bei höheren Methyl-alkylketonen wurde im allgemeinen in überwiegender Menge das α-monosubstituierte β-Diketon erhalten. An diesen Ergebnissen erscheint besonders bemerkenswert, daß aus Methylisopropylketon in überwiegender Menge das α,α-Dimethylacetylaceton entsteht. Die Meerweinsche BF_3-Kondensation geht also in ihrem Geltungsbereich über den der eigentlichen Claisen-Kondensation hinaus,

<hr>

[86] J. Amer. chem. Soc. **66**, 345 (1944); **67**, 284 (1945); s. a. H. A. WALKER JR. u. CH. R. HAUSER: J. Amer. chem. Soc. **68**, 2742 (1946): Kondensation von Acetophenon und Substitutionsprodukten mit BF_3/Acetanhydrid.

was zurückzuführen ist auf die Tatsache, daß bei Gegenwart von BF_3-Acetanhydrid eine hydrolytische Rückreaktion unmöglich ist.

Das Essigsäureanhydrid kann nun bei der BF_3-Kondensation nicht nur als Ester-, sondern auch als Methylenkomponente in Erscheinung treten: leitet man in Acetanhydrid unter Kühlung Borfluorid ein, so entsteht in interessanter Reaktion mit 80—90% Ausbeute die BF_3-Verbindung des Diacetessigsäureanhydrids[87]:

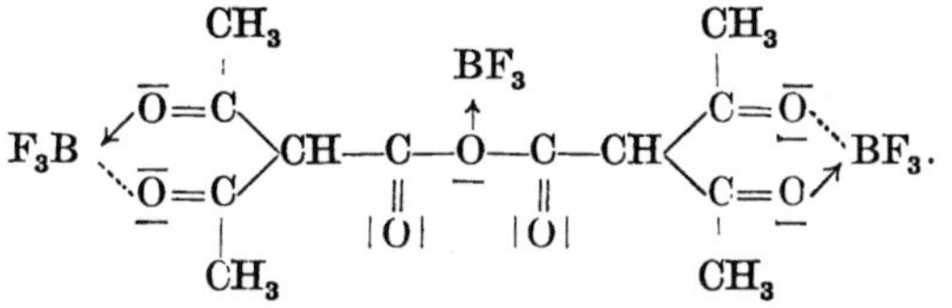

$$F_3B \cdots \begin{array}{c} CH_3 \\ | \\ \overline{O}=C \\ \overline{O}=C \\ | \\ CH_3 \end{array} CH-\underset{\underset{|O|}{\|}}{C}-\overset{\overset{BF_3}{\uparrow}}{\underset{-}{O}}-\underset{\underset{|O|}{\|}}{C}-CH \begin{array}{c} CH_3 \\ | \\ C=\overline{O} \\ C=O \\ | \\ CH_3 \end{array} \cdots BF_3 .$$

Diese Verbindung stellt das Endprodukt einer Stufenreaktion dar, die wie folgt zu deuten ist: aus zwei Mol Essigsäureanhydrid entsteht zunächst das erste Addukt a, das sich durch Abspaltung von Essigsäure als $[CH_3COO—BF_3]^-H^+$ stabilisiert:

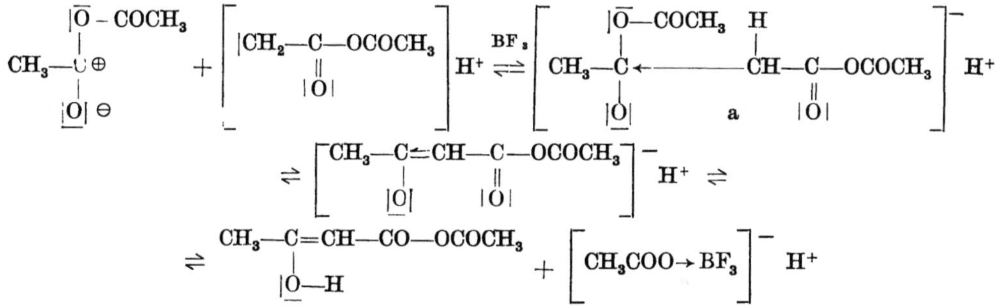

$$CH_3-\underset{|\underline{O}|\ominus}{\overset{|\overline{O}-COCH_3}{\underset{|}{\overset{|}{C}}}}\oplus + \left[\underset{\underset{|O|}{\|}}{|CH_2-C-OCOCH_3}\right]H^+ \overset{BF_3}{\rightleftharpoons} \left[CH_3-\underset{|\underline{O}|}{\overset{|\overline{O}-COCH_3}{C}}\leftarrow \underset{a}{\quad} \overset{H}{\underset{\underset{|O|}{\|}}{CH-C-OCOCH_3}}\right]^- H^+$$

$$\rightleftharpoons \left[CH_3-\underset{|\underline{O}|}{C}\dot{=}CH-\underset{\underset{|O|}{\|}}{C}-OCOCH_3\right]^- H^+ \rightleftharpoons$$

$$\rightleftharpoons CH_3-\underset{|\underline{O}-H}{C}=CH-CO-OCOCH_3 + \left[CH_3COO\rightarrow BF_3\right]^- H^+$$

In diesem so zunächst entstehenden gemischten Anhydrid aus Acetessigsäure und Essigsäure wird zunächst der Acetoacetylrest O-acetyliert, wonach der Acetylrest in der zuvor beschriebenen Weise durch Reaktion mit Acetanhydrid in den Acetoacetylrest übergeht:

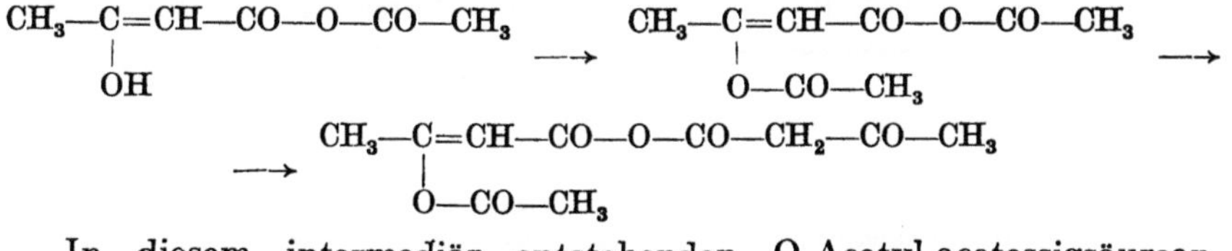

$$CH_3-\underset{OH}{C}=CH-CO-O-CO-CH_3 \longrightarrow CH_3-\underset{O-CO-CH_3}{C}=CH-CO-O-CO-CH_3 \longrightarrow$$

$$\longrightarrow CH_3-\underset{O-CO-CH_3}{C}=CH-CO-O-CO-CH_2-CO-CH_3$$

In diesem intermediär entstehenden O-Acetyl-acetessigsäureanhydrid tritt nun wahrscheinlich eine innermolekulare Acetylierung ein, indem der O-Acetylrest den zweiten Rest der Acetessigsäure C-acetyliert:

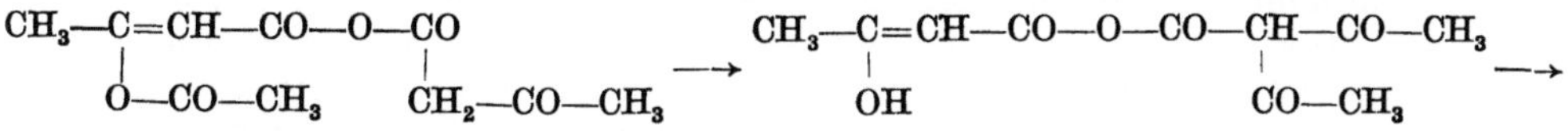

$$CH_3-\underset{O-CO-CH_3}{C}=CH-CO-O-\underset{CH_2-CO-CH_3}{CO} \longrightarrow CH_3-\underset{OH}{C}=CH-CO-O-CO-\underset{CO-CH_3}{CH}-CO-CH_3 \longrightarrow$$

Schließlich wird dann das wiedererstandene Enolhydroxyl abermals acetyliert und „lagert" sich dann „um" in die C-Acetylverbindung durch

<hr>

[87] Vgl. Zitat [83], S. 96.

7*

Reaktion mit einer zweiten Molekel des gemischten Anhydrids aus Acetessigsäure + Diacetessigsäure in bekannter Weise:

$$CH_3—C=CH—CO—O—CO—CH(COCH_3)_2 \qquad (CH_3CO)_2CH—CO—O—CO—CH(COCH_3)_2$$
$$\qquad\qquad |$$
$$\qquad\qquad O—CO—CH_3$$

Dieses so entstandene Diacetessigsäureanhydrid bildet dann mit 3 Mol BF_3 die oben bereits formulierte Komplexverbindung. Da 4 Mol CH_3COOH während der Reaktion abgespalten werden, sind insgesamt 7 Mol BF_3 auf 5 Mol Acetanhydrid nötig; tatsächlich werden auch pro Mol Anhydrid 1,3—1,4 Mol BF_3 aufgenommen:

$$5\,(CH_3CO)_2O \;+\; 7\,BF_3 \longrightarrow [(CH_3CO)_2CHCO]_2O,\; 3\,BF_3 \;+\; 4\,CH_3COOH,\; BF_3.$$

Bei der Hydrolyse des Diacetessigsäureanhydrids durch Erwärmen in wäßriger bzw. verdünnt-alkoholischer Lösung entsteht unter Abspaltung von Kohlendioxyd Acetylaceton:

$$\begin{matrix} CH_3—CO \\ \qquad\qquad >CH—CO—O—CO—CH \\ CH_3—CO \end{matrix}\begin{matrix} CO—CH_3 \\ \\ CO—CH_3 \end{matrix} \;+\; H_2O \longrightarrow$$

$$\longrightarrow 2\,CH_3—CO—CH_2—CO—CH_3 \;+\; 2\,CO_2.$$

Bei den homologen Fettsäureanhydriden schreitet die Reaktion beim Sättigen mit Borfluorid nur z. T. bis zur Bildung von Bis-monoalkylacylfettsäureanhydriden vor; ein Teil wird nur bis zur Stufe eines Monoacylfettsäureanhydrids umgewandelt, aus dem bei der Hydrolyse dann ein Monoketon entstehen muß:

$$(R—CH_2—CO)_2O \longrightarrow$$

$$\longrightarrow (R—CH_2—CO—CHR—CO)_2O \xrightarrow[-CO_2]{+\,H_2O} R—CH_2—CO—CH_2—R\;.$$

Da elektromerer Effekt und CH-Acidität mit steigendem Molgewicht des α-Substituenten des Acylfettsäureanhydrids rasch abnehmen, sinkt mit steigendem Molekulargewicht des Anhydrids die erneute Acylierbarkeit des zunächst entstehenden Acylfettsäureanhydrids stark ab, wie die folgende Tabelle der Ausbeuten der Verseifungsprodukte zeigt:

	Ausbeute in % an	
	Monoketon	Diketon
Essigsäureanhydrid . . .	0	90,6
Propionsäureanhydrid . .	24,4	11,2
n-Buttersäureanhydrid . .	66	6,2

Chloressigsäureanhydrid und Phenylessigsäureanhydrid reagieren unter dem Einfluß von Borfluorid überraschenderweise nicht; die Kondensation tritt also dann nicht ein, wenn das Oktett des α-C-Atoms durch einen elektronenaffinen Substituenten beeinflußt wird.

Trotzdem aber geht auch bei dieser Variation der BF_3-Kondensation, ähnlich wie bei der metallorganischen Kondensation zweier Estermolekeln, der Geltungsbereich der Reaktion über den der eigentlichen Claisen-Kondensation hinaus, da aus Isobuttersäureanhydrid durch

Einwirkung von Borfluorid in glatter Reaktion die BF_3-Verbindung des Isobutyrylisobuttersäureanhydrids entsteht. Das bedeutet also, daß die Bildungstendenz der Borfluorid-isobuttersäure so groß ist, daß aus dem zuerst entstehenden Addukt Isobuttersäure auch dann noch abgespalten wird, wenn kein α-H-Atom mehr als Proton verfügbar ist $(R = -CH(CH_3)_2)$:

$$
\begin{array}{l}
R{-}CO{-}\overline{O}| \\
\qquad R{-}\overset{\oplus}{C} \;+\; \left[\begin{array}{l} CH_3 \;\; \overline{O}{\rightarrow}BF_3 \\ |\overset{\|}{C}{-}\overset{\|}{C}{-}O{-}CO{-}R \\ CH_3 \end{array}\right]^{-} H^{+} \longrightarrow \\
\qquad |\underline{O}|\,\ominus
\end{array}
$$

$$
\longrightarrow \left[\begin{array}{l} |\overline{O}{-}CO{-}R \;\; CH_3 \;\; \overline{O}{\rightarrow}BF_3 \\ R{-}\overset{}{C}\!\leftarrow\!\text{-----}\!{-}\overset{}{C}\cdot\cdot\;\overset{\|}{C}{-}O{-}CO{-}R \\ |\underline{O}| \qquad\qquad CH_3 \end{array}\right]^{-} H^{+} \longrightarrow
$$

$$
\longrightarrow R{-}\overset{CH_3}{\underset{|\overset{\uparrow}{O}|\;\; CH_3}{C}}{-}\overset{}{C}{-}CO{-}O{-}CO{-}R \;\dotplus\; \left[R{-}CO{-}\underline{\overline{O}}{\rightarrow}BF_3\right]^{-} H^{+}\,.
$$

Der zweite Isobutyrylrest des Isobuttersäureanhydrids unterliegt danach der gleichen Reaktion, so daß das Endprodukt dieser Reaktion die BF_3-Verbindung des α,α-Dimethyl-isobutyryl-acetanhydrids

$$
F_3B\!\leftarrow\!\overline{O}{=}\overset{(CH_3)_2CH}{\underset{CH_3}{C}}{-}\overset{CH_3}{\underset{\underset{BF_3}{\downarrow}}{C}}{-}CO{-}\overline{O}{-}CO{-}\overset{H_3C}{\underset{H_3C}{C}}{-}\overset{CH(CH_3)_2}{C}{=}\overline{O}\!\rightarrow\!BF_3
$$

darstellt. Durch Verseifen dieser Komplexverbindung entsteht leicht das Di-isopropylketon (Isobutyron) mit $81,5\%$ Ausbeute in bezug auf eingesetztes Anhydrid. Die Borfluorid-Kondensation des Isobuttersäureanhydrids stellt daher eine sehr vorteilhafte Methode zur Darstellung des Isobutyrons dar.

Auch Alkylierungen von β-Dicarbonylverbindungen lassen sich mit Hilfe von Borfluorid durchführen: so erhält man unter dem Einfluß dieses Reagens aus Acetessigester und Diisopropyläther den α-Isopropylacetessigester mit $70,9\%$ Ausbeute[88]. Diese Reaktion verläuft wahrscheinlich nach folgendem krypto-ionischen Mechanismus:

$$
H^{+}\left[CH_3\cdot CO\cdot \underline{CH}\cdot COOC_2H_5\right]^{-} \;+\; \left[F_3B\!\leftarrow\!\overline{O}{-}CH(CH_3)_2\right]^{-}\left[CH(CH_3)_2\right]^{+} \longrightarrow
$$

$$
\longrightarrow CH_3\cdot CO\cdot \underset{\underset{CH(CH_3)_2}{\downarrow}}{CH}\cdot COOC_2H_5 \;+\; [F_3B\!\leftarrow\!\overline{O}{-}CH(CH_3)_2]^{-}\,H^{+}
$$

wobei insbesondere die ionische Darstellung des Borfluorid-di-isopropylätherats als aktivierter Grenzzustand im Augenblick der Reaktion aufzufassen ist.

Ähnliche Isopropylierungen gelingen auch mit Isopropylalkohol[88] oder Isopropylacetat[89] unter dem Einfluß von Borfluorid.

Hierbei erscheint es besonders bemerkenswert, daß es mittels der Borfluorid-Methode auch möglich ist, aus Acetessigester und Cyclohexanol den α-Cyclohexyl-acetessigester[90] zu erhalten, der durch normale Alkylierung mittels Cyclohexylhalogeniden nur recht schwer entsteht.

Während die Monoalkylierung mittels dieser Methode beim Benzoylessigester versagt, entstehen beim Acetessigester stets C-Alkyl-Derivate auch in Fällen, bei denen die normale Alkylierung zu Enoläthern führt: so erhält man mit Chlormethyläther unter dem Einfluß von Borfluorid den Methylen-bis-acetessigester[91].

f) Synthesen von β-Ketocarbonsäureestern mit Hilfe von Diazoessigester.

Schließlich ist noch eine letzte allgemeiner anwendbare Methode zur direkten Synthese von β-Ketocarbonsäureestern zu erwähnen, die Reaktion von Diazoessigester mit Aldehyden, die unter Abspaltung von Stickstoff zu β-Ketocarbonsäureestern führt[92]; diese Reaktion wurde früher rein strukturchemisch durch Annahme der Zwischenbildung eines Furodiazols erklärt:

$$\underset{\underset{\text{R—C}=\text{O}}{|}}{\overset{\text{H}}{|}} + \underset{\underset{\text{N}}{\|}}{\overset{\text{N}}{\diagdown}}\text{CH—COOC}_2\text{H}_5 \rightarrow \text{R—}\underset{\underset{\text{O}\diagdown_{\text{N}\diagup\diagup\text{N}}}{|}}{\overset{\overset{\text{H}}{|}}{\text{C}}}\text{——CH—COOC}_2\text{H}_5 \rightarrow \text{RCOCH}_2\text{COOC}_2\text{H}_5 + \text{N}_2.$$

Die Elektronentheorie deutet diese Reaktion in der Weise, daß der erste Schritt dieser Umsetzung nach dem Schema der der Claisen-Kondensation analogen Aldol-Kondensation verläuft. Der freie Diazoessigester enthält nach modernen Anschauungen die beiden Stickstoffatome nicht ringförmig gebunden, sondern als offene Kette[93]; der Diazoessigester ist mesomer zwischen folgenden Grenzformeln:

$$\left\{ \overset{\ominus}{\underset{\underset{\oplus}{}}{\bar{\text{N}}}}=\text{N}=\text{CH—COOC}_2\text{H}_5 \longleftrightarrow |\text{N}\equiv\underset{\oplus}{\text{N}}-\underset{\ominus}{\text{CH}}-\text{COOC}_2\text{H}_5 \right\}.$$

Diese letztgenannte besonders reaktionsfähige zwitterionische Diazonium-betainform lagert sich nun bei der Reaktion mit einem Aldehyd mittels des einsamen Elektronenpaars am α-C-Atom in die Oktettlücke der polarisierten Grenzformel der Aldehyde ein unter Bildung eines Betains:

---

[88] Snyder, H. R., H. A. Kronberg u. J. R. Romig: J. Amer. chem. Soc. **61**, 3556 (1939).

[89] Breslow, D. S., u. Ch. R. Hauser: J. Amer. chem. Soc. **62**, 2611 (1940).

[90] Adams, J. T., u. Ch. R. Hauser: J. Amer. chem. Soc. **65**, 552 (1943); s. a. **64** 728 (1942).

[91] Levine R., Ch. R. Hauser, J. Amer. chem. Soc. **67**, 2050 (1945).

[92] Curtius u. Buchner: B. **18**, 2371 (1885). — Schlotterbeck: B. **40**, 3000 (1907); B. **42**, 2565 (1909); F. Arndt u. Mitarb., Res. Fac. Sci. Istanbul (A) **8**, 122 (1943).

[93] Boersch, H.: Mh. Chem. **65**, 31 (1935); s. a. Eugen Müller: Neuere Anschauungen der organischen Chemie, S. 222. Berlin, Springer-Verlag 1940.

$$\text{R—}\overset{\overset{\textstyle H}{|}}{\underset{\underset{\textstyle |\underline{O}|^{\ominus}}{|}}{C}}\oplus\;+\;\underset{\underset{\textstyle \oplus}{\overset{\textstyle N\!\equiv\!N|}{|}}}{|CH\text{—}COOC_2H_5}\;\longrightarrow\;\text{R—}\overset{\overset{\textstyle H}{|}}{\underset{\underset{\textstyle \ominus\,|\underline{O}|}{|}}{C}}\text{——}\underset{\underset{\textstyle \oplus}{\overset{\textstyle N\!\equiv\!N|}{|}}}{CH\text{—}COOC_2H_5}\;;$$

hieraus spaltet sich nunmehr, da durch die Einlagerung des einsamen
Elektronenpaars die Mesomerie der Diazogruppe blockiert ist, molekularer Stickstoff leicht unter Hinterlassung einer Oktettlücke ab, die alsbald aufgefüllt wird von dem anionisch, d. h. unter Mitnahme des einsamen Elektronenpaars sich abspaltenden Wasserstoff des Aldehyds
(H-Anionotropie) unter Bildung des β-Ketocarbonsäureesters:

$$\text{R—}\overset{\overset{\textstyle H}{|}}{\underset{\underset{\textstyle \ominus\,|O|}{|}}{C}}\text{——}\underset{\underset{\textstyle \oplus}{\overset{\textstyle N\!\equiv\!N|}{|}}}{CH}\text{——}COOC_2H_5\;\rightarrow\;\text{R—}\overset{\overset{\textstyle H}{|}}{\underset{\underset{\textstyle \ominus\,|O|}{|}}{C}}\text{——}\overset{\overset{\textstyle \oplus}{|}}{\underset{\underset{\textstyle H}{|}}{C}}\text{—}COOC_2H_5\;\rightarrow\;\text{R—}\overset{|\,|}{\underset{|O|}{C}}\text{—}\overset{\overset{\textstyle H}{\downarrow}}{\underset{\underset{\textstyle H}{|}}{C}}\text{—}COOC_2H_5$$
$$+\;|N\!\equiv\!N|$$

Bei negativ substituierten Aldehyden tritt die nach Abspaltung des
Stickstoffs daneben noch mögliche Bildung des entsprechenden Gly-
cidsäureesters ein: so entsteht nach F. ARNDT u. Mitarb.[92] aus Chloral
und Diazoessigester neben wenig Trichloracetessigester als Hauptprodukt der Trichlorglycidsäureester.

g) Synthese von β-Dicarbonyl-Verbindungen durch Decarbonylierung von β-Carbonyl-oxalo-estern.

Die schon mehrfach erwähnten β-Carbonyl-oxalo-ester, die unter den
Bedingungen der Claisen-Kondensation durch Einwirkung von Oxalester auf Ketone oder Carbonsäureester entstehen, sind durch eine besondere und eigenartige Reaktion ausgezeichnet: sie sind thermolabil und
gehen beim Erhitzen auf Temperaturen über etw. 120° unter Abspaltung von Kohlenoxyd über in β-Dicarbonylverbindungen[94]. Diese Reaktion gelingt besonders glatt bei α-monosubstituierten β-Carbonyl-oxalo-
estern der allgemeinen Formel I:

$$\text{I}\quad \overset{\textstyle R\text{—}CH\text{—}CO\text{—}R'}{\underset{\textstyle CO\text{—}COOC_2H_5}{|}}\quad\longrightarrow\quad \overset{\textstyle R\text{—}CH\text{—}CO\text{—}R'}{\underset{\underset{\textstyle II}{\textstyle COOC_2H_5}}{|}}\;+\;CO$$

und führt entsprechend obigem Reaktionsschema zu α-monosubstitu-
ierten β-Dicarbonylverbindungen II.

Die Reaktion ist bedingt durch den besonderen Charakter der direkten Bindung zweier Carbonylreste aneinander, der bereits bei der Oxalsäure selbst zum Zerfall in Ameisensäure und Kohlendioxyd beim Erhitzen führt:

$$\overset{\textstyle COOH}{\underset{\textstyle COOH}{|}}\;\longrightarrow\;H\cdot COOH\;+\;CO_2\;.$$

---

[94] WISLICENUS: B. **27**, 1093 (1894); s. a. RASSOW u. BAUER: J. pr. [2] **80**, 87
(1909). — FLOYD, D. E., u. S. E. MILLER: J. Amer. chem. Soc. **69**, 2354 (1947). —
STECK, E. A., u. A. J. HOLLAND: J. Amer. chem. Soc. **70**, 440 (1948). — Über die
Darstellung von Alkoxymalonestern nach diesem Verfahren s. PRYDE u. WILLIAMS:
J. chem. Soc. London **1933**, 1627. — Über die Zersetzungstemperaturen
monosubstituierter Oxalessigester vgl. P. GALIMBERTI: Gazz. **72**, 125 (1942).

Elektronentheoretische Überlegungen lassen dieses Verhalten von Oxalo-derivaten verständlich erscheinen: in einer Verbindung entsprechend I besteht folgende Elektronenanordnung:

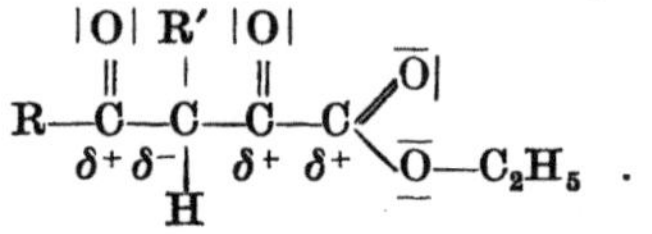

$$R-\underset{\delta^+\ \delta^-}{\overset{|O|}{\overset{\|}{C}}}-\underset{\underset{H}{|}}{\overset{R'}{\overset{|}{C}}}-\underset{\delta^+}{\overset{|O|}{\overset{\|}{C}}}-\underset{\delta^+}{C}\overset{\overset{\bar{O}|}{\diagup}}{\diagdown}\ \bar{O}-C_2H_5\ .$$

Im Oxalo-Rest stehen beide direkt miteinander verbundenen Carbonyl-C-atome unter dem positivierenden Einfluß der mit ihnen vernüpften elektronenaffinen O-Atome bzw. O-haltigen Substituenten.

Die Carbonyl-C-Atome des Oxalo-Restes stehen daher unter einem besonderen Spannungszustand, der bei Erhöhung der Frequenz der Elektronenschwingungen durch Energiezufuhr dadurch zu einer Stabilisierung der Elektronenanordnungen führt, daß nach einem radikalischen Mechanismus nunmehr Abspaltung von Kohlenoxyd aus der Carbäthoxy-Gruppe eintritt unter Vereinigung der radikalischen Bruchstücke zum β-Ketocarbonsäureester:

$$R-\underset{\underset{H}{|}}{\overset{|O|}{\overset{\|}{C}}}-\overset{R'}{\overset{|}{C}}-\overset{|O|}{\overset{\|}{C}}-\overset{|O|}{\overset{\|}{C}}-\bar{O}-C_2H_5 \longrightarrow \underset{\times\,\times}{\overset{|O|}{C}} + R-\underset{\underset{H}{|}}{\overset{|O|}{\overset{\|}{C}}}-\overset{R'}{\overset{|}{C}}-\overset{|O|}{\overset{\|}{C}}\cdot + \cdot\bar{O}-C_2H_5 \longrightarrow$$

$$\longrightarrow R-\underset{\underset{H}{|}}{\overset{|O|}{\overset{\|}{C}}}-\overset{R'}{\overset{|}{C}}-\overset{|O|}{\overset{\|}{C}}-\bar{O}-C_2H_5$$

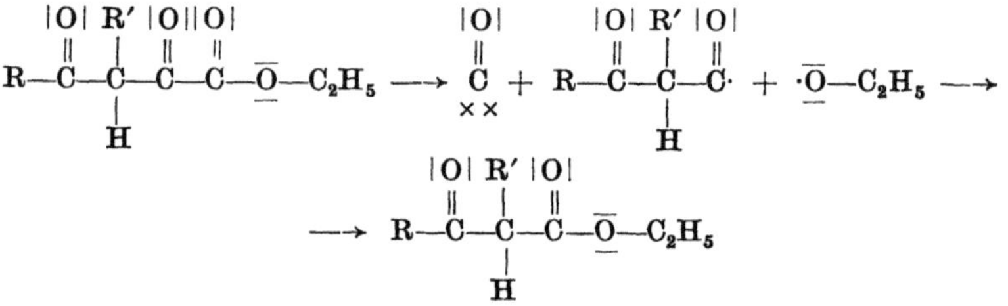

Daß bei einer solchen Decarbonylierung tatsächlich die Carbonylgruppe der Carbäthoxygruppe als Kohlenoxyd sich abspaltet, wird sehr wahrscheinlich gemacht durch die Befunde von M. Calvin und R. M. Lemmon[94a], die feststellten, daß aus radioaktivem Brenztraubensäureester, $CH_3-C^{14}O-COOC_2H_5$, beim Erhitzen sich *inaktives* CO unter Hinterlassung eines aktiven Rückstandes abspaltet; das abgespaltene Kohlenoxyd stammt daher aus der Carbäthoxygruppe.

Wie A. Kötz und Mitarbeiter[95] gefunden haben, ist diese *Decarbonylierung* von Oxalo-estern besonders geeignet zur Darstellung alicyclischer β-Ketocarbonsäureester vom Typ des Cyclohexanon-carbonsäureesters III:

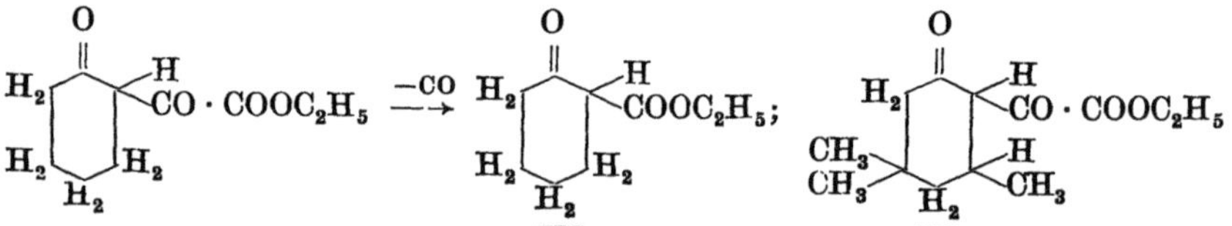

III   IV

[94a] J. Amer. chem. Soc. **69**, 1232 (1947).

[95] A. **342**, 306 (1905); **350**, 204 (1906); **358**, 198 (1908). — Über die Darstellung von Cyclohexanon-2,6-dicarbonsäureester nach dem gleichen Verfahren aus Cyclohexanon mit zwei Mol Oxalester s. G. A. R. Kon u. B. L. Nandi: J. chem. Soc. London **1933**, 1628. — Über den durch Kondensation von Cyclopentanon-carbonsäureester mit Oxalester unter geeigneten Bedingungen entstehenden Diketo-homonorcamphersäureester s. G. Komppa u. A. Talvitie: Ann. Acad. Sci. fenn. A **57**, 3 (1941).

Die Reaktion verläuft mit einer Ausbeute von 5C—60% nur dann, wenn der Oxalo-ester sorgfältig von Spuren von Säure oder Alkali befreit ist[96], was als Hinweis darauf zu werten ist, daß tatsächlich die im Keto-Enol-Gleichgewicht der im allgemeinen hochenolisierten Oxalo-ester in geringerer Menge vorhandene Ketoform die oben formulierte Zersetzung erleidet. Darauf deutet auch die Beobachtung hin, daß ein spuren-weiser Zusatz von Borsäure[97] die Decarbonylierung günstig beeinflußt; wahrscheinlich wird hierdurch die katalytische Beeinflussung der Eno-lisierung durch die Alkaliwirkung des Glases ausgeschaltet. Sehr gut mit einer Ausbeute von 75% d. Th. verläuft die Decarbonylierung des aus Dihydro-isophoron erhältlichen Oxalo-esters IV[98]. Im allgemeinen jedoch verläuft die Reaktion bei Keto-oxalo-estern vom Typ I nicht besonders glatt, da nebenher in oft reichlicher Menge hochsiedende Kon-densationsprodukte entstehen; bisweilen versagt die Reaktion auch wie im Falle des Cyclopentanon-oxalo-esters oder dann, wenn eine Doppel-bindung in α,β-Stellung zur Keto-Gruppe steht, wie beim 1-Methyl-5-isopropyl-cyclohexen-(1)-on-(3)-oxalocarbonester-(4)V[99].

$$
\begin{array}{cc}
\mathrm{V} & \mathrm{VI}
\end{array}
$$

Besonders wertvoll hat sich diese Synthese erwiesen zur Darstellung monosubstituierter Malonester, die in guter Ausbeute erhalten werden ausgehend von Oxalo-estern analog VI, bei denen also R' in I $= OC_2H_5$ ist und die leicht zu erhalten sind durch Claisen-Kondensation von Car-bonsäureestern $R \cdot CH_2 \cdot COOC_2H_5$ mit Oxalester. Der besondere Wert dieser Methode besteht einmal darin, daß mit ihrer Hilfe reine mono-substituierte Malonester entstehen im Gegensatz zu der sonst üblichen Darstellungsmethode dieser Verbindungen durch Alkylierung des Malonesters selbst. wobei stets Gemische von Malonester, mono- und dialkylierten Malonestern erhalten werden, die nur nach besonderen Methoden und zumal bei niedermolekularem Alkyl-Rest nicht durch Destillation zu trennen sind. Zum andern gelingt nach der Oxalester-methode auch die Darstellung solcher Monosubstitutionsprodukte des Malonesters, die durch direkte Substitution des Malonesters überhaupt nicht zugänglich sind, wie der technisch wichtige Phenyl-malonester, der ausgehend von Phenylessigester, nach folgendem Schema entsteht:

$$
C_6H_5-CH_2-COOC_2H_5 \;+\; \begin{array}{c} COOC_2H_5 \\ | \\ COOC_2H_5 \end{array} \longrightarrow \begin{array}{c} C_6H_5-CH-COOC_2H_5 \\ | \\ CO-COOC_2H_5 \end{array} \longrightarrow C_6H_5-CH \begin{array}{c} COOC_2H_5 \\ | \\ | \\ COOC_2H_5 \end{array}
$$

---

[96] HENECKA, H.: Unveröffentlichte Beobachtung.
[97] PRELOG, V., u. W. HINDEN: Helvet. chim. Acta 27, 1856 (1944).
[98] HENECKA, H.: B. 81, 209 (1948).
[99] HENECKA, H.: B. 81, 205 (Fußnote) (1948). — Nach H. LEUCHS u. G. KO-WALSKI: B. 58, 2288 (1925) versagt die Reaktion auch beim α-Hydrindon-β-oxalo-ester.

Diese Reaktion versagt jedoch wiederum bei dem so nahe verwandten Benzylcyanid-oxalo-ester, $C_4H_4 \cdot CH(CN)\!-\!CO \cdot COOC_2H_5$.

Auf Grund des bisher vorliegenden Materials ist es noch nicht möglich, eine einwandfreie Erklärung dafür zu geben, warum in den erwähnten Fällen die Reaktion versagt; die nächstliegende Vermutung ist die, daß die nicht decarbonylierbaren Oxalo-ester besonders bei höherer Temperatur *vollständig* in der reaktions-unfähigen thermostabilen Enolform vorliegen, aus der CO deswegen sich nicht abspaltet, weil über das konjugierte System des Enols ein innerer Ausgleich des Spannungszustandes der Ketoform möglich erscheint:

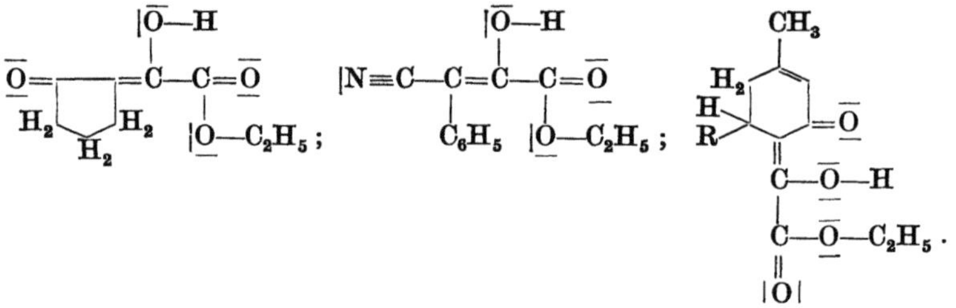

$$\begin{array}{lll}
\text{(Cyclopentanon-Enol-Oxalester)} & \text{(Cyanphenyl-Enol-Oxalester)} & \text{(Methyl-cyclohexenon-Oxalester)}
\end{array}$$

In den decarbonylierbaren Oxalo-estern wäre demnach auch bei höherer Temperatur eine wenn auch nur geringe Gleichgewichtskonzentration an reaktionsfähiger thermolabiler Ketoform anzunehmen, die sich nach Ausscheiden der Ketoform aus dem Gleichgewicht aus dem reichlich vorhandenen Enol stets nachbildet.

h) Synthese von β-Dicarbonyl-Verbindungen über β-Carbonyl-nitrile als Zwischenprodukte.

Ein normaler synthetischer Aufbau von β-Keto-carbonsäureestern ausgehend von β-Halogen-ketonen über die Nitrile nach folgendem Reaktionsschema:

$$R \cdot CO \cdot CH_2 \cdot Cl \xrightarrow{KCN} R \cdot CO \cdot CH_2 \cdot CN \longrightarrow R \cdot CO \cdot CH_2 \cdot COOC_2H_5$$

ist im allgemeinen nicht durchführbar, da β-Ketocarbonsäurenitrile wie das Cyan-aceton, in freiem Zustand unbeständig sind und sich, wenn $R = R'\!-\!CH_2\!-$ ist, in heftiger Reaktion sehr leicht dimerisieren[100]. Ist R jedoch Phenyl oder tert.-Butyl, so ist die Reaktion leicht durchführbar, wie auch dann, wenn das Halogen an einem quartären C-Atom steht. So gelingt es, aus Pinakolin nach folgender Reaktionsfolge

$$(CH_3)_3C \cdot CO \cdot CH_3 \xrightarrow{Br_2} (CH_3)_3C \cdot CO \cdot CH_2 \cdot Br \xrightarrow{KCN} (CH_3)_3C \cdot CO \cdot CH_2 \cdot CN \longrightarrow$$
$$\longrightarrow (CH_3)_3C \cdot CO \cdot CH_2 \cdot COOC_2H_5$$

den tert.-Valerylessigester zu erhalten[101]. Dabei entsteht bei Anwendung von zwei Mol Cyankali pro Mol Brompinakolin das leicht enolisierbare tert.-Valeronitril als Kaliumsalz, aus dem das freie Nitril als beständige und destillierbare Verbindung abscheidbar ist.

---
[100] CLAISEN, L.: B. **25**, 1787 (1892).
[101] WIDMANN, O., u. E. WAHLBERG: B. **44**, 2065 (1911).

In analoger Weise kann man aus Acetophenon über ω-Brom- und ω-Cyanacetophenon (Benzoyl-acetonitril) den Benzoylessigester aufbauen[102].

Weniger gut verläuft die Synthese ausgehend vom Isopropyl-methyl-keton, da das über Brom-isopropyl-methyl-keton entstehende α,α-Dimethyl-acetessigsäurenitril leicht hydrolysierbar ist zu Essigsäure und Isobuttersäurenitril.

Besondere Bedeutung besitzt diese Methode jedoch zur Synthese des *Malonesters*, ausgehend vom Chloressigester bzw. der Chloressigsäure, deren Umsatz mit Alkali-cyaniden zu Cyanessigester bzw. -säure führt, die leicht in Malonester bzw. -säure überführbar sind[103].

Da die Cyangruppe stärker acidifizierend (protonlockernd) wirkt als die Carbäthoxygruppe, bildet sich aus einem Nitril $R \cdot CH_2 \cdot CN$ unter dem Einfluß alkalischer Mittel leichter die mesomere reaktionsfähige Carbeniatgrenzform I als die entsprechende Form II aus einem Carbonsäureester $R \cdot CH_2 \cdot COOC_2H_5$

$$I \quad \begin{bmatrix} H \\ | \\ \overset{..}{C}-C\equiv N \\ | \\ R \end{bmatrix}^{-} \qquad\qquad \begin{bmatrix} H \\ | \\ \overset{.}{C}-C=\overset{\frown}{O} \\ | \quad | \\ R \quad \overset{..}{O}-C_2H_5 \end{bmatrix}^{-} \quad II$$

Aus diesem Grunde reagiert unter den Bedingungen der Claisen-Kondensation ein Nitril $R \cdot CH_2 \cdot CN$ leichter mit einer Molekel Carbonsäureester $R \cdot CH_2 \cdot COOC_2H_5$ als zwei Molekel Carbonsäureester miteinander. Besonders gut verläuft die Reaktion naturgemäß dann, wenn auch der Substituent R acidifizierend auf die Methylengruppe wirkt wie im Falle des Benzylcyanids, das bereits in alkoholischer Lösung unter dem Einfluß von Natriumäthylat mit Essigester kondensierbar ist zu α-Phenyl-acetylacetonitril[104]:

$$C_6H_5 \cdot CH_2 \cdot CN + CH_3 \cdot COOC_2H_5 \longrightarrow$$

$$\longrightarrow CH_3 \cdot CO \cdot \underset{\underset{C_6H_5}{|}}{CH} \cdot CN \longrightarrow CH_3 \cdot CO \cdot \underset{\underset{C_6H_5}{|}}{CH} \cdot COOC_2H_5$$

aus dem nach PINNER der α-Phenyl-acetessigester zu erhalten ist[105].

Daß tatsächlich die Nitrilgruppe stärker protonlockernd wirkt als die Carbäthoxy-Gruppe kommt überzeugend zum Ausdruck in dem hohen Enolgehalt des α-Phenyl-acetessigsäurenitrils von 91,5% gegenüber 33,1% beim α-Phenyl-acetessigester[106].

[102] HALLER: Bull. Soc. chim. France [2] **48**, 23 (1887).

[103] CONRAD: A. **204**, 126 (1880). — VENABLEU u. CLAISEN: A. **218**, 131 Anm. (1883). — NOYES: J. Amer. chem. Soc. **18**, 1105 (1896).

[104] WALTHER, R., u. P. G. SCHICKLER: J. pr. [2] **55**, 343 (1897). — BECKH: B. **31**, 3160 (1898).

[105] DIMROTH, O.: B. **36**, 2243 (1903); s. a. DORSCH u. McELVAIN: J. Amer. chem. Soc. **54**, 2960 (1932).

[106] HENECKA, H.: Unveröffentlichte Beobachtung; s. a. G. A. MICHALEK u. H. W. POST: J. Amer. chem. Soc. **54**, 1963 (1932), die für α-Phenylacetessigester 29,8% Enol fanden.

Ersetzt man die alkoholische Natriumäthylat-Lösung durch metallisches Natrium, so gelingt mit diesem Kondensationsmittel auch die Kondensation des Benzylcyanids mit Kohlensäureester zu Phenyl-cyanessigsäureester[107]:

$$C_6H_5-CH_2-CN + C_2H_5O-CO-OC_2H_5 \longrightarrow C_6H_5-CH(CN)-COOC_2H_5.$$

Schwieriger als Benzylcyanid sind naturgemäß rein aliphatische Nitrile der Claisen-Kondensation als Methylenkomponente zugänglich. Unter Benutzung des reaktionsfähigen Oxalesters als Esterkomponente gelang jedoch bereits W. WISLICENUS und W. SILBERSTEIN[108] die Kondensation des Propionitrils mit Hilfe von Kaliumäthylat als Kondensationsmittel zum α-Methyl-oxalo-acetonitril, $CH_3-CH(CN)-CO-$ $-COOC_2H_5$, das mit Eisenchlorid tief dunkelrote Reaktion gibt und normal zur α,α-disubstituierten Verbindung alkylierbar ist.

Auch Acetonitril selbst läßt sich unter der Wirkung von Kaliumäthylat, wie W. BORSCHE und R. MANTELUFFEL[109] fanden, zum Oxalo-acetonitril umsetzen, das jedoch nur als Kaliumsalz beständig ist, während Acetonitril unter dem Einfluß von Natrium mit Ameisensäureester zu Natrium-cyanacetaldehyd kondensierbar ist.

Verwendet man aber das hochwirksame Natriumamid als Kondensationsmittel, so gelingt auch die Claisen-Kondensation des Acetonitrils mit Carbonsäureestern zu β-Ketocarbonsäurenitrilen:

$$CH_3-CN + R-CH_2-COOC_2H_5 \longrightarrow R-CH_2-CO-CH_2-CN,$$

wie H. LETTRÉ, G. MEINERS und H. WICHMANN[110] und R. LEVINE und CH. R. HAUSER[111] wohl nahezu gleichzeitig fanden. Besonders gute Ausbeuten erhält man hierbei, wenn man feinverteilte Natriumamid-Suspensionen benützt, mit deren Hilfe K. ZIEGLER und H. OHLINGER[112] bereits die Alkylierung des Acetonitrils gelungen war.

i) Synthese der Acetondicarbonsäure.

Eine Sonderstellung unter den Synthesen von β-Dicarbonylverbindungen nimmt als nicht verallgemeinerungsfähige Einzelreaktion die Synthese der Acetondicarbonsäure ein, die sich aus Citronensäure unter der Einwirkung starker Schwefelsäure unter Abspaltung von Kohlenoxyd und Wasser nach folgendem Reaktionsschema bildet[113]:

[107] HESSLER, J. C.: Amer. chem. J. **32**, 120 (1904); s. a. F. BODROUX: C. r. Acad. Sci. **151**, 1258 (1910); Bull. Soc. chim. France [4] **9**, 652 (1911).— NELSON, W. L., u. L. H. CRETCHER: J. Amer. chem. Soc. **50**, 2759 (1928).

[108] B. **43**, 1825 (1910).

[109] A. **512**, 1825 (1910).

[110] Naturwiss. **33**, 157 (1946); Angew. Chem. (A) **59**, 26 (1947).

[111] J. Amer. chem. Soc. **68**, 760 (1946).

[112] A. **495**, 84 (1932).

[113] PECHMANN, v. H.: A. **261**, 157, 173 (1891); B. **24**, 4095 (1891). — PERATONER u. STRAZZERI: Gazz. **21**, 295 (1891). — JERDAN, D. S.: J. chem. Soc. London **75**, 809 (1899). — WILLSTÄTTER, R., u. A. PFANNENSTIEL: A. **422**, 1 (1921).

$$
\begin{array}{ccccccc}
\delta^-\ CH_2\!-\!COOH & & CH_2\!-\!COOH & & CH\!-\!COOH & & CH_2\!-\!COOH \\
\ \ \ |\ \ /OH & & |\ \ /OH & & \| & & | \\
\delta^+\ C\ \ \ \ ^{\delta^+} & \xrightarrow{-CO} & C & \xrightarrow{-H_2O} & C\!-\!OH & \rightleftharpoons & CO \\
\ \ \ |\ \ \backslash COOH & & |\ \ \backslash OH & & | & & | \\
\delta^-\ CH_2\!-\!COOH & & CH_2\!-\!COOH & & CH_2\!-\!COOH & & CH_2\!-\!COOH
\end{array}
$$

Die Kohlenoxyd-Abspaltung ist auf eine ähnliche Ursache zurückzuführen wie bei den β-Keto-Oxalo-Estern: das bereits durch die Hydroxyl-Gruppe desintegrierte mittelständige C-Atom ist an das gleichfalls stark positivierte C-Atom einer Carboxylgruppe gebunden; dieser Spannungszustand wird durch den Einfluß der konzentrierten Schwefelsäure, wahrscheinlich durch Anlagerung von H^+-Ion an das Carbonyl-O-Atom der mittelständigen Carboxylgruppe, so sehr verstärkt, daß der eintretende starke Elektronenzug die Herauslösung der Carbonylgruppe als CO zur Folge hat. Die treibende Kraft der gleichzeitigen Wasserabspaltung ist in der dadurch möglich werdenden Konjugation zu erblicken:

k) Synthese von α-phenylierten Oxymethylenketonen durch Umlagerung von α-Acylglycid-äthern[114].

Kondensiert man Phenacylchlorid mit Aldehyden, so erhält man auf üblichem Wege α-Acylglycid-äther; z. B.:

$$
C_6H_5\!-\!CO\!-\!CH_2Cl + C_6H_5\!-\!CHO \xrightarrow{NaCO_3H_5} \left[C_6H_5\!-\!\underset{|O|}{\overset{H}{C}} \leftarrow \overset{Cl}{CH}\!-\!CO\!-\!C_6H_5 \right]^- Na^+
$$

$$
\xrightarrow{-NaCl}\ C_6H_5\!-\!CH\!-\!CH\!-\!CO\!-\!C_6H_5 \quad (\text{über } O)
$$

Setzt man diese Oxyde, die auch durch Behandeln von Alkylidenketonen, $R\!-\!CH\!=\!CH\!-\!CO\!-\!R'$, mit alkalischem Wasserstoffsuperoxyd zugänglich sind[114], in Eisessiglösung mit Chlorwasserstoff um,

---

[114] WEITZ, E., u. A. SCHEFFER: B. **54**, 2344 (1921); s. a. J. ALGAR u. J. MCKENNA Proc. roy. Soc. London (B) **49**, 225 (1844).

so tritt zunächst unter dem Einfluß der Säure Öffnung des Äthylenoxydringes ein zu einem Hydroxycarbeniumchlorid, das sich unter anionotroper Wanderung des Phenylrestes alsbald zu einem α-Phenyloxymethylenketon umlagert:

$$C_6H_5\text{—}CH\text{—}CH\text{—}CO\text{—}C_6H_5 \xrightarrow{+\ HCl} \left[C_6H_5\text{—}CH\text{—}\overset{\oplus}{C}H\text{—}CO\text{—}C_6H_5 \atop |\underline{O}\to H \right] Cl^- \longrightarrow$$

$$\longrightarrow \left[H\text{—}\overline{\underline{O}}\text{—}\overset{\oplus}{C}H\text{—}CH\text{—}CO\text{—}C_6H_5 \atop C_6H_5 \right] Cl^- \xrightarrow{-HCl} \overline{\underline{O}}{=}CH\text{—}CH\text{—}CO\text{—}C_6H_5 \atop C_6H_5$$

Die Reaktion gelingt auch mit der entsprechenden Acetylverbindung; ihr Geltungsbereich läßt sich jedoch nach den wenigen bisher vorliegenden experimentellen Daten noch nicht exakt festlegen[115].

V. Die Eisenchlorid-Reaktion.

1. Das Wesen der Eisenchlorid-Reaktion.

Die Eisenchloridreaktion ist, wie bereits kurz erwähnt (vgl. I., S. 3), eine typische Reaktion der tautomeren Enolform der β-Dicarbonylverbindungen; sie tritt daher nur dann sofort ein, wenn im Keto-Enol-Gleichgewicht eine hinreichende Menge des Enols bereits vorhanden ist. Da die Reaktion als Farbreaktion sehr empfindlich ist, genügt bereits im allgemeinen ein Enolgehalt von 1—2% zum sofortigen Eintritt der Reaktion.

Die Farbreaktion kommt zustande durch die Bildung innerer, d. h. cyclisch gebauter Komplexsalze, die daher als Salze der Chelatformen der Enole zu betrachten sind. Diesen Salzen, die sich außer mit Fe'''-salzen auch mit anderen Salzen komplexbildender Metalle, wie z. B. Cu''-salzen bilden, kommt folgende allgemeine Konstitution zu:

$$\left[\begin{array}{c} R'' \\ | \\ R'\text{—}C\text{—}\overset{|}{C}{=}O| \\ \| \qquad \downarrow \\ R\text{—}C\text{—}\overline{\underline{O}}\text{—}Me \end{array} \right]^{++} \quad X_2^{-\ -} \qquad\qquad I$$

Als innere Komplexsalze sind diese Verbindungen charakterisiert durch besonders leichte Löslichkeit in hydroxylfreien Lösungsmitteln wie Chloroform, Äther oder Benzol und geringere Löslichkeit in Alkoholen oder in Wasser. Da diese Salze, bedingt durch ihren innerkomplexen Charakter, meistens einen definierten Schmelzpunkt besitzen, werden sie des öfteren auch zur Charakterisierung der β-Dicarbonylverbindungen herangezogen. Zu diesem Zweck eignen sich besonders die in Alkoholen oder Wasser oft schwerlöslichen grünen bis blauen Cu''-

---

[115] Siehe hierzu besonders J. WISLICENUS: A. **308**, 220 (1899). — BODFORSS: B. **49**, 2808 (1916); **51**, 214 (1918).

salze, die sich leicht bilden, wenn man eine wäßrige oder alkoholische Lösung der β-Dicarbonylverbindung mit Cu''-acetatlösung, vorteilhaft bei Gegenwart verdünnten Ammoniaks, versetzt.

Im Gegensatz zu den Cu''-salzen sind nun die gelbrot bis blauviolett gefärbten Ferrisalze auch in Wasser oder Alkohol leicht löslich, so daß die Erkennung der Lösungsfarbe dieser Salze niemals durch die Bildung schwerlöslicher Niederschläge erschwert wird. Wie Formel I erkennen läßt, ist die Entstehung eines solchen komplexen Fe'''-salzes eines Enols an folgende Voraussetzungen geknüpft:

1. außer dem anionischen Sauerstoff der Enolgruppe, der die Valenzbindung an das Eisen übernimmt, muß in β-Stellung hierzu eine zweite Gruppe vorhanden sein, die vermittels vorhandener einsamer Elektronenpaare eine Koordinationsstelle am Eisen besetzen kann. Als solche Gruppen kommen vornehmlich die $-\mathrm{C}=\overline{\mathrm{O}}$, $-\mathrm{C}\equiv\mathrm{N}|$ oder auch S-haltige Gruppen, wie Sulfonyl, $-\mathrm{S}\rightarrow\overline{\mathrm{O}}|$, in Frage.

2. Die Bildung des 6-Ringes des komplexen Salzes muß *sterisch* möglich sein. Diese Forderung bedingt, daß

a) Enolhydroxyl und komplexbildende Gruppe in *cis*-Stellung zueinander stehen müssen und daß

b) Enolhydroxyl und komplexbildende Gruppe ihrer gegenseitigen 1,3-Stellung wegen nicht selbst Glieder eines Ringes sein dürfen.

Ist die Bildung des cyclischen innerkomplexen Chelats aus sterischen Gründen nicht möglich, so bilden sich, wie experimentelle Erfahrungen zeigen, in *alkoholischer* Lösung überhaupt keine *gefärbten* Salze, wie beim Dimethyl-dihydroresorcin II[1],

obwohl diese Verbindungen weitgehend enolisiert sind. In *wäßriger* Lösung hingegen gibt auch das Dimethyldihydroresorcin mit Eisenchlorid eine weinrote Färbung, die auf die Bildung basischer Salze wie III zurückzuführen ist. Die Tatsache, daß sich die *komplexen* Salze nur in alkoholischer Lösung bilden, wird darüber hinaus bewiesen durch das Verhalten des *Phenols*, das neben der salzbildenden Hydroxylgruppe keine komplexbildende Gruppe besitzt: Phenol gibt in alkoholischer Lösung mit Eisenchlorid keine Färbung, wohl aber in wäßriger Lösung. Salicylsäureester hingegen, bei dem in o-Stellung zum Hydroxyl die komplexbildende Carbäthoxygruppe steht, gibt bereits in alkoholischer Lösung kräftige Eisenchloridreaktion.

Aus diesen Beobachtungen folgt, daß die reine Farbe der komplexen Salze nur in alkoholischer Lösung beobachtet werden kann; in wäßriger

---

[1] DIECKMANN, W.: B. **50**, 1379 (1917). — ARNDT, F., u. C. MARTIUS: A. **499**, 232 (1932).

Lösung eintretende Färbungen können natürlich auch durch Komplexbildung erzeugt sein, während daneben auch einfache gefärbte Salze sich bilden können. Man beobachtet daher des öfteren, daß die Farbe der Eisenchloridreaktion in alkoholischer Lösung etwas, wenn auch nicht sehr stark, von der in wäßriger Lösung erhaltenen Nuance verschieden ist. Weiterhin hat sich erfahrungsgemäß gezeigt, daß die Reaktion etwas verschieden ausfällt, je nachdem, ob als Alkohol Methyl- oder Äthylalkohol verwendet wird; die reinsten Färbungen werden in methylalkoholischer Lösung erhalten, so daß es sich, besonders zu Vergleichszwecken, stets empfiehlt, die Färbungen in methyl-alkoholischer Lösung (1 Tropfen Substanz, 3—5 cm³ CH₃OH) mit einer 1%igen methanolischen Lösung wasserfreien Ferrichlorids (1—2 Tropfen) zu erzeugen.

Wie HANTZSCH[2] und auch KNORR[3] gezeigt haben, ist es möglich, diese Ferrikomplexe in Substanz zu isolieren; ihre Zusammensetzung entspricht der Formel IV

$$
\text{IV} \qquad
\begin{array}{c}
R'' \\
| \\
R'\!-\!C\!-\!C\!=\!O \\
\parallel \qquad \vdots \\
R\!-\!C\!-\!O\!-\!Fe/_3
\end{array}
\qquad\qquad
\begin{array}{c}
R'' \\
| \\
R'\!-\!C\!-\!C\!=\!O \\
\parallel \qquad \vdots \\
R\!-\!C\!-\!O\!-\!FeCl_2
\end{array}
\qquad \text{V}
$$

Nach KNORR sind nun die isolierbaren Komplexe analog IV nicht die eigentlichen Träger der Farbreaktion, denn das Maximum der Färbung tritt erst ein, wenn pro Mol β-Dicarbonylverbindung ein Mol $FeCl_3$ anwesend ist und nicht bereits bei einem Drittel Mol $FeCl_3$. Es ist daher sehr wahrscheinlich, daß ganz allgemein Salze entsprechend V die eigentlichen Träger der Farbe der Eisenchloridreaktion sind.

Während sehr verdünnte wäßrige Lösungen von Eisenchlorid nahezu farblos sind, zeigen methanolische Lösungen gleicher Konzentration stets deutliche Gelbfärbung. Eine Störung der Farbreaktion durch Ausbildung einer Mischfarbe tritt jedoch bei Innehaltung der angegebenen ungefähren Konzentrationen nicht ein, da hierbei die Gesamtmenge des zugesetzten Eisenchlorids zur Bildung der Komplexverbindung rasch verbraucht wird. Man kann daher des öfteren beobachten, wie die unmittelbar nach Zusatz des Eisenchlorids zunächst auftretende Gelbfärbung sehr rasch verschwindet zugunsten der eigentlichen Farbnuance des entstehenden Komplexsalzes. Tritt die Enolisierung einer β-Dicarbonylverbindung nur langsam ein, so ist mitunter, jedoch nicht immer, die *vorübergehende* Bildung einer Mischfarbe zu beobachten (Campher-carbonsäureester[4]).

Da bei der Bildung der die Färbung bedingenden Salze Chlorwasserstoff frei wird, z. B.:

$$
\begin{array}{c}
O\!-\!C_2H_5 \\
| \\
HC\!-\!C\!=\!O \\
\parallel \qquad \\
CH_3\!-\!C\!-\!OH
\end{array}
\; + \; FeCl_3 \; \rightleftharpoons \;
\begin{array}{c}
O\!-\!C_2H_5 \\
| \\
HC\!-\!C\!=\!O \\
\parallel \qquad \vdots \\
CH_3\!-\!C\!-\!O\!-\!FeCl_2
\end{array}
\; + \; HCl
$$

---

[2] A. **392**, 292 (1912).
[3] B. **44**, 1139 (1911).
[4] BRÜHL, I. W.: B. **36**, 671 (1903).

so ist es verständlich, daß beim Zusatz überschüssiger Mineralsäure das Gleichgewicht so stark nach Seiten der Komponenten hin verschoben wird, daß die zuvor erhaltene Färbung wieder verblaßt und vollkommen verschwindet.

Gibt eine β-Dicarbonylverbindung keine Eisenchloridreaktion, so ist dies, vorausgesetzt, daß das Versagen der Reaktion nicht auf besondere sterische Verhältnisse zurückzuführen ist, ein Beweis dafür, daß in der verwendeten methanolischen Lösung die strukturchemisch mögliche Bildung des cis-Enols nicht eintritt. Dies trifft vornehmlich zu für die Verbindungen der Reihe des Malonesters, bei deren Studium man daher auf ein so wertvolles diagnostisches Hilfsmittel, wie es die Eisenchloridreaktion darstellt, verzichten muß.

2. Die Abhängigkeit der Farbe der Eisenchloridreaktion von der Konstitution der β-Dicarbonylverbindungen.

Die Farbe der Eisenchloridreaktion der zur Enolisation fähigen β-Dicarbonylverbindungen zeigt gewisse, streng von der Konstitution abhängige Gesetzmäßigkeiten[1].

So zeigen alle am α-C-Atom unsubstituierten β-Ketocarbonsäureester der allgemeinen Formel I:

$$\text{I} \quad R—CO—CH_2—COOR'$$

eine charakteristische *blaustichig-weinrote* Färbung, die weitgehend unabhängig ist von der Natur der Radikale R und R'. Die spektralphotometrische Aufnahme dieser in methylalkoholischer Lösung erzeugten Färbungen ergab folgende im Diagramm I dargestellten Extinktionskurven:

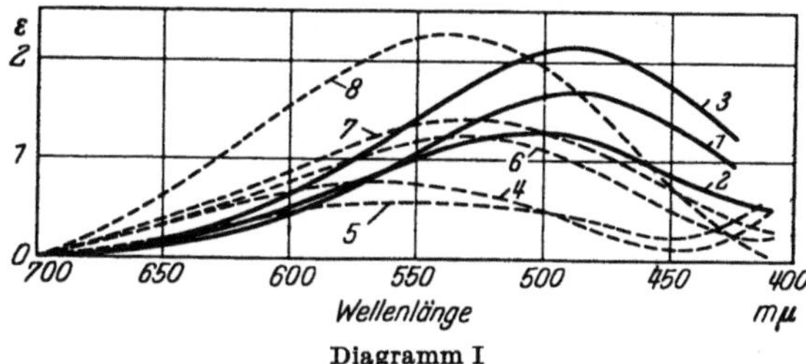

Diagramm I

Darin stellen die ausgezogenen Kurven die Extinktion der Eisenchloridreaktion folgender β-Ketocarbonsäureester dar:

Nr.	Substanz	Max.
1	Acetessigester.	490 mμ[2]
2	Benzoylessigester	500—505 mμ
3	tert.-Valerylessigester . .	490 mμ

Da die Konzentration der β-Ketocarbonsäureester hierbei willkürlich so gewählt wurde, daß der Verlauf der Extinktionskurve, insbesondere die Lage des

---

[1] HENECKA, H.: B. **81**, 179 (1948).
[2] Siehe a. L. LETELLIER: Bull. Sci. pharmacol. **38**, 145 (1931).

Maximums klar erkennbar wird, sind die Höhen der Maxima uncharakteristisch und untereinander nicht vergleichbar; charakteristisch ist lediglich der Verlauf der Kurven und die Lage der Maxima, die bei den in α-Stellung unsubstituierten β-Ketocarbonsäureestern bei 490—500 mμ liegen.

Demgegenüber geben nun die α-monosubstituierten β-Ketocarbonsäureester der allgemeinen Zusammensetzung II

$$\text{II} \quad \text{R—CO—CH—COOR'}$$
$$|$$
$$\text{R''}$$

mit Eisenchlorid eine im allgemeinen *blaue bis blauviolette* Färbung. Im Diagramm I stellen die gestrichelten Kurven die Extinktionskurven solcher α-monosubstituierter β-Ketocarbonsäureester dar, und zwar:

Nr.	Substanz	Max.	Min.
4	α-n-Butyl-acetessigester	565 mμ	445 mμ
5	α-Heptyl-acetessigester	545 mμ	450 mμ
6	α-Phenyl-acetessigester	530—540 mμ	415 mμ
7	α-Phenyl-formylessigester	530—540 mμ	—
8	Acetbutyro-lacton	535—540 mμ	—

Das Extinktionsmaximum wird also durch die α-Monosubstitution nach längeren Wellen hin verschoben, während gleichzeitig zumeist ein Minimum im Violett erkennbar wird. Wie die Kurve des α-Phenyl-formylessigesters erkennen läßt, gilt dies auch dann, wenn R = H ist; weiterhin tritt die charakteristische Blaufärbung der Eisenchloridreaktion auch dann ein, wenn in dem α-substituierten β-Ketocarbonsäureester die Substituenten R' und R'' Glieder eines Ringes sind, wie im Acetbutyro-lacton III:

$$\text{III} \quad \begin{matrix} \text{CH}_3\text{—CO—CH——CO} \\ | \qquad\qquad\quad \searrow\!\!\text{O.} \\ \text{CH}_2\text{—CH}_2 \nearrow \end{matrix}$$

Analog findet sich diese Verschiebung des Extinktionsmaximums der durch Eisenchlorid erzeugten Färbungen auch dann, wenn in Formel II R und R'' Glieder eines Ringes sind, wie beim Cyclohexanon-(1)-carbonsäureester-(2). Das folgende Diagramm II läßt dies klar erkennen:

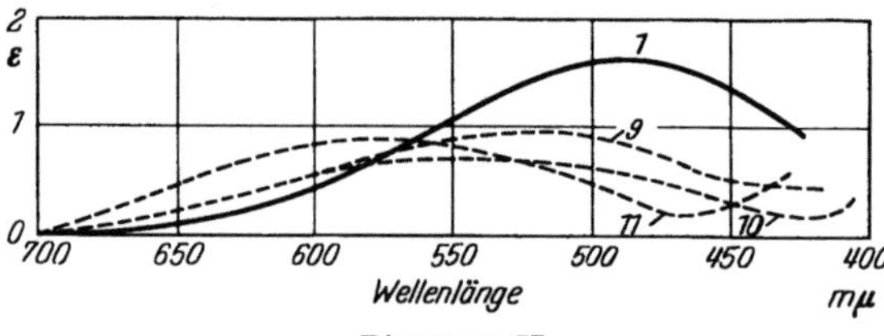

Diagramm II

Hierin sind im Vergleich mit der Extinktionskurve des Acetessigesters die Kurven der Eisenchloridfärbungen folgender cyclischer β-Ketocarbonsäureester dargestellt:

Nr.	Substanz	Max.	Min.
9	Cyclohexanon-(1)-carbonester-(2)	520 mμ	—
10	Cyclopentanon-(1)-carbonester-(2)	540 mμ	425 mμ
11	Cumaranon-(3)-carbonester-(2)	575 mμ	465 mμ

Cyclopentanon- und auch Cyclohexanon-carbonester geben mit
Eisenchlorid die blauviolette Reaktion der α-monosubstituierten β-Ketocarbonsäureester; der Cumaranon-carbonester, der seines hohen Enolgehalts von **96%** wegen[3] richtiger als 3-Oxy-cumaron-2-carbonsäure-
ester aufzufassen ist, gibt mit Eisenchlorid eine *reine Blaufärbung*. Man
ist daher geneigt, anzunehmen, daß eine durch die Enolisierung eintretende Aromatisierung des Ringes, in den der β-Ketocarbonsäureester
eingebaut ist, eine abermalige Verschiebung des Extinktionsmaximums
nach längeren Wellen hin bewirkt. Bereits das Vorhandensein nur *einer*
zur enolischen Doppelbindung konjugierten Doppelbindung genügt, um
diese Rotverschiebung des Extinktionsmaximums hervorzurufen, wie
die reine Blaufärbung des α,β-ungesättigten 1-Methylcyclohexen-(1)-
on-(3)-carbonesters-(4) IV zeigt im Gegensatz zur normalen blauvio-
letten Reaktion des gesättigten Esters V:

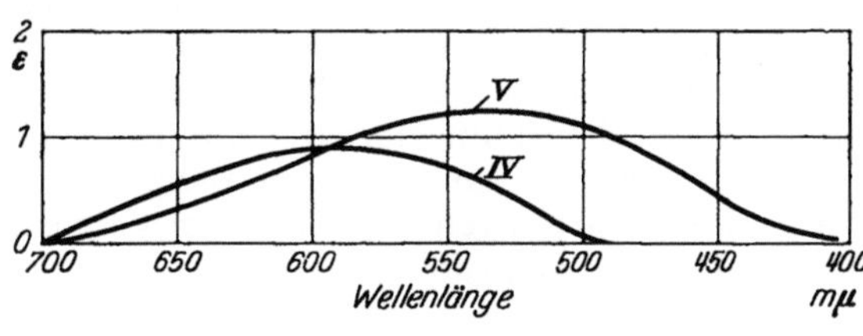

Das nachfolgende Diagramm III zeigt die Extinktionskurven der
beiden Ester IV und V:

Diagramm III

Nr.	Substanz	Max.	Min.
IV	Methyl-cyclohexen-(1)-on-(3)-carbonester-(4)	590 mμ	490 mμ
V	Methyl-cyclohexanon-(3)-carbonester-(4) . .	530—540 mμ	410 mμ

Da der 3-Oxycumaron-2-carbonester als enolisiertes cyclisches Derivat des α-Oxy-benzoylessigesters aufgefaßt werden kann, deutet die
blaue Eisenchloridreaktion dieser Verbindung darauf hin, daß die Regel
der Rotverschiebung des Extinktionsmaximums der Eisenchloridreaktion durch α-Monosubstitution auch dann gilt, wenn der Substituent
R'' in Formel II über Sauerstoff am α-C-Atom gebunden ist. Dies gilt,
wie Kurve 12 des α,γ-Dimethoxy-acetessigesters im folgenden Diagramm
IV zeigt, auch bei acyclischen β-Ketocarbonsäureestern:

---

[3] HENECKA, H.: Unveröffentlichte Beobachtung; vgl. a. v. AUWERS: A. **393**,
50 (1912).

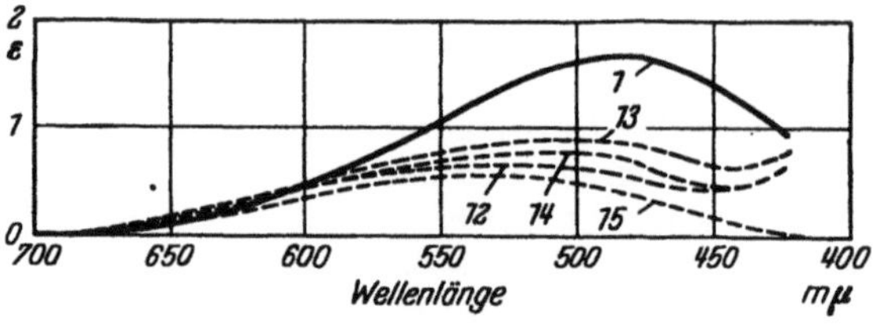

Diagramm IV

Trägt der Substituent R' „saure" Gruppen, wie beim α-Acetoxy-acetessigester VI oder auch beim α-(β-Acetoxyäthyl)-acetessigester VII

$$\text{VI} \quad \begin{array}{c} CH_3—CO—CH—COOC_2H_5 \\ | \\ O—CO—CH_3 \end{array} \qquad \begin{array}{c} CH_3—CO—CH—COOC_2H_5 \\ | \\ CH_2—CH_2—O—CO—CH_3 \end{array} \quad \text{VII}$$

so geht die weinrote Farbe der Eisenchloridreaktion des Acetessigesters über in ein stark blaustichiges Bordeauxrot. Demgemäß zeigen die Extinktionskurven dieser beiden Verbindungen (13 bzw. 14) eine nur geringe Verschiebung der Maxima nach längeren Wellen (500 bzw. 510 mμ), dafür aber stark ausgeprägt das charakteristische Minimum im Violett bei jeweils etwa 445—450 mμ. Die Regel gilt auch dann, wenn in α-Stellung das stark elektronenaffine Chlor steht, wie die Kurve 15 des α-Chloracetessigesters mit einem Maximum bei 525 mμ zeigt.

Eine Abweichung von der Regel der Rotverschiebung des Extinktionsmaximums der Farbe der Eisenchloridreaktion durch α-Monosubstitution tritt auch dann nicht ein, wenn die charakteristische Struktur eines α-monosubstituierten β-Ketocarbonsäureesters zweimal in der Molekel enthalten ist, wie beim Succinylobernsteinsäureester oder beim 3,4-Diketofuran-2,5-dicarbonsäureester, die mit Eisenchlorid ein blaustichiges Bordeauxrot geben. Im folgenden Diagramm V sind die Extinktionskurven dieser Färbungen wiederum in Vergleich gestellt zur Extinktionskurve des Acetessigesters:

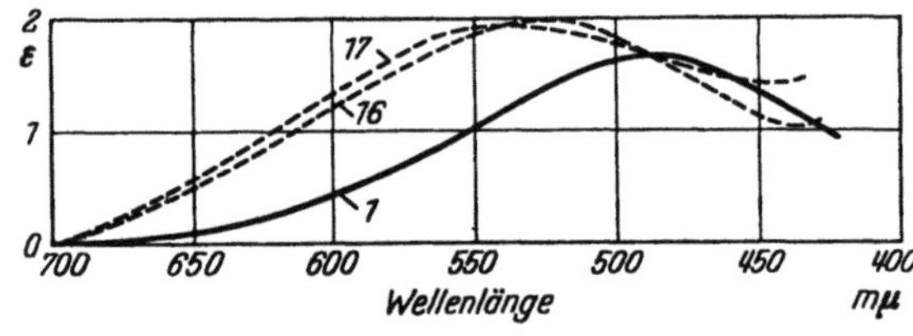

Diagramm V

Nr.	Substanz	Max.	Min.
16	Succinylo-bernsteinsäureester	525 mμ	440 mμ
17	Diketofuran-dicarbonsäureester	530 mμ	440 mμ

Dabei erscheint besonders bemerkenswert, daß auch bei diesem Verbindungspaar diejenige Verbindung die stärkste Rotverschiebung des Extinktionsmaximums zeigt, die zu aromatischer Mesomerie fähig ist, nämlich der Diketofuran-dicarbonsäureester:

Ersetzt man im Acetessigester die Carbäthoxy-Gruppe durch einen Rest höherer Elektromeriefähigkeit wie die Acetylgruppe, so gelangt man im Acetylaceton zu einer Substanz, die im Gegensatz zur blaustichig-weinroten Färbung der Eisenchloridreaktion des Acetessigesters nunmehr sowohl in wäßriger als auch in alkoholischer Lösung eine charakteristische *gelbstichig-rote* Färbung gibt, die bei allen Substanzen der allgemeinen Zusammensetzung VIII wiederkehrt:

$$\text{VIII} \quad \text{R—CO—CH}_2\text{—CO—R}'$$

Durch diesen Übergang von der Reihe der β-Ketocarbonsäureester zu der der β-Diketone tritt daher eine Blauverschiebung des Extinktionsmaximums der Eisenchloridreaktion ein, wie folgende Messungen zeigen:

Nr.	Substanz	Max.
1	Acetessigester	490 mμ
18	Acetylaceton	470 mμ

Innerhalb der Reihe der β-Diketone ruft α-Monosubstitution die gleiche Rotverschiebung des Extinktionsmaximums der Farbe der Eisenchloridreaktion hervor, wie sie in der Reihe der β-Ketoester gefunden wird: α-monosubstituierte β-Diketone geben mit Eisenchlorid ein *blaustichiges kräftiges Weinrot*[4]. Die Aufnahme der Extinktionskurven dieser Färbungen ergab ähnliche Verhältnisse wie bei den β-Ketocarbonsäureestern. Im nachfolgenden Diagramm VI sind die Extinktionskurven folgender β-Diketone dargestellt:

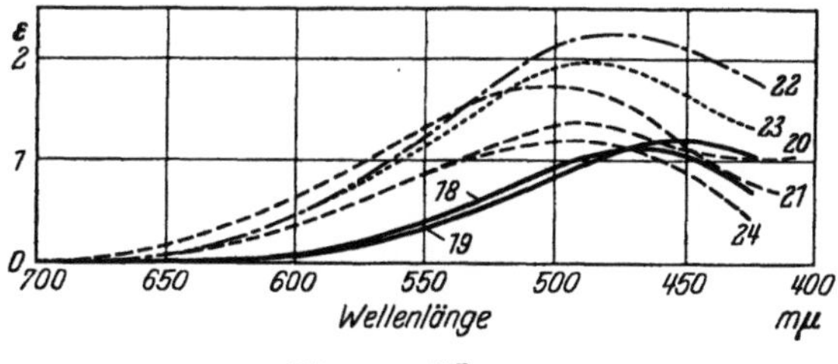

Diagramm VI

Deutlich erkennbar ist also auch hier bei den β-Diketonen die Rotverschiebung des Extinktionsmaximums der Eisenchloridreaktion durch die α-Monosubstitution; teilweise, wie beim α-n-Butyl-acetylaceton, ist auch das Minimum im Bereich der kürzeren Wellen feststellbar. Substituenten wie die Acetoxy- oder β-Acetoxyäthylgruppe

---

[4] MORGAN, G. T., u. H. D. K. DREW: J. chem. Soc. London **125**, 746 (1924).

Nr.	Substanz	Max.	Min
18	Acetylaceton	470 mμ	—
19	γ-Äthoxy-acetylaceton	455 mμ	—
20	α-n-Butyl-acetylaceton	485 mμ	420 mμ
21	α-Benzyl-acetylaceton	495—500 mμ	—
22	α-(β-Acetoxyäthyl)-acetylaceton	475—480 mμ	—
23	α-Acetoxy-acetylaceton	485 mμ	—
24	α-Chlor-acetylaceton	500 mμ	—

bedingen auch hier wie bei den β-Ketocarbonsäureestern eine etwas
weniger ausgeprägte Verschiebung des Maximums; visuell ist jedoch
der Unterschied in der Farbe der Reaktion einwandfrei erkennbar.
Ähnlich wie beim Acetessigester gibt auch beim Acetylaceton die
α-Chlorverbindung eine kräftige Rotverschiebung des Maximums der
Extinktion, so daß der Farbunterschied beider Stoffe hier besonders
ausgeprägt ist.

Da nun einerseits das Extinktionsmaximum der Eisenchloridreak-
tion der β-Diketone bei kürzeren Wellen liegt als bei den β-Ketocarbon-
säureestern, dieses Maximum aber andrerseits durch α-Monosubstitu-
tion nach längeren Wellen hin verschoben wird, so ist leicht einzusehen,
daß die Farbe der Eisenchloridreaktion α-monosubstituierter β-Dike-
tone nahezu übereinstimmt mit der Farbe der Reaktion unsubstituierter
β-Ketocarbonsäureester. Dies zeigt besonders gut das folgende Diagramm VII, in dem zum Vergleich die Extinktionskurven des Acetessigesters (1) und des α-n-Butyl-acetylacetons (20) aufgetragen sind:

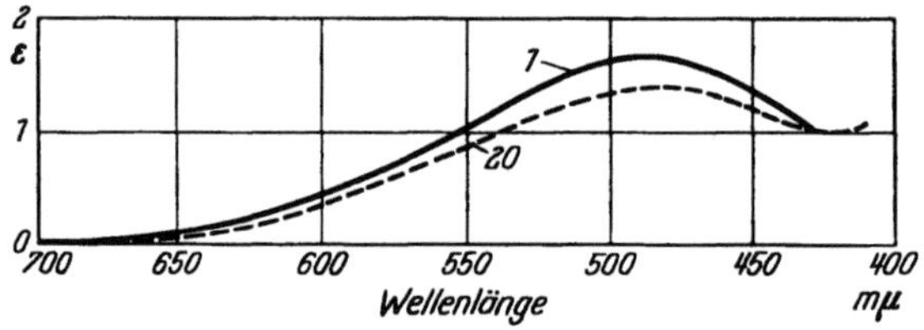

Diagramm VII

Trotzdem die Maxima beider Kurven bei nahezu der gleichen Wel-
lenlänge liegen, ist der Farbunterschied dennoch deutlich erkennbar,
da die α-monosubstituierten β-Diketone ein deutlich blaustichiges Weinrot geben, zum Unterschied von den β-Ketocarbonsäureestern, die ein
reines Weinrot geben, bei dem eine Verfärbung nach Blau nur eben
angedeutet ist.

Die Regel der Rotverschiebung des Extinktionsmaximums der
Eisenchloridreaktion durch α-Monosubstitution gilt nun ganz allgemein
bei allen β-Dicarbonylverbindungen. Ist beispielsweise in Formel VIII
R' = Carboxalkyl, so kommt man zur Reihe der Keton-oxalester. Der
einfachste Vertreter dieser Reihe, der Aceton-oxalester, gibt eine
Eisenchloridreaktion, die von der des Acetylacetons nicht zu unterscheiden ist, während der als α-monosubstituiertes cyclisches Derivat
eines Keton-oxalesters aufzufassende Cyclohexanon-(1)-oxalester-(2)

die zu erwartende blaustichig-weinrote Reaktion erkennen läßt (Diagramm VIII):

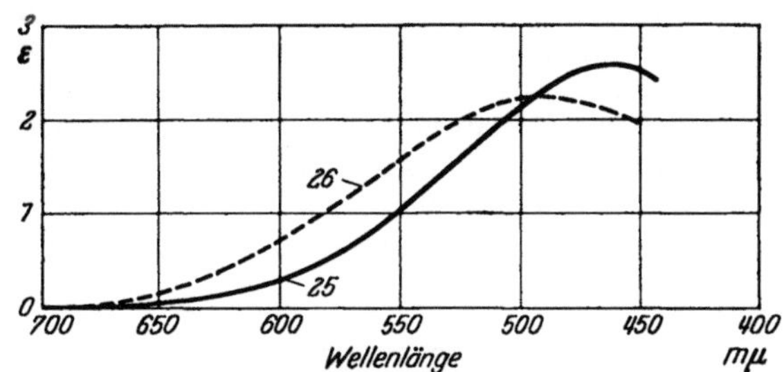

Diagramm VIII

Nr.	Substanz	Max.
25	Aceton-oxalester	465 mμ
26	Cyclohexanon-(1)-oxalester-(2)	490 mμ

Ganz analog liegen die Verhältnisse in der mit dem Oxal-essigester beginnenden Reihe, der selbst eine Eisenchloridreaktion gibt, die außerordentlich ähnlich derjenigen des Acetylacetons ist; α-Methyl-oxalessigester (= „Oxalpropionsäureester") liefert daher als α-monosubstituierter Oxalessigester mit Eisenchlorid ein blaustichiges Weinrot. Dies veranschaulicht folgendes Diagramm IX der Extinktionskurven der Eisenchloridreaktion der beiden genannten Verbindungen:

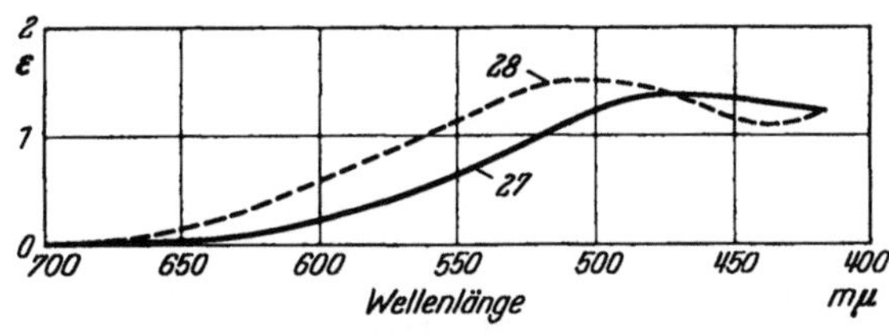

Diagramm IX

Nr.	Substanz	Max.	Min.
27	Oxalessigester	470 mμ	—
28	α-Methyl-oxalessigester	505 mμ	435—440 mμ

Selbst das bei α-Monoderivaten zumeist zu beobachtende Extinktionsminimum bei kürzeren Wellen ist beim α-Methyl-oxalessigester deutlich erkennbar; die Eisenchloridreaktion dieser Verbindung ist von der eines α-Alkyl-acetylacetons kaum zu unterscheiden.

Es wurde gezeigt, daß die Regel der Rotverschiebung des Extinktionsmaximums der Farbe der Eisenchloridreaktion der β-Dicarbonylverbindungen durch α-Monosubstitution weitgehend unabhängig ist von der Natur dieses Substituenten. Substituiert man nun aber in α-Stellung mit einem solchen Substituenten, der selbst elektromer und

protonlockernd wirken kann, d. h. eine Acyl-, Aroyl- oder Carboxalkyl-
gruppe, so ändert sich nunmehr die Farbe der Eisenchloridreaktion
ebenfalls in charakteristischer Weise, und zwar gerade in umgekehrter
Richtung als durch „neutrale" Substituenten: so geht die weinrote
Farbe der Reaktion der β-Ketocarbonsäureester bei Substitution durch
eine solche acidifizierende Gruppe in ein kräftiges *rotstichiges Gelb* über.
Das Maximum der Extinktionskurven dieser Färbungen verschiebt
sich daher nach kürzeren Wellen, wie die im folgenden Diagramm
X dargestellten Kurven des Acetessigesters und des α-n-Butyryl-acet-
essigesters (29) zeigen:

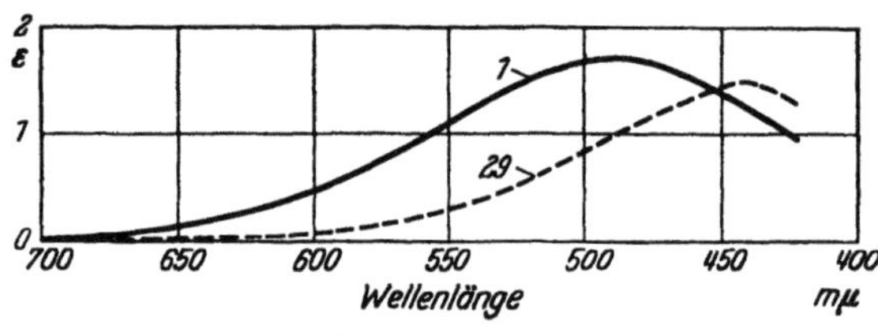

Diagramm X

α-Monosubstitution einer β-Dicarbonylverbindung durch einen elektromer oder acidifizierend wirkenden Rest erzeugt daher eine Blauverschiebung des Extinktionsmaximums der Eisenchloridreaktion, eine
Erscheinung, die, wie bereits gezeigt wurde, schon dann eintritt, wenn
eine Carbonylgruppe der β-Dicarbonylverbindung durch einen Rest
höherer Elektromeriefähigkeit ersetzt wird (Übergang β-Ketocarbon-
säureester $\rightarrow$ β-Diketone).

Ähnlich wie eine Acyl- oder Aroylgruppe wirkt naturgemäß auch die
Cyangruppe: α-Cyan-acetessigester gibt mit Eisenchlorid Rotgelbfärbung.

Theoretisch besonders bemerkenswert ist, daß auch die nicht elektromeriefähige, jedoch sehr stark acidifizierend wirkende SO_2-Gruppe
analog wirkt: während der 3-Oxy-thionaphthen-2-carbonsäureester IX
mit Eisenchlorid die erwartete Blaufärbung zeigt, gibt der entsprechende
3-Oxy-thionaphthensulfon-2-carbonsäureester X

mit Eisenchlorid Rotfärbung[5].

Die geschilderten Regelmäßigkeiten der Eisenchloridreaktion der β-Dicarbonyl-
verbindungen stellen ein wertvolles Hilfsmittel dar, einmal rein präparativ zur
Prüfung der Reinheit der dargestellten Substanzen und zum andern zur Ermitt-
lung der Konstitution neuer Verbindungen. Hierfür einige Beispiele:

a) Substituiert man einen β-Ketocarbonsäureester oder ein β-Diketon durch
einen niedermolekularen Rest, wie eine Methyl- oder Äthylgruppe, so ist es oft
schwierig, durch fraktionierte Destillation lediglich unter Beachtung der Siede-
punkte ein Produkt zu erhalten, das frei ist vom Ausgangsmaterial. Durch Er-
mittlung der Farbe der Eisenchloridreaktion der einzelnen Fraktionen, die mit

wenigen Tropfen der Destillate durchführbar sind, ist es unschwer möglich, zu erkennen, welche Fraktionen frei sind vom Ausgangsmaterial. Eine Beimischung der disubstituierten Verbindung ist auf diese Weise natürlich nicht feststellbar[6].

b) Stellt man sich einen β-Ketocarbonsäureester durch partielle Spaltung eines Acyl-acetessigesters her nach dem Schema:

$$\underset{\text{R—CO—CH—COOC}_2\text{H}_5}{\overset{\text{CO—CH}_3}{|}} \xrightarrow{+\ \text{H}_2\text{O}} \text{R—CO—CH}_2\text{—COOC}_2\text{H}_5 + \text{CH}_3\text{—COOH}$$

so macht es oft Schwierigkeiten, aus dem anfallenden Rohprodukt die letzten Reste nicht gespaltenen Ausgangsmaterials durch fraktionierte Destillation zu entfernen. Da nun Acyl-acetessigester stärker sauer sind als der entstandene Acyl-essigester, kann man das Rohdestillat dadurch vom Ausgangsmaterial reinigen, daß man es in ätherischer Lösung so lange vorsichtig mit kleinen Mengen verdünnter Lauge schüttelt, bis die gelbrote Eisenchloridreaktion des Ausgangsmaterials verschwunden ist und die reine schwach blaustichig-weinrote Reaktion der β-Ketocarbonsäureester erscheint[7].

Dieses Beispiel zeigt darüber hinaus ganz allgemein, daß bei Ausführung der Eisenchloridreaktion mit einem Gemisch von β-Dicarbonylverbindungen verschiedener Acidität die Farbreaktion der am stärksten sauren Verbindung erscheint.

c) Kondensiert man einen Ester mit einem unsymmetrischen Keton nach CLAISEN, so können zwei Isomere entstehen, deren Konstitution durch ihre Eisenchloridreaktion einwandfrei festgelegt werden kann:

$$\text{CH}_3\text{—CO—CH}_2\text{—R} + \text{R}'\text{—COOCH}_3 <\begin{matrix} \text{R}'\text{—CO—CH}_2\text{—CO—CH}_2\text{—R} \quad \text{XI} \\[1em] \underset{\underset{\text{R}}{|}}{\text{CH}_3\text{—CO—CH—CO—R}'} \quad \text{XII} \end{matrix}$$

Produkt XI wird eine gelbrote, Produkt XII eine blaustichig-weinrote Eisenchloridreaktion geben. Zumeist entstehen in diesen Fällen Gemische, in denen das Isomere mit der höheren Enolisierungstendenz bei weitem überwiegt.

Ganz allgemein leistet die Eisenchloridreaktion hervorragende Dienste bei der Unterscheidung α- und γ-substituierter Derivate von β-Dicarbonylverbindungen. Durch einige Übung ist es leicht zu erreichen, die folgenden vier Typen durch die Eisenchloridreaktion zu unterscheiden:

1) $\text{R} \cdot \text{CO} \cdot \text{CH}_2 \cdot \text{COOR}$ 3) $\text{R} \cdot \text{CO} \cdot \text{CH}_2 \cdot \text{CO} \cdot \text{R}$

2) $\text{R} \cdot \text{CO} \cdot \underset{\underset{\text{R}}{|}}{\text{CH}} \cdot \text{COOR}$ 4) $\text{R} \cdot \text{CO} \cdot \underset{\underset{\text{R}}{|}}{\text{CH}} \cdot \text{CO} \cdot \text{R} \,.$

Schließlich darf nicht unerwähnt bleiben, daß, soweit bis jetzt beobachtet, bei basisch substituierten β-Ketocarbonsäureestern Ausnahmen von der geschilderten Regel festgestellt wurden: während der α-(β-Diäthylaminoäthyl)-acetessigester XIII noch die zu erwartende violette Eisenchloridreaktion in neutraler Lösung gibt, zeigt der cyclische N-Methyl-piperidon-(4)-carbonsäureester-(3) XIV sowohl in alkalischer als auch in neutraler Lösung mit Eisenchlorid eine weinrote Färbung.

---

[6] Zur Vermeidung der Bildung disubstituierter Verbindungen vgl. H. LEUCHS: B. **44**, 1510 (1911).

[7] HENECKA, H.: B. **81**, 196 (1948).

$$\text{XIII} \quad \underset{\overset{|}{CH_2 \cdot CH_2 \cdot N(C_2H_5)_2}}{CH_3 \cdot CO \cdot CH \cdot COOC_2H_5}$$

Die geschilderte Regel der Rotverschiebung des Extinktionsmaximums der Eisenchloridreaktion der β-Dicarbonylverbindungen durch α-Monosubstitution erinnert einmal an die bei UV-Absorptionsmessungen einfacher Ketone gefundene Regel, „daß mit Anhäufung von Methyl in der Nähe des Carbonyls sich das Maximum nach längeren Wellen hin verschiebt"[8]. Zum andern scheint damit die allgemeine Regel in Zusammenhang zu stehen, daß die Substitution eines H-Atoms einer Äthylendoppelbindung eine Verschiebung der Hauptabsorption in das langwelligere Gebiet bewirkt[9].

3. Cis-trans-Isomerie der Enole.

Die Umlagerung einer β-Dicarbonylverbindung in die zugehörige Enolform ist zwangsläufig verknüpft mit der Entstehung einer Äthylendoppelbindung. Bei den so entstehenden Äthylenderivaten ist daher mit dem Auftreten von *cis-trans*-Isomerie zu rechnen, da mit alleiniger Ausnahme der Acyl-malonester die an den beiden Äthylen-kohlenstoffatomen haftenden Substituenten ungleichartig sind:

$$\text{I} \quad \underset{R \ —C—OH}{\overset{R'—C—CO \cdot R''}{\|}} \qquad \underset{R—C—OH}{\overset{R'' \cdot CO—C—R'}{\|}} \quad \text{II}$$
$$\qquad\qquad cis \qquad\qquad\qquad trans$$

Dabei bezeichnet man diejenige Form mit Nachbarstellung der O-haltigen, die Eisenchloridreaktion bedingenden Gruppen als *cis-Form*, die mit entgegengesetzter Lage der Gruppen als *trans-Form*.

Tatsächlich sind auch bisher eine, wenn auch nur beschränkte Anzahl solcher *cis-trans*-Isomerenpaare aufgefunden worden: so erkannte W. Dieckmann[10] die beiden zunächst als Keto-Enol-Tautomere betrachteten Formen des Formyl-phenylessigesters als *cis-trans*-Isomere im Sinne folgender Formeln:

$$\text{III} \quad \underset{H—C—OH}{\overset{C_6H_5—C—COOC_2H_5}{\|}} \qquad \underset{HO—C—H}{\overset{C_6H_5—C—COOC_2H_5}{\|}} \quad \text{IV}$$
$$\qquad \alpha\text{-}Ester;\ flüssig \qquad\qquad \gamma\text{-}Ester;\ F.\ 110°.$$

auf Grund der Tatsachen, daß sich einerseits beide Formen nach der Enol-Bestimmungsmethode K. H. Meyers[11] als nahezu völlig enolisiert erweisen, während andrerseits nur der flüssige α-Ester mit Eisenchlorid die Blaufärbung α-monosubstituierter β-Ketocarbonsäureester gibt. Hieraus ergibt sich zwangsläufig die stereochemische Zuordnung

---

[8] Vgl. W. Hückel: Theoretische Grundlagen der organischen Chemie. 4. Aufl. Bd. II, 159 (1943); dort weitere Literaturangaben.

[9] Dimroth, K.: Z. angew. Chem. **52**, 546 (1939).

[10] B. **50**, 1375 (1917); s. a. Wislicenus: A. **413**, 222 (1917).

[11] A. **380**, 212 (1911).

des α-Esters als *cis*- und des γ-Esters als *trans*-Form. Bereits unter dem katalytischen Einfluß des Alkalis des Glases geht die *trans*-Form beim Schmelzen unter Zwischenbildung der Keto-form in die *cis*-Form über. Während die stereochemische Reinheit der krystallisierten *trans*-Verbindung außer Zweifel steht, kann der flüssige α-Ester ein Gemisch der *cis*- und *trans*-Form darstellen, da die positive $FeCl_3$-Reaktion des α-Esters nichts über die im α-Ester herrschende Konzentration der *cis*-Verbindung aussagt.

Von den fünf möglichen Mono- bzw. Di-enolformen des Diacetbernsteinsäureesters isolierten L. KNORR und H. P. KAUFMANN[12] ein als *cis*-Enol-Ketoverbindung und als *trans*-Enol-Ketoverbindung bezeichnetes Isomerenpaar:

$$\text{V} \quad \begin{array}{c} CH_3\!-\!C\!-\!OH \\ \| \\ CH_3COCH\!-\!C\!-\!COOC_2H_5 \\ | \\ COOC_2H_5 \end{array} \qquad \begin{array}{c} HO\!-\!C\!-\!CH_3 \\ \| \\ CH_3COCH\!-\!C\!-\!COOC_2H_5 \\ | \\ COOC_2H_5 \end{array} \quad \text{VI}$$

Setzt man die durch die Zwischenbildung der Ketoform bedingte leichte Umwandelbarkeit der Formen ineinander durch O-Acylierung oder Alkylierung herab, so erhält man etwas leichter die nunmehr stabileren Äthylen-isomere. So gelingt es, den O-Benzoyl-formylessigester als Isomerenpaar vom F. 35° bzw. 5° zu isolieren[13]; WISLICENUS[14] beschrieb das *cis-trans*-Isomerenpaar des O-Benzoyl-α-phenyl-formylessigesters. Aber nicht immer ist die Zuordnung der erhaltenen Isomeren als *cis-trans*-Verbindungen absolut sicher. So erhielt CLAISEN[15] aus Benzoyl-acetylaceton durch Benzoylieren bei Gegenwart von Kaliumcarbonat ein bei 102—103° schmelzendes O-Benzoyl-benzoyl-acetylaceton, während bei Gegenwart von Pyridin eine labile, bei 67° schmelzende Modifikation entsteht, die sich beim Erhitzen leicht in das höher schmelzende Isomere umwandelt. CLAISEN faßte beide Formen als *cis-trans*-Isomere im Sinne folgender Formeln auf:

$$\text{VII} \quad \begin{array}{c} CH_3\!-\!C\!-\!O\cdot CO\cdot C_6H_5 \\ \| \\ CH_3\cdot CO\!-\!C\!-\!CO\cdot C_6H_5 \end{array} \quad \text{bzw.} \quad \begin{array}{c} CH_3\!-\!C\!-\!O\cdot CO\cdot C_6H_5 \\ \| \\ C_6H_5\cdot CO\!-\!C\!-\!CO\cdot CH_3 \end{array} \quad \text{VIII}$$

Da nun bei Äthylen-isomerenpaaren eine gegenseitige Umwandelbarkeit zwar gewöhnlich auch nur in einer Richtung, aber durchaus nicht so leicht und dazu oft nur unter dem Einfluß von Katalysatoren stattfindet, so ist man geneigt, anzunehmen, daß es sich bei diesem Isomerenpaar überhaupt nicht um Stereoisomerie handelt, sondern daß hier Struktur-isomere im Sinne folgender Formeln IX und X vorliegen:

$$\text{IX} \quad \begin{array}{c} C_6H_5\cdot CO \quad O\cdot CO\cdot C_6H_5 \\ | \quad\quad | \\ CH_3\cdot CO\cdot C\!=\!C\!-\!CH_3 \\ \text{F. 67°} \end{array} \qquad \begin{array}{c} C_6H_5\!-\!C\!-\!O\cdot CO\cdot C_6H_5 \\ \| \\ CH_3 CO\!-\!C\!-\!CO\cdot CH_3 \\ \text{F. 102—103°.} \end{array} \quad \text{X}$$

---

[12] B. **55**, 232 (1922).

[13] CLAISEN: B. **25**, 1785 (1892); A. **277**, 188 (1893). — PECHMANN, H. v.: B. **25**, 1048 (1892). — WISLICENUS: A. **316**, 26, 334 (1901).

[14] A. **312**, 38 (1900); **316**, 334 (1901).

[15] A. **521**, 107 (1936).

Die leichte Umlagerung des bei 67° schmelzenden Isomeren IX in die
stabile höherschmelzende Form X würde dann nach einem ähnlichen
Mechanismus erfolgen wie die „Umlagerung" von O-Acetyl- in C-Acetyl-
acetessigester, was die Anwesenheit einer sehr geringen Menge Benzoyl-
acetyl-aceton in der 67°-Modifikation anzunehmen zwingt, die durch die
O-Benzoylverbindung IX nunmehr in der Benzoylgruppe zu X O-ben-
zoyliert wird, während das aus IX regenerierte Benzoyl-acetyl-aceton
nach desmotroper Umlagerung über die Ketoform in die in der Benzoylgruppe enolisierte Form durch weiteres IX nunmehr ebenfalls in X
übergeführt wird, bis auf diese Weise alles IX in X übergegangen ist:

$$
\begin{array}{cccc}
C_6H_5 \cdot CO \; O \cdot CO \cdot C_6H_5 & & HO\!-\!\overset{\|}{C}\!-\!C_6H_5 & C_6H_5 \cdot CO \cdot O\!-\!\overset{\|}{C}\!-\!C_6H_5 \\
\mid \quad \mid & + & & + \\
CH_3 \cdot CO\!-\!C\!=\!C\!-\!CH_3 & & CH_3 \cdot CO\!-\!C\!-\!CO \cdot CH_3 & \to \quad CH_3 \cdot CO\!-\!C\!-\!CO \cdot CH_3 \\
\text{IX} & & & \text{X}
\end{array}
$$

$$
\begin{array}{ccccc}
C_6H_5 \cdot CO\;OH & & C_6H_5 \cdot CO & & C_6H_5\!-\!\overset{\|}{C}\!-\!OH \\
\mid \quad \mid & \rightleftharpoons & \mid & \rightleftharpoons & \\
CH_3 \cdot CO\!-\!C\!=\!C\!-\!CH_3 & & CH_3 \cdot CO\!-\!CH\!-\!CO \cdot CH_3 & & CH_3 \cdot CO\!-\!C\!-\!CO \cdot CH_3.
\end{array}
$$

Die Modifikation X wurde deswegen als die stabile Form angespro-
chen, weil die Enolisierung nach der Benzoylgruppe ihres höheren elektromeren Effekts wegen wahrscheinlich leichter eintritt, als die Enolisierung einer Acetylgruppe und die in der Benzoylgruppe O-benzoylierte
Form X daher wahrscheinlich stabiler ist als IX.

CH. DUFRAISSE und A. GILLET[16] gelang die Isolierung der beiden *cis-
trans*-isomeren Enol-methyläther des Dibenzoylmethans, während
F. ARNDT, H. SCHOLZ und E. FROBEL[17] durch Methylieren von α-Cyan-
acetessigsäuremethylester mittels Diazomethan zwei stereomere Enoläther vom F. 76° bzw. 97° erhielten:

$$
\begin{array}{ccc}
& CH_3\!-\!\overset{}{C}\!-\!OCH_3 & CH_3O\!-\!\overset{}{C}\!-\!CH_3 \\
\text{XI} & \| \qquad\qquad \text{bzw.} & \| \qquad\qquad \text{XII} \\
& NC\!-\!C\!-\!COOCH_3 & NC\!-\!C\!-\!COOCH_3
\end{array}
$$

In diesem Falle scheint tatsächlich reine Stereo-isomerie vorzuliegen,
da die Umwandlung der Form vom F. 76° in diejenige vom F. 97° erst
nach zwei- bis dreistündigem Erhitzen auf 130—135° eintritt.

Daß die Zahl der bekanntgewordenen Fälle von wirklicher Stereo-
isomerie bei Enolen von β-Dicarbonylverbindungen so gering ist, ist
wohl einmal darauf zurückzuführen, daß diese Verbindungen normalerweise bei gewöhnlicher Temperatur flüssig sind und sich aus dem Gemisch der drei Stoffe — *cis*-Enol, *trans*-Enol, Keton — nur in Ausnahme-
fällen eine Form rein abscheidet. Zum andern ist dies aber auch darauf
zurückzuführen, daß gewöhnlich eines der beiden Isomeren konstitutionsbedingt stark überwiegt, so daß, wenn krystalline Abscheidung eintritt, gewöhnlich nur eines der beiden Isomeren rein erhalten wird, über
dessen Enolnatur und stereochemische Zuordnung Enoltitration und
Eisenchloridreaktion entscheiden, falls auch hier nicht wie bei dem krystallin abscheidbaren Enol des Acetyl-dibenzoylmethans, eine solche

---

[16] C. r. Acad. Sci. **183**, 746 (1926).
[17] A. **291**, 25 (1896).

Zuordnung unmöglich ist, da *beide* sterisch möglichen Isomeren Eisenchloridreaktionen geben müssen:

$$\text{XIII} \quad \begin{array}{c} C_6H_5\!-\!C\!-\!OH \\ \| \\ C_6H_5\cdot CO\!-\!C\!-\!CO\cdot CH_3 \end{array} \quad \text{bzw.} \quad \begin{array}{c} C_6H_5\!-\!C\!-\!OH \\ \| \\ CH_3\cdot CO\!-\!C\!-\!CO\cdot C_6H_5 \end{array} \quad \text{XIV}$$

Wenn es daher nur selten gelingt, die beiden stereomeren Formen der Enole in Substanz zu isolieren, so ist es dennoch möglich, ähnlich wie W. DIECKMANN[10] es beim Formyl-phenyl-essigester tat, nachzuweisen, daß in gewissen β-Dicarbonylverbindungen, die *keine* Eisenchloridreaktion mehr geben, dennoch *trans*-Enol im Gleichgewicht vorhanden ist.

Substituiert man einen β-Ketocarbonsäureester oder ein β-Diketon mit einem solchen Rest, in dem das verknüpfende C-Atom den Ausgangspunkt einer Verzweigung der Kette des Substituenten darstellt, wie im einfachsten Falle bei der Isopropylgruppe, so erhält man Derivate, die keine Eisenchloridreaktion mehr geben. Solche Verbindungen sind nun durchaus nicht immer als reine, nicht enolisationsfähige Ketoverbindungen anzusprechen, wie man zunächst aus dem Ausbleiben der $FeCl_3$-Reaktion schließen könnte, da die Bestimmung des Enolgehalts solcher Verbindungen nach K. H. MEYER ergab, daß diese Substanzen z. T. in hohem Maße enolisiert sind. Es wurden z. B. folgende Werte gefunden[18]:

<pre>
α-Isopropyl-acetessigester . . . . 1,0% Enol
α-Isopropyl-benzoylessigester . . . . . 2,5% Enol
α-Isopropyl-acetylaceton . . . . .13,9% Enol
</pre>

Da diese Werte nach der K. H. MEYERschen Rücktitrationsmethode[19] erhalten wurden, die bei α-monosubstituierten β-Dicarbonylverbindungen zumeist etwas zu niedrige Werte ergibt, stellen diese Zahlen Mindestwerte dar; wegen der raschen Durchführbarkeit der Rücktitrationsmethode ist dabei sicher, daß während der Bestimmung keine Nachenolisation stattgefunden hat.

Zunächst zeigen die ermittelten Werte, daß die Enolisierungstendenz bei den α-Isopropyl-β-dicarbonylverbindungen im allgemeinen noch geringer ist, als bei den durch unverzweigte Reste substituierten Verbindungen[20]; Verzweigung des α-Substituenten bewirkt also starke Erhöhung des prototropen Arbeitsaufwands und Verringerung des elektromeren Effekts. Durch die Feststellung der Enolwerte ist der exakte Nachweis erbracht, daß in diesen Verbindungen, die keine Eisenchloridreaktion mehr geben, die Keto-form im Gleichgewicht steht mit der *trans*-Form des Enols.

Bereits HANTZSCH[21] hatte nun festgestellt, daß Eisenchlorid die Enolisation begünstigt: versetzt man eine verdünnte wäßrige Lösung von Acetessigester mit Eisenchlorid, so tritt zunächst keine Reaktion ein; beim Stehen entwickelt sich aber dann allmählich die dem Acetessigester

---

[18] HENECKA, H.: B. **81**, 192 (1948). S. a. Fußnote 20.

[19] B. **44**, 2720 (1911).

[20] Vgl. z. B. K. H. MEYER: A. **380**, 241 (1911); B. **45**, 2850 (1912); s. a. A.B. NESS u. S. M. McELVAIN: J. Amer. chem. Soc. **60**, 2213 (1938).

[21] B. **43**, 3068 1910.

charakteristische Färbung mit Eisenchlorid. Dieses Verhalten ist darauf zurückzuführen, daß in der verdünnten Lösung anfangs so wenig *cis*-Enol enthalten ist, daß die Konzentration des entstehenden Komplexsalzes nicht ausreicht, um die Lösung sichtbar zu färben. Durch die Komplexbildung wird nun aber die zuvor vorhandene geringe Menge *cis*-Enol aus dem Gleichgewicht entfernt, wodurch die stete Neubildung der Gleichgewichtsmenge *cis*-Enol aus der Ketoverbindung hervorgerufen wird; die Konzentration der Komplexverbindung steigt dadurch immer mehr an, bis schließlich Konzentrationen erreicht werden, die ausreichen, die Lösung sichtbar zu färben.

Daß dieses allmähliche Sichtbarwerden der Farbe des komplexen Eisen-Enolats nicht darauf zurückzuführen ist, daß die Komplexverbindung sich nur langsam aus bereits in genügender Menge vorhandenem Enol und Eisenchlorid bildet, hat K. H. MEYER[22] bewiesen durch den Nachweis, daß die Enolisierung auch bei Anwesenheit von Eisenchlorid als monomolekulare Reaktion verläuft, deren Geschwindigkeit von der Konzentration des Eisenchlorids unabhängig ist. Während die Geschwindigkeitskonstante der Enolisierung in wäßriger Lösung zu $k_2 = 0{,}010$ gefunden wurde, steigt der Wert bei Anwesenheit von Eisenchlorid auf im Mittel 0,013 an. Die bimolekulare Reaktion der Komplexbildung verläuft also sehr rasch.

Ein der verdünnten Lösung von Acetessigester ähnliches Verhalten zeigt nun auch das interessante α-Isopropyl-acetylaceton: beim Versetzen einer Lösung der frisch destillierten Substanz in den bei Ausführung der Reaktion üblichen Konzentrationen mit Eisenchlorid entsteht zunächst keine Färbung, wie dies bereits G. T. MORGAN und H. D. K. DREW[23] beobachtet hatten; nach einigen Minuten tritt dann zunächst schwache Rotfärbung ein, die sich allmählich vertieft und innerhalb etwa 10—15 min voll zur charakteristischen Farbreaktion der α-monosubstituierten β-Diketone entwickelt. Dies Verhalten ist so zu deuten, daß in der ursprünglichen Enolmenge von 13,9% neben viel *trans*-Enol zunächst nur äußerst wenig *cis*-Enol enthalten ist, das sich dann nach Eisenchloridzusatz aus der Ketoverbindung zwangsläufig nachbildet, so daß auch hier in der beim Acetessigester geschilderten Weise allmählich sichtbar färbende Konzentrationen der Komplexverbindung erreicht werden.

Dieses Verhalten zeigt, wie erwähnt, die frisch destillierte Verbindung; bei älteren Präparaten hingegen tritt die Eisenchloridreaktion sofort ein. Das bedeutet, daß die Einstellung des stabilen Endgleichgewichts beim α-Isopropyl-acetylaceton ohne äußere Einflüsse nur langsam vonstatten geht und daß nach Erreichen des wirklichen Gleichgewichts eine zur Farberzeugung hinreichende Menge des *cis*-Enols sich eingestellt hat. Durchaus möglich erscheint jedoch, daß die allmähliche Vergrößerung der Konzentration des *cis*-Enols begünstigt oder gar ausgelöst wird durch den geringen Alkaligehalt gewöhnlichen Glases.

---

[22] A. **380**, 236 (1911).
[23] J. chem. Soc. London **125**, 759 (1924).

Bei den α-Isopropyl-β-ketocarbonsäureestern konnte ein ähnliches Verhalten nicht festgestellt wrden; auch nach längerem Stehen tritt bei diesen Verbindungen Eisenchloridreaktion nicht ein. Das bedeutet, daß die bei den α-Isopropyl-β-ketocarbonsäureestern festgestellte Enolmenge *nur trans*-Enol ist; eine Tendenz zur *cis*-Enolisierung ist daher bei diesen Substanzen überhaupt nicht mehr vorhanden.

Zu α-monosubstituierten β-Dicarbonylverbindungen, die im Gleichgewicht vornehmlich nur *trans*-Enole enthalten, kann man nun außer durch Verzweigung des α-ständigen Substituenten auch durch Verzweigung des γ-ständigen Radikals gelangen[24]. Während so z. B. der α-n-Butyl-acetessigester (gef. 2,3% Enol) mit Eisenchlorid sofort die blauviolette Reaktion gibt und demnach im Gleichgewicht eine zur augenblicklichen Erzeugung der Färbung hinreichende Menge *cis*-Enol enthält, ähnelt der α-n-Butyl-γ-diäthylacetessigester XV

$$\text{XV} \quad \begin{matrix} C_2H_5 \\ \diagdown \\ C_2H_5 \diagup \end{matrix} CH \cdot CO \cdot \underset{\underset{C_4H_9\,(n)}{|}}{CH} \cdot COOC_2H_5 \qquad \begin{matrix} H_3C \\ H_3C \\ H_3C \diagup \end{matrix}\!\!\!>\!C \cdot CO \cdot \underset{\underset{C_4H_9\,(n)}{|}}{CH} \cdot COOC_2H_5 \quad \text{XVI}$$

im Verhalten gegenüber Eisenchlorid dem α-Isopropyl-acetylaceton: nach Zusatz des Eisenchlorids tritt zunächst keine Reaktion ein; die charakteristische blauviolette Reaktion entwickelt sich jedoch nach kurzem Stehen. Der Enolgehalt dieser Verbindung besteht daher zum größten Teil aus *trans*-Enol (gef. 2,5% Enol); dennoch bleibt auch hier noch eine sehr geringe *cis*-Enolisierungstendenz, die genügt, die Färbung allmählich zu entwickeln.

Geht man noch einen Schritt weiter zum α-n-Butyl-tert.-valerylessigester XVI, so erhält man hiermit eine Substanz, die überhaupt keine Enolisierungstendenz mehr besitzt: die Substanz ist praktisch reines Keton (gef. 0,2—0,4% Enol), das auch nach längerem Stehen mit Eisenchlorid keine Farbreaktion mehr gibt.

Einen ähnlichen Einfluß hat eine γ-ständige Phenylgruppe, die dazu noch außerdem die Enolisierungsgeschwindigkeit bedeutend herabsetzt: der α-n-Butyl-benzoylessigester zeigt einen Enolgehalt von nur 1,2%. Führt man die Eisenchloridreaktion hiermit wie üblich derart aus, daß man einen Tropfen Substanz in etwa 2—3 cm³ Methanol mit einem Tropfen 1%-iger methanolischer Eisenchloridlösung versetzt, so tritt erst nach *mehrtägigem* Stehen eine eben bemerkbare Reaktion ein; versetzt man jedoch eine größere Substanzmenge, etwa 4—5 Tropfen, gelöst in 2—3 cm³ Methanol, mit Eisenchlorid, so ist sofort deutliche Blaufärbung feststellbar. Aus diesem Verhalten geht hervor, daß einmal der Enolgehalt des α-n-Butyl-benzoylessigesters zum weitaus überwiegenden Teil aus *trans*-Enol besteht und zum andern, daß bei dieser Verbindung die Umlagerung Keton → *cis*-Enol nur sehr langsam verläuft. Das entsprechende α-n-Butyl-derivat des Acetessigesters hingegen gibt bei einem Enolgehalt von 2,3% bereits bei der üblichen Ausführungsform der Eisenchloridreaktion sofort deutliche Blaufärbung.

---

[24] Siehe a. NESS u. McELVAIN: J. Amer. chem. Soc. **60**, 2213 (1938).

Stellt man von diesem Ester eine so verdünnte Lösung her, daß auf
Zusatz von Eisenchlorid eben keine Reaktion mehr eintritt, so kann man
leicht feststellen, daß nach 10—15 min deutliche Blaufärbung sich entwickelt hat. Im α-n-Butyl-acetessigester ist also im Gleichgewicht eine
zur Erzeugung der Färbung hinreichende Menge *cis*-Enol vorhanden;
andrerseits erweist sich die *cis*-Enolisierungsgeschwindigkeit dieses Acet-
essigester-derivates als weitaus größer als diejenige des entsprechenden
Derivates des Benzoylessigesters.

Als Ergänzung zu diesen Beobachtungen verdient hervorgehoben zu
werden, daß die entsprechenden α-unsubstituierten Stammverbindungen
einen relativ hohen Enolgehalt aufweisen und demgemäß sofort die normale Eisenchloridreaktion der β-Ketocarbonsäureester geben.

Substanz		α-n-Butyl
Acetessigester	7,2 % Enol	2,3 % Enol
γ-Diäthyl-acetessigester	31,0 % Enol	2,3 % Enol
tert.-Valerylessigester	24,4 % Enol	0 % Enol
Benzoylessigester	22,0 % Enol	1,2 % Enol

Da durch die α-Monosubstitution die Enolisierungstendenz stark
absinkt, so erscheint der Schluß berechtigt, daß auch in den unsubstituierten Verbindungen im Gleichgewicht *cis*- und *trans*-Enol-form gleichzeitig gebildet werden, und zwar anteilmäßig mehr *trans*- als *cis*-Form,
da nach Zurückdrängung der Enolisierungstendenz durch die α-Mono-
substitution die *cis*-Enolisierungstendenz beim γ-Diäthyl-α-n-butyl-acet-
essigester und beim α-n-Butyl-benzoylessigester nur noch sehr gering ist,
während beim tert.-Valerylessigester die Enolisierungstendenz durch
die α-Monosubstitution mit einem n-Butylrest vollkommen erlischt.

Daß auch im Acetessigester selbst *cis*- und *trans*-Enol nebeneinander
vorhanden sind, hatte bereits L. KNORR[25] wahrscheinlich gemacht:
bestimmt man nämlich die Geschwindigkeit der Ketisierung frisch destillierten Esters im Vergleich zur Ketisierungsgeschwindigkeit eines aus
Natracetessigester bei tiefer Temperatur gewonnenen hochprozentigen
Enols, das höchstwahrscheinlich nahezu reines *cis*-Enol darstellt, so
findet man, daß sich der frisch destillierte Ester etwa 5—6 mal schneller
ketisiert als das Enol aus Natracetessigester. KNORR führt dies darauf
zurück, daß im frisch destillierten Ester neben *cis*- auch *trans*-Enol enthalten ist, das sich schneller ketisiert als das *cis*-Enol. Diese Annahme
erscheint durchaus berechtigt, da das *cis*-Enol durch die Chelatbildung
stabilisiert wird, während im *trans*-Enol eine solche Festlegung der Struktur nicht möglich ist:

$$
\begin{array}{ccc}
\mathrm{HO-C-CH_3} & \mathrm{CH_3-C-OH} & \mathrm{CH_3-C\overset{\bar{\mathrm{O}}}{\diagup}\diagdown H} \\
\quad\parallel & \quad\parallel & \parallel \qquad \uparrow \\
\mathrm{H-C-COOC_2H_5} & \mathrm{H-C-COOC_2H_5} & \mathrm{H-C\diagdown_{C}\diagup \bar{O}|} \\
\textit{trans} & \textit{cis} & \\
& & \qquad |\mathrm{O-C_2H_5}\,.
\end{array}
$$

---

[25] B. **44**, 1154 (1911).

Trotz dieser energetischen Begünstigung der *cis*-Enolisierung scheint ganz allgemein dennoch das *trans*-Enol das am leichtesten sich bildende Enol zu sein, wie die Ergebnisse KNORRs und auch die Bevorzugung der *trans*-Enolisierung bei den α-iso-propylierten β-Dicarbonylverbindungen zeigen. Man kann sich diese Verhältnisse vielleicht durch Wirksamwerden eines gewissen *sterischen* Faktors erklären, der bewirkt, daß in den Keto-Verbindungen die normale Lagerung der Molekel diejenige ist, bei der die β-ständigen Carbonylgruppen, bedingt durch einen rein elektrostatischen F-Effekt, möglichst weit voneinander entfernt stehen; Enolisierung solcher Molekeln mit bevorzugter Lagerung der Carbonylgruppen führt dann zum *trans*-Enol, während *cis*-Enolisierung erst nach Verdrehung der Gruppen zueinander eintreten kann (Vergl. hierzu auch S. 79).

VI. Acetessigester- und Malonestersynthesen.

1. Spaltungsreaktionen der β-Dicarbonylverbindungen.

Unter der Bezeichnung „Acetessigester- und Malonestersynthesen" faßt man gewöhnlich die synthetischen Methoden zusammen, nach denen unter Benutzung von Acetessigester- und Malonesterderivaten als Zwischenprodukte der Aufbau von Ketonen oder Carbonsäuren durchgeführt werden kann. Diese Methoden sind die praktische Auswertung der durch die besondere Reaktionsfähigkeit der β-Dicarbonylverbindungen bedingten Aufbau- und Spaltungsreaktionen.

Bereits gelegentlich des Konstitutionsbeweises des Acetessigesters (vgl. I, Seite 2) ist dargelegt worden, daß es gelingt, Acetessigester in zweierlei Weise zu spalten: je nach der Wahl des verseifenden Mittels erhält man entweder Aceton und Kohlensäure oder zwei Mole Essigsäure. Für die synthetische Verwertung dieser verschiedenen Spaltungsmöglichkeiten ist es außerordentlich wichtig, daß nicht nur der Acetessigester selbst, sondern ganz allgemein alle β-Keto-carbonsäureester, gleichwie sie auch substituiert sein mögen, diesen Spaltungsreaktionen unterworfen werden können[1]. Die erste Art der Spaltung in Keton und Kohlensäure bezeichnet man allgemein als die *Ketonspaltung* der β-Keto-carbonsäureester; sie wird gewöhnlich durch Erhitzen mit verdünnter Säure oder verdünnter Lauge durchgeführt. Zunächst entsteht hierbei durch Verseifen des Esters die freie β-Ketocarbonsäure, die in Keton und Kohlensäure zerfällt:

$$\underset{\underset{R''}{|}}{\overset{\overset{R'}{|}}{R\!-\!CO\!-\!C\!-\!COOC_2H_5}} \longrightarrow \underset{\underset{R''}{|}}{\overset{\overset{R'}{|}}{R\!-\!CO\!-\!C\!-\!COOH}} \longrightarrow R\!-\!CO\!-\!CH\overset{\nearrow R'}{\underset{\searrow R''}{}} + CO_2 .$$

Die zweite Art der Spaltung in zwei Molekeln Carbonsäure tritt vorwiegend beim Erwärmen mit starker, zweckmäßig alkoholischer Lauge ein, sie wird gewöhnlich als *Säurespaltung* der β-Ketocarbon-

---

[1] WISLICENUS, J.: A. **186**, 221 (1877); **190**, 257, 276 (1877); **206**, 308 (1881).

säureester bezeichnet und stellt die Umkehrung der Esterkondensation zweier Molekeln Carbonsäureester dar. Diese Spaltung verläuft nach folgendem allgemeinen Schema:

$$R\text{—}CO\text{—}\underset{\underset{R''}{|}}{\overset{\overset{R'}{|}}{C}}\text{—}COOC_2H_5 \longrightarrow R\text{—}COOH + \underset{R''}{\overset{R'}{\diagdown}}CH\text{—}COOH\,.$$

Der Mechanismus der Reaktion ist elektronentheoretisch folgendermaßen zu deuten: in die anionisch aufgerichtete Carbonylgruppe lagert sich zunächst eine Hydroxylgruppe ein zu einem, dem ersten instabilen Addukt der Esterkondensation analogen Zwischenprodukt a,

$$R\text{—}\underset{|\underline{O}|}{\overset{R'}{\underset{|}{C}}}\text{—}\overset{R'}{\underset{R''}{C}}\text{—}COOC_2H_5 + K^+\,OH^- \longrightarrow \left[\, R\text{—}\underset{|\underline{O}|}{\overset{|\overline{O}\text{—}H}{C}}\text{———}\underset{R''}{\overset{R'}{C}}\text{—}COOC_2H_5 \,\right]^{-} K^+\,,$$

a

was eine weitere Positivierung des bereits weitgehend instabilen Oktetts des Carbonyl-C-Atoms zur Folge hat. Aus diesem Grunde löst sich nunmehr der elektronenaffine rechte Substituent des Carbonyl-C-Atoms unter dem Einfluß des starken Alkalis anionisch ab; die Carbonylgruppe schließt dann die entstandene Oktettlücke nach Abspaltung des Wasserstoffs als Proton, das nunmehr an dem einsamen Elektronenpaar des rechten Substituenten anteilig wird:

$$\left[\, R\text{—}\underset{|\underline{O}|}{\overset{|\overline{O}\text{—}H}{C}}\text{———}\underset{R''}{\overset{R'}{C}}\text{—}COOC_2H_5 \,\right]^{-} \longrightarrow \left[\, R\text{—}C\underset{\overline{O}|}{\overset{\overline{O}|}{\diagdown}} \,\right]^{-} + H\leftarrow\underset{R''}{\overset{R'}{C}}\text{—}COOC_2H_5\,.$$

Gleichzeitig findet auf analoge Weise die alkalische Verseifung der Estergruppe statt:

$$\underset{R''}{\overset{R'}{\diagdown}}CH\text{—}C\underset{\overline{O}\text{—}C_2H_5}{\overset{\overline{O}|}{\diagdown}} \xrightarrow{+\,OH^-} \left[\, \underset{R''}{\overset{R'}{\diagdown}}CH\text{—}\underset{|O\text{—}C_2H_5}{\overset{|\overline{O}|}{C}}\leftarrow\overline{O}\text{—}H \,\right]^{-} \longrightarrow$$

$$\longrightarrow \left[\, \underset{R''}{\overset{R'}{\diagdown}}CH\text{—}C\underset{\overline{O}|}{\overset{\overline{O}|}{\diagdown}} \,\right]^{-} + C_2H_5\overline{O}\rightarrow H\,.$$

Ist R' oder R'' = H, dann findet die Säurespaltung dieses enolisierbaren β-Ketocarbonsäureesters über das polarisierte Enolat-Anion statt, z. B.:

$$R-\underset{\underset{\mid O\mid}{\overset{\|}{C}}}{C}-\underset{\underset{R'}{\mid}}{\overset{\overset{H}{\mid}}{C}}-COOC_2H_5 \;\rightleftharpoons\; H^+ \;+$$

$$\left[\; R-\underset{\underset{\mid O\mid}{\mid}}{C}=\underset{\underset{R'}{\mid}}{C}-COOC_2H_5 \;\leftrightarrow\; R-\underset{\underset{\mid O\mid}{\mid}}{\overset{\oplus}{C}}-\underset{\underset{R'}{\mid}}{\overset{\ominus}{\overline{C}}}-COOC_2H_5 \;\right]^{-} \;\xrightarrow{+\ OH^-}$$

$$\left[\; R-\underset{\underset{\mid O\mid}{\mid}}{\overset{\overset{\mid\overline{O}-H}{\downarrow}}{C}}-\overline{C}-COOC_2H_5 \;\right]^{--} \;\longrightarrow\; \left[\; R-C\underset{\overline{\underline{O}}\mid}{\overset{\overline{O}\mid}{\diagup}} \;\right]^{-} \;+\; \left[\; H\leftarrow\underset{\underset{R'}{\mid}}{\overline{C}}-COOC_2H_5 \;\right]^{-}$$

$$\left[\; H-\underset{\underset{R'}{\mid}}{\overline{C}}-COOC_2H_5 \;\right] \;+\; H^+ \;\longrightarrow\; H-\underset{\underset{R'}{\mid}}{\overset{\overset{H}{\uparrow}}{C}}-COOC_2H_5 \;,$$

wobei also die zweite Molekel Carbonester bzw. Säure in der Carbeniatgrenzform abgespalten wird[2].

In gleicher Weise wie die Kondensation zweier Molekeln Carbonsäureester zu β-Ketocarbonsäureestern ist auch die zu β-Diketonen führende Kondensation eines Carbonsäureesters mit einem Keton durch die Säurespaltung umkehrbar:

$$R-CO-\underset{\underset{R''}{\overset{\mid}{\mid}}}{\overset{\overset{R'}{\mid}}{C}}-CO-R''' \;\longrightarrow\; R-COOH \;+\; \underset{R''}{\overset{R'}{\diagdown}}CH-CO-R''' \,.$$

Bei dieser Säurespaltung der β-Diketone tritt im allgemeinen der am niedrigsten molekulare Rest R als Carbonsäure aus[3]; sind die Reste R und R''' nicht sehr stark voneinander verschieden, dann findet auch Spaltung in der anderen noch möglichen Richtung statt:

$$R-CO-\underset{\underset{R''}{\overset{\mid}{\mid}}}{\overset{\overset{R'}{\mid}}{C}}-CO-R''' \;\longrightarrow\; R'''-COOH \;+\; \underset{R''}{\overset{R'}{\diagdown}}CH-CO-R \,.$$

Die Reaktionsprodukte sind daher bei der Säurespaltung von β-Diketonen zumeist nicht einheitlich. Da zudem die entstehenden Ketone

---

[2] Vgl. N, S. 65.

[3] Nach W. Breadley u. R. Robinson (J. chem. Soc. London **1926**, 2356) entsteht bei der hydrolytischen Spaltung unsymmetrischer Dibenzoylmethane die stärkere der beiden Spaltsäuren in größerer Menge; nach C. L. Bickel [J. Amer. chem. Soc. **67**, 2204 (1945)] ändert sich die Spaltungsrichtung unsymmetrischer Diaryl-β-diketone durch α-Methylierung nicht.

Über die Alkoholyse der β-Diketone s. H. Adkins u. Mitarb.: J. Amer. chem. Soc. **52**, 3212, 4036, 4391 (1930); **56**, 1119 (1934). — Alkoholyse von β-Dicarbonylverbindungen bei Gegenwart von Aluminiumäthylat s. H. Adkins u. Mitarb. J. Amer. chem. Soc. **54**, 3420 (1932).

durch das Alkali leicht sekundären Umwandlungen unterliegen, besitzt diese Spaltung bei β-Diketonen keine praktische Bedeutung.

Da bei β-Ketocarbonsäureestern bei Einwirkung starker Laugen die Säurespaltung, bei Einwirkung verdünnter Laugen aber bereits die Ketonspaltung überwiegt, so ist leicht einzusehen, daß in Abhängigkeit von der Wahl des spaltenden Mittels gewöhnlich nur eine der beiden Spaltungen vorwiegend eintritt und daß daher die Reaktionsprodukte oft nicht ganz einheitlich sind, wenn auch die Trennung der beiden Spaltungsprodukte keine Schwierigkeiten bereitet. Besondere Bedeutung kommt daher in dieser Hinsicht der alkoholytischen Spaltung von β-Ketocarbonsäureestern unter dem Einfluß einer geringen Menge Natriumalkoholat zu, die vornehmlich bei α,α-dialkylierten β-Ketocarbonsäureestern recht glatt verläuft und direkt zu Carbonsäureestern führt[4].

Bei unsubstituierten und α-monosubstituierten β-Ketocarbonsäureestern kann man, wie H. MEERWEIN[5] gefunden hat, glatte Ketospaltung bereits durch Erwärmen mit dem halben bis gleichen Volumen Wasser auf 200° während kürzerer Zeit erzielen, während unter den gleichen Bedingungen α-dialkylierte β-Ketocarbonsäureester nicht angegriffen werden. Da also unter diesen Bedingungen nur die enolisationsfähigen β-Ketocarbonsäureester verseift und decarboxyliert werden, so kann diese Reaktion also nur dann eintreten, wenn ein Anion sich bilden kann.

Bei der hohen Temperatur erscheinen besonders reaktionsfähig die mesomeren Grenzformeln b oder c

$$\left[CH_3-\overset{\oplus}{\underset{|\underline{O}|}{C}}-\overset{R}{\underset{|\underline{O}-C_2H_5}{C}}-C=\overline{O} \quad\longleftrightarrow\quad CH_3-\underset{|\underline{O}|}{\overset{R}{\overset{\parallel}{C}}}-\underset{|\underline{O}-C_2H_5}{C}-C=\overline{O} \quad\longleftrightarrow \right.$$

$$\left. \longleftrightarrow\quad CH_3-\underset{|\underline{O}|}{\overset{\parallel}{C}}-\overset{R}{C}-\overset{\oplus}{\underset{|\underline{O}-C_2H_5}{C}}-\overline{O}| \right]^{-} H^{+}$$

b   a

                              c

da nur aus diesen durch Wasseranlagerung ein Addukt entstehen kann, das leicht unter Alkoholabspaltung in CO_2 + Keton zerfällt, z. B. bei c:

$$\left[CH_3-\underset{|\underline{O}|}{\overset{\parallel}{C}}-\overset{R}{C}-\overset{\oplus}{\underset{|\underline{O}-C_2H_5}{C}}-\overline{O}| \right]^{-} H^{+} \xrightarrow{+\,H_2O} \left[CH_3-\underset{|\underline{O}|\,H}{\overset{\parallel}{C}}-\overset{R}{C}-\underset{|\underline{O}-C_2H_5}{C}-\overline{O}| \right]^{-} H^{+} \longrightarrow$$

c

$$\longrightarrow\quad CH_3-CO-\overset{R}{\underset{H}{C}}{\to}H \quad\begin{matrix}+\ C_2H_5\overline{O}{\to}H\\[4pt]+\ CO_2\end{matrix}\quad.$$

---

[4] Vgl. IV, S. 65.

[5] A. **398**, 242 (1913); s. a. N. TOIVONEN: Acta chem. scand. **1**, 133 (1947).

Bei b verläuft die Reaktion wahrscheinlich folgendermaßen:

$$\left[\begin{array}{c} \text{R} \\ | \\ CH_3\!-\!\overset{\oplus}{C}\!-\!\overset{|}{C}\!-\!C\!=\!\overline{O} \\ | \qquad | \\ |\underline{O}| \quad |\underline{O}\!-\!C_2H_5 \end{array} \right]^{-} H^+ \xrightarrow{+\ H_2O} \left[\begin{array}{c} |\overline{O}\!-\!H \ \ \text{R} \\ \downarrow \quad | \\ CH_3\!-\!\overset{|}{C}\!-\!\!-\!\overset{|}{C}\!-\!C\!=\!\overline{O} \\ | \qquad \downarrow \\ |\underline{O}| \quad \text{H} \ \ |\underline{O}\!-\!C_2H_5 \end{array} \right]^{-} H^+ \longrightarrow$$

b

$$\longrightarrow \left[\begin{array}{c} |\overline{O}H \ \ \text{R} \\ | \qquad | \\ CH_3\!-\!\overset{|}{C}\!-\!\cdot\overset{|}{C}\!-\!\overset{\oplus}{C}\!=\!\overline{O} \\ | \\ |\underline{O}| \end{array} \right]^{-} H^+ \ + \ H\underline{\overline{O}}\!-\!C_2H_5$$

d

unter Bildung eines keten-artigen Zwischenproduktes d, das sofort Wasser anlagert und zerfällt:

$$\left[\begin{array}{c} |\overline{O}H \ \ \text{R} \\ | \qquad | \\ CH_3\!-\!\overset{|}{C}\!-\!\cdot\overset{|}{C}\!-\!\overset{\oplus}{C}\!=\!\overline{O} \\ | \\ |\underline{O}| \end{array} \right]^{-} H^+ \xrightarrow{+\ H_2O} \left[\begin{array}{c} |\overline{O}H \ \ \text{R} \ \ |\overline{O}H \\ | \qquad | \qquad \downarrow \\ CH_3\!-\!\overset{|}{C}\!\cdot\ \overset{|}{C}\!-\!C\!=\!\overline{O} \\ | \qquad \downarrow \\ |\underline{O}| \quad \text{H} \end{array} \right]^{-} H^+ \longrightarrow$$

d

$$\longrightarrow CH_3\!-\!\overset{\text{R}}{\underset{\overset{\|}{|O|}}{\overset{|}{C}}}\!-\!\overset{|}{\underset{\text{H}}{C}}\!\rightarrow\!\text{H} \ + \ CO_2 \ + \ H\!\leftarrow\!\overline{O}H.$$

Ist die Bildung eines Carbeniat-Anions unmöglich, wie bei disubstituierten β-Ketocarbonsäureestern, so tritt unter den MEERWEINschen Bedingungen Verseifung nicht ein.

Bei geeigneter Wahl des spaltenden Mittels (Wasser, bzw. verdünnte Mineralsäuren, verdünntes Alkali oder Alkalicarbonate) ist es stets möglich, die *Ketospaltung der β-Ketocarbonsäureester* mit *befriedigender Ausbeute* durchzuführen. *Dieser Reaktion kommt daher als Ketonsynthese allergrößte praktische Bedeutung zu.*

Der Säurespaltung der β-Ketocarbonsäureester zur Darstellung von Carbonsäuren kommt hingegen die gleiche Bedeutung nicht zu, da hierfür eine andere glatt und ohne Nebenprodukte verlaufende Spaltung von β-Dicarbonylverbindungen zur Verfügung steht, *die Verseifung und Decarboxylierung substituierter Malonsäureester*, die nach folgendem allgemeinen Schema in eindeutiger Reaktion zu Carbonsäuren führt:

$$\begin{array}{c} \text{R} \\ \diagdown \\ \ \ \ \ \text{C} \\ \diagup \ \ \ \ \diagdown \\ \text{R}' \end{array}\!\!\!\begin{array}{c} COOC_2H_5 \\ \\ COOC_2H_5 \end{array} \longrightarrow \begin{array}{c} \text{R} \\ \diagdown \\ \ \ \ \ \text{C} \\ \diagup \ \ \ \ \diagdown \\ \text{R}' \end{array}\!\!\!\begin{array}{c} COOH \\ \\ COOH \end{array} \longrightarrow \begin{array}{c} \text{R} \\ \diagdown \\ \ \ \ \ \text{CH}\!-\!\text{COOH} \ + \ CO_2. \\ \diagup \\ \text{R}' \end{array}$$

Der innere Mechanismus der Malonestersspaltung ist einfach und durch die gleichen Ursachen bedingt, die zum leichten Zerfall freier β-Ketocarbonsäuren in Keton und Kohlendioxyd führen: die zunächst durch Verseifung der Ester entstehenden freien Malonsäuren sind thermolabil, da der Wasserstoff der Carboxylgruppe leicht als Proton ablösbar ist und aus dem weitgehend stabilisierten Oktett des zentralen C-Atoms CO_2 unter Hinterlassung eines einsamen Elektronenpaars sich leicht ablöst, worauf der zuvor als Proton abgespaltene Wasserstoff an dem freigewordenen Elektronenpaar anteilig wird:

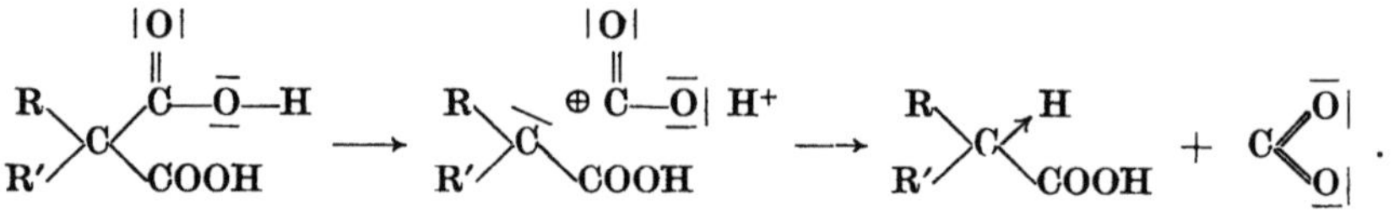

$$
\underset{R'}{\overset{R}{>}}C \underset{COOH}{\overset{\overset{|O|}{\|}}{C-\bar{O}-H}}
\ \longrightarrow\
\underset{R'}{\overset{R}{>}}C^{\ominus} \overset{\oplus}{\underset{COOH}{\overset{\overset{|O|}{\|}}{C-\bar{O}|}}} H^+
\ \longrightarrow\
\underset{R'}{\overset{R}{>}}C\underset{COOH}{\overset{H}{\nearrow}}
\ +\ C\overset{\bar{O}|}{\underset{\underline{O}|}{<}}.
$$

Die freien Malonsäuren sind beständiger als die freien β-Ketocarbonsäuren; letztere zerfallen bereits bei Zimmertemperatur oder doch nur leicht erhöhter Temperatur in Keton $+$ Kohlendioxyd, während der entsprechende Zerfall der Malonsäuren in Fettsäure und Kohlendioxyd im allgemeinen erst bei Temperaturen über 100° eintritt[6]. Dies ist darauf zurückzuführen, daß in den enolisationsfähigen β-Ketocarbonsäuren durch die hohe Polarisierbarkeit der enolischen Doppelbindung die Bindung der Carboxylgruppe an das α-C-Atom stärker polarisiert ist als bei den Malonsäuren, so daß hier trotz des höheren A-Effekts der Carboxylgruppe gegenüber der Gruppe —CO · R der β-Ketocarbonsäuren die Carboxylgruppe erst bei höherer Temperatur, d. h. nach größerer Energiezufuhr, als CO_2 sich abspaltet als bei den β-Ketocarbonsäuren. Aus diesem Grunde sind auch die freien α,α-disubstituierten β-Ketocarbonsäuren zumeist beständiger als die enolisationsfähigen α-monosubstituierten β-Ketocarbonsäuren; eine allgemeine Regel läßt sich hier jedoch nicht aufstellen, da die Beständigkeit der freien Säuren außerdem weitgehend bestimmt wird durch Einflüsse, die durch die besondere Natur der Substituenten auf die Haftfestigkeit der abspaltbaren Carboxylgruppe ausgeübt werden. So führt der Einbau der α,α-dialkylierten β-Ketocarbonsäure in das starre Bicyclo-[1,2,2]-heptan-system, wobei das α-C-Atom als Brückenkopf fungiert, wie bei der Camphenonsäure I und der Ketopinsäure II[7]

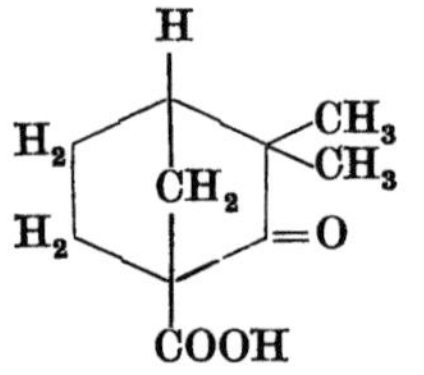

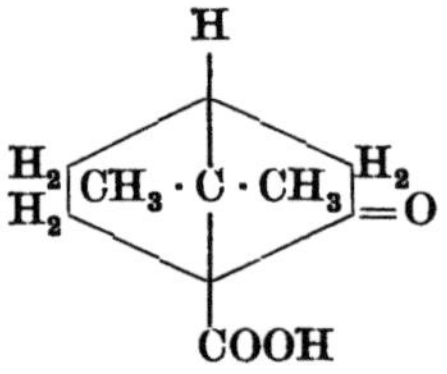

zu β-Ketocarbonsäuren von ungewöhnlicher thermischer Beständigkeit.

Bei den Malonsäureestern ist die erste der beiden Carbalkoxygruppen leichter verseifbar als die zweite, ein Unterschied, der beim freien Malonester und den monoalkylierten Derivaten weit stärker

---

[6] MARSHALL, F. C. B.: Rec. Trav. chim. Pays-Bas 51, 233 (1932).

[7] ASCHAN, O.: A. 410, 222, 240 (1915). — Vgl. a. Komppa-Festschrift, Helsinki 1927: Ist die Beständigkeit der Ketopinsäure ein Sonderfall der BREDTschen Regel? [Ann. Acad. Sci. fenn. A 29, 3 (1927)]. — Siehe a. J. pr. [2] 148, 221 (1937). — Über die sehr beständige Tri-fluoracetessigsäure s. F. SWARTS: Bull. Acad. roy. Belg. [5] 12, 679, 692, 721 (1927).

ausgeprägt ist als bei den dialkylierten[8]. Durch geeignete Wahl der
Alkalikonzentration ist es daher möglich, sonst nur schwer trennbare
Gemische von Mono- und Dialkylmalonsäureestern auf Grund der
unterschiedlichen Verseifungsgeschwindigkeit der ersten der beiden
Estergruppen voneinander zu trennen. Außerdem ist es möglich, so
zu Mono- und Dialkylmalonestersäuren zu gelangen, durch deren Decarboxylierung sofort Fettsäureester entstehen[9]:

$$\begin{array}{c}R\\R'\end{array}\!\!\!>\!\!C\!\!<\!\!\begin{array}{c}COOC_2H_5\\COOC_2H_5\end{array} \longrightarrow \begin{array}{c}R\\R'\end{array}\!\!\!>\!\!C\!\!<\!\!\begin{array}{c}COOH\\COOC_2H_5\end{array} \longrightarrow \begin{array}{c}R\\R'\end{array}\!\!\!>\!\!CH\!\!-\!\!COOC_2H_5\,.$$

Auf gleiche Weise kann man von den mono- und dialkylierten Cyan-
essigsäureestern zu substituierten Fettsäurenitrilen gelangen, da die
Carbalkoxygruppe der Cyanessigsäureester ebenso leicht verseifbar
ist wie die erste Carbalkoxygruppe der Malonsäureester und die entstehenden freien Cyanessigsäuren leicht zu Nitrilen decarboxylierbar
sind:

$$\begin{array}{c}R\\R'\end{array}\!\!\!>\!\!C\!\!<\!\!\begin{array}{c}CN\\COOC_2H_5\end{array} \longrightarrow \begin{array}{c}R\\R'\end{array}\!\!\!>\!\!C\!\!<\!\!\begin{array}{c}CN\\COOH\end{array} \longrightarrow \begin{array}{c}R\\R'\end{array}\!\!\!>\!\!CH\!\!-\!\!CN \quad [10].$$

Eine weitere charakteristische Spaltungsreaktion, die zum Aufbau
von β-Ketocarbonsäureestern und β-Diketonen führt, und der praktisch für die Darstellung dieser Verbindungen als Zwischenprodukte
große Bedeutung zukommt, ist die partielle Verseifung der Diacyl-
essigsäureester und Triacylmethane. Erwärmt man diese Verbindungen mit der äquivalenten Menge Natriumäthylat in alkoholischer
Lösung oder mit Ammoniak in verdünnter wäßriger Lösung, so wird
ein Acylrest abgespalten unter Rückbildung einer β-Dicarbonylver-
bindung; synthetisch wichtig ist hierbei, daß in der Regel der am niedrigsten molekulare Rest abgespalten wird, so daß es auf diese Weise
gelingt, neue β-Dicarbonylverbindungen aufzubauen, z. B.:

$$CH_3\!\!-\!\!CO\!\!-\!\!CH_2\!\!-\!\!COOC_2H_5 + R\!\!-\!\!CO\!\!-\!\!Cl \longrightarrow \begin{array}{c}CH_3\!\!-\!\!CO\!\!-\!\!CH\!\!-\!\!COOC_2H_5\\|\\CO\!\!-\!\!R\end{array}$$

$$\begin{array}{c}CH_3\!\!-\!\!CO\!\!-\!\!CH\!\!-\!\!COOC_2H_5\\|\\CO\!\!-\!\!R\end{array} \xrightarrow[]{+\ H_2O} R\!\!-\!\!CO\!\!-\!\!CH_2\!\!-\!\!COOC_2H_5 + CH_3\!\!-\!\!COOH\,.$$

Auf diese Weise kann man beispielsweise vom Acetessigester über
die C-Benzoylverbindung zum Benzoylessigester gelangen[11]; ebenso

---

[8] MICHAEL, A.: J. pr. (2) **72**, 539 (1905). — Disubstituierte Malonester sind —
ähnlich wie die disubstituierten Acetessigester — bei Gegenwart von Natriumäthylat leicht alkoholytisch spaltbar in Dialkylessigester und Kohlensäureester:
A. C. COPE u. S. M. McELVAIN [J. Amer. chem. Soc. **54**, 4319 (1932)].

[9] Eine Ausnahme bildet der Diäthylmalonester, der nur recht schwer verseifbar ist, weit leichter wird hingegen Dimethylmalonester verseift (MICHAEL. l.c.)

[10] Siehe z. B. HOERING u. BAUM: DRP. 186739; C. **1907** II, 1030. — Über
den CURTIUSschen Abbau substituierter Malon- oder Cyanessigester zu α-Amino-
säuren s. TH. CURTIUS: J. pr. [2] **125**, 211 (1930). — DARAPSKY, A.: J. pr. [2]
146, 250 (1936). — GAGNON, GANDRY u. KING: J. chem. Soc. London **1944**, 13.

[11] CLAISEN, L.: A. **291**, 71 (1896); LOCQUIN: C. r. Acad. Sci. **135**, 108 (1902).
SHRINER, R. L. u. A. G. SCHMIDT: J. Amer. chem. Soc. **51**, 3636 (1929).

kann man, ausgehend vom Acetylaceton schrittweise Benzoylaceton
und Dibenzoylmethan aufbauen und hieraus durch abermalige Benzoylierung schließlich Tribenzoylmethan erhalten:

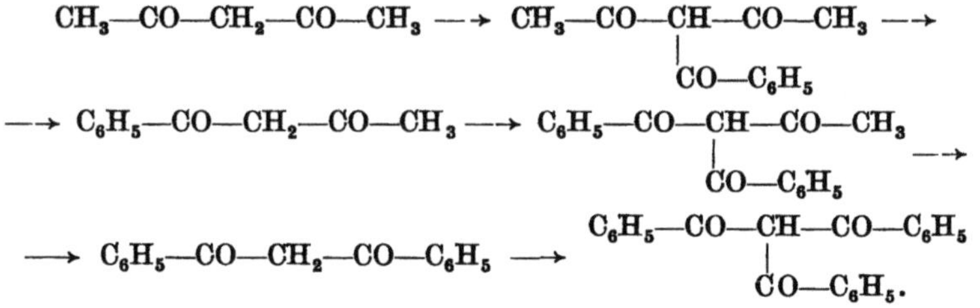

$$CH_3-CO-CH_2-CO-CH_3 \longrightarrow CH_3-CO-\underset{\underset{CO-C_6H_5}{|}}{CH}-CO-CH_3 \longrightarrow$$

$$\longrightarrow C_6H_5-CO-CH_2-CO-CH_3 \longrightarrow C_6H_5-CO-\underset{\underset{CO-C_6H_5}{|}}{CH}-CO-CH_3 \longrightarrow$$

$$\longrightarrow C_6H_5-CO-CH_2-CO-C_6H_5 \longrightarrow C_6H_5-CO-\underset{\underset{CO-C_6H_5}{|}}{CH}-CO-C_6H_5.$$

Der Mechanismus dieser Reaktion ist dem der Säurespaltung der β-Dicarbonyl-
verbindungen analog; er sei am Beispiel der Spaltung des Benzoyl-acetessigesters
zu Benzoyl-essigester erläutert. Unter dem Einfluß des alkalischen Mediums
(verd. Ammoniak) geht der Benzoyl-acetessigester zunächst in Lösung; Enolisierung erfolgt dabei nach der Seite mit höherer Enolisierungstendenz, d. h. nach
der Benzoylgruppe hin. Die erste Stufe der Spaltung besteht nun darin, daß
von den restlichen beiden Carbonylgruppen nunmehr diejenige mit dem größeren
elektromeren Effekt sich anionisch aufrichtet unter Einlagerung eines Hydroxyl-
anions:

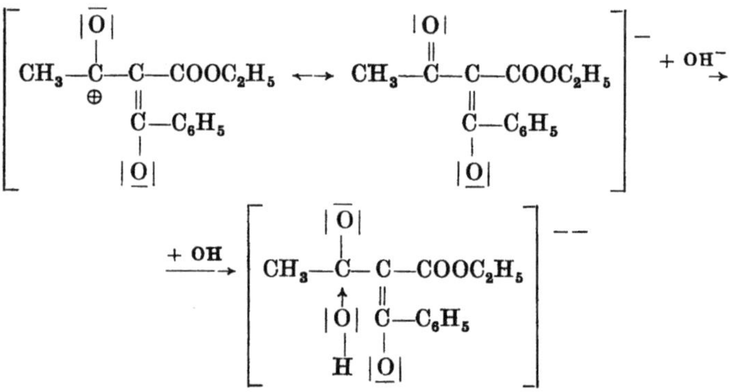

Von dem dadurch stark positivierten Carbonyl-C-Atom der Acetylgruppe
löst sich die Bindung nach dem stark negativierten zentralen C-Atom, während
gleichzeitig eines der beiden anionisch aufgerichteten O-Atome der vorherigen
Acetylgruppe in die Carbonylform umklappt zur Ausfüllung der entstandenen
Oktettlücke; das dabei abgestoßene Proton wird dann an dem einsamen Elektronenpaar des zentralen C-Atoms anteilig:

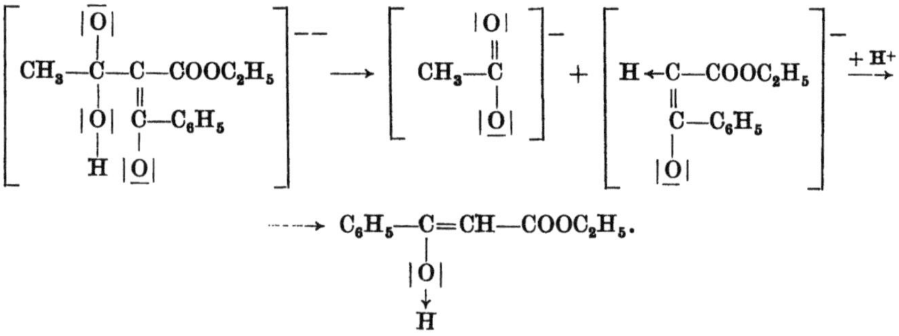

Auf diese Weise entsteht unter Abspaltung von Essigsäure der Benzoylessigsäureester, der sich nunmehr, da er schwächer sauer ist als das Ausgangsmaterial, aus der ammoniakalischen Lösung als Öl abscheidet. Arbeitet man in alkoholischer Lösung mit einem Mol Natriumäthylat, so wird der Acetylrest als Essigester abgespalten.

Von den beiden voneinander verschiedenen Resten des Diacylessigesters wird also derjenige als Carbonsäure bzw. Carbonsäureester abgespalten, der zu einem β-Ketocarbonsäureester schwächerer Enolisierungstendenz führen würde. Daß dies auch gleichzeitig zumeist immer der am niedrigsten molekulare Rest, im allgemeinen die Acetylgruppe, ist, zeigt die Enolisierungstendenz folgender β-Ketocarbonsäureester, bezogen auf Acetessigester $=1$:

Benzoylessigester . . . . 2,2 β-Diäthylacetessigester . . . 5,1
Butyrylessigester . . . . 2,8 tert.-Valerylessigester . . . 3,5

Sämtliche genannten β-Ketocarbonsäureester sind daher leicht durch Spaltung der entsprechenden Acyl-acetessigester zugänglich.

Geht man aus von einem Diacyl-monoalkylessigester, wie beispielsweise α-Benzoyl-α-methyl-acetessigester, so gelingt bei diesem nicht mehr enolisierbaren β-Ketocarbonsäureester die Abspaltung des einen Acylrestes bereits katalytisch unter dem Einfluß einer Spur Natriumäthylat ähnlich wie die alkoholytische Spaltung disubstituierter β-Ketocarbonsäureester (vgl. VI, S. 132). Aus dem α-Benzoyl-α-methyl-acetessigsäuremethylester erhält man auf diese Weise durch Erwärmen mit einer Spur Natrium-methylatlösung in Methanol unter Abspaltung von Essigester den α-Methyl-benzoylessigsäuremethylester[12]:

$$
\underset{\displaystyle \underset{\text{CO—CH}_3}{\big|}}{\overset{\displaystyle \overset{\text{CH}_3}{\big|}}{C_6H_5\text{—CO—C—COOCH}_3}} \longrightarrow \underset{}{\overset{\displaystyle \overset{\text{CH}_3}{\big|}}{C_6H_5\text{—CO—CH—COOCH}_3}} + CH_3\text{—COOCH}_3
$$

Der Spaltungsmechanismus ist dem der Acylspaltung gleich:

$$
\left\{ \underset{\text{CH}_3\text{—C}=\overline{\text{O}}}{\overset{\overset{\text{CH}_3}{|}}{C_6H_5\text{—CO—C—COOCH}_3}} \longleftrightarrow \underset{\underset{\oplus \quad \ominus}{\text{CH}_3\text{—C—}\overline{\text{O}}|}}{\overset{\overset{\text{CH}_3}{|}}{C_6H_5\text{—CO—C—COOCH}_3}} \right\} + CH_3OH \longrightarrow
$$

$$
\longrightarrow \left[\underset{\underset{|\underline{\text{O}}\text{—CH}_3}{\text{CH}_3\text{—C}-\overline{\text{O}}|}}{\overset{\overset{\text{CH}_3}{|}}{C_6H_5\text{—CO—C—COOCH}_3}} \right]^{-} H^{+} \longrightarrow \underset{\text{COOCH}_3}{\overset{\overset{\text{CH}_3}{|}}{C_6H_5\text{—CO—C}{\rightarrow}H}} +
$$

$$
+ \left\{ \underset{|\underline{\text{O}}\text{—CH}_3}{\overset{\oplus \quad \ominus}{CH_3\text{—C—}\underline{\text{O}}|}} \longleftrightarrow \underset{|\underline{\text{O}}\text{—CH}_3}{CH_3\text{—C}=\overline{\text{O}}} \right\} .
$$

---

[12] DIECKMANN, W.: B. **55**, 3344 (1922).

Auch hierbei erfolgt Abspaltung desjenigen Acylrestes, der zu einem β-Ketocarbonsäureester *schwächerer* Enolisierungstendenz führen würde.

In anderer Weise verläuft die Spaltung des Diacetessigesters beim Erhitzen mit Wasser unter Druck; hierbei entsteht unter Ketospaltung Acetylaceton[13]:

$$\begin{array}{c}CH_3-CO \\ CH_3-CO\end{array}\!\!\!>\!CH-COOC_2H_5 \longrightarrow \begin{array}{c}CH_3-CO \\ CH_3-CO\end{array}\!\!\!>\!CH-COOH \longrightarrow$$

$$\longrightarrow \begin{array}{c}CH_3-CO \\ CH_3-CO\end{array}\!\!\!>\!CH_2 + CO_2 \; .$$

Diese Methode ist jedoch keiner großen Verallgemeinerung fähig. Über den Mechanismus dieser Spaltung vgl. die Ausführungen über die MEERWEINsche Ketospaltung (S. 132, $R=COCH_3$).

Ausgehend von Acyl-malonestern kann man durch energische Hydrolyse mit 80%iger Schwefelsäure direkt zu Ketonen gelangen[14]:

$$C_6H_5-CO-CH(COOR)_2 \longrightarrow C_6H_5-CO-CH_3 \; .$$

Oxalofettsäureester gehen beim Erwärmen mit 20%iger Kaliumcarbonatlösung in Anhydride über, die beim Kochen ihrer alkoholischen Lösung bei Gegenwart von Pyridin zu substituierten Brenztraubensäureestern decarboxylierbar sind[15]:

$$\begin{array}{l}R-CH-CO-COOC_2H_5 \\ \quad | \\ \quad COOC_2H_5\end{array} \longrightarrow \begin{array}{c}R-CH\!\!-\!\!-CO \\ \quad | \qquad\quad | \\ OC\!\!\diagdown_{\,O}\!\!\diagup CO\end{array} \longrightarrow$$

$$\begin{array}{l}\quad COOH \\ \quad | \\ \longrightarrow R-CH-CO-COOC_2H_5 \longrightarrow RCH_2-CO-COOC_2H_5 \; .\end{array}$$

Auf diese Weise gelingt es also, einen Carbonsäureester durch „Einschieben" einer CO-Gruppe in den entsprechenden Brenztraubensäureester zu verwandeln.

Die gleiche Spaltung kann man auch dadurch bewirken, daß man die Oxalofettsäureester durch Behandlung mit kalter konz. Schwefelsäure in die Anhydride verwandelt und diese dann durch schwaches Erwärmen mit Wasser zu den freien Brenztraubensäuren decarboxyliert[16].

Unter Ausnutzung der relativ leichten Spaltbarkeit der Oxymethylenketone gelingt es, in alicyclische Ketone die zur Synthese von Naturstoffen besonders der Steroid-Reihe wichtige angulare Methyl-Gruppe einzuführen: zur Darstellung des *gem.*-Methyl-α-dekalons

---

[13] BOUVEAULT u. BONGERT: Bull. Soc. chim. France [3] **27**, 1084 (1902); s. a. W. H. REEDER u. G. A. LESCISIN (Carbide and Carbon Chemicals Corp.), A.P. 2395012; E.P. 599738 (1946): Durchführung dieser Spaltung durch Erhitzen mit Essigsäure bei Gegenwart saurer Katalysatoren.

[14] GIACOLONE, A.: Gazz. **65**, 1127 (1935). — Über die Aldehydsynthese DARZENS durch Erhitzen von Äthoxyessigsäuren ausgehend von Äthoxy-alkylmalonsäuren s. C. r. Acad. Sci. **196**, 489 (1933).

[15] SCHINZ, H., u. M. HINDER: Helvet. chim. Acta **30**, 1349 (1947).

[16] SCHREIBER, S.: Ann. Chim. **12**, 84 (1947).

stellen W. S. JOHNSON und H. POSVIC[17] zunächst den Isopropyl-enol-
äther des β-Oxymethylen-α-dekalons dar, der nunmehr in 9-Stellung
methylierbar ist:

Durch saure Spaltung dieses Enoläthers und anschließende Abspaltung des Oxymethylen-Restes durch Alkali erhält man das *gem.*
Methyl-α-dekalon, das über die Semicarbazone in eine *cis-* und eine
*trans-*Form spaltbar ist.

Da, wie CH. R. HAUSER[18] fand, der Malonsäure-mono-tert.-butyl-
ester beim Erhitzen überraschenderweise nicht decarboxyliert, sondern
bereits bei Temperaturen unter 100° in Malonsäure und Isobutylen
zerfällt:

$$HOOC-CH_2-COO-C(CH_3)_3 \longrightarrow (HOOC)_2CH_2 + H_2C=C(CH_3)_2,$$

lassen sich durch gemäßigte saure Hydrolyse (p-Toluolsulfosäure in
Benzol bei 80°) von Acylmalonsäureäthyl-tert.-butylestern leicht
β-Ketocarbonsäureester darstellen:

$$R-CO-CH \overset{COOC(CH_3)_3}{\underset{COOC_2H_5}{}} \longrightarrow R-CO-CH_2-COOC_2H_5 + CO_2 + H_2C=C(CH_3)_2 .$$

Diese besondere Spaltungsreaktion ist weitgehend variierbar, da
auch Acyl-monoalkylmalonester der Reaktion zugänglich sind.

Eine bemerkenswerte Umlagerungs- und zugleich Abbaureaktion
der Acetessigester ungesättigter Alkohole hat A. C. COPE[19] gefunden:
erhitzt man den Acetessigsäure-*allyl*ester auf etwa 200°, so entsteht
unter Abspaltung von Kohlendioxyd Allylaceton, [Hexen-(5)-on-(2)]:

$$CH_3-CO-CH_2-COOCH_2-CH=CH_2 \longrightarrow CH_3-CO-CH_2-CH_2-CH=CH_2 + CO_2$$

Da beim Abbau des Acetessigsäure-cinnamylesters das 3-Phenyl-
hexen-(1)-on-(5) entsteht, verläuft diese Reaktion unter Inversion des
Allyl-Restes:

$$CH_3-CO-CH_2-COOCH_2-CH=CH-C_6H_5 \longrightarrow$$
$$\longrightarrow CH_3-CO-CH_2-\underset{\underset{C_6H_5}{|}}{CH}-CH=CH_2 + CO_2.$$

Der Mechanismus dieser interessanten Reaktion ist daher wohl
analog dem Chemismus der CLAISENschen Umlagerung des O- zum
C-Allyl-acetessigester (s. a. Kap. II, S. 36) folgendermaßen zu
deuten: bei der hohen Temperatur tritt zunächst Enolisierung und
Chelatisierung ein, die eventuell durch die Alkaliwirkung des Glases
begünstigt wird. Das so gebildete Chelat a wird durch die hohe Reak-

---

[17] J. Amer. chem. Soc. **65**, 1317 (1943); **67**, 504 (1945); **69**, 1361 (1947). —
Siehe a. H. K. SEN u. K. MONDAL: J. Indian chem. Soc. **5**, 609 (1928).

[18] BRESLOW, D. S., E. BAUMGARTEN u. CH. R. HAUSER: J. Amer. chem. Soc.
66, 1286 (1944).

[19] J. Amer. chem. Soc. **65**, 1992 (1943).

tionstemperatur weitgehend polarisiert nach der mesomeren Grenzformel b, aus der heraus, begünstigt durch mögliche Cyclisierung,

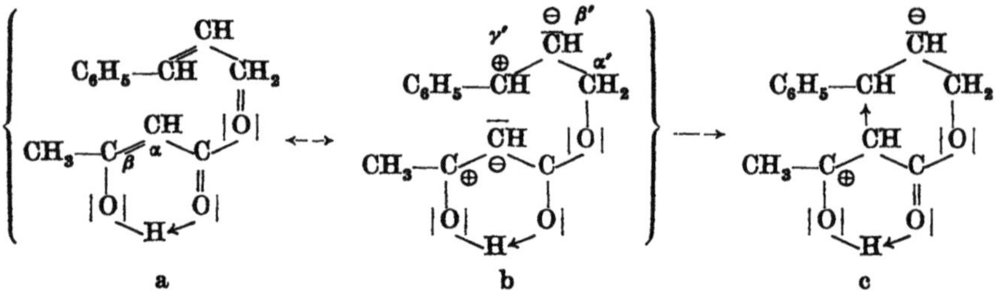

$$ \text{a} \longleftrightarrow \text{b} \longrightarrow \text{c} $$

nunmehr eine neue σ-Bindung sich ausbildet zwischen dem einsamen
Elektronenpaar des α-C-Atoms und der am γ'-C-Atom des Allyl-Restes
auftretenden Oktettlücke unter Zwischenbildung eines cyclischen
Polarisats c: in diesem polarisierten ersten Addukt gleichen sich die
bestehenden Polaritäten dadurch aus, daß das Enolsauerstoffatom
zur Auffüllung der Oktettlücke am β-C-Atom das Proton ganz an den
Sauerstoff der Carboxyl-Gruppe abgibt; aus dem gleichen Grunde
löst sich gleichzeitig das α'-C-Atom der Allyl-Gruppe von dem Sauer-
stoffatom der vorherigen Estergruppe unter Ausbildung einer Oktettlücke zur Aufnahme des einsamen Elektronenpaars am β'-C-Atom des
Allylrestes. Die hierdurch entstehende freie α-substituierte Acetessigsäure decarboxyliert dann unter Bildung des Ketons[20]:

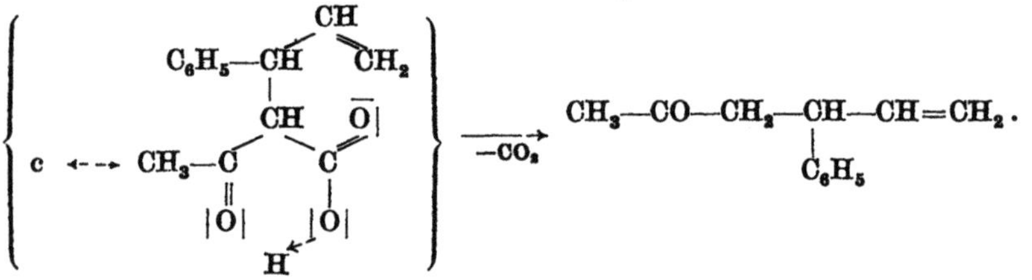

$$ \text{c} \longleftrightarrow \quad \xrightarrow{-CO_2} \quad CH_3-CO-CH_2-CH-CH=CH_2 \cdot \atop \qquad\qquad\qquad\qquad\quad C_6H_5 $$

Die Copesche Esterpyrolyse ist in weitem Umfange variierbar:
besonders glatt reagieren hochsiedende Ester mit Ausbeuten von
70—90%, während tiefsiedende Ester zur Erzielung der geeigneten
Reaktionstemperatur in Diphenyläther erhitzt werden müssen. Besonders gut reagieren Ester der Benzoylessigsäure: so erhält man aus
Benzoylessigsäure-crotylester das 1-Phenyl-3-methylpenten-(4)-on-(2)
mit 76% Ausbeute und das 1-Phenyl-hexen-(4)-on-(2) aus dem Benzoylessigsäureester des Buten-(1)-ol-(3) mit 83% Ausbeute.

---

[20] Die Umlagerung ist in der in der englischen Literatur üblichen Robinson-
schen Schreibweise durch folgendes Bild knapp skizzierbar, wodurch die elektromere Verschiebung hier recht anschaulich zum Ausdruck kommt:

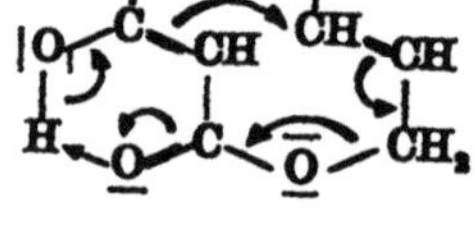

Die Esterpyrolyse ist als synthetische Methode zur Darstellung ungesättigter Ketone deswegen besonders geeignet, weil bei der Darstellung dieser Ketone auf dem üblichen Wege Allylumlagerungen bei der β-Ketocarbonester-Alkylierung mit ungesättigten Halogeniden nicht mit Sicherheit vermieden werden können.

Bereits vor A. C. COPE hatte M. F. CAROLL[21] die gleiche Reaktion ausgeführt durch Erhitzen von Acetessigester mit Zimtalkohol oder Phenylvinylcarbinol bei Gegenwart von Alkali-acetat auf Temperaturen um 200°; hierbei entstehen zunächst durch Umesterung die ungesättigten Ester, die alsdann der Esterpyrolyse unterliegen.

2. Variationsmöglichkeiten der Claisen-Kondensation.

Um nunmehr einen Überblick zu bekommen über den umfassenden Geltungsbereich der durch die beschriebenen Spaltungsreaktionen der β-Dicarbonylverbindungen ausführbaren Synthesen von Ketonen und Fettsäuren, seien nachfolgend die wesentlichsten Variationsmöglichkeiten der Claisen-Kondensation und verwandter Kondensationen aufgezeigt.

Es wurde bereits früher ausführlich dargestellt, daß die eigentliche Claisen-Kondensation an die Voraussetzung der Anwesenheit der Gruppe —CH_2—CO— in der Methylenkomponente geknüpft ist, diese Begrenzung aber überbrückt werden kann durch die Wahl besonderer Kondensationsmittel (Grignard-Verbindung, BF_3, Triphenylmethylnatrium). Es gibt nun darüber hinaus noch eine bestimmte Kombination Ester/Keton, die unter dem Einfluß von Natriumäthylat nicht zu einem β-Diketon führt, nämlich die Kondensation von Monochloressigester mit einem Keton[22]. Während noch bei der von WISLICENUS[23] durchgeführten Kondensation zweier Molekeln Chloressigester mit Hilfe von Natriumäthylat zu α,γ-Dichloracetessigester der Chloressigester als Esterkomponente in Erscheinung tritt, ist dies bei der Kombination beispielsweise mit Aceton nicht mehr möglich, da nunmehr der Chloressigester leichter in die Carbeniatgrenzform übergeht als das Aceton. Dies ist erklärlich durch den besonderen Spannungszustand des Oktetts des α-C-Atoms des Chloressigesters, der hervorgerufen wird durch die direkte Substitution mit dem stark elektronenaffinen Chloratom und durch den starken elektrostatischen Feldeffekt, den das Chlor auf das α-C-Atom ausübt. Jedenfalls wirkt bei dieser Kombination der Chloressigester als Methylenkomponente unter Einlagerung in die polarisierte Grenzformel des Acetons:

$$
\begin{array}{c}
CH_3 \\
| \\
CH_3{-}C{\oplus} \\
| \\
|\underline{O}|{\ominus}
\end{array}
\;+\;
\left[
\begin{array}{c}
Cl \\
| \\
|CH{-}COOC_2H_5 \\
\;
\end{array}
\right]^{-}
\;\longrightarrow\;
\left[
\begin{array}{c}
CH_3 \quad Cl \\
| \qquad | \\
CH_3{-}C{\leftarrow}{-}C{-}COOC_2H_5 \\
| \qquad | \\
|\underline{O}| \quad\; H
\end{array}
\right]^{-}
$$

[21] J. chem. Soc. London **1940**, 704, 1266; **1941**, 507.

[22] DARZENS, G.: C. r. Acad. Sci. **139**, 1214 (1905). — CLAISEN, L.: B. **38**, 693 (1905); vgl. NEUSTÄDTER: Mh. Chem. **27**, 889 (1906). — RUTOWSKI u. DAJEW: B. **64**, 693 (1931).

[23] B. **43**, 3530, 3532 (1910). — α-Chlorformylessigester s. WISLICENUS: B. **43**, 3530 (1910); A.P. 2405820.

Die Stabilisierung dieses ersten Addukts tritt dadurch ein, daß
das elektronenaffine Chlor sich anionisch abspaltet und der anionisch
aufgerichtete Sauerstoff mittels eines seiner einsamen Elektronenpaare die entstandene Oktettlücke unter „Kurzschluß" schließt zum
Glycidsäureester:

$$\left[CH_3 - \underset{|\underline{O}|}{\overset{CH_3}{\underset{|}{C}}} - \underset{H}{\overset{Cl}{\underset{|}{C}}} - COOC_2H_5 \right]^{-} \longrightarrow Cl^{-} + CH_3 - \underset{|\underline{O}|^{\ominus}}{\overset{CH_3}{\underset{|}{C}}} - \underset{\oplus}{\overset{H}{\underset{|}{C}}} - COOC_2H_5 \longrightarrow$$

$$\longrightarrow CH_3 - \overset{CH_3}{\underset{|}{C}} \diagdown \underset{\diagup O \diagdown}{} CHCOOC_2H_5 \,.$$

γ-Chlor-β-diketone sind also durch die eigentliche Claisen-Kondensation direkt nicht darstellbar.

In diesem Zusammenhang verdient die eigenartige Reaktion erwähnt zu
werden, die bei der Umsetzung von Dichloressigester mit alkoholischer Natriumäthylatlösung eintritt[24]: hierbei entsteht neben 22% des erwarteten Diäthoxy-
essigesters zu 42% das Diäthylacetal des α-Chlor-oxalessigesters durch einfache
Kondensation des Carbeniat-Anions des Dichloressigesters mit Dichloressigester
unter intermediärer Bildung eines Trichlor-Derivates, das unter der Einwirkung
des Natriumäthylats übergeht in das α-Chlor-oxalessigester-diäthylacetal:

$$ROOC - \underset{Cl}{\overset{}{\underset{|}{CH}}} - Cl + \left[\underset{Cl}{\overset{Cl}{\underset{|}{|C}}} - COOR \right]^{-} Na^{+} \xrightarrow[-NaCl]{}$$

$$\xrightarrow[-NaCl]{} ROOC - \underset{Cl}{\overset{}{\underset{|}{CH}}} \leftarrow \underset{Cl}{\overset{Cl}{\underset{|}{C}}} - COOR \xrightarrow[-2\,NaCl]{+\,2\,NaOC_2H_5} ROOC - \underset{Cl}{\overset{}{\underset{|}{CH}}} - \underset{O-C_2H_5}{\overset{O-C_2H_5}{\underset{|}{C}}} - COOR \;\rightleftharpoons$$

$$\rightleftharpoons ROOC - \underset{Cl}{\overset{}{\underset{|}{C}}} = \underset{O-C_2H_5}{\overset{}{\underset{|}{C}}} - COOR + C_2H_5 - OH\,.$$

Bei der thermischen Zersetzung geht dieses Acetal unter Abspaltung von
Alkohol in den Enoläther des α-Chloroxalessigsäureesters über.

Die eigentliche GEUTHERsche Kondensation zweier Moleküle Carbonsäureester zu β-Ketocarbonsäureestern ist praktisch nur brauch-
bar zur Kondensation zweier gleicher Moleküle eines Carbonsäure-
esters $R \cdot CH_2 \cdot COOR'$ zu einem α,γ-disubstituierten β-Ketocarbon-
säureester $R \cdot CO \cdot CH(R) \cdot COOR'$. Auf diese Weise kann man z. B.
aus Methoxyessigester[25] oder Phenylessigester[26] mit etwa 50—60%
Ausbeute α,γ-Dimethoxy-acetessigester bzw. α,γ-Diphenylessigester

[24] WOHL, A., u. M. LANGE: B. 41, 3614 (1908). — COPE, A. C.: J. Amer.
chem. Soc. 58, 570 (1936).

[25] PRATT, D. D. u. R. ROBINSON: J. chem Soc. London 127, 168, 1184
(Anm.) (1925); s. a. ROBERTSON u. ROBINSON: J. chem. Soc. London 1926, 1954
(Anm.).

[26] VOLHARD, J.: A. 296, 1 (1897).

und hieraus durch Ketospaltung sym. Dimethoxyaceton bzw. Diphenyl-
aceton erhalten. Aber bereits Propionsäureester gibt nur noch eine
Ausbeute von etwa 20% an α-Methyl-propionylessigsäureester[27].
Mangelhaft werden die Ausbeuten naturgemäß auch dann, wenn man
Essigester mit einem homologen Fettsäureester kondensiert, da hierbei
vier verschiedene Ester entstehen können. Unter Innehaltung beson-
derer Versuchsbedingungen gelang WAHL[28] die Darstellung folgender
Acylessigester:

Propionyl-essigester	Ausbeute:	13% d. Th.
Butyryl-essigester		20% d. Th.
n-Valeryl-essigester		28% d. Th.
n-Heptyl-essigester		40% d. Th.

Dabei ist auffallend, daß die Ausbeuten mit der Größe des Fettsäureesters ansteigen. Dieser experimentelle Befund ist wohl so zu
deuten, daß mit ansteigender Molekulargröße des Fettsäurerestes das
α-CH_2-Glied der Kette zunehmend schwieriger aktivierbar wird als
die CH_3-Gruppe des Essigesters, so daß dieser nunmehr vorwiegend
als Methylenkomponente in Erscheinung tritt.

Diese Deutung der experimentellen Ergebnisse wird durch die Untersuchung von W. G. BROWN und K. EBERLY[29] bestätigt, die durch
Bestimmung des durch Natriumäthylat katalysierten Wasserstoff-
austauschs verschiedener Ester mit Deuteroalkohol fanden, daß die
α-CH-Acidität der Ester $R\!-\!CH_2\!-\!COOC_2H_5$ mit der Größe von R
stark absinkt.

Allgemein wird daher bei der Esterkondensation zweier verschiedener Ester $R\!-\!CH_2\!-\!COOR'$ derjenige Ester zur Methylenkomponente, dem die höhere CH-Acidität zukommt. So entsteht beispielsweise aus Phenylessigester und Essigester nicht der γ-, sondern der
α-Phenylacetessigester, da bei dieser Kondensation der Phenylessigester seiner höheren CH-Acidität wegen als Methylenkomponente
reagiert[30].

Zur Darstellung höherer β-Ketocarbonsäureester $R\cdot CO\cdot CH_2\cdot COOR'$
eignet sich daher praktisch zumeist nur die mit befriedigender Ausbeute
verlaufende partielle Spaltung der Diacyl-essigester.

Durch die Arbeiten des amerikanischen Forschers CHARLES R. HAU-
SER, der sich im Verein mit seinen Schülern um die Fortentwicklung
der Claisen-Kondensation besondere Verdienste erworben hat, sind nun
eine Reihe experimenteller Verbesserungen entwickelt worden, durch
die auch die reine Esterkondensation zur Synthese höherer Homologer
des Acetessigesters zu einer synthetisch brauchbaren Reaktion aus-
gebaut wurde. Diese Verbesserung der Kondensation zweier verschie-

---

[27] HANTZSCH, A., u. O. WOHLBRÜCK: B. **20**, 1320, 2332 (1887); s. a. ROBERTS
u. McELVAIN: J. Amer. chem. Soc. **59**, 2007 (1937). — Isovaleriansäureester und
tert.-Butylessigsäureester gehen die GEUTHERsche Selbstkondensation nicht ein;
vgl. hierzu Kap. IV, 5a, S. 79.
[28] Bull. Soc. chim. France [4] **13**, 265 (1903); C. r. Acad. Sci. **152**, 95 (1911).
[29] J. Amer. chem. Soc. **62**, 113 (1940); s. a. Seite 59, Fußnote.
[30] SONN, A., u. W. LITTEN: B. **66**, 1512 (1933).

dener Carbonsäureester R—CH_2—$COOR'$ wurde durch zwei Maßnahmen erreicht[31]:

1) durch den Einsatz vom Natriumamid in einer besondern aktiven Form, die erhalten wurde durch Auflösen von Natrium in flüssigem Ammoniak und allmählichen Ersatz des Ammoniaks durch Äther[32] und

2) durch die Wahl von Phenylestern als Esterkomponente, da sich in vergleichenden Kondensationsversuchen mit Cyclohexanon als Methylenkomponente gezeigt hatte, daß die Ausbeute an Kondensationsprodukt um so größer ist, je größer die Verseifungsgeschwindigkeit der Esterkomponente: diese nimmt vom Benzoesäurephenylester über den Methyl- zum Äthylester im Verhältnis 13:3:1 ab[33].

Es wurden so die in folgender Tabelle aufgezeigten Ergebnisse erhalten:

Esterkomponente $R=C_6H_5$	Methylenkomponente	Reaktionsprodukt	Ausbeute
CH_3COOR	$C_6H_5CH_2COOC_2H_5$	$CH_3COCH(C_6H_5)COOC_2H_5$	51%
CH_3CH_2COOR	$C_6H_5CH_2COOC_2H_5$	$C_2H_5COCH(C_6H_5)COOC_2H_5$	55%
C_6H_5COOR	$C_6H_5CH_2COOC_2H_5$	$C_6H_5COCH(C_6H_5)COOC_2H_5$	61%
C_6H_5COOR	$CH_3COOCH(CH_3)_2$	$C_6H_5COCH_2COOCH(CH_3)_2$	60%
C_6H_5COOR	$CH_3CH_2COOCH(CH_3)_2$	$C_6H_5COCH(CH_3)COOCH(CH_3)_2$	32%
C_6H_5COOR	$CH_3CH_2COOC(CH_3)_3$	$C_6H_5COCH(CH_3)COOC(CH_3)_3$	53%

Eine weitere Möglichkeit zur Gleichgewichtsverlagerung der Esterkondensation zugunsten des β-Ketocarbonsäureesters besteht naturgemäß darin, den entstehenden Alkohol während der Reaktion durch Destillation zu entfernen. Auf diese Weise gelang es R. R. RICE und S. M. McELVAIN[34], die Claisen-Kondensation höherer Fettsäureester mit Ausbeuten von 75—85% durchzuführen.

Durch Esterkondensation von Benzoylglykolsäureestern unter dem Einfluß von Kalium gelangten F. MICHEEL und Mitarbeiter[35] zu Oxytetronsäuren, die in naher Beziehung zur Ascorbinsäure stehen. Die hierbei zunächst entstehenden α,γ-Dibenzoyloxy-acetessigester lactonisieren unter innerer Umesterung zu Oxytetronsäuren:

$$2\ C_6H_5\text{—}COO\text{—}CH_2\text{—}COOC_2H_5 \xrightarrow{\ K\ } C_6H_5\text{—}COO\text{—}CH_2\text{—}CO\text{—}\underset{\underset{COOC_2H_5}{|}}{CH}\text{—}O\text{—}CO\text{—}C_6H_5 \longrightarrow$$

$$\begin{array}{c} C_6H_5\text{—}COO\text{—}CH\text{—}CO \\ \quad\quad\quad | \qquad\quad \\ CO\text{—}CH_2 \end{array}\!\!\Big\rangle O \rightarrow \begin{array}{c} HO\text{—}CH\text{—}CO \\ \quad | \qquad\quad \\ CO\text{—}CH_2 \end{array}\!\!\Big\rangle O \rightleftharpoons \begin{array}{c} HO\text{—}C\text{—}CO \\ \quad\ \| \qquad\quad \\ HO\text{—}C\text{—}CH_2 \end{array}\!\!\Big\rangle O.$$

[31] SHIVERS, J. C., M. L. DILLON u. CH. R. HAUSER: J. Amer. chem. Soc. **69**, 119 (1947).

[32] Siehe a. K. ZIEGLER u. H. OHLINGER: A. **495**, 84 (1932).

[33] HAUSER, CH. R., B. J. RINGLER, F. W. SWAMER u. D. F. THOMPSON: J. Amer. chem. Soc. **69**, 2649 (1947). — Über die Acylierung von α-Alkoxy- und α-Aryloxyketonen s. J. MUNCH-PETERSEN u. CH. R. HAUSER: J. Amer. chem. Soc. **71**, 770 (1949). — Über Claisen-Kondensationen mit Carbonsäure-diphenylamiden an Stelle der Carbonsäureester s. G. W. TSCHELINZEW u. Mitarb.: B. **69**, 374 (1936); C. **1937** I, 3789; **1938** I, 567.

[34] J. Amer. chem. Soc. **55**, 1697 (1933); s. a. H. SCHEIBLER, A. **565**, 176 (1950). — Über die Esterkondensation von Piperidino-fettsäureestern s. W. B. THOMAS u. S. M. McELVAIN: J. Amer. chem. Soc. **56**, 1806 (1934).

[35] B. **60**, 1291 (1933); **67**, 1660 (1934); A. **519**, 70 (1935); **545**, 28 (1940).

Die Kondensation zweier Carbonsäureester verläuft auch mit den üblichen Kondensationsmitteln besonders glatt dann, wenn die beiden Estergruppen Bestandteil der gleichen Molekel sind, d. h. bei den Estern von Dicarbonsäuren, vorausgesetzt, daß die durch die Esterkondensation nunmehr eintretende Cyclisierung sterisch möglich ist. Nach der Spannungstheorie werden daher fünf- oder sechsgliedrige Ringe besonders bevorzugt sein; so gelang W. DIECKMANN[36] die innermolekulare Kondensation von Adipinsäureester zu Cyclopentanon-(1)-carbonsäureester-(2) und von Pimelinsäureester zu Cyclohexanon-(1)-carbonsäureester-(2) mit Ausbeuten von jeweils etwa 60% d. Th. Diese als DIECKMANNsche Kondensation bezeichnete innermolekulare Claisen-Kondensation zweier Carbonestergruppen, von denen also mindestens eine die Gruppe —$CH_2 \cdot COOR$ enthalten muß, ist von großer praktischer Bedeutung zur Darstellung cyclischer Ketone; besonders bei Synthesen in der Reihe der *Steroide* ist diese Reaktion oft mit Erfolg angewendet worden. Sehr glatt verläuft die DIECKMANNsche Kondensation dann, wenn beide Carbonestergruppen Substituenten eines aromatischen Systems sind: so erhält man z. B. aus Phenylpropion-o-carbonsäureester leicht den α-Hydrindon-β-carbonsäureester[37]:

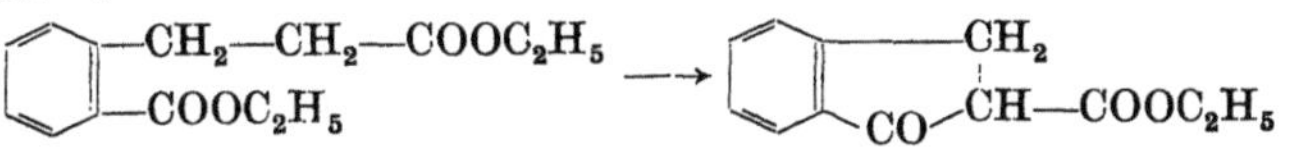

oder aus Salicyl-o-essigester den Cumaranon-carbonsäureester[38]:

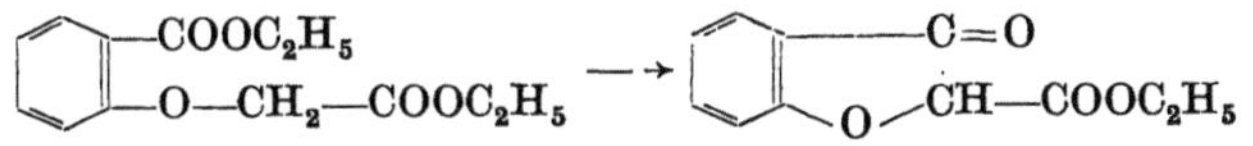

Wenn der Ringschluß in zweierlei Weise möglich ist, dann ist naturgemäß diejenige Reaktionsrichtung stark bevorzugt, bei der die Bildung der betreffenden Carbeniat-Grenzform die geringere Aktivierungsenergie benötigt. Unterwirft man z .B. den β-Thiopropion-essigsäureester der DIECKMANNschen Kondensation, so entsteht als Hauptreaktionsprodukt der Thiophanon-(3)-carbonsäureester-(2)[39]:

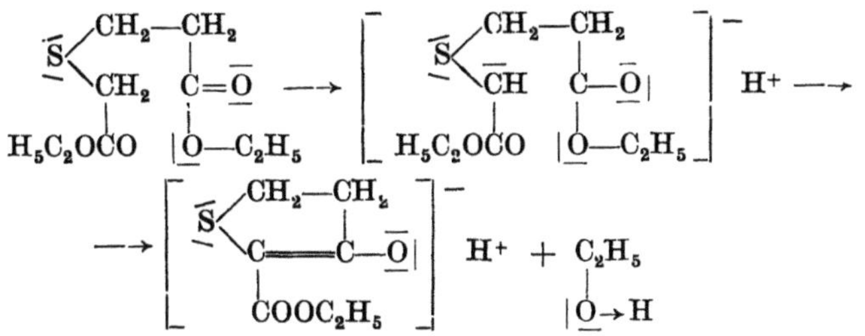

<hr>

[36] A. **317**, 51, 93 (1901); B. **27**, 965 (1894).
[37] TITLEY, A. F.: J. chem. Soc. London **1928**, 2571.
[38] FRIEDLÄNDER, F.: B. **32**, 1868 (1899).
[39] AVISON, BERGEL, COHEN u. HAWORTH: Nature **15**, 459 (1944); s. a. KARRER u. SCHMID: Helvet. chim. Acta **27**, 116 (1944). — WOODWARD, R. B., u. R. H. EASTMAN: J. Amer. chem. Soc. **68**, 2229 (1946). — BAKER, B. R., M. V. QUENY, S. R. SAFIR u. S. BERNSTEIN: J. org. Chemistry **12**, 138 (1947).

da die CH-Acidität der α-CH$_2$-Gruppe des Essigsäurerestes durch das β-ständige S-Atom höher ist als bei der α-CH$_2$-Gruppe des Propionsäurerestes.

Es wird also immer diejenige α-CH$_2$-Gruppe zur Methylenkomponente, die die höhere CH-Acidität besitzt; das heißt andrerseits aber auch, daß immer derjenige β-Ketocarbonsäureester entsteht, dem die höchste im System mögliche CH-Acidität zukommt. Wenn beispielsweise die Möglichkeit besteht, daß durch Dieckmann-Kondensation eines Dicarbonsäureesters sowohl ein cyclischer β-Ketocarbonsäureester mit einer —CH$_2$-Gruppe als auch mit einer —CH(CH$_3$)-Gruppe als an die α-CH-Gruppe des β-Ketocarbonsäureesters anschließendem Ringglied entstehen kann, so wird ausschließlich nur derjenige β-Ketocarbonsäureester entstehen, der in α-Stellung das nicht verzweigte Ringglied trägt. Je näher in einem acyclischen Dicarbonsäureester die α-CH$_2$-Gruppe einer Kettenverzweigung steht, um so geringer ist ihre CH-Acidität und mithin ihre Eignung als Methylenkomponente der Esterkondensation[40]; aus dem gleichen Grunde wird daher eine substituierende Alkyl-Gruppe in dem durch die Kondensation entstehenden alicyclischen β-Ketocarbonsäureester immer möglichst weit von der α-CH-Gruppe entfernt stehen.

Für diese Gesetzmäßigkeiten gibt es eine Reihe von Belegen und Beispiele: so erhielt bereits W. Dieckmann[41] selbst aus β-Methyladipinsäureester ausschließlich den 4-Methyl-cyclopentanon-(1)-carbonester-(2) und nicht die gleichzeitig noch rein formal mögliche 3-Methyl-Verbindung:

$$\begin{array}{ccc}
\text{CH}_2\text{—COOC}_2\text{H}_5 & & \text{H}_2\text{C——C=O} \\
| & \longrightarrow & \quad | \quad\quad | \\
\text{CH}_3\text{—CH—CH}_2\text{—CH}_2\text{—COOC}_2\text{H}_5 & & \text{CH}_3\text{—CH} \quad \text{CH—COOC}_2\text{H}_5 \\
& & \diagdown\text{C}\diagup \\
& & \text{H}_2
\end{array}$$

Aus β,β-Dimethyladipinsäureester entsteht daher nur der 4,4-Dimethylcyclopentanon-(1)-carbonsäureester-(2)[42].

Aus 2-Methylbutan-1,2,4-tricarbonsäureester entsteht der 4-Methyl-4-carbäthoxy-cyclopentanon-(1)-carbonsäureester-(2):

$$\begin{array}{ccc}
\text{CH}_2\text{—COOC}_2\text{H}_5 & & \text{H}_2\text{C————C=O} \\
| & & \text{H}_3\text{C} \quad | \quad\quad\quad | \\
\text{CH}_3\text{—C—CH}_2\text{—CH}_2\text{—COOC}_2\text{H}_5 & \longrightarrow & \text{C}_2\text{H}_5\text{OOC}{>}\text{C}{\diagdown}\text{C}\diagup\text{CH—COOC}_2\text{H}_5 \\
| & & \text{H}_2 \\
\text{COOC}_2\text{H}_5 & &
\end{array}$$

während aus 2,2-Dimethylbutan-1,3,4-tricarbonsäureester

$$\begin{array}{ccc}
\text{CH}_2\text{—COOC}_2\text{H}_5 & & \text{H}_3\text{C}\diagdown\quad\diagup\text{CH}_3 \\
| & & \quad\quad\text{C} \\
\text{CH}_3\text{—C—CH(COOC}_2\text{H}_5)\text{—CH}_2\text{—COOC}_2\text{H}_5 & \longrightarrow & \text{H}_2\text{C}\diagup\quad\diagdown\text{CH—COOC}_2\text{H}_5 \\
| & & \quad | \quad\quad\quad | \\
\text{CH}_3 & & \text{O=C——CH—COOC}_2\text{H}_5
\end{array}$$

<hr>

[40] Chakravarti, R. N.: J. chem. Soc. London **1947**, 1028; J. Indian chem. Soc. **20**, 173, 189, 247, 399 (1943). — Siehe a. Baker: J. chem. Soc. London **1931**, 1548.

[41] B. **33**, 595 (1900); s. a. Einhorn u. Klages: B. **34**, 3793 (1901).

[42] Perkin u. Thorpe: J. chem. Soc. London **89**, 781 (1906).

der 4,4-Dimethyl-3-carbäthoxy-cyclopentanon-(1)-carbonsäureester-(2) entsteht[43] und aus 2-Methylpentan-1,3,5-tricarbonsäureester der 5-Methyl-4-carbäthoxy-cyclohexanon-(1)-carbonsäureester-(2):

$$CH(COOC_2H_5)-CH_2-CH_2-COOC_2H_5$$
$$CH_3-CH-CH_2-COOC_2H_5 \longrightarrow$$

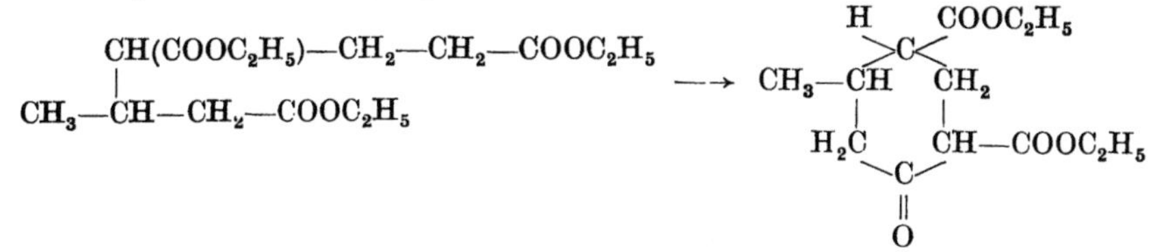

Das Maximum der Ausbeuten der DIECKMANNschen Kondensation liegt beim fünf- bis sechsgliedrigen Ring; bereits aus Korksäureester entsteht der Cycloheptanon-(1)-carbonsäureester-(2) mit geringerer Ausbeute[44]. Aus Glutarsäureester entsteht nicht Cyclobutanon-carbonsäureester, sondern unter zwischenmolekularer Verkettung höhermolekulare Produkte. Aus Bernsteinsäureester hingegen entsteht in interessanter Reaktion zunächst durch zwischen- und danach durch innermolekulare Kondensation der als *Succinylo*-bernsteinsäureester bezeichnete Cyclohexan-1,4-dion-2,5-dicarbonsäureester[45]:

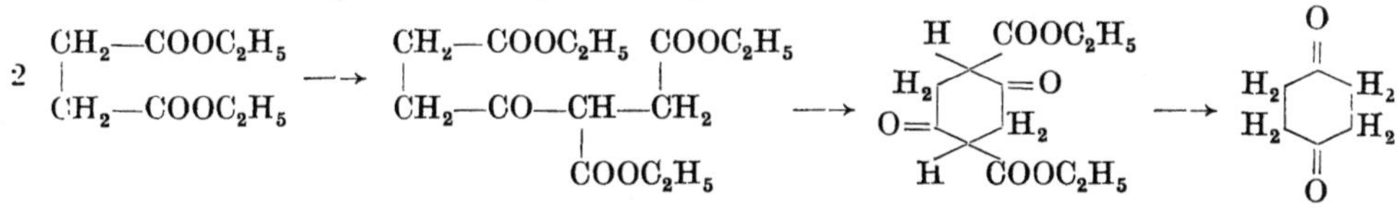

durch Ketospaltung entsteht hieraus Cyclohexan-1,4-dion.

Wie bereits das Beispiel des Thiophanon-carbonsäureesters zeigte, lassen sich mittels der DIECKMANNschen Reaktion auch alicyclische Hetero-Ringe aufbauen. So entsteht aus dem Thio-dipropionsäureester durch Cyclisierung mittels Natriumalkoholat oder Natriumamid in glatter Reaktion der Thiopyranon-(4)-carbonsäureester-(3)[46] und aus Methylimino-dipropionsäureester der N-Methylpiperidon-(4)-carbonsäureester-(3)[47]

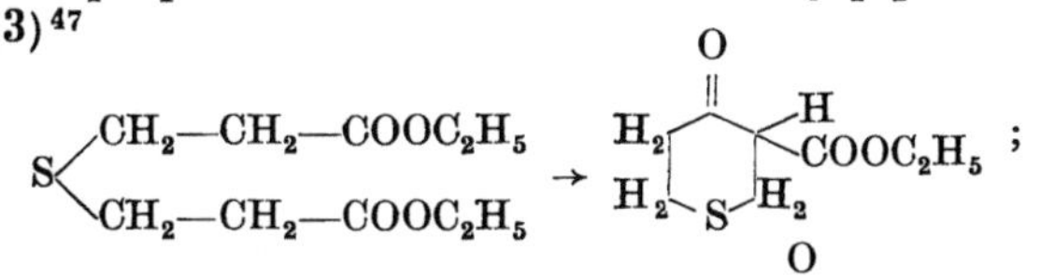

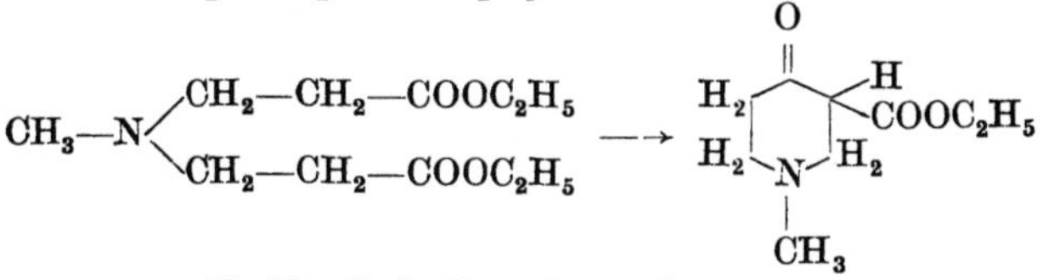

[43] CHAKRAVARTI, R. N.: J. Indian chem. Soc. **21**, 322 (1944).

[44] Über die Bildung hochgliedriger Ringe mit Hilfe einer modifizierten Claisen-Kondensation vgl. K. ZIEGLER, H. EBERLE u. H. OHLINGER: A. **504**, 94 (1933); s. a. Kap. VII, 1, S. 196.

[45] HERRMANN: A. **211**, 308 (1882). — EBERT: A. **229**, 45 (1885); vgl. a. BAEYER: B. **18**, 3454 (1885).

[46] BENNET, G. M. D., u. L. V. D. SCORAH: J. chem. Soc. London **1927**, 194.

[47] McELVAIN, S. M., u. Mitarb.: J. Amer. chem. Soc. **46**, 1721 (1924); **48**, 2179 (1926); **49**, 2862 (1927); **53**, 2692 (1931).

Bemerkenswert erscheint hierbei, daß nach den Angaben von
E. A. PRILL und S. M. MC ELVAIN[48] der Methylimino-buttersäure-
essigsäureester leichter cyclisiert zu dem N-Methylpiperidon-(3)-car-
bonsäureester-(4) als der symmetrische Methylimino-dipropionsäureester,

$$CH_3-N\Big\langle{}^{CH_2-CH_2-CH_2-COOC_2H_5}_{CH_2-COOC_2H_5} \longrightarrow$$

was wohl darauf zurückzuführen ist, daß die CH-Acidität der α-CH_2-
Gruppe um so höher ist, je weiter sie vom Stickstoff entfernt steht.

Weit schwieriger sind die entsprechenden Äther-carbonsäureester
mittels der DIECKMANNschen Reaktion in die zugehörigen Pyranon-
carbonsäureester überführbar. Die Cyclisierung des Di-β-oxypropion-
säureesters gelingt mit leidlicher Ausbeute unter dem Einfluß von
Natriumäthylat nur bei tiefer Temperatur, da der hohen Elektronenaffinität des Äther-Sauerstoffs wegen das zunächst entstehende Carbeniat-Anion leicht in β-Oxypropionsäureester und Acrylsäureester
zerfällt, der unter den Bedingungen der Reaktion polymerisiert:

$$\left[\bar{O}\Big\langle{}^{CH_2-CH_2-COOC_2H_5}_{CH_2-\overline{C}H-COOC_2H_5}\right]^- \longrightarrow \left[|\bar{O}-CH_2-CH_2-COOC_2H_5\right]^- +$$
$$+ \ H_2C{=}CH-COOC_2H_5$$

Auch benzo-kondensierte heterocyclische Ringsysteme lassen sich
mittels der DIECKMANNschen Reaktion aufbauen: so cyclisiert der
Phenylessigsäure-o-glykolsäureester nach P. PFEIFFER und K. BAUER[49]
zu einem Chromanon-carbonsäureester, dem wohl die Konstitution
eines Chromanon-(3)-carbonsäureesters-(4) zukommen dürfte:

Geeignete Ausgangsmaterialien führen weiterhin direkt zu aromatischen Systemen: so geht der Malonyl-3-chlor-anthranilsäureester
bereits beim Behandeln mit Natriumäthylat in ätherischer Lösung
über in 2,4-Dioxy-7-chlorchinolin-3-carbonsäureester[50]:

---

[48] J. Amer. chem. Soc. **55**, 1233 (1933). — Über die Cyclisierung des Imino-
dipropionitrils s. G. B. BACHMANN u. R. S. BAKER: J. Amer. chem. Soc. **69**, 1535
(1947).

[49] B. **80**, 7 (1947).

[50] LUTZ, R. E., u. R. J. ROWLETT: J. Amer. chem. Soc. **68**, 1285 (1946).

Schließlich verläuft auch die bekannte Synthese der technisch
so bedeutungsvollen Indoxylsäure[51] durch Alkalischmelze der Phenyl-
glycin-o-carbonsäure nach dem Mechanismus der Claisen-Kondensation,

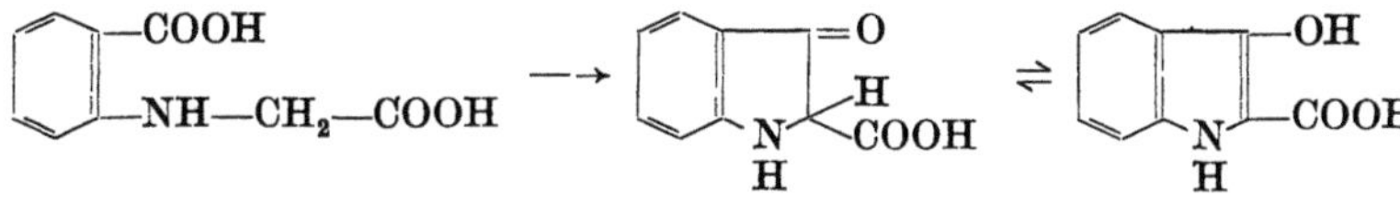

geht doch der entsprechende Diäthylester bereits in alkoholischer
Lösung mit Natriumäthylat in den Indoxylsäureester über.

Eine cyclisierende Esterkondensation ist schließlich auch die Synthese des 4-Oxycumarins durch Erhitzen des Acetyl-salicylsäureesters
mit Natrium auf $175°$ [52]:

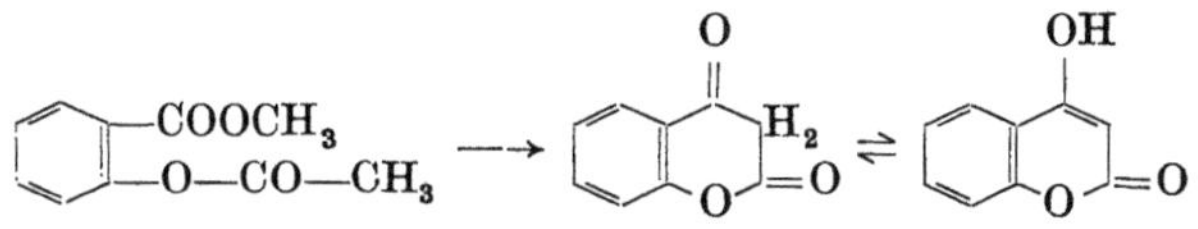

Mittels der DIECKMANNschen Reaktion gelingt es auch, alicylische
Systeme mit endo-Brücken aufzubauen: Cyclopentanon-(1)-dicarbon-
säure-(2,5)-2-essigsäureester geht beim Behandeln mit Natrium über
in einen Bicyloheptan-[1,2,2]-dion-dicarbonsäureester, der bei der
Ketospaltung die zugehörige beständige Monocarbonsäure gibt[53]:

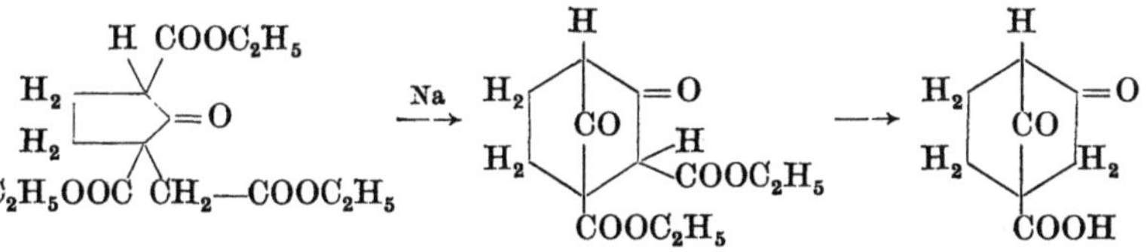

Ebenso geht der β,β'-Dicarbäthoxy-korksäureester bei der gleichen
Behandlung über in einen Bicyclooktan-[2,2,2]-dion-dicarbonsäure-
ester[54]:

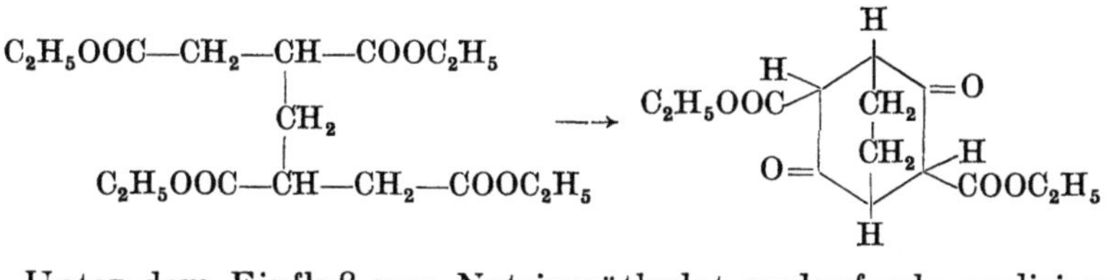

Unter dem Einfluß von Natriumäthylat verlaufende cyclisierende
Umlagerungen sind in ihrem Chemismus zumeist auf eine intermediäre
Dieckmann-Kondensation zurückzuführen. So verläuft die bekannte

[51] HEUMANN: B. **23**, 3431 (1890); DRP. 85071 (BASF).
[52] PAULY u. LOCKEMANN: B. **48**, 28 (1915). — Über die Synthese des 4-Oxy-
cumarins durch Kondensation von o-Oxyacetophenon mit Diäthylcarbonat unter
dem Einfluß von Natriumäthylat s. A. P. 2449162 (1946), H. G. DICKENSON.
[53] GUHA, P. C., u. G. D. HAZRA: J. Indian chem. Soc. **17**, 107 (1940).
[54] GUHA, P. C., u. C. KRISHNAMURTY: Sci. and Cult. **4**, 431 (1939); B. **72**,
1374 (1939).

GABRIELsche Umlagerung des Phthalimido-essigsäureesters zu 1,4-Dioxy-isochinolin-3-carbonsäureester[55] über eine DIECKMANNsche Kondensation des intermediär durch Ringöffnung zunächst entstehenden Phthaloyl-glycidsäureesters:

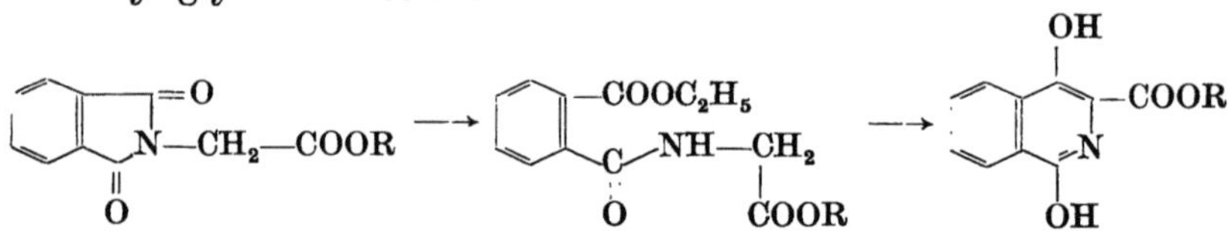

Dieser Reaktionsverlauf wird energetisch wesentlich bestimmt durch die bei der Cyclisierung eintretende Aromatisierung.

In analogem Reaktionsverlauf lagert sich der Isatin-N-essigsäureester unter dem Einfluß von Natriummethylat um in 3,4-Dioxychinolin-2-carbonsäureester[56]:

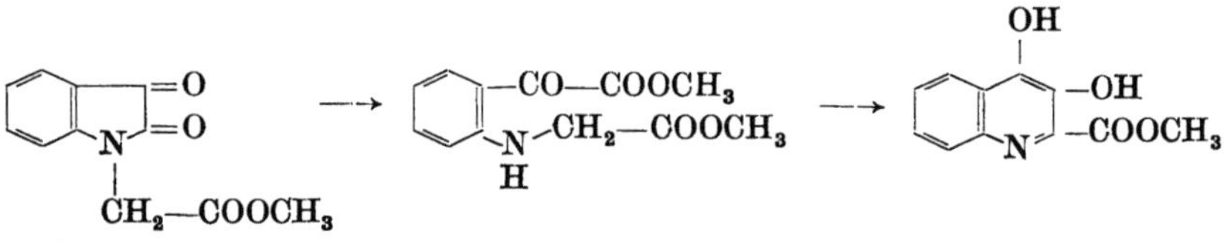

Über ähnliche Umlagerungen α-substituierter Indandione siehe unten S. 154.

α-Substituierte cyclische β-Ketocarbonsäureester erleiden, wie alle α-disubstituierten β-Dicarbonylverbindungen leicht alkoholytische Spaltung unter dem Einfluß einer geringen Menge Äthylat. Bei Anwendung einer molaren Menge Äthylatlösung gelingt es daher, die als Zwischenprodukte entstehenden offenkettigen Dicarbonsäureester erneut in cyclische β-Ketocarbonsäureester zu verwandeln, die als Umlagerungsprodukte des Ausgangsmaterials erscheinen[57]:

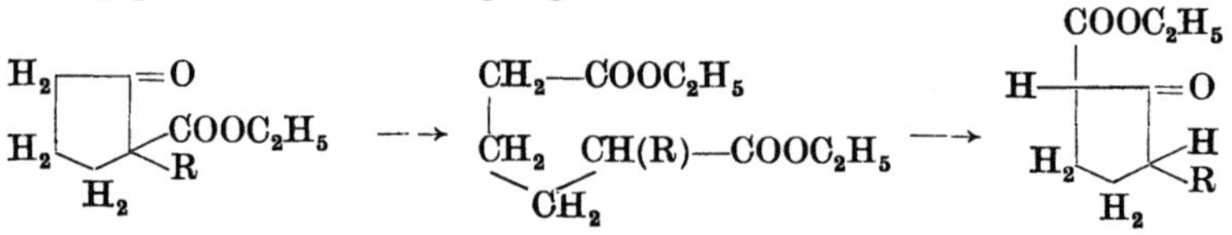

Eine bemerkenswerte Umlagerung nach dem Mechanismus der Esterkondensation erleiden aromatische o-Acyloxy-ketone, die bereits unter milden Bedingungen (Erwärmen mit Pottasche in Toluol, Natriumäthylat bei Zimmertemperatur) in o-Oxyaroyl-ketone übergehen[58]. So entsteht aus o-Benzoyloxy-acetophenon das als Zwischenprodukt zur Synthese von Chromonen wichtige o-Oxy-dibenzoylmethan nach folgendem inneren Mechanismus:

[55] GABRIEL, S. u. I. COLMAN: B. **33**, 980, 995, 2632 (1900); **35**, 2421 (1902). — FINDE-KLEE, W.: B. **38**, 3542 (1905).

[56] PUTOCHIN, N. J.: C. **1936** I, 3328.

[57] CHATTERJEE, N. N., B. K. DAS u. G. N. BARPUJARI: J. Indian chem. Soc. **17**, 161 (1940).

[58] BAKER, W.: J. chem. Soc. London **1933**, 1381; **1934**, 1953. — T. S. WHEELER u. Mitarb.: J. chem. Soc. London **1940**, 1499; **1950**, 340.

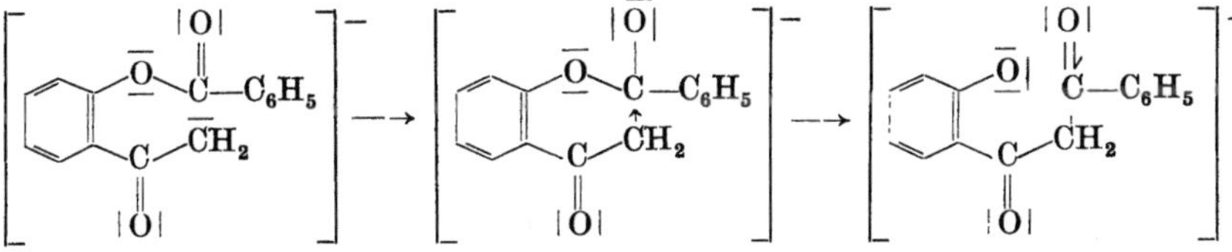

Kondensiert man unsymmetrische Ketone mit Carbonsäureestern, so können zwei strukturisomere β-Diketone entstehen:

$$R{-}COOC_2H_5 + CH_3{-}CO{-}CH_2{-}R' \quad \begin{array}{l} \xrightarrow{\ a\ } R{-}CO{-}CH_2{-}CO{-}CH_2{-}R' \\[2ex] \xrightarrow[b]{\ } R{-}CO{-}CH(R'){-}CO{-}CH_3 \end{array}$$

Wendet man alkalische Kondensationsmittel an, so bilden sich nach Schema a zumeist als Hauptreaktionsprodukt die zu erwartenden unverzweigten β-Diketone[59]. Dies gilt auch im allgemeinen für die Darstellung von Oxymethylenketonen durch Kondensation von Ameisensäureester mit Ketonen [60]. Eine bemerkenswerte Ausnahme macht hierbei jedoch das Methyl-äthylketon[61]: neben 20% des unverzweigten $C_2H_5{-}CO{-}CH{=}CH{-}OH$ entsteht bei der Kondensation mit Ameisensäureester zu 80% das α-Methyl-oxymethylenaceton, $CH_3{-}CO{-}C(CH_3){=}CH{-}OH$, während aus Methyl-n-propylketon wiederum das normale unverzweigte Reaktionsprodukt gebildet wird.

Im Gegensatz hierzu entstehen aber bei der MEERWEINschen β-Diketonsynthese aus Ketonen und Acetanhydrid unter dem Einfluß von Bortrifluorid als Hauptreaktionsprodukte die verzweigten, α-monosubstituierten β-Diketone[62]: während aus Methyläthylketon hierbei nur das α-Methyl-acetylaceton entsteht, geht bei der Behandlung mit Acetanhydrid-BF_3 das Methyl-isopropylketon zu 68% in α,α-Dimethylacetylaceton und zu 32% in γ,γ-Dimethylacetylaceton über. Beim Methyl-isobutylketon stehen die Reaktionsprodukte nach den Wegen a und b im Verhältnis 55:45, während aus Methylcyclohexanon die beiden möglichen β-Diketone in gleicher Menge erhalten werden.

Ähnlich der DIECKMANNschen Cyclisierung sind auch alicyclische β-Diketone (Dihydroresorcine) durch Claisen-Kondensation geeigneter Ketocarbonsäureester leicht zu erhalten. So geht, wie D. VORLÄNDER[63] fand, der γ-Acetobuttersäureester unter der Einwirkung von Natrium leicht in Cyclohexan-1,3-dion über:

[59] Siehe z. B. S. G. POWELL u. K. M. SEYMON: J. Amer. chem. Soc. **53**, 1174 (1931). — ADAMS, J. T., u. CH. R. HAUSER: J. Amer. chem. Soc. **66**, 1220 (1944).

[60] Siehe z. B. R. P. MAVIELLA: J. Amer. chem. Soc. **69**, 2670 (1947): Methylisobutylketon $\longrightarrow (CH_3)_2CH{-}CH_2{-}CO{-}CH{=}CH{-}OH$; **70**, 3126 (1948).

[61] DIELS, O., u. K. ILBERG: B. **49**, 160 (1916). — AUWERS, K. v., u. W. KOHLHAAS: A. **437**, 43 (1924). — BENARY, E., H. MEYER u. K. CHARISIUS: B. **59**, 109 (1926); s. a. L. CLAISEN: A. **278**, 270 Anm. (1894).

[62] HAUSER, CH. R., u. J. T. ADAMS: J. Amer. chem. Soc. **66**, 345 (1944); s. a. Kap. IV., 5e, S. 98.

[63] A. **294**, 317 (1897).

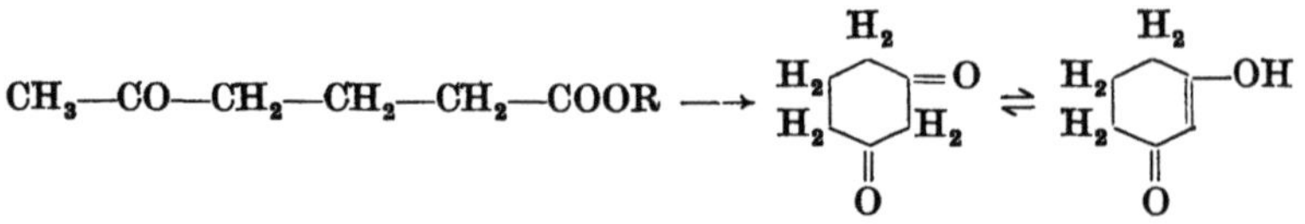

$$CH_3—CO—CH_2—CH_2—CH_2—COOR \longrightarrow$$

während überraschenderweise die analoge Darstellung des Cyclopentan-1,3-dions aus Lävulinsäureester nicht gelingt[64].

Ein bemerkenswerter Acylaustausch findet, wie S. M. McElvain[65] fand, statt, wenn man die Natriumsalze von β-Dicarbonylverbindungen mit mindestens der doppelten Menge eines Esters erhitzt:

$$[R—CO—\overline{C}H—CO—R']^- \; Na^+ + R''—COOC_2H_5 \longrightarrow$$
$$\longrightarrow [R—CO—\overline{C}H—CO—R'']^- \; Na^+ + R'—COOC_2H_5$$

So geht das Na-Benzoylaceton beim Erhitzen mit Benzoesäureester unter Abspaltung von Essigester über in Na-Dibenzoylmethan.

Diese Reaktion ist wohl so zu deuten, daß, ähnlich wie bei der normalen Claisen-Kondensation, zunächst in geringer Menge ein instabiles Addukt a entsteht, das sich bei der erhöhten Temperatur unter Abgabe von Essigester stabilisiert:

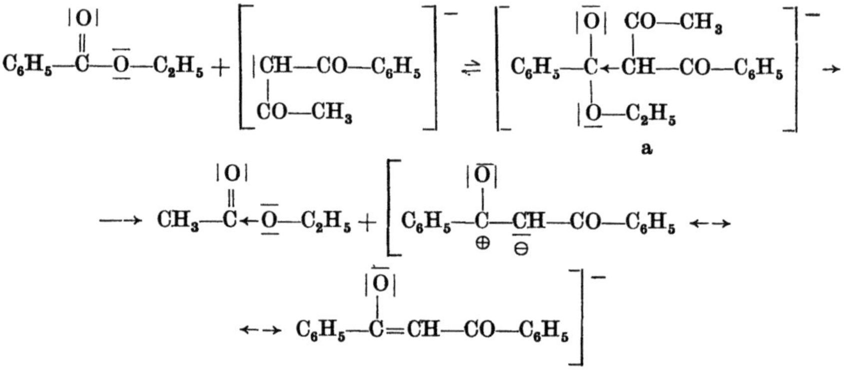

Auf analoge Weise entsteht aus Natrium-acetessigester durch Einwirkung von Benzoesäureester der Benzoylessigester.

Während, wie bereits erwähnt, das Cyclopentan-1,3-dion direkt nur schwer zugänglich ist, ist das benzo-kondensierte Cyclopentan-1,3-dion, das *Indan-1,3-dion* ein leicht zu erhaltendes und daher eingehend untersuchtes cyclisches β-Diketon. Als erster entdeckte W. Wislicenus 1888[66] eine Darstellung des Indan-1,3-dion über seinen ms-Carbonsäureester, als er Phthalsäurediäthylester mit Essigester unter dem Einfluß von Natrium kondensierte: der hierbei zunächst entstehende o-Carbäthoxybenzoylessigester geht unter erneuter innerer Esterkondensation über in Indan-1,3-dion-2-carbonsäureester:

[64] Ruggli, P., u. A. Maeder: Helvet. chim. Acta **26**, 1476 (1943).
[65] McElvain, S. M., u. K. H. Weber: J. Amer. chem. Soc. **63**, 2192 (1941).
[66] A. **246**, 347 (1888).

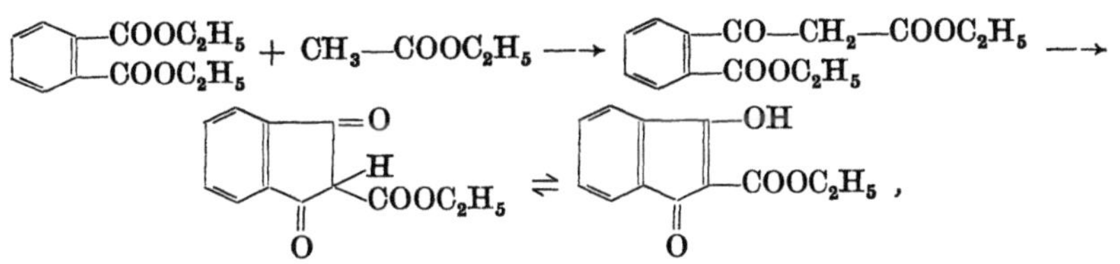

der sehr leicht, bereits beim Lösen des Natriumsalzes in Wasser, in das Indan-1,3-dion übergeht.

Bei der Kondensation von homologen Fettsäureestern mit Phthalsäureester entstehen unter Alkoholyse des zunächst entstehenden Acyl-β-ketoesters bzw. β-Diketons unter Abspaltung von Diäthylcarbonat direkt die α-monosubstituierten Indan-1,3-dione, so aus Phthalsäureester und Propionsäureester das α-Methylindan-1,3-dion[67]:

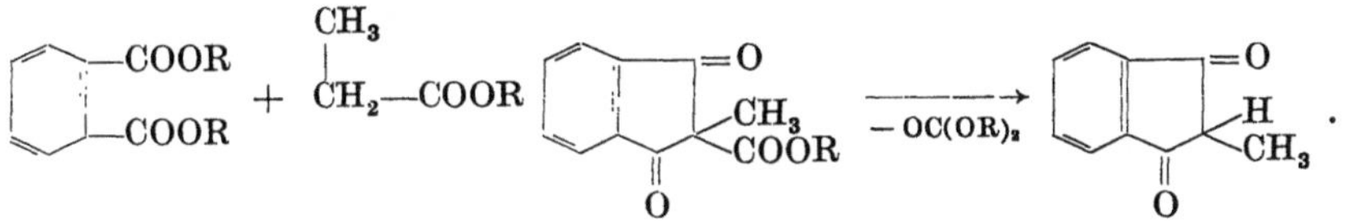

Während der Indandion-carbonsäureester als cyclisches Triacylmethanderivat hoch enolisiert ist, liegen das Indandion selbst und seine α-Substitutionsprodukte zumeist als reine Ketone vor[68] (s. a. Kap. I, 3. Seite 28), die jedoch in Alkali mit tiefroter Farbe löslich sind.

Das Indandion gibt die üblichen Reaktionen der β-Diketone: es ist alkylierbar und liefert Mono- und Dihalogenderivate; es ist nitrosierbar zu einer Isonitrosoverbindung, die zu 2-Nitroindandion oxydiert werden kann[69].

Indandion geht unter zwischenmolekularer Aldolkondensation leicht in Anhydro-bis-indandion (Bindon) über, das tief gefärbte Alkalisalze gibt (Carboindigoid):

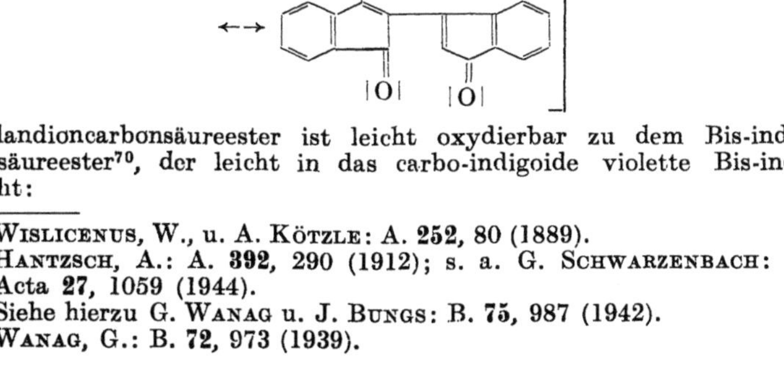

Indandioncarbonsäureester ist leicht oxydierbar zu dem Bis-indandioncarbonsäureester[70], der leicht in das carbo-indigoide violette Bis-indandion übergeht:

---

[67] WISLICENUS, W., u. A. KÖTZLE: A. 252, 80 (1889).

[68] HANTZSCH, A.: A. 392, 290 (1912); s. a. G. SCHWARZENBACH: Helvet. chim. Acta 27, 1059 (1944).

[69] Siehe hierzu G. WANAG u. J. BUNGS: B. 75, 987 (1942).

[70] WANAG, G.: B. 72, 973 (1939).

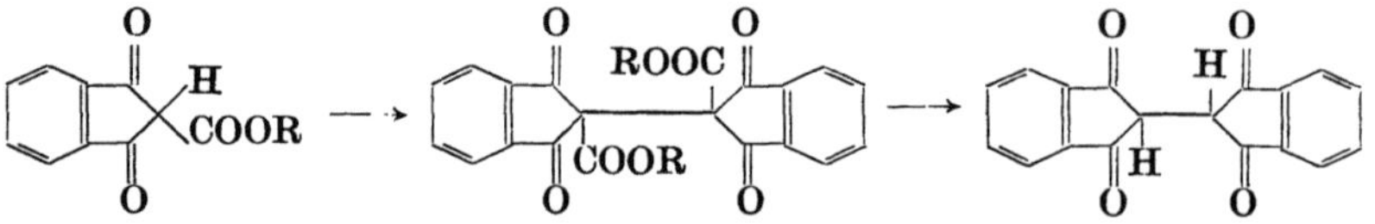

und dessen tiefe Farbe bedingt ist durch folgende Mesomerie, die stark an die Verhältnisse beim Indigo erinnert:

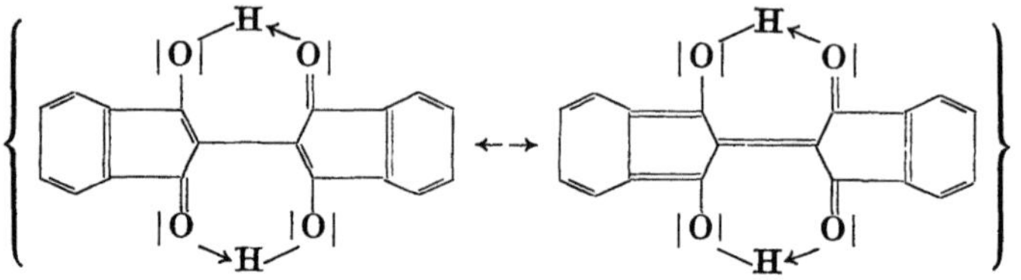

Auf eine ähnliche Mesomerie ist auch die tiefe Farbe der Alkali-Lösungen der Indandione selbst zurückzuführen:

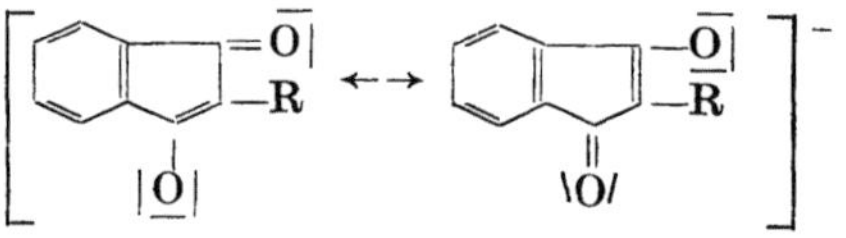

α-Disubstituierte Indandione gehen unter dem Einfluß von Natriumäthylat, veranlaßt durch die leichte alkoholytische Spaltbarkeit α-disubstituierter β-Dicarbonylverbindungen, unter Dieckmann-Kondensation der durch Alkoholyse entstandenen Zwischenprodukte leicht in Derivate des Naphthohydrochinons über[71], z. B.:

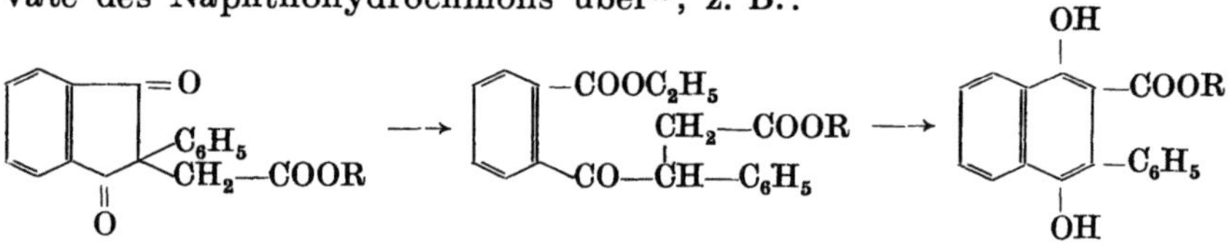

Der leichte Eintritt dieser Umlagerung beruht auf der durch die Umlagerung sich einstellenden aromatischen Mesomerie.

In ähnlicher Weise kann man zu Oxyisochinolinderivaten dadurch gelangen, daß man α-Aryl-α-alkylamino-indandione der Behandlung mit einer geringen Menge Äthylat-Lösung unterwirft[72]:

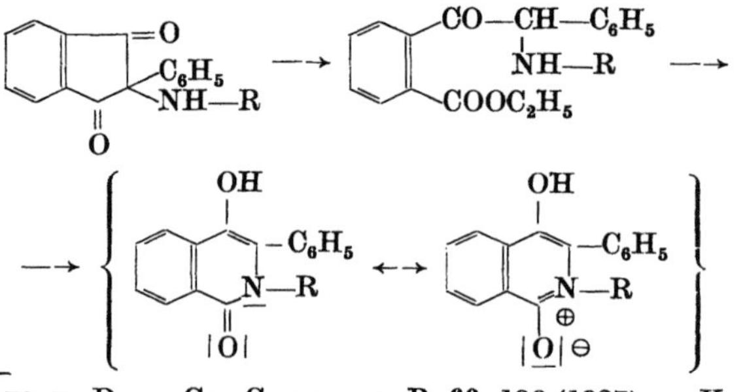

[71] RADULESCU, D., u. GH. GHEORGIU: B. **60**, 186 (1927). — KOELSCH, C. F.: J. Amer. chem. Soc. **62**, 560 (1940); **67**, 159 (1945).
[72] WANAG, G., u. U. WALBE: B. **71**, 1448 (1938).

Über die Umlagerung des Benzalphthalids zu α-Phenylindandion s. unten, Seite 166.

Von den Estern zweibasischer Säuren kommt dem *Oxalester* besondere synthetische Bedeutung zu. So gelangt man durch Kondensation von Oxalester mit Glutarsäureester zum Cyclopentan-3,4-dion-2,5-dicarbonsäureester I[73]; aus dem β,β-Dimethylglutarsäureester erhält man analog die entsprechende 1,1-Dimethylverbindung II,

das Ausgangsmaterial der KOMPPAschen Synthese des Camphersäureanhydrids[74]. Desgleichen durch Kondensation von Oxalester mit Diglykol- oder Thiodiglykolsäureester[75] der 3,4-Dioxyfuran- bzw. thiophen-2,5-dicarbonsäureester III, die der besonderen Möglichkeiten der Elektronenverteilung des entstehenden Ringes wegen bereits aromatischen Charakter besitzen.

Diese durch besonders leichte Aktivierbarkeit als Esterkomponente bedingte hohe Reaktionsfähigkeit des Oxalesters ist wohl darauf zurückzuführen, daß an der Mesomerie dieses Esters

die polarisierten Grenzformeln in höherem Betrage beteiligt sind als bei gewöhnlichen Alkylcarbonsäureestern: dies zeigt bereits die leichte Bildung von Natriumäthylat-addukten, die ADICKES[76] nachgewiesen hat.

Ähnlich wie mit Glutarsäureester gelingt auch die Kondensation des Adipinsäureesters mit Oxalester[77]; hierbei entsteht neben dem normalen innermolekularen Kondensationsprodukt des Adipinsäureesters, dem Cyclopentanoncarbonester, der Cyclohexan-1,2-dion-3,6-dicarbonsäureester:

[73] DIECKMANN, W.: B. **27**, 965 (1894).
[74] KOMPPA, G.: A. **370**, 209 (1909).
[75] JOHNSON, T. B., u. C. O. JOHNS: Amer. chem. J. **36**, 290 (1906). — HINSBERG, O.: B. **43**, 903 (1910); **45**, 2416 (1912).
[76] B. **65**, 522 (1932).
[77] PATEL, P. P., u. P. C. GUHA: J. Indian Inst. Sci. (A) **15**, 125 (1932). — BROWN, A. S.: C. **1936 II**, 1157.

Aus Bernsteinsäureester hingegen entsteht mit Oxalester nicht Cyclobutandiondicarbonsäureester, sondern aus zwei Mol Oxalester mit einem Mol Bernsteinsäureester der Dioxalo-bernsteinsäureester[78], der bei der Behandlung mit konz. Schwefelsäure übergeht in Furantetracarbonsäureester[79]:

$$
\begin{array}{ccc}
\text{COOR} & & \text{COOR}\quad\text{COOR} \\
| & & |\qquad\quad| \\
\text{CH—CO—COOR} & & \text{C}=\!=\!=\text{C} \\
| & \xrightarrow{-\,H_2O} & \diagdown\,\text{O} \\
\text{CH—CO—COOR} & & \text{C}=\!=\!=\text{C}\diagup \\
| & & |\qquad\quad| \\
\text{COOR} & & \text{COOR}\quad\text{COOR}
\end{array}
$$

Höhere Dicarbonsäureester hingegen, so der Sebacinsäureester, scheinen mit Oxalester nur einmal in Reaktion zu treten; auch eine Cyclisierung zu hochgliedrigen Ringen gelingt nach dieser Methode nicht[80].

Unter dem Einfluß von Kaliumäthylat gelingt die Kondensation von Malodinitril mit Oxalester zu Oxalo-malodinitril[81]:

$$(NC)_2C=C(OH)\text{—}COOC_2H_5$$

Auch durch Kondensation von Oxalester mit Ketonen kann man direkt zu cyclischen Verbindungen gelangen. So erhält man aus äquimolekularen Mengen Oxalester und Diäthylketon bei der Kondensation mit zwei Mol Natriumäthylat das „Oxalyl-diäthylketon" IV und mit Dibenzylketon das analoge „Oxalyl-dibenzylketon" V,

$$
\text{IV}\qquad
\begin{array}{c}
\text{CH}_3 \\
| \\
\text{HO—C}=\text{C} \\
|\diagdown \\
\text{O}=\text{C—CH}\diagup\text{C}=\text{O} \\
| \\
\text{CH}_3
\end{array}
\qquad\qquad
\begin{array}{c}
\text{C}_6\text{H}_5 \\
| \\
\text{HO—C}=\text{C} \\
|\diagdown \\
\text{O}=\text{C—CH}\diagup\text{C}=\text{O} \\
| \\
\text{C}_6\text{H}_5
\end{array}
\qquad\text{V}
$$

die zum mindesten in der Mono-Enolform vorliegen[82]. Letztgenannte Verbindung bildet ein gelbes Mono-Natrium- und ein violettes Di-Natriumsalz, dessen tiefe Farbe wahrscheinlich auf die Mesomerie VI a↔b zurückzuführen ist, da auch das Salz der Mono-O-acetylverbindungen gefärbt ist.

$$
\text{VI}\qquad
\left[
\begin{array}{c}
\text{C}_6\text{H}_5 \\
| \\
\bar{\text{O}}=\text{C}\diagdown\text{C}=\text{C—}\bar{\text{O}}| \\
\diagup \\
\text{C}=\text{C—}\bar{\text{O}}| \\
| \\
\text{C}_6\text{H}_5
\end{array}
\;\longleftrightarrow\;
\begin{array}{c}
\text{C}_6\text{H}_5 \\
| \\
|\bar{\text{O}}\text{—C}\diagdown\text{C—C}=\bar{\text{O}} \\
\diagup \\
\text{C}=\text{C—}\bar{\text{O}}| \\
| \\
\text{C}_6\text{H}_5
\end{array}
\right]^{--}
$$

$$\text{a}\text{b}$$

[78] WISLICENUS, W.: A. **285**, 11 (1895). — Über den Monooxal-bernsteinsäureester s. W. WISLICENUS: B. **22**, 885 (1889); **44**, 1564 (1911). — LYNEN, F. u. Mitarb.: A. **560**, 163 (1948); **562**, 66 (1949).

[79] REICHSTEIN, T., A. GRÜSSNER u. K. SCHINDLER: Helvet. chim. Acta **16**, 276 (1933).

[80] SAKUTSKAJA, M. A.: C. **1941 I**, 2657.

[81] SCHENK, R., u. H. FINKEN: A. **462**, 158 (1928).

[82] CLAISEN, L.: B. **27**, 1353 (1894); A. **284**, 245 (1895).

Außerdem ist von dieser von CLAISEN entdeckten und eingehend untersuchten Verbindung ein O-Monomethyl-, ein C-Monomethyl- und ein Dimethylderivat bekannt (VII, VIII und IX).

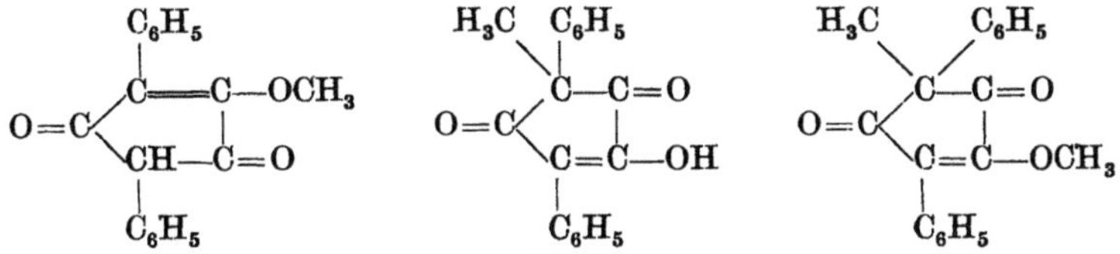

$$
\begin{array}{ccc}
\text{VII} & \text{VIII} & \text{IX}
\end{array}
$$

Bemerkenswert ist das Oxalyl-dibenzylketon durch eine interessante Umlagerung, die beim Erhitzen wenige Grade über den Schmelzpunkt (F. 192—193°) eintritt und die zum *Pulvinon* führt, der Stammsubstanz der *Pulvinsäure*[83]:

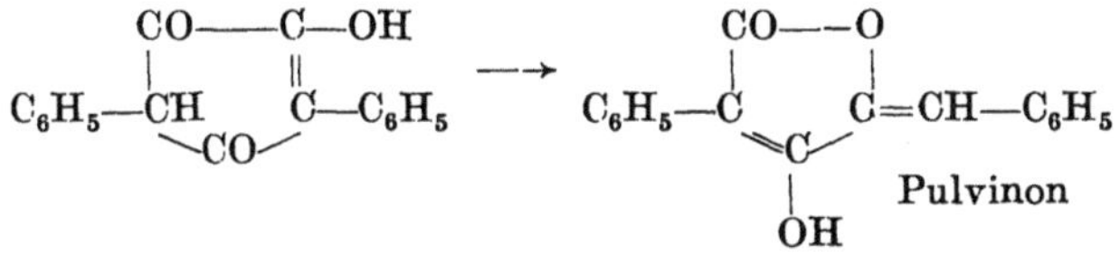

Diese Umlagerung ist vermutlich so zu deuten, daß in der Dienolform X die Bindung zwischen den beiden die enolischen Doppelbindungen tragenden C-Atomen sich löst, wonach das anionisch aufgerichtete O-Atom die entstandene Oktettlücke schließt, während das einsame Elektronenpaar des vorherigen Liganden von dem aus dem Enol abdissoziierten Proton beansprucht wird; die zunächst entstehende Enolform XI lagert sich dann leicht in die tautomere Form, das Pulvinon, um:

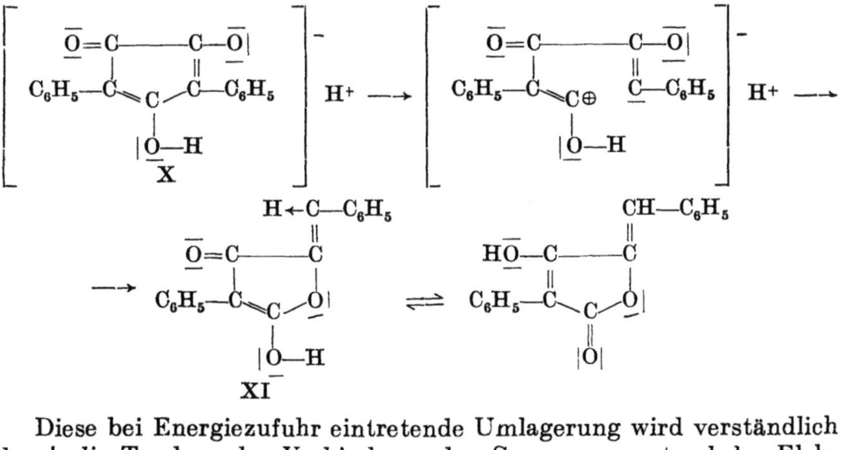

Diese bei Energiezufuhr eintretende Umlagerung wird verständlich durch die Tendenz der Verbindung, den Spannungszustand der Elektronenanordnung der Oxalo-Gruppe —CO—CO— auszugleichen[84].

---

[83] CLAISEN, L.: l. c.; s. a. A. SCHÖNBERG u. A. SINA: J. chem. Soc. London **1946**, 601.

[84] Vgl. Kap. IV, g, S. 104.

Durch Kondensation äquimolekularer Mengen von Oxalester und Benzylcyanid gelangt man zum Benzylcyanid-oxalester[85], der durch konz. Schwefelsäure übergeht in Phenyl-oxy-maleinsäureanhydrid[86],

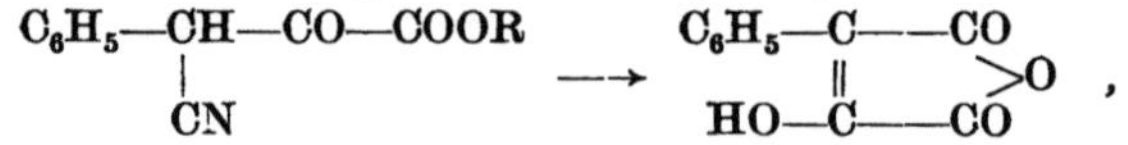

$$\underset{\displaystyle CN}{\overset{\displaystyle C_6H_5-CH-CO-COOR}{\big|}} \longrightarrow \underset{\displaystyle HO-C=CO}{\overset{\displaystyle C_6H_5-C=CO}{}}\!\!\!>\!O \; ,$$

einer starken Säure, die mit Aminen leicht Salze bildet.

Kondensiert man hingegen ein Mol Oxalester mit zwei Mol Benzylcyanid, so gelangt man zu dem interessanten Diphenylketipinsäuredinitril XII, dessen saure Verseifung zum Pulvinsäurelacton XIII führt; einer der beiden Lactonringe dieses Dilactons wird durch Alkali leicht aufgespalten zur Pulvinsäure XIV[87]:

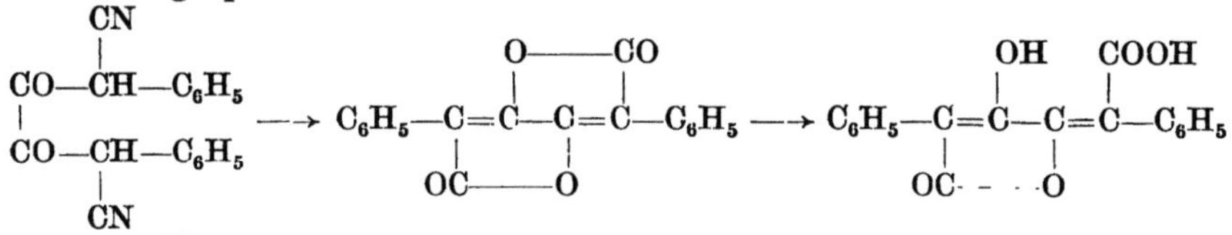

$$\begin{array}{ccc}
\text{XII} & \text{XIII} & \text{XIV}
\end{array}$$

Behandelt man das Pulvinsäurelacton mit methanolischer Kalilauge, so erhält man durch Alkoholyse den als Vulpinsäure bezeichneten Pulvinsäuremonomethylester:

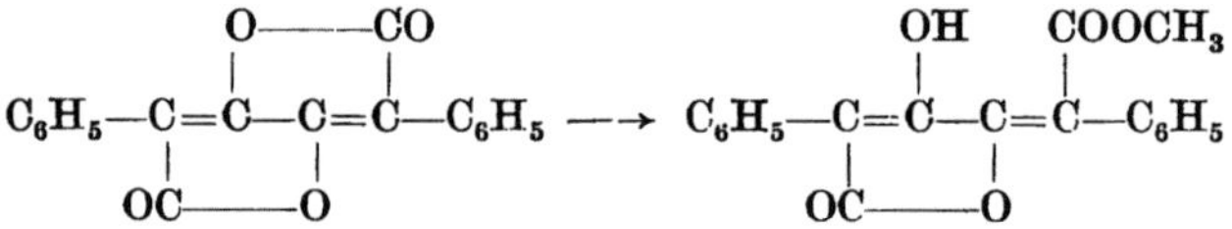

Der hieraus darstellbare „Vulpinsäuredimethyläther" geht, wie F. KÖGL[88] fand, bei der Behandlung mit methanolischer Kalilauge über in 2,5-Diphenyl-3-methoxy-cyclopentan-2,4-dien-4-ol-5-on, eine Reaktion, die gewissermaßen die Umkehrung der CLAISENschen Umlagerung des Oxalyldibenzylketons zum Pulvinon darstellt. Die Reaktion verläuft in der Weise, daß der nach Aufspaltung des Lactonringes intermediär entstehende β-Ketocarbonsäureester Ketospaltung erleidet zu einem Keton, das durch innermolekulare Esterkondensation in den Monomethyläther des Oxalyldibenzylketons übergeht:

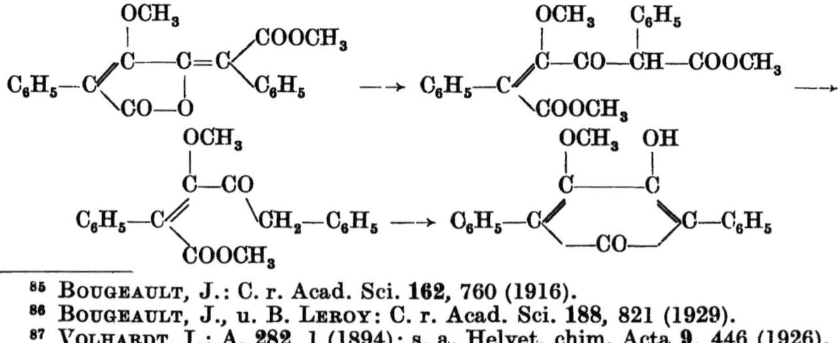

[85] BOUGEAULT, J.: C. r. Acad. Sci. **162**, 760 (1916).
[86] BOUGEAULT, J., u. B. LEROY: C. r. Acad. Sci. **188**, 821 (1929).
[87] VOLHARDT, I.: A. **282**, 1 (1894); s. a. Helvet. chim. Acta **9**, 446 (1926).
[88] A. **465**, 248 (1928).

Über die acyclischen β-Carbonyl-oxalo-ester sind durch eine bemerkenswerte innere Kondensation bzw. Umlagerung cyclische Derivate der Pyron- bzw. Dihydropyronreihe zugänglich. So erhält man durch Kondensation von zwei Mol Oxalester mit einem Mol Aceton den Aceton-dioxalester, den sein Entdecker CLAISEN[89] des Farbstoffcharakters der tiefgelben Dialkalisalze wegen als *Xantho*-chelidonsäureester XVa $\leftrightarrow$ b bezeichnete:

$$\text{CO} \begin{cases} \text{CH}_2\text{—CO—COOC}_2\text{H}_5 \\ \text{CH}_2\text{—CO—COOC}_2\text{H}_5 \end{cases} \longrightarrow$$

$$\longrightarrow \left[\bar{\text{O}}=\text{C} \begin{cases} \overset{|\bar{\text{O}}|}{\text{CH}=\text{C}\text{—COOC}_2\text{H}_5} \\ \underset{|\underline{\text{O}}|}{\text{CH}=\text{C}\text{—COOC}_2\text{H}_5} \end{cases} \leftrightarrow |\bar{\text{O}}\text{—C} \begin{cases} \overset{/\text{O}\backslash}{\text{CH}\text{—C}\text{—COOC}_2\text{H}_5} \\ \underset{|\underline{\text{O}}|}{\text{CH}=\text{C—COOC}_2\text{H}_5} \end{cases} \right]^{--} \text{Na}_2^{++}$$

$$\text{XVa} \qquad\qquad\qquad\qquad \text{b}$$

Behandelt man den freien Aceton-dioxalester in alkoholischer Lösung mit einer geringen Menge Mineralsäure, so entsteht aus dem Dienol durch anionische Aufrichtung der mittleren CO-Gruppe unter Aufnahme eines Protons der Mineralsäure ein Hydroxycarbeniumkation XVI, in dem eine enolische Doppelbindung durch den entstehenden Elektronenzug im Grenzfall polarisiert wird: $(\text{R} = \text{—COOC}_2\text{H}_5)$[90]

XVI

XVII

der Enol-sauerstoff der rechten Enol-gruppe schließt die durch die Polarisierung der Doppelbindung entstandene Oktettlücke zu XVII, wonach Stabilisierung eintritt zu XVIII durch Vereinigung des Enolhydroxyls der linken Enolgruppe mit dem Proton des Oxoniumsauerstoffs zu Wasser:

XVII $\qquad\qquad \longrightarrow \text{H}_2\text{O} +$ XVIII

---

[89] B. **24**, 111 (1891).

[90] Zum Mechanismus dieser Kondensation s. a. R. P. BELL u. S. M. RYBICKA: J. chem. Soc. London **1947**, 24.

Die nunmehr nach Abspaltung des zunächst aufgenommenen Protons (H$^+$-Ion-katalyse) mögliche Mesomerie XIX $\leftrightarrow$ XXI, die in der Ausbildung der zwitterionischen *energiearmen aromatischen Grenzform XX* gipfelt, ist *der treibende Faktor dieser Umlagerung.*

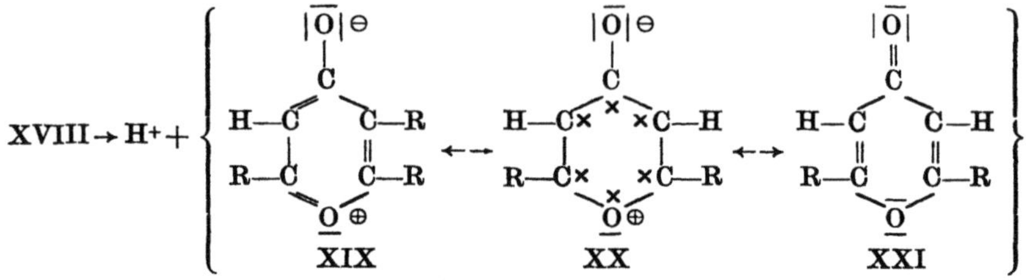

$$\text{XVIII} \rightarrow \text{H}^+ + \left\{ \begin{array}{ccc} \text{XIX} & \text{XX} & \text{XXI} \end{array} \right\}$$

Auf diese Weise entsteht der *Chelidonsäureester*; durch stärkere Einwirkung von Alkali findet Wiederaufspaltung zu XV statt[91].

Durch eine ähnliche Umlagerung entsteht aus dem α-Mesityloxyd-oxalester XXII der früher als β-Mesityloxyd-oxalester bezeichnete 2,2-Dimethyl-dihydro-γ-pyron-6-carbonsäureester XXIII[92]:

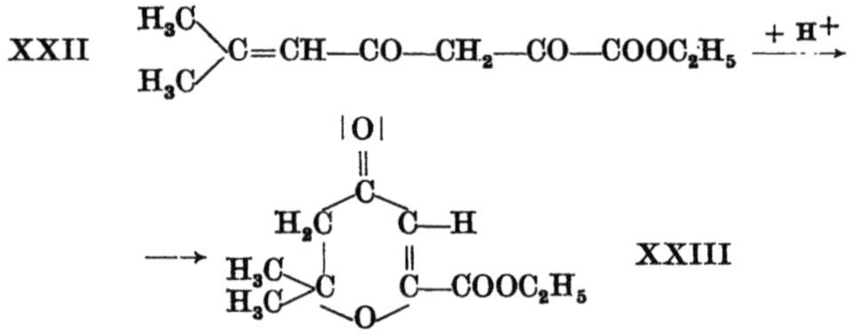

$$\text{XXII} \qquad \begin{array}{c} \text{H}_3\text{C} \\ \text{H}_3\text{C} \end{array}\!\!\!>\!\!\text{C}=\text{CH}-\text{CO}-\text{CH}_2-\text{CO}-\text{COOC}_2\text{H}_5 \xrightarrow{+\ \text{H}^+}$$

$$\longrightarrow \qquad \text{XXIII}$$

Auch diese cyclisierende Umlagerung verläuft nur unter dem katalytischen Einfluß einer Spur Mineralsäure[93] über die folgenden elektromeren Grenzformeln der Elektronenverteilung: (R=COOC$_2$H$_5$)

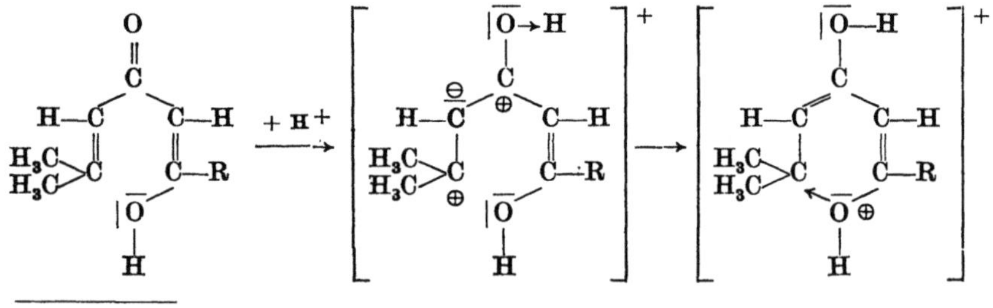

<hr>

[91] Über höhere Kondensationsprodukte aus Aceton und Oxalester, die ebenfalls zu γ-Pyronderivaten cyclisierbar sind, s. E. LEHMANN u. W. GRABOW: B. **68**, 703 (1935). — Über die Synthese des durch Abbau der Aminosäure Leucacnin erhaltenen Leucaenols, ausgehend vom Aceton-dioxalester, s. J. P. WIBAUT u. R. J. C. KLEIPOOL: Rec. Trav. chim. Pays-Bas **66**, 24 (1947).

[92] CLAISEN, L.: A. **291**, 111 (1896). — DIECKMANN, W.: B. **53**, 1772 (1920).

[93] *Reiner* α-Mesityloxyd-oxalester kann, entgegen der Angabe CLAISENS, durch Destillation allein nicht in die β-Form übergeführt werden. (Unveröffentlichte Beobachtung des Verfassers.)

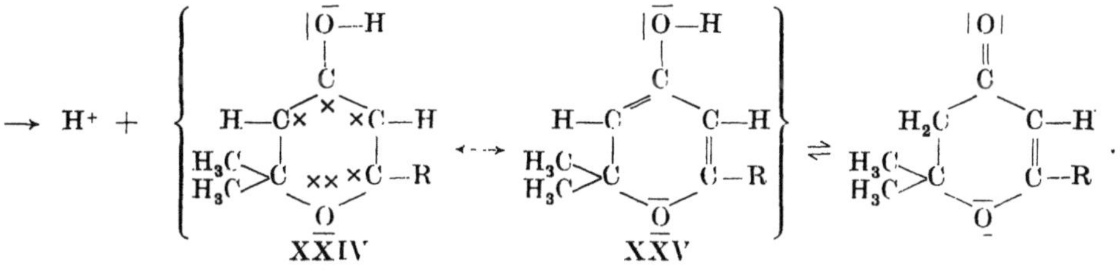

→ H⁺ +

XXIV   XXV

Wie in dem Vorangehenden erläutert, ist vielleicht bei dieser Umlagerung die mögliche Mesomerie zwischen den pseudo-aromatischen Formen XXIV ←→ XXV gewissermaßen der Motor der Umlagerung. Durch Alkali findet hierbei relativ leicht Rückbildung des α-Mesityloxyd-oxalesters statt.

Nach dem gleichen Mechanismus geht, wie ebenfalls L. CLAISEN[94] fand, der Äthylidenacetonoxalester über in 2-Methyl-2,3-dihydro-γ-pyron-6-carbonsäureester:

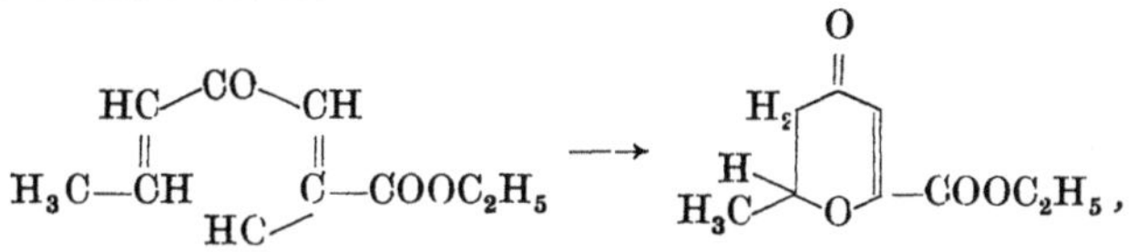

während nach W. BORSCHE und W. PETER[95] die gleiche Reaktion beim Benzyliden-acetonoxalester nicht gelingt. Das entsprechende Dibromid geht jedoch beim Erhitzen mit Kaliumacetat in Alkohol über in 2-Phenyl-γ-pyron-6-carbonsäureester, eine Reaktion, die auch auf andere Diketone vom Typ Aryl—CH=CH-CO—CH₂—CO—R übertragbar ist:

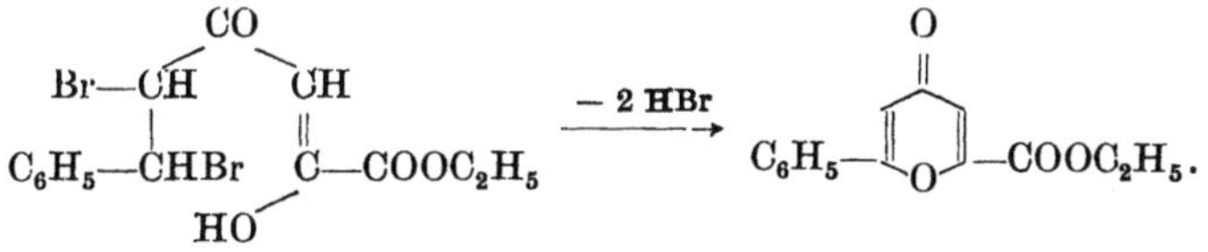

Ausgehend vom Kondensationsprodukt von Oxalester mit Äthylidenacetessigester gelangt man, wie L. SCHULZ[96] fand, durch Behandlung mit Natriumäthylat zum Oxyterephthalsäureester.

Diese Reaktion ist wohl so zu deuten, daß in dem reagierenden Enolat-Anion die CH₃-Gruppe des Äthyliden-Restes durch seine Verknüpfung mit dem β-Ketocarbonestersystem noch so stark induktiv polarisiert wird, daß ein Proton sich abspaltet und Aldolkondensation nach der Keto-Gruppe des Oxalo-Restes eintreten kann; die dadurch möglich gewordene Aromatisierung bestimmt energetisch den Verlauf der Reaktion:

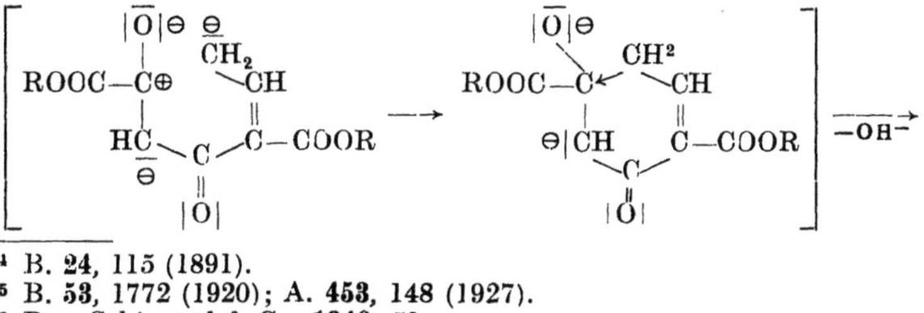

---

[94] B. **24**, 115 (1891).
[95] B. **53**, 1772 (1920); A. **453**, 148 (1927).
[96] Ber. Schimmel & Co. **1940**, 51.

$$\left[\begin{array}{c} ROOC-C\overset{H}{\underset{\parallel}{\underset{\displaystyle C}{\overset{\displaystyle C}{\big/}}}}CH \\ \end{array}\right] \longleftrightarrow \left[\ldots\right]^{-}.$$

Das durch Kondensation von Dibenzylketon mit zwei Mol Ameisensäureester entstehende Di-oxymethylen-dibenzylketon geht leicht über in 3,5-Diphenyl-γ-pyron[97]:

$$C_6H_5-C\overset{CO}{\diagup}\diagdown C-C_6H_5 \longrightarrow C_6H_5-\underset{O}{\overset{O}{\bigcirc}}-C_6H_5 \;,$$

eine Reaktion, die gewissermaßen eine Umkehrung der leicht eintretenden Spaltung der γ-Pyrone in Bis-oxymethylenketone[98] darstellt.

Aus dem Kondensationsprodukt von Oxalester mit Phenoxyessigester erhielten C. F. KOELSCH und A. G. WHITNEY[99] durch Einwirkung von Eisessig-Schwefelsäure die Cumaron-2,3-dicarbonsäure:

$$\ldots \longrightarrow \ldots ,$$

während durch Kondensation von Homophthalsäureester und Oxalester unter dem Einfluß von Natrium der Isocumarin-dicarbonester darstellbar ist durch innermolekulare Umesterung des zunächst entstehenden Oxalohomophthalsäureesters[100]:

$$\ldots \xrightarrow{-C_2H_5OH} \ldots .$$

Durch Ketonspaltung von Oxalo-fettsäureestern gelangt man zu α-Ketosäuren:

$$C_2H_5OCO-CH(R)-CO-COOC_2H_5 \longrightarrow R-CH_2-CO-COOH \;;$$

im einfachsten Falle durch Spaltung des Oxalessigesters zur Brenztraubensäure, $CH_3-CO-COOH$[101].

Als Säurespaltung intermediär entstehender Cyclohexanon-(1)-carbonsäure-(2) ist die Darstellung der Pimelinsäure durch ener-

[97] BENARY, E., u. G. A. BITTER: B. 61, 1057 (1928).

[98] WILLSTÄTTER, R., u. P. PUMMERER: B. 38, 1461 (1905).

[99] J. Amer. chem. Soc. 63, 1762 (1941).

[100] WOROSHZOW JR., N. N., u. L. BOGUMVITSCH: C. 1941 I, 3076.

[101] WISLICENUS, J.: A. 246, 327 (1888). — VOGEL, E. u. H. SCHINZ: Helvet. chim. Acta 33, 116 (1950).

gische Reduktion von Salicylsäure mit Natrium und Alkohol aufzufassen[102]:

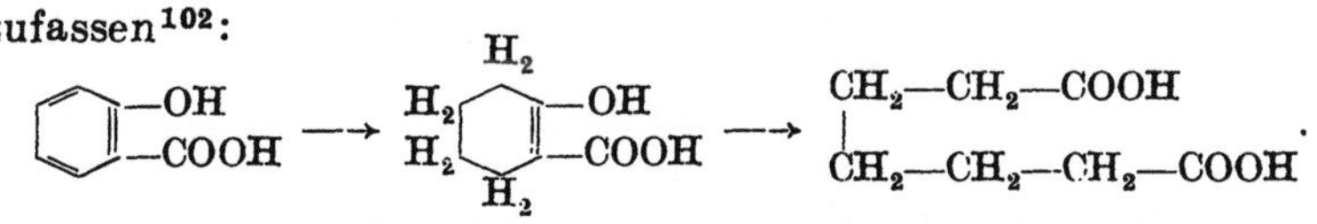

$$\text{(Salicylsäure)} \longrightarrow \text{(Dihydro-Verbindung)} \longrightarrow \begin{array}{l} CH_2-CH_2-COOH \\ | \\ CH_2-CH_2-CH_2-COOH \end{array}$$

Ähnlich wie den Oxalester kann man nun auch den *Kohlensäureester* als Esterkomponente der Claisen-Kondensation benutzen, wenn auch diese Kondensationen der weit geringeren Reaktionsfähigkeit des Kohlensäureesters wegen zumeist nicht sehr glatt und nur mit mäßigen Ausbeuten verlaufen[103]. Am besten gelingt die Reaktion daher mit möglichst aktiven Methylenkomponenten. So erhält man aus Benzylcyanid und Kohlensäureester recht glatt den Phenyl-cyanessig-ester[104]:

$$C_6H_5-CH_2-CN + C_2H_5O-CO-OC_2H_5 \xrightarrow{Na} C_6H_5-CH\Big\langle \begin{array}{l} CN \\ COOC_2H_5 \end{array}$$

Die Kondensation von Kohlensäureester mit einem Carbonsäureester $R \cdot CH_2 \cdot COOC_2H_5$ zu einem Malonester $R \cdot CH(COOC_2H_5)_2$ kann man zu einem praktisch verwertbaren Verfahren dadurch gestalten, daß man mit einem Überschuß von Kohlensäureester in der Hitze arbeitet unter steter Entfernung des sich bildenden Alkohols[105].

Durch Kondensation von Kohlensäureester mit Essigester erhält man den Malonester mit etwa 18% Ausbeute, Acetessigester selbst läßt sich aus Kohlensäureester und Aceton mit immerhin rund 40% Ausbeute erhalten[106]. Theoretisch interessant ist bei dieser Reaktion, daß hier durch die Stabilisierung des ersten instabilen Adduktes der Acetessigester über das nach der Carbäthoxygruppe hin enolisierte Mesomere entsteht:

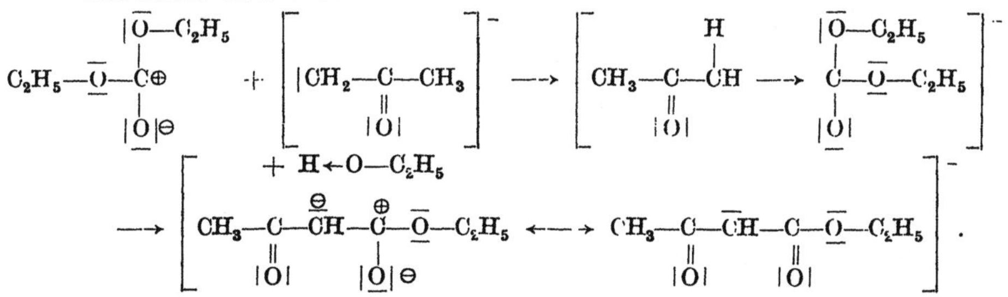

$$\text{(mesomere Formeln des Acetessigester-Anions)}$$

[102] EINHORN: B. **27**, 331 (1894); A. **286**, 257 (1895); **295**, 173 (1897); s. a. M. **65**, 18 (1934).

[103] CLAISEN, L.: B. **20**, 655 (1887). — COPE, A. C., u. S. M. McELVAIN: J. Amer. chem. Soc. **54**, 4319 (1932). — CONNOR, R.: J. Amer. chem. Soc. **55**, 4597 (1933).

[104] HESSLER, J. C.: Amer. chem. J. **32**, 120 (1904); s. a. Kap. IV, 5h, S. 108

[105] WALLINGFORD, V. H., A. H. HOMEYER u. D. M. JONES: J. Amer. chem. Soc. **63**, 2056 (1941). — HAUSER, CH. R., u. Mitarb.: J. Amer. chem. Soc. **66**, 1768 (1944); **68**, 672 (1946); s. a. F. B. LA FORGE u. S. B. SOLOWAY: J. Amer. chem. Soc. **69**, 186 (1947).

[106] LUX, H.: B. **62**, 1824 (1929). Über die präparative Ausgestaltung dieser Synthese s. WALLINGFORD, V. H. u. Mitarb.; J. Amer. chem. Soc. **63**, 2252 (1941); Carbonisierung von Nitrilen zu Cyanessigestern: WALLINGFORD, V. H. u. A. H. HOMEYER, J. Amer. chem. Soc. **64**, 576 (1942).

Schließlich gelingt es, auch mit Kohlensäure selbst Claisen-Kondensationen von Ketonen zu β-Ketocarbonsäuren durchzuführen; die Reaktion ist besonders leicht bei der Verwendung alicyclischer Ketone als Methylenkomponente durchzuführen. Leitet man beispielsweise in eine ätherische oder benzolische Lösung von Cyclohexanon bei Gegenwart von Natriumamid Kohlendioxyd in der Wärme ein, so entsteht zunächst ein Carbonat der Enolform des Cyclohexanons, das sich in bekannter Weise in das C-Carbonat umwandelt[107]:

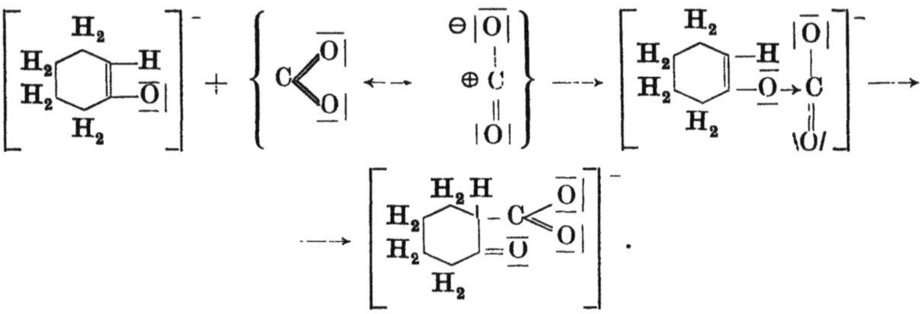

Diese Reaktion stellt die Überleitung her zu der bekannten KOLBEschen Salicylsäuresynthese, die nach dem gleichen Mechanismus verläuft: die zunächst entstehende Phenol-kohlensäure „acyliert" die Carbeniat-grenzformel des Phenols zur Salicylsäure:

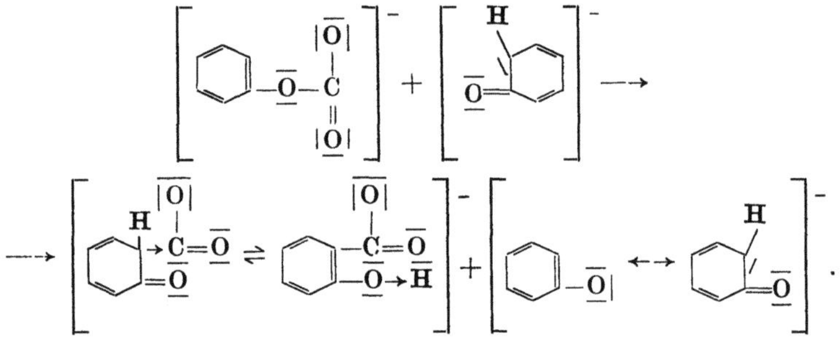

Die KOLBEsche Synthese kann man daher als Sonderfall der Claisen-Kondensation auffassen.

Auch mit Essigsäureanhydrid als Methylenkomponente lassen sich, abgesehen von den durch BF_3 katalysierten Reaktionen, unter gewissen Bedingungen Esterkondensationen durchführen: so entsteht beim Erhitzen von Phthalsäureanhydrid in Essigsäureanhydrid bei Gegenwart des Protonacceptors Kaliumacetat die Phthalyl-essigsäure[108]:

[107] KÖTZ A., u. GRETHE: J. pr. [2] **80**, 505 (1909). — Über weitere Beispiele s. CH. R. HAUSER u. Mitarb.: J. Amer. chem. Soc. **66**, 1768 (1944); **68**, 26 (1946); **69**, 2325 (1947). — Siehe auch MORTON, FALLWELL JR. u. PALMER: J. Amer. chem. Soc. **60**, 1426 (1938). — BUSH: J. Amer. chem. Soc. **61**, 637 (1939). —

[108] GABRIEL: B. **10**, 1554 (1877); **11**, 1010 (1878); **17**, 2521, 2665 (1884); **26**, 705, 951 (1893); **29**, 2518 (1896). — ROSER: B. **17**, 2620 (1884). — MERTENS: B. **19**, 2367 (1886). — BÜLOW: A. **236**, 186 (1886). — BROMBERG: B. **29**, 1436 (1896).

Der Laktonring dieser Säure spaltet als Enol-Lakton beim Lösen in kaltem Alkali auf zur Benzoylessigsäure-o-carbonsäure, die leicht zur Acetophenon-o-carbonsäure decarboxyliert:

Diese nach dem Mechanismus der Esterkondensation ablaufende Kondensation von Phthalsäureanhydrid mit Acetanhydrid bei Gegenwart eines Protonacceptors ist bereits ein Spezialfall der PERKINschen Synthese; die Wesensgleichheit des Chemismus beider Reaktionen wird hierdurch besonders sinnfällig[109].

Die Zwischenbildung der Benzoylessig-o-carbonsäure bei der alkalischen Hydrolyse der Phthalylessigsäure deutet bereits an, daß auch das Indan-1,3-dion ausgehend von der Phthalylessigsäure darstellbar ist: tatsächlich geht diese Säure nach S. GABRIEL und A. NEUMANN[110] bei der Behandlung mit Natriummethylat-Lösung unter gleichzeitiger Decarboxylierung leicht über in Indan-1,3-dion.

Nach dem gleichen Reaktionsmechanismus bildet sich nach F. NATHANSON[111] aus Benzal-phthalid beim Behandeln mit Natriummethylat-Lösung das α-Phenyl-indandion:

---

[109] Siehe auch CH. R. HAUSER u. D. S. BRESLOW: J. Amer. chem. Soc. **62**, 593 (1940). — Die gleiche Reaktion ist auch als Aldolkondensation durchführbar durch Einwirkung von Phthalsäureanhydrid auf Malonsäure bei Gegenwart von Pyridin: H. L. YALE: J. Amer. chem. Soc. **69**, 1547 (1947).

[110] B. **26**, 951 (1893). — Über die Umwandlung des Phthalylmalonesters mit starker Schwefelsäure in Indandion s. J. SUSZKO u. L. WOJICINSKI: C. **1937** II, 3745.

[111] B. **26**, 2576 (1893).

Diese Umlagerung ist weitgehend variationsfähig: so liefert das Kondensationsprodukt von Bernsteinsäure mit Phtalsäureanhydrid bei der Behandlung mit Natriummethylat das Bis-indandion:

Ebenso ist diese Umlagerung nicht auf Phthalsäure-Derivate beschränkt: das nach GABRIEL und COHN[112] aus Diphenylmaleinsäure-anhydrid und Phenylessigsäure darstellbare Benzal-diphenylmaleid lagert sich beim Behandeln mit Natriummethylat-Lösung um in 1,3,4-Triphenylcyclopenten-(3)-dion-(2,5)[113]:

Dieses Cyclopenten-dion-derivat zeigt nun keine besondere Neigung zur Enolisierung, wohingegen das hieraus durch Reduktion mit Zink-staub und Alkali darstellbare Triphenyl-cyclopentandion als reines Enol anfällt. Dieses Verhalten zeigt, daß der Verlagerung einer Doppelbindung in einen alicyclischen Fünfring ein erheblicher Widerstand dann entgegensteht, wenn mit diesem Einbau der Doppel-bindung nicht gleichzeitig die Möglichkeit zu aromatischer Mesomerie verknüpft ist.

Das Triphenyl-cyclopenten-dion ist als cyclisches β-Diketon leicht alkylierbar; ähnlich wie bei den α-disubstituierten Indandionen gehen geeignete Alkyl-cyclopentendione bei der Behandlung mit Natrium-alkoholat-Lösung über in Derivate des Hydrochinons[114]:

---

[112] B. **24**, 3229 (1891).

[113] KOELSCH, C. F., u. ST. WAWZONEK: J. org. Chemistry **6**, 684 (1941); s. a. C. F. H. ALLEN, E. E. MASSEY u. R. V. V. NICHOLLS: J. Amer. chem. Soc. **59**, 679 (1937).

[114] KOELSCH, C. F., u. ST. WAWZONEK: J. Amer. chem. Soc. **65**, 755 (1943).

3. Variationsmöglichkeiten der α-Substitution von β-Dicarbonyl-Verbindungen.

Da in Verbindungen vom Typus des Acetessigesters, Malonesters oder Cyanessigesters durch Alkylierung oder Acylierung der aktiven Methylengruppe eine große Anzahl mono- oder dialkylierter bzw. acylierter Derivate darstellbar sind, kann man mit Hilfe der beschriebenen Spaltungsreaktionen Ketone oder Fettsäuren folgender allgemeiner Zusammensetzung darstellen:

$$\begin{matrix} R \\ R' \\ R'' \end{matrix}\!\!>\!C-CO-OH\!<\!\!\begin{matrix} R''' \\ R \end{matrix} \qquad \begin{matrix} R \\ R' \end{matrix}\!\!>\!CH-COOH.$$

Da prinzipiell nahezu alle Halogenalkyle bzw. Halogenaralkyle mit hinreichend beweglichem Halogen und beliebige Carbonsäurechloride zur Substitution herangezogen werden können, so ist leicht verständlich, daß die „*Acetessigester- und Malonestersynthesen*" zu den fruchtbarsten Methoden der organischen Chemie gehören.

Um den Umfang der synthetischen Möglichkeiten aufzuzeigen, sollen daher im folgenden im wesentlichen nur solche Substitutionen näher besprochen werden, die in andere Stoffklassen führen oder durch während der Substitution eintretende Folgereaktionen besonders erwähnenswert erscheinen.

So erhält man beispielsweise durch Substitution von β-Ketocarbonsäureestern mit *Halogenfettsäureestern* Monoacyl-bernsteinsäureester, deren Ketospaltung dann zu γ-Ketocarbonsäuren führt; ausgehend vom Acetessigester gelangt man auf diese Weise mittels Bromessigester zur *Lävulinsäure*[1]:

$$CH_3-CO-CH_2-COOC_2H_5 \longrightarrow \underset{\underset{\textstyle CH_2-COOC_2H_5}{|}}{CH_3-CO-CH-COOC_2H_5} \longrightarrow CH_3-CO-CH_2-CH_2COOH$$

Durch Säurespaltung des Acetylbernsteinsäureesters wie auch durch Verseifung und Decarboxylierung des aus Malonsäureester durch Alkylierung mit Bromessigester erhältlichen Derivates erhält man *Bernsteinsäure*[2].

Acyliert man Verbindungen vom Typus $CH_3COCH(CH_2)nCOOC_2H_5$ mit Chloriden RCOCl zu den entsprechenden Acylderivaten, so gelangt man hieraus durch Abspaltung des Acetylrestes und Ketospaltung des entstehenden β-Ketocarbonsäureesters zu Ketocarbonsäuren $RCO(CH_2)$ n + 1COOH:

$$\underset{\underset{\textstyle (CH_2)n-COOC_2H_5}{|}}{CH_3-CO-CH-COOC_2H_5} \longrightarrow \overset{\overset{\textstyle CO-R}{|}}{\underset{\underset{\textstyle (CH_2)n-COOC_2H_5}{|}}{CH_3-CO-C-COOC_2H_5}} \longrightarrow$$

$$\longrightarrow R-CO-(CH_2)n+1-COOH \quad [3].$$

[1] CONRAD, M.: A. **188**, 222 (1877); s. a. A. WELTNER: B. **17**, 72 (1884).
[2] CONRAD, M.: A. **188**, 220 (1877). — BISCHOFF, C. A.: B. **13**, 2162 (1880).
[3] ROBINSON, G. M.: J. chem. Soc. London **1930**, 745.

In die als Ausgangsmaterial zur Darstellung von Furanen, Thiophenen und Pyrrolen wichtige Gruppe der γ-Diketone gelangt man leicht durch Ketospaltung der durch Einwirkung von α-*Halogenketonen* auf β-Ketocarbonsäureester erhaltenen Zwischenprodukte. So entsteht durch Einwirkung von Phenacylbromid auf Natracetessigester der α-Phenacyl-acetessigester, dessen Ketospaltung zum 1-Phenyl-pentan-2,5-dion führt[4]:

$$C_6H_5-CO-CH_2Br + CH_3-CO-CH_2-COOC_2H_5 \longrightarrow$$

$$\underset{\underset{COOC_2H_5}{|}}{C_6H_5-CO-CH_2-CH-CO-CH_3}$$

$$\longrightarrow \quad\longrightarrow C_6H_5-CO-CH_2-CH_2-CO-CH_3.$$

Die Alkylierungsprodukte von β-Dicarbonylverbindungen mit α-Halogenketonen sind verschiedener Umwandlungen fähig: durch Spaltung mit Säuren entstehen über 1,4-Diketone als Zwischenprodukte Derivate des Furans, da durch Säuren vornehmlich die Keto-carbonyle aktiviert werden[5] z. B.:

In ähnlicher Weise entsteht aus 2-Brom-1-tetralon und Acetessigester ein Alkylierungsprodukt[7], aus dem durch verd. Säuren ein Furanderivat, durch Alkalien hingegen ein Cyclopentenon-derivat sich bildet:

Durch Spaltung mit Alkalien hingegen entstehen zumeist Derivate des Cyclopentenons[6], da nunmehr über das β-Ketocarbonester-System hinweg die γ-Methyl-Gruppe induktiv stabilisiert wird, so daß leicht Aldolkondensation eintreten kann:

In ähnlicher Weise entsteht aus 2-Brom-1-tetralon und Acetessig-ester ein Alkylierungsprodukt[7], aus dem durch verd. Säuren ein Furan-derivat, durch Alkalien hingegen ein Cyclopentenon-derivat sich bildet:

<hr>

[4] PAAL C.: B. **16**, 2866 (1883). — WELTNER A.: B. **17**, 68 (1884).

[5] PAAL C.: B. **17**, 2765 (1884).

[6] BORSCHE, W.: B. **41**, 194 (1908); s. a. H. A. WEIDLICH u. G. H. DANIELS: B. **72**, 1590 (1939).

[7] WILDS, A. L., W. J. CLOSE u. J. A. JOHNSON: J. Amer. chem. Soc. **68** 86 (1946). — HARPER, S. H.: J. chem. Soc. London **1946**, 892.

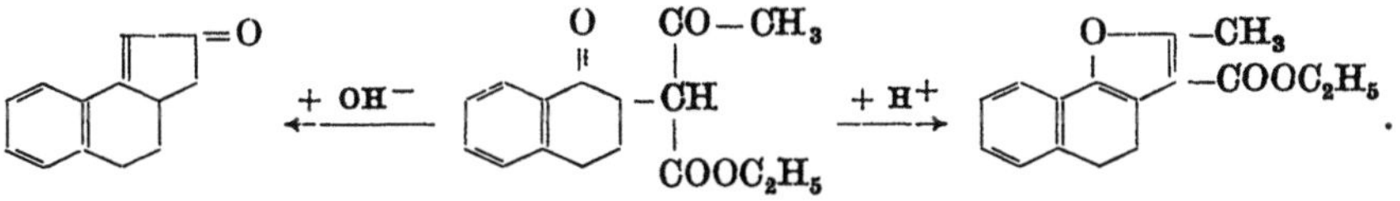

Phenacyl-malonester geht beim Behandeln mit 6% iger Kalilauge unter innerer Umesterung über in ein α,β-ungesättigtes Lacton[8]:

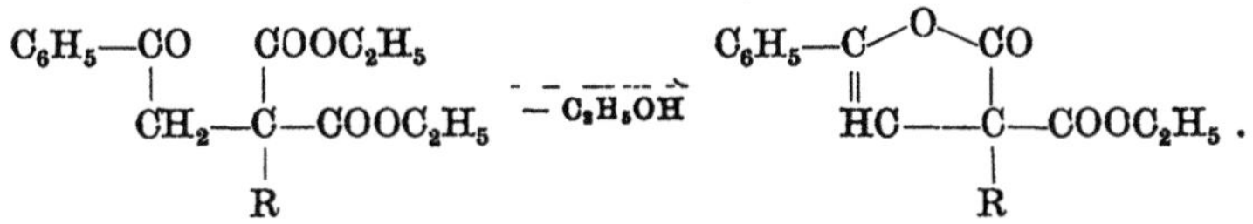

Läßt man α-Halogenketone bei Gegenwart von Ammoniak auf β-Dicarbonylverbindungen einwirken, so entstehen über intermediäre Enoläther Derivate des Furans. So erhielt FEIST[9] aus Acetondicarbonsäureestern und Chloraceton bei Gegenwart von Ammoniak den 3-Methyl-furan-4-carbonsäure-5-essigester:

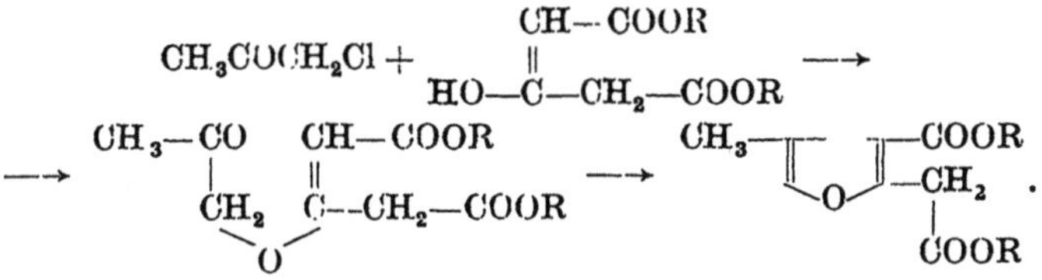

Besondere synthetische Effekte sind durch Anwendung von Chlor-acetylchlorid erzielbar: so entsteht nach P. RUGGLI und K. DOEBEL durch Alkylierung und gleichzeitige Acylierung des Acetondicarbonsäureesters der Cyclopentan-1,3-dion-2,5-dicarbonsäureester[10]:

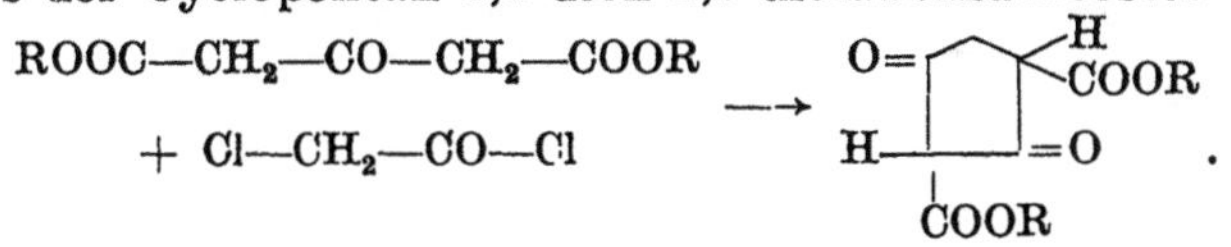

2,4-Diphenyl-cyclopentan-1,3-dion erhielt A. MAEDER[11] ausgehend von Brom-dibenzylketon durch Kondensation mit Malonester und Esterkondensation des aus dem substituierten Malonester erhaltenen Essigesters:

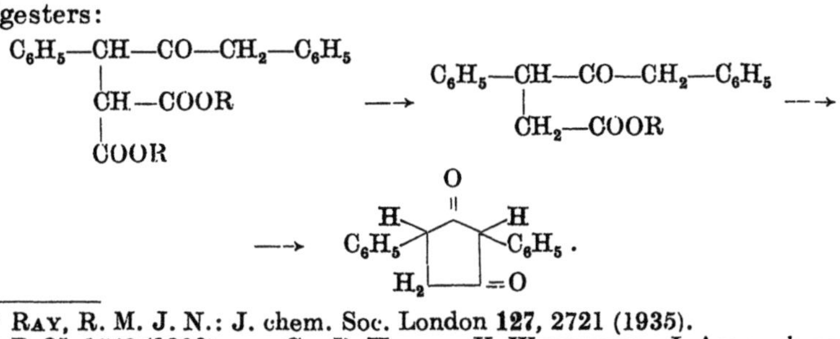

---

[8] RAY, R. M. J. N.: J. chem. Soc. London **127**, 2721 (1935).

[9] B. **35**, 1548 (1902); s. a. CH. D. HURD u. K. WILKINSON: J. Amer. chem. Soc. **70**, 739 (1948); s. a. S. 379.

[10] Helvet. chim. Acta **29**, 600 (1946).

[11] Helvet. chim. Acta **29**, 120 (1946).

Das gleiche Derivat des Cyclopentan-1,3-dions erhielt S. Eskola[12] durch Umlagerung des α Phenyl-γ-benzyl-Δ-α, β crotonlactons mit Natriummethylatlösung. Nach P. Ruggli und J. Schmidlin[13] wird hierbei zunächst die Doppelbindung nach der β, γ-Stellung verlagert; der durch Alkoholyse hieraus entstehende 1,4-Diphenyl-lävulinsäureester geht dann durch Dieckmann-Kondensation über in 2,4-Diphenyl-cyclopentan-1,3-dion:

$$C_6H_5\text{—}CH_2\text{—}CO\text{—}CH_2 \atop H_3COOC\text{—}CH\text{—}C_6H_5$$

Dihalogen-alkyle können in mannigfacher Weise auf β-Dicarbonylverbindungen einwirken; durch Wahl der Konzentrationsverhältnisse kann man die jeweils erwünschte Kondensation zur Hauptreaktion machen. So lassen sich durch Einwirkung von Äthylenbromid auf Acetessigester folgende Verbindungen erhalten:

1. β-Bromäthyl-acetessigester, dessen Ketospaltung und gleichzeitige Verseifung zum *Acetopropylalkohol* führt[14]:

$$CH_3\text{—}CO\text{—}CH\text{—}CH_2\text{—}CH_2\text{—}Br \atop COOC_2H_5} \longrightarrow CH_3\text{—}CO\text{—}CH_2\text{—}CH_2\text{—}CH_2\text{—}OH.$$

Diese Reaktion verläuft wahrscheinlich über 2-Methyl-4,5-dihydrofuran-3-carbonsäureester, der zum Methyl-dihydrofuran durch Verseifung und Decarboxylierung abgebaut wird; das Methyl-dihydrofuran geht dann durch Hydrolyse über in Acetopropylalkohol:

Acetopropylalkohol selbst geht bereits bei der Destillation unter gewöhnlichem Druck durch cyclisierende Anhydrisierung über in Methyl-dihydrofuran.

2. Aus β-Bromäthyl-acetessigester kann durch innermolekulare Alkylierung der Aceto-cyclopropan-carbonsäureester entstehen, dessen Ketospaltung zunächst zum Aceto-cyclopropan[15] und durch hydrolytische Ringsprengung ebenfalls zum Acetopropylalkohol führt:

---

[12] Suomen Kemistilchti (B) **15**, 17 (1942); C. **1943** II, 896.
[13] Helvet. chim. Acta **27**, 499 (1944).
[14] Lipp, A.: B. **22**, 1197 (1889).
[15] Perkin jr., W. H.: J. chem. Soc. London **47**, 829 (1885); **59**, 853 (1891). — Propylenbromid: Perkin jr., W. H., u. J. Stenhouse: J. chem. Soc. London **61**, 67 (1892).

$$CH_3-CO-\underset{|}{CH}-COOC_2H_5 \longrightarrow \quad CH_3-CO\diagdown \underset{C_2H_5OCO\diagup}{}C\diagdown \underset{CH_2}{\overset{CH_2}{|}} \longrightarrow$$

$$\longrightarrow CH_3-CO-CH\diagdown \underset{CH_2}{\overset{CH_2}{|}} \longrightarrow CH_3-CO-(CH_2)_3-OH.$$

3. Aus β-Bromäthyl-acetessigester entsteht durch Alkylierung eines zweiten Moleküls Acetessigester der Diacetyl-adipinsäureester[16], dessen Ketospaltung zum einfachsten 1,6-Diketon, dem Oktan-2,7-dion führt; durch Säurespaltung des Diacetyl-adipinsäurcesters entsteht *Adipinsäure*:

$$CH_3-CO-\underset{|}{CH}-COOC_2H_5 \longrightarrow$$
$$CH_2-CH_2-Br$$

$$\longrightarrow \left[\begin{array}{c} CH_3-CO-CH-CH_2- \\ | \\ COOC_2H_5 \end{array} \right]_2 \begin{array}{l} \nearrow CH_3-CO-(CH_2)_4-CO-CH_3 \\ \searrow HOOC-(CH_2)_4-COOH \end{array}.$$

Bei der Einwirkung vom Trimethylenbromid auf Natracetessigester bildet sich vornehmlich der 2-Methyl-5,6-dihydropyran-3-carbonsäure-ester; die zugehörige freie Carbonsäure läßt sich leicht decarboxylieren zum 2-Methyl-5,6-dihydropyran, dem Anhydrid des *Acetobutylalkohols*[17]:

$$\overset{H_2}{\underset{H_2}{\underset{O}{\bigcirc}}}\begin{array}{l}-COOH \\ -CH_3\end{array} \longrightarrow \overset{H_2}{\underset{H_2}{\underset{O}{\bigcirc}}}\begin{array}{l}-H \\ -CH_3\end{array} \longrightarrow CH_3-CO-(CH_2)_4-OH.$$

Mit Malonester reagieren Dihalogenalkyle je nach den Konzentrationsverhältnissen analog; so erhält man aus Natrium-malonester und Äthylenbromid entweder den Trimethylen-dicarbonsäureester[18]:

$$Br-CH_2-CH_2-Br + CH_2(COOC_2H_5)_2 \longrightarrow \overset{H_2C}{\underset{H_2C}{\overset{|}{\diagup}}}C\diagdown \begin{array}{l}COOC_2H_5 \\ COOC_2H_5\end{array}$$

oder aber bei Überschuß an Malonester den Butan-1,1,4,4-tetracarbonsäureester, dessen Verseifung und Decarboxylierung zur Adipinsäure führt[19]:

$$Br-CH_2-CH_2-Br + 2 CH_2(COOC_2H_5)_2 \longrightarrow$$

$$\longrightarrow \begin{array}{c} CH_2CH(COOC_2H_5)_2 \\ | \\ CH_2CH(COOC_2H_5)_2 \end{array} \longrightarrow \begin{array}{c} CH_2-CH_2-COOH \\ | \\ CH_2-CH_2-COOH \end{array}.$$

[16] PERKIN JR., W. H.: J. chem. Soc. London **57**, 215 (1890).

[17] PERKIN JR., W. H.: J. chem. Soc. London **51**, 702 (1887); **55**, 331 (1889). — 1,3-Dibrombutan: PERKIN JR., W. H., u. R. G. FARGHER: J. chem. Soc. London **105**, 1353 (1914).

[18] PERKIN JR., W. H.: J. chem. Soc. London **47**, 807 (1885). — Trimethylenbromid ⟶ Cyclobutandicarbonester: PERKIN JR., W. H.: J. chem. Soc. London **51**, 1 (1887).

[19] PERKIN JR., W. H.: J. chem. Soc. London **65**, 578 (1894); B. **26**, 2243 (1893).

Aus Methyl-malonester entsteht bei der Alkylierung mit Äthylenbromid zunächst in normaler Reaktion der β-Bromäthyl-methylmalonester, der beim Erhitzen unter Abspaltung von Bromäthyl übergeht in Valerolakton-carbonsäureester[20]:

$$\underset{\underset{COOC_2H_5}{|}}{Br-CH_2-CH_2-\overset{\overset{CH_3}{|}}{C}-COOC_2H_5} \;\rightarrow\; \underset{\underset{O\text{————}CO}{}}{CH_2-CH_2-\overset{\overset{CH_3}{|}}{C}-COOC_2H_5} \;\rightarrow\; \underset{\underset{O\text{————}CO}{}}{CH_2-CH_2-\overset{\overset{CH_3}{|}}{CH}}$$

aus dem durch Verseifen und Decarboxylieren das *Valerolakton* selbst darstellbar ist (Ringschlußmechanismus s. S.184).

Aus Malonester läßt sich durch cyclisierende Alkylierung mittels β,β'-Dihalogendiäthyläther der Tetrahydropyran-4,4-dicarbonsäureester erhalten[21]:

$$O\begin{cases}CH_2-CH_2-J\\CH_2-CH_2-J\end{cases} + CH_2\begin{cases}COOC_2H_5\\COOC_2H_5\end{cases} \longrightarrow O\begin{cases}CH_2-CH_2\\CH_2-CH_2\end{cases}C\begin{cases}COOC_2H_5\\COOC_2H_5\end{cases}$$

und aus Tetramethylenbromid und Natracetessigester erhielt G. J. Goldworthy[22] durch normale zweimalige Alkylierung den 1-Acetylcyclopentan-1-carbonsäureester:

$$Br-(CH_2)_4-Br + CH_3-CO-CH_2-COOR \longrightarrow \begin{matrix}H_2C-\overset{H_2}{C}\\|\qquad\\H_2C-\underset{H_2}{C}\end{matrix}C\begin{matrix}CO-CH_3\\COOR\end{matrix}\,.$$

Eine cyclisierende Alkylierung zu einem Cyclobutan-Derivat beschreiben K. N. Gaind und P. C. Guha[23]: durch Alkylierung von β,β-Dimethylglutarsäure-α,α'-dicarbonsäureester mit Methylenjodid entsteht der 1,1-Dimethyl-cyclobutan-2,2,4,4-tetracarbonsäureester:

$$(H_3C)_2C\begin{cases}\overset{\overset{COOR}{|}}{CH}-COOR\\CH-COOR\\{}_{|}^{COOR}\end{cases} + CH_2J_2 \longrightarrow \begin{matrix}\overset{\overset{CH_3\;\;COOR}{|\quad\;|}}{H_3C-C\text{——}C}-COOR\\ROOC-\underset{\underset{COOR}{|}}{C}\text{——}CH_2\end{matrix}\,.$$

Besondere synthetische Erfolge bei der cyclisierenden Alkylierung von Acetessigester mit ω-Brom-fettsäurechloriden erzielte H. Hunsdiecker[24]: durch Acylierung von Acetessigester mit ω-Brom-hexadecensäurechlorid entsteht der entsprechende Acyl-acetessigester, der durch partielle Spaltung in den zugehörigen β-Ketocarbonsäure-

<hr>

[20] Marburg, R.: A. **294**, 89 (1897). — Über die Alkylierung von Alkylmalonestern mit Trimethylenbromid zu ω-Brompropyl-alkylmalonestern s. Franke, Kroupa u. Hadzidimitriu: Mh. Chem. **62**, 119 (1933).

[21] v. Braun, J.: B. **50**, 1657 (1917); Gibson, Ch. St., Johnson, J. D. A.: J. chem. Soc. London **1930**, 2525.

[22] J. chem. Soc. London **1934**, 377.

[23] J. Indian chem. Soc. **11**, 421 (1934). — Über p-Brückenbildungen s. P. C. Guha: B. **72**, 1359 (1939) (Succinylobernsteinsäureester); ferner Kap. IX, 3 a, S. 267.

[24] B. **75**, 1190 (1942); **76**, 142 (1943); F.P. 892 131.

ester übergeführt wird. Nach Ersatz des Broms durch Jod gelingt die innermolekulare Alkylierung mittels Kaliumcarbonat in siedendem Methyläthylketon zu einem hochgliedrigen β-Ketocarbonsäureester, dessen Verseifung und Decarboxylierung zum *Zibeton* führt:

$$Br—(CH_2)_6—CH\!=\!CH(CH_2)_7—CO—\underset{\overset{|}{COOCH_3}}{CH}—CO—CH_3 \longrightarrow$$

$$\longrightarrow (J)\quad Br—(CH_2)_6CH\!=\!CH(CH_2)_7CO—CH_2—COOCH_3$$

$$\longrightarrow \begin{matrix} HC(CH_2)_6—CH—COOCH_3 \\ \| \qquad\qquad | \\ HC(CH_2)_7—C\!=\!O \end{matrix} \longrightarrow \begin{matrix} HC(CH_2)_7 \\ \| \qquad\quad \diagdown \\ \qquad\qquad C\!=\!O \\ \| \qquad\quad \diagup \\ HC(CH_2)_7 \end{matrix}.$$

Auch mit Hilfe von Chloroform gelingen Alkylierungen von β-Dicarbonylverbindungen: so geht der Cyanessigester beim Umsatz mit Chloroform über in den Dicyan-glutaconsäureester[25], während aus Dimethyldihydroresorcin[26] hierbei ein trimeres Reaktionsprodukt entsteht.

Durch Acylierung von Malonester mit Succinylchlorid oder durch Umsetzung von Natrium-Malonester mit Bernsteinsäureanhydrid gelangt man zum 2-Butanoliden-malonester[27], der ähnlich wie die Phthalylessigsäure ein Enol-lacton darstellt. Durch die beim Lösen in Wasser allmählich eintretende Hydrolyse entsteht der Succinylo-malonester:

$$\begin{matrix} & C(COOR)_2 \\ & \| \\ H_2C—C & \diagdown \\ | & \quad O \\ H_2C—C & \diagup \\ & \| \\ & O \end{matrix} \quad \xrightarrow{+\,H_2O} \quad \begin{matrix} & \overset{\textstyle OH}{\overset{|}{}} \\ CH_2—C\!=\!C(COOR)_2 \\ | \\ CH_2—COOH \end{matrix} \quad \rightleftharpoons \quad \begin{matrix} CH_2—CO—CH(COOR)_2 \\ | \\ CH_2—COOH \end{matrix}.$$

Aus Butanoliden-malonester und Natrium-malonester entsteht in interessanter Reaktion der Succinylo-di-malonester:

$$\left\{ \begin{matrix} & C(COOR)_2 \\ & \| \\ H_2C—C & \diagdown \\ | & \quad O \\ H_2C—C & \diagup \\ & \| \\ & \diagdown O\diagup \end{matrix} \longleftrightarrow \begin{matrix} & C(COOR)_2 \\ & \| \\ H_2C—C & \diagdown \\ | \;\oplus & \quad O \\ H_2C—C & \diagup \\ & | \\ & |\underline{O}|^{\ominus} \end{matrix} \right\} + \big[\,|CH(COOR)_2\big]^- \longrightarrow$$

$$\left[\begin{matrix} & C(COOR)_2 \\ & \| \\ H_2C—C & \diagdown \\ | & \quad O \\ H_2C—C & \diagup \\ & \diagup \quad \diagup \\ |O| \quad CH(COOR)_2 \end{matrix} \right]^- \longrightarrow \left[\begin{matrix} & |\overline{O}| \\ & | \\ H_2C—C\!=\!C(COOR)_2 \\ | \\ H_2C—C—CH(COOR)_2 \\ \| \\ |O| \end{matrix} \right]^-.$$

[25] ERRERA: B. **31**, 1241 (1898). — RUHEMANN u. BROWNING: J. chem. Soc. London **73**, 280 (1898). — URUSHIBARA: Bull. chem. Soc. Japan **2**, 26, 236, 278 (1927).
[26] VORLÄNDER, D., u. F. W. GRETHKE: B. **62**, 549 (1929).
[27] RUGGLI, P., u. A. MAEDER: Helvet. chim. Acta **26**, 1476, 1499 (1943); **27**, 436 (1944). — Über die analoge Kondensation von Apocamphersäureanhydrid mit Na-Malonester s. G. KOMPPA u. A. BERGSTRÖM: B. **75**, 1607 (1943).

Ähnliche Reaktionen gelingen auch beim Ersatz des Malonesters durch andere β-Dicarbonylverbindungen.

Da in α-Brom-β-dicarbonylverbindungen das Halogen „positiven" Charakter hat, d. h. leicht als Bromkation, $|\overline{Br}^+$, abspaltbar ist und deshalb „oxydierende", d. h. elektronenentziehende Wirkungen ausübt, treten bei der Anwendung solcher α-Brom-β-dicarbonylverbindungen als Alkylierungsmittel Besonderheiten im Reaktionsverlauf ein, die letzten Endes bedingt sind durch den besonderen Charakter des Broms in den α-Halogen-β-dicarbonylverbindungen. Während so z. B. α,α'-Dibrom-glutarsäureester mit Natrium-Malonester noch normal unter Bildung von Cyclobutan-1,2,2,3-tetracarbonsäureester reagiert [28],

$$\mathrm{CH_2}\!\!\left\langle\begin{array}{c}\overset{\displaystyle COOR}{|}\\ CH\!-\!Br\\ CH\!-\!Br\\ \overset{|}{COOR}\end{array}\right. + \mathrm{CH_2(COOR)_2} \longrightarrow \mathrm{H_2C}\!\!\left\langle\begin{array}{c}\overset{\displaystyle COOR}{|}\\ CH\\[4pt] CH\\ \overset{|}{COOR}\end{array}\right\rangle\!\!\mathrm{C(COOR)_2}\,,$$

verläuft die Einwirkung von α,α'-Dibrompentan-ω,ω'-tetracarbonsäureester auf Natrium-Malonester anomal [29]: hierbei entsteht ein Gemisch von Cyclopentan-1,1,2,2-tetracarbonester und Äthan-tetracarbonester: $(R = COOC_2H_5)$

$$\begin{array}{c}\mathrm{R_2C\!-\!(CH_2)_3\!-\!CR_2}\\ \ \ |\qquad\qquad\ |\\ \ \ Br\qquad\qquad Br\end{array} + 2\,\mathrm{NaCHR_2} \xrightarrow[-\,2\,\mathrm{NaBr}]{} \begin{array}{c}\mathrm{H_2C\!-\!C(R)_2}\\ |\qquad\quad |\ \ \rangle CH_2\\ \mathrm{H_2C\!-\!C(R)_2}\end{array} + \mathrm{R_2CH\!-\!CHR_2}\,.$$

Faßt man die Reaktion als nach einem krypto-ionischen Chemismus verlaufend auf, so ergibt die elektronische Zergliederung unter Berücksichtigung des positiven Charakters des Broms in den Brom-Malonester-Derivaten das folgende Bild:

$$\begin{array}{c}\mathrm{R_2C(CH_2)_3CR_2}\\ |\qquad\qquad |\\ Br\qquad\quad Br\end{array} + \Big[\,|\mathrm{CHR_2}\Big]^- \rightleftharpoons \left[\begin{array}{c}\mathrm{R_2C(CH_2)_3\underline{C}R_2}\\ |\qquad\qquad\\ Br\qquad\quad a\end{array}\right]^- + \mathrm{Br}\!\leftarrow\!\mathrm{CHR_2}\,.$$

Zunächst tritt „Oxydation" des Carbeniat-Anions des Malonesters zu neutralem Brom-Malonester ein unter Bildung eines Anions a, das sich nach Abspaltung des restlichen Broms als Anion durch innermolekularen „Kurzschluß" zum Cyclobutan-tetracarbonester b stabilisiert:

$$a\!\rightarrow\!\mathrm{Br}^- + \left\{\begin{array}{c}\mathrm{R_2C(CH_2)_3\underline{C}R_2}\\ \oplus\qquad\qquad\ominus\end{array} \longleftrightarrow\ \mathrm{R_2C}\!\!\left\langle\begin{array}{c}CH_2\!-\!CH_2\\ |\qquad\ |\\ CR_2\!-\!CH_2\end{array}\right.\right\}.$$

Daneben reagiert der intermediär entstandene Brom-Malonester mit dem zweiten Mol Natrium-Malonester normal zu Äthan-tetracarbonester:

$$\mathrm{R_2CH\!-\!Br} + [\,|\mathrm{CHR_2}\,]^- \longrightarrow \mathrm{R_2CH}\!\leftarrow\!\mathrm{CHR_2} + \mathrm{Br}^-\,.$$

[28] Ing, H. R., u. W. H. Perkin jr.: J. chem. Soc. London 127, 2387 (1925).

[29] Lennon, J. J., u. W. H. Perkin jr.: J. chem. Soc. London 1928, 1513. — Über die Reaktion von Natriumoxalessigester mit Chloroxalessigester s. L. Panizzi: Gazz. 70, 738 (1940).

Bei der Reaktion von α,α'-Dibrompropan-ω,ω'-tetracarbonester mit dem Carbeniat-Anion des Propan-ω,ω'-tetracarbonesters entstehen zwei Mol Cyclopropan-tetracarbonester nach folgendem Schema:

$$\begin{array}{c} R_2C-CH_2-CR_2 \\ |\qquad\quad | \\ Br\qquad\ Br \end{array} + \left[R_2\underline{C}-CH_2-\underline{C}R_2\right]^{--} Na_2^{++} \longrightarrow 2\,NaBr + 2\,R_2C\overset{\diagdown\diagup}{\underset{CH_2}{\qquad}}CR_2 .$$

Die elektronische Zergliederung der Reaktion ergibt folgenden Mechanismus: zunächst tritt auch hier intermediär Oxydation des Carbeniat-Anions durch das „positive" Brom ein unter Bildung von zwei Anionen c:

$$\begin{array}{c} R_2C-CH_2-CR_2 \\ |\qquad\quad | \\ Br\qquad\ Br \end{array} + \left[R_2\overline{C}-CH_2-\overline{C}R_2\right]^{--} \rightleftharpoons$$

$$\rightleftharpoons \left[\begin{array}{c} R_2\overline{C}-CH_2-CR_2 \\ | \\ c\qquad\quad Br \end{array}\right]^{-} + \left[\begin{array}{c} R_2\overline{C}-CH_2-CR_2 \\ \downarrow \\ Br \end{array}\right]^{-}$$

Dieses Anion c stabilisiert sich nun unter Abspaltung eines Br-Anions zum Cyclopropan-tetracarbonester:

$$c \rightarrow Br^- + \left\{\begin{array}{c} R_2C-CH_2-CR_2 \\ \ominus\qquad\quad \oplus \end{array} \longleftrightarrow R_2-C\overset{\diagup}{\underset{CH_2}{\diagdown}}C-R_2\right\}$$

Setzt man zwei Mol Dibrom-Malonester um mit zwei Mol des Carbeniat-Anions des Äthan-tetracarbonesters, so entstehen drei Mol Äthylen-tetracarbonester nach folgendem Schema:

$$2\,R_2CBr_2 + 2\,[R_2\underline{C}-\underline{C}R_2]^{--}\underset{d}{}\ Na_2^{++} \longrightarrow 3\,R_2C{=}CR_2 + 4\,NaBr .$$

Auch hier könnte primär „Oxydation" des Carbeniat-Anions d zu einem Anion f eintreten unter Hinterlassung eines Br-haltigen Carbeniat-Anions e:

$$R_2CBr_2 + \left[R_2\underline{C}-\underline{C}R_2\right]^{--}_{d} \rightleftharpoons \left[R_2CBr\right]^{-}_{e} + \left[\begin{array}{c} R_2C-\overline{C}R_2 \\ \downarrow \\ Br \end{array}\right]_{f} .$$

Diese Anionen stabilisieren sich nun unter Abspaltung von Brom-Anionen zu Äthylen-tetracarbonester in der bereits geschilderten Weise:

$$\left[\begin{array}{c} R_2C-\underline{C}R_2 \\ | \\ Br \end{array}\right]^{-}_{f} \longrightarrow Br^- + \left\{R_2C-CR_2\underset{\oplus\ \ \ominus}{} \longleftrightarrow R_2C{=}CR_2\right\} ;\ 2\left[R_2\underline{C}-Br\right]^{-}_{e} \rightarrow$$

$$\longrightarrow 2\,Br^- + R_2C{=}CR_2 .$$

Die letztgenannte Umwandlung, die Überführung des Monobrommalonesters durch alkalische Mittel in Äthylen-tetracarbonester[30] verläuft, wie A. ROBERTSON und W. A. WATERS[31] wahrscheinlich machten, vermutlich nicht nach einem ionischen, sondern nach einem radikalischen Mechanismus. Darüber hinaus erscheint es nach den bis jetzt vorliegenden experimentellen Ergebnissen nicht unwahrscheinlich, daß bei Reaktionen mit „positivem" Brom ein radikalischer

[30] CONRAD u. GUTHZEIT: B. 16, 2631 (1883); A. 214, 76 (1882). — CONRAD u. BRÜCKNER: B. 24, 2998 (1891). — BLANK u. SAMSON: B. 32, 860 (1899). — DIELS u. HEINTZEL: B. 38, 303 (1905). — PAAL u. OTTEN: B. 23, 2591 (1890); s. a. CORSON u. BENSON: Organic Synthesis XI, 36 (1931).

[31] J. chem. Soc. London 1947, 492.

Chemismus überwiegt. So verläuft auch die K. Zieglersche Bromierung mit Bromsuccinimid[32] nach einem radikalischen Mechanismus,
da die Reaktion durch Peroxyde katalysiert wird[33].

Eine synthetisch wichtige Reaktion geben α-bromierte Fettsäureester mit Cyankali, die A. N. Franchimot[34] bereits im Jahre 1872 entdeckte: beim Umsatz von α-Brom-phenylessigsäure mit Cyankali entsteht nicht die Phenylcyanessigsäure bzw. -malonsäure, sondern Diphenyl-bernsteinsäure. Diese Reaktion ist darauf zurückzuführen, daß
die zunächst entstehende Phenylcyanessigsäure unter dem alkalischen
Einfluß des Cyankalis durch ein zweites Mol Phenyl-bromessigsäure
alkyliert wird zu Diphenyl-cyanbernsteinsäure, die dann durch Verseifung und Decarboxylierung übergeht in Diphenyl-bernsteinsäure:

$$C_6H_5-CH\begin{smallmatrix}CN\\COOH\end{smallmatrix} + C_6H_5-CH\begin{smallmatrix}Br\\COOH\end{smallmatrix} \longrightarrow$$

$$\longrightarrow \begin{matrix}CN\\|\\C_6H_5-C-COOH\\|\\C_6H_5-CH-COOH\end{matrix} \longrightarrow \begin{matrix}C_6H_5-CH-COOH\\|\\C_6H_5-CH-COOH\end{matrix}.$$

Die Isolierung des Zwischenproduktes, der Diphenyl-cyanbernsteinsäure, gelang O. Poppe[35].

In analoger Reaktion erhielt N. Zelinsky[36] aus α-Brompropionsäureester mit Cyankali die α,α'-Dimethyl-bernsteinsäure.

In neuerer Zeit benutzten R. C. Fuson und Mitarbeiter[37] diese
Reaktion zur Verwirklichung innermolekularer Cyclisierungen von
Dicarbonsäureestern. So läßt sich der α,α'-Dibromadipinsäureester
unter der Einwirkung von Cyankali in hoher Ausbeute in 1-Cyan-cyclobutan-1,2-dicarbonsäureester umwandeln:

$$\begin{matrix}COOR\\|\\CH_2-CH-Br\\|\\CH_2-CH-Br\\|\\COOR\end{matrix} \longrightarrow \begin{matrix}COOR\\|\\CH_2-CH-CN\\|\\CH_2-CH-Br\\|\\COOR\end{matrix} \longrightarrow \begin{matrix}COOR\\|\\CH_2-C-CN\\|\\CH_2-CH-COOR\end{matrix}.$$

Aus α,α'-Dibrompimelinsäureester entsteht auf diese Weise der
1-Cyan-cylopentan-1,2-dicarbonsäureester und aus α,α'-Dibromkorksäureester der entsprechende 1-Cyan-cyclohexan-1,2-dicarbonsäureester, der bei der Verseifung und Decarboxylierung in *trans*-Cyclohexan-1,2-dicarbonsäure übergeht.

---

[32] A. **551**, 80 (1942).

[33] Hey: Ann. Rep. Progr. Chem. **41**, 191 (1944). — Karrer, P., u. Schmid:
Helvet. chim. Acta **29**, 543 (1946).

[34] B. **5**, 1048 (1872).

[35] B. **23**, 113 (1890).

[36] B. **21**, 3160 (1888); s. a. Bone u. Perkin jr.: J. chem. Soc. London **69**,
253 (1896).

[37] Fuson, R. C., u. Mitarb.: J. Amer. chem. Soc. **51**, 1536 (1929); **52**, 4074
(1930); **60**, 1237 (1938).

Aus α,α'-Dibrom-β,β-dimethyladipinsäureester erhielt H.N.$RYDON$[38] auf diesem Wege die Norcaryophyllensäure:

$$\begin{array}{ccc}
\begin{array}{cc}
CH_3 & COOR \\
| & | \\
CH_3-C\!\!-\!\!-\!\!CH-Br \\
| \\
CH_2-CH-Br \\
| \\
COOH
\end{array}
& \longrightarrow &
\begin{array}{cc}
CH_3 \\
| \\
CH_3-C\!\!-\!\!-\!\!CH-COOH \\
| \quad\quad | \\
CH_2-CH-COOH
\end{array}
\end{array}$$

Da die Substitution von β-Dicarbonylverbindungen mit Halogenalkylen bei Gegenwart von Natriumäthylat durchgeführt wird, so erscheint der Variationsmöglichkeit nur eine Grenze gesetzt durch besondere Alkaliempfindlichkeit der anzuwendenden Halogenalkyle. Zur Reaktion von β-Dicarbonylverbindungen mit solchen empfindlichen Halogenalkylen steht jedoch eine sehr elegante Methode zur Verfügung, die Altmeister CLAISEN entdeckt hat und die v. AUWERS aus CLAISENS Nachlaß veröffentlicht hat[39]: sie besteht in der Einwirkung des Halogenalkyls auf die β-Dicarbonylverbindung in *Aceton bei Gegenwart von Kaliumcarbonat*; hierdurch wird erreicht, daß das Reaktionsmedium nie stark alkalisch wird. So erhält man beispielsweise durch Alkylierung von Acetessigester mit Bromacetin (ω-Bromäthylacetat) in Aceton bei Gegenwart von Kaliumcarbonat leicht den α-(β-Acetoxäthyl)-acetessigester[40], eine Verbindung, die sonst nur aus alkoholfreiem Natracetessigester und Bromacetin in inertem Lösungsmittel mit weit schlechterer Ausbeute erhältlich ist[41]. Selbstverständlich ist die CLAISENSche Carbonatmethode auch auf Alkylierungen mit anderen beständigeren Halogenalkylen anwendbar; sie besitzt jedoch den Nachteil, daß sich mitunter reichliche Mengen der zumeist unerwünschten O-Alkylderivate bilden: so entsteht im zuvor erwähnten Falle etwa 20% der entsprechenden O-Alkylverbindung[42]. Außerdem gelingt diese besondere Ausführungsform der Alkylierung nur bei β-Ketocarbonsäureestern und β-Diketonen; beim Malonester versagt die Carbonatmethode[42].

Auch beim Malonester oder Cyanessigester kennt man jedoch eine Ausweich-Methode, um empfindliche Halogenalkyle zur Reaktion

---

[38] J. chem. Soc. London **1936**, 593.

[39] B. **71**, 2082 (1938); s. a. C. WEYGAND: B. **61**, 687 (1928).

[40] HENECKA, H.: B. **81**, 189 (1948): entsprechendes Derivat des Acetylacetons.

[41] HALLER, A., u. F. MARCH: C. r. Acad. Sci. **139**, 99 (1904); Bull. Soc. chim. France [3] **33**, 619 (1905).

[42] HENECKA, A.: Unveröffentlichte Beobachtung. — Aus Verbindungen hoher Enolacidität, wie den Oxymethylen-Verbindungen, entstehen ausschließlich die Enoläther (v. AUWERS-CLAISEN, l. c.). — Über die Anwendung von Alkylcarbonaten als Lösungs- und Alkylierungsmittel vgl. V. H. WALLINGFORD, M. A. THORPE u. A. H. HOMEYER: J. Amer. chem. Soc. **64**, 580 (1942).

zu bringen, nämlich Ersatz des Natriumsalzes durch das leicht darstellbare und zudem ätherlösliche *Magnesiumsalz*[43].

Doch nicht nur Halogenalkyle (oder auch Sulfonsäureester, wie z. B.
p-Toluolsulfonsäureester[44]) sind als Alkylierungsmittel geeignet;
auch *Äthylenoxyde* reagieren in alkoholischer Lösung bei Gegenwart
von Natriumäthylat mit β-Dicarbonylverbindungen. So erhält man
durch Einwirkung von Äthylenoxyd auf Natracetessigester das *Acetobutyrolakton*[45]:

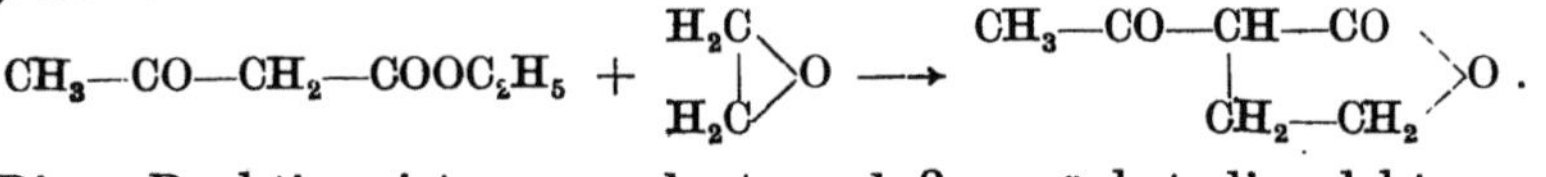

$$CH_3\!-\!CO\!-\!CH_2\!-\!COOC_2H_5 \;+\; \underset{H_2C}{\overset{H_2C}{\diagdown\!\!\diagup}}\!\!>\!O \;\longrightarrow\; \underset{CH_2\!-\!CH_2}{\overset{CH_3\!-\!CO\!-\!CH\!-\!CO}{\diagdown\qquad\diagup}}\!\!>\!O \, .$$

Diese Reaktion ist so zu deuten, daß zunächst die elektromere
zwitterionische Grenzformel des Äthylenoxyds

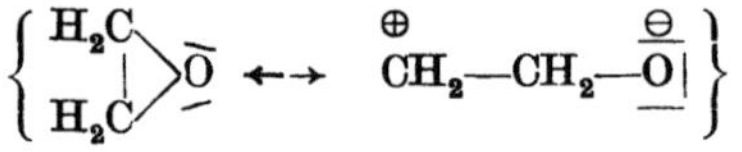

$$\left\{ \underset{H_2C}{\overset{H_2C}{\diagdown\!\!\diagup}}\!\!>\!\bar{O} \;\longleftrightarrow\; \overset{\oplus}{CH_2}\!-\!CH_2\!-\!\overset{\ominus}{\underline{O}}| \right\}$$

mit der Carbeniat-Grenzformel des Acetessigesters reagiert:

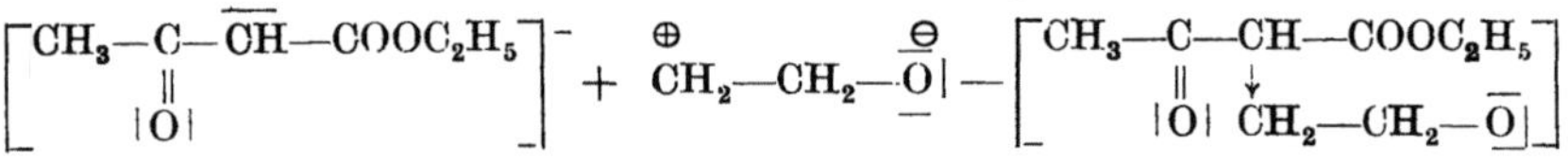

$$\left[\underset{|\underline{O}|}{\overset{\|}{CH_3\!-\!C\!-\!\overline{C}H\!-\!COOC_2H_5}}\right]^{-} \; + \; \overset{\oplus}{CH_2}\!-\!CH_2\!-\!\overset{\ominus}{\cdot\underline{O}}| \; - \; \left[\underset{|\underline{O}|\;\; CH_2\!-\!CH_2\!-\!\overline{O}|}{\overset{\|\quad\downarrow}{CH_3\!-\!C\!-\!CH\!-\!COOC_2H_5}}\right]^{-}.$$

Unter dem Einfluß des alkalischen Mediums findet nun sehr leicht
innermolekulare Umesterung statt:

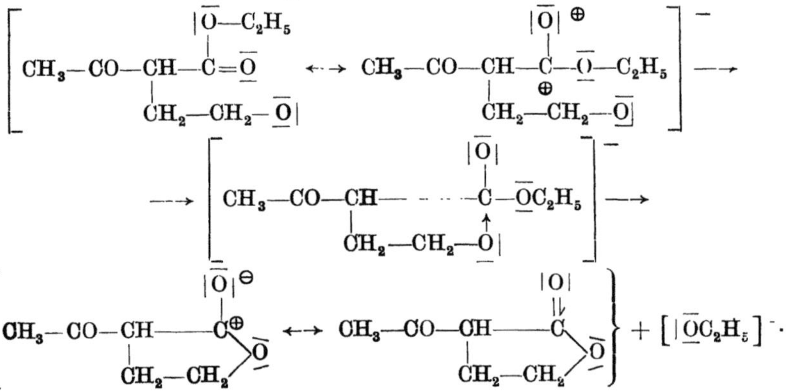

$$\left[CH_3\!-\!CO\!-\!\underset{CH_2\!-\!CH_2\!-\!\overline{O}|}{\overset{|\overline{O}\!-\!C_2H_5}{CH\!-\!C\!=\!\overline{O}}} \;\longleftrightarrow\; CH_3\!-\!CO\!-\!\underset{CH_2\!-\!CH_2\!-\!\overline{O}|}{\overset{|\overline{O}|\;\oplus}{CH\!-\!\underset{\oplus}{C\!-\!\overline{O}\!-\!C_2H_5}}} \right]^{-} \longrightarrow$$

$$\longrightarrow \left[CH_3\!-\!CO\!-\!\underset{CH_2\!-\!CH_2\!-\!\overline{O}|}{\overset{|\overline{O}|}{CH\!-\!\cdots\!-\!\overset{\uparrow}{C}\!-\!\overline{O}C_2H_5}} \right]^{-} \longrightarrow$$

$$\left\{ CH_3\!-\!CO\!-\!\underset{CH_2\!-\!CH_2}{\overset{|\overline{O}|\,\ominus}{CH\!-\!\overset{\oplus}{C}\!\diagdown\!O}} \;\longleftrightarrow\; CH_3\!-\!CO\!-\!\underset{CH_2\!-\!CH_2}{\overset{|O|}{CH\!-\!\overset{\|}{C}\!\diagdown\!\overline{O}}} \right\} + \left[|\overline{O}C_2H_5 \right]^{-}.$$

Aus diesem Acetobutyrolakton erhält man durch Ketospaltung
den Acetopropylalkohol.

[43] LUND, H.: B. **67**, 935 (1934). — WALKER, H. G., u. CH. R. HAUSER:
J. Amer. chem. Soc. **68**, 1386 (1946); s. a. A. SPASSOW: B. **70**, 2381 (1937). —
Über Alkylierungen mit Hilfe von Calciumsalzen s. K. PACKENDORFF: B. **64**, 948
(1931). — Bei der Alkylierung von Acetessigester mit verzweigten Halogeniden
erwies sich nach W B. RENFROW JR. [J. Amer. chem. Soc. **66**, 144 (1944)] Kaliumtert.-amylat in Amylalkohol besonders geeignet.

[44] PEACOCK, D. H., u. P. THA: J. chem. Soc. London **1928**, 2303. — NAIR, C.N.,
u. D. H. PEACOCK: J. Indian chem. Soc. **12**, 318 (1935). — Über Alkylierungen
mit Dimethylsulfat in 20% KOH s. J. L. KNUNJANZ: C. **1939** II, 628.

[45] KNUNJANZ, J. L., G. W. TSCHELINZEW u. I. D. OSSETROWA: C. **1934** II,
2381. — Über die analoge Reaktion mit Benzoylessigester s. G. W. TSCHELINZEW
u. J. D. OSSETROWA: C. r. Acad. Sci. UdSSR **1935** II, 251.

Eine analoge Reaktion tritt mit Malonester ein, wobei neben dem leicht in *Butyrolakton* überführbaren Butyrolakton-carbonsäureester durch zweimalige Reaktion des Äthylenoxyds ein spirocyclisches Dilakton entsteht[46]:

$$
\text{C}\!\!\begin{array}{l}\diagup \text{CO----CH---COOC}_2\text{H}_5 \\ \diagdown \text{CH}_2\text{---CH}_2\end{array}
\longrightarrow
\text{O}\!\!\begin{array}{l}\diagup \text{CO----CH}_2 \\ \diagdown \text{CH}_2\text{---CH}_2\end{array}\text{bzw.}\quad
\begin{array}{l}\text{O------CO} \\ \text{CH}_2\text{---CH}_2\end{array}\!\!\text{C}\!\!\begin{array}{l}\text{CH}_2\text{---CH}_2 \\ \text{CO----O}\end{array}.
$$

Merkwürdigerweise reagiert auch Epichlorhydrin in gleicher Weise als Äthylenoxyd-derivat beispielsweise mit Natracetessigester zu[47]:

$$
\text{Cl} \cdot \text{CH}_2\text{---CH---CH}_2\text{---CH ---CO} \cdot \text{CH}_3 \atop \qquad\qquad\quad \text{O----------CO}\qquad\qquad .
$$

Ein analoges Derivat entsteht auch aus Natriummalonester und Epichlorhydrin; mit alkoholischer Salzsäure bildet sich aus diesem Chlormethyl-butyrolaktoncarbonester ebenfalls ein Dilakton[48]:

$$
\text{Cl---CH}_2\text{---CH---CH}_2\text{---CH---COOR} \atop \qquad\text{O------------CO}\qquad\qquad
\xrightarrow[-\text{RCl}]{}
\text{O}\!\!\begin{array}{l}\diagup \text{CO---CH---CO} \\ \qquad\quad\text{CH}_2 \\ \diagdown \text{CH}_2\text{---CH---O}\end{array}.
$$

Wie K. Packendorff und F. F. Matschus[49] fanden, gelingt die Kondensation des Äthylenoxyds mit β-Dicarbonylverbindungen bereits unter dem katalytischen Einfluß des Piperidins. Aus Malonester und Äthylenoxyd bildet sich hierbei direkt das Dilakton, während aus Acetessigester unter Abspaltung der Acetylgruppe das α-(β-Oxyäthyl)-butyrolakton neben der entsprechenden O-Acetylverbindung entsteht. Cyclopentanoncarbonester geht unter der Einwirkung von Äthylenoxyd bei Gegenwart von Piperidin unter Alkoholyse durch den intermediär freiwerdenden Alkohol über in Butyrolakton-buttersäureester:

$$
\begin{array}{l}\text{H}_2 \\ \text{H}_2 \end{array}\!\!\begin{array}{c}\text{---=O} \\ \text{H} \\ \text{COOC}_2\text{H}_5 \\ \text{H}_2\end{array}
+ \begin{array}{l}\text{H}_2\text{C} \\ \text{H}_2\text{C}\end{array}\!\!\diagdown\!\text{O}
\longrightarrow
\begin{array}{l}\text{H}_2 \\ \text{H}_2 \end{array}\!\!\begin{array}{c}\text{---=O} \\ \text{CH}_2\text{---CH}_2 \\ \text{CO----O} \\ \text{H}_2\end{array}
\xrightarrow{+\ \text{C}_2\text{H}_5\text{OH}}
$$

$$
\begin{array}{l}\text{H}_2\text{C---CH}_2 \\ \text{O---CO}\end{array}\!\!\diagup\text{CH---CH}_2\text{---CH}_2\text{---CH}_2\text{---COOC}_2\text{H}_5 \ .
$$

---

[46] Traube, W., u. E. Lehmann: B. **34**, 1977 (1901); s. a. A. Michael u. N. Weiner: J. Amer. chem. Soc. **56**, 2012 (1934). — Die analog verlaufenden Umsetzungen von Styroloxyd und Butadienoxyd mit Na-Malonester beschreiben R. R. Russell u. C. A. van der Werf: J. Amer. chem. Soc. **69**, 11 (1947); Cyclopentenoxyd-Na-Malonester: W. E Grisby, J. Hind, J. Chanley u. F. H. Westheimer: J. Amer. chem. Soc. **64**, 2606 (1942). — Über analoge Reaktionen mit Glycidsäureestern s. G. W. Tschelinzew u. J. D. Ossetrowa: C. **1938** II, 845. — Ersatz des Äthylenoxyds durch Äthylensulfid: Snyder, H. R., u. W. Alexander: J. Amer. chem. Soc. **70**, 217 (1948). — Über die Alkylierung des Butyrolactoncarbonesters mit Chloressigester s. J. A. McRae, E. H. Charlesworth, F. R. Archibald u. D. S. Alexander: C. **1945** I, 1013 (Akademie-Verlag). — Über die Umsetzung von Äthylenoxyd mit Cyanessigester s. S. A. Glickmann u. A. C.Cope: J. Amer. chem. Soc. **67**, 1012 (1945).

[47] Traube, W.: l. c.

[49] Leuchs, H., u O. Splettstösser: B. **40**, 301 (1907).

[49] C. **1940** II, 2451; **1942** II, 270, 2130; **1943** I, 2678.

Die analoge Reaktion tritt auch mit Cyclohexanoncarbonester ein.

Kationoid reagierende Alkohole können in besonderen Fällen ähnlich wie die Äthylenoxyde direkte Alkylierungen von β-Dicarbonylverbindungen bewirken: so reagiert Methylol-Benzamid mit Malonester in folgender Weise[50]:

$$C_6H_5\text{—}CO\text{—}\overline{N}H\text{—}CH_2\text{—}OH \rightleftharpoons [C_6H_5\text{—}CO\text{—}\overline{N}H\text{—}\overset{\oplus}{C}H_2] + OH^-$$

$$[C_6H_5\text{—}CO\text{—}\overline{N}H\text{—}\overset{\oplus}{C}H_2] + [|CH(COOR)_2]^- \longrightarrow$$

$$\longrightarrow C_6H_5\text{—}CO\text{—}\overline{N}H\text{—}CH_2\leftarrow CH(COOR)_2 ,$$

eine Reaktion, die auf die hohe induktive Polarisierung der CH_2-Gruppe des Methylol-Restes zurückzuführen ist. Aus dem gleichen Grunde lassen sich mit *Gramin*, dem β-Dimethylaminomethyl-indol, bei Gegenwart eines Protonacceptors Alkylierungen durchführen[51]:

eine Reaktion, der quartäre Salze vom Benzyltypus, wie z. B. Benzyldimethylphenylammoniumchlorid, allgemein zugänglich sind[52]. Dieses Salz alkyliert Na-β-Dicarbonylverbindungen nach folgendem Chemismus:

$$\left[C_6H_5\text{—}CH_2\text{—}\overset{\oplus}{N}(CH_3)_2 \;\middle|\; C_6H_5\right] Cl^- \rightleftharpoons \left[C_6H_5\text{—}\overset{\oplus}{C}H_2\right] + Cl^- + C_6H_5\text{—}\overline{N}(CH_3)_2$$

$$\left[C_6H_5\text{—}\overset{\oplus}{C}H_2\right] + \left[|CH(COOR)_2\right]^- \longrightarrow C_6H_5\text{—}CH_2\leftarrow CH(COOR)_2 .$$

In diesem Verhalten der Benzylverbindungen liegt auch der Schlüssel zur Deutung der anomalen Reaktion, die bei der Einwirkung von Natrium auf Benzylacetat eintritt: hierbei entsteht nicht der erwartete Acetessigsäurebenzylester, sondern der entsprechende Ester der Hydrozimtsäure[53], $C_6H_5\text{—}CH_2\text{—}CH_2\text{—}COO\text{—}CH_2\text{—}C_6H_5$.

Die Reaktion kommt so zustande, daß der zunächst durch normale Esterkondensation entstehende Acetessigsäure-benzylester bei der relativ hohen Reaktionstemperatur von etwa 170° durch Benzylacetat benzyliert wird zu α-Benzyl-acetessigsäure-benzylester, der dann durch den anwesenden Benzylalkohol unter dem Einfluß von Natriumbenzylat alkoholytisch unter Abspaltung von Benzylacetat in den Benzylester der Hydrozimtsäure übergeht:

$$[CH_3\text{—}CO\text{—}\overline{C}H\text{—}COOCH_2C_6H_5]^- + [C_6H_5\text{—}CH_2]^+ \longrightarrow$$

$$\longrightarrow CH_3\text{—}CO\text{—}CH\text{—}COOCH_2C_6H_5 \longrightarrow$$

$$\downarrow$$

$$CH_2C_6H_5$$

$$\longrightarrow CH_3\text{—}COO\text{—}CH_2C_6H_5 + C_6H_5CH_2\text{—}CH_2\text{—}COO\text{—}CH_2C_6H_5 .$$

[50] MONTI, L.: C. **1930** I, 3037.—BUC, S. R.: J. Amer. chem. Soc. **69**, 254 (1947). Reaktion Benzhydrol/β-Dicarbonylverbdgn.: R. FOSSE, C. r. Acad. Sci. **145**, 1291 (1907); Bull. Soc. chim. France, [4], **3**, 1076 (1907).

[51] Vgl. Kap. VIII, 4, S. **232**.

[52] SNYDER, H. R., C. W. SMITH u. J. M. STEWART: J. Amer. chem. Soc. **66**, 200 (1944). — SNYDER, H. R., u. E. ELIEL: J. Amer. chem. Soc. **70**, 1703 (1948).

[53] CONRAD, M., u. W. R. HODGKINSON: A. **193**, 300 (1878). — BACON, B. F.: J. Amer. chem. Soc. **33**, 94 (1905).

Als besondere Variation der Alkylierung kann man schließlich die Oxydation des Natracetessigesters mit Jod zu Diacetbernsteinsäureester auffassen[54]; diese Reaktion kann man so deuten, daß das im Gleichgewicht

$$|\overline{J}-\overline{J}| \rightleftharpoons |\overline{J}\cdot + \cdot\overline{J}|$$

vorhandene atomare Jod je einem Carbeniat-Anion ein Elektron entzieht unter Übergang in Jod-Anion, wonach sich die beiden radikalartigen Zwischenprodukte miteinander zu Diacetbernsteinsäureester vereinigen:

$$[CH_3-CO-\underline{CH}-COOC_2H_5]^- + \cdot\overline{J}| \longrightarrow CH_3-CO-\overset{\bullet}{CH}-COOC_2H_5 + |\overline{J}|^-$$

$$2\ CH_3-CO-\overset{\bullet}{CH}-COOC_2H_5 \dashrightarrow \begin{matrix} CH_3-CO-\overset{|}{\underset{|}{CH}}-COOC_2H_5 \\ CH_3-CO-CH-COOC_2H_5 \end{matrix}$$

In wäßrig-alkalischer Lösung hingegen wirkt Jod auf Acetessigester normal ein unter Bildung von α-Jod-Acetessigester[55].

Durch Ketonspaltung des Diacetbernsteinsäureesters entsteht das wichtige *Acetonylaceton*[56]. Da der Diacetbernsteinsäureester noch zweimal alkylierbar ist, lassen sich auf diese Weise substituierte Hexan-2,5- ione und somit entsprechende Furane, Thiophene oder Pyrrole wie auch durch Säurespaltung Mono- und Dialkylbernsteinsäuren darstellen.

Ähnlich wie Acetessigester kann man ganz allgemein β-Dicarbonylverbindungen durch Behandlung mit Brom oder Jod bei Gegenwart von Alkali oxydieren. So entsteht aus Natrium-oxalessigester mit Brom der Di-oxal-bernsteinsäureester[57].

$$2\ ROOC-CH_2-CO-COOR \rightarrow \begin{matrix} ROOC-CH-CO-COOR \\ | \\ ROOC-CH-CO-COOR \end{matrix} \rightarrow \begin{matrix} COOR\ \ COOR \\ \diagdown \\ O \\ \diagup \\ COOR\ \ COOR \end{matrix}$$

der durch Behandlung mit konz. Schwefelsäure in Furan-Tetracarbonsäureester übergeht[58].

Aceto-benzylcyanid gibt bei der Behandlung mit Jod und Natriummethylat-Lösung das Diphenyl-diacetobernsteinsäuredinitril[59]:

$$2\ C_6H_5-CH-CO-CH_3 \dashrightarrow \begin{matrix} CO-CH_3 \\ | \\ C_6H_5-C-CN \\ | \\ C_6H_5-C-CN \\ | \\ CO-CH_3 \end{matrix}$$
$$\qquad\qquad |\ \ \quad CN$$

[54] WISLICENUS, I.: B. **7**, 892 (1874); s. a. HARROW, G. H. U: A. **201**, 144 (1880). — KNORR, L. u. F. HABER: B. **27**, 1155 (1894).

[55] WOHLGEMUTH, J., u. R. REWALD: Bi. Z. **55**, 7; C. **1913** II, 1420.

[56] KNORR, L.: B. **33**, 1219 (1900).

[57] SUTTER, H.: A. **499**, 47 (1932).

[58] REICHSTEIN, T., A. GRÜSSNER, K. SCHINDLER u. E. HARDMEIER: Helvet. chim. Acta **16**, 276 (1932).

[59] HELLER, G.: J. pr. [2] **120**, 193 (1928).

Behandelt man Äthan-tetracarbonester mit Brom[60] oder Jod[61] bei Gegenwart von Natriumäthylat, so entsteht nach dem gleichen Mechanismus der Äthylen-tetracarbonester: $(R = {-}COOC_2H_5)$

$$\left[R_2\underline{C}-\underline{C}R_2 \right]^{-\,-} + 2\,|\overline{\underline{J}}{\cdot} \longrightarrow \left\{ R_2\overset{\times}{C}-\overset{\times}{C}R_2 \longleftrightarrow R_2C{=}CR_2 \right\} + 2\,J^{-}\,.$$

Ebenso bildet sich der Äthylen-tetracarbonester durch Oxydation des Malonesters mit Jod bei Gegenwart von Äthylat-Lösung[62], wobei Äthantetracarbonester als Zwischenprodukt entsteht.

Eine bemerkenswerte Reaktion stellt die Einwirkung von Jod und Methylat-Lösung auf Chlor-malonester dar[63]: unter Oxydation zu Dichloräthancarbonester tritt zunächst Entfärbung des Jods ein $(R = {-}COOC_2H_5)$:

$$2\left[R_2\underline{C}{-}Cl \right]^{-} + 2\,|\overline{\underline{J}}{\cdot} \longrightarrow \underset{Cl\ \ \ \ Cl}{R_2C{-}CR_2} + 2\,J^{-}\ ;$$

danach tritt unter Freiwerden von Jod Umwandlung ein in Äthylen-tetracarbonester, vielleicht durch Halogenaustausch und nachfolgende Jodabspaltung:

$$\underset{Cl\ \ Cl}{R_2C{-}CR_2} + 2\,J^{-} \longrightarrow 2\,Cl^{-} + \underset{J\ \ \ J}{R_2C{-}CR_2} \longrightarrow \left\{ R_2\overset{\times}{C}{-}\overset{\times}{C}R_2 \longleftrightarrow R_2C{=}CR_2 \atop + J_2 \right\}.$$

Hierher gehört auch die Oxydation von β-Ketocarbonsäureestern mit Blei-tetracetat zu α-Acetoxy-β-ketocarbonsäureester[64], die folgendermaßen verläuft:

$$[CH_3{-}CO{-}\underline{CH}{-}COOC_2H_5]^{-} + H^{+} + [PbAc_2]^{++} + 2\,[CH_3{-}COO]^{-} \longrightarrow$$

$$\underset{\underset{O{-}CO{-}CH_3}{\uparrow}}{CH_3{-}CO{-}CH{-}COOC_2H_5} + PbAc_2 + CH_3{-}COO{\rightarrow}H\,.$$

Das $[PbAc_2]^{--}$-Kation des Bleitetracetats nimmt die beiden Elektronen des einsamen Elektronenpaars des zentralen C-Atoms der Carbeniat-Grenzform auf unter Reduktion zu $PbAc_2$, wonach ein Acetoxylanion die entstehende Oktettlücke besetzt, während das andere Acetoxyl-anion mit dem Proton Essigsäure bildet.

Ähnlich wie Bleitetracetat wirkt auch Acetyl-Peroxyd: so entsteht aus Benzoylessigester und dem Peroxyd[65] nach einem wohl radikalischen Chemismus der α-Acetoxy-benzoylessigester:

[60] Kötz, A., u. G. Stalmann: J. pr. [2] 68, 163 (1903).

[61] Bischoff u. Hausdörfer: A. 239, 130 (1887).

[62] Bischoff u. Rach: B. 17, 2781 (1884).

[63] Eccles, A.: Proc. Luds philos. literary Soc. 1, 356 (1929); C. 1929 I, 2633; s. a. Bischoff u. Rach: l. c.

[64] Dimroth, O.: B. 56, 1381 (1923).

[65] Bradley, W., u. R. Robinson: J. chem. Soc. London 1928, 1541. — Über die Oxydation von Natracetessigsäure mit H_2O_2 s. P. W. Clutterbuck u. H. St. Raper: Biochem. J. 20, 59 (1926). — Die Oxydation von Acetylaceton mit Selendioxyd zu 2,3,4-Pentantrion beschreibt P. Piutti: Gazz. 66, 276 (1936). — Über die Oxydation von β-Dicarbonylverbindungen durch nitrose Gase s. A. Wahl u. J. Rolland: C. r. Acad. Sci. 186, 37 (1928). — Gilman, E., u. T. B. Johnson: J. Amer. chem. Soc. 50, 3341 (1928).

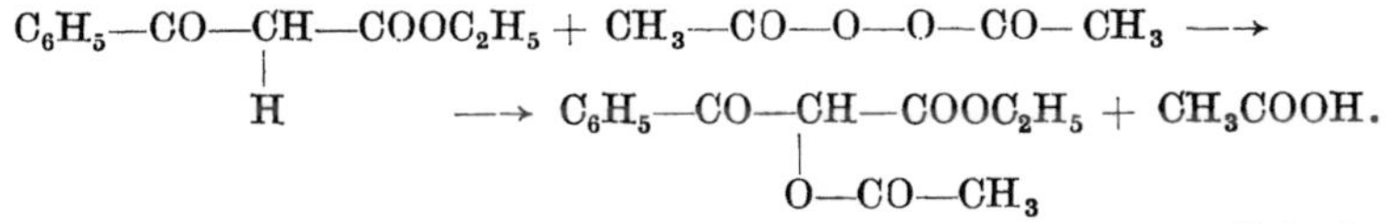

$$C_6H_5-CO-\underset{|}{\underset{H}{CH}}-COOC_2H_5 + CH_3-CO-O-O-CO-CH_3 \longrightarrow$$

$$\longrightarrow C_6H_5-CO-\underset{|}{\underset{O-CO-CH_3}{CH}}-COOC_2H_5 + CH_3COOH.$$

Auch in der Reihe der Acylierungen kennt man eine der Äthylen-oxyd-Alkylierung ähnliche Reaktion, bei der ebenfalls durch eine sekundäre Umesterung unter Bildung eines Laktons Cyclisierung eintritt: die Entstehung der *Tetronsäure* bzw. ihres Carbonsäureesters bei der Einwirkung von Acetyl-glykolsäurechlorid auf Natrium-Malonester[66]. Diese Reaktion verläuft nach folgendem Schema:

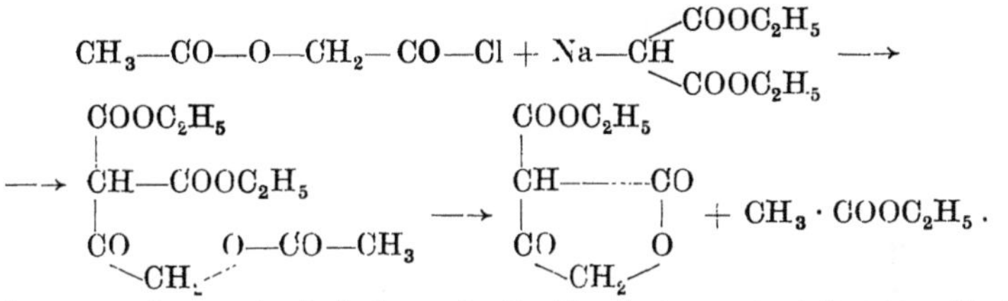

$$CH_3-CO-O-CH_2-CO-Cl + Na-CH\begin{smallmatrix}COOC_2H_5\\ \\COOC_2H_5\end{smallmatrix} \longrightarrow$$

Elektronentheoretisch läßt sich die Reaktion wie folgt zergliedern: zunächst reagiert das Carbeniat-Anion des Malonesters in üblicher Weise mit der polarisierten Grenzformel des Säurechlorids unter Abspaltung des Chlors als Anion und Bildung von Acetoxyacetylmalonester:

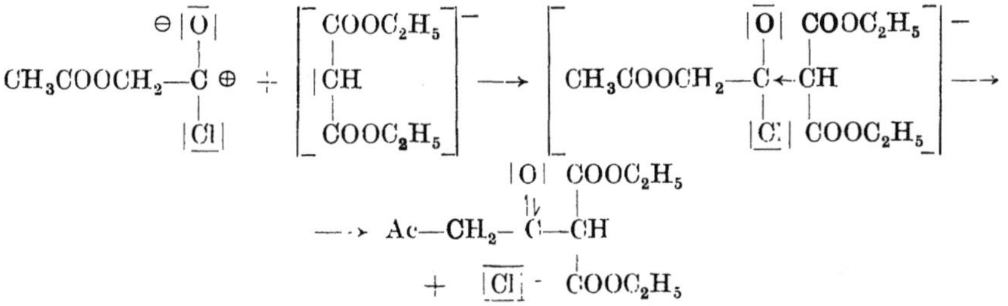

Die nachfolgende unter dem Einfluß von Alkali verlaufende Cyclisierung geht vermutlich so vor sich, daß das alkoholische O-Atom des Acetylrestes mittels eines seiner einsamen Elektronenpaare in die Oktettlücke der polarisierten Grenzformel einer Carbonester-Gruppe eintritt, wonach die Äthoxygruppe sich anionisch abspaltet unter Vereinigung mit dem sich ablösenden Acetyl-kation zu Essigsäureester:

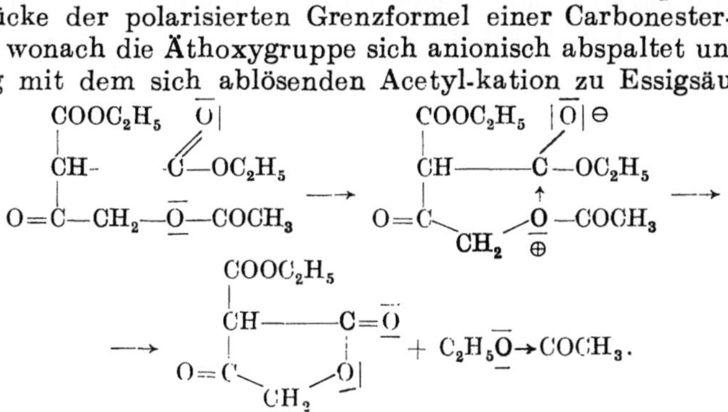

<hr>

[66] Anschütz u. Bertram: B. **36**, 468 (1903); A. **367**, 169 (1909); **368**, 23 (1909).

Durch Einwirkung von verdünnter Lauge geht der Carbonsäure-ester unter Verseifung und Decarboxylierung über in die Tetronsäure selbst:

$$\begin{array}{cccc}
\text{COOC}_2\text{H}_5 & \text{COOH} & & \\
| & | & \text{CH}_2\text{—CO} & \text{CH}\!=\!\!=\!\text{C—OH} \\
\text{CH—CO} \;\longrightarrow\; \text{CH—CO} \;\longrightarrow\; & | \quad\; | & \rightleftarrows & | \qquad | \\
| \quad\;\; | \qquad\qquad | \quad\;\; | & \text{CO} \;\;\; \text{CH}_2 & & \text{CO} \;\;\; \text{CH}_2 \\
\text{CO} \;\;\; \text{CH}_2 \qquad \text{CO} \;\;\; \text{CH}_2 & \diagdown_{\text{O}}\diagup & & \diagdown_{\text{O}}\diagup \\
\diagdown_{\text{O}}\diagup \qquad\qquad \diagdown_{\text{O}}\diagup & & &
\end{array}$$

Der Entdecker der Tetronsäure, L. WOLFF[67], hatte eine Brom-tetron-säure zunächst erhalten durch Erhitzen von α,γ-Dibrom-acetessigester unter vermindertem Druck. Diese Reaktion verläuft nach folgendem Schema:

$$\text{Br—CH}_2\text{—CO—CH(Br)—COOC}_2\text{H}_5 \;\longrightarrow\; \begin{array}{c} \text{CO——CH—Br} \\ | \qquad\quad | \\ \text{CH}_2 \quad\;\; \text{CO} \\ \diagdown_{\text{O}}\diagup \end{array} \;+\; \text{C}_2\text{H}_5\text{—Br} \;.$$

Diese Umsetzung kann man so deuten, daß zunächst das γ-Bromatom anionisch abdissoziiert, wonach die entstehende Oktettlücke durch Anteilig-werden eines einsamen Elektronenpaares der Estercarbonylgruppe geschlossen wird. Der dadurch ausgelöste Elektronenzug führt schließlich zur kationischen Ablösung der Äthylgruppe, die sich mit dem Bromanion zu Bromäthyl vereinigt:

$$\begin{array}{ccccc}
\text{Br—CH—C—}\overline{\text{O}}\text{—C}_2\text{H}_5 & \text{Br—CH—C—}\overline{\text{O}}\text{—C}_2\text{H}_5 & \overset{\oplus}{\text{Br—CH-}}\,\overset{\oplus}{\text{C}}\text{—}\overset{-}{\text{O}}\text{—C}_2\text{H}_5 & \\
| \qquad \diagdown \overline{\text{O}}| & | \qquad \diagup \!\!\text{O}|\!\oplus & | \qquad \diagup\!\!\overline{\underline{\text{O}}} & \longrightarrow \\
\underset{\oplus}{\text{CO—CH}_2} \;\; \text{Br}^- & \text{CO—CH}_2 \;+\; \text{Br}^- & \text{CO—CH}_2 \;+\; \text{Br}^- &
\end{array}$$

$$\longrightarrow \begin{array}{c} /\text{O}\backslash \\ \text{Br—CH——C} \\ | \qquad\quad \diagup\!\overline{\underline{\text{O}}} \\ \text{CO——CH}_2 \end{array} \;+\; \text{C}_2\text{H}_5\!\leftarrow\!\text{Br} \;.$$

Durch Reduktion mit Natrium-amalgam in sodaalkalischer Lösung erhielt L. WOLFF hieraus die Tetronsäure selbst.

Nach der gleichen Reaktion wurden dann späterhin Homologe der Tetronsäure in z. T. vortrefflicher Ausbeute erhalten: so entsteht die als „Tetrinsäure" bezeichnete α-Methyl-tetronsäure durch Erhitzen von α-Methyl-γ-brom-acetessigester

$$\begin{array}{cc}
\text{Br—CH}_2\text{—CO—CH—COOC}_2\text{H}_5 & \text{CH}_3\text{—C}\!=\!\!=\!\text{C—OH} \\
\qquad\qquad\qquad | \qquad\qquad\longrightarrow & \quad | \qquad | \qquad +\; \text{C}_2\text{H}_5\text{—Br} \\
\qquad\qquad\quad \text{CH}_3 & \quad \text{CO} \;\;\; \text{CH}_2 \\
& \qquad \diagdown_{\text{O}}\diagup
\end{array}$$

und analog aus α-Äthyl-γ-brom-acetessigester die α-Äthyl-tetronsäure (= „Pentinsäure"[68]).

Die schließlich von BENARY[69] aufgefundene Synthese von Tetron-α-carbonsäureester durch Einwirkung von Chloracetylchlorid auf Natrium-malonester stellt eine Kombination der beiden Methoden zur

<hr>

[67] A. 288, 1 (1895); 291, 226 (1896); 315, 149 (1901).
[68] DEMARÇAY: A. ch. [5] 20, 433 (1880).
[69] B. 40, 1079 (1907).

Synthese der Tetronsäure dar. Durch Einwirkung von Chloracetyl-chlorid auf β-Aminocrotonsäureester bei Gegenwart von Pyridin ent-steht das zugehörige C-Chloracetyl-Derivat, das durch Cyclisierung und Hydrolyse leicht in α-Acetyl-tetronsäure übergeht[70]:

$$CH_3\!-\!C\!=\!C\!-\!COOC_2H_5 \quad\xrightarrow{-C_2H_5Cl}\quad CH_3\!-\!C\!=\!C\!-\!\!-\!CO{\Large>}O \;\rightarrow\; CH_3\!-\!CO\!-\!C\!-\!CO{\Large>}O.$$

$$\underset{H_2N\quad CO\!-\!CH_2Cl}{}\qquad\qquad \underset{H_2N\quad CO\!-\!CH_2}{}\qquad\qquad \underset{HO\!-\!C\!-\!CH_2}{}$$

Die Tetronsäure, das Lakton der γ-Oxy-acetessigsäure ist nun durch eine besonders bemerkenswerte Eigenschaft ausgezeichnet: sie ist *eine relativ starke Säure*. So fand P. WALDEN[71] die Dissoziationskon-stante der α-Methyl-tetronsäure zu $k = 8{,}2 \times 10^{-5}$, d. i. der 4,5fache Wert der Essigsäure ($k = 1{,}8 \times 10^{-5}$). Da nun γ-Methoxy-acet-essigester keine besondere Acidität besitzt, ist diese besonders stark saure Natur der Tetronsäure darauf zurückzuführen, daß der die Enoli-sation hemmende sterische Faktor[72] durch den Ringschluß ausgeschal-tet und durch die Möglichkeit aromatischer Mesomerie des entstehen-den Cyclus sowohl Enolisierungstendenz als auch Enol-acidität ener-getisch wesentlich begünstigt werden.

Tatsächlich ähnelt die Tetronsäure auch in ihrem reaktiven Ver-halten weitgehend einer Carbonsäure: sie läßt sich beispielsweise mit Alkohol und einer geringen Menge Mineralsäure „verestern" zum ent-sprechenden Enoläther, dem „Tetronsäureester"[73].

Auf den aromatischen Charakter der Tetronsäure ist letzten Endes auch die Möglichkeit der Nitrierung und die leichte Oxydierbarkeit der Isonitroso-tetronsäure zu 2-Nitro-tetronsäure zurückzuführen[74]:

$$O\!=\!\underset{H_2}{\overset{}{\big|}}\cdots\!=\!N\!-\!OH,\;(=O)\;\longrightarrow\; O\!=\!\overset{H}{\underset{H_2}{\big|}}\cdots\!-\!NO_2\;(=O)\;\rightleftarrows$$

$$\rightleftarrows\; HO\!-\!\cdots\!N\!=\!O,\;H\;\rightleftarrows\; O\cdots\overset{\bar{O}\!-\!H}{\underset{OH}{}}\,N\!=\!O,\;|\underline{O}|$$

wobei die Enolformen durch starke H-Brücken nach der Nitrogruppe stabilisiert sind.

Die Methoden der Tetronsäure-synthese lassen bereits erkennen, daß diese Synthese in mannigfaltiger Weise abwandlungsfähig ist:

[70] BENARY, E.: B. **42**, 3917 (1909); s. a. W. BAKER, K. D. GRICE u. A. B. A. JANSEN: J. chem. Soc. London **1943**, 241.

[71] B. **24**, 2027 (1891).

[72] SCHWARZENBACH u. FELDER: Helvet. chim. Acta **27**, 1701 (1944); s. a. I, 3, S. 27.

[73] Siehe auch W. D. KUMLER: J. Amer. chem. Soc. **60**, 2532 (1938).

[74] WOLFF, L., u. A. LÜTTRINGHAUS: A. **312**, 133 (1900). — WANAG, G., u. A. LODE: B. **72**, 49 (1939); s. a. W. D. KUMLER: J. Amer. chem. Soc. **64**, 1948 (1942).

so erhält man beispielsweise aus γ-Bromacetyl-bernsteinsäureester den Tetronsäure-α-essigester[75]:

$$Br\text{---}CH_2\text{---}CO\text{---}CH\text{---}COOC_2H_5 \quad \xrightarrow{-\ C_2H_5Br} \quad HO\text{---}C\text{====}C\text{---}CH_2\text{---}COOC_2H_5$$

oder aus Brom-isobutyryl-bromid und Natrium-malonester die γ,γ-Dimethyl-tetronsäure[76]:

Schließlich kommt man nach ANSCHÜTZ[77] durch Einwirkung von Acetyl-salicylsäurechlorid auf Natrium-malonester zur *Benzotetronsäure*:

Da die Benzotetronsäure als 4-Oxy-cumarin aufzufassen ist und auch relativ leicht in *Cumarin* übergeführt werden kann, stellt diese Synthese einen Zugang zur Gruppe der Cumarine dar.

Durch Kondensation von Acetylsalicylsäurechlorid mit α-Methyl-acetessigester entsteht unter alkoholytischer Abspaltung der Acetylgruppe die 3-Methyl-benzotetronsäure[78]:

Durch geeignete Acylierung von β-Ketocarbonsäureestern kann man auch Synthesen von γ-Pyron-derivaten durchführen. So erhält man durch Einwirkung von Phosgen auf Kupfer-acetessigester oder von Acetylchlorid auf Natrium-acetondicarbonsäureester den 2,6-Dimethyl-γ-pyron-3,5-dicarbonsäureester[79]

---

[75] RUHEMANN, S., u. A. S. HEMMY: J. chem. Soc. London 71, 333 (1897); B. 21, 2605 (1888).

[76] BENARY: l. c.

[77] A. 367, 169, 219 (1909); 368, 23 (1909); 379, 333 (1910). S. a. Seite 149

[78] HEILBRON, J. M., u. D. W. HILL: J. chem. Soc. London 1927, 1705.

[79] CONRAD u. GUTHZEIT: B. 19, 22 (1886); 20, 151 (1887). — FEIST: A. 257, 281 (1890). — PERATONER u. STRAZZERI: Gazz. 21 I, 298 (1891). — TORTORICI: Gazz. 30 I, 514 (1900). — PALAZZO: R.A.L. [5] 11 I, 562 (1902); Gazz. 34 I, 458 (1904); Gazz. 36 I, 596 (1906); R.A.L. [5] 20 II, 55 (1911).

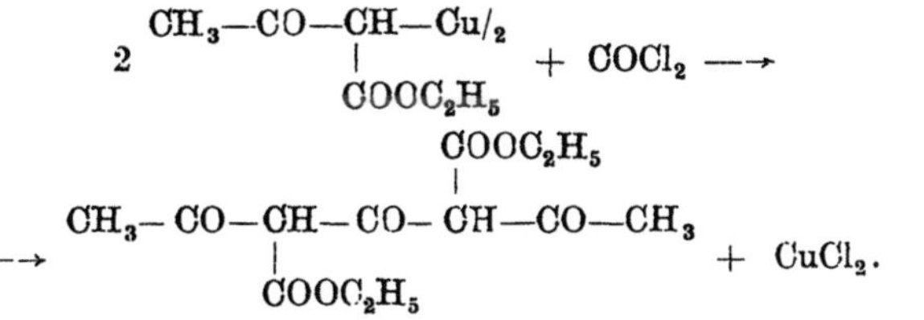

$$2 \quad \underset{\underset{COOC_2H_5}{|}}{CH_3-CO-CH-Cu/_2} + COCl_2 \longrightarrow$$

$$\longrightarrow \quad CH_3-CO-CH-CO-\underset{\underset{COOC_2H_5}{|}}{\overset{\overset{COOC_2H_5}{|}}{CH}}-CO-CH_3 + CuCl_2.$$

Der so zuerst entstehende α-Carbonyl-bis-acetessigester geht sehr leicht nach dem beim Aceton-di-oxalester erörterten Reaktionsmechanismus in das zugehörige γ-Pyron-derivat über: (vgl. S. 159)

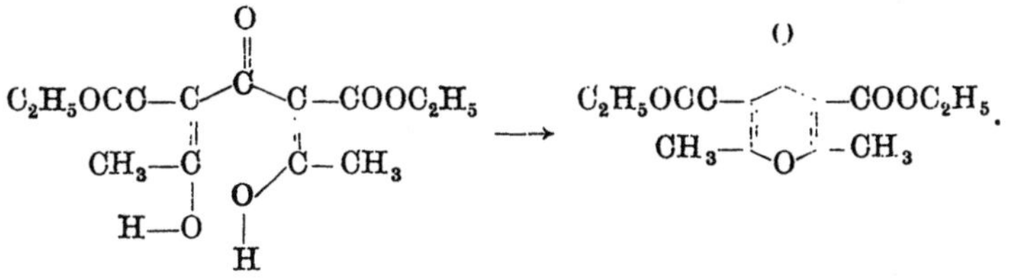

Beim Kochen mit verdünnter Schwefelsäure entsteht hieraus unter Verseifung und Decarboxylierung das **2,6-Dimethyl-γ-pyron**.

Ausgehend vom Acetondicarbonsäureester gelangt man durch Diacylierung mit Oxalester-chlorid zum γ-Pyron-2,3,5,6-tetracarbonsäureester, dessen Verseifung und Decarboxylierung zur Chelidonsäure führt[80]:

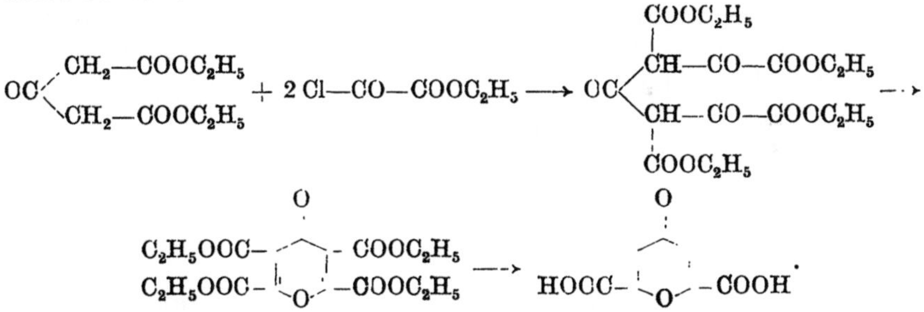

Freie Acetondicarbonsäure ist durch eine freiwillig verlaufende acylierende Kondensation mit Essigsäureanhydrid oder Acetylchlorid ausgezeichnet[81], die zu Dehydracet-carbonsäure führt. Die Reaktion verläuft nach folgendem Schema:

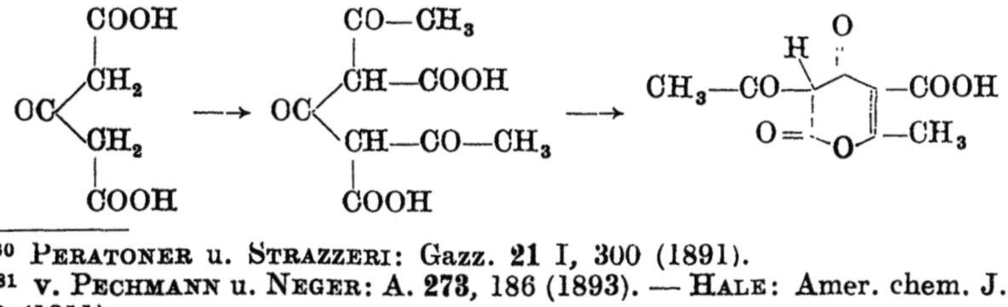

[80] PERATONER u. STRAZZERI: Gazz. **21** I, 300 (1891).
[81] v. PECHMANN u. NEGER: A. **273**, 186 (1893). — HALE: Amer. chem. J. **33**, 1122 (1911).

Der Mechanismus dieser in saurer Lösung verlaufenden Cyclisierung ist sehr ähnlich dem Ringschluß des Aceton-dioxalesters zu Chelidonsäure; die Reaktion kann folgendermaßen gedeutet werden:

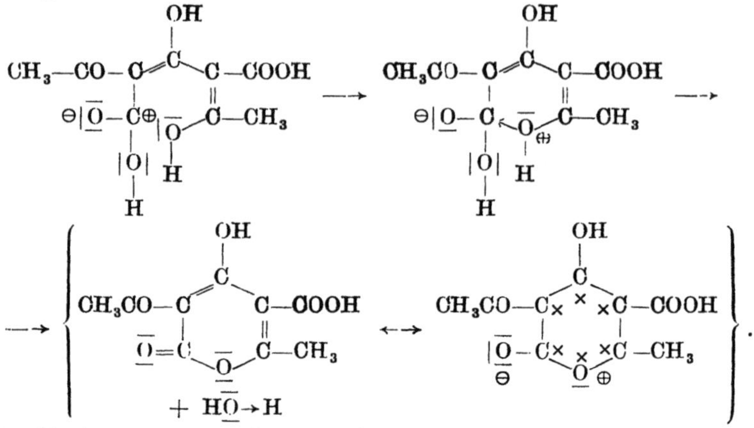

Das Enolsauerstoffatom der einen Acetylgruppe lagert sich mittels eines einsamen Elektronenpaares in die Oktettlücke der polarisierten Grenzformel der außenstehenden Carboxylgruppe ein, worauf sich unter Stabilisierung des entstandenen Ringes die Hydroxylgruppe anionisch abspaltet unter Vereinigung mit dem Proton des vorherigen Enolhydroxyls zu Wasser.

Die so entstehende Dehydracet-carbonsäure ist leicht zu Dehydracetsäure decarboxylierbar.

Auch für diese cyclisierenden Acylierungen ist die mögliche Mesomerie der Reaktionsprodukte nach einem energetisch begünstigten aromatischen Zustand das den Ablauf der Reaktionen bestimmende Moment.

Eine weitere sehr variationsfähige Methode der α-Alkylierung von β-Dicarbonylverbindungen geht aus von α-Alkyliden- bzw. α-Aryliden-β-dicarbonylverbindungen, die im VIII. Kapitel behandelt werden.

Durch Acylierung von β-Dicarbonylverbindungen mit Methansulfochlorid gelangten H. BÖHME und Mitarbeiter[82] zu den stark sauren Methansulfonyl-β-dicarbonylverbindungen. Die hohe Acidität des wie eine einbasische Säure titrierbaren Methansulfonyl-malonesters ist reine CH-Acidität:

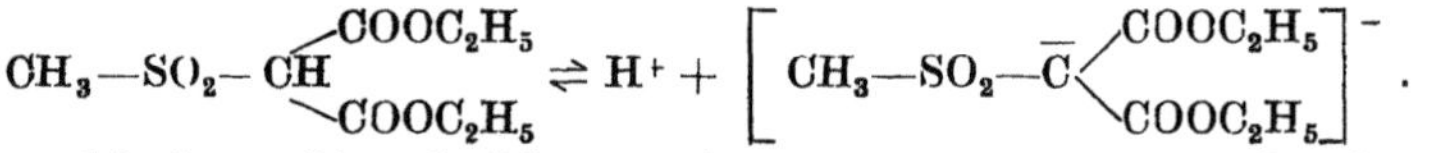

Den Methansulfonyl-β-ketocarbonsäureestern und β-diketonen kommt sowohl hohe CH- als auch Enol-Acidität zu, bedingt durch den starken induktiven Einfluß der Methylsulfo-Gruppe, der über die enolische Doppelbindung hinweg (hoher Grenzformel-feldeffekt der Methylsulfogruppe) eine starke Acidifizierung des Enols bewirkt:

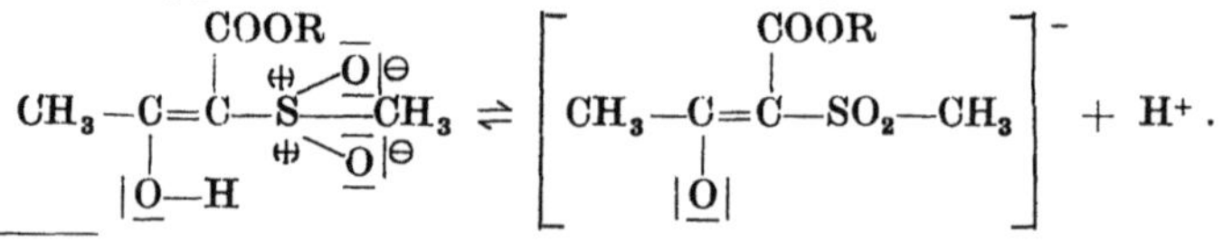

[82] BÖHME, H., u. R. MARX: B. 74, 1664 (1941). — BÖHME, H., u. H. FISCHER: B. 76, 92, 99 (1943).

Da jedoch durch die α-Substitution mittels der raumfüllenden Methylsulfonylgruppe die Wirksamkeit des elektromeren Effekts beeinträchtigt wird, kommt diesen Verbindungen trotz der starken Verminderung des prototropen Arbeitsaufwands ein nur mittlerer Enolgehalt zu (s. a. Kap. I, 3, S. 26).

VII. Reaktionen des Carbonyls.

1. Ketimid-Enaminverbindungen.

a) Darstellung und Konstitution.

Leitet man in Acetessigester gasförmiges Ammoniak ein, so entsteht unter Abspaltung von Wasser das dem Acetessigester entsprechende *Ketimid*, der β-Imino-buttersäureester bzw. der hierzu tautomere β-Amino-crotonsäureester[1]:

$$CH_3-C-CH_2-COOC_2H_5 \;\xrightarrow[-\;H_2O]{+\;NH_3}\; CH_3-C-CH_2-COOC_2H_5 \;\rightleftharpoons$$
$$\underset{O}{\|} \qquad\qquad\qquad\qquad \underset{NH}{\|}$$

$$\rightleftharpoons\; CH_3-C=CH-COOC_2H_5$$
$$\underset{NH_2}{|}$$

Diese Reaktion geht wahrscheinlich so vor sich, daß die polarisierte Grenzformel des Enols ein Mol Ammoniak addiert, wonach sich das entstehende Addukt unter Wasserabspaltung und Wiederherstellung der Konjugation stabilisiert:

$$H^+ + \left[\underset{|O|^{\ominus}}{CH_3-\overset{\oplus}{C}-\overline{C}H-COOC_2H_5} \right]^- + \overline{N}H_3 \longrightarrow \left[\underset{|O|^{\ominus}}{CH_3-\underset{H-\overset{\oplus}{N}-H}{C}-\overline{C}H-COOC_2H_5} \right]^- \longrightarrow$$

$$\left\{ \underset{\overset{\oplus}{}\;\;\overset{\ominus}{}}{\underset{|}{\overset{|NH_2}{}}CH_3-C-\overline{C}H-COOC_2H_5} \leftrightarrow CH_3-\underset{|}{\overset{|NH_2}{C}}=CH-COOC_2H_5 \right\} + \overline{O}{<}^H_H$$

Ähnlich wie die Enolform des Acetessigesters mit der tautomeren Ketoform im Gleichgewicht steht, so auch diese *Enamin*-form mit der zugehörigen Ketimidverbindung:

$$CH_3-C-CH_2-COOC_2H_5 \;\rightleftharpoons\; CH_3-C=CH-COOC_2H_5$$
$$\underset{NH}{\|} \qquad\qquad\qquad\qquad \underset{NH_2}{|}$$

Da die Enamin-tautomeren keine Eisenchloridreaktion geben und da es weiterhin keine der Bromtitration der Enole entsprechende Bestimmungsmethode der Enamine gibt, so ist leicht erklärlich, daß über diese Ketimid-Enamin-tautomerie des β-Iminobuttersäureesters relativ wenig bekannt ist. Aber bereits aus rein chemischen Erwägungen heraus

---

[1] PRECHT, A.: B. 11, 1193 (1878). — DUISBERG, C.: A. 213, 166 (1882).

dürfte es sehr wahrscheinlich sein, daß die Enaminform, der β-Amino-crotonsäureester, im Gleichgewicht bei weitem überwiegt: es ist näm-lich möglich, anstelle von Ammoniak auch mit Hilfe von Mono- und Dialkylaminen unter den gleichen Bedingungen analoge Umsetzungs-produkte zu erhalten[2]:

$$CH_3-C=CH-COOC_2H_5 \qquad CH_2-C=CH-COOC_2H_5$$
$$\quad\ |\qquad\qquad\qquad\qquad\qquad\ |$$
$$H-N-CH_3 \qquad\qquad\qquad CH_3-N-CH_3$$

Da beim Umsatz mit sekundären Aminen nur Derivate der Enamin-form entstehen können, die Bildung dieser Verbindungen sowohl als auch ihr sonstiges chemisches Verhalten dem der Einwirkungsprodukte von Ammoniak und primären Aminen durchaus entspricht, so ist man geneigt, anzunehmen, daß diesen Verbindungen die Enamin-konfigu-ration zukommt, umsomehr, als sie gegen Wasser und verdünntes Alkali weit beständiger sind als die sehr empfindlichen Ketimide einfacher Ketone. Zum gleichen Ergebnis kam v. AUWERS[3] durch Bestimmung der Molekularrefraktion des β-Amino-crotonsäureesters und verwandter Substanzen, wobei sich ergab, daß im Gleichgewicht die Enamin-form zum mindesten sehr stark überwiegt. Die Enaminformen erscheinen auch deswegen im Gleichgewicht gegenüber den Ketimidformen weit mehr begünstigt zu sein als bei den Keto-Enoltautomeren die Enol-gegenüber den Ketoformen, da bei der Ketimid-Enaminumlagerung der prototrope Arbeitsaufwand sicherlich kleiner ist, weil die Protonbeweg-lichkeit am Stickstoff geringer ist als am Sauerstoff.

Schließlich erscheint die Enaminform deswegen bevorzugt, weil auch hier, ähnlich wie bei den Enolformen der β-Dicarbonylverbin-dungen, *Chelat*-bildung und somit Mesomerie nach einem energiebe-günstigten pseudo-aromatischen mesomeren Zustand möglich ist:

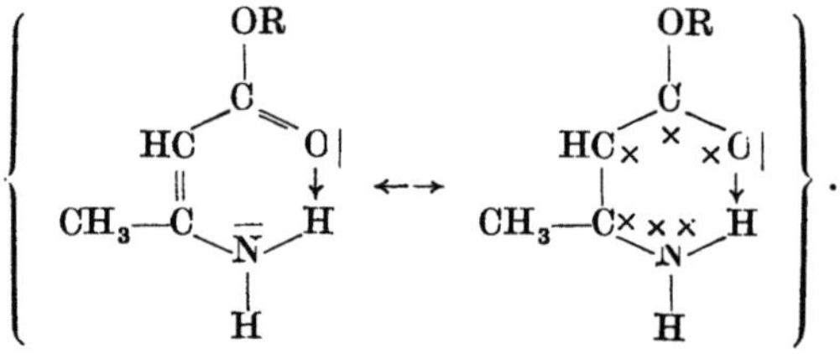

$$\left\{ \text{[Strukturformel]} \longleftrightarrow \text{[Strukturformel]} \right\}.$$

Dazu kommt, daß diese „Aromatisierung" der Enamin-chelatform unter Ausbildung der aromatischen Elektronenwolke aus 6 π-Elektro-nen hier noch leichter eintreten kann als bei den Enolen, da die beiden π-Elektronen des Stickstoffs leichter beweglich sind als diejenigen des Sauerstoffs der Enole.

---

[2] β-Methylamino-crotonsäureester: E. KNOEVENAGEL u. REINECKE: B. **32**, 420 Anm. (1899). — Piperidino-crotonsäureester: KNOEVENAGEL: B. **31**, 747 (1898). — β-Diäthylamino-crotonsäureester: K. v. AUWERS u. W. SUSEMIHL: B. **63**, 1072 (1930).

[3] B. **63**, 1072 (1930); **64**, 2748 (1931); s. a. N. H. CROMWELL, R. D. BABSON u. CH. E. HARRIS: J. Amer. chem. Soc. **65**, 312 (1943). — GLICKMAN, S. A., u. A. C. COPE: J. Amer. chem. Soc. **67**, 1017 (1945).

Der β-Amino-crotonsäureester ist amphoter, d. h. er kann sowohl mit Alkalien als auch mit Säuren Salze bilden. Im Anion der Alkalisalze sind zwei Grenzformeln der Mesomerie möglich:

$$\left[\begin{array}{cc} CH_3-C-CH-COOC_2H_5 & CH_3-C=CH-COOC_2H_5 \\ \overset{\|}{\underset{\underline{N}-H}{}} & \underset{|\underline{N}-H}{|} \end{array}\right]^- Na^+ \; ,$$

während die Salze mit Säuren reine Ammoniumsalze darstellen:

$$\left[\begin{array}{c} CH_3-C=CH-COOC_2H_5 \\ | \\ H-N-H \\ \downarrow \\ H \end{array}\right]^+ Cl^- \rightleftharpoons \begin{array}{c} CH_3-C=CH-COOC_2H_5 \\ | \\ H-\underset{-}{N}-H \end{array} + H^+Cl^- \; .$$

Die Protonaffinität, d. h. die Basizität des Stickstoffs der Aminogruppe des β-Amino-crotonsäureesters ist geringer als in gesättigten Verbindungen, da hier der Stickstoff an einem doppelt gebundenen Kohlenstoffatom steht und das einsame Elektronenpaar des Stickstoffs nicht voll zur Bindung eines Protons zur Verfügung steht, da es an der Mesomerie des ungesättigten Systems beteiligt ist. Aus diesem Grunde tritt in schwach saurer Lösung leicht Hydrolyse des Salzes ein unter Rückbildung von Acetessigester, da die dargebotenen H^+-Ionen dem instabilen, nicht mesomeriefähigen $[H_3N-R]^+$-Kation die Möglichkeit zu einer Stabilisierung bieten durch kationische Abstoßung von R unter gleichzeitiger Aufnahme eines Protons zum $[NH_4]^+$-Ion:

$$\left[\begin{array}{c} CH_3-C=CH-COOC_2H_5 \\ | \\ H-N-H \\ | \\ H \end{array}\right]^+ Cl^- + H_2O \longrightarrow$$

$$\longrightarrow \begin{array}{c} CH_3-C=CH-COOC_2H_5 \\ \uparrow \\ O-H \end{array} + [NH_4]^+ Cl^- \; .$$

Diese Verseifung findet bereits durch verdünnte Essigsäure statt; ebenso tritt bei der Einwirkung von Cu''-acetat Hydrolyse ein, da hierbei die Cu-komplexverbindung des Acetessigesters entsteht[4].

β-Amino-crotonsäureester ist in zwei physikalisch-isomeren Formen bekannt[5], eine metastabile Form vom F. 20°, die aus der Schmelze oder aus Lösungen in Ligroin oder Petroläther sich abscheidet und die sehr leicht übergeht in eine stabile Form vom F. 33°. Ob es sich hierbei um die beiden tautomeren Formen, oder aber, was wahrscheinlicher ist, um die beiden *cis-trans-isomeren* Formen des Enamin-Tautomeren handelt, ist nicht bekannt[6].

In ähnlicher Weise wie Acetessigester reagieren mit Ammoniak, primären und sekundären Aminen ganz allgemein zur Enolisation fähige

---

[4] COLLIE, J. N.: A. **226**, 303 (1884).

[5] KNOEVENAGEL, E.: B. **32**, 856 (1899).

[6] Siehe auch K. v. AUWERS u. H. WUNDERLING: B. **65**, 79 (1932).

β-Ketocarbonsäureester und β-Diketone, also auch solche, die α-mono-substituiert sind, während α-disubstituierte β-Dicarbonylverbindungen hingegen analoge Derivate nicht zu bilden vermögen.

Daß auch primäre aromatische Amine mit β-Dicarbonylverbindungen, insbesondere mit β-Ketocarbonsäureestern zu β-Arylamino-croton-säureestern kondensierbar sind, ist von hoher synthetischer Bedeutung (vgl. Kap. X, 2). Diese Reaktion wird katalytisch beschleunigt durch die Anwesenheit einer geringen Menge Chlorwasserstoff[7], ein Hinweis darauf, daß diese Kondensation der β-Dicarbonylverbindungen mit aromatischen Aminen über ein polarisiertes Hydroxycarbenium-Kation verläuft:

$$CH_3-\overset{\underset{|\,|O|}{||}}{C}-CH_2-COOC_2H_5 + H^+ \rightleftarrows \left[CH_3-\overset{\oplus}{\underset{\underset{|O\rightarrow H}{|}}{C}}-CH_2-COOC_2H_5 \right]^+ \; ;$$

$$\left[\underset{\underset{|O-H}{|}}{\overset{\overset{H_2\overset{\oplus}{N}-R}{\downarrow}}{CH_3-C}}-CH_2-COOC_2H_5 \right]^+ \longrightarrow CH_3-\overset{H\overset{-}{N}-R}{\underset{|}{C}}=CH-COOC_2H_5 + H^+ + H\leftarrow OH.$$

Ist die β-Dicarbonylfunktion zweimal in der gleichen Molekel enthalten, so gelingt es, durch Einwirkung von Ammoniak bzw. primären Aminen Cyclisierungen zu erzielen. Ein hervorragendes Beispiel einer solchen Reaktion stellt die klassische Cocain-Synthese R. WILLSTÄTTERs dar[8]: durch Elektrolyse der Acetondicarbonestersäure als Alkalisalz entsteht nach KOLBE der Hexan-2,4-dion-1,6-dicarbonsäureester, der bei der Einwirkung von Methylamin übergeht in ein N-Methylpyrrolidinderivat:

$$\begin{array}{l} CH_2-CO-CH_2-COOCH_3 \\ | \\ CH_2-CO-CH_2-COOCH_3 \end{array} \xrightarrow{+ H_2N-CH_3} \begin{array}{l} CH_2\text{---}C=CH-COOCH_3 \\ |\qquad\quad >N-CH_3 \\ CH_2\text{---}C=CH-COOCH_3 \end{array} .$$

Unterwirft man den durch Hydrierung hieraus entstehenden N-Methylpyrrolidin-α,α'-diessigester der DIECKMANNschen Kondensation, so erhält man den Tropinon-carbonsäureester, dessen Reduktion und Benzoylierung zum Cocain führt:

$$\begin{array}{l} CH_2\text{---}CH-CH_2-COOCH_3 \\ |\qquad\quad >N-CH_3 \\ CH_2\text{---}CH-CH_2-COOCH_3 \end{array} \longrightarrow \begin{array}{l} CH_2\text{---}CH\text{------}CH-COOCH_3 \\ |\qquad\quad >N-CH_3 >CO \\ CH_2\text{---}CH\text{------}CH_2 \end{array} \longrightarrow$$

$$\longrightarrow \begin{array}{l} CH_2\text{---}CH\text{------}CH-COOCH_3 \\ |\qquad\quad >N-CH_3 >CHOCOC_6H_5 \\ CH_2\text{---}CH\text{------}CH_2 \end{array}.$$

---

[7] COFFEY, S., J. K. THOMSON u. F. J. WILSON: J. chem. Soc. London **1936**, 856.
[8] WILLSTÄTTER, R.: Z. angew. Chem. **32**, 331 (1919). — WILLSTÄTTER, R., u. A. PFANNENSTIEL: A. **422**, 1 (1921). — WILLSTÄTTER, R., u. M. BONNER: A. **422**, 515 (1921).

In analoger Weise erhielt H. WIELAND[9] aus dem Kondensationsprodukt von Glutarsäureester mit zwei Mol Acetophenon, dem 1,9-Diphenyl-nonan-1,3,7,9,-tetra-on durch Behandeln in der Schmelze mit Ammoniak das Norlobelanidin:

$$H_2C \Big\langle \begin{matrix} CH_2-CO-CH_2-CO-C_6H_5 \\ CH_2-CO-CH_2-CO-C_6H_5 \end{matrix} \quad \xrightarrow[-\,2\,H_2O]{+\,NH_3} \quad H_2C \begin{matrix} CH_2 \!-\!\!-\! C\!=\!CH-CO-C_6H_5 \\ NH \\ CH_2 \!-\!\!-\! C\!=\!CH-CO-C_6H_5 \end{matrix} \,,$$

das leicht weiter abgewandelt werden kann.

Außer der bereits erwähnten Bildungsweise sind nun noch mehrere andere Synthesen von Enaminverbindungen bekannt. Hier ist zunächst zu nennen die Darstellung von β-Amino-crotonsäureester durch doppelte Umsetzung von β-Chlor-isocrotonsäureester mit alkoholischem Ammoniak[10]:

$$\left\{ \begin{matrix} CH_3-C=CH-COOC_2H_5 \\ | \\ Cl \end{matrix} \quad \longleftrightarrow \quad \begin{matrix} CH_3-\overset{\oplus}{C}-\overline{C}H-COOC_2H_5 \\ | \\ Cl \end{matrix} \right\} + \overline{N}H_3 \longrightarrow$$

$$\longrightarrow \quad CH_3-\overset{\overset{\displaystyle H-NH_2\oplus}{\downarrow}}{C}-\overline{C}H-COOC_2H_5 \underset{\underset{\displaystyle Cl}{|}}{} \longrightarrow$$

$$\longrightarrow \left\{ CH_3-\underset{\oplus}{\overset{|NH_2}{C}}-\underset{\ominus}{\overline{C}}H-COOC_2H_5 \longleftrightarrow CH_3-\overset{|NH_2}{C}=CH-COOC_2H_5 \right\} + H^+Cl^- \,,$$

eine Reaktion, die wohl einen direkten Konstitutionsbeweis darstellt.

Weiterhin gelangt man zu Verbindungen der Enaminreihe durch Anlagerung von Ammoniak, primären und sekundären Aminen an α,β-dreifach ungesättigte Carbonsäureester: so entsteht β-Amino-crotonsäureester durch Behandlung von Tetrolsäureester mit wäßrigem oder alkoholischem Ammoniak[11]:

$$\left\{ CH_3-C\equiv C-COOC_2H_5 \longleftrightarrow CH_3-\underset{\oplus}{C}=\underset{\ominus}{C}-COOC_2H_5 \right\} \xrightarrow{+\,\overline{N}H_3}$$

$$\longrightarrow \quad CH_3-C=\underset{\ominus}{\underset{\uparrow}{C}}-COOC_2H_5 \qquad CH_3-C=C-COOC_2H_5$$
$$\underset{\oplus}{H_2N-H} \longrightarrow \qquad H_2\underline{N}\ \ H$$

Da aus den Enaminderivaten durch Verseifen bereits mit organischen Säuren wie Essigsäure oder Oxalsäure die zugehörigen Oxyverbindungen erhalten werden, stellt diese Reaktion abermals eine Synthese von β-Ketocarbonsäureestern dar, die jedoch der relativ schweren Zugänglichkeit der α,β-dreifach ungesättigten Säuren wegen nicht sehr verallgemeinerungsfähig ist.

---

[9] WIELAND, H., u. J. DRISHAUS: A. **473**, 102 (1929).
[10] THOMAS-MAMERT, R.: Bull. Soc. chim. France [3] **13**, 71 (1895).
[11] FEIST, F.: A. **345**, 110 (1906).

Da in sekundären Aminen der Stickstoff im allgemeinen etwas protonaffiner ist als im Ammoniak, so gelingt es, die Additionsprodukte von Diäthylamin oder Piperidin an substituierte Acetylencarbonsäureester R—C≡C—COOR′ besonders glatt durch Oxalsäure zu den β-Ketocarbonsäureestern R—CO—CH$_2$—COOR′ zu spalten[12].

Man kennt nun noch eine weitere der Claisen-Kondensation analoge Reaktion, die zur Bildung von Ketimidverbindungen führt: die Kondensation von Carbonsäurenitrilen mit Natrium, Natriumamid oder Natriumalkoholat, die besonders E. v. MEYER[13] eingehend untersucht hat. Die Reaktion verläuft bei Einwirkung von 1 Mol Natrium auf 2 Mol eines Carbonsäurenitrils R—CH$_2$—CN nach folgendem Schema:

$$2\,\text{R—CH}_2\text{—CN} \longrightarrow \text{R—CH}_2\text{—C—CH(R)—CN} \atop \text{NH}$$

Summarisch betrachtet läuft diese Umsetzung auf eine einfache Dimerisierung des eingesetzten Nitrils hinaus, weshalb man die Reaktionsprodukte auch kurz als Dinitrile bezeichnet, wie z. B. Diacetonitril, Dipropionitril usw.

Die Synthese verläuft nach dem Mechanismus der Claisen-Kondensation und gelingt daher nur unter den gleichen Voraussetzungen, nämlich bei Anwesenheit einer geringen Menge Alkohol und nur bei Nitrilen mit einer —CH$_2$—CN—Gruppe:

$$\left\{ \begin{array}{c} \text{R—CH}_2\text{—C} \\ \| \\ \underline{\text{N}} \end{array} \longleftrightarrow \begin{array}{c} \text{R—CH}_2\text{—C}\oplus \\ \| \\ \ominus|\text{N}| \end{array} \right\} + \left[\begin{array}{c} |\text{CH—C}\equiv\text{N}| \\ | \\ \text{R} \end{array} \right]^{-} \longrightarrow \left[\begin{array}{c} \text{R—CH}_2\text{—C}\leftarrow\text{CH—C}\equiv\underline{\text{N}} \\ \| \quad | \\ |\text{N}| \; \text{R} \end{array} \right]^{-}_{a}$$

$$\left[\begin{array}{c} \quad\; \text{R} \\ \quad\; | \\ \text{R—CH}_2\text{—C—C—C}\equiv\underline{\text{N}} \\ \| \quad | \\ |\text{N}| \; \text{H} \end{array} \right]^{-}_{a} \rightleftharpoons \left[\begin{array}{c} \quad\; \text{R} \\ \quad\; | \\ \text{R—CH}_2\text{—C—}\underline{\text{C}}\text{—C}\equiv\text{N}| \\ \| \\ \underline{\text{N}}{\rightarrow}\text{H} \end{array} \right]_{b} \longleftrightarrow \begin{array}{c} \quad\; \text{R} \\ \quad\; | \\ \text{R—CH}_2\text{—C}{=}\underline{\text{C}}\text{—C}\equiv\text{N}| \\ | \\ |\underline{\text{N}}\text{—H} \end{array}_{c} \quad .$$

Wie aus der elektronentheoretischen Darlegung des Reaktionsverlaufs leicht ersichtlich, entsteht hierbei durch Einlagerung des Carbeniatanions der Methylenkomponente in die Oktettlücke der polarisierten Grenzformel des Nitrils ein Adduct a, zu dessen Stabilisierung nur eine der Tautomerie ähnliche Umlagerung innerhalb des Anions nötig erscheint, nämlich Abspaltung des H-Atoms vom zentralen C-Atom und Bindung dieses Protons durch ein einsames Elektronenpaar des negativierten N-Atoms der vorherigen Nitrilgruppe zur Carbeniatgrenzformel b; der zu dieser Prototropie benötigte Arbeitsaufwand wird weitgehend gedeckt durch den Energiegewinn der Synionie [b↔c] und der Ausbildung des konjugierten Systems der Enamingrenzformel c

[21] MOUREU, CH., u. J. LAZENNEC: C. r. Acad. Sci. **143**, 553, 596 (1906); s. a. RUHEMANN u. CUNNINGTON: J. chem. Soc. London **75**, 954 (1899).

[13] MEYER, E. v.: J. pr. [2] **38**, 339 (1888); **52**, 83 (1895); **78**, 498 (1908). — HOLTZWART, R.: J. pr. [2] **39**, 230 (1889). — MOIR I.: J. chem. Soc. London **81**, 101 (1902).

unter Einbeziehung der zweiten unveränderten Nitrilgruppe als Konjugationspartner.

Da der Stickstoff protonaffiner ist als der Sauerstoff, ist es äußerst wahrscheinlich, daß der Mechanismus dieser Nitrilkondensation eingeleitet wird durch die Bildung einer Wasserstoffbrücke zwischen dem anionisch aufgerichteren N-Atom einer Nitrilgruppe und dem abspaltbaren Wasserstoffatom einer zweiten aktivierten Nitrilmolekel:

$$R-CH_2-\overset{\overset{\|}{\underset{|N|\ominus}{}}}{C}\oplus \overset{+}{\,} \overset{\overset{|}{\underset{H}{}}}{CH(R)}-CN \quad \rightleftharpoons \quad R-CH_2-\overset{\overset{\|}{\underset{N--\rightarrow H}{}}}{C}\oplus \ CH(R)-CN \quad \rightleftharpoons$$

$$\rightleftharpoons \left[\begin{array}{c}R-CH_2-C\\ \|\\ \underline{N}-H\end{array}\right]^{\tau}\left[\overset{}{CH(R)}-CN\right]^{-}\underset{d}{};$$

unter Zwischenbildung eines Carbenium-carbeniats d tritt dann C—C-Bindung ein zur Ketimidform e,

$$\longrightarrow \quad \underset{e}{R-CH_2-\overset{\overset{\|}{\underset{\underline{N}-H}{}}}{C}\leftarrow CH(R)-CN} \quad \rightleftharpoons \quad \underset{b}{\left[\begin{array}{c}R-CH_2-C-\!\!-\!\!-C(R)-CN\\ \|\\ \underline{N}-H\end{array}\right]^{-}} + H^+ \,,$$

aus der dann unter dem katalytischen Einfluß des Alkalis ein H-Atom als Proton abgespalten wird unter Ausbildung der Carbeniatgrenzformel b. Diese geht dann, ausgelöst durch den Synionie-Effekt des Systems in das energieärmere Synion b↔c über[14].

Aus diesen so entstehenden Natriumsalzen erhält man schon beim Lösen in Wasser unter vollkommener Hydrolyse die freien Enaminverbindungen:

$$\left[\begin{array}{c}R-CH_2-C=C(R)-CN\\ |\\ |N-H\end{array}\right]^{-}Na^+ + H_2O \rightarrow R-CH_2-\underset{\underset{H\leftarrow N-H}{|}}{C}=C(R)-CN + Na^+OH^-$$

Bereits bei der eingehenden Darlegung des Reaktionsverlaufes der Claisen-Kondensation sind auch die Nebenreaktionen erörtert worden, die durch den freiwerdenden Wasserstoff bzw. die Reduktionswirkung des Metalls eintreten können. Bei der Nitril-Kondensation wird nun der Wasserstoff überhaupt nicht als solcher frei, sondern der durch Wechselwirkung aus dem sich abspaltenden Proton mit dem Natrium entstehende atomare Wasserstoff löst eine Folgereaktion aus, die reduktive Spaltung eines dritten Mols des Nitrils in Kohlenwasserstoff und Blausäure:

$$H^+ + Na\cdot \longrightarrow Na^+ + H\cdot$$
$$R-CH_2-CN + 2\,H\cdot \longrightarrow R-CH_3 + HCN$$
$$H-CN + Na\cdot \longrightarrow Na^+\,CN^- + H\cdot$$

Beim Acetonitril beispielsweise verläuft demnach die Reaktion nach folgender Summenformel

$$3\,CH_3-CN + 2\,Na\cdot \longrightarrow \left[\begin{array}{c}CH_3-C=CH-CN\\ |\\ N-H\end{array}\right]^{-}Na^+ + NaCN + CH_4 \quad,$$

---

[14] Vgl. hierzu die analoge Deutung der eigentlichen Claisen-Kondensation IV, 2, S. 58ff.

indem also aus 3 Mol Nitril und 2 Atomen Natrium je ein Mol Diaceto-nitrilnatrium, Cyannatrium und Methan entsteht, welch letzteres gas-förmig entweicht.

Kondensiert man zwei verschiedene Nitrile, so wird man befriedigende Ausbeuten an den erwarteten gemischten Dinitrilen nur dann erwarten können, wenn entweder eines der beiden Nitrile keine aktivierbare α-CH_2-Gruppe enthält, wie beim Benzonitril oder dann, wenn eines der beiden Nitrile eine sehr leicht aktivierbare α-CH_2-Gruppe enthält, wie z. B. der Cyanessigsäureester, aus dem bei der Kondensation mit Benzylcyanid als Reaktionshauptprodukt die Verbindung

$$C_6H_5-CH_2-\underset{\underset{NH_2}{|}}{C}=C\Big\langle{}^{CN}_{COOC_2H_5}$$

entsteht[15].

Da die Aktivierungsenergie eines Nitrils $R-CH_2-CN$ zur Carbeniat-grenzformel $[R-\overline{C}H-CN]^-$ der hohen CH-Acidität wegen geringer ist als beim entsprechenden Carbonsäureester, so ist verständlich, daß die E. v. Meyersche Nitril-Kondensation leichter eintritt als die normale Geuthersche Kondensation zweier Molekelen Carbonsäureester $R-CH_2-COOC_2H_5$. Dies trifft auch zu für die der Dieckmannschen Kondensation analogen innermolekularen Kondensation zweier Nitril-gruppen $-CH_2 \cdot CN$. So konnte Thorpe[16] zeigen, daß o-Xylylen-dicy-anid bereits bei Gegenwart einer Spur Natriumäthylat in alkoholischer Lösung in β-Amino-hydrinden-α-nitril übergeht:

$$\text{o-Xylylen-dicyanid} \xrightarrow{Na^+} \text{Indenimin} \rightleftharpoons \text{Aminoinden-nitril}$$

Daß bereits katalytische Mengen Alkali genügen, diese Kondensation durchzuführen, ist auf die geringe Acidität des Reaktionsproduktes zurückzuführen, so daß das zunächst entstehende Na^+-Salz vollkommener Alkoholyse unterliegt und daher das Na^+-Kation erneut zur Aktivierung weiterer Molekelen $R-CH_2-CN$ bereitsteht:

$$[\text{Salz}]^- Na^+ + C_2H_5OH \rightarrow \text{Aminoinden-nitril} + Na^+\,OC_2H_5^-.$$

Diese hohe Bereitschaft von Dinitrilen zur cyclisierenden Dimerisierung konnten K. Ziegler und Mitarbeiter[17] zur Synthese hochgliedriger Ringsysteme ausnützen. Arbeitet man, um die Kettenpolymerisation möglichst auszuschließen, in großer Verdünnung und verwendet man als Kondensationsmittel das metallorganische Phenyl-äthylamin-bzw. Diäthylamin-lithium, so gelingt es beispielsweise, den 17-glied-

[15] Atkinson, E. F. J., u. J. F. Thorpe: J. chem. Soc. London 89, 1916 (1906).
[16] J. chem. Soc. London 93, 165 (1908).
[17] A. 504, 94 (1933); 511, 1 (1934); 513, 43 (1934).

rigen Ring des Cyclo-heptadekanons mit einer Ausbeute von 70% d. Th.
zu erhalten:

$$(CH_2)_{15}\Big\langle{}^{CH_2-CN}_{CN} \rightarrow (CH_2)_{15}\Big\langle{}^{CH-CN}_{C=NH} \rightarrow (CH_2)_{15}\Big\langle{}^{CH-CN}_{C=O} \rightarrow (CH_2)_{15}\Big\langle{}^{CH_2}_{C=O}$$

Auf diese Weise gelang auch die Synthese des Muscons.

Wenn auch im Phenyl-äthylamin-lithium die rein metallorganische
Bindung überwiegt,

$$\frac{C_6H_5}{C_2H_5}\Big\rangle\bar{N}-Li \rightleftharpoons \left[\frac{C_6H_5}{C_2H_5}\Big\rangle\bar{\underline{N}}\right]^- Li^+ \quad,$$

so sind in der zweifellos hochpolarisierten metallorganischen Verbindung, ähnlich wie bei den Grignard-Verbindungen[18], besonders im
Augenblick der Reaktion in geringem Betrage Li^+-Kationen vorhanden,
so daß auch diese besondere cyclisierende Dimerisation nach dem
kryptoionischen Mechanismus deutbar ist.

Zur Nitrilkondensation sind als Methylenkomponente auch Ketone
verwendbar: so entsteht durch Kondensation von Methoxyacetonitril
mit Aceton das β-Amino-γ-methoxy-acetylaceton[19]

$$CH_3O-CH_2-CN + CH_3-CO-CH_3 \longrightarrow CH_3O-CH_2-\underset{\underset{NH_2}{|}}{C}=CH-CO-CH_3$$

eine Reaktion von besonderer synthetischer Bedeutung, da bei der Einwirkung von Ammoniak auf unsymmetrische β-Diketone zwei isomere
Enamin-derivate zu erwarten sind.

Es gibt nun noch eine weitere Methode zur Darstellung von Enaminderivaten von β-Ketocarbonsäureestern, die Einwirkung von Grignard-
Verbindungen auf Cyanessigsäureester[20]:

$$R-Mg-Cl + NC-CH(R')-COOC_2H_5 \longrightarrow R-\underset{\underset{N-Mg-Cl}{\|}}{C}-CH(R')-COOC_2H_5 \quad;$$

bei der Zerlegung dieses Addukts durch verdünnte Säuren entsteht
dann direkt der zugehörige β-Ketocarbonsäureester. Diese Synthese
stellt daher eine sehr verallgemeinerungsfähige Bildungsweise von
β-Ketocarbonsäureestern dar.

b) Alkylierung und Acylierung.

Ähnlich wie β-Dicarbonylverbindungen lassen sich auch die β-En-
amincarbonylverbindungen alkylieren; hierbei entstehen stets die
C-Alkylverbindungen[21]. Der Mechanismus dieser C-Alkylierung ist

---

[18] Vgl. auch Kap. IV, 5a, S. 74.
[19] GAUTHIER: A. ch. [8] 16, 332 (1909).; s. a. C. MUSANTE: Gazz. 71, 553 (1941).
[20] BLAISE: C. r. Acad. Sci. 132, 978 (1901).
[21] Siehe z. B. J. N. COLLIE: A. 226, 317 (1884).

daher auf gleiche Weise zu deuten wie die C-Alkylierung der β-Dicarbonylverbindungen selbst, z. B.:

$$\left[\begin{array}{ccc} CH_3-C=CH-COOC_2H_5 & & CH_3-C-CH-COOC_2H_5 \\ \quad\ \ |\qquad\qquad\qquad\qquad & \leftrightarrow & \qquad\ \| \\ \quad\ |N-H & & N-H \end{array} \right]^{-} \xrightarrow{\ +\ [CH_3]^{+}\ }$$

$$\xrightarrow{\quad} \begin{array}{c} CH_3-C-\!-\!-CH-COOC_2H_5 \\ \qquad\ \|\qquad\ \downarrow \\ \qquad N-H\ CH_3 \end{array}$$

nämlich als Reaktion der elektromeren Carbeniatgrenzformel des reagierenden Synions.

Nicht ganz so klar und übersichtlich liegen die Verhältnisse bei der Acylierung von Enaminderivaten: β-Amino-crotonsäureester gibt mit Essigsäureanhydrid allein oder auch mit Acetylchlorid/Pyridin ausschließlich das N-Acetylderivat[22]. Auch hiervon sind zwei physikalische Isomere bekannt, eine instabile Form vom F. 109—110°, die leicht in das stabile Isomere vom F. 63° übergeht. Die instabile Form entsteht bei Anwendung von Pyridin im Überschuß, während mit überschüssigem Acetylchlorid oder Essigsäureanhydrid die stabile Form sich bildet. Ähnlich wie bei den Enaminen selbst ist über die Natur dieser Isomerie nichts bekannt; sehr wahrscheinlich liegt jedoch auch hier *cis-trans*-Isomerie vor.

Während mit Benzoylchlorid in analoger Reaktion die entsprechenden N-Benzoylderivate erhalten werden, macht das Chloracetylchlorid eine bemerkenswerte Ausnahme: es entsteht das C-Chloracetylderivat[23], z. B.:

$$\begin{array}{c} CH_3-C=\!=C-COOC_2H_5 \\ \quad\ \ |\qquad\ | \\ \quad\ NH_2\ \ CO-CH_2-Cl \end{array} \xrightarrow[-\ C_2H_5Cl]{} \begin{array}{c} CH_3-C=\!=C-\!-CO\!\diagdown \\ \quad\ \ |\qquad\ |\qquad\quad O\ , \\ \quad\ NH_2\ \ CO-CH_2\!\diagup \end{array}$$

das bei kurzem Erhitzen auf 150° in das Tetronsäurederivat übergeht, das leicht zur Acetyl-tetronsäure verseifbar ist. Durch Chloracetylchlorid im Überschuß erhält man die N,C-Bis-chloracetylverbindung. Auch mit anderen Enaminen, wie Phenylamino-crotonsäureester gewinnt man mit Chloracetylchlorid die entsprechenden C-Acetylderivate, während aus Acetylacetonamin das N-Chloracetylderivat entsteht[24].

Ob N- oder C-Acylierung eintritt, hängt daher nicht nur von der Natur des Acylierungsmittels ab, sondern auch von der Konstitution der Enaminverbindung selbst: so gibt der β-Methylamino-crotonsäureester mit Acetyl- oder Benzoylchlorid nur die C-Acylderivate[25].

Sowohl bei der Alkylierung als auch der Benzoylierung zeigt der β-Diäthylamino-crotonsäureester Besonderheiten: beim Behandeln dieses Esters mit Jodmethyl erhält man unter Abspaltung von Diäthylaminhydrojodid den α-Methyl-

[22] BENARY, E.: B. **42**, 3920 (1909). — COLLIE, J. N.: A. **226**, 309 (1884).
[23] BENARY, E.: B. **42**, 3916 (1909).
[24] BENARY, E.: B. **60**, 1826 (1927).
[25] BENARY, E.: B. **42**, 3922 (1909). — Über die Acylierung von β-Aminocrotonsäureanilid s. E. BENARY u. W. KERKHOFF: B. **59**, 2548 (1926).

acetessigester[26]. Diese Reaktion verläuft vermutlich nach folgendem Mechanismus:

$$\left\{ \begin{matrix} CH_3\text{—}\overset{H}{\underset{(C_2H_5)_2\overset{\ominus}{N}|}{\underset{\displaystyle }{C}}}\text{=}C\text{—COOR} & \longleftrightarrow & CH_3\text{—}C\text{—}\overset{H}{\underset{\ominus}{\overset{\|}{C}}}\text{—COOR} \end{matrix} \right\} + CH_3J \longrightarrow$$

$$\left[\begin{matrix} & \overset{CH_3}{\uparrow} & \\ CH_3\text{—}C\text{=}&C&\text{—COOR} \\ & (C_2H_5)_2N\text{→}H & \end{matrix} \right]^+ \quad J^- \quad \overset{+\ H_2O}{\dashrightarrow}$$

$$(C_2H_5)_2NH\,;HJ + CH_3\text{—CO—CH}(CH_3)\text{—COOR}.$$

Bei der Einwirkung von Benzoylchlorid auf β-Diäthylamino-crotonsäureester bildet sich ein α,γ-Dibenzoylderivat[27], das, wohl bedingt durch Dreikohlenstoff-Tautomerie, tiefrote Eisenchlorid-Reaktion gibt:

$$C_6H_5\text{—CO—CH}_2\text{—}\underset{N(C_2H_5)_2}{\overset{\overset{CO\text{—}C_6H_5}{|}}{C}}\text{=}C\text{—COOR} \;\rightleftarrows\; C_6H_5\text{—CO—CH}\text{=}\underset{N(C_2H_5)_2}{\overset{\overset{CO\text{—}C_6H_5}{|}}{C}}\text{—CH—COOR}.$$

Beim Kochen mit verdünnter Schwefelsäure tritt überraschenderweise nicht Hydrolyse unter Abspaltung von Diäthylamin ein, sondern Cyclisierung zu 6-Phenyl-3-benzoyl-4-diäthylamino-α-pyron:

$$\underset{\underset{C_6H_5\text{—CO} \quad COOC_2H_5}{|\qquad\quad |}}{CH_2\quad\overset{N(C_2H_5)_2}{\overset{|}{\underset{|}{C}}}\text{—CO—}C_6H_5} \quad\xrightarrow{-\ C_2H_5OH}\quad C_6H_5\text{—}\underset{O}{\bigcirc}\text{=}O$$

Es liegt in der Natur der Sache, daß eine der Umwandlung der O-Acyl- in C-Acyl-Derivate analoge Umlagerung bei den N-Acylverbindungen nicht möglich ist.

2. Acetale.

L. CLAISEN[28] fand, daß durch Einwirkung von Alkohol und Orthoameisensäureester auf Acetessigester bei Gegenwart einer katalytischen Menge H^+-Ionen der β-Äthoxy-crotonsäureester entsteht:

$$CH_3\text{—}\underset{OH}{\overset{|}{C}}\text{=CH—COOC}_2H_5 + C_2H_5OH \rightleftarrows CH_3\text{—}\underset{OC_2H_5}{\overset{|}{C}}\text{=CH—COOC}_2H_5 + H_2O.$$

Die Acetalisierung ist ähnlich wie die Veresterung eine Gleichgewichtsreaktion, bei der jedoch die Gegenreaktion weit stärker in Erscheinung tritt als bei der Veresterung.

Wie wir heute wissen[29], wirkt bei der CLAISENschen Acetalisierung der Orthoameisensäureester nicht direkt acetalisierend auf das Keton

[26] ROBINSON, R.: J. chem. Soc. London **109**, 1083 (1916). — Siehe auch W. M. LAUER u. G. W. LONES: J. Amer. chem. Soc. **59**, 232 (1937).

[27] LAUER, W. M., u. N. H. CROMWELL: J. Amer. chem. Soc. **64**, 612 (1942).

[28] B. **26**, 2729 (1893); **29**, 1005 (1896). — WISLICENUS, W.: A. **308**, 227 (1899).

[29] VOSS: A. **485**, 258 (1931); **498**, 127 (1932).

ein; er macht vielmehr lediglich das bei der Acetalisierung entstehende
Wasser unschädlich, so daß die Gegenreaktion unterbunden wird. Die
Reaktion der Acetalisierung stellt eine typische H^+-Ionkatalyse dar,
die nur bei Gegenwart von H^+-Ionen gelingt: aus der Ketoform des
Acetessigesters entsteht zunächst durch Aufnahme eines H^+-Ions ein
Kation mit aufgerichteter CO-Gruppe, in deren Oktettlücke ein Äth-
oxylanion eingelagert wird:

$$
\begin{array}{c}
\text{H} \\
|\\
CH_3\!-\!C\!-\!C\!-\!COOC_2H_5 \\
\;\;\|\;\;\,| \\
|O|\;\;H
\end{array}
\;+\;H^+ \;\rightleftharpoons\;
\left[
\begin{array}{c}
\text{H} \\
|\\
CH_3\!-\!C\!-\!C\!-\!COOC_2H_5 \\
\;|\;\;| \\
H\!\leftarrow\!\underline{O}|\;H
\end{array}
\right]^{+}
\;+\;[C_2H_5O]^{-}
$$

$$
\begin{array}{c}
|\overline{O}\!-\!C_2H_5 \\
\downarrow \\
CH_3\!-\!C\!-\!\!-\!\!-\!CH\!-\!COOC_2H_5 \\
\;\;|\qquad\; | \\
|\underline{O}\!-\!H\;\;\;H
\end{array}
\quad\rightleftharpoons\quad
\begin{array}{c}
|\overline{O}\!-\!C_2H_5 \\
| \\
CH_3\!-\!C\!-\!\!-\!\!-\!\underline{C}H\!-\!COOC_2H_5 \\
\scriptstyle\oplus
\end{array}
\;+\;H\!\leftarrow\!\overline{\underline{O}}\!-\!H\,.
$$

a   b

Aus diesem Addukt a spaltet sich nunmehr die enolische Hydroxylgruppe ab unter Vereinigung mit einem vom α-C-Atom sich ablösenden
Proton zu Wasser unter Bildung des β-Äthoxy-crotonsäureesters.

Die Wirkung des Orthoameisensäureesters als Wasserbindungsmittel kommt
nun dadurch zustande, daß sich von dem sehr stark positivierten C-Atom leicht
unter dem Einfluß von H^+-Ion unter Zwischenbildung eines Oxonium-Salzes
ein Äthoxylanion als Alkohol abspaltet, worauf ein OH^--Ion dessen Platz ein-
nimmt; die entstehende Verbindung der Orthoameisensäure spaltet dann leicht
innermolekular Alkohol ab unter Bildung von Ameisensäureester:

$$
\begin{array}{c}
|\overline{O}\!-\!C_2H_5 \\
| \\
H\!-\!C\!-\!\underline{O}\!-\!C_2H_5 \\
| \\
|\underline{O}\!-\!C_2H_5
\end{array}
\;+\;H^+ \;\longrightarrow\;
\left[
\begin{array}{c}
C_2H_5\!-\!\overline{O}\!\rightarrow\!H \\
| \\
H\!-\!C\!-\!\underline{O}\!-\!C_2H_5 \\
| \\
|\underline{O}\!-\!C_2H_5
\end{array}
\right]^{+} \;\longrightarrow
$$

$$
\longrightarrow
\left[
\begin{array}{c}
H\!-\!C\!-\!\underline{O}\!-\!C_2H_5 \\
| \\
|\underline{O}\!-\!C_2H_5
\end{array}
\right]^{+}
\;+\;C_2H_5\underline{O}\!\rightarrow\!H;\;
\left[
\begin{array}{c}
H\!-\!C\!-\!\underline{O}\!-\!C_2H_5 \\
| \\
|\underline{O}\!-\!C_2H_5
\end{array}
\right]^{+}
\;+\;OH^- \;\longrightarrow
$$

$$
\longrightarrow
\begin{array}{c}
|\overline{O}\!-\!H \\
\downarrow \\
H\!-\!C\!-\!\underline{O}\!-\!C_2H_5 \\
| \\
|\underline{O}\!-\!C_2H_5
\end{array}
\;\dashrightarrow\;
\left\{
\begin{array}{c}
|\overline{O}|\,\ominus \\
| \\
H\!-\!C\;\oplus \\
| \\
|\underline{O}\!-\!C_2H_5
\end{array}
\;\leftrightarrow\;
\begin{array}{c}
|O| \\
\| \\
H\!-\!C \\
| \\
|\underline{O}\!-\!C_2H_5
\end{array}
\right\}
\;+\;C_2H_5\underline{O}\!\rightarrow\!H\,.
$$

Dem Orthoameisensäureester gleichartig wirken auch die Ester der
schwefligen Säure[30]; ebenso ist der Orthoameisensäureester ersetzbar
durch Form-imidoäther-chlorhydrat[31], aus dem sich durch Alkoholein-
wirkung der Orthoester bildet; durchaus möglich erscheint darüber
hinaus, daß der salzsaure Form-imidoäther auch unmittelbar als Was-
ser-Acceptor wirken kann.

---

[30] Voss: A. **498**, 127 (1932).
[31] Claisen: B. **31**, 1010 (1898).

Die Zergliederung des Reaktionsverlaufs der Acetalisierung des
Acetessigesters ließ bereits erkennen, daß bei der Bildung des β-Äthoxy-
crotonsäureesters das Enol, der β-Oxycrotonsäureester, nicht als Reaktionszwischenprodukt auftritt. CLAISEN hingegen hatte angenommen,
daß die Acetalisierung einer β-Dicarbonylverbindung die Verätherung
der Enolform bedeute, wie die von ihm dem O-Äthyl-aceton-oxalester
zuerteilte Konstitution I

$$\text{I} \quad CH_3{-}CO{-}CH{=}\underset{\underset{OC_2H_5}{|}}{C}{-}COOC_2H_5 \qquad CH_3{-}\underset{\underset{OC_2H_5}{|}}{C}{=}CH{-}CO{-}COOC_2H_5 \quad \text{II}$$

zeigt[31a]. Da nun nachgewiesen werden konnte, daß dem O-Äthylacetonoxalester die Konstitution II zukommt[32], ergibt sich hieraus,
daß, im Einklang mit dem für die Acetalisierung des Acetessigesters
aufgestellten Reaktionsmechanismus, bei unsymmetrischen β-Dike-
tonen Acetalisierung an derjenigen Ketogruppe eintritt, die *nicht enolisiert* ist:

$$R{-}CO{-}CH{=}\underset{\underset{OH}{|}}{C}{-}R' \quad \longrightarrow \quad R{-}\underset{\underset{OR}{|}}{C}{=}CH{-}CO{-}R' \qquad .$$

Das zunächst durch Aufnahme des die Reaktion katalysierenden H^+-Ions
entstehende Hydroxy-carbenium-Kation a nimmt ein Äthoxyl-Anion auf zu b,

$$\left\{ R{-}\underset{\underset{|O|}{\|}}{C}{-}CH{=}\underset{\underset{OH}{|}}{C}{-}R' \quad \longleftrightarrow \quad R{-}\overset{\oplus}{\underset{\underset{\ominus|\underline{O}|}{|}}{C}}{-}CH{=}\underset{\underset{OH}{|}}{C}{-}R' \right\} + H^+ \longrightarrow$$

$$\longrightarrow \left[R{-}\underset{\underset{|\underline{O}{-}H}{|}}{C}{-}CH{=}\underset{\underset{OH}{|}}{C}{-}R' \right]^+ \xrightarrow[\ \ + OC_2H_5^-\ \ ]{} R{-}\overset{\overset{|\bar{O}{-}C_2H_5}{\downarrow}}{\underset{\underset{|\underline{O}H}{|}}{C}}{-}CH{=}\underset{\underset{OH}{|}}{C}{-}R' \longrightarrow$$

$$\qquad\qquad\qquad a \qquad\qquad\qquad\qquad\qquad\qquad\qquad b$$

$$\longrightarrow R{-}\overset{|\bar{O}{-}C_2H_5}{\underset{\underset{|\underline{O}H}{|}}{C}}{-}\underset{\underset{H}{|}}{CH}{-}\underset{\underset{O}{\|}}{C}{-}R' \longrightarrow R{-}\overset{|\bar{O}{-}C_2H_5}{C}{=}CH{-}\underset{\underset{O}{\|}}{C}{-}R' + H{\leftarrow}\bar{O}H$$

$$\qquad\qquad c$$

das dann sofort ketisiert zu c; unter dem Einfluß des Orthoameisensäureesters
spaltet sich dann ein Mol Wasser ab unter Entstehung des Acetals.

Tritt daher bei einem β-Diketon, wie beispielsweise beim Aceton-
oxalester, konstitutionsbedingt Enolisierung nur nach *einer* der beiden
möglichen Richtungen hin ein, dann stellt der zugehörige Enoläther die
O-Alkylverbindung der zweiten, nur theoretisch möglichen Enolform
dar[33].

[31a] B. **40**, 3908 (1907).

[32] HENECKA, H.: B. **82**, 38 (1949); s. a. A. ROSSI u. Mitarb.: Helvet. chim.
Acta **30**, 1501 (1947); **31**, 1741 (1948).

[33] Dies gilt nur für β-Diketone; Oxymethylen-β-carbonylverbindungen
acetalisieren stets zu β-Keto-acetalen $R{-}CO{-}CH(R'){-}CH(OCH_3)_2$: A. H. BLATT:
J. Amer. chem. Soc. **60**, 1164 (1938).

Enolisiert hingegen ein β-Diketon nach beiden möglichen Richtungen, dann kann man aus der Struktur des erhaltenen Enoläthers nur bedingt auf die Konstitution des Enols schließen, da die aktivierte reaktionsfähige Zwischenstufe, das Hydroxy-carbenium-Kation, mesomer ist zwischen den Formeln a ←→ b, die sich von *beiden* Enolen her einstellen können:

$$C_6H_5-C(OH)=CH-CO-CH_3 \;+\; H^+ \;\rightleftharpoons\; -H^+$$

$$\rightleftharpoons \left[C_6H_5-C(OH)=CH-\overset{\oplus}{C}(O-H)-CH_3 \quad\underset{a}{\longleftrightarrow}\quad C_6H_5-\overset{\oplus}{C}(O-H)=CH-C(OH)=CH_3 \;\;_{b} \right] \rightleftharpoons$$

$$\overset{-H^+}{\underset{+H^+}{\rightleftharpoons}} \; C_6H_5-CO-CH=C(OH)-CH_3 \;.$$

Wenn daher, wie L. Claisen[34] fand, dem Enoläther des Benzoylacetons die Konstitution $C_6H_5-CO-CH=C(OCH_3)-CH_3$ zukommt, so bedeutet das auf Grund des Chemismus der O-Alkylierung nicht, daß das freie, chemisch nicht beeinflußte Benzoylaceton das Enol nach der Benzoyl-Seite darstellt, sondern es besagt nur, daß die Reaktion über die elektromere Grenzformel a als Reaktionsformel verläuft.

Den Enoläther nach der Benzoyl-Seite erhält man, wenn man Benzalaceton-dibromid der Einwirkung alkoholischen Kalis unterwirft[35]: diese Darstellung, die eine weitere variierbare Methode zur Synthese von β-Diketonen darstellt, verläuft über die folgenden Zwischenstufen:

$$R-CHO + R'-CH_2-CO-R'' \longrightarrow R-CH=C(R')-CO-R'' \xrightarrow{+Br_2}$$

$$\longrightarrow R-CH(Br)-C(Br)(R')-CO-R'' \xrightarrow[+C_2H_5OH]{+2KOH} R-C(OC_2H_5)=C(R')-CO-R'' \xrightarrow{H^+}$$

$$\longrightarrow R-C(OH)=C(R')-CO-R'' \rightleftharpoons R-CO-CH(R')-CO-R''$$

Nach der gleichen Methode gelingt auch, ausgehend vom Acrolein, die Darstellung der einfachsten β-Dicarbonylverbindung, des Malondialdehyds, $HO-CH=CH-CHO$, in Form des Äthoxyacrolein-diäthylacetals[36]:

$$CH_2=CH-CHO + Br_2 \longrightarrow Br-CH_2-CH(Br)-CHO \xrightarrow[1\% \; HCl]{C_2H_5OH}$$

$$\longrightarrow C_2H_5O-CH_2-CH(Br)-CH(OC_2H_5)_2 \xrightarrow{KOH} C_2H_5O-CH=CH-CH(OC_2H_5)_2 \;.$$

[34] B. **59**, 144 (1926).
[35] Ruhemann u. Watson: J. chem. Soc. London **85**, 464, 1180 (1904).
[36] Fischer, E.: B. **30**, 3056 (1897). — Claisen, L.: B. **36**, 3670 (1903).

Durch vorsichtige Verseifung dieses Acetals ist der Malondialdehyd selbst darstellbar[37].

Eine weitere Methode zur Darstellung von Enoläthern von β-Dicarbonylverbindungen besteht in der durch Natriumalkoholat katalysierten Anlagerung von Alkoholen an Acyl-acetylene: so entsteht nach MOUREU[38] aus Phenylacetylen-carbonsäureester beim Behandeln mit Natriummethylat-Lösung ein Gemisch der beiden *cis-trans*-isomeren Enoläther des Benzoylessigesters im Gleichgewicht mit dem zugehörigen Acetal:

$$C_6H_5-C\equiv C-COOCH_3 \longrightarrow$$

$$\longrightarrow \begin{array}{c} C_6H_5-C-OCH_3 \\ \| \\ H-C-COOCH_3 \end{array} \rightleftharpoons \begin{array}{c} C_6H_5-C(OCH_3)_2 \\ | \\ CH_2-COOCH_3 \end{array} \rightleftharpoons \begin{array}{c} CH_3O-C-C_6H_5 \\ \| \\ H-C-COOCH_3 \end{array}$$

Aus Phenyl-cyan-acetylen erhielt MOUREU[39] auf analoge Weise ebenfalls ein Gemisch, das, wie F. ARNDT und L. LOEWE[40] zeigen konnten, aus dem *cis*-Enoläther des Cyanacetophenons und dem zugehörigen Acetal besteht:

$$C_6H_5-C\equiv C-CN \longrightarrow \begin{array}{c} C_6H_5-C-OCH_3 \\ \| \\ H-C-CN \end{array} \underset{-\,CH_3O\ddot{H}}{\overset{+\,CH_3OH}{\rightleftharpoons}} \begin{array}{c} C_6H_5-C(OCH_3)_2 \\ | \\ CH_2-CN \end{array}$$

Dasselbe Gleichgewicht *cis*-Enoläther $\rightleftharpoons$ Acetal stellt sich ein, wenn man von dem von F. ARNDT[41] erhaltenen *trans*-Enoläther des Cyanacetophenons ausgeht; aus jedem der drei reinen Stoffe, *cis*-Enoläther, *trans*-Enoläther, Acetal bildet sich daher unter gleichen Bedingungen stets dasselbe Gleichgewichtsgemisch.

Unter dem katalytischen Einfluß von Natriumalkoholat stellen sich nun ganz allgemein bei β-Dicarbonylverbindungen Gleichgewichte ein zwischen Enoläther und Alkohol einerseits und dem zugehörigen Acetal andrerseits, die um so mehr auf Seiten des Enoläthers liegen, je höher der elektromere Effekt und damit das Konjugationsbestreben der Molekel ist. So erhielt A. MICHAEL[42] aus β-Äthoxycrotonsäureester und Alkohol unter dem Einfluß von Äthylat ein Gleichgewicht mit etwa 20% Diäthoxybuttersäureester:

$$\begin{array}{c} CH_3-C=CH-COOC_2H_5 \\ | \\ O-C_2H_5 \end{array} + [C_2H_5-\overline{O}|]^- \rightleftharpoons \left[\begin{array}{c} |\overline{O}-C_2H_5 \\ \downarrow \\ CH_3-C-\overline{C}H-COOC_2H_5 \\ | \\ O-C_2H_5 \end{array} \right]^-.$$

[37] HÜTTEL, R.: B. **74**, 1825 (1941).

[38] C. r. Acad. Sci. **138**, 203 (1904); Bull. Soc. chim. France [3] **31**, 493 (1904).

[39] Bull. Soc. chim. France [3] **35**, 529 (1906). — Über die Umwandlung $R-CO-CH=CHCl \longrightarrow R-CO-CH_2-CH(OCH_3)_2$ mit methanolischer Lauge s. J. NELLES: DRP. 650359 (1935) der ehem. IG.-Farbenindustrie A.-G. — Die Überführung des Benzoyl-Acetylens in Benzoyl-Acetaldehyd-acetal beschreiben K. BOWDEN, E. A. BRAUDE u. E. R. H. JONES: J. chem. Soc. London **1946**, 945.

[40] B. **71**, 1631 (1938).

[41] ARNDT, F., u. L. LOEWE: B. **71**, 1628 (1938).

[42] J. amer. chem. Soc. **57**, 159 (1935). — Über das Gleichgewicht Enoläther-Acetal beim Dibenzoylmethan s. C. WEYGAND u. W. LANGENDORF: J. pr. [2] **151**, 227 (1938).

Dieselbe Reaktion haben F. ARNDT, L. LOEWE und M. OZANSOY[43] eingehend untersucht und dabei gefunden, daß man von beiden Seiten her zu einem Gleichgewicht mit 25% Acetal gelangt. Diese Enoläther-Acetal-Gleichgewichte sind nun, worauf F. ARNDT und L. LOEWE[44] hinweisen, weitgehend analog den Gleichgewichten, die im Chemismus der Claisen-Kondensation die entscheidende Rolle spielen: das Acetal im Enoläther-Acetal-Gleichgewicht entspricht bei der Esterkondensation dem ersten instabilen Addukt aus Ester- und Methylenkomponente,

$$\begin{matrix} |O| \\ \parallel \\ R{-}C \\ | \\ |\underline{O}{-}C_2H_5 \end{matrix} \; + \; [\overline{C}H_2{-}COOC_2H_5]^- \; \rightleftharpoons \; \left[\begin{matrix} |\overline{O}| \\ | \\ R{-}C{\leftarrow}CH_2{-}COOC_2H_5 \\ | \\ |\underline{O}{-}C_2H_5 \end{matrix}\right]^- \; \rightarrow \; C_2H_5{-}OH \; +$$

$$+ \; \left[\begin{matrix} |\overline{O}| \\ | \\ R{-}C{=}CH{-}COOC_2H_5 \end{matrix} \;\longleftrightarrow\; \begin{matrix} |O| \\ \parallel \\ R{-}C{-}\overline{C}H{-}COOC_2H_5 \end{matrix}\right]^-$$

das, ebenfalls unter dem katalytischen Einfluß des Äthylats, unter Abspaltung von Alkohol in das mesomere Enolat-Carbeniat-Anion übergeht. Diese Mesomerie bedingt, daß das Carbeniat-Enolat-Anion energieärmer ist als der Enoläther und daher vorwiegend im Gleichgewicht auftritt, während im Enoläther-Acetal-Gleichgewicht der nicht im Sinne des Anions mesomeriefähige Enoläther energetisch weniger bevorzugt erscheint als das mesomere Anion bei der Esterkondensation und daher im Gleichgewicht mit dem Acetal beharrt.

3. Thio-Verbindungen.

Leitet man in eine mit Chlorwasserstoff gesättigte alkoholische Lösung von Acetessigester Schwefelwasserstoff ein, so bildet sich nach folgendem Mechanismus der Thio-acetessigester[45]:

$$\left[\begin{matrix} CH_3{-}C{-}CH_2{-}COOC_2H_5 \\ | \\ |\underline{O}{\rightarrow}H \end{matrix}\right]^+ \; + \; H_2\underline{\overline{S}} \; \rightleftharpoons \; \left[\begin{matrix} H{-}\overline{S}{-}H \\ \downarrow \\ CH_3{-}C{-}CH_2{-}COOO_2H_5 \\ | \\ |\underline{O}{-}H \end{matrix}\right]^+ \; \longrightarrow$$

$$H^+ \; + \; H_2O \; + \; \begin{matrix} CH_3{-}C{=}CH{-}COOC_2H_5 \\ | \\ |\underline{S}{-}H \end{matrix} \; .$$

Die gleiche Verbindung entsteht auch aus β-Chlorcrotonsäureester durch doppelten Umsatz mit Kaliumhydrosulfid, wobei aus den *cis-trans*-isomeren Chlor-crotonsäureestern die *cis*- bzw. *trans*-Form des Enthiols des Thioacetessigesters entstehen[46]. Im Gleichgewicht des Thioacetessigesters tritt neben diesen Enthiolformen auch die Thiocar-

[43] B. **73**, 779 (1940).
[44] B. **71**, 1633 (1938).
[45] MITRA, S. K.: J. Indian chem. Soc. **10**, 71, 491 (1933).
[46] SCHEIBLER, H., H. T. TOPONZADA u. H. A. SCHULZE: J. pr. [2] **124**, 1 (1929). — MITRA, S. K.: J. Indian chem. Soc. **8**, 471 (1931).

bonylform auf, jedoch in weit geringerem Maße als beim Acetessigester
die Ketoform. So bestimmte S. K. MITRA[47] den Thiol-Gehalt des Thioacetessigesters durch die Oxydation mittels Jod zur Disulfidverbindung
bei 30° zu 41%. Auf dieser leicht eintretenden Oxydation beruht auch
das Verhalten des Thioacetessigesters gegenüber Eisenchlorid: Thio-
acetessigester gibt eine rasch verblassende tiefe Blaufärbung.

Der höhere elektromere Effekt der Thiocarbonyl- im Vergleich zur
Carbonylgruppe bewirkt, daß in der Mesomerie des Anions die Enthiol-
Form bei weitem überwiegt und eine Carbeniatform als Reaktionsformel überhaupt nicht in Erscheinung tritt: sowohl beim Alkylieren als
auch beim Acylieren entstehen daher ausschließlich nur die S-Acyl-
bzw. Alkylderivate[48].

4. Cyanhydrine.

Die Carbonylgruppen der β-Dicarbonylverbindungen sind ihrer
leichten Aktivierbarkeit wegen der Cyanhydrinreaktion normaler Carbonylgruppen leicht zugänglich: so erhielten BUCHERER und GROLEE[49]
durch Addition von Blausäure an Acetessigester unter dem katalytischen Einfluß von Cyankali das Cyanhydrin des Acetessigesters. Die
Reaktion verläuft sehr wahrscheinlich krypto-ionisch über die polarisierte Grenzformel des Keto-Acetessigesters:

$$CH_3-\overset{\oplus}{\underset{|\underline{O}|^{\ominus}}{C}}-CH_2-COOR + H-CN \longrightarrow CH_3-\overset{\overset{CN}{\downarrow}}{\underset{|\underline{O}\rightarrow H}{C}}-CH_2-COOC_2H_5.$$

Unter der Einwirkung von Thionylchlorid geht das Acetessigester-
cyanhydrin über in ein Gemisch der *cis-* und *trans-*Form des β-Cyan-
crotonsäureesters[50]:

$$CH_3-\overset{\overset{CN}{|}}{\underset{\overset{|}{OH}}{C}}-CH_2-COOC_2H_5 \longrightarrow H_2O + CH_3-\overset{|}{\underset{\overset{|}{CN}}{C}}=CH-COOC_2H_5.$$

Auch α-substituierte β-Ketocarbonsäureester geben die analogen
Reaktionen: So erhielt B. L. NANDI[51] aus Cyclopentanoncarbonsäureester den 1-Cyan-cyclopenten-(1)-carbonsäureester-(2):

$$\text{(Cyclopentanon-2-carbonsäureester)} \xrightarrow{+\ HCN} \text{(1-Cyan-2-hydroxy-cyclopentancarbonsäureester)} \xrightarrow{SOCl_2} \text{(1-Cyan-cyclopenten-(1)-carbonsäureester-(2))}.$$

---

[47] J. Indian chem. Soc. **15**, 205 (1938).

[48] SCHEIBLER, H.: l. c. — RAY, P. CH., S. K. MITRA u. N. N. GOSH: J. Indian
chem. Soc. **10**, 75 (1933).

[49] B. **39**, 1227 (1906). — MOWRY, D. T., u. A. G. ROSSOW: J. Amer. chem. Soc.
67, 927 (1945).

[50] MOWRY u. ROSSOW: l. c.

[51] J. Indian chem. Soc. **11**, 213 (1934). — Über den Abbau alicyidischer
β-Ketocarbonsäureester mit Stickstoffwasserstoffsäure zu α-Aminosäuren vgl.
D. M. ADAMSON: J. chem. Soc. London **1939**, 1564. — TURBA, F., und
K. SCHUSTER: Hoppe-Seylers Z. physiol. Chem. **283**, 29 (1948).

5. Reduktion.

Die Carbonylgruppe enolisationsfähiger β-Dicarbonylverbindungen ist besonders leicht zur sekundären Alkoholgruppe zu reduzieren, da diese Reduktionen sehr wahrscheinlich durch Anlagerung von Wasserstoff an die aktivierte Doppelbindung der Enole zustande kommen. So erhielt bereits J. WISLICENUS[52] 1869 durch Reduktion von Acetessigester mit Natrium-amalgam die β-Oxybuttersäure. Leicht und glatt gelingen solche Reduktionen auf katalytischem Wege: durch Hydrierung von Acetessigester mit Nickel als Katalysator gewannen H. ADKINS und Mitarbeiter[53] bei 100—110° den β-Oxybuttersäureester. Diese Reaktion verläuft quantitativ in alkoholischer Lösung; hydriert man jedoch ohne Verdünnungsmittel, so entsteht zu etwa einem Drittel ein höherer Ester folgender Konstitution:

$$CH_3—CH(OH)—CH_2—COO—CH(CH_3)—CH_2—COOC_2H_5 \; ,$$

eine Reaktion, die auf die oft zu beobachtende Neigung von Carbonsäureestern zu Umesterungen unter dem Einfluß metallischer Katalysatoren zurückzuführen ist. Wahrscheinlich entsteht hierbei zunächst aus Acetessigester und dem dazugehörigen Enol der β-Oxycrotonsäureester der Acetessigsäure,

$$CH_3—CO—CH_2—COOC_2H_5 \; + \; HO—C(CH_3)=CH—COOC_2H_5 \; \rightleftharpoons$$
$$C_2H_5OH \; + \; CH_3—CO—CH_2—COO—C(CH_3)=CH—COOC_2H_5,$$

der dann normal der Hydrierung unterliegt.

Daß diese Umesterung tatsächlich *vor* der Hydrierung stattfindet, geht daraus hervor, daß aus dem weniger enolisierbaren α-Methylacetessigester das dimolekulare Produkt nur zu 20% entsteht und die Bildung entsprechender Ester bei der Hydrierung α,α-disubstituierter Acetessigester überhaupt nicht mehr eintritt.

Aus β-Diketonen erhält man bei der Hydrierung mit Nickel als Katalysator die Zwischenstufe der 1,3-Ketole[54], ein Hinweis darauf, daß die Hydrierung über die Enolformen verläuft:

$$R—CO—CH_2—CO—CH_3 \; \rightleftharpoons \; R—CO—CH{=}\underset{\underset{\textstyle OH}{|}}{C}—CH_3 \xrightarrow{\; +\,H_2 \;}$$

$$\longrightarrow \; R—CO—CH_2—CH(OH)—CH_3$$

Aus den β-Oxybuttersäureestern bzw. den 1,3-Ketolen lassen sich durch Wasserabspaltung α,β-ungesättigte Carbonsäureester bzw. Ketone gewinnen. Sehr leicht entstehen auf diesem Wege α-substituierte Crotonsäureester aus α-Alkylacetessigestern[55]:

$$CH_3—CO—\underset{\underset{\textstyle R}{|}}{CH}—COOR \; \longrightarrow \; CH_3—CH(OH)—\underset{\underset{\textstyle R}{|}}{CH}—COOR \; \longrightarrow \; CH_3—CH{=}\underset{\underset{\textstyle R}{|}}{C}—COOR$$

---

[52] A. **149**, 207 (1869).
[53] ADKINS, H., R. CONNOR u. H. CRAMER: J. Amer. chem. Soc. **52**, 5192 (1930). — Über die gleichzeitige Reduktion der Carbäthoxygruppe des Acetessigesters mit Cu-Cr-oxyd-Bariumoxyd-Katalysator zu Butan-1,3-diol, s. R. MOZINGO u. K. FOLKERS: J. Amer. chem. Soc. **70**, 229 (1948).
[54] STUTSMAN, P. S., u. H. ADKINS: J. Amer. chem. Soc. **61**, 3303 (1939).
[55] SPIEGELBERG, H.: Barell-Festschrift (Basel) **1936**, 212.

Acetondicarbonsäureester ist auf diesem Wege in Glutaconsäureester überführbar.[56]

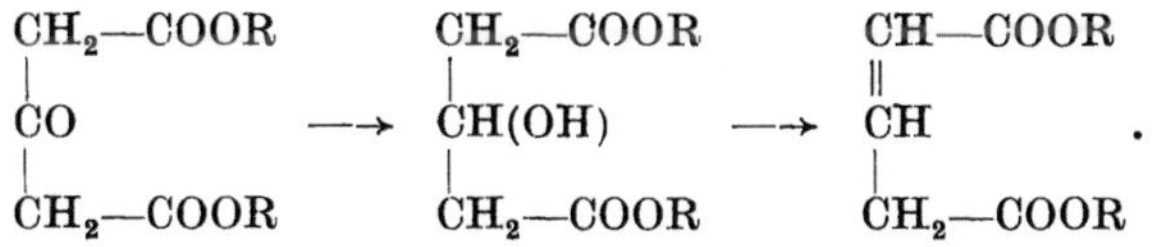

$$\begin{array}{ccc}
CH_2\text{—}COOR & CH_2\text{—}COOR & CH\text{—}COOR \\
| & | & \| \\
CO \longrightarrow & CH(OH) \longrightarrow & CH \\
| & | & | \\
CH_2\text{—}COOR & CH_2\text{—}COOR & CH_2\text{—}COOR
\end{array}.$$

Cyclische β-Diketone gehen bei der Hydrierung bei mittleren Temperaturen unter Reduktion beider Carbonylgruppen in cyclische 1,3-Diole
über, so das Dimethyldihydroresorcin[57] in 1,1-Dimethyl-cyclohexan-
3,5-diol. Hydriert man jedoch bei 180°, so entsteht aus Dimethyldihydroresorcin als Folge intermediärer Wasserabspaltung das 1,1-Di-
methyl-cyclohexan-3-ol[58]:

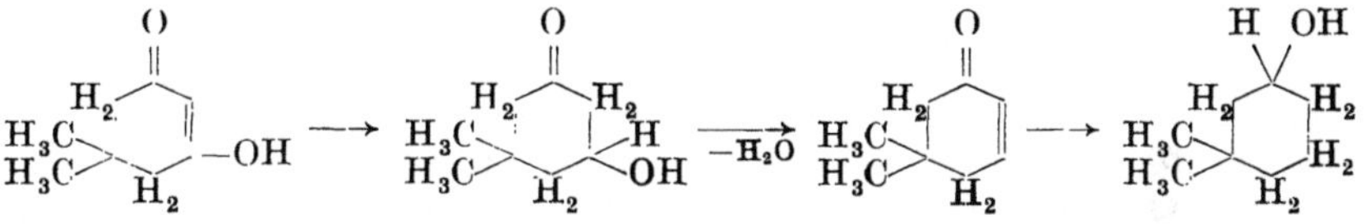

Ähnliche Reduktionen lassen sich bei Oxymethylenderivaten cyclischer Ketone verwirklichen: während bei vorsichtig geleiteter Hydrierung des Oxymethylen-cyclohexanons das o-Oxymethyl-cyclohexanol
entsteht[59],

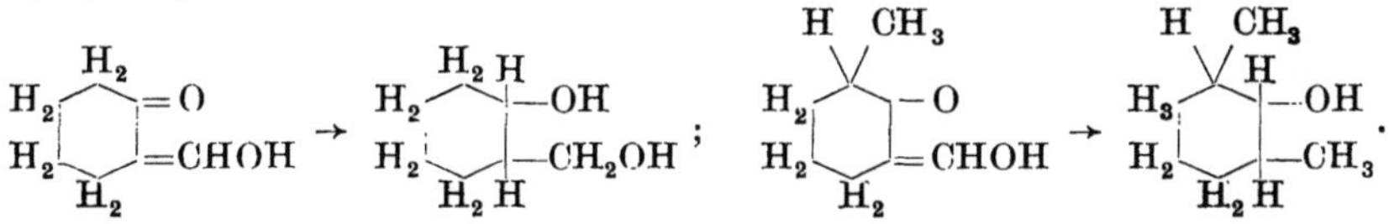

geht das 1-Methyl-3-oxymethylen-cyclohexanon-(2) mit Raney-Nickel
als Katalysator bei 100—150° bzw. die entsprechende Acetoxy-methy-
lenverbindung in alkoholischer Lösung über platiniertem Raney-Nik-
kel in 1,3-Dimethyl-cyclohexanol-(2) über.

Besondere synthetische Effekte lassen sich durch Hydrierung von
Cyanverbindungen erzielen, da die —CN-Bindung sehr leicht katalytisch (wahrscheinlich nach einem krypto-radikalischen Mechanismus)
hydrierbar ist[60]. So erhielten H. Rupe und E. Knup[61] durch Hydrierung von Oxymethylen-benzylcyanid unter milden Reaktionsbedingungen das Aldimin des Phenyl-malondialdehyds, das durch Verseifen mit
Oxalsäure in den Phenyl-malondialdehyd überführbar ist:

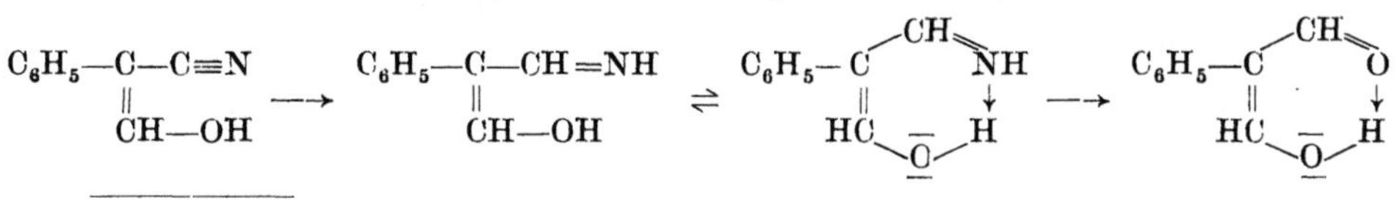

[56] Lochte, H. L., u. P. L. Pickard: J. Amer. chem. Soc. 68, 721 (1946).
[57] Adkins, H., u. I. M. Sprague: J. Amer. chem. Soc. 56, 2669 (1934).
[58] Henshall, T.: J. Soc. chem. Ind. 62, 127 (1943).
[59] Rupe, H., u. O. Klemm: Helvet. chim. Acta 21, 1538 (1938).
[60] Siehe auch Kap. IX, S. 298.
[61] Helvet. chim. Acta 10, 299 (1927).

Daß die Hydrierung des Oxymethylen-benzylcyanids bereits auf der Aldiminstufe zum Stillstand kommt, ist wohl darauf zurückzuführen, daß diese Hydrierungsstufe durch Chelat-Bildung, ebenso wie der Phenyl-malondialdehyd selbst, stabilisiert wird.

In einer präparativ sehr vorteilhaften Weise gelangt man durch Hydrierung von cyanessigsaurem Kalium direkt zum β-Alanin[62], wenn man in methanolischer Lösung bei Gegenwart von Ammoniak über Raney-Nickel hydriert:

$$[NC{-}CH_2{-}COO]^- \longrightarrow [H_2N{-}CH_2{-}CH_2{-}COO]^-.$$

6. Kondensationsreaktionen der Carbonyl-Gruppe.

Die Carbonylgruppe von β-Ketocarbonsäureestern ist induktiv in höherem Maße polarisiert als die Carbonylgruppe gewöhnlicher Ketone; Kondensationen mit aktiven Methylengruppen nach dem Schema der Aldolkondensation sind daher oft zu verwirklichen: nach H. ROGERSON und J. F. THORPE[63] erhält man durch Kondensation von Natrium-cyanessigester mit Acetessigester den α-Cyan-β-methyl-glutaconsäureester:

$$\left[\begin{array}{c} \overline{C}H{-}COOR \\ | \\ CN \end{array} \right]^- + \; CH_3{-}\overset{\oplus}{C}{-}CH_2{-}COOR \;\; \rightleftharpoons \;\; \left[\begin{array}{c} CH_3 \\ | \\ NC{-}CH \longrightarrow C{-}CH_2{-}COOR \\ | \quad\quad | \\ COOR \;\; |\underline{O}| \end{array} \right]^- . \quad \text{a}$$

(mit $|\underline{O}|^{\ominus}$ am Acetessigester)

Bedingt durch das Konjugationsbestreben spaltet sich aus diesem ersten Addukt leicht ein Hydroxyl-Anion ab unter Ausbildung des konjugierten Systems der Glutaconsäure:

$$\text{a} \longrightarrow OH^- + \underset{\underset{COOR}{|}}{NC{-}CH}{-}\overset{\overset{CH_3}{|}}{C}{=}CH{-}COOR \;\; \rightleftharpoons \;\; NC{-}\underset{\underset{COOR}{|}}{C}{=}\overset{\overset{CH_3}{|}}{C}{-}CH_2{-}COOR.$$

Die gleiche Reaktion gelingt auch mit anderen β-Dicarbonylverbindungen: so entsteht bei der Kondensation von α-Formylpropionsäureester mit Natrium-cyanessigester der α-Cyan-β-methylglutaconsäureester[64].

Da die Ketogruppe des Acetondicarbonsäureesters in einer besonders hoch polarisierten Form vorliegt, gelingt die saure Kondensation des Acetondicarbonesters mit Phenolen mittels starker Schwefelsäure zu

[62] RUGGLI, P., u. A. BUSINGER: Helvet. chim. Acta 25, 35 (1942).

[63] J. chem. Soc. London 87, 1685 (1905). — Siehe auch N. BLAND u. J. F. THORPE: J. chem. Soc. London 101, 871 (1912). — HOPE, E.: J. chem. Soc. London 121, 2216 (1922).

[64] INGOLD, CH. K., E. H. PERREN u. J. F. THORPE: J. chem. Soc. London 121, 1765 (1922). — URUSHIBARA, Y.: Bull. chem. Soc. Japan 2, 305 (1927). — KON, G. A. R., u. H. R. NANJI: J. chem. Soc. London 1931, 560. — Über die Kondensation des Cyclohexanoncarbonesters mit Kalium-cyanessigester s. G. A. KON u. R. H. R. NANJI: J. chem. Soc. London 1932; s. a. R. GREWE, B. 81, 280 (1948).

β-p-Oxyphenyl-glutaconsäuren[65], wobei die Phenole in der Carbeniat-Grenzformel reagieren:

$$H-\underline{O}=\!\!\left\langle\!\!\!\!\!\!\right\rangle\!\!\!\!\!\!\overset{H}{\diagup} + \oplus\overset{CH_2-COOR}{\underset{CH_2-COOR}{C-\underline{O}|\ominus}} \rightleftharpoons H-\underline{O}=\!\!\left\langle\!\!\!\!\!\!\right\rangle\!\!\!\!\!\!\overset{H}{\diagup}\!\!\to\overset{CH_2-COOR}{\underset{CH_2-COOR}{C-\underline{O}|\ominus}} \longrightarrow$$

$$HO-\!\!\left\langle\!\!\!\!\!\!\right\rangle\!\!-\overset{CH-COOR}{\underset{CH_2-COOR}{\overset{\|}{C}}} + H_2O\ .$$

Die gleiche Reaktion gelingt auch mit Phenoläthern; bei besetzter p-Stellung entstehen die entsprechenden o-Oxyphenyl-glutaconsäuren[66]. Unter geeigneten Bedingungen, z. B. mit 75 %iger Schwefelsäure entstehen auch Kondensationsprodukte aus zwei Mol Phenol und einem Mol Acetondicarbonsäure durch Anlagerung der zweiten Molekel Phenol an die aktivierte Doppelbindung der zunächst entstehenden β-Oxyphenyl-glutaconsäure[67], z. B.:

$$HO-\!\!\left\langle\!\!\!\!\!\!\right\rangle\!\!-\overset{CH-COOH}{\underset{CH_2-COOH}{\overset{\|}{C}}} + C_6H_5OH \longrightarrow \left(HO-\!\!\left\langle\!\!\!\!\!\!\right\rangle\!\!-\right)_2 C\,(CH_2COOH)_2\ .$$

VIII. Reaktionen des Methylens.

1. Aldol-Kondensation.

Es wurde bereits ausführlich dargelegt, daß der α-Methylengruppe der β-Dicarbonylverbindungen besondere Reaktionsfähigkeit zukommt; die Acidifizierung der Methylengruppe ist auf die besonders hohe Stabilität der Elektronenanordnung des Oktetts des Methylen-C-atoms zurückzuführen, die diesem durch die starke Desintegrierung der Oktette der nebenstehenden C-Atome induziert wird. Diese große Reaktionsfähigkeit der CH_2-Gruppe ist nun nicht nur auf die leichte Substituierbarkeit beschränkt; man kennt vielmehr eine Reihe weiterer Reaktionen, z. T. vom Kondensations-, z. T. vom Additionstypus, die auf die besondere Beweglichkeit der Wasserstoffatome der Methylengruppe zurückzuführen sind. Eine solche synthetisch wichtige Kondensationsreaktion stellt die Einwirkung von Aldehyden auf β-Dicarbonylverbindungen dar, die unter Wasserabspaltung zu Alkyliden- bzw. Aryliden-β-dicarbonylverbindungen führt:

$$R-CHO + R'-CO-CH_2-CO-R'' \longrightarrow \overset{}{\underset{\overset{\|}{CH-R}}{R'-CO-C-CO-R''}} + H_2O\ .$$

---

[65] DIXIT, V. M.: J. Indian chem. Soc. 8, 787 (1931). — LIMAYE, D. B., u. V. M. BHAVE: J. Indian chem. Soc. 8, 137 (1931). — VYAS, V. A., u. K. V. BOKIT: J. Progr. chem. Sci. 1, 195, 198 (1939).

[66] LIMAYE, D. B., u. Mitarb.: J. Progr. chem. Sci. 1, 177, 180, 186 (1939); GOGTE G. R.: Proc. Indian Acad. Sic. (A) 2, 185 (1935).

[67] DIXIT, V. M., u. G. N. GOKHALE: J. Univ. Bombay 3, 80 (1934).

Hierbei können eine oder beide R'-CO- bzw. R''-CO-Gruppen auch durch Cyangruppen ersetzt werden.

Die gewöhnliche Ausführungsform der Reaktion ist die, daß man bei Gegenwart einer katalytisch wirksamen geringen Menge einer basischen Substanz wie Piperidin, Diäthylamin und dergleichen den Aldehyd bei tiefer Temperatur auf die β-Dicarbonylverbindung zur Einwirkung bringt. Läßt man beispielsweise unter diesen Bedingungen[1] Acetaldehyd auf Acetessigester einwirken, so spielen sich dabei folgende Vorgänge ab: durch die Wirkung der Base als Protonacceptor spaltet sich zunächst aus der Methylengruppe ein H-Atom als Proton ab unter Ausbildung der Carbeniatgrenzformel des verbleibenden Anions:

$$CH_3\text{---}CO\text{---}CH_2\text{---}COOC_2H_5 \;\rightleftharpoons\; [CH_3\text{---}CO\text{---}\underline{C}H\text{---}COOC_2H_5]^- + H^+.$$

Das einsame Elektronenpaar der CH-Gruppe lagert sich nunmehr in die Oktettlücke der polarisierten Grenzformel des Acetaldehyds ein:

$$\left\{ \begin{array}{c} H \\ | \\ CH_3\text{---}\overset{}{C} \\ || \\ |\underline{O}| \end{array} \;\longleftrightarrow\; \begin{array}{c} H \\ | \\ CH_3\text{---}\overset{}{C}\,\oplus \\ | \\ |\underline{O}|\,\ominus \end{array} \right\} + [CH_3\text{---}CO\text{---}\underline{C}H\text{---}COOC_2H_5]^- \;\rightleftharpoons\;$$

$$\left[\begin{array}{c} H \quad CO\text{---}CH_3 \\ | \qquad | \\ CH_3\text{---}\overset{}{C}\leftarrow\overset{}{C}\text{---}COOC_2H_5 \\ | \qquad | \\ |\underline{O}| \quad H \end{array} \right]^-$$

unter Entstehung eines Aldols, das dann beständig ist, wenn die Aldehydgruppe mit einem stark positivierten C-Atom, wie z. B. im Chloral, verknüpft ist[2]. Da aber normalerweise dem Aldehyd-C-atom seinerseits durch die direkte Verknüpfung mit der Methylengruppe eine starke Positivierung induziert wird, so spaltet sich, erleichtert durch die Möglichkeit der Ausbildung einer zu den C=O-Doppelbindungen konjugierten Doppelbindung, der anionisch aufgerichtete Aldehydsauerstoff zusammen mit dem als Proton sich ablösenden zweiten H-Atom der Methylengruppe als OH-Ion ab unter Vereinigung mit einem zuerst abgespaltenen Proton zu Wasser, wodurch gleichzeitig die katalytische Wirksamkeit des Protonacceptors wiederhergestellt wird:

$$\left[\begin{array}{c} H \quad COOC_2H_5 \\ | \qquad | \\ CH_3\text{---}\overset{}{C}\text{---}\overset{}{C}\text{---}C=O \\ | \qquad | \qquad | \\ |\underline{O}| \quad H \quad CH_3 \end{array} \right]^- \quad H^+ \;\rightleftharpoons\;$$

$$\left\{ \begin{array}{c} H \quad COOC_2H_5 \\ | \qquad | \\ CH_3\text{---}\underset{\oplus}{\overset{}{C}}\text{---}\underset{\ominus}{\overset{}{C}}\text{---}C=O \\ | \\ CH_3 \end{array} \;\longleftrightarrow\; \begin{array}{c} H \quad COOC_2H_5 \\ | \qquad | \\ CH_3\text{---}\overset{}{C}\!=\!\overset{}{C}\text{---}C=O \\ | \\ CH_3 \end{array} \right\} + \overline{O}\!\!\begin{array}{c} \nearrow H \\ \searrow H \end{array}$$

<hr>

[1] KNOEVENAGEL: B. **31**, 2596 (1898); DRP. 94132, Frdl. IV, 1293; DRP 97734, 97735, Frdl. V, 906; DRP. 161171, 164296, Frdl. VIII, 1267, 1268.

[2] Aus Chloralhydrat und Malonsäure entsteht in Eisessig bei Gegenwart von Piperidin das β-Lakton der Trichloräthylidenmalonsäure: M. M. SHERIAKIN u. N. S. WULFSON: C. **1942** II, 1336.

Auch das Wesen dieser Reaktion wird daher wesentlich bestimmt durch die beiden die Chemie der β-Dicarbonylverbindungen beherrschenden Effekte der Protomerie und der Elektromerie.

Daß bei der Kondensation eines Aldehyds mit einer β-Dicarbonylverbindung tatsächlich die Carbeniatgrenzform und nicht etwa die fertige Enolform reagiert, dafür gibt es einen eindeutigen Beweis[3]: die Kondensation von Benzaldehyd mit Malonester zu Benzalmalonester gelingt bereits bei Anwesenheit von Natriumacetat als Protonacceptor; fertiger Natriummalonester hingegen als Salz der Enolform reagiert überhaupt nicht mit Benzaldehyd.

L. CLAISEN[4], der solche Alkyliden- und Aryliden-β-dicarbonylverbindungen zum ersten Male darstellte, benutzte hierzu ein anderes Kondensationsverfahren: Sättigen des Gemisches der Komponenten mit trockenem Chlorwasserstoff, wobei sich zunächst β-Chlorverbindungen bilden, die beim Destillieren oder beim Erhitzen mit HCl-abspaltenden Mitteln leicht in die ungesättigten Kondensationsprodukte übergehen. Die durch HCl bewirkte Kondensation verläuft in etwas anderer Weise als in Anwesenheit basischer Katalysatoren: zunächst bildet sich aus dem Aldehyd und Chlorwasserstoff ein Carbeniumsalz:

$$\left\{ \underset{|\underline{O}|}{\overset{H}{CH_3\!-\!\overset{|}{\underset{\|}{C}}}} \longleftrightarrow \underset{|\underline{O}|\ominus}{\overset{H}{CH_3\!-\!\overset{|}{\underset{|}{C}}\oplus}} \right\} + H^+Cl^- \rightleftharpoons \left[\underset{|\underline{O}\!\rightarrow\!H}{\overset{H}{CH_3\!-\!\overset{|}{\underset{|}{C}}\oplus}} \right]^+ Cl^- .$$

In die Oktettlücke dieses Carbeniumkations lagert sich nunmehr das einsame Elektronenpaar der polarisierten Grenzformel der unter dem Einfluß von HCl entstehenden Enolform der β-Dicarbonylverbindung ein:

$$\left[\underset{|\underline{O}\!-\!H}{\overset{H}{CH_3\!-\!\overset{|}{\underset{|}{C}}}} \right]^+ + CH_3\!-\!\underset{|\underline{O}\!-\!H}{\overset{H}{\underset{|}{\overset{\oplus}{C}}}}\!-\!\underset{\ominus}{C}\!-\!COOC_2H_5 \rightarrow \left[\underset{|\underline{O}\!-\!H}{\overset{H}{CH_3\!-\!\overset{|}{\underset{|}{C}}}}\!\leftarrow\!\underset{H}{\overset{CH_3\!-\!C\!-\!\overline{O}\!-\!H}{\underset{|}{C}}}\!-\!COOC_2H_5 \right]^+$$

Innerhalb dieses Addukts schließt sich nunmehr die Oktettlücke der Acetylgruppe durch Anteiligwerden an dem einsamen Elektronenpaar, das nach der zunächst erfolgenden Abspaltung des zweiten H-Atoms der Methylengruppe dort verblieb:

$$\left[\underset{|\underline{O}\!-\!H\ \ H}{\overset{CH_3\!-\!C\!-\!\overline{O}\!-\!H}{CH_3\!-\!CH\!-\!\underset{|}{\overset{|}{C}}\!-\!COOC_2H_5}} \right]^+ \longrightarrow$$

$$\longrightarrow \left\{ \underset{|\underline{O}\!-\!H}{\overset{CH_3\!-\!\overset{\oplus}{C}\!-\!\overline{O}\!-\!H}{CH_3\!-\!CH\!-\!\underset{\ominus}{C}\!-\!COOC_2H_5}} \longleftrightarrow \underset{|\underline{O}\!-\!H}{\overset{CH_3\!-\!C\!-\!\overline{O}\!-\!H}{CH_3\!-\!CH\!-\!\overset{\|}{C}\!-\!COOC_2H_5}} \right\} + H^+.$$

<hr>

[3] MÜLLER, EUGEN: A. **491**, 251 (1931); **515**, 97 (1935).
[4] B. **14**, 345 (1881); A. **218**, 121 ff. (1883).

Unter dem Einfluß des Chlorwasserstoffs bildet sich nunmehr durch
Aufnahme eines Protons in die Aldol-hydroxylgruppe ein Oxonium-
kation, aus dem sich Wasser abspaltet; schließlich tritt dann das Cl^--
Anion in die so entstehende Oktettlücke:

$$CH_3-CH-\underset{|O-H}{\overset{CH_3-C=\overline{O}-H}{C}}-COOC_2H_5 + H^+ \longrightarrow \left[CH_3-CH-\overset{CH_3-C=\overline{O}-H}{C}-COOC_2H_5\right]^+ \xrightarrow{-[H-\underline{O}-H]}$$

$$\left[CH_3-CH-\overset{CH_3-C=\overline{O}-H}{\underset{\oplus}{C}}-COOC_2H_5\right] + Cl^- \longrightarrow CH_3-CH-\overset{CH_3-C=\overline{O}-H}{\underset{\uparrow Cl}{C}}-COOC_2H_5.$$

Beim Destillieren oder unter dem Einfluß basischer Mittel wie
Diäthylanilin spaltet sich aus der tautomeren Ketoform HCl ab unter
Bildung von Äthyliden-acetessigester:

$$CH_3-\underset{Cl}{CH}-\overset{CH_3-C-\overline{O}-H}{C}-COOC_2H_5 \rightleftharpoons CH_3-\underset{Cl}{CH}-\overset{CH_3-C=\overline{O}}{\underset{H}{C}}-COOC_2H_5 \rightarrow CH_3-CH=\overset{CH_3-C=\overline{O}}{C}-COOC_2H_5.$$
$$+ Cl \rightarrow H$$

Mittels Chlorwasserstoff lassen sich auch Ketone mit β-Dicarbonyl-
verbindungen kondensieren: so entsteht aus Aceton und Acetessigester
der Isopropyliden-acetessigester[5], $(CH_3)_2C=C(COCH_3)-COOC_2H_5$.
Einen Sonderfall dieser Kondensation bildet die Darstellung von Benz-
hydryliden-acetessigester, $(C_6H_5)_2C=C(COCH_3)-COOC_2H_5$, aus Diphe-
nyl-dichlormethan und Kupfer-acetessigester[6].

Synthetisch besonders wertvoll ist jedoch nur die KNOEVENAGEL-
sche Kondensationsmethode, also die durch Basen katalysierte Kondensation von Aldehyden mit β-Dicarbonylverbindungen, die im Hinblick
auf ihre physiologische Bedeutung eingehend untersucht wurde. Die
Zergliederung des Reaktionsverlaufs (siehe oben) geschah unter Berücksichtigung der experimentell feststehenden Tatsache[7], daß Additionsprodukte der katalytisch wirksamen Basen an die reagierenden Aldehyde
nicht Zwischenprodukte der Aldolkondensation darstellen. Trotzdem
die Geschwindigkeit der Anlagerung der Aldehyde beispielsweise an
Ammoniak oder Methylamin zumeist größer ist als die Geschwindigkeit

[5] PAULY, H.: B. **30**, 482 (1897); G. MERLING, R. WALDE, A. **366**, 131 (1909);
s. a. J. SCHEIBER, F. MEISEL: B **48**, 253 (1915); L. G. JUPP, G. A. R. KON, E. H.
LOCKTON: J. chem. Soc. London **1928**, 1642.

[6] KLAGES, A., E. FANTO: B. **32**, 1435 (1899).

[7] Die gegensätzliche Behauptung von W. RODINOW u. Mitarb.: B. **60**, 804
(1927); J. Amer. chem. Soc. **51**, 841, 847 (1929), daß aus Aldehyden, Malonsäure
und Ammoniak β-Amino-isobernsteinsäuren als Zwischenprodukte entstehen,
wurde durch TH. BOEHM: Arch. Pharm. u. Ber. Dtsch. pharmaz. Ges. **267**, 702
(1929) als experimenteller Irrtum erkannt. So entsteht z. B. aus Hydrobenzamid
keine β-Phenylalanin-carbonsäure, sondern Benzalmalonsäure als Ammonsalz:
TH. BOEHM u. M. GROHNWALD: Arch. Pharm. u. Ber. Dtsch. pharmaz. Ges. **274**,
329 (1936).

der Aldolkondensation[8], sind diese Aldehyd-ammoniake dennoch keine
Reaktionszwischenprodukte, denn die Anlagerung der Base an den
Aldehyd geschieht nur bis zu einem, wenn auch weit rechts liegenden
Gleichgewicht

$$R—CHO + H_2N—R' \rightleftharpoons R—CH \overset{\displaystyle OH}{\underset{\displaystyle NH—R'}{}} \quad ;^9$$

die eigentliche Reaktion findet zwischen dem *freien* Aldehyd und der
unter der Wirkung der Base als Protonacceptor entstehenden Carbeniat-
Grenzanordnung der β-Dicarbonylverbindung statt.

Allenfalls kann man als wahrscheinlich annehmen, daß vornehmlich diejenigen
Aldehydmolekeln die Aldolkondensation leicht eingehen, die aus der Rückreaktion
dieses Gleichgewichts in einer besonders aktiven, reaktionsbereiten Form entstehen,

$$R—CH \overset{\displaystyle \overline{O}—H}{\underset{\displaystyle NH—R'}{}} \rightleftharpoons R—\underset{\oplus}{CH} + H \leftarrow \overline{N}H—R' \,,$$

sodaß die Base auch als Aktivator des Aldehyds anzusprechen ist.

Die durch Aminbasen katalysierte Aldolkondensation verläuft daher
nicht über Aldehydammoniake als Zwischenprodukte, sondern, um
eine treffende Charakterisierung B. EISTERTs[10] zu wiederholen, *„an
diesen Verbindungen vorbei"*. Dies gilt vornehmlich auch für die besonders von C. SCHÖPF so erfolgreich durchgeführten Alkaloid-Synthesen
unter physiologischen bzw. zellmöglichen Bedingungen[11]. Beim Arbeiten unter solchen Bedingungen, d. h. bei niedriger Temperatur, hoher
Verdünnung und einer Wasserstoffionenkonzentration, die dem Neu-
tralpunkt naheliegt, entstehen bei der Kondensation von Aldehyden
mit den β-Ketocarbonsäuren nicht die unter den üblichen Bedingungen
sich bildenden Alkylidenverbindungen, sondern 1,3-Ketole[12]. So erhält
man aus Benzaldehyd und Acetessigsäure in hoher Verdünnung unter
Pufferung der Lösung auf p_H 7 das 1-Phenylbutan-1-ol-3-on:

$$C_6H_5—CHO + CH_3—CO—CH_2—COOH \rightleftharpoons C_6H_5—\underset{\displaystyle OH}{CH}—\overset{\displaystyle COOH}{CH}—CO—CH_3 \longrightarrow$$

$$\longrightarrow C_6H_5—\underset{\displaystyle OH}{CH}—CH_2—CO—CH_3 + CO_2 \;.$$

---

[8] Siehe hierzu C. SCHÖPF u. W. SALZER: A. **544**, 1 (1940).

[9] Diesem Gleichgewicht ist wohl zumeist das Gleichgewicht Aldehydammo-
niak $\rightleftharpoons$ SCHIFFsche Base überlagert.

[10] Tautomerie und Mesomerie. Sammlung chemischer und chemisch-technischer Vorträge **40**, 118 (1938).

[11] SCHÖPF, C., u. Mitarb.: A. **497**, 7 (1932); **513**, 190 (1934); **518**, 1, 127 (1935);
523, 1 (1936); **544**, 1 (1940); **558**, 109 (1947); Angew. Chem. **50**, 779, 797 (1937);
s. a. G. HAHN: B. **69**, 2627 (1933); 2031 (1934); A. **520**, 107 (1935).

[12] SCHÖPF, C., u. K. THIERFELDER: A. **518**, 127 (1935).

Aus Acetaldehyd und Benzoylessigsäure entsteht das 1-Phenyl-butan-3-ol-1-on, C_6H_5—CO—CH_2—CH(OH)—CH_3, und aus Benzaldehyd und Acetondicarbonsäure das 1,5-Diphenyl-pentan-1,5-diol-3-on, $(C_6H_5$—CH(OH)—CH_2—$)_2CO$, während aus Benzaldehyd und Oxalessigsäure des höheren elektromeren Effekts des Zwischenprodukts wegen die Benzalbrenztraubensäure, C_6H_5—CH$=$CH—CO—COOH, entsteht. Unter Berücksichtigung dieser Besonderheiten des Reaktionsverlaufs unter physiologischen Bedingungen kann man die Synthese des Tropinons aus Succindialdehyd, Acetondicarbonsäure und Methylamin[13] folgendermaßen erläutern: unter dem Einfluß des Methylamins findet zunächst einseitige Aldolkondensation statt zu einer Oxycarbonsäure, die unter Decarboxylierung und Dehydratisierung übergeht in ein α,β-ungesättigtes Keton, das bereits in statu nascendi Methylamin addiert:

$$
\begin{array}{ccc}
\text{Reaktionsschema (Formelbilder)}
\end{array}
$$

Unter Wiederholung des gleichen Mechanismus erfolgt dann die Cyclisierung, die Bildung des Tropinons. Arbeitet man, wie dies R. Robinson[14] zuvor tat, in alkalischer Lösung, so unterbleibt die intermediäre Decarboxylierung und es entsteht die Tropinon-dicarbonsäure, die erst in saurem Medium in Tropinon übergeht.

Decarboxylierung findet naturgemäß dann nicht statt, wenn die Carboxylgruppe verestert ist; unter physiologischen Bedingungen gelangt man daher ausgehend von Acetondicarbonsäure-monomethylester zum Tropinon-carbonsäureester, der daher das wahrscheinliche Zwischenprodukt der Biogenese der vom Ekgonin sich ableitenden Alkaloide darstellt. Nach demselben Mechanismus entsteht aus Mesoweinsäure-dialdehyd, Acetondicarbonsäure und Methylamin das Teloidinon[15], das dem Teloidin entsprechende Keton, und aus Glutardial-

---

[13] Schöpf, C., u. G. Lehmann: A. **518**, 1 (1935).

[14] J. chem. Soc. London **111**, 762, 876 (1917); Pseudopelletierin: R. Ch. Menzies u. R. Robinson, J. chem. Soc. London **125**, 2163 (1924).

[15] Schöpf, C., u. W. Arnold: A. **558**, 109 (1947).

dehyd, Benzoylessigsäure und Methylamin das Lobelanin[16], die Muttersubstanz der Lobelia-Alkaloide:

$$
\begin{array}{ccc}
\text{COOH} & & \text{COOH} \\
| & & | \\
C_6H_5\text{—CO—CH}_2 & & \text{CH}_2\text{—CO—C}_6H_5 \\
& \text{NH}_2 & \\
\text{OCH} & \text{CH}_3 & \text{CHO} \\
| & & | \\
\text{CH}_2\text{—CH}_2\text{—CH}_2 &
\end{array}
\quad \xrightarrow[-2\,CO_2]{-2\,H_2O}
$$

$$
\longrightarrow C_6H_5\text{—COCH}_2 \underset{H_2\quad H_2}{\overset{\overset{\displaystyle CH_3}{|}}{\underset{H_2}{N}}} \text{CH}_2\text{CO—C}_6H_5 .
$$

Diese Synthese verläuft glatt nur im p_H-Bereich 3—6, was wohl darauf zurückzuführen ist, daß das nach einmaliger Aldolkondensation entstehende Zwischenprodukt

$$
\underset{\displaystyle C_6H_5\text{—CO—CH}_2\text{—CH—(CH}_2)_3\text{—CHO}}{\overset{\displaystyle \text{NH—CH}_3}{\overset{|}{}}}
$$

nur in diesem Bereich beständig und zur Weiterreaktion fähig ist.

Nach dem gleichen inneren Mechanismus verläuft auch die bekannte MANNICHsche Reaktion, die Kondensation von Ketonen mit Formaldehyd und sekundären Aminen zu β-Dialkylamino-ketonen, die auch auf β-Dicarbonylverbindungen anwendbar ist. So entsteht aus Acetessigsäure, Formaldehyd und Dimethylamin das Dimethylaminobutan-3-on[17]:

$$
\underset{\displaystyle CH_3\text{—CO—CH}_2}{\overset{\displaystyle \text{COOH}}{\overset{|}{}}} + CH_2O \longrightarrow \underset{\displaystyle CH_3\text{—CO—CH—CH}_2\text{—OH}}{\overset{\displaystyle \text{COOH}}{\overset{|}{}}} \xrightarrow{-CO_2}
$$

$$
CH_3\text{—CO—CH}_2\text{—CH}_2\text{—OH} \xrightarrow{-H_2O} CH_3\text{—CO—}\overset{\ominus}{C}H\text{—}\overset{\oplus}{C}H_2 \xrightarrow{+\,HN(CH_3)_2}
$$

$$
\longrightarrow CH_3\text{—CO—CH}_2\text{—CH}_2\text{—N(CH}_3)_2
$$

Bringt man hingegen statt der Acetessigsäure ihren Ester mit Formaldehyd und Dimethylamin zur Reaktion, so entsteht nur Methylenacetessigester bzw. seine sekundären Umwandlungs- bzw. Polymerisationsprodukte[18], da diese Umwandlungen des als normales Zwischenprodukt entstehenden Methylenacetessigesters rascher verlaufen als die Addition von Methylamin.

Ausgehend von Malonsäure bzw. Cyanessigsäure oder ihren Estern hat die KNOEVENAGELsche Synthese ausgedehnte Anwendung gefunden zur Darstellung α,β-ungesättigter Säuren, ihrer Ester oder Nitrile;

[16] SCHÖPF, C., u. W. ARNOLD: A. 558, 109 (1947).

[17] MANNICH, C., u. C. CURTAZ: Arch. Pharm. u. Ber. dtsch. pharmaz. Ges. 264, 741 (1926). — Äthylmalonsäure: C. MANNICH u. GANZ: B. 55, 3486 (1922). — Äthylacetessigsäure: C. MANNICH u. BAUROTH: B. 57, 1108 (1924).

[18] BODENDORF, K., u. G. KORALEWSKI: Arch. Pharm. u. Ber. dtsch. pharmaz. Ges. 271, 101 (1933).

intermediär entstehende Alkylidenmalon- bzw. cyanessigsäuren decarboxylieren bereits während der Reaktion[19]:

$$R-CH=C{\overset{\text{COOH}}{\underset{\underset{(COOR)}{CN}}{}}} \quad \xrightarrow{-CO_2} \quad R-CH=CH-CN \atop (COOR)$$

Als besonders vorteilhaft hat sich hierbei Erhitzen der Komponenten in Pyridin bei Gegenwart einer geringen Menge eines basischen Katalysators erwiesen[20]. Geht man hierbei aus von Äthan-tri- bzw. tetracarbonsäuren[21], so werden die intermediär entstehenden Aldole als Laktone festgelegt: aus Äthan-tricarbonsäure und Paraldehyd bildet sich so (in Acetanhydrid) die Valerolaktoncarbonsäure:

$$\begin{array}{c}\text{HOOC} \\ \\ \text{HOOC}\end{array}\!\!>\!CH-CH_2-COOH \longrightarrow \begin{array}{c}\text{HOOC} \\ \\ \text{HOOC}\end{array}\!\!>\!\!\begin{array}{c}C-CH_2-COOH \\ | \\ CH_3-CH-OH\end{array} \xrightarrow[-H_2O]{-CO_2}$$

$$\longrightarrow \begin{array}{c}\text{COOH} \\ | \\ CH-CH_2 \\ | \qquad\quad >CO \\ CH_3-CH----O\end{array}$$

und aus Äthan-tetracarbonsäure und Paraformaldehyd ein Dilakton:

$$\begin{array}{c}\text{HOOC} \\ \\ \text{HOOC}\end{array}\!\!>\!CH-CH\!\!<\!\!\begin{array}{c}\text{COOH} \\ \\ \text{COOH}\end{array} \longrightarrow O\!\!<\!\!\begin{array}{c}CH_2-CH---CO \\ | \qquad\qquad\;\; >O \\ CO---CH-CH_2\end{array}$$

Mittels der gleichen Reaktion sind auch Itacon-, Paracon- und Tiglinsäure darstellbar.

[19] KNOEVENAGEL, E.: B. 31, 2604 (1898). — HAYDUCK: B. 36, 2935 (1903). — POSNER: J. pr. [2] 82, 432 (1910). — $\Delta\beta,\gamma$-Säure aus Phenylacetaldehyd/Malonsäure: D. VORLÄNDER: A. 345, 244 (1906); s. a. ST. E. BOXER u. R. P. LINSTEAD: J. chem. Soc. London 1931, 740. — Reaktion Zimtaldehyd/Malonsäure: H. MEERWEIN: A. 358, 71 (1908); s. a. E. H. FARMER u. TH. N. MEHTA: J. chem. Soc. London 1931, 2561. — Reaktion Oxomalonester/Malonester: B. B. CORSON, R. H. HAZEN und J. S. THOMAS: J. Amer. chem. Soc. 50, 913 (1928). — Reaktion Methylmalonester/Aldehyde: H. J. LUCAS u. W. G. YOUNG: J. Amer. chem. Soc. 51, 2098 (1929). — MICHAEL, A., u. J. ROSS: J. Amer. chem. Soc. 55, 3684 (1933). — Citrylidenmalonester: R. KUHN u. M. HOFFER: B. 64, 1243 (1931). — Piperidinacetat als Katalysator: R. KUHN, W. BADSTÜBNER u. CH. GRUNDMANN: B. 69, 98 (1936). — Aldehyde/Malonestersäure: J. GALAT: J. Amer. chem. Soc. 68, 376 (1946). — Über die Kinetik der Reaktion Cyanacetamid/Formaldehyd (OH-konzentrationsabhängig) s. T. ENKVIST: J. pr. [2] 149, 65 (1937); 153, 116 (1939).

[20] Crotonaldehyd/Malonsäure: DOEBNER: B. 33, 2140 (1900). — Aldehyde/Cyanessigsäure: P. BRUYLANTS: Bull. Soc. chim. Belg. 41, 309 (1932); s. a. J. GHOSEZ: Bull. Soc. chim. Belg. 41, 477 (1932). — Aromatische Aldehyde/Malonsäure: K. C. PANDYA u. T. A. VALEIDY: Proc. Indian Acad. Sci. (A) 4, 134, 140, 144, (1936).—Aldehyde/Malonestersäure: A. GALAT: J. Amer. chem. Soc. 68, 376 1946). — Über die Kondensation von Aceton mit Methylmalonsäure zu α,β-Dimethyl-β-butyrolakton-α-carbonsäure und die Pyrolyse des entsprechenden Methylesters zu Dimethylketen s. OTT: A. 401, 159 (1913).

[21] MICHAEL, A., u. J. ROSS: J. Amer. chem. Soc. 55, 3684 (1933).

Auch sonst gelingt mitunter die Fixierung der Aldolstufe: so erhält man aus Acetondicarbonsäure und Benzaldehyd unter dem Einfluß von Chlorwasserstoff das 2,6-Diphenyl-tetrahydro-γ-pyron[22]:

$$HOOC-CH_2-\underset{CH_2-COOH}{\overset{CO}{\diagup\quad\diagdown}} \;\underset{2\,C_6H_5-CHO}{\overset{+}{}} \quad\xrightarrow[-\,H_2O]{-\,2\,CO_2}\quad C_6H_5-CH\overset{CO}{\underset{HO}{\diagup\quad\diagdown}}\underset{CH-C_6H_5}{CH_2}\;\longrightarrow$$

$$\longrightarrow\quad C_6H_5-CH\overset{\overset{O}{\parallel}}{\underset{\diagdown\,O\,\diagup}{C}}CH-C_6H_5$$

Läßt man, wie H. Gault[23] fand, auf β-Dicarbonylverbindungen in wäßriger Suspension bei Gegenwart von Kaliumcarbonat aliphatische Aldehyde, insbesondere Form- bzw. Acetaldehyd unter Kühlung einwirken, so ist es möglich, die α,α-Dimethylol- bzw. Diäthylol-dicarbonylverbindungen zu erhalten, die als Acetylderivate stabil und destillierbar sind:

$$2\,R-CHO + R'-CO-CH_2-CO-R'' \longrightarrow (HO-CH-)_2\overset{\overset{R}{|}}{C}\underset{CO-R''}{\overset{CO-R'}{\diagup\,\diagdown}}$$

Aus α-monosubstituierten β-Dicarbonylverbindungen entstehen auf diese Weise Mono-alkylol-derivate[24]. Eine synthetisch bemerkenswerte Umwandlung erleiden die Methylolderivate alicyclischer β-Ketocarbonsäureester durch Hydrolyse mit starkem wäßrigen Alkali[25]: aus α-Methylol-cyclopentanoncarbonsäureester bildet sich mit Kalilauge oder Sodalösung die Norcamphersäure,

$$\underset{H_2}{\overset{H_2}{}}\;\Big[\underset{=O}{\overset{COOR}{-CH_2OH}}\Big]\;\longrightarrow\; \underset{H_2C-CH_2-COOK}{\overset{H_2C-CH-CH_2OH}{\overset{|}{COOK}}}\;\longrightarrow\; \underset{H}{\overset{H\quad COOH}{}}\;\Big[\underset{H_2}{\overset{H_2}{}}{-COOH}\Big]\;,$$

---

[22] Petrenko-Kritschenko, P., u. D. Plotnikoff: B. 30, 2801 (1897); s. a. R. Cornubert u. P. Robinet: Bull. Soc. chim. France [5] 1, 90 (1934).

[23] Gault, H., u. A. Roesch: C. r. Acad. Sci. 199, 613 (1934) (Dimethylolmalonester). — Gault, H., u. J. Burkhard: C. r. Acad. Sci. 199, 795 (1934); Bull. Soc. chim. France [5] 5, 385, 409 (1938) (Dimethylolacetessigester). — Gault, H., u. Th. Wendling: C. r. Acad. Sci. 199, 1052 (1934); 202, 324 (1936) (Diäthylolacetessigester). — Roesch, A.: Bull. Soc. chim. France [5] 4, 1643 (1937) (Monoäthylolmalonester).

[24] Wendling, Th.: Bull. Soc. chim. France [5] 3, 790 (1936). — Burkhard, J.: Bull. Soc. chim. France [5] 5, 1664 (1938) (α-Äthylol-α-methylacetessigester). — Über die Kondensation von Zuckern mit β-Dicarbonylverbindungen, insbesondere mit Acetessigester, s C V Moore, R. J. Erlanger u. E. S. West: J. biol. Chem. 113, 43 (1936). — Müller, A., u. J. Varga: B. 72, 1993 (1939). — Jones, J. K. N.: J. chem. Soc. London 1945, 116.

[25] Gault, H., u. L. Daltroff: C. r. Acad. Sci. 209, 997 (1939). — Daltroff, L.: Ann. Chimie [11] 14, 207 (1940); s. a. H. Gault u. L. Daltroff: Chim. et Ind. 45, 122 (1941).

indem offenbar die Methylolgruppe sich mit der α-CH_2-Gruppe kondensiert. Aus α-Methylol-cyclohexanoncarbonsäureester entsteht in analoger Reaktion eine Homo-norcamphersäure[26], deren Ester nach DIECKMANN zu einem Nor-camphercarbonsäureester cyclisierbar ist, aus dem jedoch Norcampher selbst nicht erhalten werden konnte.

Durch alkalische Spaltung des α-Methylol-formyl-phenylessigsäureesters[27] ist Tropasäure darstellbar:

$$
\begin{array}{ccc}
& \overset{\displaystyle COOR}{\underset{\displaystyle CH_2OH}{C_6H_5-\overset{|}{\underset{|}{C}}-CHO}} \longrightarrow & C_6H_5-\underset{\displaystyle CH_2OH}{\overset{|}{CH}}-COOH
\end{array}
$$

Eine Fixierung der Aldolstufe durch cyclisierende Kondensation tritt auch ein, wenn β-Carbonyloxaloester mit Aldehyden kondensiert werden, wobei Derivate der Keto-paraconsäure entstehen. So fand bereits W. WISLICENUS[28] bei der Einwirkung von Benzaldehyd auf Oxalessigester unter dem katalytischen Einfluß von Chlorwasserstoff den stark sauren Phenylketoparaconsäureester:

$$
C_6H_5-CHO + \underset{\displaystyle CO-COOR}{\overset{\displaystyle CH_2-COOR}{|}} \longrightarrow \underset{\displaystyle HO\quad CO-COOR}{\overset{\displaystyle C_6H_5-CH-CH-COOR}{|\quad|}} \longrightarrow
$$

$$
\underset{\displaystyle O_{\diagdown C}{}^{\diagup}C=O}{\overset{\displaystyle C_6H_5-CH——CH-COOR}{|\qquad|}} \rightleftharpoons \underset{\displaystyle O_{\diagdown C}{}^{\diagup}C-OH}{\overset{\displaystyle C_6H_5-CH——C-COOR}{|\qquad\|}}
$$

Die Reaktion gelingt bei α-substituierten Oxalessigestern jedoch nur mit Formaldehyd[29]: so erhält man z. B. aus α-Methyloxalessigester und Formaldehyd einen Methyl-ketoparaconsäureester, der bei der Hydrolyse mit verdünnten Mineralsäuren in ein α-Keto-β-methyl-γ-lakton übergeht, das praktisch vollständig in der Enolform vorliegt:

$$
\underset{\displaystyle CH_3-CH-CO-COOR}{\overset{\displaystyle COOR}{|}} + CH_2O \longrightarrow \underset{\displaystyle H_2C_{\diagdown O}{}^{\diagup}C=O}{\overset{\displaystyle CH_3-\overset{\displaystyle COOR}{\overset{|}{C}}——C=O}{|}} \longrightarrow
$$

$$
\longrightarrow \underset{\displaystyle H_2C_{\diagdown O}{}^{\diagup}C=O}{\overset{\displaystyle CH_3-C====C-OH}{|\qquad\quad|}} \ ;
$$

[26] KI-WEI HIONG: Ann. Chimie [11] 17, 269 (1942).

[27] GAULT, H., u. M. COGAN: Bull. Soc. chim. France [5] 8, 140 (1941).

[28] B. 25, 3448 (1892); 26, 2144 (1893); s. a. H. GAULT u. R. DURAND: C. r. Acad. Sci. 216, 848 (1943). — GAULT, H., u. J. SUPRIN: C. r. Acad. Sci. 222, 86 (1946). — Über die Kondensation aliphatischer Aldehyde mit Oxalessigester s. A. ROSSI u. H. SCHINZ: Helvet. chim. Acta 31, 473 (1948).

[29] SCHINZ, H., u. M. HINDER: Helvet. chim. Acta 30, 1349 (1947); s. a. H. GAULT u. G. FISCHHOF: C. r. Acad. Sci. 222, 1299 (1946).

mit homologen Aldehyden waren jedoch analoge Verbindungen nicht zu erhalten. Dagegen ist die Kondensation glatt bei Acylbrenztraubensäureestern[30] durchführbar, z. B.:

$$C_2H_5-CO-CH_2-CO-COOC_2H_5 + CH_2O \longrightarrow C_2H_5-CO-\underset{H_2C\diagdown_O\diagup C=O}{C=\!\!=\!\!C}-OH$$

Schließlich verdient erwähnt zu werden, daß das nach A. Wohl und C. Oesterlin[31] durch Einwirkung von Pyridin auf Diacetylweinsäureanhydrid darstellbare Oxalessigsäureanhydrid

$$\begin{matrix} CH_3COO-CH-CO \\ \quad\quad\quad | \qquad\qquad \diagdown \\ CH_3COO-CH-CO \diagup \end{matrix}\!\!\!O \quad \underset{-\ (CH_3CO)_2O}{- \cdots - \cdots\longrightarrow} \quad C\!\!\begin{matrix} \diagup CO-C-OH \\ \quad\quad\quad \| \\ \diagdown CO-CH \end{matrix}$$

mit Ketonen unter dem Einfluß von Chlorwasserstoff in Alkyliden-oxalessigsäure übergeht:

$$\underset{}{\overset{CH_3}{\underset{|}{C_6H_5-CO}}} + O\!\!\begin{matrix}\diagup CO-C-OH \\ \quad\quad \| \\ \diagdown CO-CH\end{matrix} \longrightarrow \overset{CH_3}{\underset{|}{\underset{COOH}{C_6H_5-C}}}=C-CO-COOH$$

Die Decarboxylierung ihres Anils führt zu einer Schiffschen Base, aus der durch Hydrolyse der entsprechende Alkyliden-acetaldehyd darstellbar ist[32]:

$$\overset{CH_3}{\underset{|}{\underset{COOH}{C_6H_5-C}}}=C-CO-COOH \quad \underset{-\ CO_2}{\overset{C_6H_5NH_2}{\longrightarrow}} \quad \overset{CH_3}{\underset{|}{C_6H_5-C}}=CH-\underset{\underset{N-C_6H_5}{\|}}{C}-COOH \quad \underset{-\ CO_2}{\overset{170°}{\longrightarrow}}$$

$$\overset{CH_3}{\underset{|}{C_6H_5-C}}=CH-CH=N-C_6H_5 \longrightarrow \overset{CH_3}{\underset{|}{C_6H_5-C}}=CH-CHO$$

Nach dem gleichen Verfahren gelingt, wenn auch mit schlechter Ausbeute, die Umwandlung des β-Jonons in den β-Jonylidenacetaldehyd.

Ketone sind ihres im Vergleich zu den Aldehyden geringeren elektromeren Effekts wegen weit schwieriger mit β-Dicarbonylverbindungen kondensierbar als die reaktionsfähigeren Aldehyde[33]. Zur Ausführung solcher Keton-Kondensationen haben nun A. C. Cope und Mitarbeiter[34] ein brauchbares Verfahren entwickelt, das darin besteht,

---

[30] Schinz, H., u. M. Hinder: l. c.; s. a. H. Gault u. A. Funke: Bull. Soc. chim. France [4] 41, 473 (1927) (Benzoylbrenztraubensäureester). — Nield, C. H.: J. Amer. chem. Soc. 67, 1145 (1945); dort auch Spaltung der α-bromierten Ketoalkyl-acylbutyrolaktone in α-bromierte $\Delta\alpha,\beta$-Ketone.

[31] B. 34, 1144 (1901).

[32] Dorp, D. A. van, u. J. F. Arens: Rec. trav. chim. Pays-Bas 67, 426 (1948).

[33] Siehe z. B.: G. A. R. Kon u. E. A. Speight: J. chem. Soc. London 1926, 2727. — Jupp, L. G., G. A. R. Kon u. E. H. Lockton: J. chem. Soc. London 1928, 1638. — Über die Reaktion Ketone/Malodinitril s. R. Schenck und H. Finken: A. 462, 267 (1928).

[34] Cope, A. C.: J. Amer. chem. Soc. 59, 2327 (1937). — Cope, A. C., u. K. E. Hoyle: J. Amer. chem. Soc. 63, 733 (1941). — Cope, A. C., C. M. Hofmann, C. Wyckoff u. E. Hardenbergh: J. Amer. chem. Soc. 59, 3452 (1941); s. a. D. T. Mowry: J. Amer. chem. Soc. 65, 991 (1943); 67, 1050 (1945). — Über die Kondensation des Cyclohexanon-carbonesters mit Cyanessigester s. G. A. R. Kon u. N. R. Nanji: J. chem. Soc. London 1932, 2432; s. a. R. Grewe: B. 81, 280 (1948).

daß man das Gemisch von Keton und β-Dicarbonylverbindung bei Gegenwart von Eisessig und einem Protonacceptor (es genügt bereits Acetamid bzw. Ammonacetat) in einem Benzolkohlenwasserstoff erhitzt unter steter Entfernung des Reaktionswassers durch azeotrope Destillation, wodurch das Gleichgewicht laufend zugunsten des Kondensationsproduktes verschoben wird.

Die so entstehenden Alkyliden-β-dicarbonylverbindungen zeigen ganz allgemein Dreikohlenstoff-Tautomerie, wie beispielsweise der technisch wichtige Cyclohexyliden-cyanessigester,

$$\text{[Cyclohexyliden-cyanessigester-Tautomerie]}$$

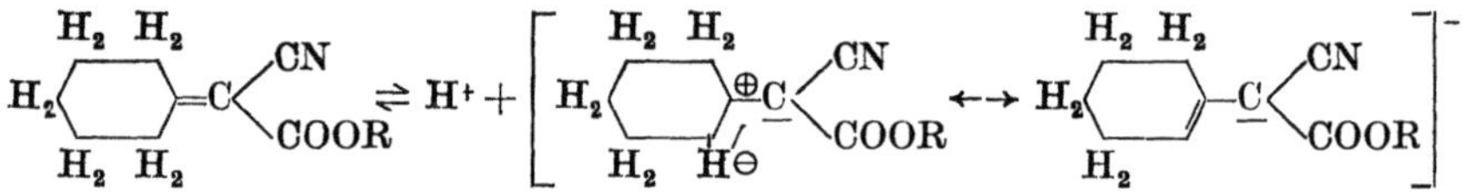

der in der tautomeren Form als Cyclohexenyl-cyanessigester alkylierbar ist zu Cyclohexenyl-alkyl-cyanessigestern[35], eine Reaktion, der naturgemäß auch die Kondensationsprodukte der Aldehyde mit β-Dicarbonylverbindungen zugänglich sind[36]:

$$R\text{—}CH_2\text{—}CH{=}C(COOR)_2 \xrightarrow[\text{(CH}_3\text{ONa)}]{+\ CH_3J} R\text{—}CH{=}CH\text{—}\underset{\underset{CH_3}{|}}{C}(COOR)_2$$

Die entsprechenden Allyl-Derivate lagern sich beim Erhitzen auf 170° um in Allyl-alkyliden-β-dicarbonylverbindungen[37] nach dem Schema der bereits früher beschriebenen Allylumlagerungen (vgl. 139):

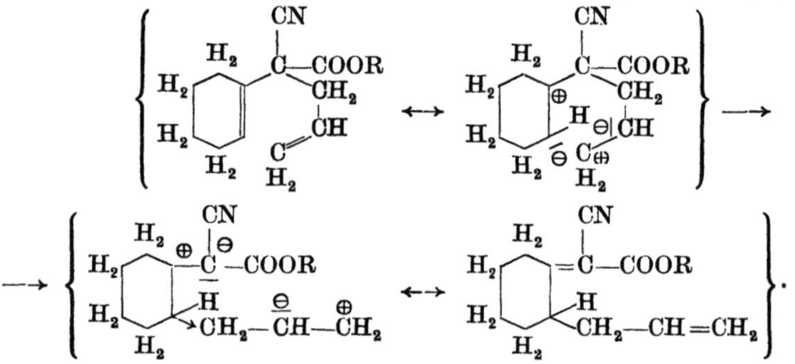

$$\text{[Schema der Allylumlagerung]}$$

Die entsprechenden Alkyliden-β-ketocarbonsäureester sind der Alkylierung unter Dreikohlenstoff-Tautomerie ebenfalls zugänglich; hierbei wird jedoch die Acylgruppe alkoholytisch abgespalten[38]:

[35] McRae, J. A., u. R. H. F. Manske: J. chem. Soc. London 1928, 484. — Isopropylidenmalonester: A. C. Cope u. E. M. Hancock: J. Amer. chem. Soc. 60, 2644, 2901 (1938).

[36] Cope, A. C., W. H. Hartung, E. M. Hancock u. F. S. Crossley: J. Amer. chem. Soc. 62, 314 (1940).

[37] Cope, A. C., Hardy, E. M., J. Amer. chem. Soc. 62, 441 (1940); ders. u. Hoyle, K. E., Heyl, D., ebda. 63, 1843 (1941); ders. u. Hofmann, C. M., Hardy, E. M., ebda. 63, 1852 (1941).

[38] Jupp, L. G., G. A. R. Kon, E. H. Lockton, J. chem. Soc. London 1928, 1642; Cope, A. C., C. M. Hofmann, C. Wyckoff, Hardenbergh, E., J. Amer. chem. Soc. 63, 3452 (1941).

$$R-CH_2-CH=C\underset{COOR}{\overset{CO-CH_3}{<}} \quad \xrightarrow[(CH_3ONa)]{+CH_3J} \quad R-CH=CH-CH-CH_3 + CH_3-COOCH_3$$

$$\underset{\qquad\qquad\qquad\qquad\qquad\quad COOR}{\big|}$$

Die Alkyliden- bzw. Aryliden-β-dicarbonylverbindungen besitzen große synthetische Bedeutung, da die Doppelbindung dieser Verbindungen als α,β-ständig zu einer Carbonyl- oder Nitrilgruppe besonders reaktionsfähig ist. So kann man beispielsweise durch katalytische Hydrierung sehr leicht zu α-monosubstituierten β-Dicarbonylverbindungen gelangen, z. B.[39]:

$$R-\overset{\overset{\textstyle H}{|}}{C}=\overset{\overset{\textstyle CO-CH_3}{|}}{C}-COOC_2H_5 + H_2 \longrightarrow R-CH_2-\overset{\overset{\textstyle CO-CH_3}{|}}{CH}-COOC_2H_5$$

Es ist einleuchtend, daß diese besondere Methode der α-Monoalkylierung sehr variationsfähig ist und besonders dann praktische Bedeutung besitzt wenn das für die Substitution auf normalem Wege benötigte Halogenalkyl nicht direkt verfügbar ist.

Eine weitere wichtige Reaktion ist die Addition von Blausäure bzw. Cyan-alkali zu β-Cyanderivaten[40], die weiter umwandelbar sind, z. B.:

$$\left\{ CH_3-\overset{\overset{\textstyle H}{|}}{\underset{\underset{\textstyle CH_3}{|}}{C}}=\overset{\overset{\textstyle COOC_2H_5}{|}}{C}-C=\overline{O} \leftrightarrow CH_3-\overset{\overset{\textstyle H}{|}}{\underset{\underset{\textstyle CH_3}{|}}{C}}=\overset{\overset{\textstyle COOC_2H_5}{|}}{\underset{\oplus}{C}}-C=C-\overline{\underset{\ominus}{O}}| \right\} + KCN \longrightarrow$$

$$\longrightarrow \left[CH_3-\overset{\overset{\textstyle H}{|}}{\underset{\underset{\textstyle CN}{\uparrow}}{C}}-\overset{\overset{\textstyle COOC_2H_5}{|}}{\underset{\underset{\textstyle CH_3}{|}}{C}}=C-\overline{O}| \right]^{-} K^+$$

2. Alkoxymethylen-Verbindungen.

Läßt man, wie L. CLAISEN[41] fand, Orthoameisensäureester bei Gegenwart von 2 Mol Essigsäureanhydrid auf β-Dicarbonylverbindungen einwirken, so erhält man unter Abspaltung von 2 Mol Alkohol als Essigester eine Alkoxymethylenverbindung:

$$H-C(OC_2H_5)_3 + R-CO-CH_2-CO-R' + 2\,(CH_3CO)_2O \longrightarrow$$

$$\longrightarrow C_2H_5O-CH=C\underset{CO-R'}{\overset{CO-R}{<}} + 2\,CH_3COOC_2H_5 + 2\,CH_3COOH$$

In analoger Weise reagieren Cyanessigester und auch Malodinitril.

Die Anregung zur Ausführung einer solchen Reaktion schöpfte CLAISEN aus der Vorstellung, die er sich vom Wesen der Acetessigester-synthese gebildet hatte (vgl. IV, 1, Seite 55). Wenn auch nach der

[39] WOJCIK, B., H. ADKINS, J. Amer. chem. Soc. **56**, 2424 (1934); s. a. VOGEL, J., J. chem. Soc. London **1928**, 2010: Anwendung von Al-amalgam zur Reduktion von Alkyliden-cyanessigestern.

[40] Z. B.: HANN, A. C. O., A. LAPWORTH, J. chem. Soc. **85**, 1358 (1904); RUHEMANN, S., ebda. **85**, 1456 (1904); HUAN, Bull. Soc. chem. France [5] **5**, 1341 (1938).

[41] A. **297**, 1 (1897).

modernen elektronentheoretischen Deutung des Mechanismus der
Esterkondensation eine solche rein formale Analogie beider Reaktionen
im Sinne CLAISENs nicht besteht, sind diese Reaktionen dennoch in dem
Sinne analog, als es sich in beiden Fällen um die Einlagerung einer Carbeniatgrenzformel in die Oktettlücke einer anionisch aufgerichteten
Carbonylgruppe handelt. Ähnlich wie die Esterkondensation beginnt
auch diese Reaktion wohl mit der Ausbildung einer Wasserstoffbrücke,
und zwar hier zwischen einer Äthoxygruppe des Ortho-esters und der
Methylengruppe der β-Dicarbonylverbindung[42]:

$$
\begin{array}{l}
\mathrm{C_2H_5-\bar{O}\longrightarrow H}\quad\mathrm{CO-R}\\
\mathrm{H-C-\bar{O}-C_2H_5} + \mathrm{C-H} \rightleftharpoons \mathrm{C_2H_5-\bar{O}\rightarrow H} + \left[\mathrm{H-C}\begin{array}{c}\mathrm{|\bar{O}-C_2H_5}\\ \\ \mathrm{|\underline{O}-C_2H_5}\end{array}\right]^{+}\left[\mathrm{|C-H}\begin{array}{c}\mathrm{CO-R}\\ \\ \mathrm{CO-R'}\end{array}\right]^{-}\\
\mathrm{|\underline{O}-C_2H_5}\quad\mathrm{CO-R'}
\end{array}
$$

Unter dem Einfluß des Essigsäureanhydrids wird Alkohol abgespalten unter Zwischenbildung eines Carbenium-carbeniats, dessen Ionen
sich zum ersten Adduokt vereinigen:

$$
\left[\mathrm{H-C}\begin{array}{c}\mathrm{|\bar{O}-C_2H_5}\\ \\ \mathrm{|\underline{O}-C_2H_5}\end{array}\right]^{+}\left[\mathrm{|C-H}\begin{array}{c}\mathrm{CO-R}\\ \\ \mathrm{CO-R'}\end{array}\right]^{-} \longrightarrow \mathrm{H-C\longleftarrow C-C=\bar{O}}
$$

Die Stabilisierung dieses ersten Adduokts findet nun, ähnlich wie bei
der Esterkondensation, dadurch statt, daß sich aus dem stark positivierten Rest des vorherigen Ortho-esters eine Äthoxygruppe anionisch
ablöst unter Vereinigung mit dem aus der stark negativierten Methylengruppe sich abspaltenden Proton zu Alkohol:

$$
\mathrm{H-C} \begin{array}{c}\mathrm{|\bar{O}-C_2H_5}\quad\mathrm{H}\quad\mathrm{R}\\ \mathrm{C-C=O}\\ \mathrm{|\underline{O}-C_2H_5}\quad\mathrm{CO-R'}\end{array} \longrightarrow
$$

$$
\longrightarrow \left\{ \mathrm{H-\overset{\oplus}{C}} \begin{array}{c}+\ \mathrm{C_2H_5\underline{O}\rightarrow H}\quad\mathrm{R}\\ \overset{\ominus}{C}-C=O\\ \mathrm{|\underline{O}-C_2H_5}\quad\mathrm{CO-R'}\end{array} \longleftrightarrow \mathrm{H-C} \begin{array}{c}\mathrm{R}\\ =C-C=O\\ \mathrm{|\underline{O}-C_2H_5}\quad\mathrm{CO-R'}\end{array}\right\}
$$

Das an der Methylengruppe zunächst auftretende einsame Elektronenpaar füllt die Oktettlücke des linken C-Atoms auf unter Ausbildung einer Doppelbindung, die nunmehr in Konjugation steht zu beiden C=O-Doppelbindungen. In der Neigung zur Ausbildung eines

<hr>

konjugierten Systems hat man auch hier, ähnlich wie bei der Esterkondensation, die treibende Kraft der Reaktion zu erblicken. Sie wird ausgelöst durch die leichte Abspaltbarkeit eines Protons aus der aciden Methylengruppe und gefördert durch die Herausnahme des sich bildenden Alkohols aus dem Gleichgewicht durch die Sekundärreaktion mit dem Essigsäureanhydrid.

In den so entstehenden Alkoxymethylen-β-dicarbonylverbindungen erscheint das vorherige Methylen-C-Atom sehr stark negativiert durch den durch die Alkoxygruppe und die leicht polarisierbare Doppelbindung noch verstärkten alternierend-induktiven Effekt. Dies bewirkt, daß die Äthoxygruppe sich sehr leicht anionisch abspaltet. So wird der Äthoxymethylen-acetessigester und besonders rasch das Äthoxymethylen-acetylaceton schon durch Wasser zu den freien Oxymethylenverbindungen verseift:

$$
\left\{
\begin{array}{l}
\mathrm{C_2H_5{-}\overline{O}{-}CH{=}\underset{\underset{\displaystyle CO{-}CH_3}{|}}{C}{-}CO{-}CH_3} \;\leftrightarrow\; \mathrm{C_2H_5{-}\overline{O}{-}\underset{\oplus}{C}\overset{H}{|}{-}\underset{\ominus}{\overset{CO{-}CH_3}{C}}{-}CO{-}CH_3} \\[2ex]
\hspace{6cm} +\;\mathrm{H{-}\overline{O}{-}H}
\end{array}
\right\} \longrightarrow
$$

$$
\longrightarrow\; \mathrm{C_2H_5{-}\overline{O}{-}\overset{H}{\underset{\uparrow}{C}}{-}\underset{\ominus}{\overset{CO{-}CH_3}{C}}{-}CO{-}CH_3}
$$
$$
\mathrm{H{-}\underset{\oplus}{O}{-}H}
$$

$$
\longrightarrow
\left\{
\begin{array}{l}
\mathrm{H{-}\overline{O}{-}\underset{\oplus}{\overset{H}{C}}{-}\underset{\ominus}{\overset{CO{-}CH_3}{C}}{-}CO{-}CH_3} \;\leftrightarrow\; \mathrm{H{-}\overline{O}{-}\overset{H}{C}{=}\overset{CO{-}CH_3}{C}{-}CO{-}CH_3} \\[2ex]
+\;\mathrm{C_2H_5{-}\overline{O}{\rightarrow}H}
\end{array}
\right\}.
$$

Beim Äthoxymethylen-malonester findet des schwächeren elektromeren Effekts der Carbäthoxygruppen wegen die Verseifung erst beim Behandeln mit verdünnten Säuren bzw. Alkalien statt; bereits aus dem gleichen Grunde tritt die Bildung des Äthoxymethylen-malonesters nicht so leicht ein als diejenige der entsprechenden Derivate der β-Diketone bzw. β-Ketocarbonsäureester.

Die freien Oxymethylen-β-dicarbonylverbindungen sind schon recht starke Säuren, die selbst aus Acetaten Essigsäure freimachen:

$$
\begin{array}{c}
\mathrm{R{-}CO} \\
\phantom{R{-}CO}{>}\mathrm{C{=}CH{-}\overline{O}{-}H} \;\rightleftharpoons \\
\mathrm{R'{-}CO}
\end{array}
$$

$$
\rightleftharpoons \left[
\begin{array}{ccc}
\mathrm{R{-}CO} & \mathrm{R{-}CO} & \mathrm{R{-}C\overset{\overline{O}|}{<}} \\
\phantom{R{-}CO}{>}\mathrm{C{=}CH{-}\overline{O}|} \leftrightarrow & \phantom{R{-}CO}{>}\underset{\ominus}{C}{-}\underset{\oplus}{CH}{-}\overline{O}| \leftrightarrow & \phantom{R{-}C}\mathrm{C{-}CH{=}\overline{O}} \\
\mathrm{R'{-}CO} & \mathrm{R'{-}CO} & \mathrm{R'{-}CO}
\end{array}
\right]^{-} \mathrm{H^+}
$$

Diese Eigenschaft ist erklärlich durch den starken alternierend-induktiven Effekt, der die Elektronenaffinität des Hydroxylsauerstoffatoms so stark erhöht, daß ein Proton bevorzugt abspaltbar wird; zum

andern erfolgt vermutlich die Abdissoziation des Protons so rasch, weil
das dadurch entstehende Anion der hohen Mesomerie-Möglichkeiten
wegen energetisch stark begünstigt erscheint. Man kann daher mit
vollem Recht die freien Oxymethylen-β-dicarbonylverbindungen im
Sinne CLAISENs[43] als Verbindungen „mit einer Art Carboxylgruppe
—CO$\varDelta$OH“

$$\begin{array}{l} R-CO-\ \vdots -C=C-\ \vdots -H \\ \qquad\qquad\quad |\quad\ | \\ R-\ \vdots -CO\ \ OH \end{array}$$

bezeichnen; die Äthoxymethylen-β-dicarbonylverbindungen ähneln
infolgedessen in Eigenschaften, Beständigkeit und Reaktionsfähigkeit
durchaus den Carbonsäureestern. Der leichten Verseifbarkeit wurde
bereits Erwähnung getan; der Amidbildung der Carbonsäureester
analog ist die durch Einwirkung von Ammoniak, primären und sekundären Aminen eintretende Umwandlung in Amino- bzw. Alkyl- oder
Arylamino-methylen-β-dicarbonylverbindungen[44]. Auch diese bereits
in der Kälte eintretende Reaktion ist darauf zurückzuführen, daß die
Mesomerie der Alkoxymethylenverbindungen bei Einwirkung eines
polaren Reaktionspartners im wesentlichen von der Grenzformel mit
vollkommen polarisierter Doppelbindung beherrscht wird, z. B.:

$$\left\{ \begin{array}{l} \quad\ \overset{H}{|}\ \ \overset{COOC_2H_5}{|} \\ C_2H_5-\overline{O}-C=C-CO-CH_3 \end{array} \leftrightarrow \begin{array}{l} \quad\ \overset{H}{|}\ \ \overset{COOC_2H_5}{|} \\ C_2H_5-\overline{O}-\underset{\oplus}{C}-\underset{\ominus}{C}-CO-CH_3 \end{array} \right\}$$

Die Einwirkung von Ammoniak kann man daher analog der Verseifung
folgendermaßen formulieren:

$$\begin{array}{l} \quad\ \overset{H}{|}\ \ \overset{COOC_2H_5}{|} \\ C_2H_5-\overline{O}-\underset{\oplus}{C}-\underset{\ominus}{C}-CO-CH_3 \end{array} \xrightarrow{+\ \overline{NH}_2} \begin{array}{l} \quad\ \overset{H}{|}\ \ \overset{COOC_2H_5}{|} \\ C_2H_5-\overline{O}-C-\underset{\ominus}{C}-CO-CH_3 \\ \qquad\qquad\ \ \underset{\oplus}{\overset{\uparrow}{H-NH_2}} \end{array} \longrightarrow C_2H_5-\overline{O}\rightarrow H +$$

$$\left\{ \begin{array}{l} \overset{H}{|}\ \ \overset{COOC_2H_5}{|} \\ \underset{\oplus}{C}-\underset{\ominus}{C}-CO-CH_3 \\ |\ \\ NH_2 \end{array} \leftrightarrow \begin{array}{l} \overset{COOC_2H_5}{|} \\ CH=C-CO-CH_3 \\ |\ \\ NH_2 \end{array} \leftrightarrow \begin{array}{l} \overset{COOC_2H_5}{|} \\ CH-\underset{\ominus}{C}-CO-CH_3 \\ ||\ \\ \oplus NH_2 \end{array} \leftrightarrow \begin{array}{l} |\overline{O}|\ominus \\ CH-C=C-CH_3 \\ |\qquad | \\ \oplus NH_2\ \ COOC_2H_5 \end{array} \right\}$$

Der Einlagerung des Ammoniaks in die Oktettlücke der polarisierten Doppelbindung folgt unmittelbar die Stabilisierung durch anionische Abspaltung der
Äthoxygruppe unter Mitnahme eines Protons des Ammonium-Restes als Alkohol
und Bildung der Aminomethylen-Verbindung. Da das einsame Elektronenpaar
des Stickstoffs von dem mesomeren System der Aminomethylen-Verbindung
weitgehend beansprucht wird, ist die Basizität dieser Aminogruppe nur gering;
sie entspricht derjenigen der Carbonsäureamide[45].

[43] Vgl. I, 2, S. 21,
[44] Siehe auch E. BENARY: B. **63**, 1573 (1930).
[45] Über die Hydrierung der Äthoxy- und Aminomethylen-β-dicarbonyl-
verbindungen s. R. H. BAKER u. P. C. WEISS: J. Amer. chem. Soc. **66**, 343 (1944).
— BAKER, R. H., u. A. H. SCHLESINGER: J. Amer. chem. Soc. **68**, 2009 (1946).

Nach H. WIELAND und E. DORRER[46] läßt sich Aminomethylenacetessigester in einer besonders bemerkenswerten Reaktion auch dadurch erhalten, daß man Acetessigester mit Blausäure bei Gegenwart von Aluminiumchlorid und Chlorwasserstoff in benzolischer Lösung zur Umsetzung bringt. Das Aluminiumchlorid wirkt hierbei katalytisch in zweierlei Weise: einmal als Aktivator des Acetessigesters zum Carbeniat-Anion durch Komplexbildung:

$$CH_3-CO-CH_2-COOR + AlCl_3 \rightleftharpoons H^+ \, [AlCl_3,CH_3-CO-\overline{C}H-COOR]^-$$

und zum andern durch ähnliche Aktivierung der Blausäure zur Isonitrilform.

Die eigentliche Reaktion findet durch Einlagerung des einsamen Elektronenpaars des Carbeniat-Anions in die Oktettlücke der aktivierten Blausäure statt:

$$[CH_3-CO-\overline{C}H-COOR]^- + H-\underline{N}\overset{\oplus}{=}\underline{C} \rightleftharpoons \left[CH_3-CO-\overset{\displaystyle COOR}{\underset{\displaystyle |}{C}H}\rightarrow \underline{C}=\underline{N}H \right]^-$$

zu einem Anion, das durch komplexe Bindung an das Aluminiumchlorid stabilisiert wird. Beim Versetzen mit Wasser entsteht dann unter Prototropie und elektromerer Verschiebung der Aminomethylenacetessigester:

$$CH_3-CO-\overset{\displaystyle COOR}{\underset{\displaystyle |}{C}H}-\underset{\displaystyle \downarrow H}{C}=\overline{N}H \longrightarrow CH_3-CO-\overset{\displaystyle COOR}{\underset{\displaystyle |}{C}}=CH-\overline{N}H_2$$

3. Isonitroso-Verbindungen.

Läßt man auf eine Lösung einer β-Dicarbonylverbindung in Eisessig Natriumnitrit oder auf eine alkoholische Lösung des Natriumsalzes einer β-Dicarbonylverbindung ein Alkylnitrit einwirken, so erhält man eine α-Isonitroso-β-dicarbonylverbindung[47]:

$$R-CO-CH_2-CO-R' + HNO_2 \longrightarrow R-CO-\underset{\displaystyle \underset{\displaystyle N-OH}{\|}}{C}-CO-R' + H_2O$$

Dabei können einer oder auch beide Reste —CO—R durch Nitrilgruppen ersetzt sein.

Zur Deutung des Mechanismus dieser Reaktion gelangt man unter Beachtung der beiden Reaktionsformen der salpetrigen Säure bzw. ihrer Ester, die sich in zweierlei Weise umsetzen können:

$$H^+ \underset{b}{\left[|\underline{\overline{O}}-\underline{\overline{N}}=\underline{\overline{O}} \right]^-} \rightleftharpoons \underset{a}{H-\underline{\overline{O}}-\underline{\overline{N}}=\underline{\overline{O}}} \rightleftharpoons \underset{c}{\left[H-\underline{\overline{O}}| \right]^-} \left[\underline{\overline{N}}=\underline{\overline{O}} \right]^+ .$$

Bei der Bildung der Isonitrosoverbindungen reagiert die salpetrige Säure in der ionischen Grenzform c, indem das einsame Elektronenpaar

---

[46] B. 58, 819 (1925).
[47] MEYER, V.: B. 10, 2077 (1877). — WOLFF, L.: A. 325, 134 (1902); s. a K. H. HEYER: A. 398, 69 (1913).

der polarisierten Grenzformel des Enols sich in die Oktettlücke des
Nitrosyl-kations einlagert:

$$CH_3-\overset{\oplus}{C}(\overset{|\overline{O}-H}{})\cdots\overset{\ominus}{C}(\overset{H}{})-COOC_2H_5 + \left[\overline{N}=\overline{O}\right]^+ \longrightarrow$$

$$\longrightarrow \left[CH_3-\overset{|\overline{O}-H}{C}\cdots\overset{H}{\underset{\downarrow}{C}}-COOC_2H_5\right]^+ \longrightarrow CH_3-\overset{\|O\|}{C}-\overset{H}{\underset{+}{C}}-COOC_2H_5.$$
$$\underset{N=\overline{O}}{} \qquad\qquad + H \quad N=\overline{O}$$

Bedingt durch den hohen elektromeren Effekt der Nitrosogruppe
spaltet sich nun in dieser so entstehenden α-Nitrosoverbindung, erleichtert durch das Konjugationsbestreben und der damit verbundenen Ausbildung einer möglichst energiearmen Form, ein Proton von. dem stark
negativierten α-C-Atom ab unter Hinterlassung eines Anions, in dem
dann durch einfache Elektromerie die Elektronenverteilung des Anions
der α-Isonitrosoverbindung mit konjugierten Doppelbindungen sich
einstellt:

$$CH_3-\overset{\|O\|}{C}-\overset{H}{\underset{N=\overline{O}}{C}}-COOC_2H_5 \rightleftharpoons$$

$$\left[CH_3-\overset{\|O\|}{C}-\overset{\overline{\;}}{\underset{N=\overline{O}}{C}}-COOC_2H_5 \longleftrightarrow CH_3-\overset{\|O\|}{C}-\overset{}{\underset{\|N-\overline{O}\|}{C}}-COOC_2H_5\right]^- H^+ \longrightarrow$$

$$\longrightarrow CH_3-\overset{\|O\|}{C}-\overset{}{\underset{\|N-\overline{O}\to H}{C}}-COOC_2H_5 \quad.$$

Durch Aufnahme des Protons an den Sauerstoff der Isonitroso-
gruppe entsteht dann schließlich die Isonitrosoverbindung selbst.

Bei der Umlagerung der Nitroso- in die Isonitrosoverbindung handelt es sich also ähnlich wie bei der Keto-Enol-Tautomerie um eine unter
Prototropie und Elektromerie verlaufende tautomere Umwandlung.
Wie bei den Triacyl-methanen das Keto-Enol-Gleichgewicht fast völlig
auf Seiten des Enols liegt, so auch hier bei der Nitroso-Isonitroso-Tau-
tomerie, bei der das Gleichgewicht praktisch vollständig zu Gunsten
der Isonitrosoverbindung verschoben ist. Diese besondere Gleichgewichtslage ist im wesentlichen bedingt durch den hohen Gewinn an
Mesomerieenergie, der mit der Umlagerung in die Isonitrosoform verknüpft ist. Dazu kommt, daß hier ebenfalls, wie bei den Enolen,
*Chelat*bildung eintreten kann:

$$\left\{R-CO-\overset{\overline{N}}{\underset{R-\overset{\|}{C}\diagdown \overline{O}\|}{C}}\cdots\overline{O}\| \quad \longleftrightarrow \quad R-CO-\overset{\overline{N}}{\underset{R-C\diagup \underset{O\to}{}H}{C}}\cdots\overline{O}\| \quad \longleftrightarrow \quad R-CO-\overset{\overline{N}}{\underset{R-C_\times^{\times}\diagup \underset{O\to}{}H}{C_\times^{\times\times}}}\overset{\times}{\underset{}{\times}}\overline{O}\|\right\} \quad.$$

Da die π-Elektronen des Stickstoffs beweglicher sind als die des Sauerstoffs, trägt hier die dadurch erleichtert eintretende Mesomerie nach einer energetisch begünstigten pseudo-aromatischen Grenzformel wohl wesentlich bei zur überwiegenden Bildung der Isonitrosoform.

Wie groß die Tendenz zur Umlagerung in die Isonitrosoverbindung ist, geht ferner daraus hervor, daß die Nitrosoverbindungen α-monoalkylierter β-Dicarbonylverbindungen, bei denen eine Umlagerung in eine tautomere Isonitrosoform nicht mehr möglich ist, außerordentlich unbeständig sind und sehr leicht hydrolytisch zu α-Nitroso-monocarbonylverbindungen gespalten werden [48].

Die Spaltung einer solchen α-Alkyl-α-nitroso-β-dicarbonylverbindung geht vermutlich so vor sich, daß z. B. der α-Nitroso-α-methyl-acetessigester in der in der Acetylgruppe polarisierten Grenzformel leicht Wasser einlagert, wonach sich der Acetylrest als Essigsäure abspaltet und das freiwerdende Proton an dem vorübergehend am α-C-Atom auftretenden einsamen Elektronenpaar anteilig wird unter Bildung des α-Nitroso-propionsäureesters. Letzterer lagert sich dann in den tautomeren Isonitroso-propionsäureester mit konjugierten Doppelbindungen um:

$$
\begin{array}{c}
\overset{\ominus|\overline{O}|}{} \quad CH_3 \\
\mid \qquad \mid \\
CH_3-\underset{\oplus}{C}-\underset{\mid}{C}-COOC_2H_5 \xrightarrow{+\,H_2O} \\
\qquad\quad |N{=}\overline{O}
\end{array}
\qquad
\begin{array}{c}
\overset{\ominus}{|O|} \qquad CH_3 \\
\mid \qquad\qquad \mid \\
CH_3-\underset{\uparrow}{C}\text{------}\underset{\mid}{C}-COOC_2H_5 \longrightarrow \\
H-\underset{\oplus}{O}-H \quad |N{=}\overline{O}
\end{array}
$$

$$
\longrightarrow
\begin{array}{c}
|O| \\
\parallel \\
CH_3-C \\
\mid \\
H-O|
\end{array}
+
\begin{array}{c}
CH_3 \\
\mid \\
H\leftarrow C-COOC_2H_5 \\
\mid \\
|N{=}\overline{O}
\end{array}
\quad ; \quad
\begin{array}{c}
CH_3-CH-COOC_2H_5 \\
\mid \\
|N{=}\overline{O}
\end{array}
\rightleftharpoons
$$

$$
\rightleftharpoons
\left[
\begin{array}{c}
CH_3-\overline{C}-COOC_2H_5 \\
\mid \\
|N{=}\overline{O}
\end{array}
\leftrightarrow
\begin{array}{c}
|\overline{O}-\overline{N}{=}C-C{=}O \\
\qquad\quad \mid \quad\;\; \mid \\
\qquad\; H_3C \quad O-C_2H_5
\end{array}
\right]^{-}
H^+ \rightleftharpoons
\begin{array}{c}
CH_3-C-COOC_2H_5. \\
\parallel \\
\underline{N}-\overline{O}{\rightarrow}H
\end{array}
$$

J. SCHMIDT und E. AECKERLE [49] gelang es, beim α-Methyl-benzoylessigester als erstes Einwirkungsprodukt nitroser Gase den unbeständigen α-Methyl-α-nitroso-benzoylessigester in analysenreinem Zustand als tiefblaues Öl zu erhalten, das außerordentlich leicht zu Benzoesäure und α-Nitroso-propionsäureester hydrolysiert wird:

$$
\begin{array}{c}
CH_3 \\
\mid \\
C_6H_5-CO-CH-COOC_2H_5
\end{array}
\xrightarrow{N_2O_3}
\begin{array}{c}
CH_3 \\
\mid \\
C_6H_5-CO-C-COOC_2H_5 \\
\mid \\
NO
\end{array}
\xrightarrow{H_2O}
$$

$$
\longrightarrow C_6H_5COOH +
\begin{array}{c}
CH_3CHCOOC_2H_5 \\
\mid \\
NO
\end{array} .
$$

[48] MEYER, V., u. J. ZÜBLIN: B. 11, 320, 692 (1878). — WLEÜGEL, S.: B. 15, 1057 (1882). — FÜRTH, A.: B. 16, 2180 (1883). — HANTZSCH, A., u. O. WOHLBRÜCK: B. 20, 1320 (1887). — LANG, E.: B. 20, 1325 (1887). — DIECKMANN, W., u. A. GROENEVELD: B. 33, 600, Anm. (1900). — Über die Reaktion von Aldoximen mit Acetessigester s. G. MINUNNI u. S. D'URSO: Gazz. 59, 32 (1929).
[49] A. 398, 251 (1913); s. ferner B. 42, 497, 1886 (1909); A. 377, 23, 30 (1910).

Beim α-Methyl-acetessigester hingegen gelang die Isolierung eines
analogen Zwischenproduktes seiner hohen Zersetzlichkeit wegen nicht.

Daß der α-Methyl-α-nitroso-benzoylessigester überhaupt isolierbar ist, ist
vielleicht darauf zurückzuführen, daß durch den —E-Effekt der Carbonylgruppe
die Phenylgruppe in das mesomere System einbezogen wird:

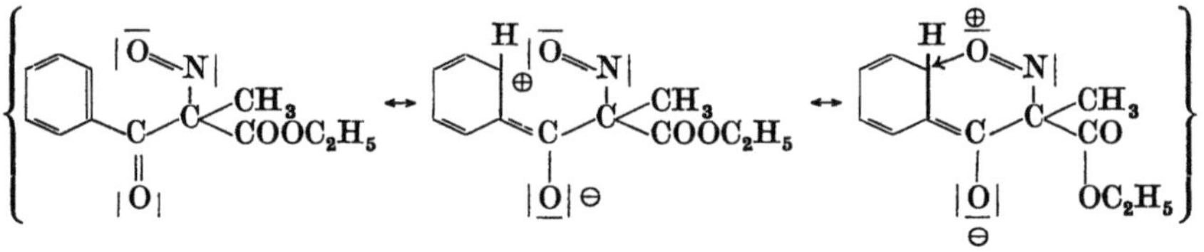

$$\left\{ \cdots \longleftrightarrow \cdots \longleftrightarrow \cdots \right\}$$

eine Mesomerie, die bei rein aliphatischen α-Alkyl-α-nitroso-β-dicarbonylverbin-
dungen nicht möglich ist.

Die aus α-monosubstituierten β-Ketocarbonsäureestern durch Nitrosierung leicht zugänglichen α-Isonitrosofettsäureester stellen naturgemäß wichtige Zwischenprodukte zur Synthese von α-Aminosäuren
dar, in die sie durch Reduktion leicht überführbar sind[50]. Der gleichen
Reaktion sind auch α-monosubstituierte Malonester zugänglich, die
beim Behandeln mit Äthylnitrit in Gegenwart von Natriumäthylat
unter alkoholytischer Abspaltung von Diäthylcarbonat ebenfalls in
α-Isonitrosofettsäureester übergehen, ein Verfahren, das besonders
glatt verläuft[51].

Einige Besonderheiten im reaktiven Verhalten gegenüber salpetriger Säure zeigen, wie W. Dieckmann[52] fand, die alicyclischen β-Keto-
carbonsäureester: während bei der Einwirkung von Äthylnitrit auf
Cyclopentanoncarbonsäureester erwartungsgemäß der α-Isonitrosoadi-
pinsäureester entsteht,

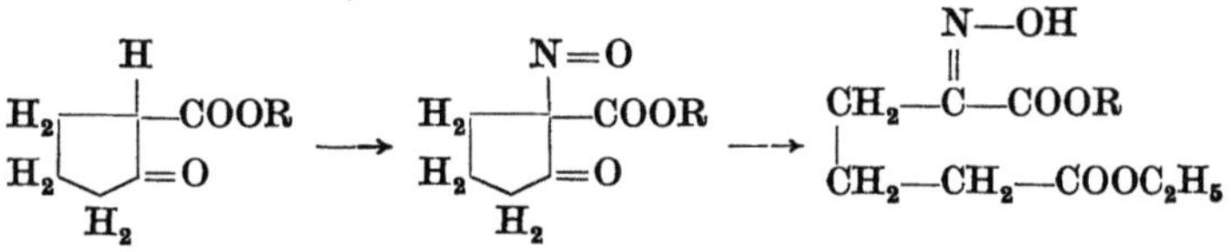

$$ \cdots \longrightarrow \cdots \longrightarrow \begin{array}{l} \text{N—OH} \\ \quad \| \\ CH_2\text{—C—COOR} \\ \; | \\ CH_2\text{—CH}_2\text{—COOC}_2H_5 \end{array} $$

nimmt diese Reaktion bei Gegenwart von Chlorwasserstoff oder Acetylchlorid einen anderen Verlauf: unter Dimerisation der als erstem Einwirkungsprodukt auch hierbei entstehenden wahren tiefblauen α-Nitro-
soverbindung entsteht der farblose Bis-nitroso-cyclopentanon-carbon-
ester. Diese Reaktion ist wohl so deutbar, daß in der normalen, die
Blaufärbung bedingenden Mesomerie der Nitrosoverbindung

$$\left\{ R\text{—}\overline{N}\text{=}\overline{O} \longleftrightarrow R\text{—}\overset{\oplus}{\underline{N}}\text{—}\overset{\ominus}{\underline{O}}| \right\} + HCl \rightleftharpoons \left[R\text{—}\underline{N}\text{—}\overline{O}\text{→}H \right]^{+} Cl^{-}$$

die zwitterionische Formel durch den Chlorwasserstoff so stark aktiviert
wird, daß nach folgendem Schema Dimerisation unter Entfärbung eintritt:

[50] Siehe z. B.: V. Feofilaktov u. A. Ouiscenko: C. **1940** I, 369.— Barry, R.,
u. W. Hartung: J. org. Chemistry **12**, 460 (1947).
[51] Shivers, J. C., u. Ch. R. Hauser: J. Amer. chem. Soc. **69**, 1264 (1947).
[52] B. **33**, 579 (1900).

$$R\!-\!\overline{N}\!=\!\overline{O} \ + \ R\!-\!\overset{\oplus}{\underline{N}}\!-\!\overset{\ominus}{\underline{O}}| \ \longrightarrow \ R\!-\!\overset{\oplus}{N}\!\rightarrow\!\overline{N}\!-\!R$$

Beim Spalten des Bis-nitroso-cyclopentanon-carbonsäureesters mit Alkali entsteht das normale Nitrosierungsprodukt, der α-Isonitroso-adipinsäureester.

Eine analoge Reaktion gibt auch der Cyclohexanon-carbonsäure-ester.

4. α-Amino-Verbindungen.

Reduziert man die α-Isonitroso-β-dicarbonylverbindungen in saurer Lösung mit naszierendem oder katalytisch erregtem Wasserstoff, so erhält man in normaler Reaktion die Salze der α-Amino-β-dicarbonyl-verbindungen[53], z. B.:

$$\begin{array}{c} R\!-\!CO\!-\!C\!-\!CO\!-\!R' \\ \| \\ N\!-\!OH \end{array} + 4\,H + HCl \longrightarrow \begin{array}{c} R\!-\!CO\!-\!CH\!-\!CO\!-\!R' \\ | \\ NH_2; \ HCl \end{array} + H_2O \ .$$

Die freien Basen sind nicht beständig, sondern gehen in Derivate des Pyrazins unter Selbstkondensation über (vgl. Kap. X, 12).

Den α-Amino-β-dicarbonylverbindungen kommt erhebliche synthetische Bedeutung zu für den Aufbau von Pyrrolderivaten (vgl. Kap. XI,4).

Ausgehend von den Acylamino-malon- bew. cyanessigestern sind eine ganze Reihe von α-Aminosäuren durch Verseifung und Decarboxylierung der durch geeignete Alkylierung darstellbaren Acylamino-alkylmalonester bzw. -cyanessigester zugänglich[54]. So erhält man z. B. aus Isobutyl-acetamino-cyanessigester das d,l-Leucin, aus der Isopropylverbindung das d,l-Valin, aus der Benzylverbindung das d,l-Phenylalanin und aus der β-Methylmercaptoäthylverbindung das d,l-Methionin usw.:

$$\begin{array}{c} R\!-\!C\!\!\overset{\displaystyle CN}{\underset{\displaystyle\diagdown COOR}{\Big\langle}} \\ | \\ NH\!-\!CO\!-\!CH_3 \end{array} \longrightarrow \begin{array}{c} R\!-\!C\!\!\overset{\displaystyle COOH}{\underset{\displaystyle\diagdown COOH}{\Big\langle}} \\ | \\ NH_2 \end{array} \longrightarrow \begin{array}{c} R\!-\!CH\!-\!COOH \\ | \\ NH_2 \end{array} \ .$$

---

[53] GABRIEL, S., u. TH. POSNER: B. **27**, 1141 (1894); A. **236**, 318 (1886). — KNORR, L., u. K. HESS: B. **45**, 2629 (1912).

[54] PILOTY u. NERESHEIMER: B. **39**, 515 (1906). — LOCQUIN, R., u. V. CERCHEZ: Bull. Soc. chim. France [4] **47**, 1274, 1279, 1377, 1386 (1930); **49**, 45 (1931). — ALBERTSON, N. F., u. S. ARCHER: J. Amer. chem. Soc. **67**, 308 (1945). — ALBERTSON, N. F. u. TULLAR: J. Amer. chem. Soc. **67**, 502 (1945). — ALBERTSON, N. F.: J. Amer. chem. Soc. **68**, 450 (1946). — ERLENMEYER, H., u. W. GRUBENMANN: Helvet. chim. Acta **30**, 297 (1947).—Über Aminosäuresynthesen ausgehend von Benzamidomalonester s. M. S. DUNN, B. W. SMART, C. E. REDEMANN u. K. E. BROWN: J. biol. Chemistry **94**, 599 (1931). — REDEMANN, C. E., u. M. S. DUNN: J. biol. Chemistry **130**, 341 (1939). — PAINTER, E. P.: J. Amer. chem. Soc. **62**, 232 (1940). — BUTENANDT, A., W. WEIDEL u. J. NECKEL: Hoppe-Seylers Z. physiol. Chem. **281**, 120 (1944) (Kynurenin-Synthese). — Besonders geeignet erscheinen die leicht erhältlichen Formylamino-malonester: A. GALAT: J. Amer. chem. Soc. **69**, 965 (1947). — Über die synthetische Verwendung von Phenacyl-amino-β-dicarbonylverbindungen s. G. EHRHART: B. **82**, 60 (1949).

Die nach H. Gault erhältliche Oxymethylverbindung des Acet-
aminomalonesters geht bei der Hydrolyse und Decarboxylierung in
d,l-Serin[55] über:

$$\mathrm{HO-CH_2-C(COOR)_2} \atop \mathrm{NH-CO-CH_3} \longrightarrow \mathrm{HO-CH_2-CH-COOH} \atop \mathrm{NH_2}.$$

Ausgehend von dem durch Reaktion von Phthalimid mit Brom-
Malonester darstellbaren Phthalimido-malonester lassen sich ebenfalls
Synthesen von α-Aminosäuren durchführen: so gelang A. Butenandt[56]
die Synthese des physiologisch wichtigen *Kynurenins* aus dem durch
Alkylierung von Phthalimidomalonester mit o-Nitrophenacylbromid
erhaltenen Zwischenprodukt:

Durch entsprechenden Abbau des Alkylierungsproduktes des
Phthalimidomalonesters mit α,α'-Dichlor-dimethylthioäther gelangten
R. Kuhn und G. Quadbeck[57] zum Lanthionin:

und über das β-Äthylmercapto-äthylderivat zum Äthionin[58]:

Hydriert man den α-Isonitroso-acetessigester bei Gegenwart von
Acetanhydrid, so gelangt man zum α-Acetamino-acetessigester[59], der
bei weiterer Hydrierung in α-Acetamino-β-oxybuttersäureester übergeht, dessen saure Verseifung zum d,l-Threonin[60] führt, wobei man zur
Zurückdrängung der Bildung von Allothreonin vor der Verseifung zum
entsprechenden Oxazol-Derivat cyclisiert:

[55] King, J. A.: J. Amer. chem. Soc. **69**, 2738 (1947).

[56] Butenandt, A., W. Weidel u. W. v. Derjugin: Naturwiss. **30**, 51 (1942);
Hoppe-Seylers Z. physiol. Chem. **279**, 27 (1943).

[57] B. **76**, 527 (1943).

[58] B. **76**, 529 (1943).

[59] Albertson, N. F., u. Mitarb.: J. Amer. chem. Soc. **70**, 1150 (1948). —
Wiley, R. H., u. O. H. Borner: J. Amer. chem. Soc. **70**, 1666 (1948).

[60] Albertson, N. F., B. F. Tullar, J. A. King, B. B. Fishburn u. S. Archer: J. Amer. chem. Soc. **70**, 1150 (1948). — Pfister, K., C. A. Robinson,
A. C. Shabica u. M. Tishler: J. Amer. chem. Soc. **70**, 2297 (1948).

$$\underset{\substack{| \quad | \\ \text{OH} \quad \text{NH—CO—CH}_3}}{\text{CH}_3\text{—CH—CH—COOR}} \xrightarrow{\text{SOCl}_2} \underset{\substack{| \quad | \\ \text{O} \quad \text{N} \\ \diagdown \text{C} \diagup \\ | \\ \text{CH}_3}}{\text{CH}_3\text{—CH—CH—COOR}} \longrightarrow$$

$$\longrightarrow \underset{\substack{| \quad | \\ \text{OH} \quad \text{NH}_2}}{\text{CH}_3\text{—CH—CH—COOH}} \,.$$

Ausgehend vom Äthyläther des α-Isonitroso-acetessigesters gelangten H. ADKINS und E. W. REEVE[61] durch Hydrieren über Raney-Nickel direkt zu einem Gemisch von Threonin und seiner Allo-Verbindung, während CH. R. HARRINGTON und S. ST. RANDALL[62] durch Hydrieren des Isonitroso-acetondicarbonsäureesters in saurer Lösung mit Palladium als Katalysator die β-Oxyglutaminsäure erhalten konnten:

$$\underset{\substack{\| \\ \text{N—OH}}}{\text{ROOC—CH}_2\text{—CO—C—COOR}} \longrightarrow \underset{\substack{| \\ \text{NH}_2}}{\text{HOOC—CH}_2\text{—CH(OH)—CH—COOH}}.$$

Durch Hydrolyse des aus Methallyl-acetaminomalonester nach FITTIG[63] entstehenden α-Amino-γ-laktons stellten J. FILLMANN und N. F. ALBERTSON[64] das γ-Oxyleucin dar:

$$\underset{\substack{| \quad\quad | \\ \text{CH}_3 \quad\;\; \text{COOR}}}{\overset{\text{COOR}}{\text{CH}_2\text{=C—CH}_2\text{—C—NH—CO—CH}_3}} \longrightarrow \longrightarrow$$

$$\longrightarrow \underset{\substack{| \quad\quad | \\ \text{OH} \quad\;\; \text{NH}_2}}{(\text{CH}_3)_2\text{C—CH}_2\text{—CH—COOH}} \,.$$

Das Phenylhydrazon des Adduktes von Acrolein an Acetaminomalonester bzw. -cyanessigester bildet bei der sauren Hydrolyse Tryptophan[65]:

$$\underset{\substack{| \\ \text{COOR}}}{\overset{\text{COOR(CN)}}{\text{C}_6\text{H}_5\text{—NH—N=CH—CH}_2\text{—CH}_2\text{—C—NH—CO—CH}_3}} \longrightarrow$$

<hr>

[61] J. Amer. chem. Soc. **60**, 1328 (1938).

[62] Biochem. J. **25**, 1917 (1931).

[63] B. **27**, 2658 (1894).

[64] J. Amer. chem. Soc. **70**, 171 (1948); s. a. DAKIN: J. biol. Chemistry **154**, 549 (1944).

[65] WARNER, D. T., u. O. A. MOE: J. Amer. chem. Soc. **70**, 2765 (1948). — Über die Synthese des Ornithins bzw. des 3-Acetaminopiperidon-(2)-carbonesters-(3) durch Hydrieren des Acrylnitril-Addukts des Acetamino-malonesters s. N. F. ALBERTSON u. S. ARCHER: J. Amer. chem. Soc. **67**, 2043 (1945).

Hydriert man dieses Phenylhydrazon, so erhält man unter Abspaltung von Anilin ein Piperidon, das bei der Hydrolyse d,l-Ornithin ergibt[65]:

$$\longrightarrow \; H_2N-CH_2-CH_2-CH_2-CH(NH_2)COOH.$$

Eine sowohl theoretisch als auch praktisch bedeutungsvolle Synthese des *Tryptophans* gelang H. R. SNYDER und C. W. SMITH[66] durch Einwirkung des Jodmethylats des aus Indol, Formaldehyd und Dimethylamin leicht zugänglichen Gramins[67] auf Natrium-Acetaminomalonester. Dabei entsteht zunächst aus Graminjodmethylat durch Abspaltung von Trimethylamin ein Carbenium-Kation, das sich mit dem Carbeniat-Anion des Acetamino-Malonesters zum β-(3-Indolyl-)-α-carbäthoxy-α-acetaminopropionsäureester vereinigt,

dessen saure Verseifung zum d,l-Tryptophan führt.

Die analoge Reaktion gelingt auch dann, wenn man Gramin selbst bei Gegenwart eines Protonacceptors mit Acetamino-Malonester auf 165° erhitzt, wobei das Alkylierungsprodukt nach einem im Wesen gleichen Mechanismus unter Abspaltung von Dimethylamin entsteht[68]:

---

[65] Vgl. Fußnote vorige Seite.

[66] J. Amer. chem. Soc. **66**, 350 (1944); s. a. H. R. SNYDER u. Mitarb.: J. Amer. chem. Soc. **66**, 200 (1944); **67**, 502 (1945); **69**, 2118, 3140 (1947); **70**, 1703 (1948). — Siehe auch N. F. ALBERTSON u. C. M. SUTER: J. Amer. chem. Soc. **67**, 36 (1945).

[67] KÜHN, H., u. O. STEIN: B. **70**, 567 (1937).

[68] HOWE, E. E., A. J. ZAMBITO, H. R. SNYDER u. M. TISHLER: J. Amer. chem. Soc. **67**, 38 (1945); s. a. H. N. RYDON: J. chem. Soc. London **1948**, 705.

Anstelle des Gramins kann man auch vom 3-Diäthylaminomethyl-indol oder der entsprechenden Piperidylverbindung ausgehen; ebenso ist der Acetamino-Malonester durch das Phthalimido-Derivat ersetzbar. Ähnliche Alkylierungen des Acetamino-Malonesters gelingen auch mit 2-Dimethylamino-pyrrol[69].

5. α-Diazo-Verbindungen.
(Diazoanhydride.)

Behandelt man die Salze der α-Amino-β-dicarbonylverbindungen mit salpetriger Säure, so erhält man als normales Diazotierungsprodukt die α-Diazo-β-dicarbonylverbindungen[70], die früher rein strukturchemisch als Diazoanhydride bzw. Furodiazole aufgefaßt wurden:

$$R\text{—}CO\text{—}\underset{\underset{NH_2;\ HCl}{|}}{CH}\text{—}CO\text{—}R' \ \xrightarrow{+\ HNO_2}\ R\text{—}CO\text{—}\underset{\underset{N\equiv N\text{—}Cl}{|}}{CH}\text{—}CO\text{—}R' \ \longrightarrow$$

$$\longrightarrow \ R\text{—}\underset{\underset{O}{|}}{C}\!\!=\!\!\underset{\underset{N\!\diagdown\!\!N}{|}}{C}\text{—}CO\text{—}R' \ +\ HCl.$$

Das zunächst aus dem Amin entstehende Diazonium-kation spaltet nun am α-C-Atom sehr leicht ein Proton ab unter Vereinigung mit dem Hydroxyl-anion zu Wasser unter Bildung des „Diazoanhydrids":

$$\left[\ R\text{—}\underset{\underset{|O|\ H}{\|}}{C}\!\!-\!\!\underset{\underset{}{}}{C}\!\overset{R'\text{—}CO}{|}\!\text{—}N\equiv N|\ \right]^{+}\ OH^- \longrightarrow\ H_2O\ +$$

$$\left\{\ R\text{—}\underset{\underset{|O|}{\|}}{C}\!\!-\!\!\underset{\underset{\ominus}{}}{\overset{R'\text{—}CO}{|}}\!C\!\overset{\oplus}{\text{—}}N\equiv N| \leftrightarrow R\text{—}\overset{\oplus}{\underset{\underset{\ominus|O|}{|}}{C}}\!\!-\!\!\underset{\underset{\ominus}{}}{\overset{R'\text{—}CO}{|}}\!C\!\overset{\oplus}{\text{—}}N\equiv N| \leftrightarrow R\text{—}\underset{\underset{\ominus|O|}{|}}{C}\!\!=\!\!\underset{\underset{N\equiv N|}{|}}{C}\text{—}CO\text{—}R'\ \right\},$$

das in der Hauptsache zwischen den angeführten Grenzformeln mesomer ist. Nach der Elektronentheorie sind die Diazoanhydride daher aufzufassen als *Enol-betaine*. In diesem Zusammenhang erscheint auch die strukturchemische Auffassung der Diazoanhydride als cyclische Furodiazole lediglich als mesomere Grenzformel der α-Diazo-β-dicarbonylverbindungen:

$$\left\{\ R\text{—}\underset{\ominus|O|}{C}\!\!=\!\!\underset{\underset{\oplus}{N\equiv N|}}{C}\text{—}COR' \leftrightarrow R\text{—}\underset{\ominus|O|}{C}\!\!=\!\!\underset{\overset{\oplus}{N}\!\diagdown\!N|}{C}\text{—}COR' \leftrightarrow R\text{—}\underset{|O\!\searrow\!N\diagdown\!N|}{C}\!\!=\!\!C\text{—}COR'\ \right\}.$$

Die besondere Beständigkeit der α-Diazo-β-dicarbonylverbindungen ist darauf zurückzuführen, daß das Oktett des α-C-Atoms durch die Bindung an die beiden Carbonyl-C-atome mit desintegrierten Oktetten stabilisiert ist, so daß die Abspaltung der Diazogruppe als molekularer

---

[69] HERZ, W., K. DITTMER u. S. J. CRISTOL: J. Amer. chem. Soc. **70**, 504 (1948).
[70] WOLFF, L.: A. **312**, 121 (1900); **325**, 129 (1902); **394**, 28 (1912); s. ferner B. **36**, 3612 (1903).

Stickstoff unter Mitnahme des anteiligen Elektronenpaars erschwert
ist, trotzdem in der Diazogruppe die Elektronenanordnung des molekularen Stickstoffs vorgebildet ist; die Beständigkeit der Diazoanhydride ist also auf den hohen elektromeren Effekt des Gesamtmoleküls und die hieraus sich ergebenden vielfachen Mesomeriemöglichkeiten zurückzuführen; der dadurch bedingte Gewinn an Mesomeri-
sierungsenergie stabilisiert das Molekül.

Erzwingt man aber die Abspaltung der Diazogruppe als molekularer Stickstoff durch Erhitzen in indifferenten Lösungsmitteln, so
entsteht zunächst ein Molekülbruchstück, in dem die Auffüllung der
entstandenen Oktettlücke am α-C-Atom mit an sich stabilem Oktett
durch eine molekulare Umlagerung erreicht wird: unter anionischer
Ablösung des Substituenten der anionisch aufgerichteten Carbonylgruppe und Einlagerung dieses Anions in die Oktettlücke tritt Stabilisierung unter Bildung eines *Ketens* ein; beim α-Diazo-acetessigester
entsteht durch diese *Anionotropie* der Methyl-keten-carbonsäureester:

$$CH_3-C{=\!=}C-COOC_2H_5 \longrightarrow CH_3-C{=\!=}C-COOC_2H_5 \longrightarrow C{=\!=}C-COOC_2H_5$$

der sich rasch dimerisiert[71].

Die Konstitution dieses dimeren Methyl-keten-carbonsäureesters
ist noch ungewiß[72].

STAUDINGER[73] und auch DIECKMANN[74] betrachten den dimeren
Methyl-keten-carbonsäureester in Analogie zu anderen dimeren α,α-
disubstituierten Ketenen als Dimethylcyclobutan-dicarbonsäureester:

$$\overline{O}{=}C \oplus \qquad \ominus | \overset{CH_3}{C}-COOC_2H_5 \qquad \overset{CH_3}{\overline{O}{=}C{\leftarrow}C}-COOC_2H_5$$

Bei der Einwirkung von Alkohol bei Gegenwart einer Spur Natriumäthylat entsteht aus dem dimeren Methyl-keten-carbonsäureester in
exothermer Reaktion der *Monomethylmalonester*.

Läßt man hingegen Anilin auf den dimeren Methyl-keten-carbonsäureester einwirken, so tritt lediglich Anlagerung von Anilin ein zu
Dimethyl-acetontricarbonestersäure-anilid,

$$\overset{CH_3}{CH_3-CH-CO-C-COOC_2H_5}$$
$$C_2H_5O-CO \qquad CO-NH-C_6H_5$$

da die sekundäre Spaltung mit Anilin allein nicht eintreten kann.

---

[71] SCHROETER, L.: B. **49**, 2702 (1916).
[72] Vgl. IV, 5d, S. 94.
[73] B. **53**, 1105 (1920).
[74] B. **55**, 3331 (1922).

Erhitzt man eine alkoholische Lösung des α-Diazo-acetessigesters selbst, so erhält man als Reaktionsprodukt unmittelbar den Monomethyl-malonsäureester. Nach B. EISTERT[76] verläuft diese Reaktion nicht unter direkter Zwischenbildung des Methyl-keten-carbonsäureesters; vielmehr tritt zunächst ein Äthoxyl-anion an die enolisch aufgerichtete Carbonylgruppe und das zugehörige Proton an das α-C-Atom der polarisierten Grenzformel des α-Diazo-acetessigesters:

$$\left\{ \begin{array}{c} CH_3-C{=}C-COOC_2H_5 \\ {}^{\ominus}|\underline{O}| \quad N{\equiv}N| \\ {}^{\oplus} \end{array} \longleftrightarrow \begin{array}{c} CH_3-\overset{\oplus}{C}-\overset{\ominus}{\underline{C}}-COOC_2H_5 \\ {}^{\ominus}|\underline{O}| \quad N{\equiv}N| \\ {}^{\oplus} \end{array} \right\} \; + C_2H_5OH \longrightarrow$$

$$\longrightarrow CH_3-\underset{{}^{\ominus}|\underline{O}|}{\overset{|\overline{O}C_2H_5}{C}}{\downarrow}\qquad \underset{N{\equiv}N|}{\overset{H}{C}}{\uparrow}-COOC_2H_5 .$$

Durch diese Einlagerung einer Molekel Alkohol ist der die Beständigkeit des Diazoanhydrids bedingende elektromere Effekt durch die Blockierung der Mesomerie so weit geschwächt, daß nunmehr unmittelbar Abspaltung des Stickstoffs erfolgt und danach molekulare Umlagerung zum Methyl-malonsäureester:

$$CH_3-\overset{|\overline{O}C_2H_5}{\underset{{}^{\ominus}|\underline{O}|}{C}}\qquad \overset{H}{\underset{N{\equiv}N|}{C}}-COOC_2H_5 \longrightarrow CH_3-\overset{|\overline{O}C_2H_5}{\underset{{}^{\ominus}|\underline{O}|}{C}}\qquad \overset{H}{\underset{{}^{\oplus}}{C}}-COOC_2H_5 \; + |N{\equiv}N| \longrightarrow$$

$$\longrightarrow \overset{|\overline{O}C_2H_5}{\underset{|O|}{C}}\qquad \overset{H}{\underset{CH_3}{C}}-COOC_2H_5 .$$

In analoger Weise erhält man aus dem α-Diazo-benzoylaceton den α-Phenyl-acetessigester unter Anionotropie der Phenylgruppe:

$$C_6H_5-C{=}C-CO-CH_3 \longrightarrow C_6H_5-\overset{|\overline{O}C_2H_5}{\underset{{}^{\ominus}|\underline{O}|}{C}}\qquad \overset{H}{\underset{N{\equiv}N|}{C}}-CO-CH_3 \longrightarrow$$

$$\longrightarrow \overset{|\overline{O}C_2H_5}{\underset{|O|}{C}}\qquad \overset{H}{\underset{C_6H_5}{C}}-CO-CH_3 \; + |N{\equiv}N| .$$

Erhitzt man das α-Diazo-benzoylaceton mit Wasser, so erhält man anstelle der α-Phenyl-acetessigsäure deren Decarboxylierungsprodukt, das Benzyl-methyl-keton.

---

[76] B. **68**, 213 (1935).

Daß bei dieser Umlagerung tatsächlich die Phenylgruppe anionisch wandert, hängt damit zusammen, daß diese positiver ist als das Methyl, so daß die Enolisierung der dem Phenylrest benachbarten Carbonylgruppe stärker begünstigt wird als die hiermit elektromere Formel mit einer enolisierten Acetylgruppe.

Bei der Einwirkung von Anilin auf den α-Diazo-acetessigester entsteht in analog verlaufender Reaktion das Methyl-malonester-anilid[77]:

$$CH_3\!-\!\overset{\ominus|\underline{O}|}{C}\!=\!\overset{N\equiv N|}{\underset{\oplus}{C}}\!-\!COOC_2H_5 \longrightarrow CH_3\!-\!\overset{C_6H_5\!-\!\overline{N}H}{\underset{\ominus|\underline{O}|}{C}}\!-\!\overset{H}{\underset{N\equiv N|}{C}}\!-\!COOC_2H_5 \longrightarrow$$

$$\longrightarrow C_6H_5\!-\!\overline{N}H\!-\!\overset{C}{\underset{|O|}{\|}}\!-\!\overset{H}{\underset{CH_3}{C}}\!-\!COOC_2H_5 + |N\equiv N|$$

Als β-Dicarbonylverbindungen lassen sich auch die α-Diazoverbindungen den üblichen Spaltungen unterwerfen. So erhält man beispielsweise durch Spaltung von α-Diazo-benzoyl-aceton mit verdünntem Ammoniak unter Abspaltung von Essigsäure das Diazo-acetophenon[78]:

$$C_6H_5\!-\!\overset{\ominus|\underline{O}|}{C}\!=\!\overset{N\equiv N|}{\underset{\oplus}{C}}\!-\!CO\!-\!CH_3 \longrightarrow \left\{ C_6H_5\!-\!\overset{\ominus|\underline{O}|}{C}\!=\!\overset{N\equiv N|}{\underset{\oplus}{C}}\!-\!H \leftrightarrow C_6H_5\!-\!\overset{C}{\underset{|O|}{\|}}\!-\!CH\!=\!\overset{\oplus}{N}\!=\!\overset{\overline{N}}{\underset{\ominus}{}} \right\}.$$

<h2 align="center">6. Azoderivate[79].</h2>

Läßt man Aryl-diazoniumsalze bei Gegenwart von Natrium-acetat auf α-unsubstituierte β-Dicarbonylverbindungen einwirken, so findet zunächst normale Azokupplung statt; die so entstehenden wahren Azoderivate sind jedoch in der Reihe der β-Dicarbonylverbindungen nicht existenzfähig, sondern lagern sich in die isomeren Hydrazo-derivate um:

$$\left[C_6H_5\!-\!N\equiv N| \leftrightarrow C_6H_5\!-\!\overline{N}\!=\!\overline{N}\right]^+ + \left[\begin{array}{c}|CH\!-\!CO\!-\!CH_3\\ |\\ COOC_2H_5\end{array}\right]^- \longrightarrow$$

$$\longrightarrow C_6H_5\!-\!\overline{N}\!=\!\overline{N}\!\leftarrow\!\begin{array}{c}CH\!-\!CO\!-\!CH_3\\ |\\ COOC_2H_5\end{array} \longrightarrow C_6H_5\!-\!\overset{|}{\underset{H}{\overline{N}}}\!-\!\overline{N}\!=\!\overset{C\!-\!COOC_2H_5}{\underset{|O\diagup C\!-\!CH_3}{}}.$$

Die Kupplungsprodukte sind daher als Phenylhydrazone von 1,2,3-Tricarbonylverbindungen aufzufassen.

<hr>

[77] Vgl. SCHRÖTER: B. **42**, 2947 (1909).
[78] WOLFF, L.: A. **325**, 141 (1902).
[79] CLAISEN, L.: B. **21**, 1697 (1885); **25**, 746 (1892); vgl. auch v. PECHMANN: B. **25**, 3175 (1892).

Die Azoderivate bzw. Phenylhydrazone sind in Alkali löslich; in diesen Lösungen liegt ein typisch mesomeres Anion, ein „Synion" vor, z. B. beim Phenyl-azo-acetylaceton:

$$\left\{ \quad C_6H_5-\overline{N}-\overline{N}=C-CO-CH_3 \quad\longleftrightarrow\quad C_6H_5-\overline{N}=\overline{N}-\overset{\ominus}{C}-CO-CH_3 \quad\longleftrightarrow\quad C_6H_5-\overline{N}=\overline{N}-C-CO-CH_3 \quad\right\}$$

Läßt man daher auf dieses Natriumsalz nochmals Phenyl-diazoniumchlorid einwirken, so gibt die elektromere Carbeniat-Grenzform erneut die Möglichkeit zur Kupplung unter Bildung einer Disazo-Verbindung,

$$C_6H_5-\overline{N}=\overline{N}-C\!\rightarrow\!\overline{N}=\overline{N}-C_6H_5 \xrightarrow{+\,H_2O}$$

$$\longrightarrow \left[C_6H_5-\overline{N}=\overline{N}-\overline{C}-\overline{N}=\overline{N}-C_6H_5 \right]^{-} + \left[\begin{array}{c} |O| \\ C-CH_3 \end{array} \right]^{+}$$

$$\left[\overline{O}=C-CH_3 \right]^{+} + \left[|\overline{O}H \right] \longrightarrow CH_3-\overset{|O|}{\underset{}{C}}\!\leftarrow\!\overline{O}H$$

die jedoch der dadurch eintretenden Blockierung der Mesomerie wegen nicht beständig ist, sondern leicht eine Acetylgruppe als Kation, d. h. als Essigsäure hydrolytisch abspaltet unter Ausbildung eines wiederum mesomeren Anions:

$$\left[C_6H_5-\overline{N}=\overline{N}-\overline{C}-\overline{N}=\overline{N}-C_6H_5 \quad\longleftrightarrow\quad C_6H_5-\overline{N}-\overline{N}=C-\overline{N}=\overline{N}-C_6H_5 \quad\longleftrightarrow \right.$$

$$\left. \longleftrightarrow\quad C_6H_5-\overline{N}=\overline{N}-C-\overline{N}=\overline{N}-C_6H_5 \right]^{-}.$$

das schließlich das Proton der hydrolysierenden Wassermolekel aufnimmt zu einem einer doppelten H-Brückenmesomerie fähigen Phenylhydrazon:

die Ausbildung dieser „pseudo-aromatischen" Mesomerie stellt energetisch möglicherweise die treibende Kraft dieser Reaktion dar.

In Analogie zum Verhalten α-monosubstituierter β-Dicarbonyl-verbindungen bei der Nitrosierung gehen diese Verbindungen bei der Kupplung mit Diazoniumsalzen in alkalischer Lösung unter partieller Hydrolyse in Phenylhydrazone von α-Ketocarbonyl-Derivaten über. Auch hierbei entstehen, wie zuerst F. R. Japp und F. Klinge-mann[80] feststellten, zunächst unbeständige Azoderivate, in denen keine Stabilisierung durch Tautomerie nach der Hydrazonform mehr stattfinden kann, da ein prototropiefähiges Wasserstoffatom nicht mehr vorhanden ist. Die Stabilisierung tritt hier dadurch ein, daß einer der beiden Acylreste hydrolytisch sich abspaltet unter Bildung des Phenylhydrazons einer α-Ketocarbonylverbindung. Auf diese Weise entsteht aus α-Methylacetessigester beim Kuppeln mit Phenyldiazoniumsalzen in alkalischer Lösung das Phenylhydrazon der Brenztraubensäure:

$$C_6H_5\!-\!\overline{N}\!=\!\overline{N}\!\leftarrow\!\underset{\underset{\text{COOR}}{|}}{\overset{\overset{\text{CH}_3}{|}}{C}}\!-\!CO\!-\!CH_3 + H_2O \longrightarrow \left[\,C_6H_5\!-\!\overline{N}\!=\!\overline{N}\!-\!\underset{\underset{\text{ROOC}}{|}}{\overset{}{C}}\!-\!\underset{\underset{|O|}{|}}{\overset{\overset{H_3C\;\;|\overline{O}\!-\!H}{|}}{C}}\!-\!CH_3\,\right]H^+ \rightarrow$$

$$\longrightarrow CH_3\!-\!COOH + C_6H_5\!-\!\overline{N}\!=\!\overline{N}\!-\!\underset{\underset{\text{COOR}}{|}}{\overset{\overset{H}{\uparrow}}{C}}\!-\!CH_3 \rightleftharpoons C_6H_5\!-\!\underset{}{\overset{\overset{H}{\uparrow}}{N}}\!-\!\overline{N}\!=\!\underset{\underset{\text{COOR}}{|}}{C}\!-\!CH_3$$

wobei die Tautomerisierung zum Phenylhydrazon vielleicht über einen zwischenmolekularen H-Brückenmechanismus verläuft.

Beim Cyclopentanon-(1)-carbonsäureester-(2) tritt beim Kuppeln mit Phenyldiazoniumchlorid in alkalischer Lösung anstelle der hydrolytischen Abspaltung der Carbäthoxygruppe hydrolytische Ringspaltung ein zum Phenylhydrazon der α-Ketoadipinestersäure[81]:

$$\underset{\underset{\text{H}_2}{\overset{\text{H}_2}{\square}}}{\overset{=O}{\underset{-N=N-C_6H_5}{\text{COOR}}}} \xrightarrow{\;+\,H_2O\;} \begin{array}{l} CH_2\!-\!COOH \\ | \\ CH_2\!-\!CH_2\!-\!\underset{\underset{\text{COOR}}{|}}{C}\!=\!N\!-\!NH\!-\!C_6H_5 \end{array}.$$

Aus Cyclohexanon-(1)-carbonsäureester-(2) hingegen erhält man beim Kuppeln mit Phenyldiazoniumchlorid bei Gegenwart der äquivalenten Menge Alkali das Monophenylhydrazon des Cyclohexan-1,2-dions[82], das unter den Bedingungen der Fischerschen Indolsynthese in 1-Keto-1,2,3,4-tetrahydrocarbazol übergeht:

$$\underset{\underset{\text{H}_2}{\text{H}_2}}{\overset{\overset{\text{H}_2}{}}{\bigcirc}}\overset{=O}{\underset{=N-NH-C_6H_5}{}} \longrightarrow \;\; \text{[Struktur 1-Keto-1,2,3,4-tetrahydrocarbazol]}\;.$$

---

[80] B. 20, 2942 (1887); s. a. G. Favrel: C. r. Acad. Sci. 189, 335 (1929); Bull. Soc. chim. France [4] 47, 1274 (1930).

[81] Linstead, R. P., u. A. B.-L. Wang: J. chem. Soc. London 1937, 807.

[82] Lions, F.: J. Proc. roy. Soc. New-South Wales 66, 516 (1933); s. a. R. W. Jackson u. R. H. Manske: J. Amer. chem. Soc. 52, 5029 (1930).

Die Kupplungsprodukte von Phenyldiazoniumsalzen auf α-Benzyl-acetessigester, die Phenylhydrazone der Phenylbrenztraubensäure, sind ebenfalls nach E. Fischer in Derivate des Indols überführbar[83]:

$$
\underset{\text{H}}{\underset{|}{N}}-N=\underset{|}{C}-COOR \;\longrightarrow\; \text{(Indol)} \;\;{-C_6H_5 \atop -COOR}
$$

Ausgehend vom α-(β-Diäthylaminoäthyl)-acetessigester gelangt man in analoger Reaktion nach Decarboxylierung der zunächst erhältlichen 3-Diäthylaminomethyl-indol-2-carbonsäure[84] zum 3-Diäthylaminome-thyl-indol und damit über die Acylmalonester-Synthese zum Tryptophan (vgl. S. 235):

$$
\underset{\text{COOR}}{CH_3-CO-\underset{|}{C}H-CH_2-CH_2-N(C_2H_5)_2} \;\to\; \underset{\text{COOR}}{C_6H_5-NH-N=\underset{|}{C}-CH_2-CH_2-N(C_2H_5)_2} \;\to
$$

$$
\longrightarrow \text{(Indol)} \;{-CH_2-N(C_2H_5)_2 \atop -COOH} \;\longrightarrow\; \text{(Indol)} \;{-CH_2-N(C_2H_5)_2}
$$

Die durch Kupplung α-monosubstituierter β-Ketocarbonsäureester bzw. Malonester mit Phenyldiazoniumsalzen darstellbaren Phenyl-hydrazone von α-Ketosäuren sind durch Reduktion unter Abspaltung von Anilin in α-Aminosäuren überführbar[85]:

$$
R-CH{\overset{\displaystyle CO-CH_3}{\underset{\displaystyle COOR}{}}} \;\longrightarrow\; \underset{N-NH-C_6H_5}{R-\overset{\|}{C}-COOH} \;\longrightarrow\; C_6H_5-NH_2 + \underset{NH_2}{R-\underset{|}{C}H-COOH}
$$

α-Oxymethylenketone sind ebenfalls der Kupplungsreaktion nor-mal zugänglich unter Bildung der Phenylhydrazone von α-Ketoalde-hyden[86], die hier wohl besonders stabile Chelate bilden:

$$
R-CO-CH=CHOH \;\to\; \underset{CHO}{R-CO-\underset{|}{C}=N-NH-C_6H_5} \;\rightleftharpoons\; \text{(Chelat)}
$$

Die Bildung dieser Verbindungen ist deswegen besonders aufschluß-reich, weil sie zeigt, daß das Anion der an sich nahezu völlig enolisier-ten Oxymethylenketone auch in der elektromeren Carbeniat-Grenz-anordnung zu reagieren vermag:

$$
\left[R-CO-CH=CH-\bar{O}| \;\leftrightarrow\; R-CO-\bar{C}H-CH=\bar{O} \right]^{-}
$$

[83] Hughes, G. K., u. F. Lions: J. Proc. roy. Soc. New-South Wales 71, 475 (1938); s. a. St. P. Findlay u. G. Dougherty: J. org. Chemistry 13, 560 (1948).

[84] Hegedüs, B.: Helvet. chim. Acta 29, 1499 (1946).

[85] Feofilaktov, W. W.: C. 1940 II, 1279.

[86] Benary, E., H. Meyer u. K. Charisius: B. 59, 108 (1926); s. a. H. K. Sen u. S. K. Ghosh: J. Indian chem. Soc. 4, 477 (1927). — Roy, S. N., u. H. K. Sen: J. Indian chem. Soc. 10, 347 (1933).

Cyclische, d. h. α-monosubstituierte Oxymethylenketone reagieren
normal unter hydrolytischer Abspaltung der Oxymethyl-Gruppe als
Ameisensäure:

$$
\begin{array}{ccc}
\underset{\substack{H_2 \\ H_2 \\ H_2}}{\bigcirc}\!\!\begin{array}{l}=O\\=CHOH\end{array}
& \xrightarrow{\quad}
\underset{\substack{H_2 \\ H_2 \\ H_2\,CHO}}{\bigcirc}\!\!\begin{array}{l}=O\\-N=N-C_6H_5\end{array}
& \xrightarrow[-HCOOH]{+\,H_2O}
\underset{\substack{H_2 \\ H_2 \\ H_2}}{\bigcirc}\!\!\begin{array}{l}=O\\=N-NH-C_6H_5\end{array}
\end{array}
$$

Geeignete substituierte Phenylhydrazone von α-Ketocarbonsäuren
sind zu Derivaten des Pyrazols cyclisierbar: so erhielt BÜLOW[87] durch
Verkochung des Kupplungproduktes von Phenyldiazoniumchlorid mit
Diacetbernsteinsäureester eine Phenyl-methyl-pyrazol-dicarbonsäure:

$$
\begin{array}{ccc}
\begin{array}{l} C_6H_5-NH-N=C-COOR \\ \qquad\qquad\quad | \\ CH_3-CO-CH-COOR \end{array}
& \longrightarrow &
\begin{array}{l} HOOC-C\!\!\!-\!\!\!-\!\!\!-C-COOH \\ \qquad\quad \| \qquad \| \\ \quad N\diagdown_{N}\diagup C-CH_3 \\ \qquad\quad C_6H_5 \end{array}
\end{array}
$$

Besonders interessante Verhältnisse fanden O. DIMROTH und M.
HARTMANN[88] bei der Kupplung von Phenyldiazoniumsalzen mit Triacylmethanen. Hierbei bilden sich zunächst leicht zersetzliche O-Azo-
derivate, z. B. aus Tribenzoylmethan die Enol-O-azoverbindung

$$
\begin{array}{c}
\qquad\qquad\quad C_6H_5 \\
\qquad\qquad\quad\; | \\
C_6H_5-CO-C=C-O-N=N-C_6H_5 \\
\qquad\qquad | \\
\qquad\qquad CO-C_6H_5
\end{array}
$$

die sich bereits beim Sieden ihrer alkoholischen Lösung unter Stick-
stoffentwicklung und Rückbildung von Tribenzoylmethan zersetzt.
Bei vorsichtigem Schmelzen (F. 125°) geht die gelbe Verbindung unter
Zwischenbildung eines roten, unbeständigen C-Azostoffes (F. 164°)
schließlich in die farblose N-Benzoylverbindung des Phenylhydrazons
des Diphenyl-triketopropans über (Kationotropie):

$$
\begin{array}{ccc}
\begin{array}{c} \quad C_6H_5 \\ \quad | \\ (C_6H_5-CO)_2C=C-\underline{O}-\underline{N}=\underline{N}-C_6H_5 \end{array}
& \longrightarrow &
\begin{array}{c} \quad C_6H_5 \\ \quad | \\ (C_6H_5-CO)_2C-C=\underline{O} \\ \qquad\qquad | \\ \qquad \underline{N}=\underline{N}-C_6H_5 \end{array}
& \longrightarrow
\end{array}
$$

$$
\begin{array}{c}
(C_6H_5-CO)_2C=\underline{N}-\underline{N}-C_6H_5 \\
\qquad\qquad\qquad | \\
\qquad\qquad\quad CO-C_6H_5
\end{array}\;.
$$

[87] BÜLOW, C., u. SCHLESINGER: B. 33, 3362 (1900); s. a. C. BÜLOW u. K. BAUER:
B. 58, 1926 (1925). — Über die Reaktion des Malonyldiurethans mit Phenyldiazoniumsalzen s. M. A. WHITLEY u. D. YAPP: J. chem. Soc. London 1927, 521.
[88] B. 40, 4460 (1907); 41, 4012 (1908). — Über die Einwirkung von Chlor
oder Brom auf Arylazo-β-dicarbonylverbindungen s. F. D. CHATTAWAY u. Mitarb.:
Proc. roy. Soc. London (A) 135, 282; 137, 489 (1932); J. chem. Soc. London 1933,
475, 480, 1143, 1624; 1934, 930, 1985.

IX. Michaelsche Addition[1].

1. Reine Addition.

Die von L. CLAISEN[2] entdeckte und später von A. MICHAEL[3] eingehend studierte Addition von Verbindungen mit reaktionsfähigen aciden Methylengruppen an α,β-ungesättigte Carbonylverbindungen oder Nitrile spielt eine ausschlaggebende Rolle bei einer ganzen Reihe synthetischer Reaktionen der β-Dicarbonylverbindungen, so besonders bei der HANTZSCHschen Pyridinsynthese, der VORLÄNDERschen Synthese von Dihydro-resorcinen oder der KNOEVENAGELschen Synthese von Derivaten des Cyclohexenons.

Der Mechanismus dieser wichtigen Reaktion sei an einem einfachen Beispiel reiner Addition ohne nachfolgender Sekundärreaktion besprochen: Acetessigester lagert sich bei Gegenwart einer geringen Menge Alkali an Methyl-vinyl-keton an unter Bildung von Heptan-2,6-di-on 3-carbonsäureester:

$$CH_3-CO-CH_2-COOC_2H_5 + CH_2=CH-CO-CH_3 \longrightarrow$$

$$\longrightarrow CH_3-CO-\underset{\underset{COOC_2H_5}{|}}{CH}-CH_2-CH_2-CO-CH_3 \, .$$

Die Reaktion wird katalysiert durch die Gegenwart einer geringen Menge Alkali oder basischer Substanzen, die zunächst ein Proton der β-Dicarbonylverbindung, hier des Acetessigesters, aufnehmen unter Bildung der Carbeniat-Grenzformel des verbleibenden Anions:

$$CH_3-CO-CH_2-COOC_2H_5 \rightleftharpoons \left[CH_3-CO-\underline{CH}-COOC_2H_5\right]^- + H^+ \, .$$

Das Methyl-vinyl-keton seinerseits ist mesomer zwischen den folgenden polarisierten Grenzzuständen, deren Bildung und Reaktionsbereitschaft durch das alkalische Medium begünstigt werden:

$$\left\{ CH_2=CH-\underset{\underset{CH_3}{|}}{C}=\overline{O} \; \leftrightarrow \; \overset{\oplus}{CH_2}-\overset{\ominus}{CH}-\underset{\underset{CH_3}{|}}{\overset{\oplus}{C}}-\overline{O}|^{\ominus} \; \leftrightarrow \; \overset{\oplus}{CH_2}-CH\!\rightleftharpoons\!\underset{\underset{CH_3}{|}}{C}-\overline{O}|^{\ominus} \right\} \, .$$

Die MICHAELsche Addition tritt nun ein durch Anteiligwerden des einsamen Elektronenpaars der Carbeniatgrenzformel des Acetessigesteranions an der Oktettlücke der aktivierten Grenzformel des Methylvinyl-ketons unter Bildung des Anions I:

$$\left[CH_3-CO-\overline{CH}\atop{\underset{COOC_2H_5}{|}}\right]^- + \overset{\oplus}{CH_2}-\overset{\ominus}{CH}-\underset{\underset{CH_3}{|}}{C}=\overline{O} \longrightarrow$$

$$\longrightarrow \left[CH_3-CO-\underset{\underset{COOC_2H_5}{|}}{CH}\rightarrow CH_2-\overset{\ominus}{CH}-\underset{\underset{CH_3}{|}}{C}=\overline{O}\right]^- \quad I \, .$$

---

[1] Diese synthetisch wichtige Reaktion des Methylens wird ihrer hohen Bedeutung wegen in einem besonderen Kapitel behandelt.

[2] A. **218**, 161 (1883); J. pr. [2] **35**, 413 (1887).

[3] J. pr. [2] **35**, 349 (1887); **43**, 390 (1891).

Das vom basischen Acceptor zunächst aufgenommene Proton wird an dem einsamen Elektronenpaar des anionischen Addukts I unter Bildung des Endprodukts der Reaktion (II) anteilig, wodurch der basische Katalysator wieder in Freiheit gesetzt und erneut wirksam wird[4]:

$$
I \quad \left[CH_3{-}CO{-}\underset{\underset{COOC_2H_5}{|}}{CH}{-}CH_2{-}\overline{C}H{-}CO{-}CH_3 \right]^{-} + H^+ \longrightarrow
$$

$$
\longrightarrow \quad CH_3{-}CO{-}\underset{\underset{COOC_2H_5}{|}}{CH}{-}CH_2{-}CH_2{-}CO{-}CH_3 \quad II .
$$

Da aus der so entstehenden α-monosubstituierten β-Dicarbonylverbindung auch das H-Atom der α-CH-Gruppe in der Regel leicht als Proton abspaltbar ist, bleibt die Addition einer α,β-ungesättigten β-Carbonylverbindung nicht auf die Bildung einer α-monosubstituierten Verbindung beschränkt: aus Acetessigester und Methylvinylketon entsteht daher bei Anwendung von zwei Mol des α,β-ungesättigten Ketons schließlich der 5-Acetyl-nonan-2,8-dion-5-carbonsäureester:

$$
CH_3{-}CO{-}CH_2{-}CH_2{-}\underset{\underset{COOC_2H_5}{|}}{\overset{\overset{CO{-}CH_3}{|}}{C}}{-}CH_2{-}CH_2{-}CO{-}CH_3 .
$$

α-Monosubstituierte β-Dicarbonylverbindungen sind daher ganz allgemein zur Addition eines Mols einer α,β-ungesättigten Carbonylverbindung befähigt; so entsteht, um ein Beispiel zu nennen, aus Äthylcyanessigsäureester und Methyl-vinyl-keton der 3-Cyan-heptan-6-on-3-carbonsäureester

$$
C_2H_5{-}\underset{\underset{COOC_2H_5}{|}}{\overset{\overset{CN}{|}}{C}}{-}CH_2{-}CH_2{-}CO{-}CH_3 \quad .
$$

Die durch Michael-Addition gebildeten substituierten β-Dicarbonylverbindungen sind durch die bekannten Spaltungsreaktionen synthetisch vielseitig verwertbar. So erhält man beispielsweise aus dem Addukt von Acetessigester an Acrylsäureester, dem α-Acetyl-glutarsäureester[4a]

$$
CH_3{-}CO{-}\underset{\underset{COOC_2H_5}{|}}{CH}{-}CH_2{-}CH_2{-}COOC_2H_5
$$

[4] HENECKA, H.: B. 81, 197 (1948); s. a. CH. R. HAUSER u. B. ABRAMOVITCH: J. Amer. chem. Soc. 62, 1763 (1940). Siehe ferner: DRP. 738400 (1937), 732743 (1940); DRP.-Anm. J. 66467, 66739 (1940), 70001 (1941) der ehem. I. G. Farbenindustrie, A. G.

[4a] VORLÄNDER, D. u. A KNÖTZSCH: A. 294, 317 (1897).

durch Ketonspaltung die δ-Keto-capronsäure, CH_3—CO—$(CH_2)_3$—
—COOH—, durch Säurespaltung hingegen Glutarsäure[5]:

Eintritt und Reaktionsgeschwindigkeit der MICHAELschen Addition
werden im wesentlichen durch zwei Faktoren bestimmt:

1. Die CH-Acidität der β-Dicarbonylverbindung: je leichter ein
Proton abgespalten wird, d. h., je höher die CH-Acidität ist, um so
rascher wird die Addition eintreten;

2. Die Elektromeriefähigkeit der Carbonylgruppe des Addenden:
je leichter die Doppelbindung der Carbonylgruppe (—C=O bzw. —C≡N)
sich aufrichtet, d. h., je größer der elektromere Effekt der Carbonylgruppe ist, um so eher wird die α,β-ständige Doppelbindung polarisiert
und dadurch additionsfähig.

Auch die MICHAELsche Addition wird daher wesentlich durch die
beiden die Chemie der β-Dicarbonylverbindungen beherrschenden
Effekte der *Prototropie* und *Elektromerie* beeinflußt. Reaktionsfähigkeit
und Reaktionsgeschwindigkeit der Addenden lassen sich in einem gewissen Umfang voraussagen, wenn man die beiden Reihen der Prototropie-
und Elektromeriefähigkeit carbonylhaltiger Substituenten berücksichtigt, die F. ARNDT, H. SCHOLZ und E. FROBEL[6] als Ergebnis ihrer Untersuchungen über Acidität und Enolisierung aufgestellt haben:

a) *Prototropie-Fähigkeit:*

$[$—NO$_2$ > —SO$_2$OR > —SO$_2$R >$]$ —CN > —COOR > —CHO > —COR

b) *Elektromerie-Fähigkeit:*

—CHO > —COR > —CN > —COOR > —NO$_2$.

Es wird also beispielsweise mit dem reaktionsfreudigen Methylvinyl-keton
besonders glatt das Malodinitril und der Cyanessigester reagieren, während die
Reaktionsbereitschaft des Acetessigesters und noch mehr des Acetylacetons
schon geringer sind. Andererseits dürfte die Reaktion des Acetessigesters mit
Acrylsäureester gegenüber der mit Methyl-vinyl-keton erschwert sein, während
Acrylnitril leichter mit Acetessigester reagieren wird als Acrylsäureester[6a].

Die MICHAELsche Reaktion ist eine exotherme Reaktion, die bereits
bei Zimmertemperatur, z. T. jedoch erst nach Zuführung der benötigten Aktivierungsenergie mit mitunter recht beträchtlicher Wärmetönung abläuft. Die zum Start der Reaktion benötigte Aktivierungsenergie wird einmal durch den prototropen Arbeitsaufwand der β-Dicar-
bonylverbindung bestimmt und zum andern durch die zur Polarisierung

---

[5] Über weitere Beispiele einfacher Michael-Additionen s. z. B. SCHEIBER u.
MEISEL: B. **48**, 260 (1915). — MILLER, P. CH., u. A. CH. ROY: J. Indian chem.
Soc. **5**, 33 (1928). — MICHAILOW, B. M.: C. **1938** II, 3917. — BRUSON, H. A., u.
TH. W. RIENER: J. Amer. chem. Soc. **65**, 23 (1943); s. a. R. CONNOR: J. Amer.
chem. Soc. **55**, 4597 (1933)

[6] A. **521**, 111 (1935); s. a. ARNDT, F. u. L. LOEWE: B. **71**, 1629 (1938) und
Fußn. 6a.

[6a] Da entgegen der ursprünglichen Annahme [H. HENECKA: B. **81**, 198 (1948)]
der Acrylsäureester bei Michael-Additionen geringere Reaktionsfähigkeit erkennen
läßt als das Acrylnitril [O. BAYER: Angew. Chem. A **61**, 238 (1949)], kommt der
Cyan-Gruppe tatsächlich ein höherer elektromerer Effekt zu als der Carbäthoxy-
Gruppe. Die zunächst unsichere Stellung der Cyan- und Carbalkoxy-Gruppe in
der Reihe der Elektromerie-Fähigkeit [vgl. auch F. ARNDT u. L. LOEWE: B. **71**,
1629 (1938)] dürfte damit zugunsten der ersten Formulierung durch F. ARNDT
und Mitarbeiter [A. **521**, 111 (1935)] entschieden sein: —CN>—COOR.

16*

der Doppelbindung der α,β-ungesättigten Carbonylverbindung benötigten Energiezufuhr. So reagiert Malodinitril mit zwei Mol Methyl-vinyl-keton bei Gegenwart einer geringen Menge Natrium-methylat-lösung unter starker Wärmetönung, während die Addition von zwei Mol Methyl-vinyl-keton an Acetessigester unter den gleichen Bedingungen, wenn auch deutlich exotherm, so doch weit ruhiger verläuft. Im Gegensatz hierzu benötigt die Addition von Acrylnitril an Acetessigester bei Gegenwart von Natriumäthylat oder alkoholischem Kali zum Start und zum raschen Ablauf der Reaktion, die auch hier exotherm verläuft, eine Temperatur von 110°, ein Unterschied, der durch den geringeren elektromeren Effekt der Cyangruppe des Acrylnitrils gegenüber dem der Acetylgruppe des Methyl-vinyl-ketons bedingt wird[7].

Für die Bedeutung der CH-Acidität und des elektromeren Effekts bei der MICHAELschen Addition läßt sich die folgende Überlegung heranziehen: durch die Addition einer α,β-ungesättigten Carbonylverbindung an eine β-Dicarbonylverbindung wird der alternierend-induktive Effekt innerhalb des Addukts wesentlich verstärkt, da sich die Addenden nach Eintritt der Reaktion gegenseitig induzieren, z. B.:

$$\overset{\delta^+}{CH_3}-\overset{\delta^-}{\underset{\underset{|O|}{\|}}{C}}-\overset{\delta^+}{\underset{\underset{\underset{\delta^+}{COOC_2H_5}}{|}}{CH}}-CH_2-\overset{\delta^-}{CH_2}-\overset{\delta^+}{\underset{\underset{|O|}{\|}}{C}}-CH_3 \quad .$$

Dieser Effekt, der um so ausgeprägter sein wird, je höher einerseits die CH-Acidität, andrerseits der elektromere Effekt der jeweiligen Addenden sind, bedingt sowohl die Reaktionsbereitschaft der Addenden als auch die Stabilität des entstehenden Addukts; denn dessen Stabilität wird um so größer sein, je leichter die entstandene Verbindung infolge eines hohen alternierend-induktiven Effekts in die Energiemulde eines mesomeren Systems abgleitet. Kann sich dieser Effekt infolge einer Störung oder Unterbrechung der Induktion nicht voll auswirken, so sinkt die Reaktionsbereitschaft der Addenden und die Stabilität des erwarteten Addukts stark ab.

Dieser durch den alternierend-induktiven Effekt des Addukts bedingte Mesomerie-Effekt erklärt auch zwanglos, warum bei der Michael-Addition C-C-Bindung eintritt und die an sich mögliche Bildung des Enol-äthers, z. B.:

$$\underset{O-CH_2-CH_2-CO-CH_3}{\overset{CH_3-C=CH-COOC_2H_5}{|}} \quad ,$$

unterbleibt: Die Bildung eines solchen Enoläthers würde eine Unterbrechung bezw. Blockierung der Induktion und somit eine wesentliche Einschränkung der Mesomerie-Möglichkeiten bewirken, während die C-C-Bindung durch die hierdurch eintretende Verstärkung des alternierend-induktiven Effekts im gebildeten Addukt den die Reaktion steuernden Mesomerie-Effekt erst ermöglicht.

<hr>

[7] HENECKA, H.: B. **81**, 199 (1948). — Über den Einfluß der Natur des Acceptors s. R. CONNOR u. McCLELLAN: J. org. Chemistry **3**, 570 (1939) und H. A. BRUSON: J. Amer. chem. Soc. **64**, 2457 (1942).

Es ist nun bekannt[8], daß durch die α-Monosubstitution einer β-Dicarbonylverbindung die Enolisierungstendenz stark absinkt. Diese Tatsache ist wohl im wesentlichen auf eine durch Störung der Induktion hervorgerufene Erhöhung des prototropen Arbeitsaufwands, d. h. eine Verringerung der CH-Acidität, zurückzuführen, während andrerseits sicherlich auch eine Herabsetzung des elektromeren Effekts durch Störung der Konjugation durch die Substitution hierbei eine Rolle spielt. Ein besonders starkes Absinken der Enolisierungstendenz tritt dann ein, wenn das verknüpfende C-Atom sekundär ist, wie beispielsweise bei der Isopropylgruppe[9]. Es ist daher verständlich, daß der α-Isopropyl-acetessigester mit Acrylnitril keine Addition mehr eingeht, während der α-n-Butyl-acetessigester hiermit noch gut reagiert. Bemerkenswert ist ferner, daß das Methyl-vinyl-keton des höheren elektromeren Effekts der Acetylgruppe wegen mit dem α-Isopropylacetessigester doch noch relativ leicht in Reaktion tritt:

$$\begin{array}{c} CH(CH_3)_2 \\ | \\ CH_3-CO-CH \qquad + \quad CH_2=CH-CO-CH_3 \;\rightleftharpoons \\ | \\ COOC_2H_5 \end{array}$$

$$\rightleftharpoons\; \begin{array}{c} CH(CH_3)_2 \\ | \\ CH_3-CO-C-CH_2-CH_2-CO-CH_3 \;. \\ | \\ COOC_2H_5 \end{array}$$

Bei dieser Addition kommt nun besonders klar zum Ausdruck[10], daß die MICHAELsche Addition eine *Gleichgewichts*reaktion darstellt: die Addition hört auf, wenn etwa zwei Drittel der Komponenten reagiert haben. Daß die MICHAELsche Reaktion daher unter bestimmten Bedingungen eine *umkehrbare* Reaktion ist, haben bereits H. MEERWEIN und W. SCHÜRMANN[11] gelegentlich ihrer Untersuchung der Reaktion des Formaldehyds mit Malonester festgestellt. Hierher gehört auch die interessante Beobachtung von P. L. DE BENNEVILLE, D. DYOTT CLAGETT und R. CONNOR[12], nach der Äthyl-malonester mit Benzalacetophenon nicht reagiert, während mit Methyl-malonester noch das normale Addukt entsteht. Äthyliert man andrerseits das Addukt von Benzal-acetophenon an Malonester, so tritt Zerfall in Benzal-acetophenon und Äthyl-malonester ein. Die analoge Rückreaktion findet, wie A. MICHAEL und J. ROSS[13] fanden, auch statt, wenn man das Addukt von Malonester an Fumarsäureester methyliert:

$$(ROOC)_2CH_2 + \begin{array}{c} ROOC-CH \\ \| \\ CH-COOR \end{array} \rightleftharpoons (ROOC)_2CH-\begin{array}{c} CH-CH-COOR \\ | \\ COOR \end{array} \xrightarrow[(RONa)]{+\;CH_3J}$$

$$\longrightarrow (ROOC)_2C(CH_3)_2 + ROOC-CH=CH-COOR.$$

<hr>

[8] Vgl. I, 3, S. 25;

[9] Vgl. V, 3, S. 125.

[10] HENECKA, H.: B. **81**, 200 (1948).

[11] A. **398**, 283 (1913); J. pr. [2] **104**, 181 (1922); s. a. S. 268.

[12] J. org. Chemistry **6**, 690 (1941).

[13] J. Amer. chem. Soc. **53**, 1150 (1931).

Ein solcher Zerfall des primären Addukts kann bei Gegenwart molarer Mengen Äthylat auch in anderem Sinne als die Addition erfolgen. So zerfällt, wie E. H. Kroeker und S. M. McElvain[14] beobachteten, das Addukt von Isobutyrylessigester an Benzalmalonester in Benzal-isobutyrylessigester und Malonester:

$$C_6H_5\!-\!CH\!=\!C(COOR)_2 \qquad\qquad C_6H_5\!-\!CH\!-\!CH(COOR)_2$$
$$+ \qquad\qquad \rightleftharpoons \qquad CH\!-\!CO\!-\!CH(CH_3)_2 \rightleftharpoons$$
$$(CH_3)_2CH\!-\!CO\!-\!CH_2\!-\!COOR \qquad\qquad COOR$$

$$H_2C(COOR)_2$$

$$\rightleftharpoons \qquad +$$

$$C_6H_5\!-\!CH\!=\!C\!-\!COOR$$
$$(CH_3)_2CH\!-\!CO$$

Auf den Charakter der Michael-Addition als einer bei Gegenwart eines Protonacceptors sich einstellenden Gleichgewichtsreaktion sind auch die Verdrängungsreaktionen zurückzuführen, die bei der Einwirkung einer zweiten β-Dicarbonylverbindung auf ein bereits gebildetes Addukt unter Alkali-katalyse beobachtet wurden[15]. Diese Reaktionen kommen dadurch zustande, daß ein bereits gebildetes Addukt sich bei Gegenwart von Alkali wiederum mit den Addenden, aus denen es entstanden ist, in ein Gleichgewicht setzt, so daß sich die anwesende zweite β-Dicarbonylverbindung nunmehr mit der gebildeten Gleichgewichtsmenge der regenerierten α,β-ungesättigten Carbonylverbindung zu einem neuen Addukt vereinigen kann. Diese Verdrängung wird um so vollständiger sein, je mehr die CH-Acidität der zugesetzten β-Dicarbonylverbindung die Aktivität der zur Bildung des ersten Addukts benutzten aktiven Methylenverbindung übertrifft. Das eingehende Studium solcher Verdrängungsreaktionen sollte daher geeignet sein, zu einer vergleichenden Bestimmung von CH-Aciditäten zu gelangen; quantitative Bestimmungen in dieser Richtung liegen jedoch noch nicht vor.

Es wurde bereits dargelegt[16], daß nicht nur durch eine Verzweigung des α-ständigen, sondern auch des γ-ständigen Substituenten einer β-Dicarbonylverbindung die Enolisierungstendenz stark absinkt. Es überrascht daher nicht, daß z. B. der tert.-Valerylessigester und seine α-Derivate eine geringere Reaktionsbereitschaft erkennen lassen als der Acetessigester: während der α-n-Butyl-acetessigester noch mit Acrylnitril reagiert, tritt die analoge Reaktion beim α-n-Butyl-tert.-valerylessigester nicht mehr ein[17].

---

[14] J. Amer. chem. Soc. **56**, 1171 (1934); s. a. R. F. B. Cox u. S. M. McElvain: J. Amer. chem. Soc. **56**, 2450 (1934).

[15] Scheiber u. Meisel: B. **48**, 260 (1915). — Jonescu, M. V.: C. **1927** II, 69.

[16] Vgl. V, 3, S. 127.

[17] Mit der geringeren CH-Acidität des tert.-Valerylessigesters gegenüber dem Acetessigester steht weiterhin die Beobachtung im Einklang, daß tert.-Valerylessigester die Knoevenagelsche Kondensation zur entsprechenden α-Isobutyliden-Verbindung bei der Einwirkung von Isobutyraldehyd nicht mehr eingeht.

Die Reaktivität der α,β-ungesättigten Carbonylverbindung ist weitgehend von der Substitution dieses Addenden an der Doppelbindung abhängig. So bewirkt α-Substitution des Methyl-vinyl-ketons durch eine Methylgruppe zum Isopropenyl-methyl-keton, $H_2C=C(CH_3)\cdot CO\cdot$ $\cdot CH_3$, eine deutliche Verringerung der Reaktionsfähigkeit, die zurückzuführen ist auf eine Störung der Konjugation durch die Substitution, was eine Verkleinerung des elektromeren Effekts und damit verringerte Polarisierbarkeit der Doppelbindung nach sich zieht (Hyperkonjugation). Isopropenyl-methyl-keton kommt in seiner Reaktionsfähigkeit daher ungefähr dem Acrylnitril gleich; mit Isobutyrylessigester beispielsweise tritt bei Gegenwart einer geringen Menge alkoholischen Kalis erst bei 110° Reaktion zu dem erwarteten Adunkt ein[18]

$$(CH_3)_2CH-CO-CH_2-COOC_2H_5 + \underset{\underset{CH_3}{|}}{CH_2=C}-CO-CH_3 \;\rightleftharpoons$$

$$\rightleftharpoons\; CH_3-CO-\underset{\underset{CH_3}{|}}{CH}-CH_2-\underset{\underset{COOC_2H_5}{|}}{CH}-CO-CH(CH_3)_2$$

und auch dann nur bis zur Erreichung eines Gleichgewichts bei einem Umsatz von etwa zwei Drittel der Ausgangskomponenten, ähnlich wie bei der Reaktion: α-Isopropyl-acetessigester/Methyl-vinyl-keton.

Von noch stärkerem Einfluß ist die Substitution des β-C-Atoms des α,β-ungesättigten Ketons, insbesondere dann, wenn beide H-Atome des β-C-Atoms substituiert sind; so ist das Mesityloxyd, $(CH_3)_2C=CH-$ $-CO-CH_3$, im Vergleich zum Methyl-vinyl-keton ausgesprochen reaktionsträge: versucht man, Acetessigester an Mesityloxyd bei Gegenwart einer geringen Menge eines Protonacceptors anzulagern, so findet auch bei höherer Temperatur keine Reaktion statt.

Das Gleichgewicht Acetessigester/Mesityloxyd

$$CH_3-CO-CH_2-COOC_2H_5 + (CH_3)_2C=CH-CO-CH_3 \;\rightleftharpoons$$

$$\rightleftharpoons\; CH_3-CO-CH_2-\underset{\underset{H_3C}{|}}{\overset{\overset{CH_3}{|}}{C}}-\underset{\underset{COOC_2H_5}{|}}{CH}-CO-CH_3$$

liegt daher fast völlig auf seiten der Ausgangs-Komponenten.

Diese besondere Gleichgewichtslage ist darauf zurückzuführen, daß eine Stabilisierung des Addukts durch den alternierend-induktiven Effekt nicht mehr möglich ist infolge der Zurückdrängung der CH-Acidität und des elektromeren Effekts durch Störung der Induktion und der Konjugation durch das α-ständige quartäre C-Atom.

Außer α,β-ungesättigten Carbonylverbindungen der Typen I und II

$$\underset{I}{\underset{\underset{R}{|}}{CH_2=CH-C}=O} \qquad \underset{II}{CH_2=CH-C\equiv N} \qquad \underset{III}{\underset{\underset{R''}{|}}{R-CH=\overset{\overset{R'}{|}}{C}-C}=O} \qquad \underset{IV}{R-CH=\overset{\overset{R'}{|}}{C}-C\equiv N}$$

<hr>

[18] HENECKA, H.: B. 81, 201 (1948).

sind auch Verbindungen des Typs III und IV noch durch hinreichende Reaktionsbereitschaft gegenüber der aciden Methylengruppe der β-Dicarbonylverbindungen ausgezeichnet. Verbindungen der Typen III bzw. IV sind die in großer Mannigfaltigkeit durch Aldolkondensation von Aldehyden mit β-Dicarbonylverbindungen darstellbaren Alkyliden- bzw. Arylidenverbindungen vom Typ des Äthyliden- bzw. Benzylidenacetessigesters, -acetylacetons, -malonesters und dergleichen. So sind die bei der Aldolkondensation bisweilen anfallenden Nebenprodukte aus einem Mol Aldehyd und zwei Molen der β-Dicarbonylverbindung durch Michael-Addition eines zweiten Mols der β-Dicarbonylverbindung an die zunächst gebildete Alkylidenverbindung entstanden, z. B.:

$$CH_3-CH=C-CO-CH_3 \quad + \quad CH_2-CO-CH_3 \quad \rightleftharpoons$$
$$\quad\quad | \qquad\qquad\qquad\qquad\quad |$$
$$\quad COOC_2H_5 \qquad\qquad\quad COOC_2H_5$$

$$\begin{array}{c} CO-CH_3 \\ | \\ CH_3-CH-CH-COOC_2H_5. \\ | \\ CH_3-CO-CH-COOC_2H_5 \end{array}$$

Besonders interessanten Verhältnissen begegnet man bei der Michael-Addition von β-Dicarbonylverbindungen an Stoffe mit konjugierten Doppelbindungen. So fand bereits D. VORLÄNDER[19], daß sich Malonester an Sorbinsäureester nicht in 1,2-, sondern in 1,4-Stellung addiert:

$$CH_3-CH=CH-CH=CH-COOR + H_2C(COOR)_2 \rightleftharpoons$$
$$\rightleftharpoons CH_3-CH-CH=CH-CH_2-COOR$$
$$\qquad\qquad |$$
$$\qquad HC(COOR)_2$$

Während das Verbindungspaar Butadien-carbonsäureester/Malonester sich zu einem reversiblen Gleichgewicht zwischen 1,2- und 1,4-Addition einstellt[20],

$$CH_2=CH-CH-CH_2-COOR \qquad CH_2=CH-CH=CH-COOR$$
$$\qquad | \qquad\qquad\qquad \rightleftharpoons \qquad\qquad + \qquad\qquad \rightleftharpoons$$
$$HC(COOR)_2 \qquad\qquad\qquad\qquad H_2C(COOR)_2$$
$$\qquad\qquad CH_2-CH=CH-CH_2-COOR$$
$$\rightleftharpoons \qquad |$$
$$\qquad\quad HC(COOR)_2$$

tritt beim 1,Cyan-butadien (Cyanopren) ausschließlich 1,4-Addition ein[21]:

$$CH_2=CH-CH=CH-CN \qquad\qquad CH_3-CO-CH-COOR$$
$$\qquad + \qquad\qquad\qquad \rightleftharpoons \qquad\qquad\qquad |$$
$$CH_3-CO-CH_2-COOR \qquad\qquad\quad CH_2-CH=CH-CH_2-CN$$

$$+ CH_2=CH-CH=CH-CN \qquad CH_3-CO \quad\diagdown \quad CH_2-CH=CH-CH_2-CN$$
$$\overline{\overline{\longrightarrow}} \qquad\qquad\qquad\qquad\qquad\qquad\qquad C$$
$$\qquad\qquad\qquad\qquad\qquad ROOC \diagup \quad\diagdown CH_2-CH=CH-CH_2-CN$$

Bei Gegenwart von Triäthylmethylammoniumhydroxyd als Protonacceptor bilden sich hierbei auch Addukte von zwei Mol Cyanopren an

[19] A. **345**, 227 (1906); s. a. E. P. KOHLER u. F. R. BUTLER: J. Amer. chem. Soc. 48, 1036 (1926). — FARMER, E. H., u. A. TH. HEALEY: J. chem. Soc. London **1927**, 1060.
[20] KOHLER, E. P., u. F. R. BUTLER: J. Amer. chem. Soc. 48, 1036 (1926).
[21] CHARLISH, J. L., W. H. DAVIES u. J. D. ROSE: J. chem. Soc. London **1948**, 227.

ein Mol der β-Dicarbonylverbindung, die bei höherer Temperatur unter Abgabe des zweiten Mols Cyanopren wieder in das Primäraddukt übergehen.

Ähnlich dem Butadien-carbonsäureester stellt sich auch beim Heptatrien-carbonsäureester bei der Addition von Malonester in Gegenwart einer geringen Menge Natriummethylatlösung ein Gleichgewicht ein, das 67% 1,6-Addukt und 10% 1,2-Addukt enthält[22]:

$$CH_3—CH=CH—CH=CH—CH=CH—COOR \;\rightleftharpoons$$
$$+$$
$$H_2C(COOR)_2$$

$$\xrightarrow{1,6}\; CH_3—CH—CH=CH—CH=CH—CH_2—COOR$$
$$|$$
$$CH(COOR)_2$$

$$\xrightarrow{1,2}\; CH_3—CH=CH—CH=CH—CH—CH_2—COOR$$
$$|$$
$$CH(COOR)_2$$

Im Gegensatz hierzu erhält man sowohl beim Cinnamenyl-acrylsäureester[23], $C_6H_5—CH=CH—CH=CH—COOR$, als auch beim Muconsäureester[24], $ROOC—CH=CH—CH=CH—COOR$, nur normale 1,2-Addition. Dies ist wohl darauf zurückzuführen, daß die Aktivität der zweiten Doppelbindung durch die gleichsinnige Beeinflussung der Kette der konjugierten Doppelbindungen von beiden Seiten her geschwächt wird. Bei besonders aktiven Dien-carbonsäureestern kann jedoch auch zweimalige Addition stattfinden: so lagert der Cinnamylidenmalonester zwei Moleküle Malonester an[25]:

$$C_6H_5—CH=CH—CH=C(COOR)_2 \qquad C_6H_5—CH—CH_2—CH—CH(COOR)_2$$
$$+ \qquad\qquad \rightleftharpoons \qquad | \qquad\qquad |$$
$$2\,H_2C(COOR)_2 \qquad\qquad\qquad COOR \qquad COOR$$

Ein besonders interessantes und technisch bedeutungsvolles Verhalten zeigen, wie K. Hamann[26] fand, die Ester der aus Crotonaldehyd und Cyanessigsäure bei p_H 11 entstehenden α-Cyansorbinsäure, die bei Gegenwart eines Protonacceptors zu hochmolekularen Produkten polymerisieren. Diese bemerkenswerte Reaktion ist ihrem Chemismus nach auf eine zwischenmolekulare Michael-Addition zurückzuführen. Der Cyansorbinsäureester ist zwischen folgenden Grenzzuständen der Elektronenverteilung, deren Aktivierung durch das alkalische Medium begünstigt wird, mesomer:

$$\left\{CH_3—CH=CH—CH=C\begin{smallmatrix}CN\\\\COOR\end{smallmatrix}_{\;a} \;\leftrightarrow\; CH_3—CH=CH—CH\overset{\oplus}{—}\overset{\ominus}{C}\begin{smallmatrix}CN\\\\COOR\end{smallmatrix}_{\;b} \;\leftrightarrow\right.$$
$$\left.\leftrightarrow\; CH_3\overset{\oplus}{—}CH—CH=CH\overset{\ominus}{—}C\begin{smallmatrix}CN\\\\COOR\end{smallmatrix}_{\;c}\right\}.$$

[22] Farmer, E. H., u. S. R. W. Martin: J. chem. Soc. London **1933**, 960.

[23] Vorländer, D.: A. **345**, 206 (1906).

[24] Farmer, E. H., u. Th. N. Mehta: J. chem. Soc. London **1931**, 1762, 1904.

[25] Meerwein, H.: A. **360**, 336 (1908). — Duff, D. A., u. Ch. K. Ingold: J. chem. Soc. London **1934**, 87.

[26] Hamann, K.: Angew. Chem. (A) **60**, 61 (1948); DRP. 696318, 672928.

Aus der mesomeren Grenzformel c heraus findet Abdissoziation eines Protons — über die durch das Doppelbindungssystem hinweg induktiv hochstabilisierte Methylgruppe (Hyperkonjugation) — zu einem mesomeren Carbeniat-Anion d ⟷ e statt:

$$c \;\rightleftharpoons\; H^+ + \left[\overset{-}{C}H_2 - \underset{\oplus}{CH} - \underset{\overset{|}{\ominus}}{CH} - \underset{\oplus}{CH} - \underset{\ominus}{C}\!\!<^{CN}_{COOR} \;\leftrightarrow\; \overset{-}{C}H_2 - CH = CH - CH = C\!\!<^{CN}_{COOR} \right]^{-} .$$

$$\underset{d}{} \qquad\qquad\qquad\qquad \underset{e}{}$$

Daher kann man z. B. mit dem Cyansorbinsäureester (Grenzformel e) Aldolkondensation mit Aldehyden zu α-Cyan-hexatrien-carbonsäureestern [27] ausführen:

$$e + R - \overset{\overset{|O|^{\ominus}}{\big|}}{\underset{\underset{H}{\big|}}{C}}\!\oplus \;\rightleftharpoons\; \left[R - \overset{\overset{|O|}{\big|}}{\underset{\underset{H}{\big|}}{C}}\leftarrow CH_2 - CH = CH - CH = C\!\!<^{CN}_{COOR} \right]^{-} \xrightarrow{\;-\,OH^-\;}$$

$$\longrightarrow R - CH = CH - CH = CH - CH = C\!\!<^{CN}_{COOR} .$$

Die Polymerisation kommt durch Michael-Addition des als Polymerisationskeim wirkenden Cyansorbinsäureester-anions, (Grenzformel e) an ein Mol Cyansorbinsäureester (mesomere Grenzformel b bzw. c) zu einem Addukt g zustande.

$$\left[\overset{-}{C}H_2 - CH = CH - CH = C\!\!<^{CN}_{COOR} \right]^{-} \;\; + \;\; \underset{\oplus}{CH_3} - \underset{\oplus}{CH} - CH = CH - \underset{\ominus}{C}\!\!<^{CN}_{COOR} \;\;\rightleftharpoons\;\; \left[\begin{array}{l} CH_2 - CH = CH - CH = C\!\!<^{CN}_{COOR} \\ \big| \\ CH_3 - CH - CH = CH - \overset{-}{C}\!\!<^{CN}_{COOR} \end{array} \right]^{-} g$$

$$\underset{e}{} \qquad\qquad \underset{c}{}$$

das seinerseits nach dem gleichen Mechanismus mit weiteren aktivierten Molekeln c bzw. b unter Bildung des Polymerisats reagiert.

$$A - \left[\underset{\underset{COOR}{\big|}}{\overset{\overset{CH_3}{\big|}}{CH}} - CH = CH - \underset{\underset{COOR}{\big|}}{\overset{\overset{CN}{\big|}}{C}} - \overset{\overset{CH_3}{\big|}}{CH} - CH = CH - \underset{\underset{COOR}{\big|}}{\overset{\overset{CN}{\big|}}{C}} \right] - E$$

A = Start, E = Endgruppe.

Die alkalische Polymerisation des Cyansorbinsäureesters erscheint somit als typische krypto-ionische Kettenpolymerisation, wobei der Kettenabbruch z. B. durch Addition eines von Protonacceptor beim Start der Reaktion aufgenommenen Protons geschehen kann [28].

---

[27] HAMANN, K., u. L. M. COENEN: DRP. 696 243 (1936). — WITTIG u. HARTMANN: B. **72**, 1387 (1939).

[28] Nach dem gleichen Polymerisationsmechanismus findet auch die alkalische Polymerisation α,β-ungesättigter Carbonylverbindungen statt; auch die durch Natrium bewirkte Polymerisation der Diene ist analog deutbar, wenn auch hier zum mindesten teilweise ein krypto-radikalischer Mechanismus vorliegen dürfte; vgl. z. B. ZIEGLER: Z. angew. Chem. **49**, 499 (1936); s. a. W. HÜCKEL: Theoretische Grundlagen der organischen Chemie. 4. Aufl. Bd. II, S. 426, 1943.

Sowohl die Geschwindigkeit, als auch der Grad der Polymerisation, d. h. die erzielbare Molekulargröße, lassen sich durch Zusatz anderer β-Dicarbonylverbindungen zum polymerisierenden System beeinflussen. Setzt man z. B. Cyanessigester zu, so wird sich das Carbeniat-Anion dieses Esters anstelle des Carbeniat-Anions e an der Reaktion beteiligen, indem zunächst ein anionisches Addukt h entsteht,

$$\left[|\overset{}{\underset{}{CH}}\overset{CN}{\underset{COOR}{}} \right]^- + CH_3-\overset{\oplus}{CH}-CH=CH-\overset{\ominus}{C}\overset{CN}{\underset{COOR}{}} \;\rightleftharpoons\; \left[\begin{array}{c} \overset{CN}{\underset{COOR}{CH}} \\ \downarrow \\ CH_3-CH-CH=CH-\overset{-}{C}\overset{CN}{\underset{COOR}{}} \end{array} \right]$$
$$\text{h}$$

aus dem abermals ein Proton sich abspalten kann:

$$\text{h} \;\rightleftharpoons\; H^+ + \left[\overset{NC}{\underset{ROOC}{}}\!\!>\overset{-}{C}-CH(CH_3)-CH=CH-\overset{-}{C}\overset{CN}{\underset{COOR}{}} \right]^{--}.$$

Durch diese Bereitstellung zusätzlicher Additionskeime wird die Polymerisationsgeschwindigkeit erhöht, zugleich aber der Polymerisationsgrad erniedrigt, weil jede Molekel der β-Dicarbonylverbindung als neuer Polymerisationskeim wirkt und dadurch die durchschnittliche Molekulargröße verkleinert. Diese Wirkungen eines Zusatzes einer β-Dicarbonylverbindung sind in ihrem Ausmaß abhängig von der CH-Acidität der Verbindung, vorausgesetzt, daß diese höher ist, als die CH-Acidität des Cyansorbinsäureesters selbst. So steigt die Aktivität der β-Dicarbonylverbindung in der Reihe Acetylaceton $<$ Acetessigester $<$ Malonester $<$ Cyanessigester $<$ Malodinitril entsprechend der F. ARNDTschen Reihe der Protonbeweglichkeiten an; feinere Unterschiede der CH-Aciditäten haben sich jedoch mit dieser Methode nicht festlegen lassen [29].

Anstelle der α,β-ungesättigten Carbonylverbindungen gehen naturgemäß auch die entsprechenden Acetylenverbindungen die MICHAELsche Addition ein: so geben sowohl Propiolsäureester als auch Tetrolsäureester, Phenylpropiolsäureester und Acetylendicarbonsäureester normale Addukte mit β-Dicarbonylverbindungen [30]. Daneben sind aber auch andere Doppelbindungssysteme additionsfähig: Benzylidenanilin addiert Acetessigester zu einem Addukt, von dem sowohl Keto- als auch Enolform isoliert werden konnte [31]:

$$\left\{ C_6H_5-CH=\overset{-}{N}-C_6H_5 \leftrightarrow C_6H_5-\overset{}{\underset{\oplus}{CH}}-\overset{}{\underset{\ominus}{N}}-C_6H_5 \right\} + \left[CH_3-CO-\overset{-}{CH}-COOR \right]^- H^+ \;\rightleftharpoons\; \begin{array}{c} \overset{H}{\uparrow} \\ C_6H_5-CH-\overset{\uparrow}{N}-C_6H_5 \\ \uparrow \\ ROOC-CH-CO-CH_3 \end{array}$$

---

[29] Zufolge einer freundl. privaten Mitteilung.

[30] GIDVANI, KON u. WRIGHT: J. chem. Soc. London **1932**, 1027, 2443. — FARMER, GHOSAL u. KON: J. chem. Soc. London **1936**, 1804.

[31] SCHIFF u. BERTINI: B. **30**, 601 (1897); **31**, 207, 600 (1898); s. a. PHILPOTT u. JONES: J. chem. Soc. London **1938**, 337.

Analog reagiert auch der Cyanessigester[32]; auch der Azodicarbonsäureester ist fähig, Acetessigester nach dem Chemismus der MichaelAddition zu einer Hydrazoverbindung anzulagern[33]:

$$ROOC—\overline{N}{=}\overline{N}—COOR \quad + \quad CH_3—CO—CH_2—COOR \quad \rightleftharpoons \quad \begin{array}{c} H \\ ROOC—\overline{N}—\overline{N}—COOR \\ ROOC—CH—CO—CH_3 \end{array}$$

Durch eine besondere Reaktionsfähigkeit sind die CLAISENschen Alkoxymethylen-β-dicarbonylverbindungen ausgezeichnet, die sich, wie ihr Entdecker fand[34], bei Gegenwart eines Protonacceptors oder auch von Essigsäureanhydrid mit β-Dicarbonylverbindungen zu *Methenyl-bis-β-dicarbonylverbindungen* vereinigen. Auch diese Reaktion ist in ihrer ersten Stufe eine Michael-Addition: zunächst addiert sich die β-Dicarbonylverbindung aus der Carbeniatgrenzformel an die polarisierte Grenzformel der Alkoxymethylenverbindung zu einem Addukt a, $(R{=}COOC_2H_5)$

$$\left\{ \begin{array}{c} R \quad |\overline{O}—C_2H_5 \\ CH_3—CO—C{=}CH \end{array} \leftrightarrow \begin{array}{c} R \quad |\overline{O}—C_2H_5 \\ CH_3—CO—\underset{\ominus}{C}—\underset{\oplus}{CH} \end{array} \right\} + \left[\begin{array}{c} |CH—R \\ CO—CH_3 \end{array} \right]^- \longrightarrow$$

$$\longrightarrow \left[\begin{array}{c} |\overline{O}—C_2H_5 \\ R—\overline{C}{\diagdown}CH{\diagdown}CH—R \\ CH_3CO \qquad CO—CH_3 \end{array} \right]^-$$
a

aus dem sich nunmehr die Äthoxygruppe anionisch unter Vereinigung mit dem sich ablösenden Proton als Alkohol abspaltet zu b:

$$\left[\begin{array}{c} |\overline{O}—C_2H_5 \\ H \\ R—\overline{C}{\diagdown}CH{\diagdown}C—R \\ CH_3—CO \qquad CO—CH_3 \end{array} \right]^- \longrightarrow C_2H_5—\overline{O} \rightarrow H \ +$$

$$\longrightarrow \left[\begin{array}{c} R—\overset{\ominus}{C}{\diagdown}\overset{\oplus}{CH}{\diagdown}\overset{\ominus}{C}—R \\ CH_3—CO \qquad CO—CH_3 \end{array} \leftrightarrow \begin{array}{c} R—C{\diagdown}CH{\diagdown}\overset{\ominus}{C}—R \\ CH_3—CO \qquad CO—CH_3 \end{array} \right]$$
b

Nach Aufnahme des zu Beginn abgespaltenen Protons entsteht dann die Methenylverbindung:

$$\begin{array}{c} CH_3—CO{\diagdown} \qquad {\diagup}CO—CH_3 \\ C{=}CH—CH \\ R{\diagup} \qquad {\diagdown}R \end{array}$$

---

[32] LAZZARESCHI, C.: Gazz. **67**, 371 (1937).
[33] GHOSH, T. N., u. P. CH. GUHA: J. Indian Inst. Sci. (A) **16**, 103 (1933).
[34] CLAISEN, L.: A. **297**, 1 (1897).

Im gleichen Sinne reagieren auch Oxymethylen-β-carbonylverbindungen mit β-Dicarbonylverbindungen: so erhielten RUPE und BURCKHARDT[35] durch Kondensation von Oxymethylen-campher mit Malonsäure eine ungesättigte Carbonsäure vom Glutacon-typ:

$$C_8H_{14}\!\!\begin{array}{l} {\diagup}C{=}CH{-}CH_2{-}COOH \\ {\mid} \\ {\diagdown}C{=}O \end{array} \rightleftharpoons C_8H_{14}\!\!\begin{array}{l} {\diagup}CH{-}CH{=}CH{-}COOH \\ {\mid} \\ {\diagdown}C{=}O \end{array}$$

Ebenso entstehen durch Kondensation von α-Oxymethylen-carbonsäureestern mit Malonsäure in Pyridin bei Gegenwart von Piperidin α-substituierte Glutaconsäuren[36] nach folgendem Mechanismus:

$$\left\{ \begin{array}{l} \quad\;\; COOR \qquad\qquad COOR \\ \quad\;\; {\mid} \qquad\qquad\qquad {\mid} \\ R{-}C{=}CH{-}OH \leftrightarrow R{-}\underset{\ominus}{C}{-}\overset{\oplus}{CH}{-}OH \end{array} \right\} + \left[\underset{\diagdown COOH}{\overset{\diagup COOH}{\mid CH}} \right]^{-} \rightleftharpoons$$

$$\rightleftharpoons \left[\begin{array}{c} COOR \\ {\mid} \\ R{-}\underset{\;}{C}{-}CH{\leftarrow}CH\underset{\diagdown COOH}{\overset{\diagup COOH}{}} \\ {\mid} \\ OH \end{array} \right]^{-}$$

Aus diesem Michael-Addukt spaltet sich (Synionie-Effekt!) unter gleichzeitiger Decarboxylierung ein Mol Wasser ab unter Bildung der α-substituierten Glutaconsäure:

$$\left[\begin{array}{c} COOR \\ {\mid} \\ R{-}\underset{-}{C}{-}CH{-}CH\underset{\diagdown COOH}{\overset{\diagup COOH}{}} \\ {\mid} \\ OH \end{array} \right]^{-} \xrightarrow[-\;CO_2]{-\;H_2O} \left[\begin{array}{c} COOR \\ {\mid} \\ R{-}\underset{-}{C}{-}CH{=}CH{-}COOH \leftrightarrow \end{array} \right.$$

$$\left. \leftrightarrow R{-}\underset{\ominus}{\overset{COOR}{C}}{-}\overset{\oplus}{CH}{-}\underset{\ominus}{CH}{-}COOH \leftrightarrow R{-}C{=}CH{-}\underset{-}{CH}{-}COOH \right]^{-}$$
$$\underset{\qquad\qquad\qquad\qquad\qquad\qquad\qquad\qquad COOR}{}$$

Von besonderer synthetischer Bedeutung ist ferner, daß die aus Formaldehyd, Ketonen und sekundären Aminen entstehenden sog. Mannich-Basen in α,β-ungesättigtes Keton und Amin zerfallen:

$$CH_3{-}CO{-}CH_2{-}CH_2{-}N(CH_3)_2 \rightleftharpoons CH_3{-}CO{-}CH{=}CH_2 + HN(CH_3)_2$$

so daß diese Basen als Quelle α,β-ungesättigter Ketone bei der Michael-Addition eingesetzt werden können. So erhielten C. MANNICH und W. KOCH[37] durch Einwirkung von 2-Dimethylamino-methyl-cyclohexanon-(1) auf Malonester den Cyclohexan-1-on-2-(β-carbäthoxy)-propionsäureester:

$$\text{(Cyclohexanon-Mannich-Base)} + H_2C(COOR)_2 \longrightarrow \text{(Addukt)} + H{\leftarrow}N(CH_3)_2$$

<hr>

[35] B. **49**, 2547 (1916).

[36] PHALNIKAR, N. L., u. K. SH. NARGUND: J. Univ. Bombay **4**, 106 (1935). — BORSCHE, W., u. J. NIEMANN: B. **69**, 1993 (1936).

[37] B. **75**, 203 (1942). — Über die Reaktion mit Acetessigester s. C. MANNICH u. Mitarb.: B. **70**, 355 (1937); s. a. S. 265.

Aus Dimethylaminobutan-3-on und Malonester entsteht bei Gegenwart einer geringen Menge Äthylatlösung auf diesem Wege unter Abspaltung von Methylamin der α-(γ-Ketobutyl)-malonester [38].

Ähnlich wie bei der Claisen-Kondensation, gelingt es auch bei der Michael-Addition, die Reaktion unter den Bedingungen metallorganischer Synthesen durchzuführen. So bildet sich z. B. aus Mesityloxyd und Brommalonester unter dem Einfluß von Zink nach REFORMATSKY der β,β-Dimethyl-γ-acetyl-α-carbalkoxy-buttersäureester [39]. Die hierbei zunächst aus Brommalonester und Zink entstehende polarisierte metallorganische Zn-Verbindung spaltet im Reaktionsknäuel das Carbeniat-Anion des Malonesters ab, das sich dann nach MICHAEL an die polarisierte Grenzanordnung des Mesityloxyds anlagert:

$$Br{-}Zn{-}CH(COOR)_2 \;\rightleftharpoons\; [Br{-}Zn]^+ + [|CH(COOR)_2]^-$$

$$CH_3{-}CO{-}\overset{\ominus}{CH}{-}\overset{\oplus}{C}(CH_3)_2 + [|CH(COOR)_2]^- \;\rightleftharpoons\;$$

$$\rightleftharpoons \left[CH_3{-}CO{-}\overline{C}H{-}\overset{\displaystyle CH_3}{\underset{\displaystyle CH_3}{C}}{\leftarrow}CH(COOR)_2 \right]^- .$$

Auch mit Grignard-Verbindungen gelingt die Reaktion, wie die durch Piperidinacetat katalysierte Reaktion zwischen Naphthyl-α-methyl-Mg-chlorid und Alkylidenmalonester zeigt [40]:

Die MICHAELsche Addition ist an die Möglichkeit der Bildung einer Carbeniatgrenzform unter dem Einfluß des Protonacceptors gebunden. Michael-Addition findet daher nicht mehr statt, wenn die Acidität der β-Dicarbonylverbindung reine Enol-acidität darstellt, wie beispielsweise im Falle der Tetronsäure oder der Alkyltetronsäuren. Trotzdem kann es möglich sein, daß bei Verbindungen, die nahezu reine Enole darstellen, wie z. B. der 3-Oxy-cumaron-2-carbonsäureester (Enolgehalt von 96%) noch eine geringe Tendenz zur Ausbildung der Carbeniatgrenzform übriggeblieben ist,

die die Addition besonders aktiver α,β-ungesättigter Ketone ermöglicht. So addiert die erwähnte Verbindung als Cumaranon-carbonsäureester

[38] MANNICH, C., u. J.-P. FOURNEAU: B. **71**, 2090 (1938).

[39] JYER, B. H.: J. Indian chem. Soc. **17**, 215 (1940).

[40] RIEGEL, B., S. SIEGEL u. W. M. LILIENFELD: J. Amer. chem. Soc. **68**, 984 (1946).

bei Gegenwart einer geringen Menge Natriumäthylatlösung mit 90%
Ausbeute ein Mol Methyl-vinyl-keton zu dem erwarteten Addukt[41]

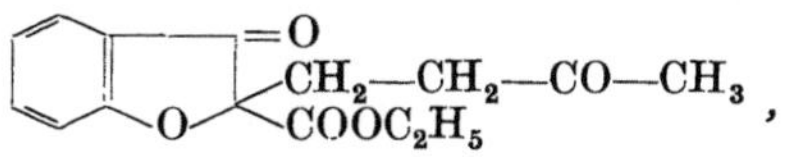

$$\text{Struktur: } \underset{O}{\overset{=O}{\big\langle}}\ \substack{CH_2-CH_2-CO-CH_3 \\ COOC_2H_5}\ ,$$

während Acrylnitril auch bei höherer Temperatur nicht mehr aufgenommen wird.

Diese Beobachtungen leiten nun zu den Verhältnissen bei alicyclischen β-Dicarbonylverbindungen über. Bereits im Jahre 1899
machten v. SCHILLING und VORLÄNDER[42] darauf aufmerksam, daß
durch Cyclisierung die sauren Eigenschaften einer acyclischen Verbindung z. T. stark erhöht werden. Dies trifft nun vor allem für die alicyclischen β-Ketocarbonsäureester vom Typ des Cyclohexanon-(1)-carbonsäureesters-(2) zu, dessen relativ hohe CH-Acidität bewirkt, daß bei
110° und Gegenwart einer geringen Menge alkoholischen Kalis in lebhafter exothermer Reaktion Acrylnitril mit nahezu 90%iger Ausbeute
addiert wird[43]. Die hohe CH-Acidität der alicyclischen β-Ketocarbonsäureester bewirkt weiterhin, daß selbst bei gleichzeitiger α-Stellung
eines tertiären und γ-Stellung eines quartären C-Atoms wie beim
Campher-carbonsäureester

$$\text{Struktur (Campher-carbonsäureester)}$$

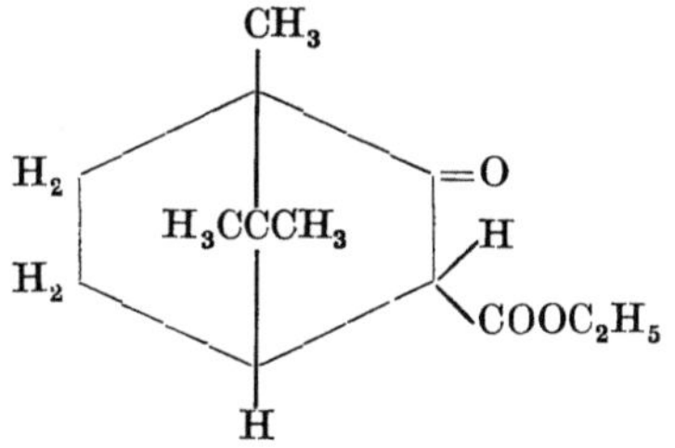

die Acidität dieser Verbindung noch zu einem 80%igen Umsatz mit
Acrylnitril unter den erwähnten Bedingungen ausreicht[43].

Auch der elektromere Effekt des Campher-carbonsäureesters ist
noch so hoch, daß die Verbindung, die in Substanz als reines Keton
vorliegt (Enolgehalt 0,1%), in alkoholischer Lösung unter dem Einfluß von Eisenchlorid langsam enolisiert und daher allmählich über
eine vorübergehende Grünfärbung die blaue Eisenchloridreaktion
α-monosubstituierter β-Ketocarbonsäureester gibt[44]. Demgegenüber
genügt, wie bereits geschildert, bei acyclischen β-Ketocarbonsäureestern
mit α-ständigem tertiärem Substituenten (α-Isopropyl-acetessigester)
bereits diese die CH-Acidität und den elektromeren Effekt herabsetzende
Substitution, um die Addition von Acrylnitril unmöglich zu machen
und die die Eisenchloridreaktion auslösende cis-Enolisierung zu unterdrücken.

---

[41] HENECKA, H.: B. **81**, 203 (1948).
[42] A. **308**, 195 (1899).
[43] HENECKA, H.: l. c.
[44] BRÜHL, J. W.: B. **36**, 671 (1903).

Aber auch α-Stellung eines quartären Substituenten genügt bei
alicyclischen β-Ketocarbonsäureestern noch nicht zur vollkommenen
Unterdrückung der CH-Acidität, wenn, wie beim 1,1-Dimethyl-3-
äthoxy-cyclohexen-(3)-on-(5)-carbonsäureester-(6)

$$
\begin{array}{c}
O\!-\!C_2H_5 \\
| \\
H_2C \diagup \diagdown H \\
H_3C \\
H_3C \quad =\!O \\
H \quad COOC_2H_5
\end{array}
$$

in β,γ-Stellung zur CH-Gruppe, bzw, in α,β-Stellung zur CO-Gruppe
eine leicht polarisierbare Doppelbindung steht, sodaß auch hier noch
der CH-Gruppe eine zur Reaktion mit Acrylnitril genügend hohe
Acidität induziert wird. Der elektromere Effekt der Carbonylgruppe
dieser Verbindung ist allerdings bereits so gering, daß Enolisierung und
somit Eisenchloridreaktion nicht mehr eintritt, während die entsprechende 1-Monomethylverbindung mit Eisenchlorid noch leicht Blau-
grünfärbung gibt.

2. Addition mit nachträglicher Umlagerung.

Ihrem Charakter als alkali-katalysierter Reaktion entsprechend
gelingt die MICHAELsche Addition bereits bei Gegenwart einer geringen
Menge eines Protonacceptors. Führt man die Reaktion jedoch bei
Gegenwart einer molaren Menge Natriumalkoholat durch, so können
sekundäre Umlagerungen und Spaltungen eintreten, deren Deutung
zunächst umstritten war. So fanden A. MICHAEL und J. Ross[45], daß
sich Methylmalonester und Crotonsäureester bei Gegenwart einer geringen Menge Äthylat-Lösung normal addieren unter Bildung von
α-Carbäthoxy-α,β-dimethylglutarsäureester, während unter dem Einfluß einer molaren Menge Äthylat der isomere α-Carbäthoxy-β,γ-dime-
thylglutarsäureester entsteht:

$$
\begin{array}{cccc}
CH_3\!-\!CH\!=\!CH\!-\!COOR & & CH_3\!-\!CH\!-\!CH_2\!-\!COOR & \\
+ & \rightleftarrows & | & \xrightarrow[\text{Aethylat}]{1\,\text{Mol}} \\
CH_3\!-\!CH(COOR)_2 & & CH_3\!-\!C(COOR)_2 & \\
\end{array}
$$
$$
\begin{array}{c}
CH_3\!-\!CH\!-\!CH(CH_3)COOR \\
\longrightarrow \quad | \\
HC(COOR)_2
\end{array}
$$

Aus Benzal-acetophenon und Methylmalonester entsteht nach
N. E. HOLDEN und A. LAPWORTH[46] ein Gemisch von Benzoylessigester
und α-Methylzimtsäureester:

$$
\begin{array}{cccc}
C_6H_5\!-\!CH\!=\!CH\!-\!CO\!-\!C_6H_5 & & C_6H_5\!-\!CH\!-\!CH_2\!-\!CO\!-\!C_6H_5 & \\
+ & \rightleftarrows & | & \xrightarrow[\text{Aethylat}]{1\,\text{Mol}} \\
CH_3\!-\!CH(COOR)_2 & & CH_3\!-\!C(COOR)_2 & \\
\end{array}
$$
$$
\begin{array}{c}
C_6H_5\!-\!CO\!-\!CH_2\!-\!COOR \\
\longrightarrow \quad + \\
C_6H_5\!-\!CH\!=\!C(CH_3)\!-\!COOR
\end{array}
$$

[45] J. Amer. chem. Soc. **52**, 4598 (1930); **53**, 1150, 2394 (1931); **55**, 1632 (1933);
s. a. A. MICHAEL: B. **38**, 3222 (1905); **39**, 2142 (1906); J. Amer. chem. Soc. **32**,
997 (1910). — MICHAEL, A., u. WEINER: J. Amer. chem. Soc. **59**, 744 (1937).
[46] J. chem. Soc. London **1931**, 2368.

Die Deutung dieser Umlagerungen und Spaltungen ist außerordentlich interessant: bestimmt werden diese Sekundär-Reaktionen durch die bekannte Eigenschaft α,α-disubstituierter β-Dicarbonylverbindungen, durch geringe Mengen Äthylat alkoholytisch gespalten zu werden; letzthin werden diese Umlagerungen jedoch erst unter Berücksichtigung des Mesomerie-Prinzips verständlich, das besagt, daß ein reagierendes System immer einem größtmöglicher Mesomerie fähigen energieärmsten Zustand zustrebt.

Im einzelnen kann man diese Reaktionen folgendermaßen erklären: wie bereits im Schema angedeutet, besteht der erste Schritt auch bei Gegenwart einer molaren Menge Alkoholat in einer normalen Michael-Addition. Das so aus Methylmalonester und Crotonsäureester entstehende Addukt stellt nun einen α,α-disubstituierten Malonester dar, in dem bei Gegenwart von Äthylat sehr leicht eine der beiden Carbäthoxygruppen des Malonester-Restes zur mesomeren zwitterionischen Form a aktiviert wird:

$$
\left\{
\begin{array}{l}
CH_3\!-\!CH\!-\!CH_2\!-\!COOR \\
\quad\quad\; | \\
CH_3\!-\!\underset{\;|}{C}\!-\!COOR \\
\quad\quad\; | \\
\quad\quad COOR
\end{array}
\;\longleftrightarrow\;
\begin{array}{l}
CH_3\!-\!CH\!-\!CH_2\!-\!COOR \\
\quad\quad\; | \quad\;\; \overset{\oplus}{} \quad \overset{-}{} \\
CH_3\!-\!C\!-\!\overset{\oplus}{C}\!-\!\underline{O}|^{\ominus} \\
\quad\quad\; | \quad\quad | \\
\quad ROOC \;\; |\underline{O}\!-\!C_2H_5
\end{array}
\right\} \; a
$$

Unter dem Einfluß des Äthylats tritt nun — möglicherweise unter Zwischenbildung einer Wasserstoffbrücke — Abspaltung eines Protons aus der α-CH_2-Gruppe ein, der unmittelbar die Einlagerung des freiwerdenden Elektronenpaars in die Oktettlücke der polarisierten Carbäthoxygruppe folgt unter Bildung des Anions b:

$$
\begin{array}{l}
CH_3\!-\!CH\!-\!CH_2\!-\!COOR \\
\quad\quad | \quad \overset{\oplus}{} \quad \overset{-}{} \\
CH_3\!-\!\overset{}{C}\!-\!\overset{\oplus}{C}\!-\!\underline{O}|^{\ominus} \\
\quad\quad | \quad\quad | \\
\; RCOC \;\; |\underline{O}R
\end{array}
\;\rightleftharpoons\;
\begin{array}{c}
\quad\quad\; COOR \\
\quad\quad\quad | \\
CH_3\!-\!CH\!-\!CH\!-\!H \\
\quad\quad | \quad \overset{\oplus}{} \quad \uparrow \\
CH_3\!-\!C\!-\!\overset{\oplus}{C}\!-\!\underline{O}|^{\ominus} \\
\quad\quad | \quad\quad | \\
\; ROOC \;\; |\underline{O}R
\end{array}
\;\rightleftharpoons\;
\begin{array}{c}
\quad\quad\quad \overset{\ominus}{} \\
CH_3\!-\!CH\!-\!\underline{CH}\!-\!COOR \\
\quad\quad | \quad \overset{\oplus}{} \quad \overset{-}{} \\
OH_3\!-\!C\!-\!\overset{\oplus}{C}\!-\!\underline{O}\!\rightarrow\!H \\
\quad\quad | \quad\quad | \\
\; ROOC \;\; |\underline{O}\!-\!R
\end{array}
\;\xrightarrow{-\,\mathbf{H}^+}
$$

$$
\longrightarrow
\left[
\begin{array}{l}
CH_3\!-\!CH\!-\!CH\!-\!COOR \\
\quad\quad | \quad\quad \downarrow \\
CH_3\!-\!C\!-\!C\!-\!\underline{O}| \\
\quad\quad | \quad\quad | \\
\; ROCC \quad |\underline{O}\!-\!R
\end{array}
\right]^{-} \; b
$$

In diesem Anion b wird das C-Atom der reagierenden Carbäthoxygruppe über das nach dem Mechanismus der Esterkondensation neu entstandene β-Dicarbonylsystem induktiv so weitgehend desintegriert, daß nunmehr Lösung der Bindung dieses C-Atoms an das Methylmalonester-C-Atom eintritt unter Entstehung des Anions c, das sich sofort zu d tautomerisiert:

$$
b \longrightarrow
\left[
\begin{array}{l}
CH_3\!-\!CH\!-\!CH\!-\!COOR \\
\quad\quad | \quad\quad | \\
CH_3\!-\!C| \quad\; C\!=\!\underline{O} \\
\quad\quad | \quad\quad | \\
\; ROOC \quad |\underline{O}\!-\!R
\end{array}
\right]^{-}
\longrightarrow
\left[
\begin{array}{l}
CH_3\!-\!CH\!-\!\overline{C}(COOR)_2 \\
\quad\quad | \\
CH_3\!-\!C\!\rightarrow\!H \\
\quad\quad | \\
\quad COOR
\end{array}
\right]^{-}
$$

c   d

Die treibende Kraft dieser Umlagerung ist in der durch diese Reaktionsfolge eintretenden Ionisierung zu erblicken, da das Ion energetisch vor der zunächst durch die normale Addition sich bildenden isomeren Neutralform bevorzugt ist.

In gleicher Weise ist die zweite der erwähnten Umlagerungen zu deuten: aus Benzal-acetophenon und Methylmalonester entsteht auch hier zunächst das normale Addukt a, das sich nach dem erörterten Mechanismus einer intermediären Claisen-Kondensation in die isomere, zur Ionisierung befähigte Form b umlagert:

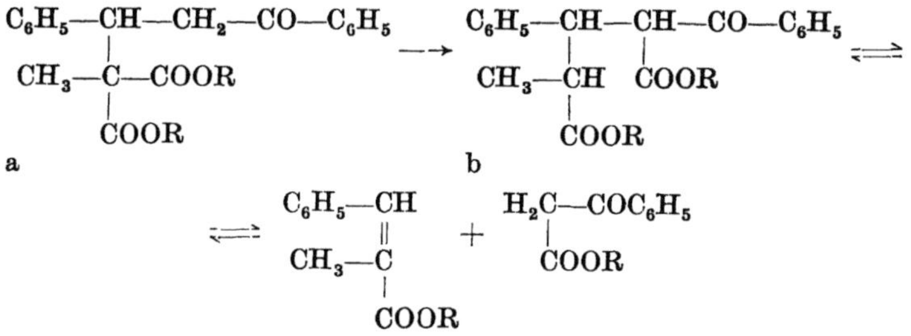

$$
\begin{array}{ccc}
C_6H_5\text{—}CH\text{—}CH_2\text{—}CO\text{—}C_6H_5 & \longrightarrow & C_6H_5\text{—}CH\text{—}CH\text{—}CO\text{—}C_6H_5 \rightleftharpoons \\
\quad\quad\;\; | & & \quad\quad\;\; | \quad\;\; | \\
CH_3\text{—}C\text{—}COOR & & CH_3\text{—}CH \quad COOR \\
\quad\;\; | & & \quad\quad\quad | \\
\quad\;\; COOR & & \quad\quad\quad COOR \\
\quad\; a & & \quad\quad b
\end{array}
$$

$$
\rightleftharpoons \quad
\begin{array}{c}
C_6H_5\text{—}CH \\
\quad\quad \| \\
CH_3\text{—}C \\
\quad\; | \\
\quad\; COOR
\end{array}
\quad + \quad
\begin{array}{c}
H_2C\text{—}COC_6H_5 \\
\quad\; | \\
\quad\; COOR
\end{array}
$$

Dieses so entstehende isomere Michael-Addukt b spaltet sich nunmehr unter dem Einfluß des Alkalis in die beiden Komponenten Benzoylessigester und α-Methylzimtsäureester, und zwar deswegen, weil das Gleichgewicht dieser Addition weitgehend zugunsten der Komponenten liegt. Die Triebkraft der Reaktion ist hier in der dem reagierenden System innewohnenden Möglichkeit zu erblicken, in das energetisch begünstigte mesomere *Anion* des Benzoylessigesters unter Abstoßung des Methylzimtsäureesters als neutralem Spaltstück überzugehen[47].

Eine besonders interessante Umlagerung zeigt das Addukt von Tetrolsäureester an Methylmalonester[48], da hier die Isomerisierung nicht durch Prototropie, sondern durch einfache Elektromerie vor sich geht: das zunächst entstehende Addukt a wird durch das Alkali zur mesomeren Formel b aktiviert, die dann durch elektromere Verschiebung über c in das zur Ionisation fähige Malonester-Derivat d übergeht:

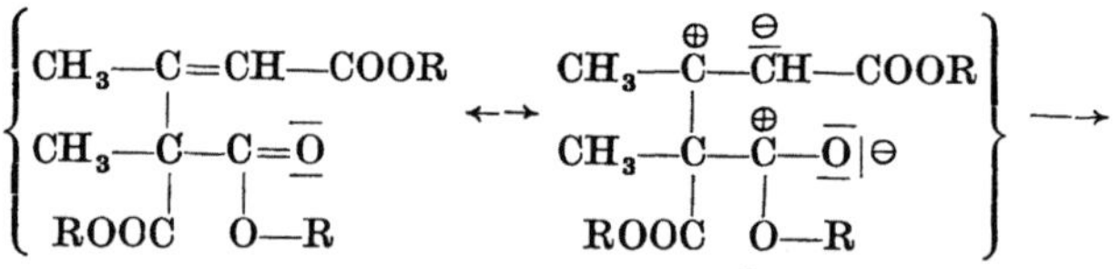

$$
\left\{
\begin{array}{c}
CH_3\text{—}C\text{=}CH\text{—}COOR \\
\quad\quad | \\
CH_3\text{—}C\text{—}C\text{=}\overset{-}{O} \\
\quad\;\; | \quad\; | \\
ROOC \quad O\text{—}R \\
\quad\quad a
\end{array}
\longleftrightarrow
\begin{array}{c}
CH_3\text{—}\overset{\oplus}{C}\text{—}\overset{\ominus}{C}H\text{—}COOR \\
\quad\quad | \\
CH_3\text{—}C\text{—}\overset{\oplus}{C}\text{—}\overset{-}{O}|^{\ominus} \\
\quad\;\; | \quad\; | \\
ROOC \quad O\text{—}R \\
\quad\quad b
\end{array}
\right\}
\longrightarrow
$$

[47] Zur gegebenen Deutung vgl.: HOLDEN, N. E., u. A. LAPWORTH: l. c. — CONNOR, R., u. D. B. ANDREWS: J. Amer. chem. Soc. 56, 2713 (1934). — RYDON, H. N.: J. chem. Soc. London 1935, 420. — INGOLD, CH. K., u. H. N. RYDON: J. chem. Soc. London 1935, 857. — GARDNER, J. A., u. H. N. RYDON: J. chem. Soc. London 1938, 42.

[48] GIDVANI, KON u. WRIGHT: J. chem. Soc. London 1932, 1027. — GIDVANI u. KON: J. chem. Soc. London 1932, 2443. — FARMER, GHOSAL u. KON: J. chem. Soc. London 1936, 1804. — MICHAEL, A.: J. org. Chemistry 2, 303 (1937).

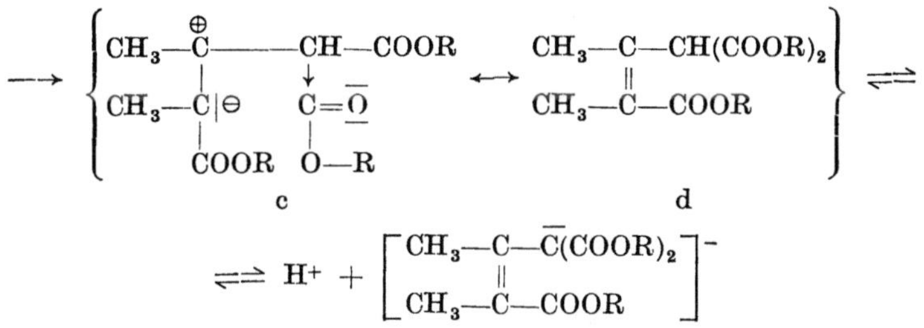

$$\longrightarrow \left\{ \begin{array}{cc} CH_3\!-\!\overset{\oplus}{C}\!-\!\!-\!\!-\!CH\!-\!COOR & CH_3\!-\!C\!-\!CH(COOR)_2 \\ CH_3\!-\!\overset{\ominus}{C}| \quad\ C\!=\!\overline{O} & \overset{\|}{} \\ | \qquad\ | & CH_3\!-\!C\!-\!COOR \\ COOR\ \ O\!-\!R \end{array} \right\} \rightleftharpoons$$

c   d

$$\rightleftharpoons H^+ + \left[\begin{array}{c} CH_3\!-\!C\!-\!\overline{C}(COOR)_2 \\ \overset{\|}{} \\ CH_3\!-\!C\!-\!COOR \end{array} \right]^-$$

Auch diese Reaktion wird in ihrem Ablauf durch die Möglichkeit der Umwandlung in eine energetisch begünstigte und zur Ionisation als mesomeres Anion fähigen Form bestimmt (Synionie-Effekt).

Sekundäre Umwandlungen von Michael-Addukten durch nachträgliche Umesterungen sind ebenfalls gelegentlich beobachtet worden: so entsteht aus Pulegon und Natrium-Malonester durch Umesterung einer Carbäthoxygruppe mit der Enolform des Ketons ein Lakton; bei etwas erhöhter Temperatur tritt hier bereits nahezu vollständiger Zerfall in die Komponenten ein[49], eine Reaktion, die durch die α-ständige quartäre Gruppe leicht verständlich erscheint:

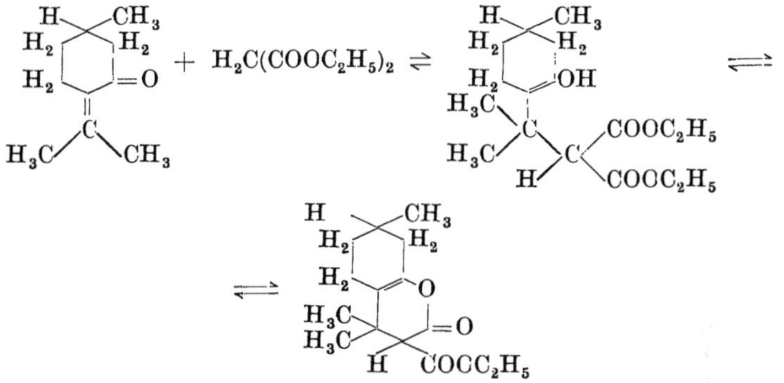

3. Kondensierende Addition.

a) Cyclohexenone und Cyclohexanolone.

Setzt man Acetessigester mit Formaldehyd bei Gegenwart von Piperidin um, so spielen sich folgende Reaktionen ab[50]: zunächst entsteht aus je einem Mol Formaldehyd und Acetessigester durch Aldolkondensation der α-Methylen-acetessigester, der dann mit einem zweiten Mol Acetessigester unter Michael-Addition in den Methylen-bisacetessigester übergeht:

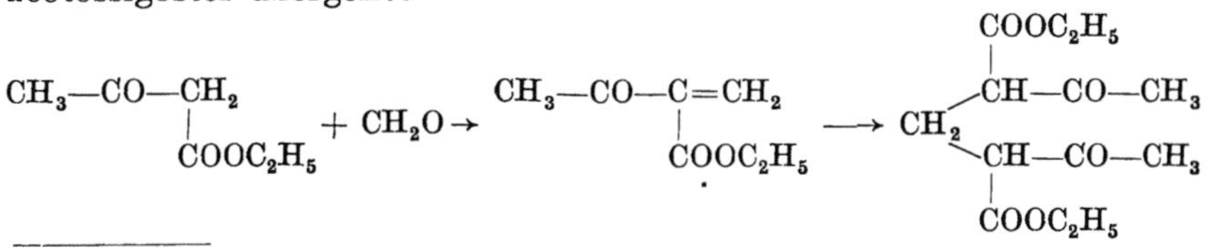

<hr>

[49] VORLÄNDER, D.: A. **345**, 158 (1906).
[50] RABE, P.: A. **332**, 11 (1904); **360**, 265 (1908).

Diese Reaktionen erfolgen relativ rasch und mit beträchtlicher
Wärmetönung. Läßt man nunmehr das Reaktionsgemisch längere
Zeit stehen, so findet eine innermolekulare Aldolkondensation statt,
wodurch der Methylen-bis-acetessigester als 1,5-Diketon in *3-Methyl-
cyclohexanol-(3)-on-(1)-dicarbonsäureester-(4,6)* übergeht[51].

Voraussetzung für den Eintritt dieser Reaktion ist, daß die Acidität der α-CH-Gruppe eines der beiden miteinander verknüpften β-Keto-
carbonesterreste so gering ist, daß unter dem Einfuß des Protonacceptors eine Ablösung des Protons von diesem α-CH-Atom nicht mehr eintritt. Dann ist eine Aktivierung der γ-CH_3-Gruppe dieses einen β-Keto-
carbonesterrestes möglich, eine Bedingung, die durch die Verminderung
der CH-Acidität der α-CH-Gruppe durch die Substitution über die Me-
thylenbrücke mit dem zweiten β-Ketocarbonesterrest erfüllt ist. Ist
daher ein Protonacceptor wie Piperidin anwesend, dann tritt zwischen
der aktivierbaren γ-Methylgruppe des einen β-Ketocarbonesterrestes
und der außenstehenden Ketogruppe des zweiten β-Ketocarbonester-
restes innermolekular (Zwischenbildung einer Wasserstoffbrücke)
Aldolkondensation ein:

$$
\begin{array}{ccc}
COOC_2H_5 & COOC_2H_5 & COOC_2H_5 \\
\mid & \mid & \mid \\
CH\!-\!CO & CH\!-\!CO & CH\!-\!CO \\
& & \\
CH_2\;\ominus|\overline{O}|\,H\!-\!CH_2 \;\longrightarrow\; & CH_2\;\ominus|\overline{O}\!\rightarrow\!H\!-\!CH_2 \;\longrightarrow\; & CH_2 \qquad CH_2\,; \\
& & \\
CH\!-\!\underset{\oplus}{C}\!-\!CH_3 & CH\!-\!\underset{\oplus}{C}\!-\!CH_3 & CH\!-\!C\!-\!CH_3 \\
\mid & \mid & \\
COOC_2H_5 & COOC_2H_5 & H_5C_2OCO\;\lfloor O\!\rightarrow\!H
\end{array}
$$

es bildet sich der Methyl-cyclohexanolon-dicarbonsäureester.

Läßt man nun auf den Methylen-bis-acetessigester in alkoholischer
Lösung ein Mol Natriumäthylat einwirken, so findet zunächst die gleiche
Reaktion statt. Ähnlich wie bei der Kondensation von Aldehyden mit
β-Dicarbonylverbindungen tritt sekundär Wasserabspaltung ein, er-
leichtert durch den innerhalb des Cyclohexanringes fortlaufend sich
ergänzenden und dadurch sich verstärkenden, alternierend-induktiven
Effekt und bedingt durch den hohen Synionie-Effekt des Anions des
leicht ionisierbaren Reaktionsproduktes;

$$
\begin{array}{cc}
\overset{\delta+}{H_5C_2OCO}\;\;|O| & H_5C_2OCO\;\;|O| \\
\mid\qquad\quad \| & \mid\qquad\quad \| \\
CH\!-\!C & CH\!-\!C \\
\underset{\delta-}{\diagup}\;\underset{\delta+}{\diagdown}\;\;{}_{\delta-}C\!\diagup^{H} & \diagup\qquad\diagdown \\
CH_2 \qquad\qquad\qquad \quad \longrightarrow\;\; & CH_2 \qquad\qquad C\!-\!H \;+\; H\!\leftarrow\!\underline{O}\!-\!H \\
\underset{\delta-}{\diagdown}\;\underset{\delta+}{\diagup}\;\;{}_{\diagdown CH_3}^{H} & \diagdown\qquad\diagup \\
CH\!-\!C & CH\!=\!C \\
\mid\qquad\quad \mid & \mid\qquad\quad \mid \\
\underset{\delta+}{H_5C_2OCO}\;\;|\underline{O}\!-\!H & H_5C_2OCO \qquad CH_3
\end{array}
$$

<hr>

[51] Der Methylen-bis-acetessigester ist in reinem Zustand in Abwesenheit
eines Kondensationsmittels absolut beständig, wie Beobachtungen an einem
Präparat über einen Zeitraum von 37 Jahren ergaben [P. RABE: B. **76**, 979 (1943)].
Dagegen lagert sich das Addukt von Desoxybenzoin an Benzylidenacetessigester
bereits beim Kochen in alkoholischer Lösung in den festen Ketoalkohol um.

Auf diese Weise entsteht als Zwischenprodukt der Methyl-cyclo-hexen-(1)-on-(3)-dicarbonsäureester-(4,6), der jedoch bei Gegenwart von Ätznatron — durch Einwirkung des abgespaltenen Moleküls Wasser auf das Natriumäthylat entstanden — nicht beständig ist, sondern unter Abspaltung von Natriumäthoxycarbonat in den *Methyl-cyclo-hexen-(1)-on-(3)-carbonsäureester-(6)* übergeht:

$$\text{(Reaktionsschema mit cyclischen Strukturformeln)}$$

Diese Verbindung ist identisch mit dem durch Einwirkung von Methylenjodid auf Natracetessigester entstehenden sog. HAGEMANN-schen Ester[52], dessen Konstitution längere Zeit umstritten war, da diese Verbindung sauren Charakter besitzt und in Alkali löslich ist. Diese Aciditätssteigerung durch die Cyclisierung wird durch die mit dem Ringschluß verknüpfte Ausschaltung des die Enolisierung acy-clischer β-Dicarbonylverbindungen hemmenden *sterischen* Faktors[53] verursacht. Die Abdissoziation eines Protons findet deswegen so leicht statt, weil dadurch ein energetisch begünstigtes Anion mit hohen Meso-meriemöglichkeiten entsteht.

$$\text{(Reaktionsschema mit cyclischen Strukturformeln)}$$

<hr>

[52] Vgl. W. DIECKMANN: B. **45**, 2690 (1912); dort weitere Literaturangaben.
[53] Vgl. I, 3, S. 27.

Diese durch die Cyclisierung bewirkte Aciditätssteigerung, verbunden mit der durch die Ionisierung eintretenden Erhöhung der Mesomeriemöglichkeiten (Synionie-Effekt), erscheint daher energetisch als das den Ablauf der Reaktion bestimmende Moment.

Cyclohexen-(1)-on-(3)-carbonsäureester-(6) sind weiterhin deswegen interessant, weil sie die charakteristische Atomanordnung des Glutaconsäureesters, ROCO—CH=CH—CH₂—COOR, in alicyclischer Bindung enthalten. Außer der bereits erwähnten Mesomerie des Anions ist daher noch Dreikohlenstoff-Tautomerie möglich, die zu folgender Mesomerie des Anions führt:

$$\left[\begin{array}{c} \bar{O}=C-\overset{H}{\underset{}{C}}=C-CH_3 \\ H_2C-\underset{H_2}{C}-\overset{}{C}-COOR \end{array} \longleftrightarrow \begin{array}{c} \bar{O}=C-\overset{H}{\underset{}{C}}-C-CH_3 \\ H_2C-\underset{H_2}{C}-C-COOR \end{array} \right]^{-}.$$

Tatsächlich läßt sich der HAGEMANNsche Ester leicht alkylieren, wobei die letztgenannte Grenzformel als Reaktionsformel fungiert[54]. Bei der Methylierung entsteht so der 1,2-Dimethyl-cyclohexen-(1)-on--(3)-carbonsäureester-(6) und bei der Einwirkung von Phenyldiazoniumsulfat das 2-Phenylhydrazon des 1-Methylcyclohexen-(6)-dion-(2,3)-carbonsäureesters-(6)[55].

Ähnlich wie der Methylen-bis-acetessigester gehen ganz allgemein Alkyliden- oder Aryliden-bis-β-ketocarbonsäureester bei der Einwirkung von Natriumäthylat unter Cyclisierung und Abspaltung von Natrium-alkoxy-carbonat in Derivate der Cyclohexen-(1)-on-(3)-carbonsäure-(6) über.

Behandelt man die Alkyliden- oder Aryliden-bis-β-ketocarbonsäureester in der Hitze mit verdünnter Schwefelsäure, so bildet sich ebenfalls das zugehörige Derivat der Cyclohexen-(1)-on-(3)-carbonsäure-(6), die jedoch unter diesen Bedingungen decarboxyliert wird zu einem Derivat des Cyclohexen-(1)-on-(3). Auf diesem Wege erhält man beispielsweise aus Isobutyliden-bis-acetessigester das 1-Methyl-5-isopropyl-cyclohexen-(1)-on-(3), das sog. *Hexeton*[56].

$$\begin{array}{c} H_3C \\ H_3C \end{array}\!\!>\!CH-CH\begin{array}{c} \overset{COOC_2H_5}{\underset{}{CH}}-CO-CH_3 \\ \underset{\underset{COOC_2H_5}{\vert}}{CH}-CO-CH_3 \end{array} \longrightarrow (CH_3)_2CH-\text{[Ring]}=O$$

Bei der Einwirkung von verdünnter Schwefelsäure auf das Addukt von Acetessigester an Methyl-vinyl-keton, den Heptan-2,6-dion-3-car-

<hr>

[54] CALLENBACH, J. A.: B. **30**, 643 (1897). — DIECKMANN, W.: B. **45**, 2700 (1912). — KÖTZ, A., K. BENDERMANN, F. MÄHNERT u. R. ROSENBUSCH: A. **400**, 82 (1913); s. a. J. A. HOGG: J. Amer. chem. Soc. **70**, 161 (1948).
[55] DIECKMANN, W.: B. **45**, 2696 (1912).
[56] KNOEVENAGEL, E.: A. **303**, 223 (1898); s. a. E. C. HORNING u. R. E. FIELD: J. Amer. chem. Soc. **68**, 384 (1946). — HORNING, E. C., R. E. FIELD u. DENCKAS: J. org. Chemistry **9**, 547 (1944).

bonsäureester, entsteht aus diesem 1,5-Diketon das Methyl-cyclo-hexen-(1)-on-(3). Der innere Mechanismus dieser Cyclisierung, die auf zweierlei Weise erfolgen kann:

$$
\begin{array}{c}
\text{COOC}_2\text{H}_5 \\
|\\
\text{CH-CO-CH}_3 \\
\text{CH}_2 \\
\text{CH}_2\text{-CO-CH}_3
\end{array}
\quad
\xrightarrow{\ \text{I}\ }
\quad
\begin{array}{c}
\text{COOC}_2\text{H}_5 \\
|\\
\text{H}_2\text{C} \diagup \text{CH-CO} \diagdown \text{CH} \\
\text{CH}_2\text{-C} \diagdown \text{CH}_3
\end{array}
\quad\longrightarrow\quad
\begin{array}{c}
\text{CH}_3 \\
|\\
\text{H}_2\text{C} \diagup \text{CH}_2\text{-C} \diagdown \text{CH} \\
\text{CH}_2\text{-CO}
\end{array}
$$

$$
\xrightarrow{\ \text{II}\ }
\quad
\begin{array}{c}
\text{COOC}_2\text{H}_5 \\
|\\
\text{H}_2\text{C} \diagup \text{CH-C} \diagdown \text{CH}_3 \\
\text{CH}_2\text{-CO} \diagdown \text{CH}
\end{array}
$$

wird offenbar, wenn man Cyclisierung und Decarboxylierung stufenweise durchführt. Dies gelingt nach E. E. BLAISE[57] nach der CLAISENschen Kondensationsmethode[58] durch Behandeln des Heptan-2,6-dion-3-carbonsäureesters mit Chlorwasserstoff und anschließender Behandlung des Cyclisierungsproduktes mit Diäthylanilin. Dabei entsteht als alleiniges Reaktionsprodukt der als β-Ketocarbonsäureester eindeutig charakterisierte 1-Methyl-cyclohexen-(1)-on-(3)-carbonsäureester-(4), d. h. also, daß die γ-Methylgruppe des β-Ketocarbonsäureesters mit der außenstehenden Carbonylgruppe unter Erhaltung der β-Ketocarbonesterkonfiguration nach Schema I reagiert, was auf die leichtere Aktivierbarkeit dieser CH_3-Gruppe und die durch die Erhaltung der β-Dicarbonylanordnung mögliche Erhöhung des mesomeren Effekts durch die Cyclisierung zurückgeführt werden kann.

Nach dem gleichen Mechanismus findet die Cyclisierung auch dann statt, wenn im Heptan-2,6-dion-3-carbonsäureester das acide H-Atom in 3-Stellung durch Alkyl substituiert ist. Dies geht daraus hervor, daß das Addukt von α-Isopropyl-acetessigester an Methyl-vinyl-keton bei der Cyclisierung nach BLAISE in einen Methylisopropyl-cyclohexenoncarbonsäureester übergeht, der bei der Verseifung und Decarboxylierung Δ_1-p-*Menthen-3-on* (Piperiton) ergibt[59]:

$$
\begin{array}{c}
\text{CO-CH}_3 \\
|\\
\text{(CH}_3)_2\text{CH-C-CH}_2\text{-CH}_2\text{-CO-CH}_3 \\
|\\
\text{COOC}_2\text{H}_5
\end{array}
\longrightarrow
$$

$$
\longrightarrow
\begin{array}{c}
\text{CH}_3 \\
|\\
\text{H}_2 \\
\text{H}_2 \qquad =\text{O} \\
\text{(CH}_3)_2\text{CH} \quad \text{COOC}_2\text{H}_5
\end{array}
\longrightarrow
\begin{array}{c}
\text{CH}_3 \\
|\\
\text{H}_2 \\
\text{H}_2 \qquad =\text{O} \\
\text{CH} \\
\text{H}_3\text{C} \quad \text{CH}_3
\end{array}
$$

[57] Bull. Soc. chim. France [4] **3**, 418 (1908). — HENECKA, H.: B. **81**, 189 (1948).
[58] Vgl. VIII, 1, S. 211.
[59] HENECKA, H.: B. **82**, 112 (1949); s. a. J. WALKER: J. chem. Soc. London **1935**, 1585.

Diese Reaktionsfolge stellt eine neue Synthese des *Menthols* dar, das aus dem Piperiton leicht zu erhalten ist. In ähnlicher Weise gelingt unter Ausnutzung der MICHAELschen Addition auch die Darstellung des mit dem Piperiton isomeren *Carvenons*: das Addukt von Isobutyryl-essigester[60] an Isopropenyl-methyl-keton liefert bei der Ketonspaltung mit verdünnter Schwefelsäure über das intermediär entstehende 2,6-Dimethyl-octan-3,7-dion das Δ_3-p-*Menthen-2-on* (Carvenon)[59]:

$$
\begin{array}{ccccc}
\text{CH}_3 & & \text{CH}_3 & & \\
| & & | & & \\
\text{CH—CO—CH}_3 & & \text{CH—CO—CH}_3 & & \\
| & & | & & \\
\text{CH}_2 & \longrightarrow & \text{CH}_2 & \longrightarrow & \\
| & & | & & \\
\text{CH—COOC}_2\text{H}_5 & & \text{CH}_2 & & \\
| & & | & & \\
\text{CO—CH(CH}_3)_2 & & \text{CO—CH(CH}_3)_2 & &
\end{array}
$$

Benutzt man die weniger reaktionsbereiten β-disubstituierten α,β-ungesättigten Ketone zur Kondensation mit dem β-Ketocarbonsäure-ester, so gelingt es, in Gegenwart von Natriumäthylat durch längeres Stehenlassen bei gewöhnlicher Temperatur direkt zu einem Derivat des Cyclohexen-(1)-on-(3) zu gelangen. So erhält man durch Kondensation von Mesityloxyd mit Acetessigester das 1,5,5-Trimethylcyclohexen-(1)-on-(3), das sog. *Isophoron*[61]:

$$(\text{CH}_3)_2\text{C}=\text{CH—CO—CH}_3 + \text{CH}_3\text{—CO—CH}_2\text{—COOC}_2\text{H}_5 \rightleftharpoons \longrightarrow$$

Das Gleichgewicht Acetessigester/Mesityloxyd liegt, wie bereits aus-führlich dargelegt[62], fast völlig auf seiten der Komponenten. Wenn nun trotzdem die Kondensation des Mesityloxyds mit Acetessigester zu Isophoron gelingt, so ist dies darauf zurückzuführen, daß durch die als Folgereaktion bei Gegenwart von einem Mol Natriumäthylat eintre-tende Aldolkondensation das an sich unbeständige und nur in geringer Konzentration entstehende Addukt irreversibel aus dem Gleichgewicht ausscheidet. Die geringe Bildungsgeschwindigkeit des Isophorons weist darauf hin, daß offenbar nur die Addition Acetessigester/Mesityloxyd das geschwindigkeitsbestimmende Moment dieser Reaktion darstellt.

---

[60] Vgl. IX, 1, S. 247.

[61] KNOEVENAGEL, E.: A. **297**, 185 (1897); s. a. B. **38**, 983 (1905); **39**, 3445 Anm. (1906).

[62] Vgl. IX, 1, S. 247.

Geht man vom Isopropyliden-acetessigester, dem Mesityloxyd-ms-carbonsäureester aus, so erhält man bei der analog durchgeführten Kondensation mit Acetessigester den 1,5,5-Trimethyl-cyclohexen-(1)-on-(3)-carbonsäureester-(6)[63], eine Reaktion, die eine direkte Parallele zur Bildung des HAGEMANNschen Esters aus Methylen-bis-acetessigester darstellt.

Schon die bisher angeführten Beispiele lassen erkennen, daß diese unter sekundärer Cyclisierung verlaufende Michael-Addition in weiten Grenzen variierbar ist. Voraussetzung ist lediglich, das durch die Addition ein Derivat eines 1,5-Diketons entsteht, eine Bedingung, die durch die Anlagerung eines α,β-ungesättigten Ketons an einen β-Ketocarbonsäureester oder an ein β-Diketon stets erfüllt ist.

Die von C. MANNICH entdeckte Variation der Michael-Reaktion-Anwendung der aus Ketonen, Formaldehyd und sekundären Aminen entstehenden Basen als Quelle der α,β-ungesättigten Ketone[64] — führt bei der Anwendung von β-Ketocarbonsäureestern oder β-Diketonen als aktiver Methylenverbindung direkt zu Cyclohexanolon- bzw. Cyclohexenon-Derivaten, wobei der besondere Vorteil dieser Methode darin besteht, daß auch solche als Monomere sehr unbeständige α,β-ungesättigte Ketone, wie das o-Methylen-cyclohexanon, als Mannich-Base leicht zu handhaben sind. So erhielten C. MANNICH, W. KOCH und F. BORKOWSKY[65] durch Einwirkung von 1-Dimethylaminomethyl-cyclohexanon-(2) auf Acetessigester bei Gegenwart einer geringen Menge Methylatlösung den 9-Oxydekalon-(2)-carbonsäureester-(3):

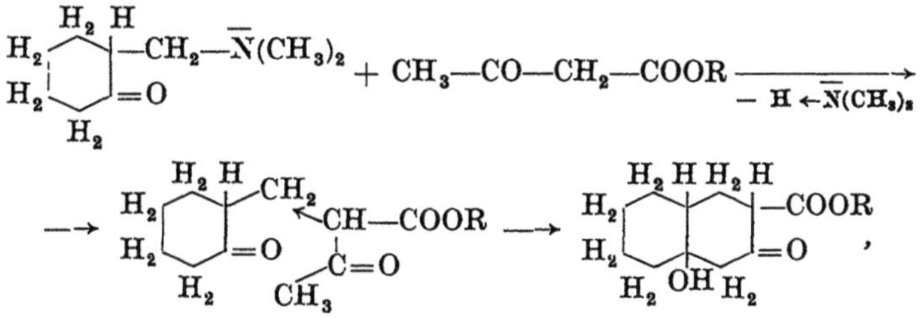

$$
\underset{H_2}{\overset{H_2\ H}{\bigcirc}}\!\!-CH_2-\overline{N}(CH_3)_2\ \ (=O) \ + \ CH_3-CO-CH_2-COOR \ \xrightarrow[-\ H\ \leftarrow\overline{N}(CH_3)_2]{}
$$

$$
\longrightarrow \ \underset{H_2}{\overset{H_2\ H}{\bigcirc}}\!\!\overset{CH_2}{\underset{\underset{CH_3}{C=O}}{\diagdown CH-COOR}} \ (=O) \ \longrightarrow \ \underset{H_2\ OH\ H_2}{\overset{H_2\ H\ H_2\ H}{\bigcirc\bigcirc}}\!\!-COOR\ (=O) \ ,
$$

In der Hand R. ROBINSONs, der anstelle der tertiären Basen die quartären Salze der Mannich-Basen bei Gegenwart der äquivalenten Äthylatmenge anwandte, wurde diese Methode zu einem wertvollen Rüstzeug zum synthetischen Ausbau insbesondere der Steroidgruppe[66].

[63] MERLING, G.: B. **38**, 979 (1905). — Über weitere Beispiele s. z. B.: S. ABDULLAH: J. Indian chem. Soc. **12**, 62 (1935) (Reaktion Acetessigester/Phenylvinylketon); W. S. RAPSON u. R. ROBINSON: J. chem. Soc. London **1935**, 1285 (Synthesen mit alicyclischen Ketonen); W. S. RAPSON: J. chem. Soc. London **1936**, 1626 (Cyclohexanoncarbonester/Alkylidenaceton); T. B. PANSE u. T. S. WHEELER: Current Sci. **7**, 181 (1938) (Benzalcumaranon/Acetessigester). — Siehe auch J. M. HEILBRON u. R. HILL: J. chem. Soc. London **1927**, 918. — HILL, R.: J. chem. Soc. London **1928**, 256 (Reaktion o-Oxystyrylketone/β-Ketocarbonsäureester).

[64] Vgl. Kap. IX, 1, S. 253; s. a. Kap. VI, 3, S. 180.

[65] B. **70**, 355 (1937).

[66] DU FEU, E. C., F. J. McQUILLIN u. R. ROBINSON: J. chem. Soc. London **1937**, 53; s. a. W. CORNFORTH u. R. ROBINSON: Nature (London) **160**, 737 (1947).

Ausgehend von Alkyliden-bis-β-dicarbonylverbindungen gelangt man bei der sekundären Aldolkondensation zu Derivaten des Cyclohexenons, dessen tautomere Enolform als Dihydro-phenol aufgefaßt werden kann[67]. Geht man daher von der nächst höheren Oxydationsstufe, den CLAISENschen Methenyl-bis-β-dicarbonylverbindungen aus, so gelangt man direkt zu Derivaten des Phenols, wobei die Bildung des aromatischen Systems in besonderem Maße reaktionserleichternd wirkt[68]. So erhält man aus Methenyl-bis-acetessigester bei der Kondensation mit Natriumäthylat das Mono-natriumsalz der m-*Oxyuvitinsäure*:

$$H_5C_2OCO-C \overset{CH_3}{\underset{CH}{\overset{|}{C}}} \overset{C=O}{\underset{C=O}{\underset{CH}{\overset{CH_3}{\underset{COOC_2H_5}{}}}}} \longrightarrow H_5C_2OCO-\underset{COONa}{\overset{CH_3}{\bigcirc}}-OH \; .$$

In analoger Reaktionsfolge entsteht aus Methenyl-bis-acetylaceton das o,p-Diacetyl-m-kresol.

Da auch die Oxymethylenketone selbst Oxydationsprodukte α, β-ungesättigter Ketone darstellen, gelangt man durch Einwirkung solcher Verbindungen auf geeignete β-Dicarbonylverbindungen ebenfalls direkt zu Benzolderivaten. So konnten V. PRELOG, O. METZLER und O. JEGER[69] durch Kondensation von Oxymethylenaceton mit Acetessigester die m-Kresol-p-carbonsäure erhalten:

$$\underset{CH_3-CO-CH}{HO-CH} + \left[\underset{CO-CH_3}{CH-COOR}\right]^{-} \rightleftharpoons \left[\underset{CH_3-CO-\underline{C}H \quad CO-CH_3}{HO-CH \leftarrow CH-COOR}\right]^{-} \longrightarrow OH^{-} +$$

$$\underset{HC}{\overset{HC}{}} \overset{COOR}{\underset{C=O}{\overset{CH}{\overset{|}{\underset{CH_3}{C=O}}}}} \xrightarrow{-H_2O} \underset{CH_3}{\overset{COOR}{\bigcirc}}-OH \; .$$

Variationen dieser Reaktion wurden in großer Zahl durchgeführt: so entsteht aus Acetondicarbonsäureester und Oxymethylenaceton die 2-Oxy-4-methyl-isophthalsäure, aus Acetondicarbonsäureester und Oxymethylen-acetophenon die 3-Oxydiphenyl-2,4-dicarbonsäure und

[67] Über die Oxydation der Cyclohexenone zu Phenolderivaten s. J. KENNER u. H. SHAW: J. chem. Soc. London **1931**, 769.

[68] CLAISEN, L.: A. **297**, 1 (1897); s. a. OPPENHEIM u. PFAFF: B. **7**, 934 (1874). ERRERA, G.: B. **32**, 2792 (1899). — ROBINSON, R., u. J. WALKER: J. chem. Soc. London **1935**, 1530. — FEIST, F., u. Mitarb.: B. **59**, 2958 (1926). — Über die Kondensation von Methenyl-bis-β-dicarbonylverbindungen mit β-Ketocarbonsäureestern zu Naphthalinderivaten s. F. FEIST u. Mitarb.: B. **60**, 199 (1927).

[69] Helvet. chim. Acta **30**, 675, 1883 (1947); s. a. G. KOLLER u. E. KRAKAUER: Mh. Chem. **53/54**, 937 (1929).

aus Oxymethylencyclohexanon und Acetessigester die 1,2,3,4-Tetra-
lin-6-oxy-7-carbonsäure[70].

Aber auch β-Diketone selbst, deren Enolformen α,β-ungesättigte
Ketone darstellen, lassen sich mit β-Ketocarbonsäureestern zu Benzolderivaten kondensieren: Acetylaceton geht so beispielsweise bei der
Kondensation mit Acetondicarbonsäureester bei Gegenwart von Natriumäthylat bei gewöhnlicher Temperatur zu 92% d. Th. über in 2-Oxy-
4,6-dimethyl-isophthalsäure.

Bei der Kondensation von Oxymethylenketonen bzw. ihrer Enoläther mit Malonester entstehen Derivate des α-Pyrons nach folgendem
Schema[71]:

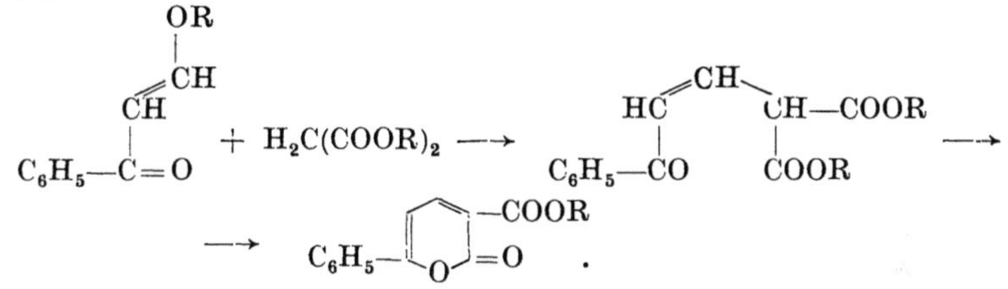

$$
\begin{array}{c}
\text{OR} \\
|\\
\text{CH}\\
\parallel\\
\text{CH}\\
|\\
\text{C}_6\text{H}_5\!-\!\text{C}\!=\!\text{O}
\end{array}
\;+\; \text{H}_2\text{C(COOR)}_2 \;\longrightarrow\;
\begin{array}{c}
\text{CH} \\
\text{HC}\!\diagdown\quad \text{CH}\!-\!\text{COOR}\\
|\qquad\qquad |\\
\text{C}_6\text{H}_5\!-\!\text{CO}\qquad \text{COOR}
\end{array}
\;\longrightarrow
$$

$$
\longrightarrow\;
\text{C}_6\text{H}_5\!-\!\underset{\text{O}}{\bigcirc}\!=\!\text{O} \;\;\;\text{—COOR} \;.
$$

Der Chemismus dieser Reaktion ist vielleicht so deutbar, daß nach der
Michael-Addition des Carbeniat-Anions des Malonesters an die polarisierte Grenzformel des Äthoxymethylen-acetophenons ein Mol Alkohol sich abspaltet, wonach
der Ringschluß durch eine innermolekulare Umesterung eintritt:

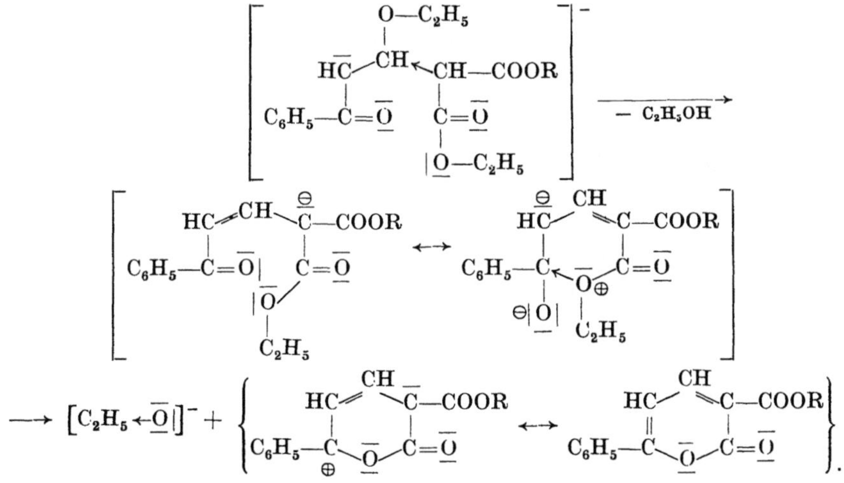

$$
\left[
\begin{array}{c}
\text{O}\!-\!\text{C}_2\text{H}_5\\
|\\
\text{HC}\!\diagdown\!\overset{\text{CH}}{}\!\diagup\!\text{CH}\!-\!\text{COOR}\\
|\qquad\qquad |\\
\text{C}_6\text{H}_5\!-\!\overline{\text{C}}\!=\!\overline{\text{O}}\quad \overline{\text{C}}\!=\!\overline{\text{O}}\\
|\\
\text{O}\!-\!\text{C}_2\text{H}_5
\end{array}
\right]^{-}
\xrightarrow{\;-\;\text{C}_2\text{H}_5\text{OH}\;}
$$

$$
\left[
\begin{array}{cc}
\text{HC}\!\diagup\!\overset{\text{CH}}{}\!\diagdown\!\overset{\ominus}{\text{C}}\!-\!\text{COOR} & \overset{\ominus}{}\;\overset{\text{CH}}{}\\
|\qquad\qquad |\\
\text{C}_6\text{H}_5\!-\!\overline{\text{C}}\!=\!\overline{\text{O}}|\quad \overline{\text{C}}\!=\!\overline{\text{O}}\quad\longleftrightarrow\quad & \text{HC}\!\diagup\!=\!\text{C}\!-\!\text{COOR}\\
|\overline{\text{O}}\!\diagup & \text{C}_6\text{H}_5\!-\!\text{C}\!\diagdown\;\overline{\text{O}}\!\overset{\oplus}{}\;\overline{\text{C}}\!=\!\overline{\text{O}}\\
|\\
\text{C}_2\text{H}_5 & \ominus|\overline{\text{O}}|\;\;\text{C}_2\text{H}_5
\end{array}
\right]
$$

$$
\longrightarrow\;\left[\text{C}_2\text{H}_5\!\leftarrow\!\overline{\text{O}}|\right]^{-}\;+\;
\left\{
\begin{array}{cc}
\text{CH}\\
\text{HC}\!\diagup\!=\!\diagdown\!\text{C}\!-\!\text{COOR} & \text{CH}\\
|\qquad\qquad |\\
\text{C}_6\text{H}_5\!-\!\underset{\oplus}{\text{C}}\!\diagdown\;\overline{\text{O}}\!\diagup\!\text{C}\!=\!\overline{\text{O}}\quad\longleftrightarrow\quad & \text{HC}\!\diagup\!\diagdown\!\text{C}\!-\!\text{COOR}\\
& \text{C}_6\text{H}_5\!-\!\text{C}\!\diagdown\;\overline{\text{O}}\!\diagup\!\text{C}\!=\!\overline{\text{O}}
\end{array}
\right\}.
$$

Durch geeignete Wahl der Ausgangsmaterialien gelingt es, mittels
der cyclisierenden Addition auch höhergliedrige Ringsysteme mit Brük-
kenbindungen aufzubauen: so gelangt man durch Addition von Acetessigester an Methyl-cyclohexen-(1)-on-(3) zum 1-Methyl-bicyclo-
[1,3,3]-nonan-5-ol-3-on-carbonsäureester-(2)[72]:

[70] Robinson, R., u. J. Walker: J. chem. Soc. London 1935, 1531.
[71] Walker, J.: J. chem. Soc. London 1939, 120.
[72] Rabe, P.: A. 360, 268 (1908). — Rabe, P., u. K. Appuhn: B. 76, 982 (1943).

$$\underset{\underset{\text{CH}_2\text{—C=O}}{|}}{\overset{\overset{\text{CH}_3}{|}}{\underset{|}{\overset{\text{CH}_2\text{—C}}{|}}}}\ \overset{\text{CH}_2\text{—COOC}_2\text{H}_5}{\underset{\text{CH}_3}{\underset{|}{\text{C=O}}}}$$

Wasserabspaltung aus diesem zunächst entstehenden tertiären Alkohol erfolgt hier nicht, da das dadurch entstehende α,β-ungesättigte Keton nach der BREDTschen Regel nicht existenzfähig ist.

In einer außerordentlich interessanten Reaktionsfolge gelangt man durch Kondensation von Formaldehyd mit Malonester zu einem Derivat desselben Bicyclo-[1,3,3]-nonan, einem Bicyclo-[1,3,3]-nonandion-tetracarbonsäureester. MEERWEIN und SCHÜRMANN[73] ist es gelungen, in einer meisterhaften Experimentaluntersuchung die Entstehung dieses komplizierten Derivates aus den einfachen Bausteinen Formaldehyd und Malonester restlos aufzuklären.

Zunächst entsteht aus Formaldehyd und Malonester unter dem Einfluß von Piperidin der Methylen-mono-malonester, der ein weiteres Mol Malonester addiert zum Methylen-bis-malonester:

$$\text{CH}_2\text{O} + \text{CH}_2\!\!\begin{smallmatrix}\diagup\text{COOCH}_3\\ \diagdown\text{COOCH}_3\end{smallmatrix} \longrightarrow \text{CH}_2\!\!=\!\!\text{C}\begin{smallmatrix}\diagup\text{COOCH}_3\\ \diagdown\text{COOCH}_3\end{smallmatrix} \longrightarrow \text{CH}_2\begin{smallmatrix}\diagup\overset{\text{COOCH}_3}{\underset{}{\text{CH—COOCH}_3}}\\ \diagdown\underset{\text{COOCH}_3}{\text{CH—COOCH}_3}\end{smallmatrix}$$

Behandelt man nun diesen Methylen-bis-malonester in methanolischer Lösung mit Natrium-methylat, so zerfällt zunächst ein Teil des Esters rückwärts in die Komponenten Methylen-mono-malonester und Malonester:

$$\text{CH}_2\begin{smallmatrix}\diagup\overset{\text{COOCH}_3}{\underset{}{\text{CH—COOCH}_3}}\\ \diagdown\underset{\text{COOCH}_3}{\text{CH—COOCH}_3}\end{smallmatrix} \rightleftharpoons \text{CH}_2\!\!=\!\!\text{C}\begin{smallmatrix}\diagup\text{COOCH}_3\\ \diagdown\text{COOCH}_3\end{smallmatrix} + \text{CH}_2\begin{smallmatrix}\diagup\text{COOCH}_3\\ \diagdown\text{COOCH}_3\end{smallmatrix}.$$

---

[73] A. **398**, 223 (1913); J. pr. [2] **104**, 181 (1922).

Unter dem Einfluß des Alkalis tritt nun abermals Michael-Addition des Methylen-mono-malonesters an Methylen-bis-malonester zum Pentan-hexa-carbonsäureester ein:

$$(H_3COOC)_2CH\diagdown \genfrac{}{}{0pt}{}{CH_2{=}C(COOCH_3)_2}{CH_2{-}CH(COOCH_3)_2} \;+\; \longrightarrow\; (H_3COOC)_2C\diagup \genfrac{}{}{0pt}{}{CH_2{-}CH(COOCH_3)_2}{CH_2{-}CH(COOCH_3)_2}\;.$$

Diese Addition findet bereits in der Kälte statt; in der Wärme cyclisiert dieser Pentan-hexa-carbonsäureester zum Cyclohexanon-2,4,4,6-tetracarbonsäureester durch eine innermolekulare Esterkondensation:

$$\left[(H_3COOC)_2C\diagup\diagdown\;\genfrac{}{}{0pt}{}{CH_2{-}\overset{COOCH_3}{\overset{|}{CH}}\;\;\overset{\ominus}{\overline{|O|}}}{CH_2{-}\underset{\underset{COOCH_3}{|}}{C}{-}COOCH_3}\;\overset{\oplus}{C}{-}\overline{O}{-}CH_3\right]^{-}\;\longrightarrow$$

$$\longrightarrow\left[(H_3COOC)_2C\diagup\diagdown\;\genfrac{}{}{0pt}{}{CH_2{-}\overset{COOCH_3}{\overset{|}{CH}}}{CH_2{-}\underset{\underset{COOCH_3}{|}}{C}{-}COOCH_3}\;C\overset{\overline{|O|}}{\diagdown}\overline{O}{-}CH_3\right]^{-}$$

wobei zunächst das einsame Elektronenpaar der Carbeniatgrenzformel des einen Malonesterrestes an der Oktettlücke der polarisierten Grenzformel eines Carbmethoxyrestes des anderen endständigen Malonesterrestes anteilig wird. Dieses Addukt stabilisiert sich nun in der Weise, daß die Methoxygruppe des einen Carbmethoxyrestes sich anionisch abspaltet unter Vereinigung mit dem kationisch sich ablösenden Carbmethoxyrest des anderen Malonesterrestes zu Kohlensäure-dimethylester[74]:

$$\left[(H_3COOC)_2C\diagup\diagdown\;\genfrac{}{}{0pt}{}{CH_2{-}\overset{COOCH_3}{\overset{|}{CH}}}{CH_2{-}\underset{\underset{COOCH_3}{|}}{C}{-}COOCH_3}\;C\overset{\overline{|O|}}{\diagdown}\overline{O}{-}CH_3\right]^{-}\;\longrightarrow$$

$$\longrightarrow\left[(H_3COOC)_2C\diagup\diagdown\;\genfrac{}{}{0pt}{}{CH_2{-}CH}{\underset{\underset{COOCH_3}{|}}{CH_2{-}C}}\;C{=}\overline{O}\right]^{-}\;+\;\genfrac{}{}{0pt}{}{\overline{|O}{-}CH_3}{\downarrow\;\;COOCH_3}\;.$$

An diesem so entstehenden Cyclohexanon-tetracarbonsäureester, der durch eine außerordentlich leichte partielle Verseifbarkeit ausgezeichnet

---

[74] Siehe auch Kap. IV, 2, S. 66.

ist, lagert sich nun abermals ein Mol Methylen-mono-malon-ester an unter Bildung eines Michael-Adduktes, das dann schließlich unter erneuter intramolekularer Esterkondensation und Abspaltung von Kohlensäure-dimethylester zum *Bicyclo*-[1,3,3]-*nonan*-2,6-*dion-tetracarbonsäuremethylester*-(1,3,5,7) cyclisiert: (R = $COOCH_3$)

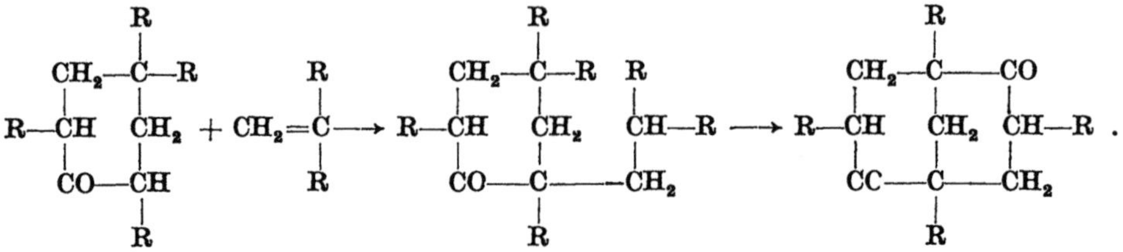

Aus diesem Bicyclo-nonan-derivat konnten dann schließlich durch innere Alkylierung mit Methylenjodid sterisch interessante Substanzen mit „diamantoider" Struktur aufgebaut werden[75]:

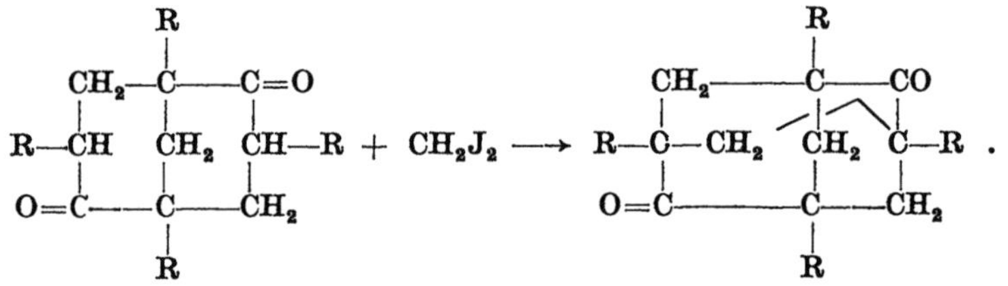

Als kondensierende Michael-Addition ist auch die Reaktion von β-Ketocarbonsäureestern mit *Chinonen*[76] zu Derivaten des 5-*Oxy-cumarons* aufzufassen. Beispielsweise läßt sich die bei Gegenwart eines Protonacceptors oder -aktivators eintretende Kondensation von Acetessigester mit Chinon elektronentheoretisch folgendermaßen beschreiben:

Zunächst tritt normale Michael-Addition des Acetessigesters in der Carbeniatgrenzformel an die aktivierte, polarisierte Grenzformel des Chinons ein:

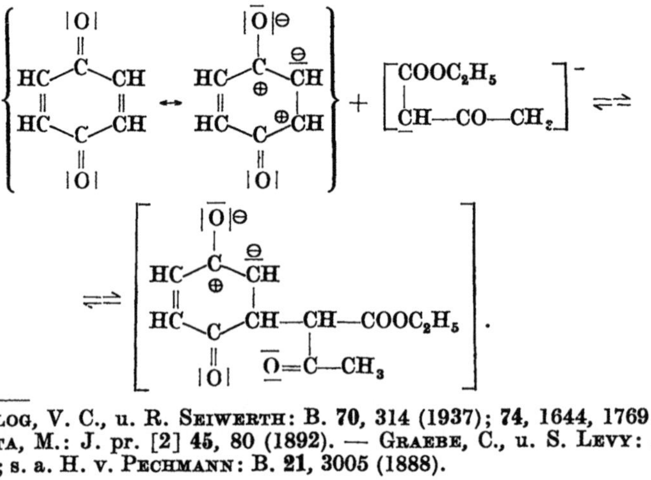

[75] PRELOG, V. C., u. R. SEIWERTH: B. **70**, 314 (1937); **74**, 1644, 1769 (1941).

[76] IKUTA, M.: J. pr. [2] **45**, 80 (1892). — GRAEBE, C., u. S. LEVY: A. **283**, 246 (1894); s. a. H. v. PECHMANN: B. **21**, 3005 (1888).

In diesem ersten Addukt findet nun sehr leicht Aromatisierung des vorherigen Chinon-Ringes statt, da hierzu nur eine unter dem Einfluß des Alkalis eintretende Enolisierung nötig ist; gleichzeitig geht auch der Rest des Acetessigesters in die Enolform über:

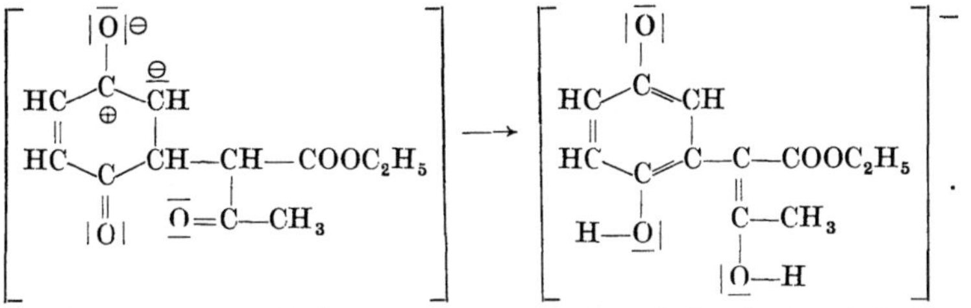

$$
\left[\begin{array}{c} \text{HC} \overset{|\overline{O}|^{\ominus}}{\underset{}{\overset{|}{C}}} \overset{\ominus}{CH} \\ \| \quad \overset{\oplus}{} \\ \text{HC} \underset{|O|}{\overset{}{C}} \quad CH-CH-COOC_2H_5 \\ \overline{O}=C-CH_3 \end{array} \right] \longrightarrow \left[\begin{array}{c} |\overline{O}| \\ HC-C=CH \\ \| \quad \\ HC-C=C-C-COOC_2H_5 \\ H-\overline{O}| \quad \| \\ C-CH_3 \\ |O-H \end{array} \right]^{-} .
$$

Nunmehr tritt Ringschluß zum Cumaronderivat dadurch ein, daß das einsame Elektronenpaar der neu entstandenen phenolischen Hydroxylgruppe an der Oktettlücke der polarisierten Grenzformel der Enolform des Acetessigester-Restes anteilig wird, wonach unter Wasserabspaltung die Aromatisierung zum 2-Methyl-5-oxy-cumaron-3-carbonsäureester statthat ($R = COOC_2H_5$):

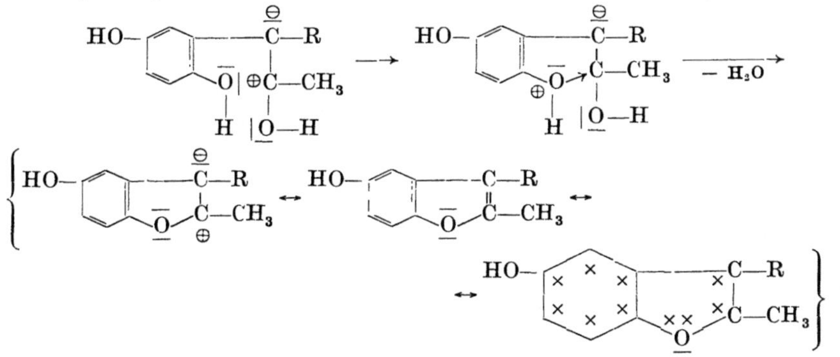

$$
\text{(Strukturformeln der Cumaronbildung)}
$$

Der Ablauf dieser Reaktion wird durch die Möglichkeit des reagierenden Systems bestimmt, in ein energetisch begünstigteres mit aromatischer Mesomerie überzugehen.

Arbeitet man mit Chlorzink als Katalysator, so entstehen in der Hauptsache Dicumaron-Derivate

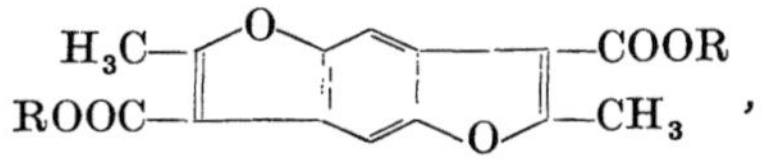

$$
\text{(Struktur des Dicumaron-Derivats)}
$$

dadurch, daß das zunächst gebildete Hydrochinonderivat durch ein zweites Mol Chinon zum α-substituierten Chinon reoxydiert wird, wodurch die Möglichkeit zur Michael-Addition eines zweiten Mols Acetessigesters gegeben ist:

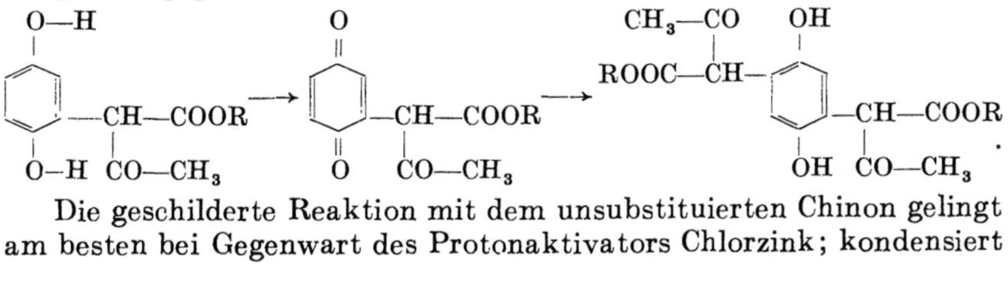

$$
\text{(Reaktionsschema)}
$$

Die geschilderte Reaktion mit dem unsubstituierten Chinon gelingt am besten bei Gegenwart des Protonaktivators Chlorzink; kondensiert man nun die gegen Alkali beständigeren höher substituierten Chinone, wie z. B. Pseudocumochinon, mit β-Ketocarbonsäureestern bzw. deren Natriumsalzen wie Natracetessigester, so erhält man unter intermediärer Verseifung und Decarboxylierung nach dem analogen Mechanismus das entsprechende 2,4,6,7-Tetramethyl-5-oxycumaron; daneben tritt aber im alkalischen Medium durch Cyclisierung unter innerer Umesterung ein Derivat des 3-Aceto-isocumaranons[77] auf:

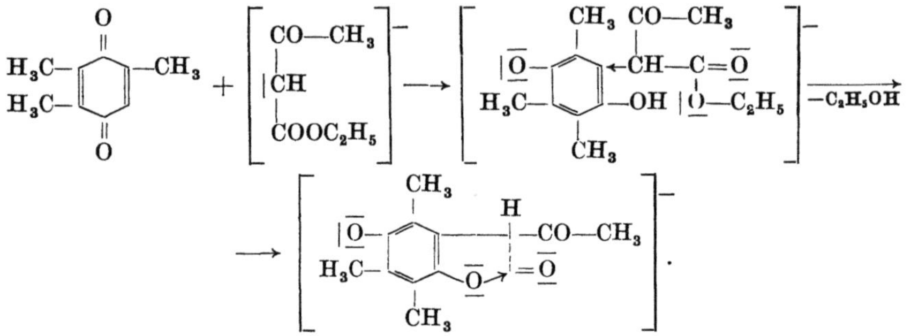

Die so vornehmlich aus höheren Acylessigestern entstehenden 3-Acyl-isocumaranonderivate gehen beim Behandeln mit alkoholischer Salzsäure in Gegenwart von Zink bzw. Chlorzink in die entsprechenden Cumaronderivate über, wobei man zunächst Ringöffnung durch Umesterung und anschließend erneute Cyclisierung unter Einbeziehung der Ketocarbonylgruppe annehmen kann[78]:

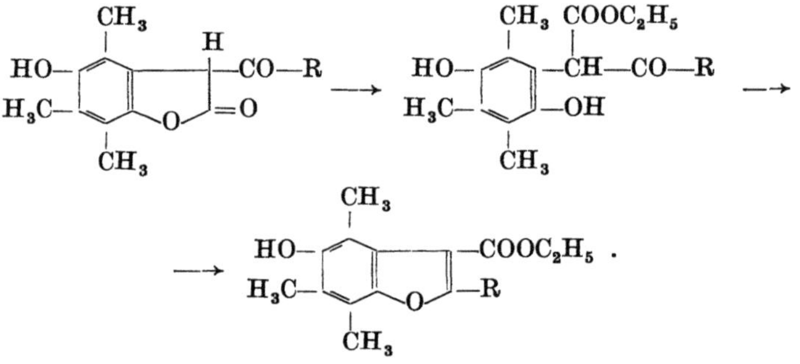

Aus Pseudocumochinon und Natriummalonester erhält man durch innermolekulare Umesterung des ersten Addukts den 4,6,7-Trimethyl-5-oxy-isocumaranon-3-carbonsäureester, der in alkalisch-wäßrigem Medium unter Verseifung und Decarboxylierung dann das 4,6,7-Trimethyl-5-oxyisocumaranon liefert.

Ähnlich wie mit Acetessigester verläuft die Reaktion auch mit β-Diketonen[79]: aus Pseudocumochinon und Natrium-acetylaceton entsteht zunächst das normale und hier auch isolierbare Addukt, das in

[77] Smith, L. J., u. C. W. McMullen: J. Amer. chem. Soc. 58, 629 (1936).
[78] Bergel, F., A. Jacob, A. R. Todd u. T. S. Work: J. chem. Soc. London 1938, 1375.
[79] Smith, L. J., u. E. W. Kaiser: J. Amer. chem. Soc. 62, 133 (1940).

saurem Medium nach dem zuvor erörterten Mechanismus, jedoch unter hydrolytischer Abspaltung der zweiten Acetylgruppe, in das gleiche 2-Methylcumaron-derivat übergeht, das auch durch Verseifen und Decarboxylieren des aus Acetessigester und Pseudocumochinon entstehenden 2,4,6,7-Tetramethyl-5-oxycumaron-3-carbonsäureesters erhalten wird:

β-Aminocrotonsäureester reagiert mit Chinon analog dem Acetessigester unter Bildung des dem Oxycumaroncarbonsäureester entsprechenden Indol-Derivates, z. B.[80]:

Eine sehr bemerkenswerte Reaktion findet statt, wenn man das vollkommen methylierte Tetramethylchinon, das Durochinon, mit Natriummalonester umsetzt, wobei neben dem zugehörigen Hydrochinon der 5,7,8-Trimethyl-6-oxycumarin-3-carbonsäureester entsteht[81]. Zur Deutung des Chemismus dieser Reaktion ist zunächst die besondere Reaktionsfähigkeit des Durochinons hervorzuheben, das sich leicht zu einem Chromanderivat dimerisiert[82]: die normale Chinonform des Durochinons reagiert offenbar in einer tautomeren o-Methylenchinonform, die nach dem Mechanismus der Dien-Synthese die normale Form addiert:

---

[80] Denitzescu, C. D.: C. **1929** II, 2331.

[81] Smith, L. J., u. Mitarb.: J. Amer. chem. Soc. 48, 1693 (1926); **56**, 472 (1934); **58**, 304 (1936); **59**, 662 (1937); **60**, 676 (1938). — Über die Reaktion bromierter Chinone mit β-Dicarbonylverbindungen s. L. J. Smith u. Mitarb.: J. Amer. chem. Soc. **59**, 673 (1937); **63**, 612 (1941); **64**, 528 (1942); **65**, 1739 (1943); **65**, 2131 (1943); **68**, 894 (1946).

[82] Smith, L. J., R. W. H. Tess u. G. E. Ullyot: J. Amer. chem. Soc. **66**, 1320 (1944).

Bei der Reaktion mit Malonester reagiert nun das Durochinon in der gleichen aktiven Methylenchinonform mit dem Carbeniat-Anion des Malonesters unter Zwischenbildung des Anions a, das dann unter innermolekularer Umesterung in ein Dihydrocumarin-Derivat b übergeht, das schließlich durch ein weiteres Mol Durochinon zum Cumarinderivat c dehydriert wird:

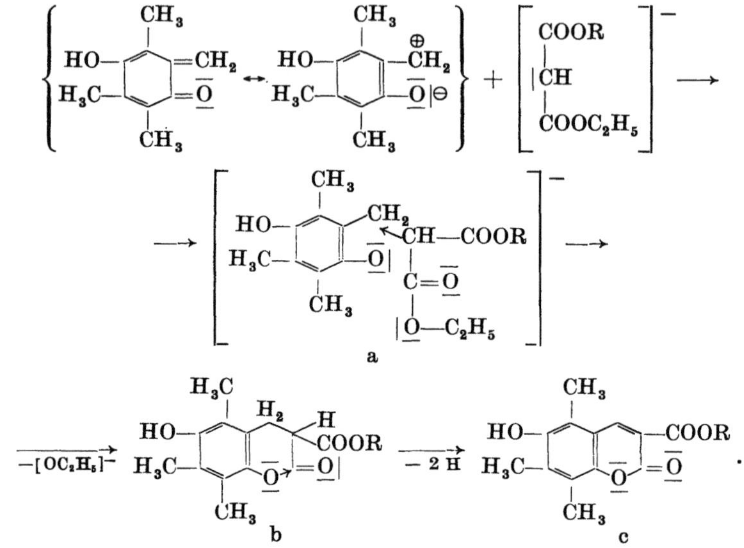

Analog verläuft die Umsetzung des Durochinons mit Natracetessigester unter Bildung des entsprechenden 3-Acetylcumarin-Derivates[83]; desgleichen entsteht mit Cyanessigester das zu erwartende 3-Cyancumarin[84].

Daß tatsächlich diese Reaktionen über das tautomere o-Methylenchinon verlaufen, konnte dadurch wahrscheinlich gemacht werden, daß aus dem durch Oxydation von α-Methyl-β-naphthol entstehenden o-Methylenchinon (Chinonmethid)[85] bzw. seinem mit dem Monomeren im Gleichgewicht stehenden Dimeren, bei längerer Einwirkung von Natriummalonester ein Dihydrocumarin-Derivat sich bildet, das durch Eisenchlorid zum zugehörigen Cumarin oxydierbar ist[86]:

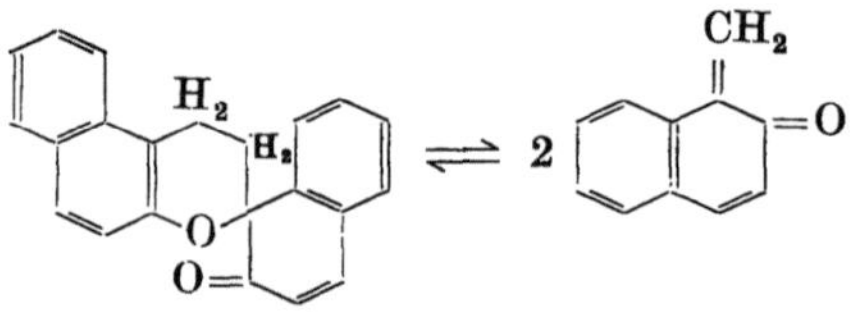

[83] SMITH, L. J., u. D. TENENBAUM: J. Amer. chem. Soc. **59**, 667 (1937).
[84] SMITH, L. J., u. E. W. KAISER: J. Amer. chem. Soc. **62**, 138 (1940).
[85] PUMMERER, R., u. C. CHERBULIEZ: B. **52**, 1392 (1919). — FRIES, K., u. E. BRANDES: A. **542**, 48 (1939).
[86] SMITH, L. J., u. J. W. HORNER JR.: J. Amer. chem. Soc. **60**, 676 (1938).

$$\text{(Naphthalin)}{=}CH_2{=}O \;+\; H_2C\begin{smallmatrix}COOC_2H_5\\ \\COOC_2H_5\end{smallmatrix} \longrightarrow \text{(Benzo-chromanon)}\;H_2\,H{-}COOR{\cdots}O{=}O \xrightarrow{-2H} \text{(Benzo-chromon)}{-}COOR{\cdots}O{=}O .$$

Läßt man Cyanessigester, Cyanacetamid oder Malodinitril auf Chinone bei Gegenwart von Ammoniak einwirken, so entsteht zunächst das normale Addukt, das durch das anwesende Chinon reoxydiert wird und dann ein zweites Mol der β-Dicarbonylverbindung addiert[87]:

$$O{=}\square{=}O \;+\; H_2C\begin{smallmatrix}CN\\ \\COOR\end{smallmatrix} \longrightarrow \underset{OH}{\overset{OH}{\square}}{-}CH\begin{smallmatrix}CN\\ \\COOR\end{smallmatrix} \xrightarrow{-2H} O{=}\square{=}O{-}CH\begin{smallmatrix}CN\\ \\COOR\end{smallmatrix} \xrightarrow{+\,NCCH_2COOR}$$

$$\underset{OH}{\overset{OH}{\square}}\;\begin{smallmatrix}NC\\ \\ROOC\end{smallmatrix}CH{-}\ \ {-}CH\begin{smallmatrix}CN\\ \\COOR\end{smallmatrix} .$$

Die bei dieser Reaktion auftretenden tiefen Farberscheinungen und die Färbung der Reaktionsprodukte selbst sind auf chinhydronartige Zwischenstadien und Nebenprodukte zurückzuführen.

b) Dihydro-resorcine.

Wählt man die Komponenten der Michael-Addition derart, daß ein Derivat der δ-Keto-capronsäure (γ-Aceto-buttersäure) entsteht, so besteht die Möglichkeit, daß dieses Addukt sich unter dem Einfluß von Natriumäthylat durch innere Esterkondensation zu einem Derivat eines alicyclischen β-Diketons, einem *Dihydro-resorcin*-Abkömmling[88] cyclisiert. Dihydro-resorcine lassen sich nun auf zweierlei Weise darstellen: einmal durch Kondensation eines α,β-ungesättigten Ketons mit Malonester oder Cyanessigester und zum andern durch Kondensation eines α,β-ungesättigten Carbonsäureesters mit einem β-Keto-carbonsäureester oder einem β-Diketon. So erhält man z. B. nach der erstgenannten Methode durch Kondensation von Mesityloxyd mit Malonester unter der Einwirkung von einem Mol Natriumäthylat in alkoholischer Lösung den 1,1-Dimethyl-cyclohexan-3,5-dion-6-carbonsäureester (Dimethyl-dihydro-resorcin-carbonsäureester):

---

[87] KESTING: Z. angew. Chem. **41**, 358, 745 (1928); J. pr. [2] **138**, 215 (1933) CRAVEN: J. chem. Soc. London **1931**, 1605. — WOOD, COLBURN JR., COX u. GARLAND: J. Amer. chem. Soc. **66**, 1540 (1944).

[88] VORLÄNDER, D.: A. **294**, 255 (1897); **308**, 184 (1899); B. **34**, 1633 (1901); s. a. z. B. H. ST. G. NORRIS u. J. F. THORPE: J. chem. Soc. London **119**, 1119 (1921). — DESAY, R. D.: J. Univ. Bombay **2**, 62 (1933). — FRIEDMANN, E.: J. pr. [2] **146**, 65, 71, 79 (1936).

aus dem durch Ketonspaltung das entsprechende Keton, das Dimethyl-dihydro-resorcin entsteht. Analog lagert sich Benzal-aceton und Malonester zum 1-Phenyl-cyclohexan-3,5-dion-6-carbonester zusammen, woraus durch Ketonspaltung das Phenyl-dihydro-resorcin darstellbar ist. Ersetzt man den Malonester durch Cyanessigester, so bildet sich bei der Kondensation mit Benzal-aceton das Phenyl-dihydro-resorcin-nitril I

und bei der Kondensation mit Oxalessigester der entsprechende Oxaloester II. In analoger Weise reagieren als α,β-ungesättigte Ketone die Kondensationsprodukte von Aldehyden mit β-Ketocarbonsäureestern: aus Benzal-acetessigester erhält man so bei der Umsetzung mit Malonester den Phenyl-dihydro-resorcin-dicarbonester III.

Nach der zweiten Methode zur Synthese von Dihydro-resorcinen, der Kondensation eines α,β-ungesättigten Carbonsäureesters mit einem β-Ketocarbonsäureester ist beispielsweise aus Crotonsäureester und Acetessigester[89] bei der durch Natriumäthylat bewirkten Kondensation der Methyl-dihydro-resorcin-carbonsäureester IV zugänglich, und aus Zimtsäureester und Acetessigester derselbe Phenyl-dihydro-resorcin-carbonsäureester wie nach der ersten Methode aus Benzal-aceton und Malonester und schließlich aus einem Alkyliden- oder Aryliden-malonester und Acetessigester ein der Verbindung III entsprechender Alkyl- bzw. Aryl-dihydro-resorcin-dicarbonsäureester.

[89] v. SCHILLING, R. u. D. VORLÄNDER: A. 308, 195 (1899); s. a. A. SONN: B. 61, 2479 (1928). — LINSTEAD, R. P., u. L. TH. D. WILLIAMS: J. chem. Soc. London 1926, 2735.

Ähnlich wie bei der nachträglichen Aldolkondensation der durch Michael-Addition entstehenden 1,5-Diketone zu Derivaten des Cyclohexanolons bzw. Cyclohexenons ist auch die Entstehung der Dihydroresorcine durch die in zweiter Stufe eintretende intramolekulare Esterkondensation der Derivate des δ-Ketocapronsäureesters an die Voraussetzung geknüpft, daß der Synionie-Effekt des Anions der als erstes Addukt entstehenden β-Dicarbonylverbindung so gering ist, daß kein Carbeniat-anion mehr entstehen kann, welches seinerseits durch Abgleiten in die Energiemulde des mesomeren Carbeniat-enolat-Anions eine Aktivierung der endständigen Methylgruppe zur Carbeniat-Grenzformel unmöglich machen würde.

So zeigt die Entstehung des Methyl-dihydro-resorcin-carbonsäureesters aus Acetessigester und Crotonsäureester, daß das erste Addukt dieser Reaktion, der β-Methyl-γ-carbäthoxy-δ-ketocapronsäureester

$$CH_3\!-\!CO\!-\!\underset{\underset{\displaystyle COOC_2H_5}{|}}{CH_2} \ + \ CH_3\!-\!CH\!=\!CH\!-\!COOC_2H_5 \ \rightleftharpoons$$

$$\rightleftharpoons \ CH_3\!-\!CO\!-\!CH\!-\!\underset{\underset{\displaystyle COOC_2H_5}{|}}{\overset{\overset{\displaystyle CH_3}{|}}{CH}}\!-\!CH_2\!-\!COOC_2H_5$$

die als Folgereaktion eintretende Claisen-Kondensation

deswegen eingehen kann, weil die durch Substitution mittels eines tertiären C-Atoms nur geringe CH-Acidität der zur β-Dicarbonyl-Konfiguration gehörenden α-CH-Gruppe des ersten Addukts eine Aktivierung der außenstehenden γ-CH$_3$-Gruppe zur Methylenkomponente der anschließenden Claisen-Kondensation möglich macht[90].

Diese die Cyclisierung bedingende Voraussetzung ist nun nicht mehr im Falle der Addition Acetessigester/Acrylsäureester gegeben, die, wie

---

[90] Henecka, H.: B. 81, 202 (1948).

VORLÄNDER[91] bereits feststellte, nur bis zum ersten Addukt, dem
α-Acetyl-glutarsäureester, führt:

$$CH_3{-}CO{-}\underset{\underset{COOC_2H_5}{|}}{CH_2} \;+\; CH_2{=}CH{-}COOC_2H_5 \;\rightleftharpoons$$

$$\rightleftharpoons\; CH_3{-}CO{-}\underset{\underset{COOC_2H_5}{|}}{CH}{-}CH_2{-}CH_2{-}COOC_2H_5$$

Diese Verbindung zeigt keine Neigung, durch innermolekulare Claisen-Kondensation in Dihydro-resorcin-carbonsäureester überzugehen.
Der Grund für das Ausbleiben der Folgereaktion ist darin zu erblicken,
daß der Synionie-Effekt des Anions dieser Verbindung noch so hoch
ist, daß leicht Enolisierung eintritt (positive $FeCl_3$-Reaktion); bei
Gegenwart von Äthylat also das mesomere Carbeniatenolat-Anion

$$\left[CH_3{-}\overset{\overset{|O|}{\|}}{C}{-}\underset{\underset{COOC_2H_5}{|}}{\overset{-}{C}}{-}CH_2{-}CH_2{-}COOC_2H_5 \;\leftrightarrow\; CH_3{-}\overset{\overset{|\overline{O}|}{|}}{C}{=}\underset{\underset{COOC_2H_5}{|}}{C}{-}CH_2{-}CH_2{-}COOC_2H_5 \right]^{-}$$

sich bildet, so daß eine Aktivierung der γ-CH_3-Gruppe nach der zugehörigen Carbeniatgrenzformel

$$\left[|CH_2{-}CO{-}\underset{\underset{COOC_2H_5}{|}}{CH}{-}CH_2{-}CH_2{-}COOC_2H_5 \right]^{-}$$

hin nicht mehr in Erscheinung tritt.

Schaltet man jedoch die durch die β-Ketoester-Konfiguration des
α-Acetyl-glutarsäureesters bedingte Unterbindung der Folgereaktion
dadurch aus, daß man diesen β-Ketocarbonsäureester durch Ketonspaltung zunächst in den δ-Ketocapronsäureester ($=\gamma$-Acetyl-butter-
säureester) überführt, so tritt nunmehr unter den Bedingungen der
Claisen-Kondensation Cyclisierung zum Dihydro-resorcin selbst ein:

Ähnlich wie bei der Cyclohexenon-Synthese ist auch hier bei der
Synthese von Derivaten des Dihydro-resorcins die treibende Kraft
der Reaktion darin zu erblicken, daß die Ausschaltung des die CH-Acidität und den elektromeren Effekt des ersten Addukts beeinträchtigen-
den *sterischen Faktors* durch die Cyclisierung zu einem mesomerie-fähi-
gen und daher energetisch begünstigten 6-Ringsystem führt. Da weiterhin die Verlagerung einer Doppelbindung in den Ring keine Ringspannung erzeugt, sind die Dihydro-resorcine zumeist reine Enole mit hoher
Enol-Acidität; das Enolwasserstoffatom wird deswegen so leicht als

<hr>

[91] A. **294**, 317 (1897).

Proton abdissoziiert, weil dadurch ein Anion mit noch zusätzlichen Mesomeriemöglichkeiten entsteht, die die Ausbildung dieses Anions energetisch begünstigen, z. B.:

Dieser die Cyclisierungsbereitschaft der ersten Addukte der Synthese stark fördernde hohe Synionie-Effekt der Dihydro-resorcine macht auch verständlich, warum diese Synthese, ähnlich wie die sehr leicht eintretende Bildung der Keton-oxalester, bereits in alkoholischer Lösung bei Gegenwart von Natriumäthylat durchführbar ist, während normale Claisen-Kondensationen zu schwach sauren β-Dicarbonylverbindungen sich in der Regel nur in inerten Lösungsmitteln bei Gegenwart metallischen Natriums, Natriumamids oder alkoholfreien Natriumalkoholats abspielen.

Die hohe Acidität der Dihydro-resorcine, die sich wie einbasische Säuren glatt mit Alkali titrieren lassen, bedingt einige Besonderheiten im chemischen Verhalten. So gelingt die α-Acetylierung bereits beim Erhitzen mit Essigsäureanhydrid in Gegenwart einer geringen Menge Natrium-acetat[92]:

ein Beweis für die Tatsache, daß an der Mesomerie des Anions auch die Carbeniatgrenzformel beteiligt ist.

Beim Erhitzen mit Alkoholen in Gegenwart einer geringen Menge Mineralsäure lassen sich die Dihydro-resorcine wie Carbonsäuren „verestern" unter Bildung der Enoläther[93],[94]:

Diese Enoläther verhalten sich auch gegenüber hydrolysierenden Mitteln ähnlich wie Carbonsäureester; sie sind darüber hinaus z. T. bereits durch Wasser zu den Dihydro-resorcinen verseifbar.

Als cyclische β-Diketone zeigen die Dihydro-resorcine einige Besonderheiten bei der Eisenchloridreaktion: das Dimethyl-dihydro-resorcin z. B. gibt in *methanolischer* Lösung mit Eisenchlorid keine Reaktion,

[92] DIECKMANN, W., u. R. STEIN: B. **37**, 3380 (1904).

[93] MERLING, G.: A. **278**, 36 (1897). — VORLÄNDER, D.: A. **294**, 257 (1897). — HENECKA, H.: B. **81**, 208 (1948).

[94] Analog verläuft wahrscheinlich die leichte „Veresterung" der Tetronsäuren.

da sich aus sterischen Gründen ein inneres Komplexsalz nicht bilden kann. (Vgl. V, 1, S. 111). Hingegen zeigt das α-Acetyl-dimethyl-dihydro-resorcin

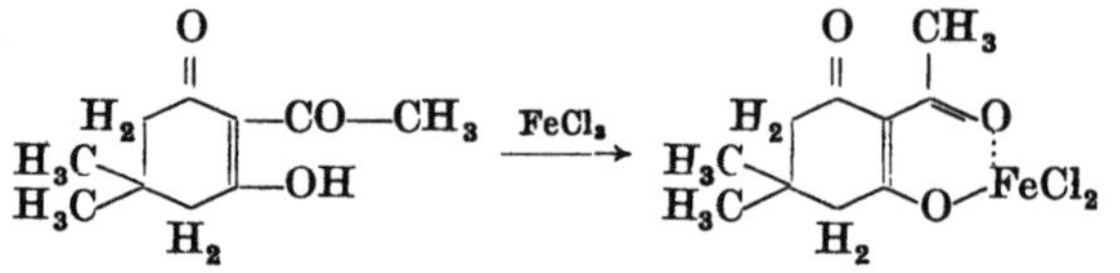

mit Eisenchlorid in methanolischer Lösung sofort die gelbrote Färbung der Triacyl-methane, da nunmehr die o-Stellung von Enol-hydroxyl und komplexbildender Carbonylgruppe die Bildung des Komplexsalzes ohne weiteres ermöglicht.

c) Dihydro-pyridine.

Ersetzt man bei der Michael-Addition eines α,β-ungesättigten Ketons an einen β-Ketocarbonsäureester oder ein β-Diketon diese letzteren durch die zugehörigen Enaminverbindungen, so findet nach der Addition eine Kondensation unter Cyclisierung und Wasserabspaltung zu einem Dihydro-pyridin-derivat statt: es ist dies die HANTZSCHsche Dihydro-pyridinsynthese[95]. Addiert man z. B. Äthyliden-acetessigester an β-Aminocrotonsäureester, so erhält man auf diese Weise den Dihydro-collidin-dicarbonsäureester: $(R = COOC_2H)$

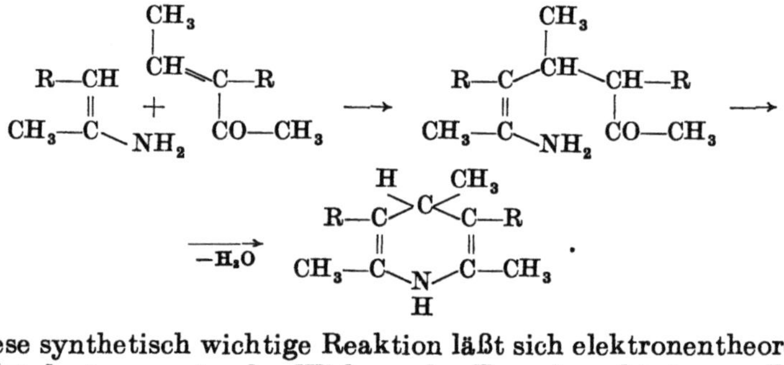

Diese synthetisch wichtige Reaktion läßt sich elektronentheoretisch wie folgt deuten: unter der Wirkung der Enaminverbindung selbst als Protonacceptor und als Aktivator der α,β-ungesättigten Carbonylverbindung tritt zunächst normale Michael-Addition ein zwischen der Carbeniatgrenzformel der Enaminverbindung und der polarisierten Grenzformel der α,β-ungesättigten Carbonylverbindung:

<hr>

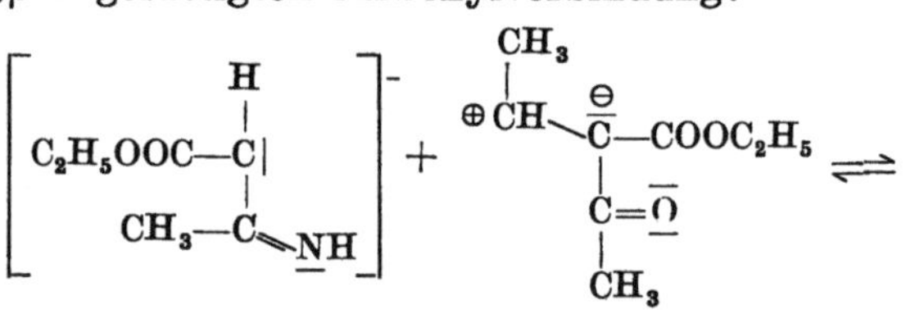

[95] A. **215**, 6, 72 (1882); s. a. B. **18**, 1744 (1885); **19**, 289 (1886). — MICHAEL, R.: A. **225**, 122 (1884). — EPSTEIN: A. **231**, 1, 32 (1885).

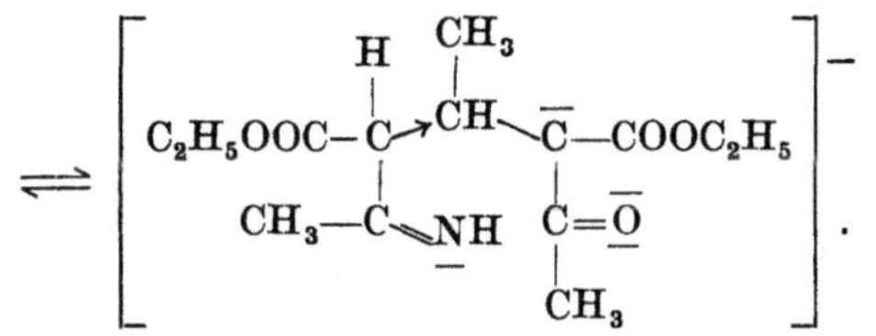

$$\rightleftharpoons \left[\ \begin{array}{c} \overset{H}{\underset{}{}}\quad \overset{CH_3}{}\\ C_2H_5OOC-C\rightarrow CH-\overline{C}-COOC_2H_5\\ CH_3-C\searrow NH \quad C=\overline{O}\\ CH_3 \end{array}\ \right]^{-}\ .$$

Die so entstehende Ketimidform des ersten Addukts wandelt sich nunmehr unter dem Einfluß des Protonacceptors in die tautomere Enaminformel um,

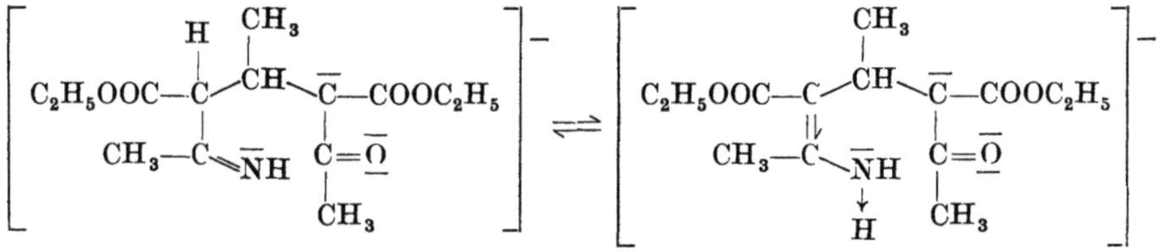

$$\left[\ \begin{array}{c} \overset{H}{}\ \overset{CH_3}{}\\ C_2H_5OOC-C-CH-\overline{C}-COOC_2H_5\\ CH_3-C\diagdown NH\quad C=\overline{O}\\ CH_3 \end{array}\ \right]^{-} \rightleftharpoons \left[\ \begin{array}{c} \overset{CH_3}{}\\ C_2H_5OOC-C-CH\diagdown \overline{C}-COOC_2H_5\\ CH_3-C\diagup NH\quad C=\overline{O}\\ \overset{}{H}\quad CH_3 \end{array}\ \right]^{-}$$

die dann innermolekulare Kondensation erleidet dadurch, daß das einsame Elektronenpaar des Stickstoffs anteilig wird an der Oktettlücke der polarisierten Grenzformel der außenstehenden Carbonylgruppe: ($R = COOC_2H_5$)

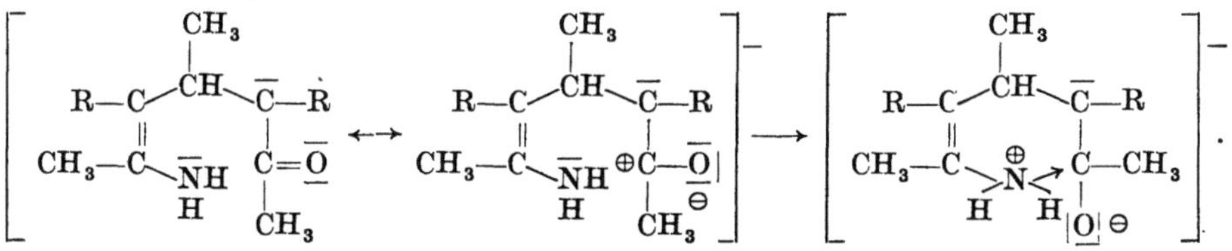

$$\left[\ \begin{array}{c} CH_3\\ R-C-CH\diagdown \overline{C}-R\\ CH_3-C\diagup \overline{N}H\quad C=\overline{O}\\ H\quad CH_3 \end{array}\ \right] \leftrightarrow \left[\ \begin{array}{c} CH_3\\ R-C-CH\diagdown \overline{C}-R\\ CH_3-C\diagup \overline{N}H\ \oplus C-\overline{O}|\\ H\quad \overset{\ominus}{CH_3} \end{array}\ \right]^{-} \rightarrow \left[\ \begin{array}{c} CH_3\\ R-C-CH\diagdown \overline{C}-R\\ CH_3-C\diagup \overset{\oplus}{N}\diagdown C-CH_3\\ H\quad H\ |\overline{O}|\ \ominus \end{array}\ \right]\ .$$

Aus diesem Cyclisierungsprodukt spaltet sich der Sauerstoff der vorherigen Carbonylgruppe zusammen mit einem vom Stickstoff freigegebenen Proton als Hydroxyl-anion ab unter Vereinigung mit dem zuerst vom Protonacceptor aufgenommenen Proton zu Wasser; dadurch entsteht schließlich das Dihydro-pyridin-derivat:

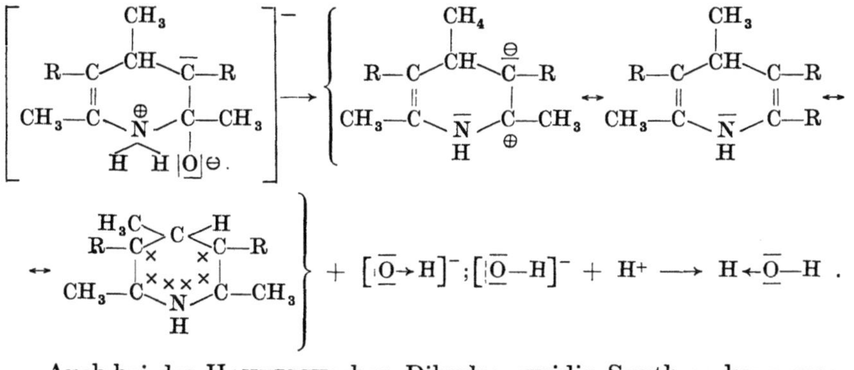

$$\left[\ \begin{array}{c} CH_3\\ R-C-CH\diagdown \overline{C}-R\\ CH_3-C\diagdown \overset{\oplus}{N}\diagup C-CH_3\\ \overset{}{H}\ \overset{}{H}\ |\overline{O}|\ominus \end{array}\ \right]^{-} \rightarrow \left\{\ \begin{array}{c} CH_4\\ R-C-CH\diagdown \overset{\ominus}{C}-R\\ CH_3-C\diagdown \overline{N}\diagup \underset{\oplus}{C}-CH_3\\ H \end{array}\ \leftrightarrow\ \begin{array}{c} CH_3\\ R-C-CH\diagdown C-R\\ CH_3-C\diagdown \overline{N}\diagup C-R\\ H \end{array}\ \leftrightarrow \right.$$

$$\left.\ \begin{array}{c} H_3C\diagdown\quad\diagup H\\ R-C\diagup C\diagdown C-R\\ \times\ \times\times\times\ \\ CH_3-C\diagdown \overset{}{N}\diagup C-CH_3\\ H \end{array}\ \right\}\ +\ [\overline{O}\rightarrow H]^{-};[|\overline{O}-H]^{-}+H^{+}\longrightarrow H\leftarrow\overline{O}-H\ .$$

Auch bei der HANTZSCHschen Dihydro-pyridin-Synthese kann man die treibende Kraft der Reaktion darin sehen, daß dem reagierenden System die Möglichkeit innewohnt, in ein mesomeres System aromati-

scher Resonanz überzugehen. In den Dihydro-pyridinen ist zwar die
Ausbildung einer voll aromatischen Elektronenwolke aus den in diesen
Verbindungen bereits zur Verfügung stehenden 6 π-Elektronen nicht
möglich, da ein C-Atom, dem nur σ-Elektronen zur Verfügung stehen,
die symmetrische Ausbildung der aromatischen Elektronenwolke noch
stört; *trotzdem erscheint bereits dieser Zustand als pseudo-aromatische
Mesomerie energetisch begünstigt.* Dieser mesomere Zustand der Dihydro-pyridine ist vergleichbar und ähnlich der aromatischen Mesomerie heterocyclischer Fünfringe; die Verteilung und der Zustand der
π-Elektronen in den Dihydro-pyridinen ist wohl nicht sehr verschieden
von der aromatischen Mesomerie etwa der Pyrrole.

Durch diese besonderen Verhältnisse wird auch verständlich, warum
es bereits bei Anwendung gelinder Oxydationsmittel, wie salpetriger
Säure oder Ferricyankalium gelingt, die Dihydro-pyridine in exotherm
verlaufender Reaktion in die zugehörigen Derivate des Pyridins mit
nunmehr ungestörter aromatischer Mesomerie überzuführen:

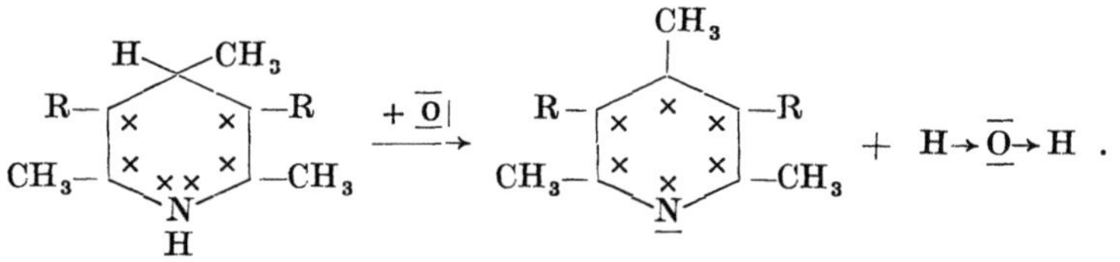

Die leichte Aromatisierung der Dihydropyridine macht es verständlich, daß gelegentlich auch Disproportionierungen zu Pyridinen und
Tetrahydropyridinen beobachtet wurden: so geht das Kondensationsprodukt von Cyanacetamid mit Äthylidenaceton, das 2,4-Dimethyl-5-
cyan-dihydropyridon-(6), in die entsprechende vollaromatische Pyri-
dinverbindung und die zugehörige Tetrahydroverbindung[96] über:

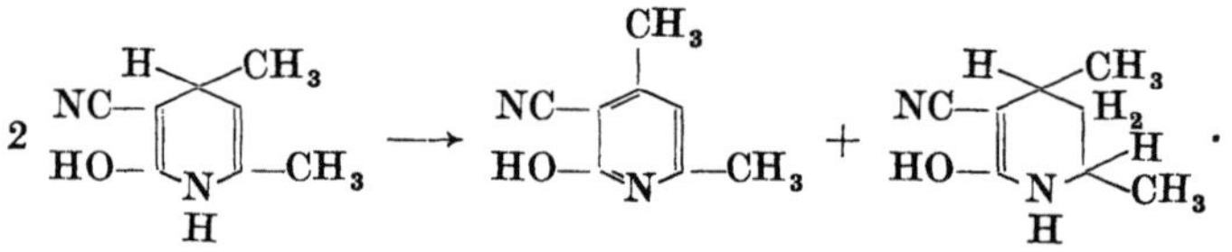

Die Deutung der HANTZSCHschen Dihydro-pyridin-Synthese als
cyclisierende Michael-Addition geht auf Forschungsergebnisse C. BEYERs
zurück, durch die der Anwendungsbereich der eigentlichen HANTZSCH-
schen Reaktion wesentlich erweitert wurde[97]. Bei der ursprünglichen
Ausführungsform der Synthese, Erwärmen von β-Ketocarbonsäure-
estern mit Aldehyden und Ammoniak, bilden sich erst die beiden reagierenden Komponenten, Alkyliden-β-ketocarbonsäureester und β-Keti-
minosäureester, die dann durch cyclisierende Addition in ein Derivat
des Dihydro-pyridins übergehen. Eine an sich selbstverständliche
Variation dieser Synthese besteht darin, daß man auf das bereits fertige

---

[96] BARAT, CH.: J. Indian chem. Soc. 8, 37, 699 (1931).
[97] B. 24, 1662 (1891). — KNOEVENAGEL: B. 31, 738 (1898); B. 32, 420 (1899);
36, 2188 (1903); vgl. auch P. RABE: B. 33, 3806 (1900); A. 360, 267, Fußnote 12
(1908).

Michael-Addukt aus einer Alkyliden-β-dicarbonylverbindung und einer β-Dicarbonylverbindung Ammoniak einwirken läßt. So entsteht aus Methylen-bis-acetessigester bei der Einwirkung von Ammoniak der Dihydro-lutidin-dicarbonsäureester[98]:

$$C_2H_5OOC-CH\underset{CH_3-CO}{|}\overset{CH_2}{\diagup}\underset{CO-CH_3}{CH-COOC_2H_5} \quad +NH_3 \quad \longrightarrow \quad C_2H_5OOC-C\overset{CH_2}{\diagup\diagdown}C-COOC_2H_5$$

Diese Methode scheint jedoch nur in beschränktem Maße verallgemeinerungsfähig zu sein, da beispielsweise der Äthyliden-bis-benzoylessigester mit Ammoniak kein Dihydro-pyridin-derivat gibt[99].

Die C. Beyersche Interpretation des Verlaufs der Hantzschschen Dihydro-pyridin-Synthese als Reaktion einer Enaminverbindung einer β-Dicarbonylverbindung mit einer Alkyliden- bzw. Aryliden-β-dicarbonylverbindung nach dem allgemeinen Schema:

$$R-CO-CH,\ R'-C(=)(NH_2)\ +\ CH=C(R'')-CO-R''' ,\ CO-R'^{\vee}\ \longrightarrow\ \text{Dihydropyridin}$$

läßt erkennen, daß ganz allgemein das Aldolkondensationsprodukt eines beliebigen Aldehyds R''-CHO mit einer β-Dicarbonylverbindung wahlweise mit der Aminoverbindung der gleichen oder einer anderen β-Dicarbonylverbindung zu einem Derivat des Dihydro-pyridins kondensierbar ist. An Stelle der Aminoverbindung kann auch die analoge, mit Hilfe von Methylamin hergestellte N-Methylverbindung angewendet werden, wodurch ein N-Methyl-dihydro-pyridin-derivat entsteht[100].

Die Reaktion selbst ist weitgehend variierbar; so kann zunächst R' an Stelle von Alkyl oder Aryl auch Wasserstoff sein: Aminomethylen-aceton, $CH_3-CO-CH=CH-NH_2$, reagiert sehr leicht mit Alkyliden-β-dicarbonylverbindungen, z. B.[101]:

$$CH_3-CO-CH,\ CH(=)(NH_2)\ +\ CH=C-COOC_2H_5,\ CO-CH_3\ \longrightarrow\ \text{Dihydropyridin}$$

---

[98] Knoevenagel: A. **281**, 95 (1894); B. **96**, 2180 (1903). — Rabe: A. **332**, 19 (1904).

[99] Hantzsch: B. **18**, 2584 (1885).

[100] Über die Kondensation von β-Phenylaminocrotonsäureestern mit Acetaldehyd s. J. G. Erickson: J. Amer. chem. Soc. **67**, 1382 (1945). — Über die Reaktion Benzalmalonester/β-Aminocrotonsäureester s. W. Gehdes: J. pr. [2] **123**, 169 (1929). — Substituierte Benzaldehyde: L. E. Hinkel u. Mitarb.: J. chem. Soc. London **1929**, 750; **1932**, 1112; **1935**, 816.

[101] Henecka, H.: B. **82**, 43 (1949).

Weiterhin sind die Gruppen R—CO— und R'''—CO— auch durch
—CN ersetzbar: durch Kondensation der E. v. MEYERschen Dinitrile
mit Aldehyden erhält man Dihydro-pyridin-3,5-dinitrile, wobei die
Cyclisierung unter Abspaltung von Ammoniak verläuft[102]:

$$\text{NC—CH}_2\text{—C(=NH)—CH}_3 + \text{R—CHO} \longrightarrow \text{R—CH=C(CN)—C(=NH)—CH}_3$$

Elektronentheoretisch ist diese Reaktion analog der eigentlichen HANTZSCH-
schen Synthese folgendermaßen wiederzugeben:

Kondensiert man Aldehyde oder Ketone mit Cyanessigester und
Ammoniak, so gelangt man zu 2,6-Dioxy-dihydro-pyridin-3,5-dini-
trilen[103]. Diese Kondensation verläuft vermutlich über folgende Zwischenstufen: zunächst entsteht eine α,β-ungesättigte Carbonylverbindung durch Kondensation des Ketons mit Cyanessigester unter dem
Einfluß des Ammoniaks:

$$(\text{H}_3\text{C})_2\text{C=O} + \text{H}_2\text{C(CN)(COOC}_2\text{H}_5) \xrightarrow{-\text{H}_2\text{O}} (\text{H}_3\text{C})_2\text{C=C(CN)(COOC}_2\text{H}_5)$$

[102] MEYER, E. v.: J. pr. [2] 78, 507 (1908); 92, 175 (1915); s. a. DUPSKY:
J. pr. [2] 93, 138 (1916). — PALIT, N.: J. Indian chem. Soc. 14, 354 (1937).
[103] GUARESCHI: B. 26 Ref., 450 (1893); C. 1901 I, 577. — GRANDE: C. 1897 I,
903. — PASQUALI: C. 1897 I, 903. — GUARESCHI u. GRANDE: C. 1898 II, 544;
1899 II, 439. — PALIT, N.: J. Indian chem. Soc. 14, 219 (1937).

danach folgt Michael-Addition des durch Einwirkung von Ammoniak
aus Cyanessigester entstehenden Cyanacetamids:

$$NC-\underset{\underset{\underset{NH_2}{\diagdown}}{\overset{|}{CO}}}{\overset{H_3C}{\overset{|}{CH_2}}}\diagup C\diagdown\overset{CH_3}{\underset{\overset{|}{COOC_2H_5}}{\overset{|}{C}-CN}} \quad \longrightarrow \quad NC-\underset{\underset{\underset{NH_2}{\diagdown}}{\overset{|}{CO}}}{\overset{H_3C}{\overset{|}{CH}}}\diagup C\diagdown\overset{CH_3}{\underset{\overset{|}{COOC_2H_5}}{\overset{|}{CH}-CN}} \quad ;$$

die nunmehr eintretende Cyclisierung erfolgt derart, daß zwischen der
Aminogruppe des vorherigen Cyanacetamids und der Carbäthoxygruppe Amidbildung eintritt:

[Strukturformeln des Cyclisierungsschrittes]

Die so zunächst gebildete Pyridonform ist tautomer mit dem zugehörigen 2,6-Dioxy-dihydro-pyridin-derivat:

[Strukturformeln der Tautomerie: Pyridonform $\rightleftharpoons$ 2,6-Dioxy-dihydro-pyridin-derivat]

Geht man bei dieser Kondensation direkt vom Cyanacetamid[104] aus,
so verläuft die Cyclisierung in der Weise, daß jetzt die Amidogruppe
des Carbonamidrestes sich in die außenstehende Nitrilgruppe einlagert:

[Strukturformeln: Resonanzformen $\leftrightarrow$, dann $\longrightarrow$ zwitterionisches Addukt]

Dieses zwitter-ionische Addukt stabilisiert sich durch eine unter
dem Einfluß des Protonacceptors verlaufende prototrope Isomerisierung:

[Strukturformeln: $\longrightarrow H^+ + $ Anion $\longrightarrow$]

<hr>

[104] Thole, F. B. u. J. F. Thorpe: J. chem. Soc. London **99**, 422 (1911). —
Thorpe, J. F., u. A. S. Wood: J. chem. Soc. London **103**, 1886 (1913). — Über
die Reaktion $CH_2O/NC\cdot CH_2\cdot CO\cdot NH_2$ s. T. Enkvist: C. **1936** II, 1903.

$$NC-CH<^{H_3C}_{O=C}>C<^{CH_3}_{CH}-CO-NH_2 \quad\rightleftarrows\quad NC-C<^{H_3C}_{HO-C}>C<^{CH_3}_{C}-CO-NH_2$$

Auf diese Weise entsteht das Dihydrid des 6-Imino-4,4-dimethyl-3-nitrilo-α-pyridon-5-carbonamids, das tautomer ist mit dem entsprechenden 2-Oxy-6-amino-4,4-dimethyl-dihydropyridin-3-carbonitril-5-carbonamid.

Die Aktivität der Anlagerung des Carbeniat-Anions des Cyanacetamids an eine α,β-ungesättigte Carbonylverbindung ist von der Stärke der Polarisierung der Doppelbindung abhängig. Kondensiert man Cyanacetamid mit Verbindungen $C_6H_5-CH=CH-X$, so steigt die Aktivität der Anlagerung an in der Reihe

$$X = -COOC_2H_5 < -CO-NH_2 < -CO-C_2H_5 <$$
$$< -CO-CH_3 < -CO-C_6H_5 < -CO-C_6H_4-p-CH_3{}^{105}.$$

Dies zeigt sehr instruktiv, daß die Polarität und damit die Additionsfähigkeit der Doppelbindung um so ausgeprägter wird, je höher der elektromere Effekt des Restes X ist.

Kondensiert man einen Aldehyd mit einem Gemisch gleicher Teile Cyanacetamid und einer β-Dicarbonylverbindung unter dem Einfluß von Piperidin[106], so reagiert der Aldehyd unter Aldol-kondensation zunächst mit Cyanacetamid als der Verbindung mit der höheren CH-Acidität; das so gebildete Zwischenprodukt reagiert dann normal nach dem Schema der cyclisierenden Michael-Addition; die eigentliche Cyclisierung des Addukts erfolgt in diesem Falle besonders leicht unter dem Einfluß von Säuren, wie z. B. Methylsulfosäure:

$$R-CHO + NC-CH_2-CO-NH_2 \longrightarrow R-CH=C<^{CN}_{CO-NH_2}$$

[105] Barat, Ch.: J. Indian chem. Soc. 8, 699 (1931).

[106] Hoffmann-La Roche: Dtsch. Pat.-Anm. H. 161341, 164315 (1941).

[107] Petrow, V. A.: J. chem. Soc. London 1946, 884.

In analoger Weise erfolgt die Kondensation von o-Nitrobenzaldehyd mit einem Gemisch von Diacetonitril und β-Aminocrotonsäureester[107] zu 2,6-Dimethyl-3-cyan-4-o-nitrophenyl-dihydropyridin-5-carbonsäureester.

$$\text{(o-NO}_2\text{-C}_6\text{H}_4\text{-CHO)} + CH_3-C(NH_2)=CH-COOR + CH_3-C(NH_2)=CH-CN \longrightarrow$$

$$\longrightarrow \underset{H_3C-\underset{\underset{H}{N}}{}-CH_3}{ROOC-\overset{\overset{H\ \ C_6H_4-NO_2}{|}}{}-CN}$$

d) Pyridine.

Ersetzt man bei der HANTZSCH-BEYERschen Synthese die Alkyliden- bzw. Aryliden-β-dicarbonylverbindung durch das Kondensationsprodukt der nächsthöheren Oxydationsstufe, nämlich einer Carbonsäure, mit einer β-Dicarbonylverbindung oder auch durch eine β-Dicarbonylverbindung selbst, so gelangt man bei der Reaktion mit einer Amino-β-dicarbonylverbindung direkt zu einem Derivat des Pyridins. Mehr noch als bei den Dihydro-pyridin-synthesen ist bei diesen direkt zu Pyridinen führenden Reaktionen die Möglichkeit der Ausbildung des energetisch begünstigten aromatischen Systems des Pyridins bestimmend für den Ablauf dieser Kondensationen.

Als Prototyp dieser Umsetzungen ist die von CLAISEN entdeckte Kondensation von β-Amino-crotonsäureester mit Äthoxymethylen-acetessigester zu Lutidin-3,5-dicarbonsäureester zu betrachten[108]:

$$C_2H_5OOC-\underset{\underset{\ \ NH_2}{CH_3-C}}{\overset{\|}{CH}} \ + \ \underset{CO-CH_3}{\overset{\overset{OC_2H_5}{|}}{\underset{|}{\overset{\|}{CH}}}C-COOC_2H_5} \xrightarrow[-\ H_2O]{-C_2H_5OH} C_2H_5OOC-\underset{CH_3-\underset{N}{}-CH_3}{}-COOC_2H_5 \quad ,$$

eine Reaktion, die eine Parallele zur inneren Aldolkondensation des Methenyl-bis-acetessigesters zur m-Oxy-uvitinsäure darstellt[109].

Die Bildung der Pyridinderivate verläuft unter dem Einfluß eines Protonacceptors und möglicherweise nach folgendem Mechanismus: zunächst entsteht durch Michael-Addition des β-Amino-crotonsäureesters (in der Carbeniatgrenzformel) an den Äthoxymethylen-acetessigester (in der aktivierten polarisierten Grenzformel) und Stabilisierung des ersten Addukts· durch Abspaltung von Alkohol die Mono-aminoverbindung des Methenyl-bis-acetessigesters: $(R = COOC_2H_5)$

$$\left[\begin{matrix} R-\overset{-}{C}H \\ | \\ CH_3-C=\underset{=}{N}H \end{matrix} \right]^{-} + \ \underset{CO-CH_3}{\overset{\overset{|\overset{-}{O}-C_2H_5}{|}}{\underset{|}{\oplus CH\ \ \ominus}}}\overset{}{C}-R \longrightarrow$$

---

[108] A. **297**, 1 (1897). — OCHIAI, E. u. Y. ITO: B. **74**, 1111 (1941) (β-Amino-crotonsäureester/Äthoxymethylen-malonester).

[109] Kap. IX, 3a, S. 256.

$$\left[\begin{array}{c} | \overline{O}-C_2H_5 \\ CH \\ R-CH \quad \overline{C}-R \\ CH_3-C \diagdown_{NH} \quad CO-CH_3 \end{array}\right]^- \longrightarrow \left[\begin{array}{c} + \; C_2H_5-\overline{O}{\rightarrow}H \\ \overset{\oplus}{CH} \\ R-\overline{C} \quad \overline{C}-R \\ CH_3-C \diagdown_{NH} \quad CO-CH_3 \end{array}\right]^-$$

Nach Wiederaufnahme des zunächst vom Protonacceptor übernommenen Protons findet dann über die aktivierte Enolform Ringschluß zum aromatischen System des Lutidin-3,5-dicarbonsäureesters statt:

$$R-C\diagup^{CH}\diagdown C\diagdown^H_R \atop CH_3-C\diagdown_{N|}^{} \; C{=}\overline{O} \atop H \quad CH_3 \;\rightleftharpoons\; \left\{ \; \ldots \; \right\}$$

$$R-C\diagup^{CH}\diagdown \overset{\ominus}{C}-R \atop CH_3-C\diagdown_{\overset{\oplus}{N}}\nearrow C-\overline{O}-H \atop H \quad CH_3 \;\rightarrow\; \left\{ \; \ldots \;\leftrightarrow\; \ldots \; \right\}$$

Diese Kondensation, die auch durch Einwirkung von Ammoniak auf die Methenyl-bis-β-dicarbonylverbindung eintritt, ist in ähnlicher Weise verallgemeinerungsfähig wie die HANTZSCHsche Dihydro-pyridinsynthese. So lassen sich an Stelle der Äthoxymethylen-β-dicarbonylverbindungen auch ganz allgemein Oxymethylen-ketone (Formylketone) verwenden[110]: durch Kondensation von β-Amino-crotonsäureester mit Oxymethylen-cyclohexanon gelangt man zum Bz-Tetrahydro-chinaldin-3-carbonsäureester:

$$\ldots \longrightarrow \ldots$$

Auch andere Oxymethylen-carbonylverbindungen reagieren analog; z. B. erhält man durch Kondensation der einfachsten Oxymethylen-carbonylverbindung, des Oxymethylen-acetaldehyds (=Malon-dialdehyd) in Form des Äthoxy-acrolein-diäthylacetals mit β-Amino-crotonsäureester den 2-Methyl-nicotinsäureester[111]:

$$\ldots \xrightarrow{-\,3\ C_2H_5OH} \ldots$$

<hr>

[110] BASU, U.: A. **512**, 131 (1934); J. Indian chem. Soc. **12**, 289, 299, 665 (1935); A. **514**, 292 (1934); **530**, 131 (1937); Sci. a. Cult. **2**, 466 (1937); s. a. E. SPÄTH u. G. BURGER: Mh. Chem. **49**, 265 (1928).

[111] BAUMGARTEN, P., u. A. DORNOW: B. **72**, 563 (1939). — DORNOW, A.: B. **72**, 1548 (1939). — Ersatz des Aminocrotonsäureesters durch Iminoäther: A. DORNOW u. P. KARLSON: B. **73**, 542 (1940).

Als besonders reaktionsfreudig hat sich auch hier als Aminokomponente das Cyanacetamid erwiesen: durch Kondensation von Äthoxymethylen-acetessigester mit Cyanacetamid bildet sich der 5-Cyan-2-picolon-(6)-carbonsäureester-(3)[112]:

$$NC-CH_2-\underset{CO}{|}\ \ \overset{OC_2H_5}{\underset{CO-CH_3}{CH{=}C-COOC_2H_5}} \quad\xrightarrow{-\,C_2H_5OH}\quad NC-\underset{CO}{\underset{|}{CH}}-CH{=}CH-\underset{CO-CH_3}{\underset{|}{CH}}-COOC_2H_5 \quad\xrightarrow{-\,H_2O}$$

$$\xrightarrow{\quad}\quad NC-\text{(Pyridinonring)}-COOC_2H_5,\ \ O{=}\ ,\ -CH_3 .$$

Analog entsteht durch Kondensation von Cyanacetamid mit Oxymethylen-cyclohexanon das Bz-Tetrahydro-α-chinolon-β-carbonsäure-nitril[113]:

$$\text{(Oxymethylencyclohexanon)} + \text{(Cyanacetamid)} \quad\xrightarrow{-\,2\,H_2O}\quad \text{(Bz-Tetrahydro-α-chinolon-β-carbonsäurenitril)} .$$

In ähnlicher Weise wie die Äthoxymethylen-β-dicarbonylverbindungen reagieren nun auch überraschenderweise die Aminomethylenverbindungen; aus Aminomethylencyclohexanon erhält man bei der Kondensation mit Cyanacetamid in Gegenwart von Natriumäthylat das gleiche Bz-Tetrahydro-3-cyanchinolon-(2), das auch aus Oxymethylencyclohexanon entsteht[114]. Die Stabilisierung des ersten Michael-Addukts geschieht hier durch Abspaltung von Ammoniak:

$$\text{(Aminomethylencyclohexanon)} + \text{(Cyanacetamid)} \quad\longrightarrow\quad \text{(Michael-Addukt)} \quad\xrightarrow{-\,NH_3}$$

$$\longrightarrow\quad \text{(Zwischenstufe)} \quad\longrightarrow\quad \text{(Bz-Tetrahydro-3-cyanchinolon)} .$$

---

[112] ERRERA, G.: B. **33**, 2969, 3469 (1933).
[113] SEN-GUPTA, H. K.: J. chem. Soc. London **107**, 1356 (1915). — In Bestätigung dieser Deutung der Reaktion als primärer Michael-Addition reagierte

$$\text{(2-Methyl-cyclohexanon-aldehyd)}$$

nicht mit Cyanacetamid: U. BASU: J. Indian chem. Soc. P. C. Ray Commence Vol. 125 (1933).
[114] BARAT, CH.: J. Indian chem. Soc. 8, 801 (1931).

Nach einem ähnlichen Mechanismus verläuft auch die durch ein-
faches Erhitzen bewirkte Kondensation von Aminomethylen-β-dicar-
bonylverbindungen mit Ketonen oder β-Dicarbonylverbindungen,
wobei das zunächst abgespaltene Ammoniak die Cyclisierung zum
Pyridinderivat bewirkt[115].   So entsteht aus Aminomethylenacetessigester und Cyclohexanon der Bz-Tetrahydrochinaldin-3-carbonsäure-
ester:

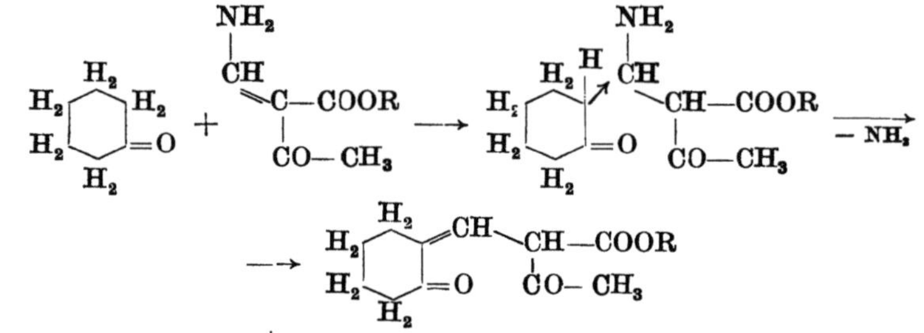

Das zunächst durch die Stabilisierung des ersten Michael-Addukts
abgespaltene Ammoniak reagiert unmittelbar mit dem Zwischenprodukt weiter unter Bildung des Pyridinderivates:

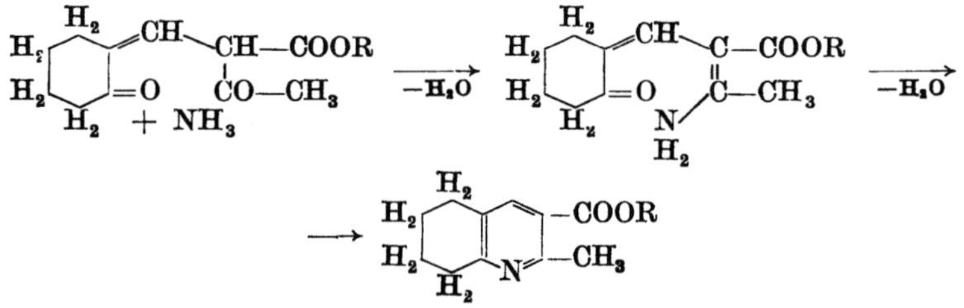

Aus Aminomethylenacetessigester erhält man beim Erhitzen mit
Acetessigester nach dem gleichen Mechanismus den α,α'-Lutidin-β,β'-
dicarbonsäureester, dessen Bildung auch beim Erhitzen von Acetessigester mit Formamid feststellbar ist.

Während Cyanacetamid, wie schon erwähnt, mit Aminomethylenverbindungen wie mit Oxymethylen-carbonylverbindungen reagiert,
nimmt die Einwirkung von Cyanessigester auf Aminomethylen-β-
carbonylverbindungen einen anderen Verlauf: aus Aminomethylencyclohexanon bzw. der zugehörigen Natriumverbindung und Cyanessigester entsteht Bz-Tetrahydro-4-cyan-isochinolon-(3)[116]:

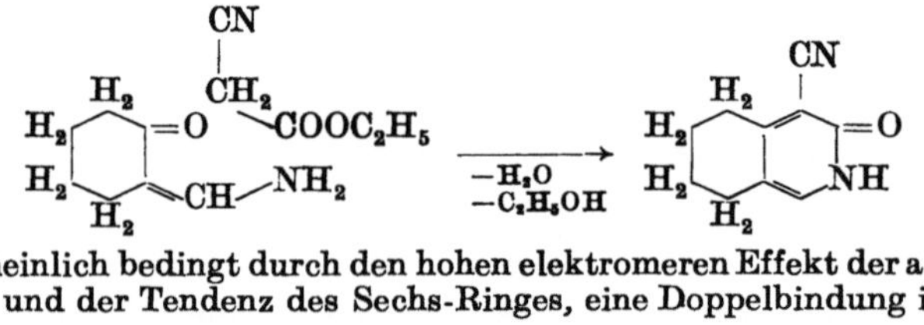

Wahrscheinlich bedingt durch den hohen elektromeren Effekt der alicyclischen
Ketogruppe und der Tendenz des Sechs-Ringes, eine Doppelbindung in den Ring

[115] HENECKA, H.: B. 82, 41 (1949).
[116] BASU, U., u. B. BANERJEE: A. 516, 243 (1935).

zu verlegen, reagiert hier die tautomere Enolform a mit dem Carbeniat-Anion des Cyanessigesters unter Bildung von b, das sich nach der Stabilisierung zum aromatischen System cyclisiert:

$$a$$

$$b$$

$$b \xrightarrow{-H_2O}$$

Ersetzt man nun bei der Kondensation einer Amino-β-dicarbonylverbindung mit einer Oxymethylenverbindung nach dem Schema:

$$R-CO-CH \underset{R'-C\diagdown NH_2}{\overset{OH}{\underset{|}{CH}}} \overset{CH}{\underset{CO-R''}{}} \xrightarrow{-2 H_2O} R-CO-\underset{R'-\diagdown N\diagup -R''}{}$$

die Oxymethylenverbindung ganz allgemein durch einen β-Ketocarbonsäureester oder ein β-Diketon, deren Enolform nunmehr als α,β- ungesättigte Carbonylverbindung die Reaktion durch Michael-Addition an der Carbeniatgrenzformel der Amino-β-dicarbonylverbindung einleitet, so ist zunächst festzustellen, daß diese Reaktion nur dann gelingt, wenn die β-Dicarbonylverbindung nahezu völlig enolisiert ist. Dies trifft beispielsweise für den Acetonoxalester zu, der sich mit β-Amino-crotonsäureester außerordentlich glatt in exothermer Reaktion zum α,α'-Dimethyl-cinchomeronsäureester kondensiert[117]:

$$\xrightarrow{-2 H_2O}$$

<hr>

[117] Mumm, O., u. H. Hüneke: B. **50**, 1568 (1917); **51**, 150 (1918).

19*

Während Acetylaceton mit β-Amino-crotonsäureester keine der-
artige Umsetzung eingeht, gelingt die Kondensation von Benzoylessigester mit β-Amino-crotonsäureester beim Erhitzen auf 130° unter 50 mm
Druck und anschließender Verseifung zur α-Methyl-γ-phenyl-α'-oxy-
nicotinsäure[118]:

In analoger Reaktion wurde aus Acetylaceton und Acetylacetonamin
bei längerem Erhitzen das 2,4,6-Trimethyl-3-acetopyridin erhalten[119]:

Benutzt man jedoch an Stelle der Amino-β-dicarbonylverbindung
das weit reaktionsfreudigere Cyanacetamid, so gelingt die Kondensation ganz allgemein mit β-Dicarbonylverbindungen, vornehmlich mit
β-Diketonen, die bei Gegenwart eines Protonacceptors nach folgendem allgemeinen Schema unter Bildung von Derivaten des α-Pyridons
reagieren:

Da dieser von Sen-Gupta[120] entdeckten Kondensation hohe synthetische Bedeutung zukommt, sei ihr innerer Mechanismus, zugleich
als Deutung der vorgenannten Kondensationen, elektronentheoretisch
betrachtet: zunächst tritt Michael-Addition ein zwischen dem Cyanacetamid in der Carbeniatgrenzformel und dem β-Diketon in der aktivierten, polarisierten Grenzformel:

---

[118] Lawson, W., W. H. Perkin jr. u. R. Robinson: J. chem. Soc. London
125, 652 (1924).

[119] Dornow, A., u. H. Machens: B. 80, 503 (1947).

[120] J. chem. Soc. London 107, 1362 (1915); s. a. U. Basu: J. Indian chem.
Soc. 7, 815 (1930); 8, 119, 319 (1931); Henecka, H.: B. 82, 36 (1949).

$$\left[\begin{array}{c} NC-\overline{C}H \\ | \\ CO \\ \diagdown NH_2 \end{array}\right]^{-} + \quad H-\overline{O}-\overset{\overset{\displaystyle CH_3}{|}}{\underset{\oplus}{C}}\diagdown \overset{\ominus}{CH} \quad \longrightarrow$$
$$\underset{CO-CH_3}{}$$

$$\longrightarrow \left[\begin{array}{c} H-\overline{O} \diagdown \overset{CH_3}{\diagup} \\ \overset{H}{NC-C}\diagup C \diagdown \overline{C}H \\ | \qquad | \\ CO \qquad CO-CH_3 \\ \diagdown NH_2 \\ a \end{array}\right]^{-} \longrightarrow \left[\begin{array}{c} + \ H-\overline{O}\rightarrow H \\ CH_3 \\ \overset{\ominus}{NC-C}\overset{C}{\underset{\oplus}{}}\overline{C}H \\ | \qquad | \\ O=C \qquad CO-CH_3 \\ \diagdown NH_2 \end{array}\right]^{-}$$

Dieses erste Addukt a stabilisiert sich durch Abspaltung der Hydroxylgruppe als Anion unter Vereinigung mit dem sich ablösenden Proton als Wasser, wonach, wie bereits erläutert, der Ringschluß zum aromatischen System stattfindet[121]:

$$\left[\begin{array}{c} CH_3 \\ \overset{\ominus}{NC-C}\overset{|}{\underset{\oplus}{C}}\overline{C}H \\ | \qquad | \\ O=C \quad C=\overline{O} \\ \diagdown NH \quad | \\ H \quad CH_3 \end{array} \leftrightarrow \begin{array}{c} CH_3 \\ NC-C{=}\overset{|}{C}\diagdown\overline{C}H \\ | \qquad | \\ O=C \quad \overset{\oplus}{C}{-}\overline{O}| \\ \diagdown NH \quad | \\ H \quad CH_3 \end{array}\right]^{-} \longrightarrow \left[\begin{array}{c} CH_3 \\ NC-C{=}\overset{|}{C}\diagdown\overline{C}H \\ | \qquad | \\ O=C \quad C{-}\overline{O}| \\ \diagdown \overset{\oplus}{N}\diagup | \\ H \ H \ CH_3 \ \ominus \end{array}\right]^{-} \longrightarrow$$

$$\longrightarrow [|\overline{O}-H]^{-} + \left\{\begin{array}{c} CH_3 \\ NC-C{=}\overset{|}{C}\diagdown\overset{\ominus}{CH} \\ | \qquad | \\ O=C \quad C{-}CH_3 \\ \diagdown \underset{H}{N} \underset{\oplus}{} \end{array} \leftrightarrow \begin{array}{c} CH_3 \\ NC-\diagup\diagdown \\ O=\diagdown\underset{\underset{H}{N}}{}\diagdown -CH_3 \end{array}\right\} \rightleftharpoons \begin{array}{c} CH_3 \\ NC-\diagup\diagdown \\ HO-\diagdown\underset{N}{}\diagdown -CH_3 \end{array}.$$

Bei unsymmetrischen β-Diketonen entstehen meist zwei Isomere je nach der Richtung, in der die Enolisierung erfolgte. Die Menge der entstehenden Isomeren gestattet daher einen Rückschluß auf die unter den Reaktionsbedingungen rascher reagierende Enolform. So entsteht beispielsweise aus γ-Äthoxy-acetylaceton bei der Kondensation mit Cyanacetamid[122] vorwiegend das 2-Methyl-6-oxy-4-äthoxymethyl-5-cyanpyridin, ein Hinweis, daß unter den Bedingungen der Reaktion vornehmlich das nach der Äthoxygruppe hin enolisierte Tautomere die reaktionsfähigere Form darstellt:

$$C_2H_5{-}O{-}CH_2{-}CO{-}CH_2{-}CO{-}CH_3 \ \rightleftharpoons \ C_2H_5{-}O{-}CH_2{-}\underset{\underset{OH}{|}}{C}{=}CH{-}CO{-}CH_3$$

---

[121] Zu dieser Deutung der Sen-Gupta-Reaktion vgl. auch H. K. Sen u. U. Bose: J. Indian chem. Soc. 4, 51 (1927). — Basu, U.: J. Indian chem. Soc. 7, 481 (1930); J. Indian chem. Soc. P. C. Ray Commence Vol., 125 (1933).

[122] Harris, St. A., E. T. Stiller u. K. Folkers: J. Amer. chem. Soc. 61, 1245 (1939). — Über den Einfluß der Kondensationsbedingungen auf das Verhältnis der Isomeren vgl. H. Henecka: B. 82, 39 (1949).

Aus 2-Acetylcyclohexanon-(1) entstehen mit Cyanacetamid beide möglichen Isomere nebeneinander[123], während aus Benzoylaceton in der Hauptsache das 2-Phenyl-4-methyl-5-cyanpyridon-(6) gebildet wird:

$$
\begin{array}{c}
\text{CH}_3 \\
|\\
\text{HC}\diagup\text{C—OH}\quad \text{CH}_2\text{—CN} \\
|\qquad\qquad\ | \\
\text{C}_6\text{H}_5\text{—C=O}\quad\diagup\text{C=O} \\
\text{NH}_2
\end{array}
\quad\xrightarrow{-\,2\,\text{H}_2\text{O}}\quad
\begin{array}{c}
\text{CH}_3 \\
|\\
\text{C}_6\text{H}_5\text{—}\!\!\diagdown\!\!\diagup\text{—CN} \\
\text{N}\ \text{=O} \\
\text{H}
\end{array}
$$

ein Beweis dafür, daß unter den Bedingungen der Sen-Gupta-Reaktion das A-Enol des Benzoylacetons die reaktionsfähigere Form darstellt[124].

Aus Acetonoxalester und Cyanacetamid entsteht der 2-Methyl-5-cyanpyridon-(6)-carbonsäureester-(4), während aus O-Äthylacetonoxalester der isomere 4-Methyl-5-cyanpyridon-(6)-carbonsäureester-(2) sich bildet, ein Hinweis darauf, daß dem O-Äthylacetonoxalester die Konstitution $\text{CH}_3\text{—C}(\text{OC}_2\text{H}_5)\text{=CH—CO—COOR}$ zukommt[125]:

$$
\begin{array}{c}
\text{COOR} \\
|\\
\text{C—OH} \\
\text{CH}\quad\ \text{CH}_2\text{—CN} \\
\qquad +\qquad \\
\text{CH}_3\text{—CO}\quad\ \text{CO} \\
\text{N} \\
\text{H}_2
\end{array}
\quad\longrightarrow\quad
\begin{array}{c}
\text{COOR} \\
|\\
\text{—CN} \\
\text{CH}_3\text{—}\ \text{N}\ \text{=O}\ ; \\
\text{H}
\end{array}
$$

$$
\begin{array}{c}
\text{CH}_3 \\
|\\
\text{C—OC}_2\text{H}_5 \\
\text{CH}\quad\ \text{CH}_2\text{—CN} \\
\qquad +\qquad \\
\text{ROOC—CO}\quad\ \text{CO} \\
\text{N} \\
\text{H}_2
\end{array}
\quad\longrightarrow\quad
\begin{array}{c}
\text{CH}_3 \\
|\\
\text{—CN} \\
\text{ROOC—}\ \text{N}\ \text{=O}\ . \\
\text{H}
\end{array}
$$

Ähnlich wie β-Diketone reagieren auch β-Ketocarbonsäureester mit Cyanacetamid bei Gegenwart der äquivalenten Menge Natriumäthylatlösung: sowohl aus Cyclohexanon-(1)-carbonsäureester-(2) als auch aus der zugehörigen Enaminverbindung, dem Tetrahydroanthranilsäureester, entsteht bei der Kondensation mit Cyanacetamid mit nahezu quantitativer Ausbeute das Bz-Tetrahydro-1,3-dioxy-4-cyan-iso-chinolin[126]:

<hr>

[123] Sen, H. K., u. U. Bose: J. Indian chem. Soc. 4, 51 (1927).

[124] Bardhan, J. Ch.: J. chem. Soc. London 1929, 2223. — Basu, U.: J. Indian chem. Soc. 7, 815 (1930).

[125] Henecka, H.: B. 82, 38 (1949); s. a. A. Rossi u. A. Lauchenauer: Helvet. chim. Acta 30, 1501 (1947); 31, 1741 (1948).

[126] Basu, U.: J. Indian chem. Soc. 8, 320 (1931). — Reaktion Cyclopentanon-carbonester/Cyanacetamid: V. Prelog u. O. Metzler: Helvet. chim. Acta 29, 1170 (1946).

aus Acetessigester und Cyanacetamid nach dem gleichen Chemismus das 4-Methyl-3-cyan-2,6-dioxypyridin[127]. Dasselbe Reaktionsprodukt bildet sich bemerkenswerter Weise auch aus β-Aminocrotonsäureester und Cyanessigester[128], eine Umsetzung, die wahrscheinlich so zu deuten ist, daß das durch die Stabilisierung des ersten Michael-Addukts abgespaltene Ammoniak in zweiter Reaktionsphase die Cyclisierung bewirkt:

Wohl seiner im Vergleich zum Cyanacetamid geringeren CH-Acidität wegen zeigt der Cyanessigester auch bei der Kondensation mit Enaminderivaten von β-Diketonen ein von der Reaktionsweise des Cyanacetamids abweichendes Verhalten: während aus Benzoylacetonamin und Cyanacetamid in normaler Reaktion das 2-Phenyl-4-methyl-5-cyanpyridon-(6) entsteht, erhält man mit Cyanessigester bei Gegenwart von Natrium das isomere 2-Methyl-4-phenyl-5-cyanpyridon-(6)[129]:

In ähnlicher Weise reagiert, wie bereits E. KNOEVENAGEL[130] fand, der Malonester mit Enaminderivaten von β-Diketonen: so entsteht aus

[127] GUARESCHI, J.: C. 1896 I, 602; 1896 II, 46.

[128] HOPE, E.: J. chem. Soc. London 121, 2219 (1922).

[129] BASU, U.: J. Indian chem. Soc. 12, 299 (1935).

[130] B. 31, 761 (1898).

Amino-acetylaceton und Malonester bei Gegenwart von Natriumäthylat der 2,4-Dimethyl-6-oxypyridin-5-carbonsäureester:

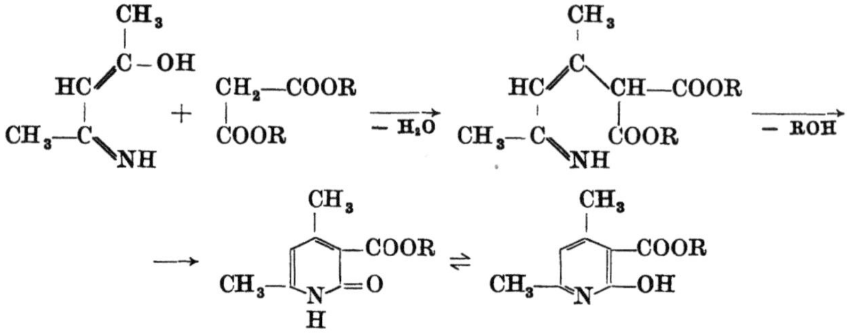

Bemerkenswerterweise reagiert nun auch der β-Aminocrotonsäureester mit Malonester bei Gegenwart von Natriumäthylat[131] nach einem ähnlichen Chemismus, wobei das erste Addukt dieser Synthese durch eine Esterkondensation zustande kommt; nach Abspaltung von Alkohol findet dann normale Cyclisierung zum 2-Methyl-4,6-dioxypyridin-carbonsäureester-(5) statt:

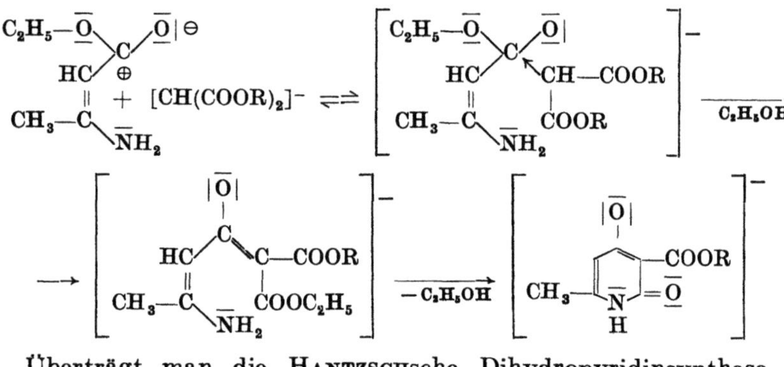

Überträgt man die HANTZSCHsche Dihydropyridinsynthese auf α,β-dreifach ungesättigte Carbonylverbindungen, so erhält man direkt Derivate des Pyridins: aus Propionyl-phenylacetylen und Cyanacetamid läßt sich das 2-Äthyl-4-phenyl-5-cyanpyridon-(6) gewinnen[132]:

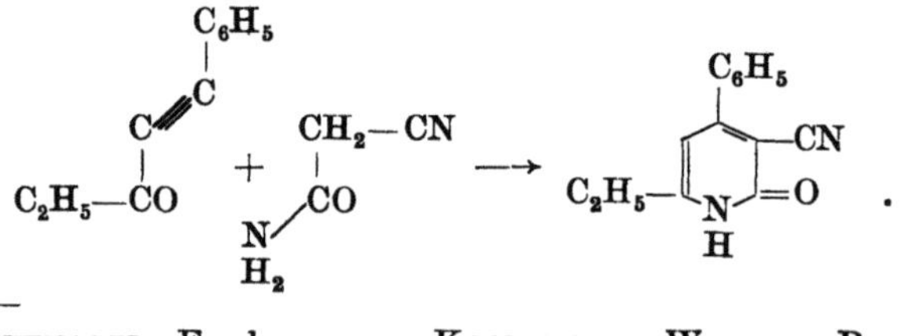

---

[131] KNOEVENAGEL, E.: l. c.; s. a. KOOYMAN u. WIBAUT: Rec. Trav. chim. Pays-Bas **65**, 10 (1946).

[132] BARDHAN, J. CH.: J. chem. Soc. London **1929**, 2223. — BARAT, CH. J. Indian chem. Soc. **7**, 851 (1930).

e) Piperidine.

Wählt man die Komponenten der Michael-Addition derart, daß
Verbindungen vom Typus des 1-Cyan-pentanon-(4) entstehen, so erhält
man hieraus bei der anschließenden katalytischen Hydrierung Derivate
des *Piperidins*[133]. Beispielsweise entsteht durch Addition von α-Äthyl-
acetessigester an Acrylnitril der 1-Cyan-3-äthyl-pentanon-(4)-car-
bonsäureester-(3), der bei der katalytischen Reduktion mit Nickel als
Katalysator und einem Wasserstoffdruck von 50—100 Atm. in den
2-Methyl-3-äthylpiperidin-3-carbonsäureester übergeht. Diese Reaktion
ist nach folgendem allgemeinem Schema formulierbar: (R = COOC$_2$H$_5$)

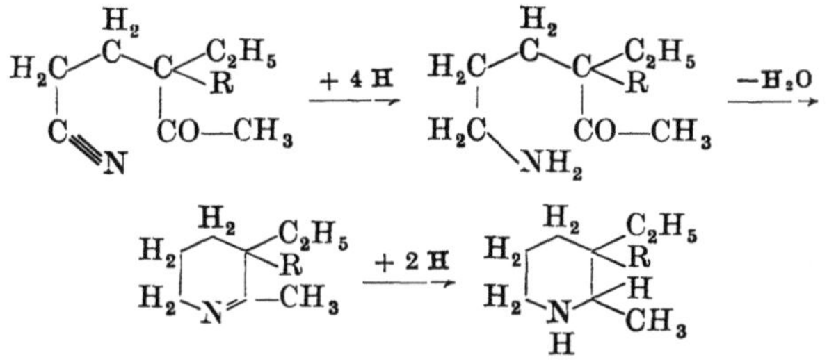

Dem inneren Mechanismus nach ist diese Reaktion jedoch als Spezialfall der
Hantzschschen Dihydro-pyridin-Synthese aufzufassen, da der Ringschluß wahr-
scheinlich bereits auf der Ketimid-Stufe stattfindet. Die elektronentheoretische
Deutung der Reaktion ergibt folgendes: Die Hydrierung greift zunächst an der
Nitrilgruppe unter Reduktion zum Aldimid an:

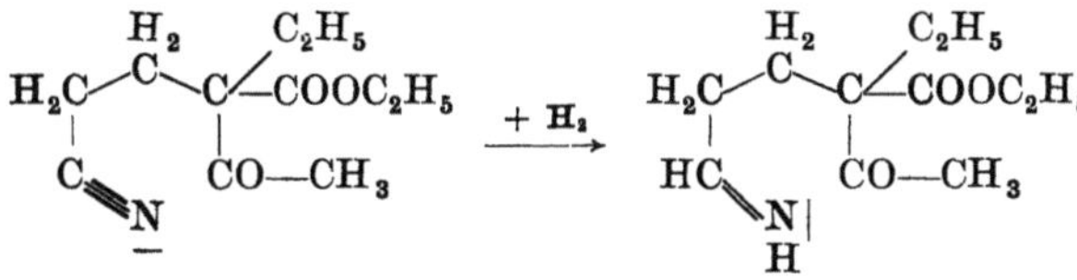

Dieses Aldimid reagiert in der tautomeren Enaminform mit der aktivierten
Carbonylgruppe unter Ringschluß zu einem Dihydro-pyridin-Derivat, das weiter
hydriert:

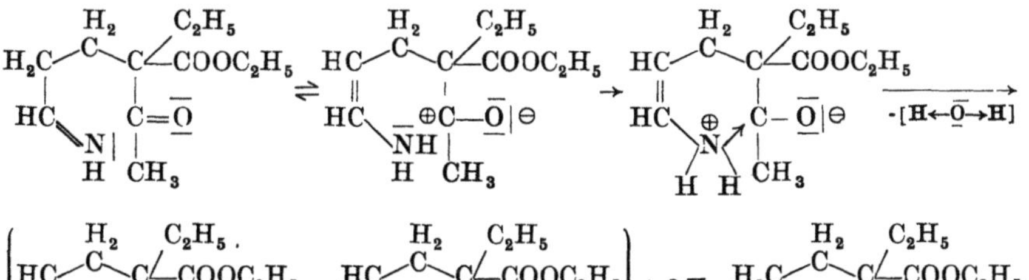

---

[133] Henecka, H.: B. 82, 104 (1949); s. a. H. Rupe u. L. Stern: Helvet. chim.
Acta 10, 859 (1927).

In analoger Weise verläuft die Reduktion des Michael-Adduktes z. B. von Benzal-aceton an Cyanessigester zum 2-Methyl-4-phenyl-piperidin-5-carbonsäureester: ($R = COOC_2H_5$)

Es ist verständlich, daß diese Synthese von Piperidinderivaten in weitem Umfang variationsfähig ist; so gelangt man durch Hydrieren des Addukts von Cyclohexanon-(1)-carbonsäureester-(2) an Acrylnitril zu einem Derivat des Dekahydro-chinolins[134]:

Das Addukt von Malo-dinitril an 2 Mol Methyl-vinyl-keton führt beim Hydrieren zu einem spirocyclischen Dipiperidyl-derivat[134a]:

während aus dem Addukt von Phenyl-cyanessigester an Methyl-vinyl-keton ein pharmakologisch bemerkenswertes Derivat des Phenyl-piperidin-carbonsäureesters entsteht:

Bei dieser Synthese von Derivaten des Piperidins ist theoretisch die Tatsache bemerkenswert, daß die —CN-Gruppe leichter katalytisch hydriert wird als die —CO-Gruppe. Das bedeutet, daß die Elektromeriefähigkeit beider Gruppen

$$\left\{ \mathrm{>C\!=\!\bar{O}} \longleftrightarrow \mathrm{>\overset{\oplus}{C}\!-\!\overset{\ominus}{\underline{O}}|} \right\} \quad \text{und} \quad \left\{ \mathrm{-C\!\equiv\!N|} \longleftrightarrow \mathrm{-\overset{\oplus}{C}\!=\!\overset{\ominus}{\underline{N}}} \right\}$$

---

[134] s. a. V. Boekelheide: J. Amer. chem. Soc. **69**, 790 (1947).
[134a] Henecka, H., B. **82**, 104 (949).

bei dieser Art der Hydrierung keine Rolle spielen kann, da des höheren
elektromeren Effekts der Carbonylgruppe wegen diese Gruppe dann
leichter hydrierbar sein müßte als die Nitrilgruppe. Die experimentell
mögliche Hydrierung von 1-Cyan-pentanon-(4)-derivaten zu Derivaten
des Piperidins läßt somit den Schluß zu, daß die katalytische Druck-
hydrierung dieser Verbindungen nicht nach einem polaren, sondern
nach dem *(krypto)-radikalischen* Reaktionsmechanismus verläuft;
weiterhin ergibt sich hieraus die Feststellung, daß eines der beiden
π-Elektronenpaare der dreifachen $-C\equiv N|$-Bindung unter den genannten Versuchsbedingungen leichter zu trennen und damit aktivierbar
ist als das π-Elektronenpaar der $>C=\bar{O}$-Doppelbindung.

Hydriert man die Addukte α,β-ungesättigter Nitrile oder Carbonsäureester an Malonester bzw. Cyanessigester, so gelangt man in ähnlicher Weise zu Derivaten des α-Piperidons[135], wobei die Cyclisierung
durch Amidbildung stattfindet:

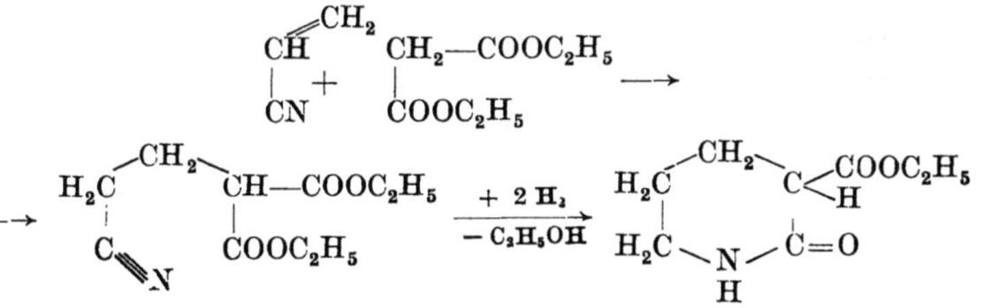

$$
\begin{array}{c}
\text{CH}_2\!\!=\!\!\text{CH} \\
|\quad\text{CN}
\end{array}
+
\begin{array}{c}
\text{CH}_2\!-\!\text{COOC}_2\text{H}_5 \\
|\quad\text{COOC}_2\text{H}_5
\end{array}
\longrightarrow
$$

$$
\longrightarrow \quad
\underset{\displaystyle\text{(Pentandinitril-ester)}}{
\begin{array}{c}
\text{H}_2\text{C}-\text{CH}_2 \\
|\qquad\quad\text{CH}-\text{COOC}_2\text{H}_5 \\
\text{C}\!\equiv\!\text{N}\qquad\text{COOC}_2\text{H}_5
\end{array}}
\xrightarrow[-\,\text{C}_2\text{H}_5\text{OH}]{+\,2\,\text{H}_2}
\begin{array}{c}
\text{H}_2\text{C}-\text{CH}_2-\text{C}\!<\!{}^{\text{COOC}_2\text{H}_5}_{\text{H}} \\
\text{H}_2\text{C}\diagdown{}_{\text{N}}\diagup\text{C}\!=\!\text{O} \\
\text{H}
\end{array}
$$

oder

$$
\begin{array}{c}
\text{C}_6\text{H}_5 \\
|\text{CH} \\
\text{HC}{}\diagup \\
\text{H}_5\text{C}_2\text{OCO}
\end{array}
+
\begin{array}{c}
\text{CH}_2-\text{COOC}_2\text{H}_5 \\
|\;\text{CN}
\end{array}
\longrightarrow
\begin{array}{c}
\text{C}_6\text{H}_5 \\
|\text{CH} \\
\text{H}_2\text{C}\qquad\text{CH}-\text{COOC}_2\text{H}_5 \\
\text{H}_5\text{C}_2\text{OCO}\qquad\text{C}\!\equiv\!\text{N}
\end{array}
\longrightarrow
$$

$$
\longrightarrow \quad
\begin{array}{c}
\text{C}_6\text{H}_5 \\
|\text{CH} \\
\text{H}_2\text{C}\qquad\text{C}\!<\!{}^{\text{COOC}_2\text{H}_5}_{\text{H}} \\
\text{O}\!=\!\text{C}\diagdown{}_{\text{N}}\diagup\text{CH}_2 \\
\text{H}
\end{array}
\quad.
$$

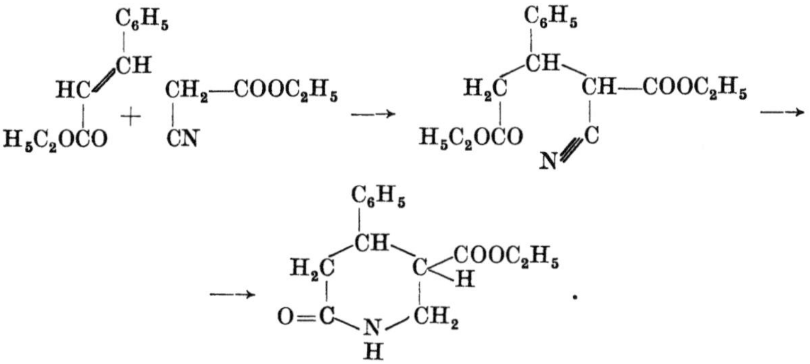

In analoger Reaktion geht das Addukt der Blausäure an Butyliden-
malonester beim Hydrieren mit Raney-Nickel bei 175°/100 Atm.
H_2-Druck in 4-Äthylpyrrolidon-(2)-carbonsäureester-(3)[136] über:

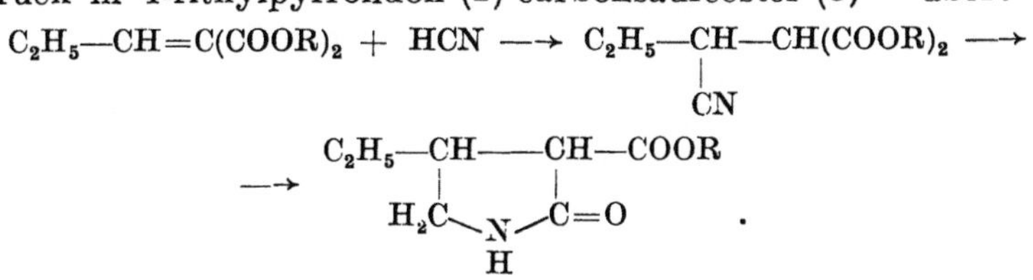

$$
\text{C}_2\text{H}_5-\text{CH}\!=\!\text{C(COOR)}_2 + \text{HCN} \longrightarrow
\text{C}_2\text{H}_5-\text{CH}-\text{CH(COOR)}_2 \longrightarrow
$$
$$
\qquad\qquad\qquad\qquad\qquad\qquad\qquad\qquad\quad |\;\text{CN}
$$

$$
\longrightarrow \quad
\begin{array}{c}
\text{C}_2\text{H}_5-\text{CH}\!-\!-\!\text{CH}-\text{COOR} \\
\text{H}_2\text{C}\diagdown{}_{\text{N}}\diagup\text{C}\!=\!\text{O} \\
\text{H}
\end{array}
\quad.
$$

---

[135] KOELSCH, C. F.: J. Amer. chem. Soc. **65**, 2093, 2458 (1943).
[136] KOELSCH, C. F., u. CH. H. STRATTON: J. Amer. chem. Soc. **66**, 1883 (1944).

Ist nun aber das 1-Cyan-pentanon-(4)-derivat gleichzeitig ein α-monosubstituierter β-Ketocarbonsäureester, wie z. B. das Addukt von Acrylnitril an Acetessigester, der 1-Cyan-pentanon-(4)-carbonsäure-ester-(3), so setzt die Hydrierung an der leicht hydrierbaren Enolform ein unter Zwischenbildung von 1-Cyan-pentanol-(4)-carbonsäureester-(3), da nunmehr das π-Elektronenpaar der besonders reaktionsfähigen enolischen Doppelbindung leichter zu trennen ist als eines der beiden π-Elektronenpaare der Nitril-gruppe. Der zunächst entstehende sekundäre Alkohol

$$CH_3-C{=}C-CH_2-CH_2-CN \quad + H_2 \longrightarrow \quad CH_3-CH-CH-CH_2-CH_2-CN$$
$$\underset{OH}{|} \ \underset{COOC_2H_5}{|} \qquad\qquad\qquad \underset{OH}{|} \ \underset{COOC_2H_5}{|}$$

ist nach der dann in zweiter Stufe eintretenden Hydrierung der Nitril-gruppe zum Ringschluß nicht mehr befähigt.

Geht man jedoch von der dem α-monosubstituierten β-Ketocarbonsäureester entsprechenden Ketimid- bzw. Enaminverbindung aus, so tritt auch in diesem Falle Cyclisierung unter Zwischenbildung eines Dihydro-pyridin-derivates unter Abspaltung von Ammoniak ein[137]:

$$\text{(Reaktionsschema)}$$

Diese Reaktion ist daher in ihrer entscheidenden Phase als ein Analogon der Dihydro-pyridin-synthese aus „Dinitrilen" und Aldehyden zu betrachten (Vgl. IX, 3c, S. 284).

Da bei der katalytischen Hydrierung aliphatischer Dinitrile analoge Zwischenstufen zu erwarten sind, so ist leicht verständlich, daß man beispielsweise aus Glutardinitril bei dieser Art der Hydrierung das Piperidin selbst erhalten kann:

$$NC-(CH_2)_3-CN \xrightarrow{+\,2\,H_2} HN{=}CH-(CH_2)_3-CH{=}NH \rightleftharpoons$$
$$\rightleftharpoons H_2N-CH{=}CH-(CH_2)_2-CH{=}NH \longrightarrow$$

---

[137] HENECKA, H.: B. **82**, 107 (1949).

$$\xrightarrow{-NH_3}\quad + 2\,H_2 \longrightarrow$$

Desgleichen gelingt es, das Acetimino-diacetonitril in Piperazin überzuführen:

$$CH_3-CO-N \Big\langle {CH_2-CN \atop CH_2-CN} \quad \xrightarrow{+2\,H_2}\quad CH_3-CO-N \Big\langle {CH_2-CH=NH \atop CH_2-CH=NH} \rightleftharpoons$$

$$\rightleftharpoons CH_3-CO-N \Big\langle {CH=CH-NH_2 \atop CH_2-CH=NH}$$

$$\xrightarrow{-NH_3}\quad CH_3-CO-N \Big\langle {CH=CH \atop CH_2-CH} \Big\rangle N \quad \xrightarrow{+2\,H_2}\quad CH_3-CO-N \Big\langle {\ \atop \ } \Big\rangle NH \longrightarrow$$

$$\longrightarrow HN \Big\langle {\ \atop \ } \Big\rangle NH\ .$$

X. Selbstkondensationen.
1. Dehydracetsäure und Isodehydracetsäure.

Die Anwesenheit verschiedener reaktionsfähiger Gruppen im Molekül der β-Dicarbonylverbindungen macht es verständlich, daß unter geeigneten Reaktionsbedingungen zwischen gleichen Molekeln Kondensationen eintreten, die normalerweise zu carbocyclischen Produkten führen. Eine der bekanntesten Reaktionen dieser Art ist die Kondensation zweier Moleküle Acetessigester zur *Dehydracetsäure*, die dann eintritt, wenn man Acetessigester bei Gegenwart einer geringen Menge einer alkalisch reagierenden Substanz zum Sieden erhitzt[1]. Dabei spielen sich folgende Reaktionen ab: zunächst findet eine *Umesterung* dadurch statt, daß die enolische Hydroxylgruppe des einen Moleküls Acetessigester auf die Carbäthoxygruppe eines zweiten gleichen Moleküls unter Abspaltung von Alkohol einwirkt:

$$CH_3-CO-CH_2-\overset{|\overline{O}|^{\ominus}}{\underset{|\underline{C}-C_2H_5}{C^{\oplus}}} \quad + \quad \overset{CH_3}{\underset{H}{|\overline{O}-C=CH-COOC_2H_5}} \longrightarrow$$

$$\longrightarrow CH_3-CO-CH_2-\overset{|\overline{O}|^{\ominus}}{\underset{|\underline{O}C_2H_5}{C}} \leftarrow \overset{\oplus\quad CH_3}{\underset{H}{O-C=CH-COOC_2H_5}}$$

$$\longrightarrow CH_3-CO-CH_2-\overset{|O|}{\underset{}{C}}-\overline{O}-\overset{CH_3}{\underset{}{C}}=CH-COOC_2H_5 + C_2H_5-\overline{O}\rightarrow H\ .$$

[1] ARNDT, F.: B. **57**, 1489 (1924). — ARNDT, F., H. SCHOLZ, E. ARON u. B. EISTERT: B. **69**, 2377 (1936).

Unter dem Einfluß des Alkalis tritt nun bei der hohen Reaktionstemperatur von etwa 150—160° Cyclisierung dadurch ein, daß die Carbäthoxygruppe nach dem Schema der Claisen-Kondensation mit der Methylengruppe reagiert:

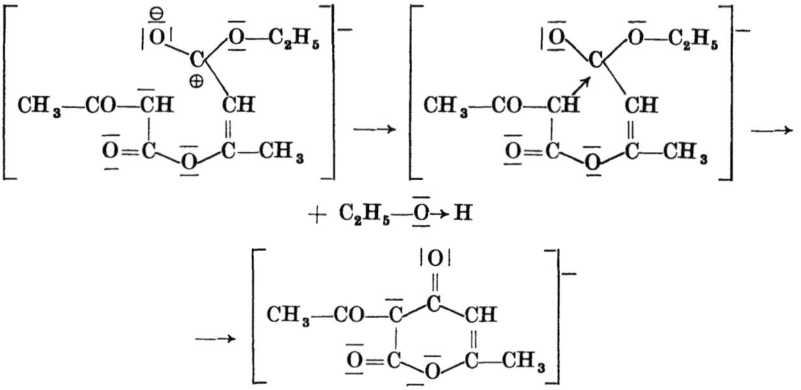

$$
\left[
\begin{array}{c}
|\overset{\ominus}{O}| \quad \bar{O}-C_2H_5 \\
C \\
\oplus \\
CH_3-CO-\bar{C}H \quad CH \\
\bar{O}=C \quad \bar{O} \quad C-CH_3
\end{array}
\right]^-
\longrightarrow
\left[
\begin{array}{c}
|\bar{O} \quad \bar{O}-C_2H_5 \\
C \\
CH_3-CO-CH \quad CH \\
\bar{O}=C \quad \bar{O} \quad C-CH_3
\end{array}
\right]^-
\longrightarrow
$$

$$+ \; C_2H_5-\bar{O}\rightarrow H$$

$$
\longrightarrow
\left[
\begin{array}{c}
|O| \\
C \\
CH_3-CO-\bar{C} \quad CH \\
\bar{O}=C \quad \bar{O} \quad C-CH_3
\end{array}
\right]^-
$$

Auf diese Weise entsteht das 6-Methyl-3-acetyl-2,4-pyronon, die Dehydracetsäure, die als cyclisches Triacyl-methan-derivat die Acidität einer einbasischen organischen Säure besitzt:

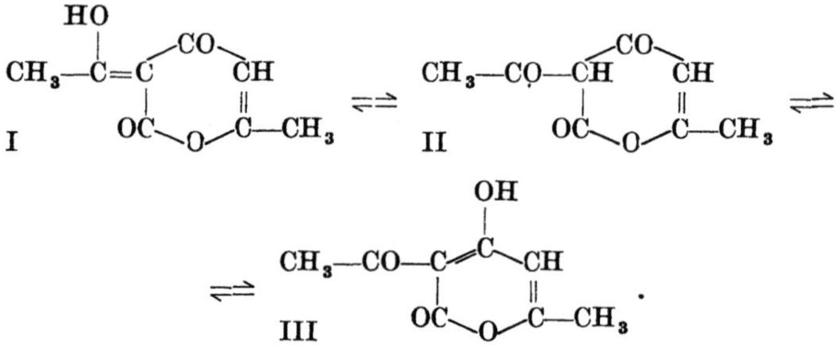

$$
\underset{I}{
\begin{array}{c}
HO \\
CH_3-C=C \quad CO \quad CH \\
OC \quad O \quad C-CH_3
\end{array}}
\rightleftharpoons
\underset{II}{
\begin{array}{c}
CH_3-CO-CH \quad CO \quad CH \\
OC \quad O \quad C-CH_3
\end{array}}
\rightleftharpoons
$$

$$
\rightleftharpoons
\underset{III}{
\begin{array}{c}
OH \\
CH_3-CO-C=C \quad CH \\
OC \quad O \quad C-CH_3
\end{array}} \; .
$$

Nach welcher Carbonylgruppe hin die Enolisierung erfolgt, ist nicht mit Sicherheit bekannt; sieht man von der noch möglichen, aber unwahrscheinlichen Enolisierung nach der laktonartig verknüpften Carbonylgruppe in α-Stellung ab, so erscheint die Enolisierung nach III am meisten begünstigt, da hierbei unter Teilnahme aller π-Elektronen eine Aromatisierung eintreten kann:

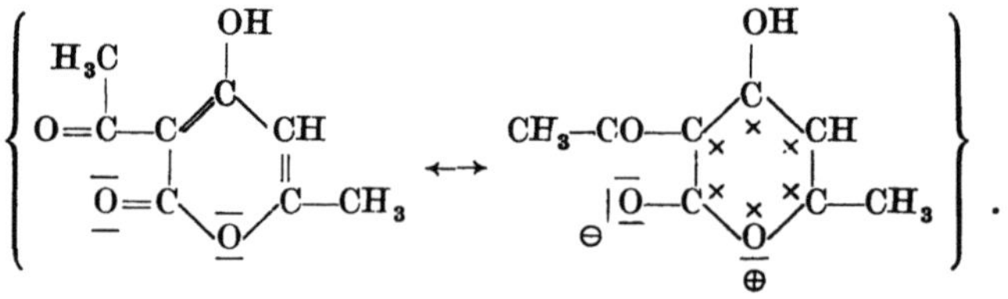

$$
\left\{
\begin{array}{c}
OH \\
H_3C \\
O=C-C-C \quad CH \\
\bar{O}=C \quad O \quad C-CH_3
\end{array}
\leftrightarrow
\begin{array}{c}
OH \\
C \\
CH_3-CO-C \times \times CH \\
\underset{\ominus}{|\bar{O}}-C \times \times C-CH_3 \\
\underset{\oplus}{O}
\end{array}
\right\} .
$$

Die Acidität der Dehydracetsäure, die auf die gleichen Ursachen wie bei den Dihydro-resorcinen (vgl. Kap. IX, 3b, S. 279) sich zurückführen läßt, ist lediglich Enolacidität; die feste Substanz stellt wahrscheinlich die reine Enolform III dar.

Behandelt man die Dehydracetsäure in der Hitze mit verdünnten Mineralsäuren, so entsteht das 2,6-Dimethyl-γ-pyron. Diese Reaktion[2] kommt dadurch zustande, daß zunächst der Laktonring sich hydrolytisch öffnet; die so entstehende freie β-Ketocarbonsäure zerfällt unter Decarboxylierung und Zwischenbildung von Diacetyl-aceton:

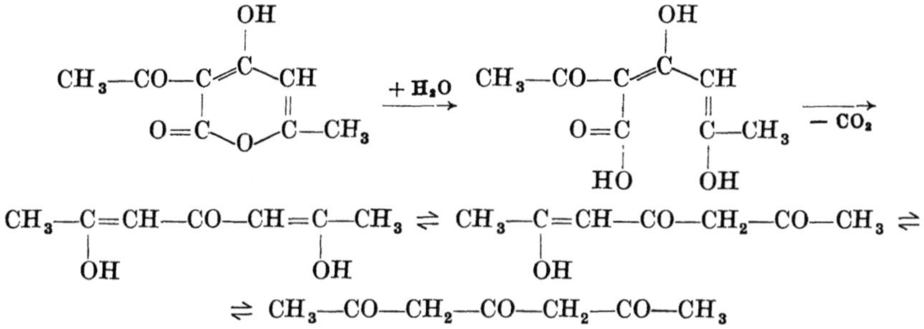

$$CH_3-C=CH-CO-CH=C-CH_3 \rightleftharpoons CH_3-C=CH-CO-CH_2-CO-CH_3 \rightleftharpoons$$

$$\rightleftharpoons CH_3-CO-CH_2-CO-CH_2-CO-CH_3$$

Dieses Diacetyl-aceton geht nun, ähnlich wie Aceton-dioxalester[3] unter dem Einfluß der Säure in ein Derivat des γ-Pyrons über:

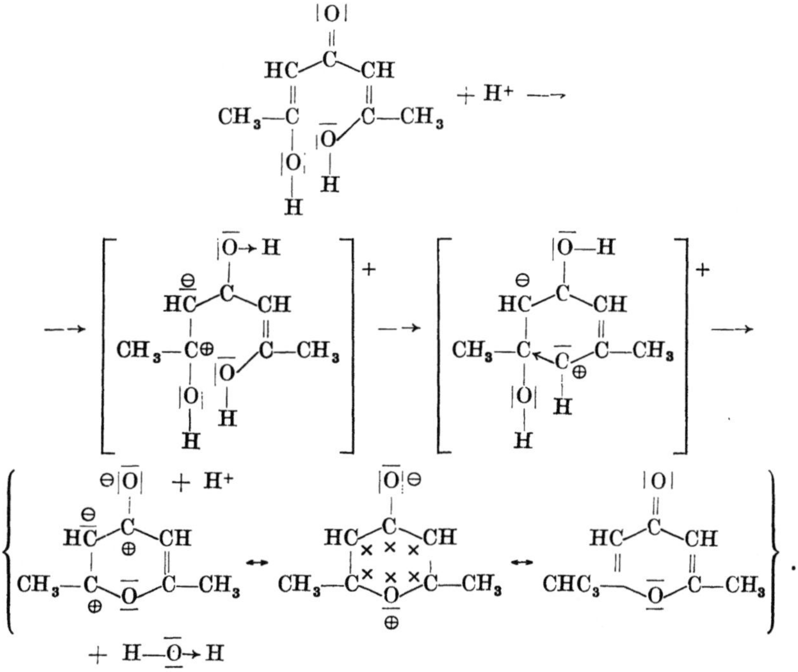

Ähnlich wie bei der Darstellung der Chelidonsäure aus Acetondioxalester ist auch bei dieser Reaktion die durch die Cyclisierung

---

[2] FEIST: A. **257**, 266, 272 (1890). — COLLIE: J. chem. Soc. London **59**, 619 (1893). — WILLSTÄTTER u. PUMMERER: B. **38**, 1465 (1905).
[3] Vgl. VI, 2, S. 159.

geschaffene Möglichkeit der Mesomerie nach dem aromatischen Grenzzustand hin als die treibende Kraft der Umsetzung anzusprechen.

Behandelt man Dehydracetsäure kurze Zeit mit 88—90% Schwefelsäure bei 130—135°, so wird, wie J. N. Collie[4] fand, die 3-ständige
Acetylgruppe abhydrolysiert unter Bildung von 6-Methyl-pyronon,
dem „Triacetolakton":

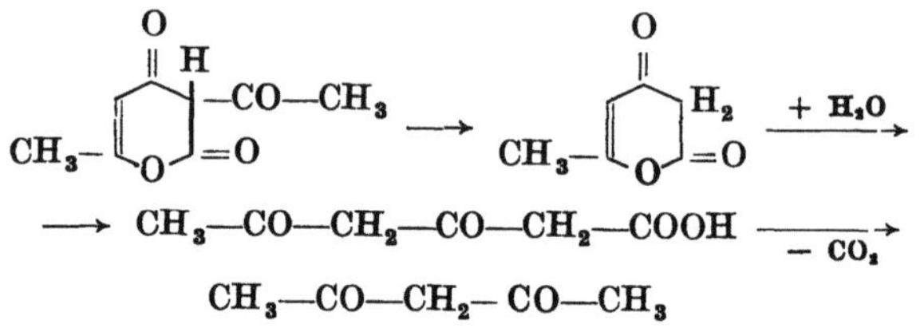

$$\longrightarrow CH_3-CO-CH_2-CO-CH_2-COOH \xrightarrow{-CO_2}$$

$$CH_3-CO-CH_2-CO-CH_3$$

das seinerseits beim Erwärmen mit Wasser oder verdünnten Säuren
über die intermediär entstehende γ-Acetylacetessigsäure Acetylaceton
bildet, während beim Erwärmen mit Alkohol unter Druck aus dem
Triacetolakton der γ-Acetylacetessigsäureester entsteht[5].

Die Dehydracetsäurebildung ist nicht auf den Acetessigester beschränkt; auch der Benzoylessigester ist in ähnlicher Weise in das entsprechende 6-Phenyl-3-benzoyl-2,4-pyronon überführbar[6].

Diese Dehydrobenzoylessigsäure geht bei milder alkalischer Hydrolyse unter Abspaltung von Benzoesäure in Benzoyl-acetessigsäure über[7]:

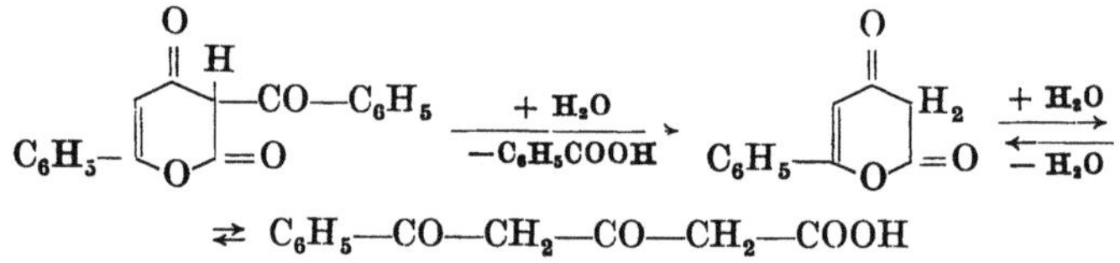

$$\rightleftharpoons C_6H_5-CO-CH_2-CO-CH_2-COOH$$

Von dieser γ-Benzoyl-acetessigsäure ausgehend, kommt man durch
Decarboxylierung zum Benzoylaceton, während durch konzentrierte
Schwefelsäure das erste Zwischenprodukt der alkalischen Hydrolyse,
das 6-Phenyl-pyronon, zurückgebildet wird. Letzteres entsteht[8] auch
durch Einwirkung starker Schwefelsäure auf Dehydrobenzoylessigsäure, ähnlich wie das Triacetolakton aus Dehydracetsäure.

Eine weitere Selbstkondensation erleidet der Acetessigester bei der
energischen Behandlung mit Mineralsäuren: beim Sättigen von Acetessigester mit Chlorwasserstoff[9] oder bei längerer Behandlung mit konzentrierter Schwefelsäure[10] entsteht durch Selbstkondensation die

[4] J. chem. Soc. London **59**, 607 (1891).

[5] Witter, R. F., u. E. Stotz: J. biol. Chem. **176**, 485 (1948).

[6] Arndt, F., B. Eistert, H. Scholz u. E. Aron: B. **69**, 2380 (1936).

[7] Balenovic, K., u. D. Sunko: Mh. Chem. **79**, 1 (1948).

[8] Arndt, F., u. Mitarb.: l. c.

[9] Duisberg, C.: A. **213**, 178 (1882). — Polonowska, N.: B. **19**, 2402
(1886). — Genvressf, P.: A. ch. [6] **24**, 91 (1891); Bl. [3] **7**, 586 (1892). —
Feist, F.: A. **345**, 69 (1906).

[10] Anschütz, R., P. Bendix u. W. Kerp: A. **259**, 152 (1890); vgl. auch
Hantzscf, A.: A. **222**, 9 (1884).

Isodehydracetsäure. Auch diese Reaktion verläuft in zwei Stufen: zunächst bildet sich durch Umesterung wie bei der ersten Stufe der Dehydracetsäurebildung der Ester der Acetessigsäure mit β-Oxycrotonsäureester:

$$CH_3-CO-CH_2-CO-O-\underset{\underset{CH_3}{|}}{C}=CH-COOC_2H_5 \quad ;$$

unter dem Einfluß der starken Säure tritt dann Enolisierung und anschließend Cyclisierung ein. Sie wird eingeleitet durch eine Polarisierung der Doppelbindungen als Vorstufe des aldolartig unter nachträglicher Wasserabspaltung sich vollziehenden Ringschlusses zu 2,4-Dimethyl-α-pyron-3-carbonsäureester; die energetisch begünstigte aromatische Mesomerie des so entstehenden α-Pyron-derivates dürfte wieder bestimmend für den Reaktionsablauf sein:

Durch das Reaktionsmedium wird zum größten Teil der Carbonsäureester zur freien Säure, der Isodehydracetsäure, verseift, die die gleiche Bruttozusammensetzung besitzt wie Dehydracetsäure und daher mit Recht als ihr Isomeres bezeichnet wird.

Aus Formylessigsäureester entsteht unter denselben Reaktionsbedingungen nach einem analogen Mechanismus die *Cumalinsäure*[11]:

---

[11] v. Pechmann: A. **264**, 284 (1891); **273**, 164 (1893).

während aus gleichen Gewichtsmengen Benzoylessigester und konzentrierte Schwefelsäure unter gleichzeitiger Verseifung und Decarboxylierung der zunächst gebildeten 4,6-Diphenylcumalinsäure-(5) das Diphenylcumalin gebildet wird[12]

$$C_6H_5-C(OH)=CH-COOR,\ HC\cdots,\ OC-O-C-C_6H_5 \longrightarrow C_6H_5,\ O=\!\!\langle\ \rangle\!\!-COOH,\ -C_6H_5 \xrightarrow{-CO_2} C_6H_5,\ O=\!\!\langle\ \rangle\!\!-C_6H_5 .$$

Die aromatische Natur der Iso-dehydracetsäure läßt es verständlich erscheinen, daß diese Verbindung nitrierbar ist zur 2,4-Dimethyl-5-nitro-α-pyron-3-carbonsäure[13].

Freie, schwefelsäurefreie Acetondicarbonsäure geht unter dem Einfluß von Acetanhydrid bereits bei Zimmertemperatur in das zugehörige innere Anhydrid, das 4,6-Dioxy-α-pyron[14] über:

$$O=C\!\!\big\langle{}^{CH_2-COOH}_{CH_2-COOH} \xrightarrow{-H_2O} O=C\!\!\big\langle{}^{CH_2-CO}_{CH_2-CO}\!\!\big\rangle O \rightleftharpoons HO-\!\!\langle\ \rangle\!\!=O\ (OH) ;$$

bei geringem Gehalt an freier Schwefelsäure entsteht jedoch aus Acetondicarbonsäure die Dehydracet-carbonsäure[15]

$$CH_3-CO-\!\!\langle\overset{O}{\underset{H}{\ \|}}\rangle,\ O=\!\!\langle\ \rangle\!\!_O-CH_2-COOH$$

nach dem Bildungsmechanismus der Dehydracetsäure unter partieller Decarboxylierung der zunächst gebildeten Dicarbonsäure.

Bei der Dehydracetsäure- als auch der Isodehydracetsäurebildung besteht die erste Stufe der Reaktion darin, daß sich durch Umesterung aus Acetessigsäureäthylester der Ester der Acetessigsäure mit β-Oxycrotonsäureester, d. h. der Enolform des Acetessigesters bildet. Man kennt nun eine weitere Selbstkondensation, bei der diese Umesterung intramolekular verläuft: die Bildung des sog. Isocarbopyrotritarsäureesters aus Diacetbernsteinsäureester, die beim Erhitzen dieser Substanz auf etwa 200° C eintritt[16]. Hierbei estert sich die Carbäthoxygruppe

[12] ARNDT, F., u. B. EISTERT: B. 58, 2318 (1925); s. a. F. FEIST: B. 58, 2311 (1925).

[13] PANIZZI, L.: Gazz. 72, 423 (1942); s. a. ANGELI: Gazz. 22, II, 329 (1892).

[14] WILLSTÄTTER, R., u. A. PFANNENSTIEL: A. 422, 6 (1921); s. a. D. S. JERDAN: J. chem. Soc. London 75, 808, 809 (Fußnote) (1899).

[15] v. PECHMANN, H., u. F. NEGER: A. 273, 186, 194 (1893); s. a. R. WILLSTÄTTER u. A. PFANNENSTIEL: l. c. — MALACHOWSKI, R.: C. 1926 II, 2907; 1928 II, 448.

[16] KNORR, L.: B. 22, 159 (1889); A. 303, 135 (1898).

des einen β-Ketocarbonsäurerestes mit der Enolform des zweiten Restes um unter Abspaltung von Alkohol: $(R=COOC_2H_5)$

$$
\begin{array}{ccc}
CH_3-CO-CH\!\!-\!\!-\!\!-\!\!-C-R & & CH_3-CO-CH\!\!-\!\!-C-R \\
\ominus|\bar{O}-C\oplus \quad C-CH_3 & \longrightarrow & \ominus|\bar{O}-C \quad \bar{O} \quad C-CH_3 \\
|\underline{O}-C_2H_5 \quad |\underline{O}-H & & H_5C_2-\underline{O}| \quad \oplus H
\end{array}
$$

$$
\begin{array}{ccc}
CH_3-CO-CH\!\!-\!\!-C-R & & CH_3-C=C\!\!-\!\!-C-R \\
\longrightarrow \quad \bar{O}=C \quad \bar{O} \quad C-CH_3 & \rightleftharpoons & \bar{O} \quad C \quad \bar{O} \quad C-CH_3 \\
& & \quad\rightleftharpoons
\end{array}
$$

$$+ \; C_2H_5-\bar{O}-H$$

$$
\rightleftharpoons \left\{
\begin{array}{c}
CH_3-CO-C\!\!-\!\!-C-R \\
H-\bar{O}-C \quad \bar{O} \quad C-CH_3
\end{array}
\;\longleftrightarrow\;
\begin{array}{c}
CH_3-CO-C \quad C-R \\
H-\bar{O}-C \quad \underline{O} \quad C-CH_3
\end{array}
\right\} \; .
$$

Man darf wohl auch hier annehmen, daß diese Umesterung bei der hohen Temperatur durch die Alkaliwirkung des Glases katalysiert wird, denn die Umwandlung des Diacetbernsteinsäureesters in Isocarbopyrotritarsäureester gelingt auch dann, wenn man kurze Zeit mit einem Mol alkoholischen Kalis erwärmt[17].

2. CONRAD-LIMPACHsche Reaktion.

Eine wichtige Reaktion zum Aufbau von Chinolinderivaten nimmt ihren Ausgang von den durch Einwirkung von aromatischen Aminen auf β-Ketocarbonsäureester bei Temperaturen unter 100° C entstehenden β-Arylamino-crotonsäureestern vom Typ des β-Phenylamino-crotonsäureesters: beim Erhitzen auf Temperaturen von 220—270 ° C entstehen hieraus, wie CONRAD und LIMPACH[18] fanden, 4-Oxychinaldine unter Abspaltung von Alkohol durch innermolekulare Kondensation:

$$
\begin{array}{ccc}
\underset{H}{\overset{C_2H_5O}{\diagdown}}C\!\!<\!\!\overset{O}{\underset{CH}{}} & \xrightarrow{-\;C_2H_5OH} &
\end{array}
$$

Elektronentheoretisch betrachtet, kann man diese Reaktion so deuten, daß bei der hohen Reaktionstemperatur durch Beteiligung des

---

[17] KNORR, L., u. F. HABER: B. **27**, 1158 (1894). — Über die Alkylierung der Isocarbopyrotritarsäureester s. R. WILLSTÄTTER u. CH. H. CLARKE: B. **47**, 300 (1914).

[18] B. **20**, 944 (1887); **21**, 523 (1888); **24**, 2990 (1891). — LIMPACH, L.: B. **64**, 969 (1931): Paraffinöl als Lösungsmittel bei der Cyclisierung; s. a. CH. C. PRICE u. R. M. ROBERTS: J. Amer. chem. Soc. **68**, 1205 (1946): „Dowtherm A" = eutektisches Gemisch aus Diphenyläther + Diphenyl als Ersatz für Paraffinöl.

Stickstoffs an der Mesomerie des aromatischen Ringes (+ E-Effekt)
das π-Elektronensystem des Benzolringes ein einsames Elektronenpaares in o-Stellung zur stickstoffhaltigen Gruppe zur Verfügung stellt:

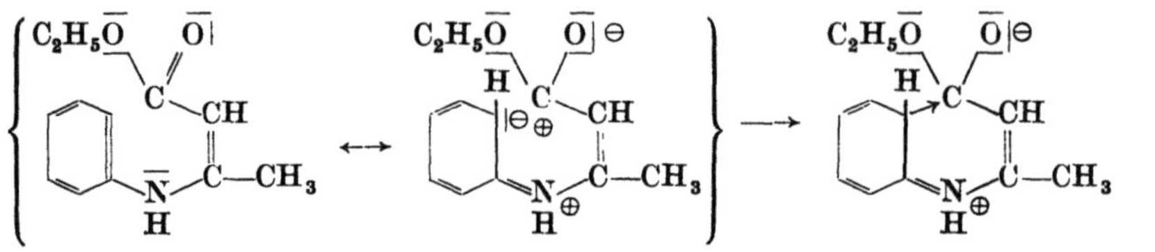

Es tritt dann Ringschluß durch Einlagerung dieses einsamen Elektronenpaares in die aktivierte polarisierte Grenzformel der Carbäthoxygruppe ein, wonach unter Aromatisierung des gesamten Systems Alkohol abgespalten wird:

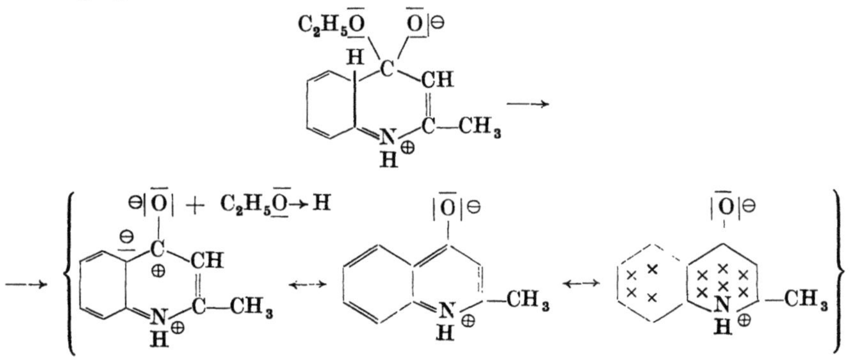

Diese so entstehende zwitterionische Grenzformel stellt innerhalb
des mesomeren Systems das Bindeglied zwischen der γ-Oxychinaldin-
und der γ-Chinaldonform dar, die zueinander im Verhältnis der Tautomerie stehen:

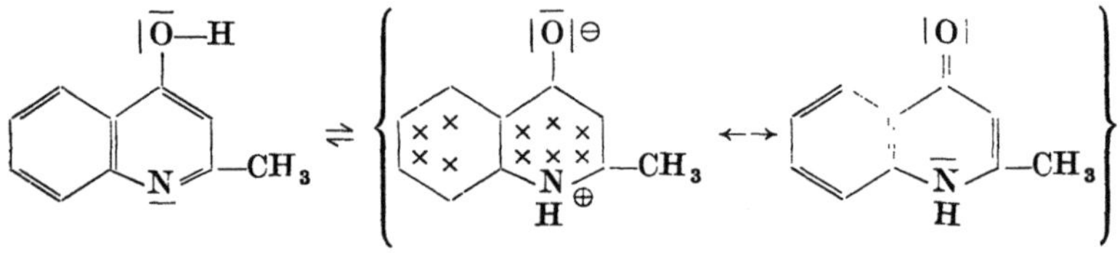

denn die γ-Oxychinaldinform entsteht hieraus durch Prototropie, die
γ-Chinaldonform durch Elektromerie.

Die CONRAD-LIMPACHsche Synthese ist einer breiten Verallgemeinerung fähig, da in weiten Grenzen sowohl das aromatische Amin als auch
der β-Ketocarbonsäureester variierbar sind[19].

So erhält man beispielsweise ausgehend vom p-Phenylendiamin das
2,2′-Dimethyl-4,4′-dioxy-p-phenanthrolin[20]; aus   m-Phenylendiamin

[19] Vgl. z. B. JENSCH: Angew. Chem. **50**, 891 (1937).
[20] HENECKA, H.: DRP. 657779 (1936) — JACINI: Gazz. **69**, 111 (1939).

entsteht das entsprechende Dioxyderivat des m-Phenanthrolins[21].
Durch Ersatz des β-Ketocarbonsäureesters $R—CO—CH_2—COOC_2H_5$
durch Oxalessigsäureester ($R=COOC_2H_5$) gelangt man zu 4-Oxychino-
lin-2-carbonsäureestern[22]; die zugehörigen freien Carbonsäuren sind
leicht zu Derivaten des 4-Oxychinolins decarboxylierbar. Auch mit
α-monosubstituierten β-Ketocarbonsäureestern gelingt die Reaktion,
so daß auf diesem Wege in 3-Stellung substituierte γ-Oxychinoline
bzw. -chinaldine zugänglich sind[23].

Aus Äthoxymethylenmalonester entstehen mit aromatischen Aminen Arylaminomethylenmalonester, die nach CONRAD-LIMPACH in
4-Oxychinolin-3-carbonsäureester überführbar sind[24].

Eine der CONRAD-LIMPACHschen Synthese ähnliche Reaktion tritt
ein, wenn man monosubstituierte Malonester mit aromatischen Aminen
auf etwa 250° C erhitzt[25]: aus den zunächst gebildeten Mono-aryl-
amidsäureestern entstehen 3-substituierte 2,4-Dioxychinoline:

Anilino-malonester selbst ergibt auf diesem Wege neben Di-indoxyl-
säureanhydrid den 3-Oxyindol-2-carbonsäureester[26]:

Eine bemerkenswerte Variante dieser Reaktion fand G. KOLLER[27]:
erhitzt man ein Gemisch von Anthranilsäureester und Malonester bei
50 mm in Gegenwart von Natriumäthylat auf 140° C, so cyclisiert der

---

[21] JACINI: Gazz. **69**, 405 (1939). — o-Phenylendiamin bei der CONRAD-LIM-
PACHschen Synthese: HINSBERG u. KOLLER: B. **29**, 1500 (1896). — MONTI, L.:
Gazz. **70**, 648 (1940). — SEXTON, W. A.: J. chem. Soc. London **1942**, 303. —
m-Aminophenol: L. MUSAJO u. M. MINCHILLI: Gazz. **70**, 301 (1940). — 2,6-Di-
aminopyridin: O. SEIDE: B. **59**, 2465 (1926).

[22] ANDERSAG, H.: DRP. 683692 (1934); s. a. L. MUSAJO u. M. MINCHILLI:
Gazz. **71**, 762 (1941).—KERMACK u. TEBRICH: J. chem. Soc. London **1945**, 375.

[23] Siehe z. B. H. K. SEN u. U. BASU: J. Indian chem. Soc. **7**, 435 (1930):
Cyclohexanoncarbonsäureester/Anilin ⟶ Tetrahydroacridin.

[24] SCHOFIELD, K., u. J. C. E. SIMPSON: J. chem. Soc. London **1946**, 1033.
— SNYDER, H. R., u. Mitarb.: J. Amer. chem. Soc. **68**, 1204, 1251 (1946); **69**, 371
(1947). — DUFFIN, G. J., u. J. D. KENDALL: J. chem. Soc. London **1948**, 893.
— Siehe auch CH. C. PRICE u. V. BOEKELHEIDE: J. Amer. chem. Soc. **68**, 1246
(1946).

[25] BAUMGARTEN, P., u. M. RIEDEL: B. **75**, 984 (1942); s. a. A. MEYER u.
P. HEIMANN: C. r. Acad. Sci. **204**, 1204 (1937).

[26] CONRAD u. REINBACH: B. **35**, 524 (1902); s. a. P. RUGGLI u. R. GRAND:
Helvet. chim. Acta **20**, 373 (1937).

[27] B. **60**, 407, 1108 (1927).

intermediär entstehende Malonamidsäureester nach dem Chemismus der Claisen-Kondensation zu 2,4-Dioxychinolin-3-carbonsäureester:

$$[\text{Formelschema}] \rightleftharpoons [\text{Formelschema}] \longrightarrow \longrightarrow [\text{Formelschema}].$$

Der gleichen Reaktion ist auch der 2-Aminopyridin-3-carbonsäure-ester zugänglich.

3. Combessche Synthese.

Geht man von den aromatischen Ketimid- bzw. Enaminverbindungen der β-Diketone aus[28], so gelingt der analoge Ringschluß nicht beim bloßen Erhitzen, sondern erst beim Erwärmen mit konzentrierter Schwefelsäure unter Bildung von 2,4-disubstituierten Chinolinen; unter dem Einfluß der Schwefelsäure entsteht hierbei ein Hydroxy-carbenium-kation, das unter Wasserabspaltung zum aromatischen System cyclisiert:

$$[\text{Formelschema}]$$

[28] Combes, A.: Bull. Soc. chim. France [2] **49**, 89 (1888). — Bülow u. Issler: B. **36**, 2448, 4013 (1903). — Dubinin u. Tschelinzew: C. **1938** II, 844.

Aus Anilin und Acetylaceton erhält man auf diese Weise das 2,4-Dimethyl-chinolin und aus Benzoylaceton das 4-Phenyl-chinaldin.

Oxymethylenketone sind unter besonderen Bedingungen einer analogen Reaktion ebenfalls zugänglich: so fand V. A. PETROW[29], daß beim Erhitzen von Oxymethylenketonen mit primären aromatischen Aminen in Gegenwart der äquimolaren Menge des Amin-hydrochlorids 2,3-disubstituierte Chinoline nach folgender weitgehend verallgemeinerungsfähigen Reaktionsfolge sich herstellen lassen:

4. KNORRsche Synthese.

In vollkommen analoger Reaktionsfolge gelangt man, ausgehend von den aus β-Ketocarbonsäureestern und aromatischen Aminen bei Temperaturen über 100° C (160° C) entstehenden Aniliden der Formel

$$R-CO-CH_2-CO-NH-R'$$

unter dem Einfluß konzentrierter Schwefelsäure zu 4-Alkyl- bzw. Aryl-2-chinolonen[30], z. B. Acetessigsäure-anilid $\longrightarrow$ α-Lepidon:

Auch diese Synthese ist weitgehend verallgemeinerungsfähig, u. a. entsteht aus m-Phenylendiamin das 7-Amino-α-lepidon[31] und aus m-Aminophenol das 7-Oxy-α-lepidon[32].

5. Selbstkondensation des γ-Phenylacetessigesters.

Unter dem Einfluß kalter konzentrierter Schwefelsäure lassen sich der γ-Phenylacetessigester und auch seine α-Monosubstitutionsprodukte in 1,3-Dioxynaphthalin bzw. seine 2-substituierten Derivate[33] überführen.

[29] J. chem. Soc. London **1942**, 693.

[30] KNORR: A. **236**, 70 (1886). — EWINS u. KING: J. chem. Soc. London **103**, 104 (1913). — LIMPACH, L.: B. **64**, 970 (1931).

[31] BESTHORN u. BYVANCK: B. **31**, 796 (1898). — BYVANCK: B. **31**, 2143 (1898).

[32] v. PECHMANN u. O. SCHWARZ: B. **32**, 3686, 3699 (1899). — Über den Geltungsbereich dieser Reaktion s. E. ROBERTS u. E. E. TURNER: J. chem. Soc. London **1927**, 1832. — JADHAV, G. V.: J. Indian chem. Soc. 8, 681 (1931). — MONTI, L., u. V. CIRELLI: Gazz. **66**, 723 (1936). — TSCHELINZEW, G. W., u. B. M. DUBININ: B. **69**, 2023 (1936).

[33] SOLIMAN, G., R. W. WEST u. A. LATIF: J. chem. Soc. London **1944**, 53ff.; s. a. H. METZNER: A. **298**, 383 (1897): Phenacylmalonester $\longrightarrow$ 1,3-Dioxynaphthalin-2-carbonsäureester; J. VOLHARD: A. **296**, 14 (1897): α,γ-Diphenylacetessigester $\longrightarrow$ 1,3-Dioxy-2-phenylnaphthalin.

Diese Synthese ist ihrem Chemismus nach eng verwandt mit der COMBESschen bzw. KNORRschen Synthese von Chinolinderivaten. Auch hier findet unter dem Einfluß der starken Säure durch Ausbildung eines Hydroxy-carbenium-Kations weitgehende Polarisierung statt, die die nachfolgende Cyclisierung einleitet, begünstigt durch die mögliche Ausbildung des energiearmen, mesomeren aromatischen Systems des Naphthalens:

Diese Reaktion ist besonders wichtig als Zugang zur Reihe der *Phthiocole* mit Vitamin-K-Wirkung. So entsteht das Phthiocol, das 2-Methyl-3-oxy-1,4-naphthochinon, durch Oxydation des 2-Methyl-1,3-dioxynaphthalins in alkalischer Lösung durch atmosphärischen Sauerstoff:

Die Reaktion ist vielfacher Variationen fähig: so bildet sich aus α-(2-Phenyläthyl)-γ-phenylacetessigester unter dem Einfluß von konzentrierter Schwefelsäure das 3,4-Dihydro-10-oxy-1,2-benzanthracen[34]:

und aus α-Benzyl-γ-phenylacetessigester das 1-Oxy-2,3-benzfluoren[35]:

aus α-Benzyl-acetessigester der 3-Methylinden-2-carbonsäureester[36]:

[34] ZAUGG, H. E.: J. Amer. chem. Soc. **68**, 2492 (1946).
[35] SOLIMAN, G., u. A. LATIF: J. chem. Soc. London **1944**, 56.
[36] NAIK, K. G., R. D. DESAI u. R. K. TRIVEDI: J. Indian chem. Soc. **6**, 801 (1929).

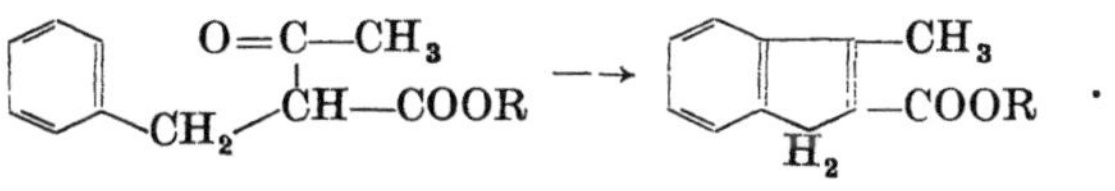

Eine ähnliche Reaktion zeigen unter dem Einfluß von konzentrierter Schwefelsäure, α-substituierte Aroylessigsäureester, die hierbei in Indandion-Derivate übergehen[37]: α-Methylbenzoylessigester bildet das 2-Methylindan-1,3-dion,

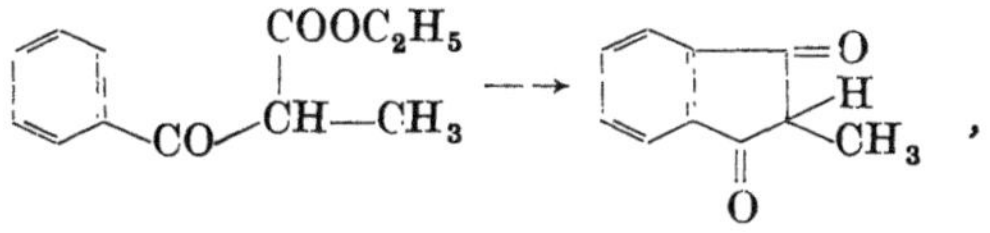

während α-Benzyl-benzoylessigester das α-Benzoyl-indanon ergibt:

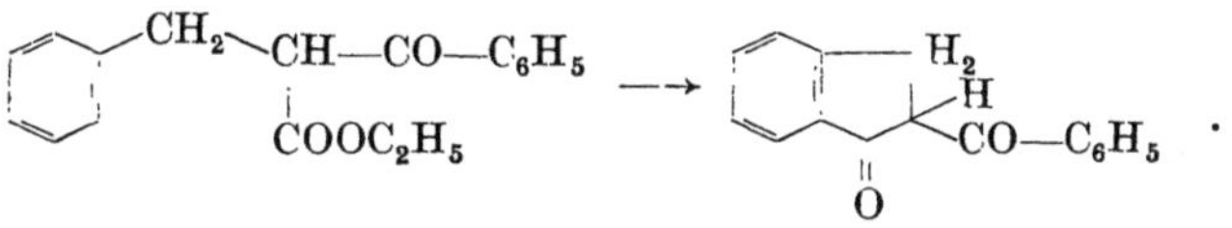

Aus Benzoylessigester hingegen erhält man nicht das Indandion selbst, sondern Diphenylcumalin[38]; dagegen entsteht aus β-Naphthoyl-essigester das Naphthindandion:

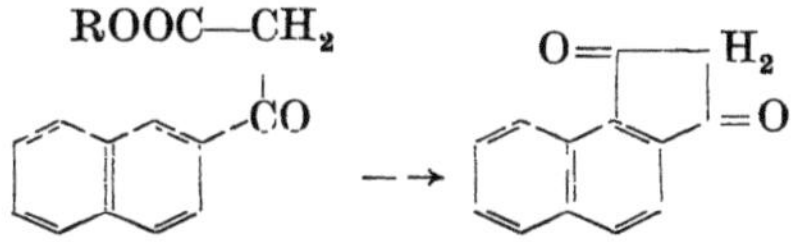

und aus α-Naphthoyl-essigester das Perinaphthindandion:

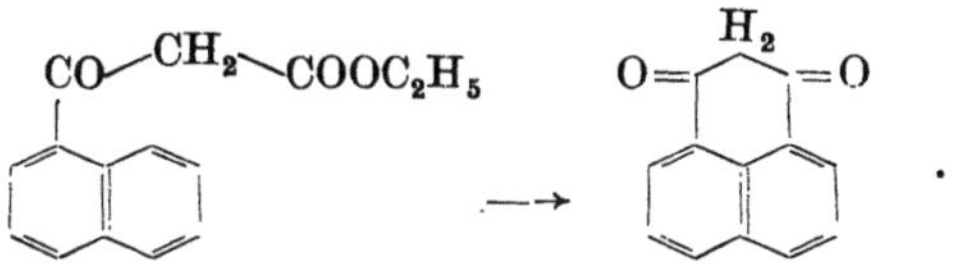

6. Selbstkondensationen von β-Carbonyl-oxalestern.

L. CLAISEN[39] fand, daß Aceton-oxalester und auch Oxal-essigester unter dem Einfluß von Kaliumacetat Selbstkondensation erleiden, bedingt durch eine Aldol-Kondensation zweier Molekeln des β-Carbonyloxalesters. Beim Aceton-oxalester verläuft die Reaktion in der Weise, daß eine Molekel des Esters in der Carbeniat-Grenzformel mit der Oxalocarbonylgruppe einer zweiten Estermolekel reagiert, während gleichzeitig die Carbäthoxygruppe dieser Estermolekel zur Carbonsäure verseift wird:

---

[37] SIMONIS, H., u. G. WOJACK: B. **70**, 1837 (1937). — WOJACK, G.: B. **71**, 1102 (1938).

[38] Vgl. Kap. X, 1, S. 306.

[39] B. **22**, 3271 (1889); nach A. HEIKEL: C. **1938** II, 1577 findet die Aromatisierung bereits vor Abspaltung des Oxalrestes statt.

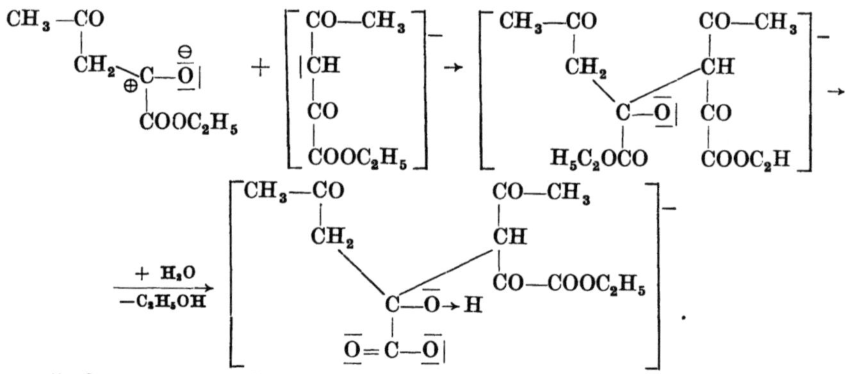

$$CH_3-CO-CH_2-\overset{\oplus}{C}-\overset{\ominus}{\overline{O}}|-COOC_2H_5 \;+\; \left[\begin{array}{c} CO-CH_3 \\ |CH \\ CO \\ COOC_2H_5 \end{array}\right]^- \rightarrow \left[\begin{array}{cc} CH_3-CO & CO-CH_3 \\ CH_2 & CH \\ C-\overline{O}| & CO \\ H_5C_2OCO & COOC_2H \end{array}\right]^- \rightarrow$$

$$\xrightarrow[-C_2H_5OH]{+\,H_2O} \left[\begin{array}{cc} CH_3-CO & CO-CH_3 \\ CH_2 & CH \\ & CO-COOC_2H_5 \\ C-\overline{O}\to H \\ \overline{O}=C-\overline{O}| \end{array}\right]^- .$$

Läßt man nunmehr auf das so entstandene Aldol Barytlauge einwirken, so wird zunächst der Oxalorest hydrolytisch abgespalten; dadurch entsteht intermediär die „Diaceton-oxalsäure", die unter innermolekularer Aldol-Kondensation in sym. Methyl-oxybenzoesäure übergeht:

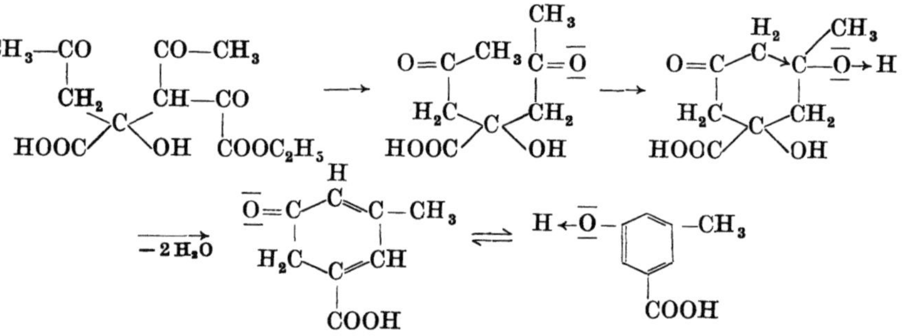

$$\begin{array}{cc} CH_3-CO & CO-CH_3 \\ CH_2 & CH-CO \\ HOOC-C-OH & COOC_2H_5 \end{array} \longrightarrow \begin{array}{cc} O=C-CH_3 & CH_3\;C=\overline{O} \\ H_2C-C-CH_2 & \\ HOOC & OH \end{array} \longrightarrow \begin{array}{cc} O=C & H_2\;CH_3 \\ & C\to C-\overline{O}\to H \\ H_2C-C-CH_2 & \\ HOOC & OH \end{array}$$

$$\xrightarrow{-2\,H_2O} \quad \overline{O}=C \underset{H_2C-C=CH}{\overset{C=C-CH_3}{\bigcirc}} \quad \begin{array}{c} \\ COOH \end{array} \;\rightleftharpoons\; H\leftarrow\overline{O}-\bigcirc-CH_3 \atop COOH$$

Auch bei dieser Kondensation ist, wie man leicht erkennt, die Möglichkeit der Ausbildung des energiearmen aromatischen Systems als die treibende Kraft der Reaktion zu betrachten.

Die analoge Umwandlung des Oxalessigesters führt nun zwangsläufig nicht zu einem aromatischen System; aus dem zunächst gebildeten Triäthylester der Aconit-oxalestersäure entsteht bei der Einwirkung alkoholischen Kalis unter Abspaltung von Oxalsäure die *Aconitsäure*[40]:

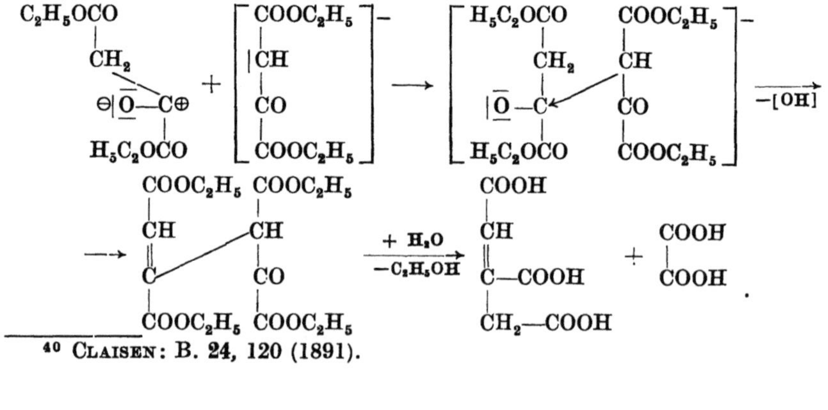

$$\begin{array}{c} C_2H_5OCO \\ CH_2 \\ \ominus|\overline{O}-C\oplus \\ H_5C_2OCO \end{array} + \left[\begin{array}{c} COOC_2H_5 \\ |CH \\ CO \\ COOC_2H_5 \end{array}\right]^- \longrightarrow \left[\begin{array}{cc} H_5C_2OCO & COOC_2H_5 \\ CH_2 & CH \\ |\overline{O}-C\leftarrow & CO \\ H_5C_2OCO & COOC_2H_5 \end{array}\right]^- \xrightarrow{-[OH]}$$

$$\longrightarrow \begin{array}{cc} COOC_2H_5 & COOC_2H_5 \\ CH & CH \\ \| & \\ C & CO \\ COOC_2H_5 & COOC_2H_5 \end{array} \xrightarrow[-C_2H_5OH]{+\,H_2O} \begin{array}{c} COOH \\ CH \\ \| \\ C-COOH \\ CH_2-COOH \end{array} \;+\; \begin{array}{c} COOH \\ | \\ COOH \end{array} .$$

<hr>

[40] Claisen: B. **24**, 120 (1891).

Da sich sämtliche Phasen dieser Reaktion schon bei gewöhnlicher Temperatur vollziehen, hält es CLAISEN für wahrscheinlich, daß auch in der Natur über die aus Essigsäure und Oxalsäure zunächst gebildete Oxalessigsäure die Aconitsäure und ihr Hydratisierungsprodukt, die *Citronensäure*, nach einem ähnlichen Mechanismus aufgebaut wird.

Als ein Produkt der Selbstkondensation ist wahrscheinlich auch der violette Farbstoff anzusprechen, der beim Kochen von Natriumacetonoxalester mit Eisessig entsteht. CLAISEN[41] nahm zunächst an, daß es sich hierbei um die Kondensation zweier Molekeln Acetonoxalsäure zu einem Dioxy-diacetyl-chinon nach folgendem Schema handelt:

$$CH_3-CO-CH_2-\underset{\underset{CH_2-CO-CH_3}{\overset{\displaystyle HOCO-C}{|}}}{\overset{\overset{\displaystyle O}{\|}}{C}}-COOH \quad \xrightarrow{-2H_2O} \quad \begin{matrix} CH_3-CO--OH \\ HO--CO-CH_3 \end{matrix} \quad .$$

Der innere Mechanismus dieser Reaktion — aldolartige Kondensation der aktiven Methylengruppe in die Carbonylgruppe eines Carboxylrestes — ist jedoch ohne Beispiel und daher recht unwahrscheinlich. Vielmehr erscheint die Farbstoffbildung dadurch zustande zu kommen, daß zunächst zwei Molekeln Acetonoxalester sich aldolartig unter Bildung der Diacetonoxalsäure vereinigen, die, wie bereits geschildert, bei der Einwirkung wäßriger Alkalien in die sym.Methyloxy-benzoesäure übergeht. Beim Kochen mit Eisessig in Gegenwart vonNatriumacetat ist es aber denkbar, daß durch innere Esterkondensation eine Diacetylcyclopentandienolon-carbonsäure gebildet wird[42]:

$$\begin{matrix} CH_3-CO-CH_2 \quad COOC_2H_5 \\ HOOC-\underset{HO}{\overset{|}{C}}\diagdown\underset{CO-CH_3}{\overset{|}{CH}}\diagup CO \end{matrix} \quad \xrightarrow[-H_2O]{-C_2H_5OH} \quad \begin{matrix} CH_3-CO-CH-CO \\ HOOC-C\diagdown\underset{CO-CH_3}{\overset{|}{C}}\diagup CO \end{matrix} \rightleftharpoons$$

$$\rightleftharpoons \quad \begin{matrix} CH_3-CO--OH \\ HOOC-=O \\ CO-CH_3 \end{matrix} \quad .$$

7. Selbstkondensationen über aktive Grenzformeln von Enolen oder Enaminen.

β-Formyl-carbonylverbindungen sind nur in Form ihrer Alkalisalze beständig, die Salze der zugehörigen Enolformen, der Oxymethylenverbindungen, darstellen; als Beispiel sei der Formylessigsäureester genannt:

$$H-\underset{\overset{\|}{|O|}}{C}-CH_2-COOC_2H_5 \rightleftharpoons H\leftarrow\overline{O}-CH=CH-COOC_2H_5 ;$$

$$\left[|\overline{O}-CH=CH-COOC_2H_5\right]^- Na^+ .$$

Versucht man, den Formylessigsäureester aus seinen Salzen in Freiheit zu setzen, so geht der zunächst entstehende Oxymethylen-essig-

[41] CLAISEN: B. **21**, 1141 (1888); **24**, 128 (1891).
[42] REINAU, E. H.: Diss. Bonn 1909.

säureester sofort in ein Kondensationsprodukt über, den als Trimesinsäureester bezeichneten sym. Benzol-tricarbonsäureester[43]. Diese spontan verlaufende Kondensation ist darauf zurückzuführen, daß im freien Oxymethylen-essigester die enolische Doppelbindung in hohem Maße induktiv polarisiert ist, die Mesomerie also weitgehend zugunsten dieser Form liegt:

$$\{ H-\overline{O}-CH=CH-COOC_2H_5 \;\longleftrightarrow\; H-\overline{O}-\overset{\oplus}{CH}-\overset{\ominus}{CH}-COOC_2H_5 \}.$$

Die Kondensation beginnt nun in üblicher Weise durch Anteiligwerden des einsamen Elektronenpaars einer Molekel an der Oktettlücke eine zweiten polarisierten Molekel unter Bildung des Addukts a: $(R=-COOC_2H_5)$

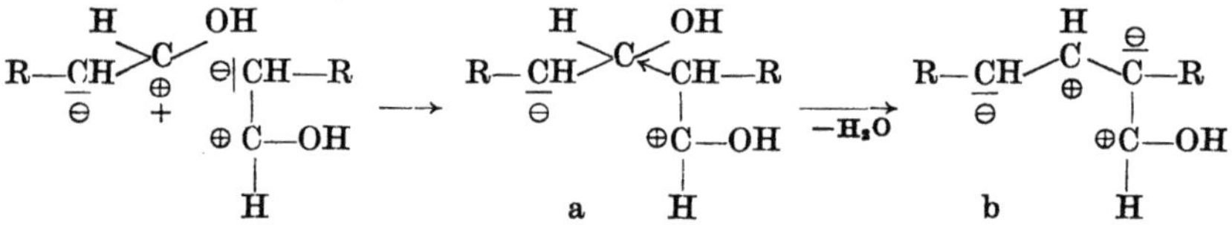

das sich unter Wasserabspaltung zu b, mit den elektromeren Formen c und d mesomer, stabilisiert:

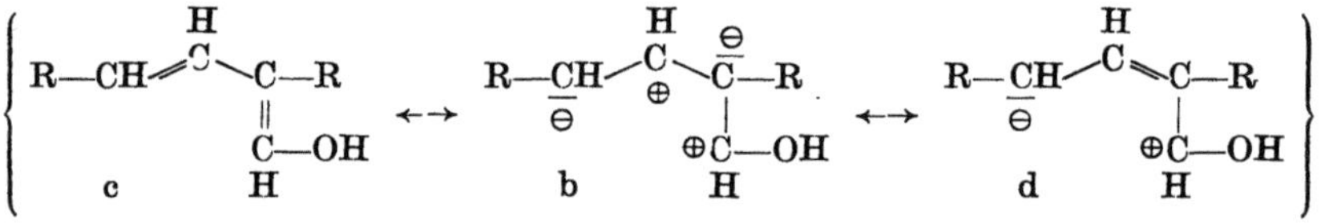

Man erkennt unschwer, daß diese Reaktion im Grunde genommen eine kondensierende Michael-Addition darstellt, bei der nicht die Carbeniat-Grenzformel, sondern die polarisierte Enolform das einsame Elektronenpaar liefert, das mit der polarisierten Grenzformel des Enols als α,β-ungesättigter Carbonylverbindung reagiert.

Mit der mesomeren Formel d reagiert nun abermals eine Molekel Oxymethylenessigester in gleicher Weise über e unter Bildung von f,

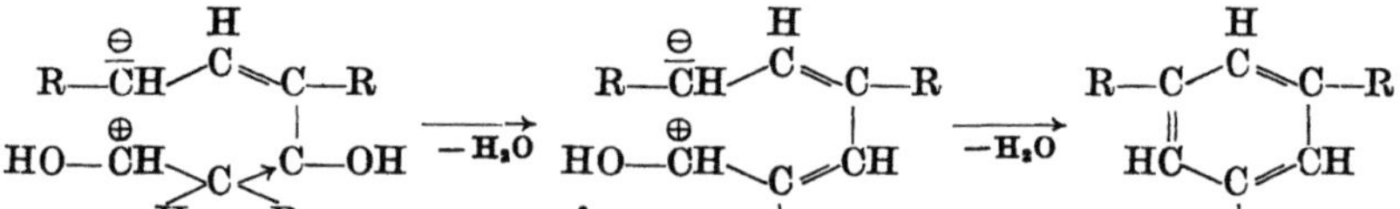

das sich unter abermaliger Auslösung desselben Reaktionsmechanismus zum aromatischen System g des Trimesincarbonsäureesters cyclisiert. Daß die daneben noch mögliche Kettenpolymerisation nicht eintritt, ist wohl darauf zurückzuführen, daß die Cyclisierung das Abgleiten des reagierenden Systems in die Energiemulde des benzoiden Systems ermöglicht. Die mögliche Aromatisierung stellt also auch bei der kondensierenden Trimerisierung des Formylessigsäureesters energetisch die treibende Kraft dar, die den Reaktionsablauf bestimmt.

---

[43] WISLICENUS: B. **20**, 2931 (1887); A. **363**, 347 (1908).

In ähnlicher Weise entstehen aus Oxymethylen-ketonen der allgemeinen Formel HO—CH=CH—CO—R die entsprechenden Triacylbenzole[44].

Fehlt die Möglichkeit der Stabilisierung des ersten Addukts aus den polaren Grenzformeln durch Wasserabspaltung, wie bei den α-monosubstituierten Oxymethylenverbindungen, dann tritt die Trimerisierung nicht ein; aus diesem Grunde sind Verbindungen wie z. B. Oxymethylen-propionsäureester, HO—CH=C(CH_3)—COOC_2H_5, oder Oxymethylen-äthylmethylketon, HO—CH=C(CH_3)—CO—CH_3, auch in freiem Zustand durchaus stabile, destillierbare Stoffe[45].

Daß die Enolformen der β-Ketocarbonsäureester einer analogen Trimerisierung in der Regel nicht unterliegen, ist darauf zurückzuführen, daß die reaktionsauslösende mesomere polare Grenzformel an der Mesomerie dieser Enole im Grundzustand zu wenig beteiligt ist, weil bei Anwesenheit eines Alkyl- oder Aryl-restes in γ-Stellung die Energie des induktiven und des elektromeren Effekts allein zur Polarisierung der enolischen Doppelbindung nicht ausreicht, zumal die γ-ständige Gruppe die Induktion beeinträchtigt. Eine solche polarisierte Grenzformel der Enole bildet sich daher im allgemeinen nur als aktivierte Grenzformel unter dem Einfluß eines stark polarisierenden Reaktionspartners, wie etwa bei der Halogenierung; eine kondensierende Trimerisierung ist dann aber nicht möglich, da die aktivierte polarisierte Grenzformel unmittelbar der weiteren Einwirkung des polarisierenden Agens unterliegt.

Da den β-Diketonen ein höherer elektromerer Effekt der Gesamtmolekel zukommt als den β-Ketocarbonsäureestern, so gelingt es hier, z. B. beim Acetylaceton durch längeres Kochen mit verdünntem Alkali, eine Dimerisation über polare Grenzformeln dann auszulösen, wenn das erste Addukt die Möglichkeit hat, in die mesomere Energiemulde eines aromatischen Systems abzugleiten. So führt die Dimerisierung des Acetylacetons zum 4,6-Dimethyl-2-oxyacetophenon nach dem folgenden Chemismus[46]:

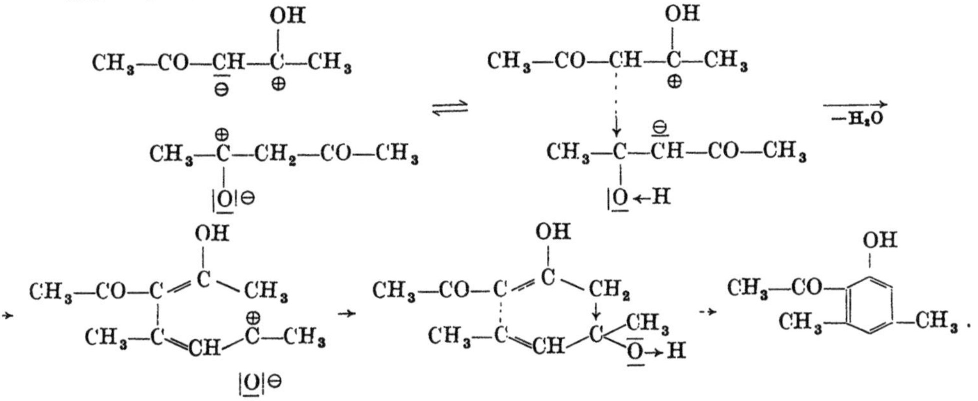

$$CH_3-CO-\underset{\ominus}{CH}-\underset{\oplus}{\overset{OH}{C}}-CH_3 \quad \rightleftharpoons \quad CH_3-CO-CH-\underset{\oplus}{\overset{OH}{C}}-CH_3 \qquad \xrightarrow{-H_2O}$$

$$CH_3-\overset{\oplus}{C}-CH_2-CO-CH_3 \qquad\qquad CH_3-\underset{|\underline{O}\leftarrow H}{C}-\overset{\ominus}{CH}-CO-CH_3$$
$$|\underline{O}|\ominus$$

$$CH_3-CO-C \overset{\overset{OH}{|}}{=} C \diagdown CH_3 \quad\rightarrow\quad CH_3-CO-C \overset{\overset{OH}{|}}{=} C \diagdown CH_2 \quad\rightarrow\quad CH_3-CO-\overset{OH}{\bigcirc}-CH_3$$
$$CH_3-\overset{}{C} \diagdown CH-\overset{\oplus}{C}-CH_3 \qquad CH_3-C \diagdown CH-\underset{\underline{O}\rightarrow H}{C} \diagup CH_3$$
$$|\underline{O}|\ominus$$

[44] CLAISEN: B. **20**, 2191 (1887); **21**, 1135 (1888).
[45] CLAISEN: B. **22**, 3273 (1889).
[46] HEIKEL, A.: Acta chem. fenn. (B) **8**, 33 (1935).

Im Gegensatz zu den α-unsubstituierten Oxymethylen-β-carbonylverbindungen sind nun die durch Einwirkung von Ammoniumsalzen auf die Alkalisalze der Oxymethylen-β-carbonylverbindungen entstehenden Aminomethylenderivate relativ stabil und auch destillierbar, wie z. B. das aus Oxymethylenaceton-natrium durch Einwirkung von Ammonacetat entstehende Aminomethylen-aceton [47]:

$$\left\{ \text{H—}\overline{\text{O}}\text{—CH=CH—CO—CH}_3 \;\longleftrightarrow\; \text{H—}\overline{\text{O}}\text{—}\overset{\oplus}{\text{CH}}\text{—}\overset{\ominus}{\text{CH}}\text{—CO—CH}_3 \right\} \;\xrightarrow{+\;\overline{\text{NH}}_2}$$

$$\longrightarrow\; \text{H—}\overline{\text{O}}\text{—}\overset{\ominus}{\text{CH}}\text{—CH—CO—CH}_3 \;\longrightarrow\; \text{H—}\overline{\text{O}}\rightarrow\text{H} \;+$$
$$\underset{\underset{\oplus}{\text{H—}\overset{\uparrow}{\text{NH}}_2}}{}$$

$$\left\{ \text{H}_2\overline{\text{N}}\text{—}\overset{\oplus}{\text{CH}}\text{—}\overset{\ominus}{\text{CH}}\text{—CO—CH}_3 \;\longleftrightarrow\; \text{H}_2\overline{\text{N}}\text{—CH=CH—CO—CH}_3 \;\longleftrightarrow\; \right.$$

$$\left. \longleftrightarrow\; \text{H}_2\overset{\oplus}{\text{N}}\text{=CH—CH=}\overset{|\overline{\text{O}}|^{\ominus}}{\text{C}}\text{—CH}_3 \right\}.$$

Die höhere Stabilität dieser Aminomethylen-β-carbonylverbindungen gegenüber den im freien Zustand nicht existenzfähigen α-unsubstituierten Oxymethylen-β-carbonylverbindungen ist darauf zurückzuführen, daß der im Vergleich zum Sauerstoff geringeren Elektronenaffinität des Stickstoffs wegen die Grenzformel mit vollkommen polarisierter Doppelbindung in der Mesomerie der Aminomethylen-derivate im Grundzustand eine nur untergeordnete Rolle spielt. Trotzdem kann man, beispielsweise beim Erhitzen in Eisessig, eine Aktivierung in Richtung auf die aktivierte Grenzformel erzwingen, die sich nach einem der kondensierenden Trimerisierung der Oxymethylen-derivate ähnlichen Mechanismus zu einem Derivat des Pyridins dimerisiert: so entsteht aus Aminomethylen-aceton das 5-Acetyl-2-methyl-pyridin [48]:

$$\text{CH}_3\text{—CO—}\overset{\overset{\text{HC}^{\oplus}}{|}}{\underset{\underset{\text{NH}_2}{|}}{\overset{\ominus}{\text{CH}}}} \;+\; \overset{\overset{|\text{NH}_2}{|}}{\underset{\underset{\text{CO—CH}_3}{|}}{\overset{\ominus|\text{CH}}{}}} \;\longrightarrow$$

$$+\;\text{H}\leftarrow\overline{\text{N}}\text{H}_2$$

$$a \qquad\qquad\qquad\qquad\qquad b$$

[47] Benary: B. **63**, 1573 (1930).
[48] Benary, E.: B. **57**, 382, 828 (1924); **60**, 914 (1927); **61**, 2252 (1928).

Aus dem ersten Addukt a bildet sich unter NH_3-Abspaltung b, das sich leicht zum aromatischen Pyridin-System cyclisieren kann, dessen Bildung energetisch begünstigt ist; da also bereits beim Dimerisationsprodukt a die Möglichkeit zur Ausbildung des aromatischen Zustands besteht, tritt eine Trimerisierung wie bei den Oxymethylenverbindungen hier nicht ein:

$$CH_3-CO-\overline{C}\cdots\underset{\oplus}{\overset{H}{C}}\cdots\overline{CH} \qquad CH_3-CO-\overline{C}\cdots\underset{\oplus}{\overset{H}{C}}\cdots\overline{CH} \qquad$$

$$HC\oplus - \oplus C-\overline{O}|^{\ominus} \longrightarrow HC\cdots\underset{\oplus}{N}\cdots C-\overline{O}|^{\ominus} \longrightarrow$$

$$CH_3-CO-C\!\!=\!\!\overset{H}{C}\diagdown CH$$

$$HC\diagdown_{N}\diagup C-CH_3$$

$$+ \ H\!\leftarrow\!\overline{O}\!\rightarrow\!H$$

In ähnlicher Weise gehen auch die E. v. MEYERschen Dinitrile beim Behandeln mit ammoniak-entziehenden Mitteln in Derivate des Pyridins über[49]; so entsteht aus Diacetonitril beim Behandeln mit Acetylchlorid oder Phosphoroxychlorid das 6-Amino-3-cyan-2,4-lutidin

$$NC-\overline{CH}\cdots\underset{\oplus}{C}\cdots\overline{CH} \longrightarrow NC-CH\cdots C\cdots\overline{CH} \xrightarrow{-NH_3} NC-\overline{C}\cdots\underset{\oplus}{C}\cdots\overline{CH} \longrightarrow$$

$$CH_3-C\diagdown_{NH_2} \quad C\!\equiv\!N|$$

$$NC-C\overset{CH_3}{=\!=}CH \longrightarrow NC\diagup\diagdown \overset{CH_3}{\underset{N}{\diagup}}=N\rightarrow H \ \rightleftharpoons \ NC\diagup\diagdown\overset{CH_3}{\underset{N}{\diagdown}}-NH_2 \ .$$

Voraussetzung für den Eintritt dieser Reaktion ist, daß durch das NH_3-entziehende Mittel zunächst eine weitgehende Polarisierung der Doppelbindung und damit Aktivierung bewirkt wird.

Es wurde bereits dargelegt, daß an der Mesomerie der β-Ketocarbonsäureester im Grundzustand die Grenzformel mit polarisierter Doppelbindung im allgemeinen nicht beteiligt ist. Wie jedoch bereits die Dimerisierung der Dinitrile zeigt, gelingt es unter besonderen Bedingungen, eine Aktivierung der β-Ketocarbonsäureester bzw. ihrer Enamin-derivate in Richtung der Grenzformel mit polarisierter Doppelbindung und damit Selbstkondensation zu erreichen. Führt man daher z. B. den

<hr>

[49] HOLZWART, R.: J. pr. [2] **39**, 236 (1889). — v. MEYER, E.: J. pr. [2] **52**, 86, 88 (1895); **78**, 515 (1908); **90**, 41 (1914). — MOIR: J. chem. Soc. London **81**, 111 (1902).

β-Amino-crotonsäureester zunächst in das Hydrochlorid über, so gelingt es nunmehr, die der geschilderten Selbstkondensation des Diacetonitrils analoge Reaktion durch Erhitzen des Salzes auszulösen[50]:

$$
\begin{array}{ccc}
\text{(Zwischenstufe)} & \longrightarrow & \\
\end{array}
$$

Auf diese Weise erhält man den 2,4-Lutidon-(6)-carbonsäureester-(3).

Behandelt man jedoch den β-Amino-crotonsäureester selbst mit Phosphoroxychlorid[51], so bildet sich zunächst auch hier die besonders reaktionsfähige Form mit polarisierter Doppelbindung aus; die Kondensation nimmt dann aber unter dem Einfluß des Phosphoroxychlorids einen anderen Verlauf: als Endprodukt der leicht bei gewöhnlicher Temperatur eintretenden Reaktion entsteht der 4-Chlor-2,6-lutidin-3-carbonsäureester:

$$
\begin{array}{ccc}
 & \longrightarrow & \longrightarrow \\
\end{array}
$$

$$
\longrightarrow \qquad + \; C_2H_5\overline{O}\rightarrow H
$$
$$
+ \; H_2N\rightarrow H
$$

Das so zunächst entstehende Derivat des 2,6-γ-Lutidons geht dann unter der weiteren Einwirkung des Phosphoroxychlorids in den zugehörigen 4-Chlor-2,6-lutidin-3-carbonsäureester über.

Destilliert man den β-Amino-crotonsäureester unter gewöhnlichem Druck[52], so findet sich unter den Zersetzungsprodukten ebenfalls der 2,6-γ-Lutidon-3-carbonsäureester, der bei dieser pyrogenen Reaktion wohl nach dem gleichen Mechanismus entstanden ist.

[50] Collie, J. N.: J. chem. Soc. London **67**, 222 (1895); **71**, 303 (1897); B. **20**, 445 (1887); s. a. K. Bodendorf: Arch. Pharmaz. Ber. dtsch. pharmaz. Ges. **281**, 83 (1943): Reaktion Methylen-bisacetessigester/Methylamin.

[51] Michaelis: B. **34**, 2283 (1901).

[52] Collie, J. N.: A. **226**, 310 (1884); J. chem. Soc. London **59**, 174 (1891); **67**, 223 (1895).

Es ist weiterhin ein besonders bemerkenswerter Fall bekannt, bei
dem die Aktivierung des β-Ketocarbonester-derivates in Richtung der
Grenzformel des Enols mit polarisierter Doppelbindung bereits durch
bloßes Erhitzen, ähnlich dem zuvor geschilderten Fall, gelingt: Acetessigsäureamid vom F. 54° geht beim Erhitzen auf höhere Temperatur
in 2,4-α-Lutidon-3-carbonamid über[53]. Diese Dimerisation verläuft
nach einem der Selbstkondensation der Dinitrile analogen Chemismus:

$$
\text{(Reaktionsschema der Dimerisation von Acetessigsäureamid zu 2,4-}\alpha\text{-Lutidon-3-carbonamid)}
$$

Die Reaktion erscheint somit als Analogon der Isodehydracetsäurebildung, bei der die Cyclisierung des zunächst entstehenden Esters aus
Acetessigsäure und β-Oxycrotonsäureester ebenfalls durch eine Polarisierung der enolischen Doppelbindungen eingeleitet wird.

Ähnlich wie die α-unsubstituierten Formyl-β-carbonylverbindungen
ist bemerkenswerterweise das Acetessigsäurenitril, das Cyanaceton, in
freiem Zustand instabil[54]; setzt man es aus seinen Salzen in Freiheit, so
dimerisiert es sich bei gelindem Erwärmen in lebhafter exothermer
Reaktion zu einem Produkt unbekannter Konstitution.

8. Selbstkondensation des Malonesters
und des Acetondicarbonesters.

Behandelt man Malonsäureester bei höherer Temperatur (130—140°)
mit Natrium, so entsteht schließlich als Reaktionsendprodukt der
Phloroglucindicarbonsäureester neben Essigester und Kohlensäurediäthylester; als Reaktionszwischenprodukt konnte R. WILLSTÄTTER[55]
den Aceton-tricarbonsäureester nachweisen. Nach den Untersuchungen von O. LEUCHS[56] kann man die Reaktion in folgender Weise interpretieren: zunächst bildet sich bei den zur Durchführung dieser Reaktion erforderlichen energischen Bedingungen durch Selbstkonden-

---

[53] CLAISEN, L.: B. **35**, 583 (1902); vgl. a. NIEME u. v. PECHMANN: A. **261**.
206 (1903).
[54] CLAISEN, L.: B. **25**, 1787 (1892).
[55] B. **32**, 1272 (1899).
[56] B. **41**, 4172 (1908).

sation zweier Molekeln Malonester nach dem Schema der Claisen-Kondensation der Aceton-tricarbonsäureester: $(R = -COOC_2H_5)$

$$\left[\begin{array}{c} R \\ R \end{array} \!\!\! \diagup CH \right]^- + \; \overset{|\overline{O}|^\ominus}{\underset{|\underline{O}-C_2H_5}{\oplus C}}{-}CH_2{-}R \longrightarrow \left[\begin{array}{c} R \\ R \end{array} \!\!\! \diagup C{\rightarrow}\overset{|\overline{O}|}{\underset{H \; |\underline{O}-C_2H_5}{C}}{-}CH_2{-}R \right]^- \longrightarrow$$

$$\longrightarrow \left[\begin{array}{c} R \\ R \end{array} \!\!\! \diagup \underset{\ominus}{C}{-}\overset{|\overline{O}|^\ominus}{\underset{\oplus}{C}}{-}CH_2{-}R \right]^- + \; C_2H_5\underline{\overline{O}}H \; .$$

Daneben entsteht durch eine bemerkenswerte Alkoholyse des Malonesters je ein Mol Essigester und Kohlensäurediäthylester; hierbei spielt vermutlich ebenfalls die polarisierte Enolform des Malonesters die Rolle des reagierenden Anregungszustandes:

$$\left[\begin{array}{c} H\overline{C}{-}C{-}\underline{\overline{O}}{-}C_2H_5 \\ R \quad |O| \end{array} \longleftrightarrow \begin{array}{c} H\overline{C}{-}\overset{\oplus}{C}{-}\underline{\overline{O}}{-}C_2H_5 \\ R \quad |\underline{O}|^\ominus \end{array} \right]^- + \; C_2H_5{-}\underline{\overline{O}}{-}H \longrightarrow$$

$$\longrightarrow \left[\begin{array}{c} H \quad |\overline{O}{-}C_2H_5 \\ H\overline{C}{-}C{-}\underline{\overline{O}}{-}C_2H_5 \\ R \quad |\underline{O}| \end{array} \right]^- .$$

Dieses zunächst unter Einlagerung der Krypto-ionen des Alkohols zustande kommende Addukt zerfällt nun wegen der hohen Desintegrierung des Oktetts des Carbäthoxy-C-atoms, das die Äthoxylgruppe des Alkohols aufgenommen hat, leicht in Kohlensäurediäthylester und die Carbeniatgrenzform des Essigesters:

$$\left[C_2H_5{-}\underline{\overline{O}}{-}\overset{|\overline{O}|}{\underset{CH_2-R}{C}}{-}\underline{\overline{O}}{-}C_2H_5 \right]^- \longrightarrow \underline{\overline{O}}{=}C\!\!\diagup\!\!\!\begin{array}{c} \overline{O}{-}C_2H_5 \\ \underline{\overline{O}}{-}C_2H_5 \end{array} + \; \left[|CH_2{-}R \right]^- .$$

Der so entstehende Essigester reagiert nun mit dem Acetontricarbonsäureester nach dem Schema der Esterkondensation:

$$\left[\begin{array}{c} R{-}\overline{C}{-}C{-}CH_2{-}R \\ \underline{\overline{O}}{-}\underset{\ominus}{C}{\oplus} \;|O| \\ |\underline{O}{-}C_2H_5 \end{array} \right]^- + \; \left[|CH_2{-}R \right]^- \longrightarrow$$

$$\left[\begin{array}{c} |O| \\ R{-}\overline{C}{-}C{-}CH_2R \\ |\overline{O}{-}C{\leftarrow}CH{-}R \\ \qquad \diagdown H \\ |\underline{O}{-}C_2H_5 \end{array} \right]^{--} \longrightarrow \left[\begin{array}{c} |O| \\ R{-}\overline{C}{-}C{-}CH_2{-}R \\ |\overline{O}{-}\underset{\oplus}{C}{-}\underset{\ominus}{CH}{-}R \end{array} \right]^{--}$$
$$+ \; C_2H_5{-}\underline{O}{\rightarrow}H$$

und schließlich geht der so als Zwischenprodukt gebildete Acetylaceton-tricarbonsäureester durch cyclisierende Claisen-Kondensation (DIECK-MANNsche Reaktion) in das aromatische System des Phloroglucin-di-carbonsäureesters über:

$$\left[\ \begin{array}{c} R-C\overset{|\overline{O}|}{=}C-CH_2-R \\ |\underline{O}-C=C-C=\overline{O} \\ \quad H \quad |\underline{O}-C_2H_5 \end{array}\ \right]^{--} \longrightarrow \left[\ \begin{array}{c} R-C\overset{|\overline{O}|}{=}C-\overline{C}H-R \\ |\underline{O}-C=C-\overset{\oplus}{C}-\overline{O}|\ominus \\ \quad H \quad |\underline{O}-C_2H_5 \end{array}\ \right]^{---} + H^+$$

$$\left[\ \begin{array}{c} R-C\overset{|\overline{O}|}{=}C-\overline{C}H-R \\ |\overline{O}-C=C-\overset{\oplus}{C}-\overline{O}| \\ \quad H \quad |\underline{O}-C_2H_5 \end{array}\ \right]^{---} \longrightarrow \left[\ \begin{array}{c} R-C\overset{|\overline{O}|}{=}C-C\overset{R}{\underset{H}{<}} \\ |\overline{O}-C=C-C-\overline{O}-C_2H_5 \\ \quad H \quad |\underline{O}| \end{array}\ \right]^{---} \longrightarrow$$

$$\longrightarrow \left[\ \begin{array}{c} R-C\overset{|\overline{O}|}{=}C-C-R \\ |\overline{O}-C=C-C-\overline{O}| \\ \quad H \end{array}\ \right]^{---} \cdot$$

$$+ C_2H_5-\overline{O}-H$$

Da nun, wie WILLSTÄTTER gezeigt hat, aus Acetontricarbonsäure-ester durch eine der Alkoholyse des Natrium-malonesters analoge Spaltung neben Kohlensäureester der Aceton-dicarbonsäureester entstehen kann:

$$\left[\ \begin{array}{c} R-\overline{C}-\overset{|O|}{\overset{\|}{C}}-CH_2-R \\ |\overline{O}-C\oplus \\ \underset{\ominus}{}\ |\underline{O}-C_2H_5 \end{array}\ \right]^- + C_2H_5-\overline{O}-H \longrightarrow \left[\ \begin{array}{c} H\ |O| \\ R-\overset{\uparrow}{C}-\overset{\|}{C}-CH_2-R \\ |\overline{O}-C\leftarrow\overline{O}-C_2H_5 \\ |\underline{O}-C_2H_5 \end{array}\ \right]^- \longrightarrow$$

$$\longrightarrow \left[\ R-\overline{C}H-\overset{|O|}{\overset{\|}{C}}-CH_2-R\ \right]^- + \overline{O}=C\overset{|\overline{O}-C_2H_5}{\underset{|\underline{O}-C_2H_5}{}}\ ,$$

so erscheint es denkbar, daß unter dem Einfluß des Natriums der Phloro-glucin-dicarbonsäureester auch durch Kondensation des Acetondicar-bonsäureesters mit Malonester gebildet werden kann, um so mehr, als E. RIMINI[57] zeigen konnte, daß diese Reaktion tatsächlich eintritt:

---

[57] Gazz. **26**, II, 374 (1896).

$$\left[R-\overline{C}H-\underset{\underset{\parallel}{|O|}}{C}-CH_2-R \right]^- + \left[C_2H_5-\overline{O}-\underset{\underset{\oplus}{|\overline{O}|\ominus}}{C}-\overline{C}H-R \right]^- \longrightarrow$$

$$\left[R-CH_2-\underset{\underset{\parallel}{|O|}}{C}-\overline{C}H \rightarrow \underset{\underset{|\underline{O}-C_2H_5}{R}}{C}-\overline{C}H-R \right]^{--} \xrightarrow{-C_2H_5\overline{O}\rightarrow H}$$

$$H^+ + \left[\begin{array}{c} R-\overline{C}-\underset{|O|}{C}-\overline{C}H-R \\ \overline{O}-\underset{\ominus\ \oplus}{C}-\underset{H}{\overline{C}}-\underset{|\underline{O}-C_2H_5}{C}=\overline{O} \end{array} \right]^{---} \longrightarrow \left[\begin{array}{c} R-C=\underset{|\overline{O}|}{C}-CH-R \\ \overline{O}-C=\underset{H}{C}-\underset{|\underline{O}-C_2H_5}{C}-\overline{O}| \end{array} \right]^{---} \longrightarrow \left[\begin{array}{c} R-C=\underset{|\overline{O}|}{C}-C-R \\ \overline{O}-C=\underset{H}{C}-C-\overline{O}| \end{array} \right]^{---}$$

$$+ \ C_2H_5-\overline{O}\rightarrow H$$

Wie bereits bei vielen zuvor geschilderten Synthesen aromatischer Systeme aus β-Dicarbonylverbindungen wird auch diese durch die energischen Reaktionsbedingungen erzwungene Bildung des Phloroglucindicarbonsäureesters energetisch ermöglicht durch das dadurch eintretende Abgleiten des reagierenden Systems in die Energiemulde des mesomeren aromatischen Cyclus.

Einfacher als die Selbstkondensation des Malonesters verläuft die Einwirkung von Natrium auf Cyanessigester: aus Natriumcyanessigester erhält man schon bei Wasserbadtemperatur den 2,6-Dioxy-4-aminonikotinsäureester[58]. Auch hier lagert sich das Carbeniat-Anion des Cyanessigesters zunächst in die polarisierte Grenzanordnung der Nitrilgruppe einer zweiten Molekel zu einem Addukt a ein

$$\begin{array}{c} COOC_2H_5 \\ | \\ CH_2-\underset{\underset{|N|\ominus}{\parallel}}{C}\oplus \end{array} + \left[\begin{array}{c} C\equiv N| \\ | \\ |CH-COOC_2H_5 \end{array} \right]^- \rightleftharpoons \left[\begin{array}{c} C_2H_5O-\underset{\underset{H_2C}{|}}{C}\oplus\ |N\!\!\diagdown\!\!C\oplus \\ \underset{C}{}\!\!\nwarrow\!\!CH-COOR \\ \underset{a}{}\quad \underset{\parallel}{}\ |N|\ominus \end{array} \right]^{\ominus|\overline{O}|} \xrightarrow{-C_2H_5OH}$$

$$\left[\begin{array}{c} \ominus\ \overline{O}-C\!\!\nwarrow\!\!\overline{N}\!\!\diagdown\!\!C\oplus \\ HC\!\!\diagup\!\!\underset{C}{}\!\!\diagdown\!CH-COOR \\ \underset{b}{}\quad |N|\ominus \end{array} \right] \xrightarrow{+ H_2O} \left[\begin{array}{c} \overline{O}-\overline{N}\leftarrow OH \\ COOR \\ H \\ \underline{N}\rightarrow H \end{array} \leftrightarrow \begin{array}{c} \overline{O}-\overline{N}-OH \\ COOR \\ NH_2 \end{array} \right]^-$$

das zu b cyclisiert und durch Anlagerung eines Mols Wasser in den 2,6-Dioxy-4-amino-nikotinsäureester übergeht[59].

---

[58] BACON, H., F. G. P. REMFRY u. J. F. THORPE: J. chem. Soc. London **85**, 1736 (1904).

[59] Vgl. auch die Spontandimerisation des Cyanessigsäurechlorids, S. 329, die nach einem ähnlichen Mechanismus verläuft.

Nach einem ähnlichen Chemismus wie der Malonester dimerisiert der Acetondicarbonsäureester unter dem Einfluß von Natrium unter Bildung des 4,5,7-Trioxycumarin-carbonsäureesters-(6)[60]. Auch hier besteht die erste Stufe der Dimerisierung darin, daß das Carbeniat-Anion des Acetondicarbonsäureesters nach dem Mechanismus der Claisen-Kondensation mit einer Carbonestergruppe einer zweiten Molekel des Esters zu einem Triketo-tricarbonsäureester reagiert, der, ausgehend von der Verknüpfungsstelle der beiden Acetondicarbonesterreste unter Aromatisierung cyclisiert: einmal unter innermolekularer Esterkondensation (Dieckmann-Reaktion) und zum andern unter innermolekularer Umesterung:

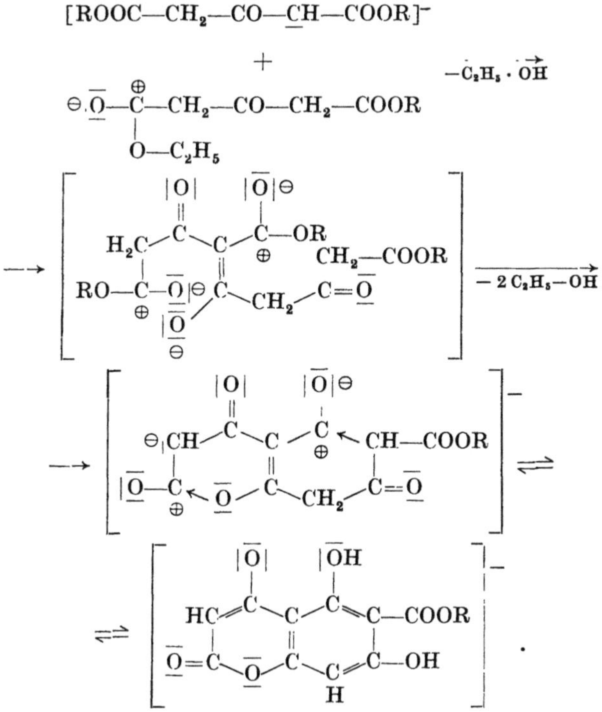

$$[ROOC-CH_2-CO-\underline{C}H-COOR]^-$$

$$+ \qquad -\dot{C}_2H_5 \cdot \vec{O}\dot{H}$$

$$\ominus \cdot \underline{\bar{O}} - \overset{\oplus}{\underset{|}{C}} - CH_2 - CO - CH_2 - COOR$$
$$O - C_2H_5$$

$$\longrightarrow \left[\begin{array}{c} \text{(Resonanzstruktur des cyclischen Zwischenprodukts)} \end{array} \right] \quad \xrightarrow{-2\,C_2H_5-O\vec{H}}$$

$$\longrightarrow \left[\begin{array}{c} \text{(cyclisches Anion)} \end{array} \right]^- \quad \rightleftharpoons$$

$$\rightleftharpoons \left[\begin{array}{c} \text{(aromatisiertes Trioxycumarin-Anion)} \end{array} \right]^- \quad .$$

9. Cyclobutan-Derivate.

a) Durch innermolekulare Kondensation.

Die besondere Reaktionsfähigkeit des Acetondicarbonsäureesters und seiner Derivate kommt weiterhin zum Ausdruck bei der durch G. Schroeter[61] entdeckten innermolekularen Kondensation α,α'-disubstituierter Acetondicarbonsäureester unter dem Einfluß von konzen-

[60] Jerdan, D. S.: J. chem. Soc. London 71, 1111 (1897). — Leuchs, H., u. R. Sperling: B. 48, 138 (1915). — Sonn, A.: B. 50, 138 (1917).
[61] B. 40, 1604 (1907); 49, 2711 (1916); s. a. B. 52, 2227 (1919); 59, 973 (1926).

trierter Schwefelsäure, die über aktivierte polarisierte Grenzanordnungen der Enolformen zu Cyclobutan-1,3-dion-carbonsäureestern-(2) führt. So entsteht aus α,α'-Dimethyl-acetondicarbonsäureester nach folgendem Chemismus der 2,4-Dimethyl-cyclobutan-1,3-dion-carbonsäureester-(2):

$$
\left[
\begin{array}{c}
\overset{\displaystyle CH_3}{\underset{\displaystyle}{}} \\[-2pt]
ROOC-\overset{\ominus}{\underset{\oplus}{C}}-\overset{\oplus}{C}-OH \\[2pt]
RO-\overset{\oplus}{C}-CH-CH_3 \\[2pt]
|\overline{O}\rightarrow H
\end{array}
\right]^{+}
\xrightarrow[-\,R-OH]{}
H^{+} +
\begin{array}{c}
CH_3 \\
ROOC-C-C=\overline{O} \\
\overline{O}=C-CH-CH_3
\end{array}
\quad .
$$

Durch vorsichtige Hydrolyse erhält man hieraus das Dimethylcyclobutandion, das eine starke einbasische Säure darstellt:

$$
\begin{array}{c}
H \\
CH_3-C-C=O \\
O=C-C-H \\
CH_3
\end{array}
\;\rightleftharpoons\;
\begin{array}{c}
H \\
CH_3-C-C-OH \\
O=C-C-CH_3
\end{array}
\;\rightleftharpoons\; H^{+} +
$$

$$
\left[
\begin{array}{c}
H \\
CH_3-C-C-\overline{O}| \\
\overline{O}=C-C-CH_3
\end{array}
\;\longleftrightarrow\;
\begin{array}{c}
H \\
CH_3-C-C=\overline{O} \\
\overline{O}=C-C-CH_3
\end{array}
\right]^{-}
\quad .
$$

Die hohe Spannung des Vierringes bewirkt, daß die Cyclobutandion-carbonsäureester bereits durch kochendes Wasser aufgespalten werden; ebenso tritt bei der Alkylierung Spaltung ein durch Alkoholyse der intermediär entstehenden α,α,α'-trisubstituierten Derivate[62]:

$$
\begin{array}{c}
CH_3 \\
H-C-C=O \\
O=C-C-CH_3 \\
COOR
\end{array}
\xrightarrow[C_2H_5ONa]{CH_3J}
\begin{array}{c}
CH_3 \\
H_3C-C-C=O \\
O=C-C-CH_3 \\
COOR
\end{array}
\longrightarrow
\begin{array}{c}
H_3C \\
\;\;C \\
H_3C
\end{array}
\begin{array}{c}
COOC_2H_5 \\
CO-CH-COOC_2H_5 \\
CH_3
\end{array}
\;.
$$

b) Durch zwischenmolekulare Michael-Addition.

Wie CH. K. INGOLD, E. A. PERREN und J. F. THORPE[63] fanden, neigen die durch Kondensation von α-Formylfettsäureestern mit Natriummalonester bzw. -cyanessigester darstellbaren Carbalkoxy- bzw. Cyanglutaconsäureester[64] bei längerer Behandlung mit basischen Mitteln

---

[62] Über die Auffassung tetrasubstituierter Cyclobutandione als Pyronone vgl. G. SCHROETER: B. **59**, 973 (1926); s. a. W. DIECKMANN u. A. WITTMANN: B. **55**, 3331 (1922).

[63] J. chem. Soc. London **121**, 1765 (1922).

[64] Vgl. Kap. VII, 6, S. 208.

zur Dimerisierung unter Bildung von Derivaten des Cyclobutans. Diese Reaktion kann man als gegenseitige Michael-Addition der durch das alkalische Medium polarisierten Doppelbindungen der Glutaconsäureester auffassen. So erhält man aus α,γ-Dicarbäthoxy-glutaconsäureester ein dimeres Produkt:

$$\left\{ (ROOC)_2CH-CH=C(COOR)_2 \;\longleftrightarrow\; (ROOC)_2CH-\overset{\oplus}{C}H-\overset{\ominus}{C}(COOR)_2 \right\}$$

$$(ROOC)_2CH-\overset{\oplus}{C}H-\overset{\ominus}{C}(COOR)_2 \qquad\qquad (ROOC)_2CH-CH-C(COOR)_2$$
$$+ \qquad\qquad\qquad \rightleftharpoons \qquad\qquad \uparrow\ \downarrow$$
$$(ROOC)_2\overset{}{\underset{\ominus}{C}}--CH-\overset{}{\underset{\oplus}{CH}}(COOR)_2 \qquad\qquad (ROOC)_2C--CH-CH(COOR)_2$$

Von der durch Hydrolyse und Decarboxylierung hieraus entstehenden 2,4-Dicarboxy-cyclobutan-1,3-diessigsäure wurden die fünf theoretisch möglichen stereomeren Formen isoliert.

Die Geschwindigkeit dieser Dimerisierungen ist von der Polarisierbarkeit der Doppelbindung der Glutaconsäureester abhängig: während der α-Cyanglutaconsäureester, $ROOC-CH(CN)-CH=CH-COOR$, unter dem Einfluß von Piperidin innerhalb eines Tages dimerisiert, braucht das entsprechende γ-Methylderivat, $ROOC-CH(CN)-CH==C(CH_3)-COOR$, zur gleichen Reaktion ein Jahr. Dieser auffallende Unterschied der Reaktionsgeschwindigkeiten demonstriert augenfällig die starke Beeinträchtigung der Polarisierbarkeit der Doppelbindung durch die Substitution.

10. Selbstkondensation durch zwischenmolekulare Aldolkondensation.

Eine Reihe von β-Dicarbonylverbindungen mit hohem elektromerem Effekt der Molekel dimerisieren leicht unter Wasserabspaltung nach dem Chemismus der Aldolkondensation. Diese Erscheinung tritt daher besonders bei hochaciden cyclischen β-Diketonen auf: so liefert das Dimedon (Dimethyldihydroresorcin) bei längerem Kochen in schwach alkalischer Lösung bei Gegenwart von Chlorammon das Anhydro-bis-dimedon[65],

[65] Toivonen, N. J., T. Fjäder u. A. Heikel: Acta chem. fenn. 8 B, 32 (1935).

das, bedingt durch die Glutaconsäurekonfiguration —CO—CH=
=CH—CH$_2$—CO— des Kondensationsproduktes, Dreikohlenstofftautomerie zeigt.

Nach dem gleichen Mechanismus dürfte sich aus Tetronsäure beim Erhitzen in schwach alkalischem Medium die Anhydro-bis-tetronsäure bilden[66]:

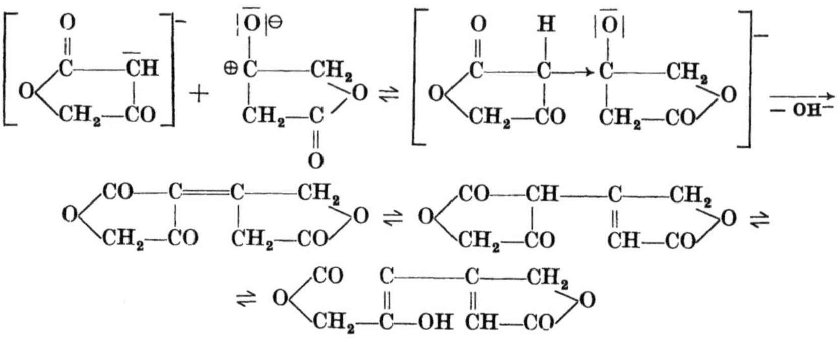

wobei die tautomere Enolform mit durchlaufender Konjugation der Doppelbindungen als die energetisch begünstigste Form erscheint.

Besonders gut kann man das Indandion in das Anhydro-bis-indandion[67] überführen, wobei wohl der gleiche Reaktionsmechanismus in Betracht zu ziehen ist:

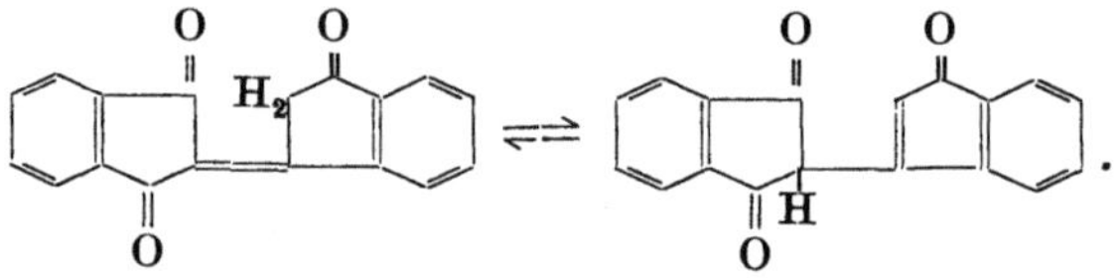

Bei längerem Erhitzen von Indandion[68] auf 120—125° C oder beim Behandeln von Indandion-carbonsäureester[69] bzw. Phthalylessigsäure mit starken Säuren geht das auch hierbei intermediär entstehende Biindon durch abermalige doppelte Aldolkondensation eines dritten Mols Indandion unter Aromatisierung in Tribenzoylenbenzol (Truxenchinon) über:

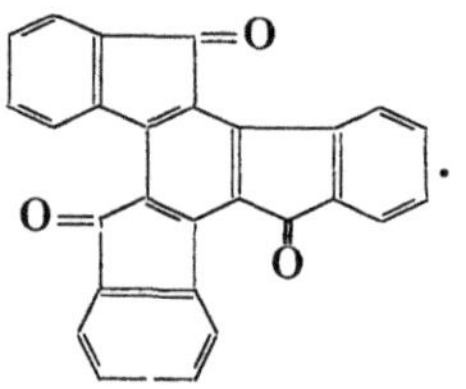

<hr>

[66] Wolff u. Schwabe: A. **291**, 251 (1896). — Wolff: A. **315**, 162 (1901). — Marrian, D. H., P. B. Russell, A. R. Todd u. W. S. Warning: J. chem. Soc. London **1947**, 1365.

[67] Wislicenus, W., u. A. Kötzle: A. **252**, 77 (1889).

[68] v. Kostanecki, St., u. L. Laczkowski: B. **30**, 2143 (1897).

[69] Gabriel u. Michael: B. **10**, 1557 (1877); **11**, 1007 (1878). — Michael: B. **39**, 1908 (1906). — Seka, R., u. L. Lackner: Mh. Chem. **44**, 212 (1943).

11. Selbstkondensation des Cyanessigsäurechlorids[70].

Das Chlorid der Cyanessigsäure ist, ähnlich wie das Acetessigsäure-chlorid[71] bei gewöhnlicher Temperatur nicht beständig, sondern dimerisiert sich in exothermer Reaktion unter Abspaltung von einem Mol Chlorwasserstoff zu 2,4-Dioxy-3-cyan-6-chlorpyridin, dem 6-Chlor-nor-ricinin. Diese Reaktion verläuft *wahrscheinlich* derart, daß, bedingt durch die hohe Acidität der CH_2-Gruppe und die hohe Elektronenaffinität des Chlors, aus Cyanacetylchlorid zunächst ein Mol HCl sich abspaltet unter Zwischenbildung von Cyan-keten, das sich in der Folge zu einem Addukt a dimerisiert,

$$NC\!-\!CH_2\!-\!CO\!-\!Cl \xrightarrow[-HCl]{}$$

$$\longrightarrow \Big\{ NC\!-\!CH\!=\!C\!=\!\bar{O} \longleftrightarrow NC\!-\!\underset{\ominus}{CH}\!-\!\underset{\oplus}{C}\!=\!\bar{O} \longleftrightarrow \underset{\ominus}{\bar{N}}\!=\!\underset{\oplus}{C}\!-\!\underset{\ominus}{\bar{CH}}\!-\!\underset{\oplus}{C}\!=\!\bar{O} \Big\}$$

das seinerseits ein Mol des zuvor abgespaltenen Chlorwasserstoffs wiederum aufnimmt unter Bildung des 6-Chlor-2,4-dioxy-3-cyanpyridins:

Dieses so erhaltene 6-Chlor-nor-ricinin ist leicht in das *Ricinin* selbst, das N-Methyl-3-cyan-4-oxypyridon-(2), überführbar.

12. Selbstkondensation
der α-Amino-β-dicarbonylverbindungen.

α-Amino-β-dicarbonylverbindungen (vgl. VIII, 4, S. 229) sind nur in Form ihrer Salze bekannt; setzt man sie aus diesen Salzen in Freiheit, so erleiden sie außerordentlich leicht Selbstkondensation zu Derivaten des *Dihydro-pyrazins*[72], die bereits durch den Luftsauerstoff der

[70] SCHROETER, G., u. E. FINCK: B. **71**, 671 (1938); s. a. G. SCHROETER u. CH. SEIDER: J. pr. [2] **105**, 165 (1922). — SCHROETER, G., u. M. SULZBACHER, R. KANITZ: B. **65**, 432 (1932).

[71] Vgl. Kap. N, 5d, S. 91.

[72] GABRIEL u. POSNER: B. **27**, 1141 (1894); s. a. V. CERCHEZ u. C. COLERIN: Bull. Soc. chim. France [4] **49**, 1291 (1931).

Oxydation unter Aromatisierung zu Derivaten des Pyrazins unterliegen. Auf diese Weise erhält man aus α-Amino-acetessigester den 2,5-Dimethyl-pyrazin-3,6-dicarbonsäureester nach folgendem elektronischen Mechanismus: $(R = COOC_2H_5)$

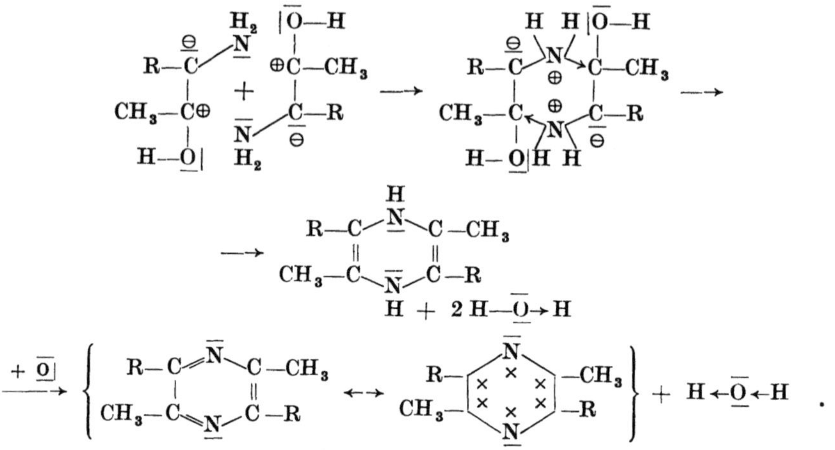

Auf entsprechende Weise kann man beispielsweise aus α-Amino-acetylaceton das 2,5-Dimethyl-3,6-diacetyl-pyrazin gewinnen.

XI. Cyclisierende Kondensation.

Durch Kondensation von *β-Dicarbonylverbindungen* mit besonderen Stickstoffverbindungen wie *Hydrazin* und seinen Derivaten, *Hydroxylamin, Amidinen* und *Harnstoffen* gelangt man durch Reaktion beider Carbonylgruppen mit einem Mol der Stickstoffverbindung unter Cyclisierung zu einer größeren Anzahl heterocyclischer Ringsysteme wie *Pyrazole, Isoxazole, Pyrimidine* und deren Oxoverbindungen; unter diesen besitzen Pyrazolone und Pyrimidone erhebliche technische Bedeutung. Aber auch rein wissenschaftlich bieten diese Kondensationen bemerkenswerte Einzelheiten durch zum Teil sich überlagernde Isomerien bzw. Tautomerien und durch die ausgeprägte Mesomerie der Reaktionsprodukte, die auch hier in der Ausbildung aromatischer Systeme gipfelt; die Möglichkeit der Aromatisierung stellt auch bei diesen Reaktionen energetisch die dirigierende, den Reaktionsablauf bestimmende Kraft dar.

Die Mehrzahl der hier zu behandelnden Reaktionen wird eingeleitet durch die Reaktion einer Amino-Gruppe mit einer Carbonylgruppe nach dem allgemeinen Schema der Bildung der Enaminderivate wie beispielsweise des β-Amino-crotonsäureesters aus Ammoniak und Acetessigester; in zweiter Stufe erfolgt dann mittels einer zweiten Aminogruppe bzw. einer Oxygruppe der reagierenden Stickstoffverbindung Ringschluß durch Reaktion dieser Gruppe mit der zweiten Carbonylgruppe

unter Ausbildung eines aromatischen Systems. Diese Reaktionen sind
daher wohl zu unterscheiden von der Bildung der Pyridine, bei denen
im Prinzip stets zwei Molekeln einer β-Dicarbonylverbindung durch
Ammoniak unter Reaktionseinleitung durch eine Michael-Addition den
Cyclus des Pyridins bzw. Dihydro-pyridins bilden.

Einen Sonderfall dieser zu N-haltigen Heterocyclen führenden Kondensationen stellt die Synthese von Pyrrolverbindungen dar, die im Prinzip ebenfalls auf eine intermediäre Ketimidbildung zurückzuführen ist.

Weiter sind in diesem Kapitel die zu Derivaten des α- bzw. γ-Pyrons
(Cumarine bzw. Chromone) führenden cyclisierenden Kondensationen
zu behandeln, die besondere synthetische Bedeutung besitzen.

1. Pyrazole und Pyrazolone.

a) Pyrazole.

Läßt man auf ein β-Diketon wie Acetylaceton Hydrazinhydrat einwirken, so erhält man das 3,5-Dimethyl-pyrazol[1]. Diese Reaktion kann
folgendermaßen dargestellt werden: zunächst reagiert eine Aminogruppe
des Hydrazins mit einer aufgerichteten Carbonylgruppe des Acetylacetons unter Bildung einer Ketimidverbindung bzw. eines Hydrazons:

$$
\underset{\underset{+\ H_2\overset{\oplus}{\underline{\overline{N}}}-\ddot{\underline{N}}H_2}{\overset{\displaystyle |\overline{O}|^{\ominus}}{|}}{CH_3-C-CH_2-CO-CH_3} \longrightarrow
\underset{\underset{\underset{\oplus}{H_2\overset{\uparrow}{N}-\overline{N}H_2}}{}}{\overset{\displaystyle |\overline{O}|^{\ominus}}{CH_3-C-CH_2-CO-CH_3}} \longrightarrow
$$

$$
\longrightarrow \quad CH_3-\underset{\underset{\underline{N}-NH_2}{\|}}{C}-CH_2-CO-CH_3 \quad + \quad H\leftarrow\overline{O}\rightarrow H \ .
$$

Nach der anschließenden Enolisierung der zweiten Carbonylgruppe
tritt durch eine analoge Reaktion dieser Gruppe mit dem zweiten
Aminorest des Hydrazins Ringschluß zum aromatischen System des
Pyrazols ein:

$$
\left\{
\begin{array}{c}
HC\!=\!\!=\!\!C\!\!<\!\!\overset{CH_3}{\underset{\overline{O}-H}{}} \\
CH_3-C\diagdown_{\underline{N}}\diagup\overline{N}H_2
\end{array}
\right\}
\longleftrightarrow
\left\{
\begin{array}{c}
\overset{\ominus}{HC}\!-\!\!-\!C\!\!<\!\!\overset{\oplus\,CH_3}{\underset{\overline{O}-H}{}} \\
CH_3-C\diagdown_{\underline{N}}\diagup\overline{N}H_2
\end{array}
\right\}
\longrightarrow
$$

$$
\longrightarrow
\begin{array}{c}
\overset{\ominus}{HC}\!-\!\!-\!C\!\!<\!\!\overset{CH_3}{\underset{\overline{O}-H}{}} \\
CH_3-C\diagdown_{\underline{N}}\diagup\underset{\oplus}{\overset{\uparrow}{N}H_2}
\end{array}
\longrightarrow
\begin{array}{c}
|\overline{O}-H \\
\downarrow \\
H
\end{array}
\quad + \quad
$$

$$
\left\{
\begin{array}{c}
HC\!=\!\!=\!\!C-CH_3 \\
CH_3-C\diagdown_{\underline{N}}\diagup N-H
\end{array}
\right\}
\longleftrightarrow
\left\{
\begin{array}{c}
HC\underset{\times}{\times}\quad\underset{\times}{\times}C-CH_3 \\
CH_3-C\overset{\times}{\diagdown}\underset{\underline{N}}{\times}\overset{\times}{\diagup}N-H
\end{array}
\right\} \ .
$$

[1] KNORR u. BLANK: B. **18**, 311 (1885). — TISCHER, E., u. BÜLOW: B. **18**, 2135
(1885). — KNORR: A. **238**, 139 (1887); **279**, 232 (1894). — CLAISEN: A. **278**, 261
(1894). — ROSENGARTEN: A. **279**, 237 (1894). — THIELE u. DRALLE: A. **302**, 276
(1898). — POSNER: B. **34**, 3975 (1901).

Der aromatische Charakter dieses 3,5-Dimethyl-pyrazols ist bedingt durch die Möglichkeit der Ausbildung eines inneren Systems von 6 π-Elektronen.

Geht man von unsymmetrischen β-Diketonen aus, beispielsweise vom Benzoylaceton, so könnte man zunächst erwarten, *zwei* strukturisomere Phenyl-methyl-pyrazole zu erhalten, je nachdem, welches der beiden Stickstoffatome das Wasserstoffatom trägt:

$$\text{HC}=\!=\!\text{C}-\text{CH}_3 \qquad \text{bzw.} \qquad \text{HC}-\!-\!\text{C}-\text{CH}_3$$

Dies ist jedoch nicht der Fall; vielmehr hat sich bisher stets ergeben, daß die Stellungen 3 und 5 im Pyrazol immer dann gleichwertig sind, solange der Imidwasserstoff nicht substituiert ist[2]. Man kann also das Wasserstoffatom nicht einem bestimmten N-Atom zuordnen; der inneren Ausgeglichenheit der aromatischen π-Elektronenwolke wegen ist es denkbar, diesen besonderen Bindungszustand des H-Atoms als eine Art H-Brücken-Mesomerie aufzufassen:

Dabei erscheint bemerkenswert, daß der durch die beiden H-Brükken zwischen zwei Pyrazolmolekeln neu entstandene Sechsring aus 4 Stickstoff- und 2 Wasserstoffatomen ebenfalls 6 π-Elektronen zur Verfügung hat, also auch hexazentrisch ist, wodurch die Oszillation der H-Atome von einer zur anderen Molekel wesentlich erleichtert wird. Da die beiden extremen Lagen des H-Atoms nicht fixierbar, die beiden „Isomeren" daher in Substanz nicht isolierbar sind, ist es hierbei definitionsgemäß nicht möglich, von Tautomerie zu sprechen; beide Formen sind eher als Grenzformeln der Mesomerie anzusprechen, da beim Übergang des H-Atoms als Proton vom einen zum anderen N-Atom nach dem Mechanismus der H-Brücken-mesomerie ein prototroper Arbeitsaufwand nicht zu leisten ist. Wie bei jeder Mesomerie liegt auch bei dieser „Mesohydrie" der wirkliche Zustand der Molekel zwischen den beiden Grenzformeln; er ist formelmäßig nicht zu erfassen[3].

Es ist ohne weiteres verständlich, daß die Gleichwertigkeit der Stellungen 3 und 5 im Pyrazol dann verschwindet, wenn der Imid-

---

[2] BUCHNER u. V. D. HEIDE: B. **35**, 31 (1902).

[3] Möglicherweise bedingen solche durch Wasserstoffbrücken bewirkte Assoziate zweier Pyrazolmolekeln auch den anormal hohen Siedepunkt des Pyrazols (185°); hieraus wird dann auch verständlich, daß das N-Acetyl-pyrazol, bei dem keine Assoziation mehr möglich ist, bereits bei 155° siedet. — Siehe hierzu W. HÜCKEL, J. DATOW u. E. SIMMERSBACH: Z. physik. Chem. A **186**, 129 (1940).

wasserstoff substituiert ist: aus Benzoylaceton können so durch Kondensation mit Phenylhydrazin zwei struktur-isomere Diphenyl-methyl-pyrazole entstehen[4]:

$$\text{Struktur}\quad\text{bzw.}\quad\text{Struktur}$$

Der Ungleichwertigkeit der beiden Carbonylgruppen wegen entsteht in diesem Falle nur eine der beiden Isomeren, nämlich das 1,3-Diphenyl-5-methyl-pyrazol[5].

Es ist theoretisch besonders bemerkenswert, daß sowohl α-mono- als auch α-dialkylierte β-Dicarbonylverbindungen mit Hydrazin Abkömmlinge des Pyrazols bilden können: während α-monoalkylierte β-Diketone hierbei in Derivate des Pyrazols selbst übergehen, ist bei α-dialkylierten β-Diketonen die Ausbildung des aromatischen Pyrazolsystems nicht mehr möglich; in diesem Falle entstehen Derivate des Pyrazolenins, z. B. aus α,α-Dimethyl-acetylaceton das 3,4,4,5-Tetramethylpyrazolenin[6]:

$$\text{Struktur} \xrightarrow{-2\,H_2O} \text{Struktur}$$

Monosubstituierte Hydrazine wie Phenylhydrazin bilden daher mit α,α-dialkylierten β-Diketonen nur mehr Hydrazone, da in diesem Falle ein Ringschluß nicht mehr möglich ist.

Läßt man Hydrazin auf Isonitroso-acetylaceton einwirken, so erhält man jedoch nicht Isonitroso-dimethyl-pyrazolenin, sondern 4-Nitroso-3,5-dimethyl-pyrazol[7], da nunmehr durch diese Tautomerisierung das energetisch begünstigte aromatische System erzeugt wird:

$$\text{Struktur} \longrightarrow \text{Struktur} \longrightarrow$$

$$\longrightarrow \text{Struktur}$$

---

[4] Über die Kondensation von α-Halogenhydrazonen mit Natrium-β-dicarbonyl-Verbindungen s. R. Fusca: Gazz. **69**, 344, 353, 364 (1939).

[5] Claisen: A. **278**, 261 (1894); s. a. Knorr u. Duden: B. **26**, 113 (1893). — Nef: A. **277**, 75 (1893).

[6] Knorr u. Oettinger: A. **279**, 247 (1894). — Knorr: B. **36**, 1274 (1903).

[7] Wolff, L.: A. **325**, 191 (1902). — Sachs, F., u. Alsleben: B. **40**, 664 (1907).

b) 5-Pyrazolone.

Wählt man als β-Dicarbonylverbindung zur Reaktion mit Hydrazin oder einem Monoalkyl- oder Arylhydrazin einen β-Ketocarbonsäureester, so entstehen Derivate des Pyrazolons[8]; aus Acetessigester und Hydrazinhydrat erhält man das 3-Methyl-5-pyrazolon. Diese Kondensation verläuft in zwei Stufen: zunächst entsteht das Hydrazon des Acetessigesters, das sekundär unter Amidbildung den Ring zum Pyrazolon schließt:

$$CH_3-\overset{|\overline{O}|^{\ominus}}{\underset{\oplus}{C}}-CH_2-COOC_2H_5 \quad + \quad H_2\overline{N}-\overline{N}H_2 \quad \longrightarrow \quad CH_3-\overset{|\overline{O}|^{\ominus}}{C}-CH_2-COOC_2H_5 \ , \ H_2\overset{\oplus}{N}-\overline{N}H_2 \quad \xrightarrow{-H_2O}$$

Dieses so gebildete Pyrazolon ist tautomer mit der zugehörigen 5-Oxypyrazolform; die tautomere Form ist deswegen im Gleichgewicht besonders begünstigt, weil diese Umlagerung die Mesomerie nach dem energiearmen aromatischen System ermöglicht:

Solange die Pyrazolone am Stickstoff unsubstituiert sind, ist auch hier wie bei den Pyrazolen zum mindesten in der Oxypyrazolform H-Brücken-mesomerie (Mesohydrie) möglich:

[8] Curtius Jay: J. pr. [2] 39, 52 (1889). — Knorr: B. 25, 778 (1892). — Curtius: J. pr. [2] 50, 510 (1894). — Thiele u. Stange: A. 283, 30 (1894). — v. Rothenburg: B. 27, 790 (1894); J. pr. [2] 51, 59 (1895); 52, 37 (1895). — Bongert: C. r. Acad. Sci. 132, 975 (1901). — Bouveault u. Bongert: Bull. Soc. chim. France [3] 27, 1103 (1902). — Betti: Gazz. 34, I, 184 (1904). — Wolff, L.: B. 37, 2832 (1904). — Locquin: Bull. Soc. chim. France [3] 31, 760 (1904). — Moureu u. Lazennec: Bull. Soc. chim. France [3] 35, 852 (1906); [4] 1, 1069 (1907). — Bülow u. Haas: B. 43, 2648, 2654 (1910). — Wahlberg: B. 44, 2074 (1911).

Während die Pyrazolonform sehr wahrscheinlich nur in der Carbon-amid-Konfiguration besteht, stellen in der aromatisierten Oxypyrazol-form die beiden möglichen Stellungen des an Stickstoff gebundenen Wasserstoffs mesomere Grenzformeln dar.

Da auch nach Ausbildung des aromatischen Systems eines der beiden Stickstoffatome noch ein einsames Elektronenpaar besitzt, das an der aromatischen Mesomerie nicht beteiligt ist, so ist auch noch folgende Tautomerie möglich:

$$H_2C\!\!-\!\!\!-\quad\overset{\displaystyle C-CH_3}{\underset{\displaystyle \bar O=C\diagdown \underset{H}{\bar N}\diagdown N|}{}}\quad \rightleftharpoons H^+ +$$

$$\left[\quad \overset{HC-\!\!-\!\!-C-CH_3}{\bar O=C\diagdown \underset{H}{\bar N}\diagdown N|}\quad \leftrightarrow\quad \overset{HC-\!\!-\,C-CH_3}{|\bar O-C\diagdown \underset{H}{\bar N}\diagdown N|}\quad \leftrightarrow\quad \overset{HC_{\!\times\times}C-CH_3}{|\bar O-C_{\times\times\times}\diagdown \underset{H}{N}\diagdown N|}\quad \right]^{-} \rightleftharpoons$$

$$\left\{\quad \overset{HC-\!\!-\!\!-C-CH_3}{|\underset{\ominus}{\bar O}-C\diagdown \underset{H}{\bar N}\diagdown \underset{\oplus}{N}\!\to\! H}\quad \leftrightarrow\quad \overset{HC=\!\!=C-CH_3}{|\underset{\ominus}{\bar O}-C\diagdown N\diagdown \underset{H\oplus}{N-H}}\quad \right\}\ .$$

Es kommt daher auch zur Ausbildung einer zwitterionischen Be tainform; die hier obwaltenden Tautomerie- und Mesomerieverhält-nisse erinnern sehr an die ähnliche Wandlungsfähigkeit der γ-Pyridone.

Es ist nun außerordentlich bemerkenswert, daß die Pyrazolone eine Reihe von Reaktionen geben, die als vollkommene Analoga entsprechen-der Umsetzungen der β-Ketocarbonsäureester anzusprechen sind. Dies wird verständlich, wenn man sich vergegenwärtigt, daß die Pyrazolone auch als cyclische Ketimide von β-Ketocarbonsäureamiden aufzufassen sind, z. B.:

$$\underset{\underset{N-\!\!-\!\!-\!\!-\!\!-\!\!-\!\!-\!\!-}{|}}{CH_3-\overset{\|}{C}-CH_2-CO-\underset{|}{N}-R}\ .$$

Da mit der Cyclisierung gleichzeitig eine Aromatisierung verknüpft ist, gestatten diese besonderen Verhältnisse den Einfluß der Aroma-tisierung auf die Reaktionen der β-Ketocarbonsäureester bzw. β-Keti-midcarbonamide zu erkennen.

Diese Verhältnisse sind besonders gut bei dem technisch außer-ordentlich wichtigen *1-Phenyl-3-methyl-5-pyrazolon* studiert worden, dem Einwirkungsprodukt von Phenylhydrazin[9] auf Acetessigester, bei

---

[9] Über Pyrazolone aus β-Ketocarbonsäureestern und Semicarbazid (Thio-semicarbazid) s. S. Ch. De u. N. Ch. Putt: J. Indian chem. Soc. 5, 459 (1928); mit Aminoguanidin: S. Ch. De u. F. C. Rakshit: J. Indian chem. Soc. 13, 569 (1936).

dem in der Hauptsache folgende Tautomerie- und Mesomerieverhält-
nisse vorliegen dürften:

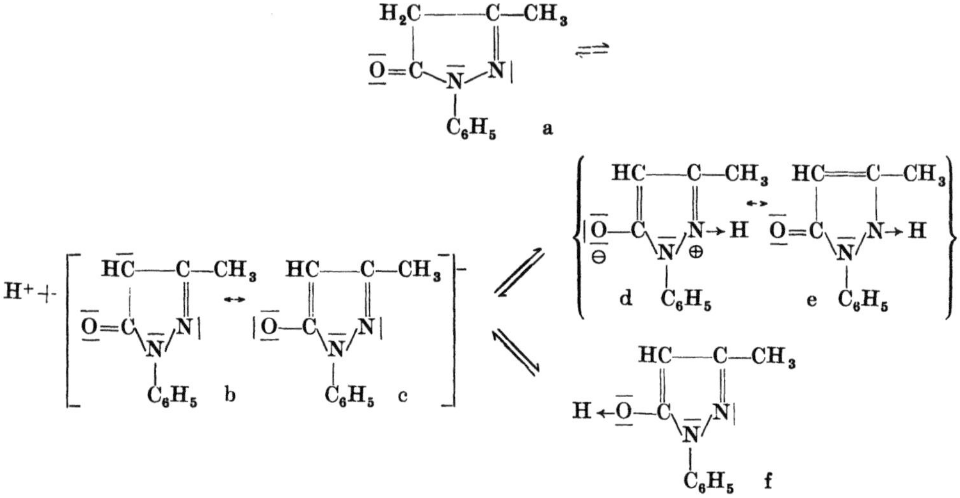

$$H_2C{-}{-}{-}C{-}CH_3$$
$$\overline{O}{=}C{\diagdown}\underline{N}{-}N|$$
$$C_6H_5 \qquad a$$

$$H^+ + \left[\begin{matrix} H\overline{C}{-}{-}C{-}CH_3 & H C{-}{-}C{-}CH_3 \\ \overline{O}{=}C{\diagdown}\underline{N}/N| & |\overline{O}{-}C{\diagdown}\underline{N}/N| \\ C_6H_5 \quad b & C_6H_5 \quad c \end{matrix} \right]^{-} \rightleftarrows \left\{ \begin{matrix} HC{-}{-}C{-}CH_3 & HC{=}C{-}CH_3 \\ |\overline{O}{-}C{\diagdown}\underline{N}/N{\rightarrow}H & \overline{O}{=}C{\diagdown}\underline{N}/N{\rightarrow}H \\ d \quad C_6H_5 & e \quad C_6H_5 \end{matrix} \right\}$$

$$HC{-}{-}C{-}CH_3$$
$$H{\leftarrow}\overline{O}{-}C{\diagdown}\underline{N}/N|$$
$$C_6H_5 \qquad f$$

Diese Doppel-tautomerie, aus der sich auch zwanglos die ampho-
tere Natur des 1-Phenyl-3-methyl-5-pyrazolons ergibt, beeinflußt besonders das Verhalten dieses Pyrazolons bei der technisch wichtigen
Methylierung[10]: genau wie beim Acetessigester können auch hier durch
Reaktion der Carbeniat-Grenzformel b zwei C-Methyl-derivate entstehen, das 1-Phenyl-3,4-dimethyl- und das 1-Phenyl-3,4,4-trimethyl-5-
pyrazolon:

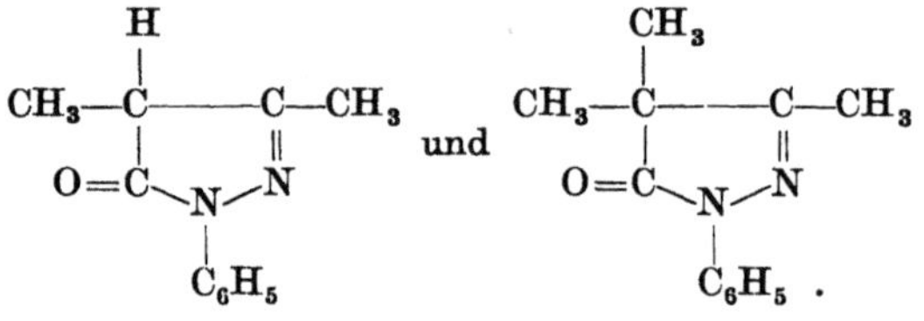

$$\begin{matrix} H & & CH_3 \\ | & & | \\ CH_3{-}C{-}{-}C{-}CH_3 & \text{und} & CH_3{-}C{-}{-}C{-}CH_3 \\ O{=}C{\diagdown}N/N & & O{=}C{\diagdown}N/N \\ C_6H_5 & & C_6H_5 \end{matrix}$$

Beide Verbindungen sind auch aus den entsprechenden C-Methyl-
derivaten des Acetessigesters durch Einwirkung von Phenylhydrazin
direkt synthetisierbar[11].

Während nun beim Acetessigester bei der Alkylierung ausschließlich
C-Alkyl-derivate entstehen, ist durch die Aromatisierung das Pyrazolon
in der mesomeren Grenzformel c, der Oxypyrazolform, auch fähig
geworden, sowohl O- als auch besonders N-Alkyl-derivate zu bilden:
so entsteht das 1-Phenyl-3-methyl-5-methoxy-pyrazol als Neben-

---

[10] KNORR, L.: B. **28**, 706 (1895). — v. PECHMANN: B. **28**, 1626 (1895). —
GRANDMOUGIN, HAVAS u. GUYOT: Ch. Z. **37**, 813 (1913).

[11] Über Pyrazolone aus alicyclischen β-Ketocarbonsäureestern vgl. W. DIECK-
MANN: A. **317**, 60 (1901). — MANNICH, C.: Arch. Pharmaz. Ber. dtsch. pharmaz.
Ges. **267**, 699 (1929). — RUHKOPF, H.: B. **72**, 1978 (1939); s. a. S. M. E. ENGLERT
u. S. M. McELVAIN: J. Amer. chem. Soc. **56**, 700 (1934).

produkt bei der Alkylierung mit Methyljodid und alkoholischem Kali
und als Hauptprodukt bei der Einwirkung von Diazomethan:

$$\left[\begin{array}{c} HC{-}C{-}CH_3 \\ |\overline{O}{-}C\diagdown \overline{N}\diagup N| \\ C_6H_5 \end{array}\right]^- + [CH_3]^+ \longrightarrow CH_3{\leftarrow}\overline{O}{-}C\diagdown \overline{N}\diagup N| \;\; .$$

Dieses Methoxy-pyrazol ist dadurch besonders bemerkenswert[12],
daß es sich beim Erhitzen in das zugehörige N-Methyl-derivat, das
Antipyrin, umlagert, eine Reaktion, die der Umlagerung der γ-Alkoxy-
pyridine in N-Alkyl-pyridone durchaus entspricht[13]:

$$CH_3{-}\overline{O}{-}C\diagdown \overline{N}\diagup N| \;\rightleftharpoons\; \left[\begin{array}{c} HC{-}C{-}CH_3 \\ |\overline{O}{-}C\diagdown \overline{N}\diagup N| \\ C_6H_5 \end{array}\right]^- + [CH_3]^+ \longrightarrow$$

$$\longrightarrow \; \underset{\ominus}{|\overline{O}}{-}C\diagdown \overline{N}\diagup \underset{\oplus}{N}{\rightarrow} CH_3 \;\; .$$

Ähnlich wie die N-Alkyl-pyridone reagieren diese N-Alkyl-pyrazolone
mit Alkyljodiden unter Bildung der sog. Pseudo-jodalkylate, die beim
Erhitzen die N-Alkyl-pyrazolone regenerieren[14]:

$$\underset{\ominus}{|\overline{O}}{-}C\diagdown \overline{N}\diagup \underset{\oplus}{N}{-}CH_3 \; + \; CH_3{-}J \;\rightleftharpoons\; \left[\begin{array}{c} HC{-}C{-}CH_3 \\ CH_3{\leftarrow}\overline{O}{-}C\diagdown \overline{N}\diagup N{-}CH_3 \\ C_6H_5 \end{array}\right]^+ J^- \;\; .$$

Da der Stickstoff weniger elektronenaffin ist als der Sauerstoff,
das einsame Elektronenpaar des Stickstoffs also leichter „anteilig"
wird als das am Sauerstoff, so ist es verständlich, daß man bei der
Alkylierung des technischen Pyrazolons das N-Alkyl-derivat als Reaktionshauptprodukt erhalten kann: so entsteht das Antipyrin mit 80%
Ausbeute bei der Methylierung mittels Dimethylsulfat in wäßrig-
methanolischer Natronlauge:

$$\left[\begin{array}{c} HC{=\!=}C{-}CH_3 \\ \overline{O}{=}C\diagdown \overline{N}\diagup N| \\ C_6H_5 \end{array}\right]^- + [CH_3]^+ \longrightarrow \overline{O}{=}C\diagdown \overline{N}\diagup N{\rightarrow}CH_3 \;\; .$$

Diese Pyrazolon-form des Antipyrins ist elektromer mit der zugehörigen zwitterionischen Oxypyrazol-form ähnlich wie bei den

---

[12] Stolz, F.: J. pr. [2] **55**, 148 (1897).

[13] Conrad u. Limpach: B. **20**, 956 (1887).

[14] Knorr: A. **293**, 5, 13 (1896).

Henecka, Chemie der β-Dicarbonyl-Verbindungen. 22

N-Alkyl-pyridonen; auch hierbei bilden die aromatisierten Formen die Zwischenglieder der elektromeren Verschiebung:

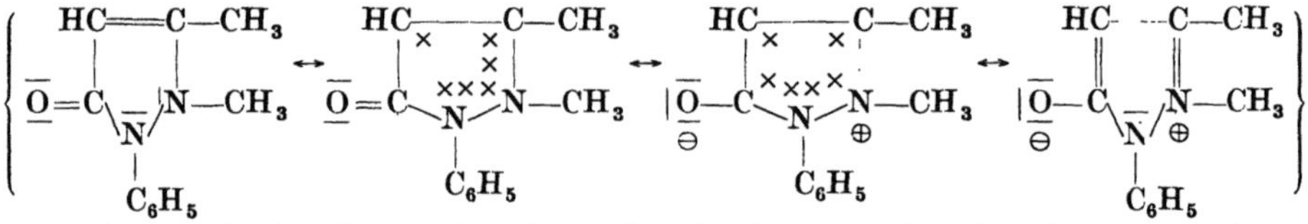

$$\{\text{HC=C—CH}_3 \cdots\} \leftrightarrow \cdots$$

Da auch die Pyrazolon-form des Antipyrins eine für den aromatischen Zustand charakteristische innere Elektronenwolke von 6 π-Elektronen ausbilden kann, ist es verständlich, daß das Antipyrin auch direkt durch Kondensation von sym. Methyl-phenyl-hydrazin, C_6H_5—NH—NH—CH_3, mit Acetessigester darstellbar ist[15]. Dennoch scheint die zwitterionische Betain-form des Antipyrins die vorherrschende Form zu sein, da hiermit zwanglos die leichte Wasserlöslichkeit des Antipyrins zu erklären ist.

Den Reaktionen der β-Dicarbonylverbindungen entspricht weiterhin die *Nitrosierbarkeit* der Pyrazolone zu Isonitroso-Verbindungen durch salpetrige Säure[16]; als reagierende Grenzformel der Mesomerie tritt hier wie bei den β-Dicarbonylverbindungen die Carbeniat-Grenzformel b (vergl. S. 226) auf:

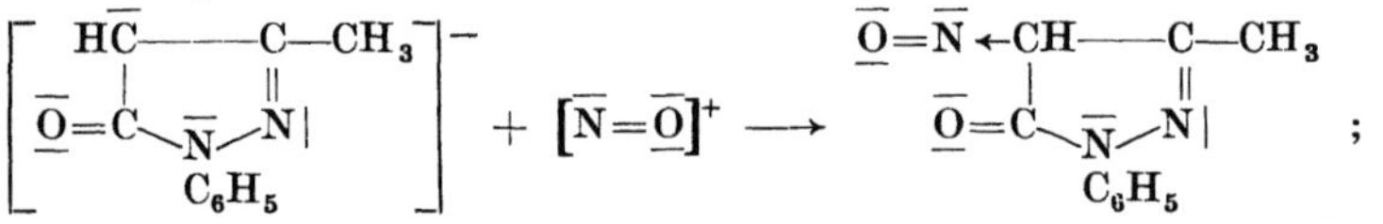

$$\left[\text{HC—C—CH}_3\right]^- + \left[\text{N=O}\right]^+ \longrightarrow \text{O=N}\leftarrow\text{CH—C—CH}_3 \quad ;$$

zunächst lagert sich die entstehende wahre Nitroso-form unter Prototropie und Elektromerie in die tautomere Isonitroso-form um, die, ähnlich wie bei den β-Dicarbonylverbindungen selbst, energetisch begünstigt ist einmal durch die hierdurch eintretende Konjugation der Doppelbindungen und zum andern durch die in der Isonitrosoform mögliche H-Brücken-mesomerie d ↔ e:

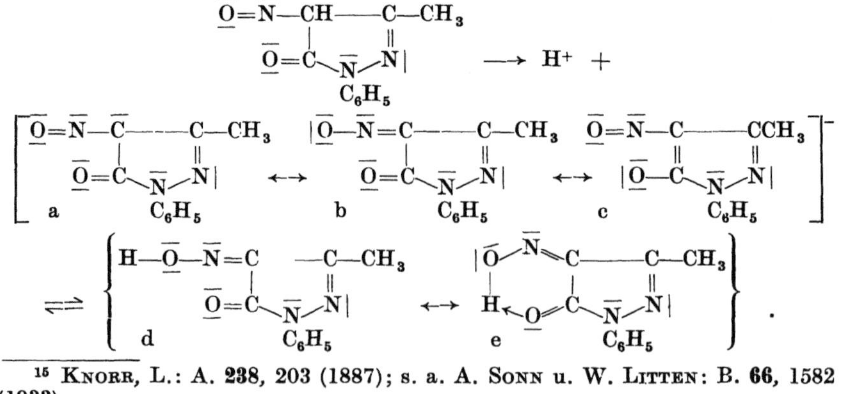

$$\text{O=N—CH—C—CH}_3 \longrightarrow \text{H}^+ +$$

$$\left[\text{a} \leftrightarrow \text{b} \leftrightarrow \text{c}\right]^- \rightleftharpoons \{\text{d} \leftrightarrow \text{e}\} \;.$$

<hr>

[15] KNORR, L.: A. **238**, 203 (1887); s. a. A. SONN u. W. LITTEN: B. **66**, 1582 (1933).

[16] KNORR, L.: B. **17**, 2041 (1884); A. **238**, 185 (1887); B. **25**, 765 (1892); **27**, 1175 (1894). — JOVITSCHITSCH: B. **28**, 2685 (1895). — HANTZSCH u. BARTH: B. **35**, 222 (1902). — v. ZAWIDZKI: B. **37**, 2300 (1904).

Daneben spielt besonders im Anion die Mesomerie b ⟷ c nach der Nitroso-oxypyrazol-Form eine Rolle, da die tiefe gelbrote Farbe der Lösung der Alkalisalze wohl im wesentlichen auf diese Mesomerie zurückzuführen ist.

Während also bei der Nitrosierung die am Stickstoff in 1-Stellung substituierten Pyrazolone sich den β-Ketocarbonsäureestern durchaus analog verhalten, liegen die Verhältnisse anders bei der Nitrosierung der Pyrazolone vom Typ des Antipyrins, die an beiden Stickstoffatomen Substituenten tragen[17]: es tritt rein aromatische Nitrosierung ein unter Bildung einer wahren stabilen Nitroso-Verbindung, da nunmehr bedingt durch das Fehlen eines prototropie-fähigen H-Atoms, der Einfluß der möglichen Aromatisierung rein zur Auswirkung kommt. Die Nitrosierung der N,N'-disubstituierten Pyrazolone verläuft nach folgendem Mechanismus:

$$\left\{ \begin{array}{c} HC{=}{=}C{-}CH_3 \\ O{=}C{\diagdown}N{\diagup}N{-}CH_3 \\ C_6H_5 \end{array} \leftrightarrow \begin{array}{c} HC{-} \quad C{-}CH_3 \\ O{=}C{\diagdown}N{\diagup}N{-}CH_3 \\ C_6H_5 \end{array} \right\} + \left[\begin{array}{c} |O| \\ N \end{array} \right]^{+} OH^{-} \longrightarrow$$

$$\longrightarrow \left[\begin{array}{c} O{=}N{\leftarrow}CH{-}C{-}CH_3 \\ O{=}C{\diagdown}N{\diagup}N{-}CH_3 \\ C_6H_5 \end{array} \right]^{+} OH^{-}.$$

Unter dem Einfluß der salpetrigen Säure erfolgt zunächst Polarisierung unter elektromerer Verschiebung zur Carbeniat-Grenzformel; das am C-Atom in Stellung 4 dadurch auftretende einsame Elektronenpaar wird nunmehr mit dem Nitrosyl-Kation anteilig; das Addukt stabilisiert sich durch Abspaltung des Protons vom C-Atom 4 unter Vereinigung mit dem OH⁻-Ion zu Wasser. Das zurückbleibende einsame Elektronenpaar wird als π-Elektronenpaar durch die innere Mesomerie nach dem aromatischen Grenzzustand beansprucht:

$$\left\{ \begin{array}{c} O{=}N{-}C^{\ominus}{-}C{-}CH_3 \\ O{=}C{\diagdown}N{\diagup}N{-}CH_3 \\ \underset{\oplus}{} \\ C_6H_5 \end{array} \leftrightarrow \begin{array}{c} O{=}N{-}C \quad C{-}CH_3 \\ |O{-}C{\diagdown}N{\diagup}N{-}CH_3 \\ \underset{\ominus}{} \quad \oplus \\ C_6H_5 \end{array} \leftrightarrow \begin{array}{c} O{=}N{-}C{-}C{-}CH_3 \\ |O{-}C{\diagdown}N{\diagup}N{-}CH_3 \\ \underset{\ominus}{} \quad \oplus \\ C_6H_5 \end{array} \right\}$$

Die daneben noch mögliche Elektromerie nach einer zwitterionischen Isonitroso-form:

$$\left\{ \begin{array}{c} O{=}N{-}C^{\ominus}{-}C{-}CH_3 \\ O{=}C{\diagdown}N{\diagup}N{-}CH_3 \\ \underset{\oplus}{} \\ C_6H_5 \end{array} \leftrightarrow \begin{array}{c} |O{-}N{=}C^{\ominus}{-}C{-}CH_3 \\ O{=}C{\diagdown}N{\diagup}N{-}CH_3 \\ \underset{\oplus}{} \\ C_6H_5 \end{array} \right\}$$

scheint an der Mesomerie ebenfalls, wenn auch in geringerem Umfang beteiligt zu sein, da vermutlich der Energiegewinn bei der Aromati-

---

[17] KNORR: B. **17**, 2038 (1884); A. **238**, 212 (1887); **293**, 56 (1896); **328**, 62 (1903). — BECHHOLD: B. **36**, 4131 (1903).

sierung größer ist. Trotzdem dürfte diese zwitterionische Grenzformel
entsprechend der analogen Mesomerie des Nitrosobenzols:

$$\left\{ \overline{O}{=}\overline{N}{-}\langle\hexagon\rangle \;\longleftrightarrow\; |\overset{\ominus}{\underline{O}}{-}\overline{N}{=}\overset{H\ \oplus}{\langle\hexagon\rangle} \right\}$$

einen nicht unwesentlichen Teil des mesomeren Systems des Nitroso-
antipyrins darstellen. Neben diesem —E-Effekt der Nitroso-Gruppe ist
dann bei der vollkommenen Beschreibung der Mesomerie auch der +E-
Effekt der Nitroso-Gruppe zu berücksichtigen:

$$\left\{ \ldots \right\}$$

entsprechend der analogen Mesomerie des Nitrosobenzols:

$$\left\{ \overline{O}{=}\overline{N}{-}\langle\hexagon\rangle \;\longleftrightarrow\; \overline{O}{=}\overset{\oplus}{N}{=}\overset{H}{\langle\hexagon\rangle} \right\} \;.$$

Das Zusammenwirken beider Effekte, die an der Beteiligung folgender Grenzformeln der Mesomerie des Nitroso-antipyrins zum Ausdruck
kommt:

$$\left\{ \ldots \right\},$$

scheint die wesentliche Ursache der besonders tiefen Farbe des Nitroso-
antipyrins zu sein.

Entgegen den Verhältnissen, bei den Isonitrosoverbindungen der
β-Dicarbonylverbindungen bedingt die relativ hohe Beständigkeit
des Pyrazolonringes, daß sowohl Isonitroso- als auch reine Nitroso-
pyrazolone leicht zu den entsprechenden Nitro-derivaten oxydierbar
sind, die bei den aus Isonitroso-pyrazolonen erhaltenen Nitroverbindun-
gen Säurecharakter besitzen[18]:

$$\ldots \;+\; \overline{O}| \;\longrightarrow\; \ldots \;\rightleftharpoons\; H^+ \;+$$

---

[18] KNORR: B. 17, 2038 (1884); A. 238, 212 (1887). — MICHAELIS: A. 350, 294,
313 (1906). — WISLICENUS, W. u. GÖTZ: B. 44, 3491 (1911).

Die aus Pyrazolon-derivaten vom Typ des 1-Phenyl-3-methyl-5-pyrazolons entstehenden Isonitrosoverbindungen ähneln in ihren Reaktionen durchaus den Isonitroso-β-dicarbonylverbindungen, während die aus Pyrazolonen vom Typ des Antipyrins gebildeten Nitrosoderivate sich den aromatischen Nitrosoverbindungen analog verhalten. Dies kommt besonders klar zum Ausdruck bei den durch Reduktion daraus entstehenden Amino-verbindungen: das aus 1-Phenyl-3-methyl-4-isonitroso-pyrazolon-(5) entstehende Amin ist ähnlich dem α-Amino-acetessigester nur als Salz beständig; macht man die Base mit Alkali frei, so tritt Bildung der merichinoiden „Rubazonsäure" ein, die dadurch entsteht, daß zum Aldimin oxydierte Base mit unverändertem Amin aldolartig sich kondensiert[19]:

[19] KNORR: A. 238, 189 (1887). — PSCHORR: A. 293, 49 (1896). — HEIDUSCHKA u. ROTHACKER: J. pr. [2] 84, 534 (1911). — SCHEIBER u. HAUN: B. 47, 3338 (1914).

Im Gegensatz hierzu verhält sich das Amino-antipyrin vollkommen
wie ein aromatisches Amin[20]: es ist auch als freie Base beständig und
als Salz diazotierbar zu einer kupplungsfähigen Diazoverbindung. Der
Grund für die Beständigkeit und Diazotierbarkeit des Amino-anti-
pyrins ist darin zu erblicken daß diese Amino-verbindung zu aromatischer Mesomerie fähig ist:

$$
\left\{
\begin{array}{ccc}
\mathrm{H_2\bar{N}-C\!=\!C-CH_3} & & \mathrm{H_2\bar{N}-C\cdots C-CH_3} & & \mathrm{H_2\bar{N}-C\!-\!C-CH_3}\\
\mathrm{\bar{O}\!=\!C\diagdown \bar{N}\diagup N-CH_3} & \leftrightarrow & \mathrm{|\bar{O}-C\diagdown N\diagup \overset{\oplus}{N}-CH_3} & \leftrightarrow & \mathrm{|\bar{O}-C\diagdown N\diagup \overset{\oplus}{N}-CH_3}\\
\underset{\ominus}{}\; \mathrm{C_6H_5} & & \underset{\ominus}{}\; \mathrm{C_6H_5} & & \underset{\ominus}{}\; \mathrm{C_6H_5}
\end{array}
\right\}
$$

während im 4-Amino-1-phenyl-3-methyl-5-pyrazolon diese Möglichkeit
erst durch den Übergang in die merichinoide Rubazonsäure herbei-
geführt wird.

Ähnlich wie Acetessigester kuppeln Derivate des 1-Phenyl-3-methyl-
5-pyrazolons mit Diazoniumsalzen zu Azoderivaten[21] während Pyrazolone vom Typ des Antipyrins und auch 4-mono-alkylierte 1-Phenyl-
pyrazolone[22] nicht als Kupplungskomponenten fungieren können. Dies
ist darauf zurückzuführen, daß nur solche Pyrazolone zur Kupplung
fähig sind, die, analog den Kupplungsprodukten von Diazoniumsalzen
mit α-unsubstituierten β-Dicarbonylverbindungen, in der tautomeren
Oxypyrazolform in die Energiemulde der durch innermolekulare
H-Brückenmesomerie eingeleiteten tautomeren Umwandlung zur Hydrazonform absinken können:

$$
\begin{array}{c}
\mathrm{C_6H_5-\bar{N}\!=\!\bar{N}-C\overset{H}{\cdots}C-CH_3}\\
\mathrm{\bar{O}\!=\!C\diagdown \bar{N}\diagup N|}\\
\mathrm{C_6H_5}
\end{array}
\rightleftharpoons
$$

$$
\rightleftharpoons
\left\{
\begin{array}{ccc}
\mathrm{C_6H_5-\bar{N}\!=\!\bar{N}-C\cdots C-CH_3} & & \mathrm{C_6H_5-N\!=\!\bar{N}-C\!-\!C-CH_3}\\
\mathrm{H-\bar{O}-C\diagdown \bar{N}\diagup N|} & \leftrightarrow & \mathrm{H-\bar{O}-C\diagdown \bar{N}\diagup N|}\\
\mathrm{C_6H_5} & & \mathrm{C_6H_5}
\end{array}
\right\}
\rightleftharpoons
$$

<hr>

[20] KNORR u. TH. GEUTHER: A. **293**, 55 (1896). — KNORR u. STOLZ: A. **293**,
58 (1896). — BAMBERGER: A. **305**, 305 (1899). — LUMIERE u. PERRIN: Bull. Soc.
chim. France [3] **29**, 967 (1903); [3] **33**, 207 (1905). — BECHHOLD: B. **36**, 4134
(1903). — LUMIERE u. BARBIER: Bull. Soc. chim. France [3] **33**, 503 (1905). —
LUFT: B. **38**, 4044 (1905). — STOLZ: B. **41**, 3849 (1908). — MICHAELIS u. STAU:
B. **46**, 3614 (1913). — Höchster Farbwerke: DRP. 71261, 238373, 243197, 276134.
— Knoll & Co.: DRP. 227013. — Schering: DRP. 280971.

[21] KNORR: B. **21**, 1201 (1888). — BÜLOW: B. **32**, 203 (1899). — EIBNER:
B. **36**, 2687 (1903). — MICHAELIS: A. **338**, 187, 229 (1905). — EIBNER u. LAUE:
B. **39**, 2022 (1906). — BÜLOW u. HAAS: B. **43**, 2649 (1910). — AUWERS u. BÖNNEKE:
A. **378**, 218 (1911).

[22] STOLZ: B. **28**, 625 (1895). — MICHAELIS: A. **338**, 187 (1905). — MICHAELIS
u. SCHLECHT: B. **39**, 1954 (1906).

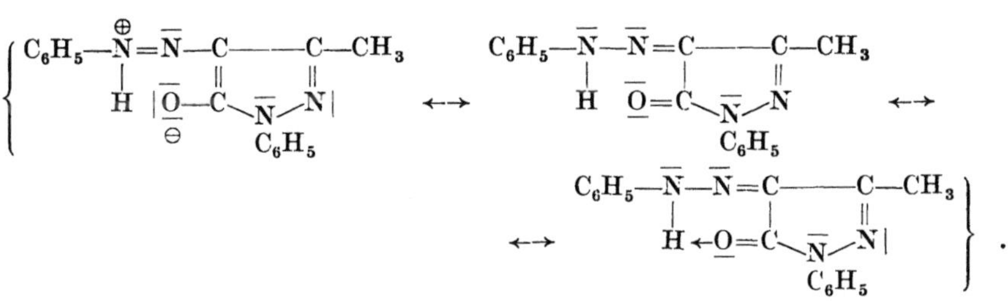

$$C_6H_5\overset{\oplus}{-N}=\overline{N}-C\text{----}C-CH_3 \quad\longleftrightarrow\quad C_6H_5-\overline{N}-\overline{N}=C\text{----}C-CH_3 \quad\longleftrightarrow$$

$$C_6H_5-\overline{N}-\overline{N}=C\text{----}C-CH_3 \quad\longleftrightarrow\quad \Big\} \;.$$

Dabei ist besonders zu beachten, daß die Chelatformen naphthalin-ähnliche aromatische Mesomerie zeigen:

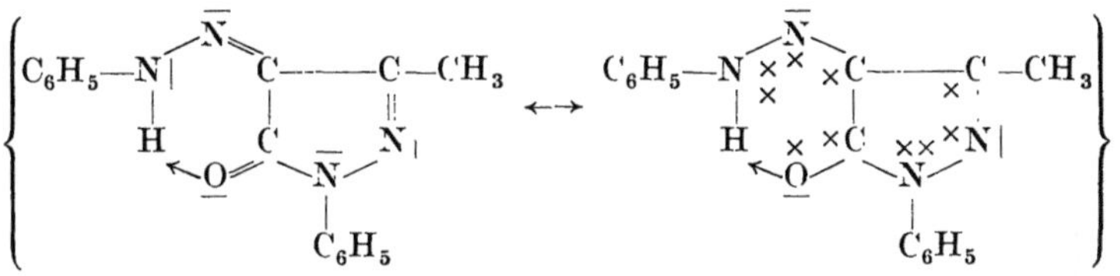

$$\Big\{ C_6H_5-N\,|\text{ ... } \quad\longleftrightarrow\quad C_6H_5-N \text{ ... } \Big\}\;.$$

Bei Substanzen vom Typ des Antipyrins tritt deswegen Kupplung nicht ein, weil das zunächst zu erwartende Zwischenprodukt

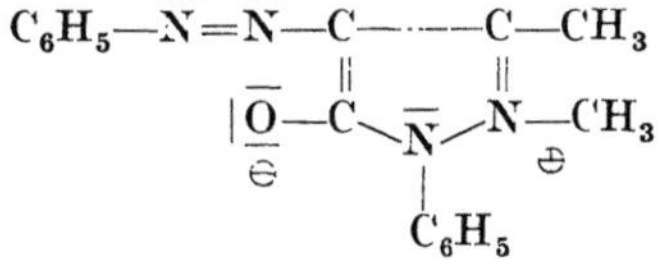

$$C_6H_5-\overline{N}=\overline{N}-C\text{---}\cdots\text{---}C-CH_3$$

keinen prototropie-fähigen Wasserstoff mehr besitzt und daher Um-lagerung zur Hydrazonform nicht eintreten kann. Desgleichen kuppeln Verbindungen vom Typ des 1-Phenyl-2,3-dimethyl-5-pyrazolons des-wegen nicht mit Diazoniumsalzen, weil auch hierbei aus dem gleichen Grunde eine Umlagerung in die Oxypyrazol-form, die Voraussetzung für eine Tautomerie nach der Hydrazon-form, nicht mehr möglich ist.

3,4-Dialkylierte Pyrazolone hingegen, die am Stickstoff noch ein prototropie-fähiges H-Atom tragen, kuppeln mit Diazoniumsalzen nunmehr in 2-Stellung zu Azoderivaten[23], die den Charakter der Diazo-aminoverbindungen besitzen, z. B.:

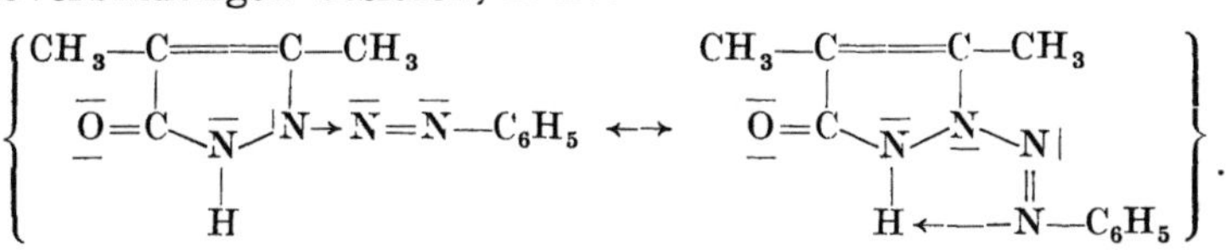

Die Analogie in den Reaktionen der Pyrazolone mit denen der β-Dicarbonylverbindungen tritt noch bei einer weiteren Reaktion klar hervor: der Kondensationsfähigkeit der Pyrazolone mit Aldehyden zu Alkyliden- bzw. Aryliden-pyrazolonen, die eine direkte Parallele zur entsprechenden Reaktion α-unsubstituierter β-Dicarbonylverbindungen darstellt. In beiden Fällen ist diese Reaktion als Addition der Carbeniat-

---

[23] VERKADE, P. E., u. J. DHONT: Rec. Trav. chim. Pays-Bas **64**, 165 (1945).

grenzformel an den Aldehyd zu einem Aldol zu deuten, gefolgt von
einer Wasserabspaltung zur ungesättigten Verbindung mit konjugierten
Doppelbindungen: beispielsweise bei der Umsetzung von Benzaldehyd
mit 1-Phenyl-3-methyl-5-pyrazolon[24]:

$$C_6H_5-\overset{\overset{|\overline{O}|^{\ominus}}{|}}{\underset{H}{C}}{}^{\oplus} \;+\; \left[\begin{array}{c} H\overline{C}\!-\!\!-\!\!-\!C-CH_3 \\ \overline{O}\!=\!C\diagdown_{\overline{N}}\diagup^{N} \\ C_6H_5 \end{array} \right]^{-} \;\longrightarrow$$

$$\longrightarrow \left[\begin{array}{c} |\overline{O}| \\ C_6H_5-\overset{|}{\underset{H}{C}}\!\leftarrow\!\!-\!\!CH\!-\!\!-\!C-CH_3 \\ \overline{O}\!=\!C\diagdown_{\overline{N}}\diagup^{N} \\ C_6H_5 \end{array} \right]^{-} \;\longrightarrow\; [\,\overline{O}\!\rightarrow\!H\,]^{-} \;+$$

$$\left\{ \begin{array}{cc} C_6H_5-\overset{\oplus}{\underset{H}{C}}\!-\!\!-\!\overset{\ominus}{C}\!-\!\!-\!C-CH_3 & C_6H_5-CH\!=\!C\!-\!\!-\!C-CH_3 \\ \overline{O}\!=\!C\diagdown_{\overline{N}}\diagup^{N}| \qquad\quad \overline{O}\!=\!C\diagdown_{\overline{N}}\diagup^{N}| \\ C_6H_5 \qquad\qquad\qquad\qquad C_6H_5 \end{array} \right\}.$$

Arbeitet man mit einem Überschuß an Pyrazolon, so tritt auch hier,
ähnlich den Alkyliden-β-dicarbonylverbindungen, Michael-Addition
eines zweiten Mols des Pyrazolons an das als α, β-ungesättigte Carbonylverbindung reagierende Benzal-pyrazolon ein:

$$C_6H_5-\overset{\oplus}{C}H-\overset{\ominus}{C}\!-\!\!-\!C-CH_3 \;+\; \left[\begin{array}{c} H\overline{C}\!-\!\!-\!\!-\!C-CH_3 \\ \overline{O}\!=\!C\diagdown_{\overline{N}}\diagup^{N}| \\ C_6H_5 \end{array} \right]^{-} \;\longrightarrow$$

$$\longrightarrow \left[\begin{array}{c} C_6H_5 \\ CH_3-C\!-\!\!-\!CH\!\rightarrow\!C\!-\!\!-\!\!-\!C\!-\!\!-\!C-CH_3 \\ |N\diagdown_{\overline{N}}\diagup^{C=\overline{O}}\; H\; \overline{O}\!=\!C\diagdown_{\overline{N}}\diagup^{N}| \\ C_6H_5 \qquad\qquad C_6H_5 \end{array} \right]^{-}.$$

Durch Aufnahme des bei der Bildung der Carbeniat-grenzformel
zunächst abgespaltenen Protons entsteht auf diese Weise das 4-Benzal-
bis-[1-phenyl-3-methyl-5-pyrazolon].

Bei Pyrazolonen vom Typ des Antipyrins kann natürlich Bildung
eines entsprechenden Benzal-mono-pyrazolons nicht stattfinden; hierbei
bildet sich vielmehr, und zwar bei saurer Reaktion, direkt das Derivat

[24] KNORR: A. **238**, 157, 179, 214 (1887). — CLAISEN u. HAASE: B. **28**, 39
(1895). — KNORR: B. **29**, 256 (1896). — LACHOVICZ: Mh. Chem. **17**, 356 (1896). —
TAMBOR: B. **33**, 864 (1900). — SACHS, F., u. SICHEL: B. **37**, 1865 (1904). —
MICHAELIS u. ZILG: B. **39**, 372 (1906). — BETTI: Gazz. **36**, II, 431 (1906). —
HEIDUSCHKA u. ROTHACKER: J. pr. [2] **84**, 533 (1911).

des Benzal-bis-pyrazolons. Bei der Einwirkung von Benzaldehyd auf Antipyrin spielen sich dabei folgende Reaktionen ab:

$$C_6H_5\text{—}\overset{|\bar{O}|^{\ominus}}{\underset{H}{C}}\!\oplus \;+\; HC\overset{\ominus}{\underset{\bar{O}=C}{\big|}}\text{—}C\text{—}CH_3 \;\longrightarrow\; C_6H_5\text{—}\overset{|\bar{O}|^{\ominus}}{\underset{H}{C}}\!\leftarrow\!\overset{H}{\underset{\bar{O}=C}{C}}\text{—}C\text{—}CH_3 \;.$$

Unter dem Einfluß der anwesenden Protonen tritt Abspaltung von $[\bar{O}\text{—}H]^-$ als Wasser ein unter Bildung eines Kations, das nunmehr direkt mit der zwitterionischen Ammonium-carbeniat-formel des Antipyrins nach dem Schema der Michael-Addition reagiert:

$$C_6H_5\text{—}C\cdots C\text{—}C\text{—}CH_3 \;+\; H^+ \;\rightarrow\; \left[\;C_6H_5\text{—}\overset{\oplus}{C}\text{—}\overset{\ominus}{C}\text{—}C\text{—}CH_3\;\right] \;+\; \overset{H}{\bar{O}}{\underset{H}{\big\langle}}$$

$$\left[\;C_6H_5\text{—}\overset{\oplus}{C}\text{—}\overset{\ominus}{C}\text{—}C\text{—}CH_3\;\right] \;+\; HC\text{—}C\text{—}CH_3 \;\longrightarrow$$

$$\longrightarrow\; \left[\;CH_3\text{—}C\text{—}\overset{\ominus}{C}\text{—}\overset{C_6H_5}{C}\leftarrow CH\text{—}C\text{—}CH_3\;\right] \;.$$

Durch Wiederabgabe eines Protons entsteht schließlich das Benzal-bis-antipyrin.

$$\left\{\;CH_3\text{—}C\cdots\overset{\ominus}{C}\cdots\overset{C_6H_5}{C}\text{—}\overset{\ominus}{C}\text{—}C\text{—}CH_3 \;\leftrightarrow\right.$$

$$\left.\leftrightarrow\; CH_3\text{—}C\text{—}C\text{—}\overset{C_6H_5}{C}\text{—}C\text{—}C\text{—}CH_3 \;\right\}.$$

Weiterhin erscheint es bemerkenswert, daß auch Ketone mit Pyrazolonen leicht kondensierbar sind zum Unterschied von der weit geringeren Reaktionsbereitschaft der β-Dicarbonylverbindungen mit Ketonen. So erhält man das Isopropyliden-bis-[1-phenyl-3-methyl-

5-pyrazolon][25] durch Einwirkung von Aceton auf 1-Phenyl-3-methyl-5-pyrazolon.

Die Reaktionsanalogie der Pyrazolone mit den β-Dicarbonyl-verbindungen kommt ferner zum Ausdruck in der leichten Oxydierbar-keit zu Bis-pyrazolonyl-derivaten analog der Oxydation von Natracet-essigester mit Jod zu Diacetbernsteinsäureester. So läßt sich durch Einwirkung von Jod auf das Silbersalz des 1-Phenyl-3-methyl-5-pyrazolons das Bis-phenyl-methyl-pyrazolon[26] gewinnen:

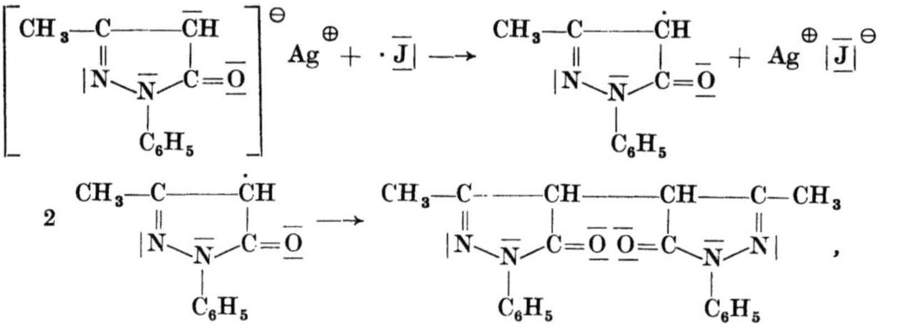

eine Verbindung, die daher auch aus Diacetbernsteinsäureester mit 2 Mol Phenylhydrazin direkt synthetisierbar ist. Charakteristisch für dieses Bis-phenylmethylpyrazolon ist nun seine weitere Oxydierbarkeit zu einem indigoiden Farbstoff, dem *Pyrazolblau*, dessen Bildung energetisch deswegen begünstigt ist, weil die Möglichkeit aromatischer Mesomerie im Pyrazol-ringsystem die Ausbildung eines merichinoiden Systems vom Typus des Indigos gestattet:

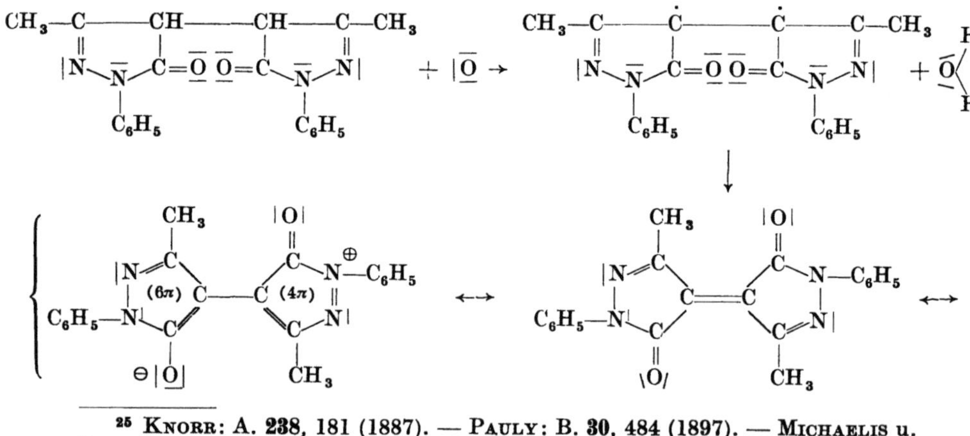

---

[25] KNORR: A. **238**, 181 (1887). — PAULY: B. **30**, 484 (1897). — MICHAELIS u. ZILG: B. **39**, 378 (1906).

[26] KNORR: B. **17**, 2044 (1884); **22**, 160 (1889); **28**, 714 (1895); A. **238**, 155, 167 (1887). — KNORR u. BÜLOW: B. **17**, 2059 (1884). — BENDER: B. **20**, 2749 (1887). — SPRAGUE: J. chem. Soc. London **59**, 339 (1891). — WEEMS: Amer. chem. J. **16**, 584 (1894). — HIMMELBAUER: J. pr. [2] **54**, 185 (1896). — AUTEN-RIETH: B. **29**, 1658 (1896). — PAAL u. HÄRTEL: B. **30**, 1996 (1897). — STOLZ: J. pr. [2] **55**, 149 (1897). — KIESSLING: A. **349**, 309 (1906). — MICHAELIS u. a.: A. **354**, 58 (1907).

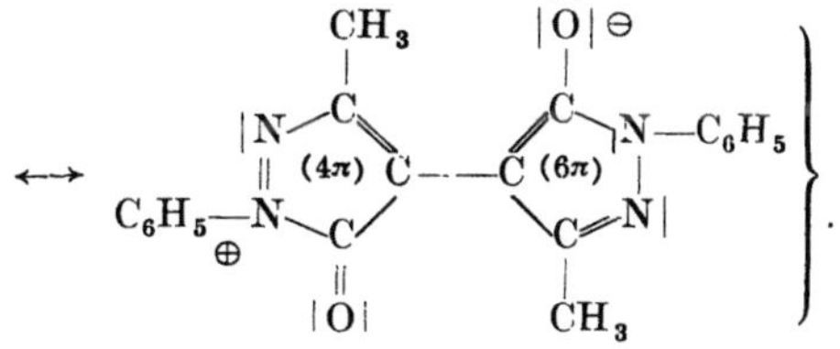

Aus diesem Grunde findet Pyrazolblaubildung bereits aus dem 1-Phenyl-3-methyl-5-pyrazolon sehr leicht statt, beispielsweise beim Erhitzen mit Phenylhydrazin:

$$C_6H_5-\overline{N}H-\overline{N}H_2 + 2\,H\cdot \longrightarrow C_6H_5-\overline{N}\Big\langle{}^{H}_{H} + \overline{N}H_3\,,$$

oder mit Fe'''-chlorid (Pyrazolblaureaktion des techn. Pyrazolons).

Eine Reaktion der Carbeniat-Grenzformel der 5-Pyrazolone, die kein direktes Analogon der β-Ketocarbonsäureester-Reaktionen darstellt, ist die nach dem Mechanismus der Claisen-Kondensation verlaufende Kondensation von 1-Phenyl-3-methyl-5-pyrazolon mit Oxalester unter dem Einfluß von Kaliumäthylat[27]:

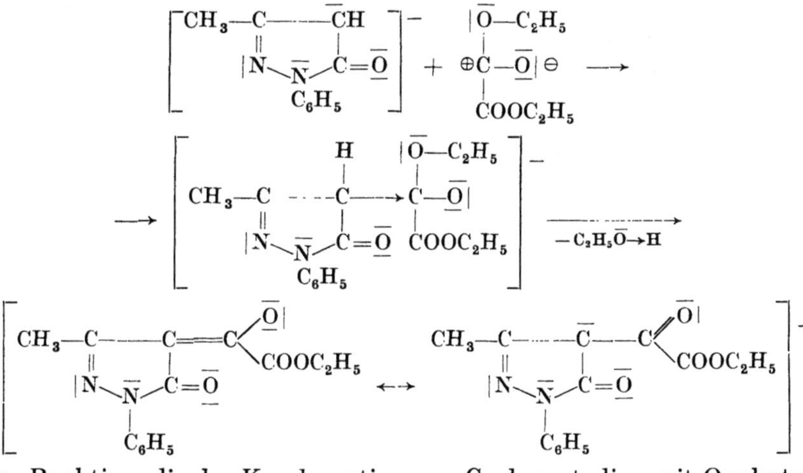

eine Reaktion, die der Kondensation von Cyclopentadien mit Oxalester vergleichbar ist und daher letzten Endes durch den aromatischen Charakter des Pyrazolons bedingt ist.

Die den 5-Pyrazolonen entsprechenden 5-Pyrazolon-imide bzw. 5-Amino-pyrazole[28] gewinnt man durch Cyclisierung der Arylhydra-

[27] WISLICENUS, W., ELVERT u. KURTZ: B. **46**, 3395 (1913). — WISLICENUS, W., u. BILFINGER: B. **46**, 3948 (1913).

[28] BOUVEAULT: Bull. Soc. chim. France [3] **4**, 647 (1890). — DÈMÈTRE-VLADESCO: Bull. Soc. chim. France [3] **6**, 816 (1891). — v. WALTHER: J. pr. [2] **55**, 142 (1897). — MICHAELIS u. a.: B. **34**, 723 (1901); **36**, 3271 (1903). — STOLZ: B. **36**, 3279 (1903). — KNORR: B. **37**, 3522 (1904). — MICHAELIS: A. **339**, 117 (1905); **385**, 1 (1911); **397**, 119 (1913). — MOUREU u. LAZENNEC: Bull. Soc. chim. France [4] **1**, 1071 (1907). — MOHR: J. pr. [2] **79**, 1 (1909); **90**, 223, 509 (1914). — CLAISEN: B. **42**, 67 (1909).

zone der beständigen α-monosubstituierten β-Ketocarbonsäurenitrile unter dem Einfluß von Chlorwasserstoff, z. B.:

$$
\left\{
\begin{array}{c}
\mathrm{CH_3{-}CH{-}\!\!-\!\!C{-}C_2H_5} \\
\mathrm{|N{\equiv}C \quad \overset{-}{N}|} \\
\mathrm{H\overset{-}{N}} \\
\mathrm{|} \\
\mathrm{C_6H_5}
\end{array}
\;\longleftrightarrow\;
\begin{array}{c}
\mathrm{CH_3{-}CH{-}\!\!-\!\!C{-}C_2H_5} \\
\mathrm{\overset{-}{N}{=}\overset{\oplus}{C} \quad \overset{-}{N}|} \\
\mathrm{\underset{\ominus}{} \; H\overset{-}{N}} \\
\mathrm{|} \\
\mathrm{C_6H_5}
\end{array}
\right\} + \; \mathrm{H^+} \longrightarrow
$$

$$
\longrightarrow
\left[
\begin{array}{c}
\mathrm{CH_3{-}CH{-}\!\!-\!\!C{-}C_2H_5} \\
\mathrm{|N{=}C \quad \overset{-}{N}|} \\
\mathrm{\downarrow \; H\overset{-}{N}} \\
\mathrm{H} \\
\mathrm{|} \\
\mathrm{C_6H_5}
\end{array}
\right]^+
\longrightarrow
\left[
\begin{array}{c}
\mathrm{CH_3{-}CH{-}\!\!-\!\!C{-}C_2H_5} \\
\mathrm{H{-}\overset{-}{N}{=}C \qquad \overset{-}{N}|} \\
\mathrm{N} \\
\mathrm{H \quad C_6H_5}
\end{array}
\right]^+
\longrightarrow
$$

$$
\longrightarrow
\left[
\begin{array}{c}
\mathrm{CH_3{-}CH{-}\!\!-\!\!C{-}C_2H_5} \\
\mathrm{H{-}N{=}C \quad \overset{-}{N}|} \\
\mathrm{\downarrow \; N} \\
\mathrm{H} \\
\mathrm{|} \\
\mathrm{C_6H_5}
\end{array}
\right]^+
\;\rightleftharpoons\;
\left[
\begin{array}{c}
\mathrm{CH_3{-}C{-}\!\!-\!\!C{-}C_2H_5} \\
\mathrm{H_2N{-}C \quad \overset{-}{N}|} \\
\mathrm{\downarrow \; N} \\
\mathrm{H} \\
\mathrm{|} \\
\mathrm{C_6H_5}
\end{array}
\right]^+ .
$$

Das zunächst entstehende Cyclisierungsprodukt stabilisiert sich durch einfache Prototropie und anschließende Elektromerie nach der zu aromatischer Mesomerie fähigen Ammoniumform.

Durch Kondensation von Phenylhydrazin mit Cyanessigester bei Gegenwart von Natriumäthylat ist das 1-Phenyl-3-amino-5-pyrazolon[29] zugänglich, wobei überraschenderweise die Nitril-Gruppe mit dem Phenylhydrazin reagiert:

$$
\begin{array}{c}
\mathrm{\overset{-}{N}{=}C{-}CH_2{-}COOR} \\
\mathrm{\underset{\ominus}{} \quad \overset{\oplus}{}} \\
+ \\
\mathrm{H_2\overset{-}{N}{-}\overset{-}{N}H{-}C_6H_5}
\end{array}
\longrightarrow
\begin{array}{c}
\mathrm{\overset{\ominus}{} } \\
\mathrm{\overset{-}{N}{=}C{-}CH_2{-}COOR} \\
\mathrm{H_2\overset{-}{N}{-}\overset{-}{N}H{-}C_6H_5} \\
\mathrm{\oplus}
\end{array}
\longrightarrow
\begin{array}{c}
\mathrm{H\overset{-}{N}{=}C{-}CH_2{-}COOR} \\
\mathrm{H\overset{-}{N}{-}\overset{-}{N}H{-}C_6H_5}
\end{array}
\longrightarrow
$$

$$
\overset{\mathrm{-ROH}}{\longrightarrow}
\begin{array}{c}
\mathrm{H_2\overset{-}{N}{-}C{=\!=\!=}CH} \\
\mathrm{H\overset{-}{N}\diagdown \overset{-}{N}\diagup C{=}O} \\
\mathrm{|} \\
\mathrm{C_6H_5}
\end{array} .
$$

Das zunächst entstehende amidähnliche Zwischenprodukt cyclisiert normal zum Pyrazolonderivat; das gleiche 1-Phenyl-3-amino-5-pyrazolon bildet sich daher auch dann, wenn man Malonesterimidoäther erst ohne Kondensationsmittel mit Phenylhydrazin zu dem Amidin umsetzt und dieses dann durch Alkali cyclisiert[30].

Nicht immer führt die Einwirkung von Phenylhydrazin auf einen β-Ketocarbonsäureester direkt zu einem 5-Pyrazolon. Dieser Fall tritt dann ein, wenn in dem zunächst entstehenden Phenylhydrazon

[29] Conrad u. Zart: B. **39**, 2282 (1906). — Weissberger, A., u. H. D. Porter: J. Amer. chem. Soc. **64**, 2133 (1942); **66**, 1849 (1944).
[30] Weissberger, A., H. D. Porter u. W. A. Gregory: J. Amer. chem. Soc. **66**, 1851 (1944).

infolge besonderer Eigenschaften des β-Ketocarbonsäureesters noch andere Möglichkeiten bestehen, in ein energetisch begünstigtes mesomeres System überzugehen und wenn eine solche Umwandlung leichter eintreten kann als der durch Amid-Bildung sich normalerweise vollziehende Ringschluß zum Pyrazolon. Ein solcher Fall ist bei der Einwirkung von Phenylhydrazin auf α-Chlor-acetessigester gegeben, die zum β-Phenyl-azo-crotonsäureester führt[31]. Aus dem zunächst gebildeten Phenylhydrazon des α-Chlor-acetessigesters spaltet sich unter dem Einfluß des Phenylhydrazins innermolekular sehr leicht Chlorwasserstoff ab unter Ausbildung des mesomeren $—N=N—C=C—C=O$-Systems des roten β-Phenyl-azo-crotonsäureesters:

$$\begin{array}{c}
\overset{\displaystyle |O|}{\underset{\displaystyle |N—N—H}{CH_3—C—\overset{}{\underset{\displaystyle }{CH}}—\overset{\displaystyle \|}{C}—\bar{O}—C_2H_5}} \\
\quad C_6H_5
\end{array}
\;\rightleftharpoons\; H^+ \leftarrow Cl^- \;+$$

$$+\;\left\{ CH_3—\overset{\oplus}{C}—\underset{\displaystyle \underset{\ominus}{N—N—C_6H_5}}{CH}—C{=}\bar{O}\;(\bar{O}—C_3H_5) \quad\longleftrightarrow\quad CH_3—C{=}CH—C{=}\bar{O}\;(\bar{O}—C_2H_5)\;\;\underset{\displaystyle N=N—C_6H_5}{} \right\}.$$

Beim Behandeln dieses Esters mit Salzsäure tritt Entfärbung ein unter Wiederanlagerung von Chlorwasserstoff in 1,4-Stellung zum Phenylhydrazon des α-Chlor-acetessigesters, das dann unter *diesen* Bedingungen sofort übergeht in das 1-Phenyl-3-methyl-4-chlor-5-pyrazolon

$$\underset{\displaystyle N—NH—C_6H_5}{CH_3—C—CH(Cl)—COOC_2H_5}\;\;\xrightarrow{-\;ROH}\;\; \underset{\displaystyle C_6H_5}{CH_3—C\diagdown\overset{}{N}\diagup\underset{N}{}\diagup C{=}O,\; CH—Cl}\;\;\rightleftharpoons\;\; \underset{\displaystyle C_6H_5}{CH_3—C\diagdown N\diagup\underset{N}{}\diagup C—OH,\; C—Cl}.$$

Bei der Reduktion des β-Phenyl-azo-crotonsäureesters mit katalytisch erregtem Wasserstoff entsteht über eine durch 1,2-Addition intermediär auftretende Hydrazino-Verbindung unmittelbar das 1-Phenyl-3-methyl-5-pyrazolon:

$$\left\{ \underset{\displaystyle N=N—C_6H_5}{CH_3—C{=}CH—COOC_2H_5} \quad\longleftrightarrow\quad \underset{\displaystyle \underset{\times\;\;\times}{N—N—C_6H_5}}{CH_3—C{=}CH—COOC_2H_5} \right\}\;+\;2\,H\cdot\;\longrightarrow$$

$$\longrightarrow\;\; \underset{\displaystyle \underset{H\;\;H}{N—N—C_6H_5}}{CH_3—C{=}CH—COOC_2H_5}\;\;\longrightarrow\;\; \underset{\displaystyle C_6H_5}{H—N\diagdown\underset{N}{}\diagup C{=}\bar{O},\; CH_3—C{=\!=\!=}CH}\;+\;C_2H_5—\bar{O}\rightarrow H\;.$$

---

[31] BENDER: B. **20**, 274 (1887); vgl. auch J. van ALPHEN: Rec. Trav. chim. Pays-Bas **64**, 109, 305 (1945).

Läßt man auf ein 4-Halogen-5-pyrazolon Phenylhydrazin im Überschuß einwirken, so tritt zunächst Ersatz des Halogens durch den Rest des Phenylhydrazins ein; durch das überschüssige Phenylhydrazin erfolgt dann anschließend Oxydation zur entsprechenden 4-Phenylazoverbindung, deren Bildung energetisch begünstigt wird durch die dadurch eintretende Konjugation der Doppelbindungen in der tautomeren Oxypyrazolform, die, wie bereits eingehend geschildert, der Möglichkeit der Mesomerie in Richtung auf das Chelat in die tautomere Hydrazonform als der bevorzugten desmotropen Form des 4-Phenylazopyrazolons übergeht:

$$
\begin{array}{l}
CH_3-C\text{------}CH-Cl \\
\quad \|\ \quad\quad | \\
\quad N\diagdown{}_N\diagup C=O \qquad +\ C_6H_5-NH-NH_2 \longrightarrow \\
\qquad\quad | \\
\qquad\quad C_6H_5
\end{array}
$$

$$
\longrightarrow\
\begin{array}{l}
CH_3-C\text{------}CH-NH-NH-C_6H_5 \\
\quad \|\ \quad\quad | \\
\quad N\diagdown{}_N\diagup C=O \qquad \dfrac{+\ C_6H_5-NHNH_2}{-\ (C_6H_5NH_2 + NH_3)}\longrightarrow \\
\qquad\quad | \\
\qquad\quad C_6H_5
\end{array}
$$

$$
\left\{
\begin{array}{l}
CH_3-C\text{-----}C-\overline{N}=\overline{N}-C_6H_5 \\
\quad \|\quad\ \| \\
|N\diagdown{}_{\overline N}\diagup C-\overline{O}\rightarrow H \\
\qquad | \\
\qquad C_6H_5
\end{array}
\ \longleftrightarrow\
\begin{array}{l}
CH_3-C\text{-----}C\diagup{}^{N}\diagdown{}_{\searrow}N-C_6H_5 \\
\quad \|\quad\ \| \qquad\qquad \downarrow \\
|N\diagdown{}_{\overline N}\diagup C\ \ \overline{O}\ H \\
\qquad | \\
\qquad C_6H_5
\end{array}
\right\}\ \rightleftharpoons
$$

$$
\rightleftharpoons\
\begin{array}{l}
CH_3-C\text{------}C=\overline{N}-\overline{N}-C_6H_5 \\
\quad \|\quad\ \ \ |\qquad\ | \\
|N\diagdown{}_{\overline N}\diagup C=\overline{O}\ \ H \qquad . \\
\qquad | \\
\qquad C_6H_5
\end{array}
$$

Eine besonders interessante Modifikation der Pyrazolon-Bildung aus β-Ketocarbonsäureestern und Phenylhydrazin stellt die Synthese von 5-Äthoxy-pyrazol[32] aus Acetessigester und Phenylhydrazin in *saurer* Lösung dar. Der innere Mechanismus dieser Reaktion ist wohl so zu deuten, daß in dem auch hier zunächst entstehenden Phenylhydrazon durch die Gegenwart der H^+-Ionen die Ausbildung eines konjugierten Systems durch Polarisierung der Carbonylgruppe des Carbäthoxy-restes über ein Hydroxy-carbenium-kation stattfindet:

$$
\begin{array}{l}
\qquad\quad H-CH-C-CH_3 \\
\qquad\qquad\quad |\quad\ \| \\
C_2H_5-\overline{O}-C\quad N-NH \qquad +\ H^+\ \rightleftharpoons \\
\qquad\qquad\ \| \qquad\ | \\
\qquad\qquad |O| \qquad\ C_6H_5
\end{array}
\left[
\begin{array}{l}
\qquad\quad H-CH-C-CH_3 \\
\qquad\qquad\quad |\quad\ \| \\
C_2H_5-\overline{O}-C\quad N-NH \\
\qquad\qquad\ | \qquad\ | \\
\qquad\ H-\overline{O}| \qquad C_6H_5
\end{array}
\right]^{+}\ \rightleftharpoons\ H^+\ +
$$

[32] Freer: Amer. chem. J. 14, 417 (1892); J. pr. [2] 47, 246 (1893). — Walker: Amer. chem. J. 14, 583 (1892). — Stolz: B. 27, 407 (1894); 28, 631 (1895). — Knorr: B. 28, 706 (1895). — v. Pechmann: B. 28, 1626 (1895). — Himmelbauer: J. pr. [2] 54, 191 (1896). — Wolff, L.: B. 37, 2829 (1904).

$$\left\{ \begin{array}{cc} \overset{\ominus}{|}CH\!-\!C\!-\!CH_3 & HC\!-\!-\!C\!-\!CH_3 \\ C_2H_5\!-\!\overline{O}\!-\!\overset{\oplus}{C} \quad N\!-\!NH\!-\!C_6H_5 & \longleftrightarrow \quad C_2H_5\!-\!\overline{O}\!-\!C \quad N\!-\!NH\!-\!C_6H_5 \\ H\!-\!\underline{O}| & H\!-\!\underline{O}| \end{array} \right\} ,$$

wonach dann leicht Cyclisierung zum 1-Phenyl-3-methyl-5-äthoxy-pyrazol eintreten kann:

$$\overset{\ominus}{H\overline{C}}\!-\!-\!C\!-\!CH_3 \quad \longrightarrow \quad \overset{\ominus}{H\overline{C}}\!-\!C\!-\!CH_3 \quad \longrightarrow \quad H\!\leftarrow\!\overline{O}\!-\!H \;+$$

$$\left\{ \begin{array}{cc} HC\!-\!\cdot\!-\!C\!-\!CH_3 & HC\!-\!-\!-\!C\!-\!CH_3 \\ C_2H_5\!-\!\overline{O}\!-\!C \quad \overline{N}\!-\!N & \longleftrightarrow \quad C_2H_5\!-\!\overline{O}\!-\!C \quad \overline{N}\!-\!N \\ C_6H_5 & C_6H_5 \end{array} \right.$$

$$\longleftrightarrow \quad C_2H_5\!-\!\overline{O}\!-\!C \quad \begin{array}{c} HC\!-\!-\!C\!-\!CH_3 \\ N\!-\!N \\ C_6H_5 \end{array} \right\} .$$

c) 3-Pyrazolone.

Auch die den 5-Pyrazolonen isomeren 3-Pyrazolone[33] sind aus β-Dicarbonylverbindungen zugänglich. So erhält man das 1-Phenyl-5-methyl-3-pyrazolon bei der Einwirkung von Phosphortrichlorid auf ein Gemisch von Acetyl-phenylhydrazin und Acetessigester. Diese Reaktion läßt sich wie folgt deuten: unter dem polarisierenden Einfluß des PCl₃ lagert sich das Acetyl-phenylhydrazin mittels eines einsamen Elektronenpaars des Stickstoffs in die Oktettlücke der polarisierten Grenzformel des Acetessigester-enols ein:

$$\overset{\ominus}{H\overline{C}}\!-\!COOC_2H_5 \qquad \qquad \overset{\ominus}{H\overline{C}}\!-\!COOC_2H_5$$
$$CH_3\!-\!\overset{\oplus}{C} \; + \; \overline{N}H\!-\!\overline{N}H\!-\!CO\!-\!CH_3 \longrightarrow CH_3\!-\!C \quad \overset{\oplus}{\underset{NH}{}}\overline{N}H\!-\!CO\!-\!CH_3 \longrightarrow$$
$$H\!-\!\underline{O}| \qquad C_6H_5 \qquad\qquad H\!-\!\underline{O}| \quad C_6H_5$$

$$\longrightarrow \; CH_3\!-\!\overset{\displaystyle HC\!-\!COOC_2H_5}{C} \;\; \overline{N}\!-\!\overline{N}H\!-\!CO\!-\!CH_3 \,,$$

$$C_6H_5 \; + \; H\overline{O}\!\rightarrow\!H$$

[33] Fischer, E., u. Knoevenagel: A. 239, 201 (1887). — Lederer: J. pr [2] 45, 90 (1892) — Stolz: B. 27, 407 (1894); 28, 626 (1895); 38, 3274 (1905). — Harries u. Loth: B. 29, 514 (1896). — Mayer, K.: B. 36, 717 (1903).—Michaelis: B. 38, 154 (1905); A. 338, 229 Anm., 267 (1905); 350, 288 (1906); 358, 127 (1908). — Moureu u. Lazennec: Bull. Soc. chim. France [3] 35, 844, 853 (1906). — Fichter: J. pr. [2] 74, 303 (1906). — Michaelis u. Remy: B. 40, 1020 (1907).

worauf sich das Addukt durch Wasserabspaltung stabilisiert. Die dadurch aus PCl_3 freiwerdende HCl aktiviert nunmehr die Carbaethoxy-Gruppe, unterstützt durch die polarisierende Wirkung des Trichlorids, unter Bildung eines Hydroxy-carbenium-kations, wonach Ringschluß zum Pyrazolon unter Abspaltung von Essigester eintritt:

$$
\left[\begin{array}{c} \overline{O}\rightarrow H \\ HC-C-\overline{O}-C_2H_5 \\ CH_3-C \diagdown N \diagup NH-C-CH_3 \\ C_6H_5 \quad \overline{O} \end{array}\right]^{+} \longrightarrow \left[\begin{array}{c} \overline{O}-H \\ HC-C-\overline{O}-C_2H_5 \\ CH_3-C \diagdown N \diagup NH-C-CH_2 \\ C_6H_5 \quad \overline{O} \end{array}\right]^{+} \longrightarrow
$$

$$
\longrightarrow \left[\begin{array}{c} \overline{O}-H \\ HC-C \\ CH_3-C \diagdown N \diagup NH \\ C_6H_5 \end{array}\right]^{+} + \begin{array}{c} \overline{O} \\ C-CH_3 \\ \overline{O}C_2H_5 \end{array} \longrightarrow H^{+} + \begin{array}{c} HC-C=\overline{O} \\ CH_3-C \diagdown N \diagup N-H \\ C_6H_5 \end{array} \rightleftharpoons
$$

$$
\rightleftharpoons \left\{\begin{array}{c} HC-C-\overline{O}-H \\ CH_3-C \diagdown N \diagup \overline{N} \\ C_6H_5 \end{array} \leftrightarrow \begin{array}{c} HC \times \times C-\overline{O}-H \\ CH_3-C \diagup{\times\times\times} N \diagdown \overline{N} \\ C_6H_5 \end{array}\right\} .
$$

Das 1-Phenyl-5-methyl-3-pyrazolon lagert sich unter dem Einfluß von Alkalien leicht in das tautomere Oxy-pyrazol um, dessen Bildung wiederum durch die Mesomerie nach dem aromatischen Grenzzustand begünstigt ist.

Eine weitere und besonders glatt verlaufende Synthese des 1-Phenyl-5-methyl-3-pyrazolons stellt die Einwirkung von Phenylhydrazin auf Diketen dar; die Reaktion verläuft unter Zwischenbildung von Acetessigsäure-phenylhydrazid[34]:

$$
\begin{array}{c} H \\ CH_3-C-C=C=\overline{O} \\ \overline{O} \end{array} \leftrightarrow \begin{array}{c} H \\ CH_3-C-\underset{\ominus}{C}-\underset{\oplus}{C}=\overline{O} \\ \overline{O} \end{array} \xrightarrow{+\ C_6H_5NHNH_2}
$$

$$
\longrightarrow \begin{array}{c} H \\ CH_3-C-\underset{\ominus}{C}-C=\overline{O} \\ \overline{O} \quad HN-NH-C_6H_5 \\ \oplus H \end{array} \longrightarrow \begin{array}{c} \overset{\ominus}{HC}-C=\overline{O} \\ CH_3-C\oplus \quad NH \\ H-O \quad C_6H_5 \\ N-H \end{array} \longrightarrow
$$

$$
\longrightarrow \begin{array}{c} \overset{\ominus}{HC}-C=\overline{O} \\ CH_3-C \underset{\oplus}{\diagdown} NH \diagup N-H \\ H-O \quad C_6H_5 \end{array} \longrightarrow \begin{array}{c} HC-C=\overline{O} \\ CH_3-C \diagdown \overline{N} \diagup N-H \\ C_6H_5 \end{array} + H-\overline{O}\rightarrow H .
$$

---

[34] Boese: Ind. Engng. Chem. **32**, 18 (1940).

Vom Diketen ausgehend kann man aber doch durch Reaktion mit Phenylhydrazin zu dem technisch wichtigen 1-Phenyl-3-methyl-5-pyrazolon dadurch gelangen, daß man die Kondensation in benzolischer Lösung durchführt[35].

Das hierbei bei niederer Temperatur zunächst entstehende Phenylhydrazon-phenylhydrazid spaltet in der Hitze ein Mol Phenylhydrazin ab, wahrscheinlich unter Bildung des Diketen-phenylhydrazons, das sich zum 1-Phenyl-3-methyl-5-pyrazolon cyclisiert:

$$CH_3{-}\underset{\overset{\|}{N{-}NH{-}C_6H_5}}{C}{-}CH_2{-}CO{-}NH{-}NH{-}C_6H_5 \rightleftharpoons CH_3{-}\underset{\overset{\|}{N{-}NH{-}C_6H_5}}{C}{-}CH{=}C{=}O + C_6H_5{-}NH{-}NH_2 .$$

Da sich aus 1-Phenyl-5-methyl-3-pyrazolon nur eine elektromere polare Form bilden kann und nicht ein Carbeniat-anion wie beim isomeren 5-Pyrazolon, erhält man bei der Einwirkung von salpetriger Säure in Analogie zu ähnlichen Verhältnissen beim Antipyrin ein wahres 4-Nitrosoderivat:

$$\left\{ \begin{array}{c} HC{-}\!\!-\!\!-C{=}\bar{O} \\ CH_3{-}\overset{\|}{C}\diagdown_{\underset{\underset{C_6H_5}{|}}{\bar{N}}}\diagup N{-}H \end{array} \leftrightarrow \begin{array}{c} H\overset{\ominus}{C}{-}\!\!-\!\!-C{=}\bar{O} \\ CH_3{-}\overset{\oplus}{C}\diagdown_{\underset{\underset{C_6H_5}{|}}{\bar{N}}}\diagup N{-}H \end{array} \right\} + \overset{|O|}{\underset{}{N}}\overset{\|}{{-}}\bar{O}{-}H \longrightarrow$$

$$\longrightarrow \left[\begin{array}{c} \bar{N}{=}\bar{O} \\ \uparrow \\ HC{-}\!\!-\!\!-C{=}\bar{O} \\ CH_3{-}C\diagdown_{\underset{\underset{C_6H_5}{|}}{\bar{N}}}\diagup N{-}H \end{array} \right]^{+} \quad OH^{-} \xrightarrow[-H_2O]{}$$

$$\longrightarrow \left\{ \begin{array}{c} \bar{O}{=}\bar{N}{-}C{-}\!\!-\!\!-C{=}\bar{O} \\ CH_3{-}\overset{\|}{C}\diagdown_{\underset{\underset{C_6H_5}{|}}{\bar{N}}}\diagup N{-}H \end{array} \leftrightarrow \begin{array}{c} |\overset{\ominus}{\bar{O}}{-}\bar{N}{=}C{-}\!\!-\!\!-C{=}\bar{O} \\ CH_3{-}C\diagdown_{\underset{\underset{C_6H_5}{|}}{\underset{\oplus}{N}}}\diagup N{-}H \end{array} \leftrightarrow \begin{array}{c} \bar{O}{=}\overset{\oplus}{N}{=}C{-}\!\!-\!\!-C{=}\bar{O} \\ CH_3{-}C\diagdown_{\underset{\underset{C_6H_5}{|}}{\underset{\ominus}{\bar{N}}}}\diagup N{-}H \end{array} \right\} .$$

Ähnlich wie beim Antipyrin besitzt daher auch hier die zugehörige Amino-Verbindung rein aromatischen Charakter:

$$\left\{ \begin{array}{c} H_2\bar{N}{-}C\cdots\cdots C{-}\bar{O}{-}H \\ CH_3{-}\overset{\|}{C}\diagdown_{\underset{\underset{C_6H_5}{|}}{\bar{N}}}\diagup N| \end{array} \leftrightarrow \begin{array}{c} H_2\bar{N}{-}C\underset{\times}{\cdots}\underset{\times}{\cdots}C{-}\bar{O}{-}H \\ CH_3{-}C\diagdown_{\underset{\underset{C_6H_5}{|}}{N}}\diagup N| \end{array} \right\} .$$

---

[35] Lecher, H. Z., R. P. Parker u. R. C. Conn: J. Amer. chem. Soc. 66, 1959 (1944); s. a. A.P. 2017815. — Techn. Pyrazolon entsteht auch dann, wenn man Diketen in ammoniakalischer Lösung (über Acetessigsäureamid als Zwischenprodukt) mit Phenylhydrazin umsetzt: DRP. 747734 (1940).

Im Gegensatz zum Antipyrin steht jedoch die Kupplungsfähigkeit des 1-Phenyl-5-methyl-3-pyrazolons, die bedingt wird durch die nunmehr mögliche Umlagerung in die tautomere Hydrazonform:

$$\left\{
\begin{array}{c}
\text{H—}\bar{\text{O}}| \\
| \\
C_6H_5\text{—}\bar{N}\text{=}\bar{N}\text{—C———C} \\
\| \quad \| \\
CH_3\text{—}\overset{}{C}\diagdown \underset{\bar{N}}{} \diagup N| \\
| \\
C_6H_5
\end{array}
\quad \longleftrightarrow \quad
\begin{array}{c}
C_6H_5\text{—N}\rightarrow \text{H} \\
\| \quad \diagdown O| \\
|N\diagdown_C \diagup C \diagdown N| \\
\| \\
CH_3\text{—C———N—}C_6H_5
\end{array}
\right\} \longrightarrow$$

$$\longrightarrow \quad
\begin{array}{c}
\text{H} \\
| \\
C_6H_5\text{—}\underline{N}\text{—}\bar{N}\text{=C———C—}\bar{O}|^{\ominus} \\
| \quad \| \\
CH_3\text{—C}\diagdown_{\overset{N}{\oplus}} \diagup \overset{}{N}| \\
| \\
C_6H_5
\end{array}
\quad .$$

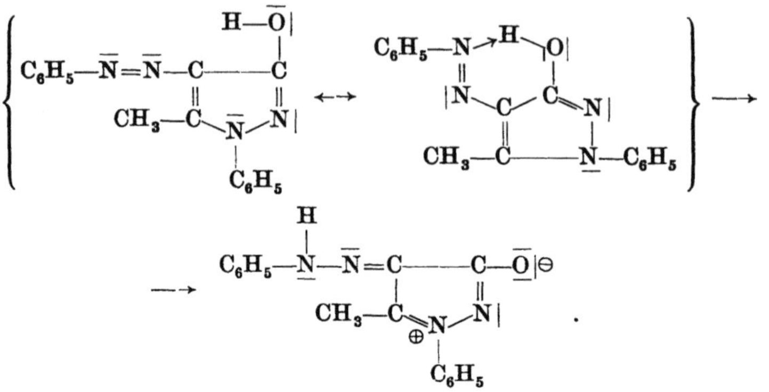

Hierbei ist es in theoretischer Hinsicht besonders erwähnenswert, daß die Hydrazon-form ein antipyrin-ähnliches Zwitterion darstellt.

d) Sonstige Synthesen von Pyrazolen, ausgehend von β-Dicarbonylverbindungen.

Außer durch Einwirkung von Hydrazin und seinen Derivaten auf β-Dicarbonylverbindungen lassen sich Pyrazol-derivate nach L. Wolff dadurch erhalten, daß man Diazoanhydride von β-Diketonen oder Diazoketone in alkalischer Lösung bei gelinder Wärme mit β-Dicarbonylverbindungen kondensiert[36]. Diese Reaktion beginnt mit der „Kupplung" des Diazonium-enolates mit dem Carbeniat-anion der β-Dicarbonylverbindung; das so entstehende Azo-derivat lagert sich dann um in die tautomere Hydrazon-form analog dem Verhalten der Kupplungsprodukte der Phenyldiazonium-salze mit β-Dicarbonylverbindungen. Bei der Einwirkung beispielsweise von Acetylacetondiazoanhydrid auf Benzoylessigester ist. also die erste Stufe der Reaktion wie folgt zu deuten: ($R = COOC_2H_5$),

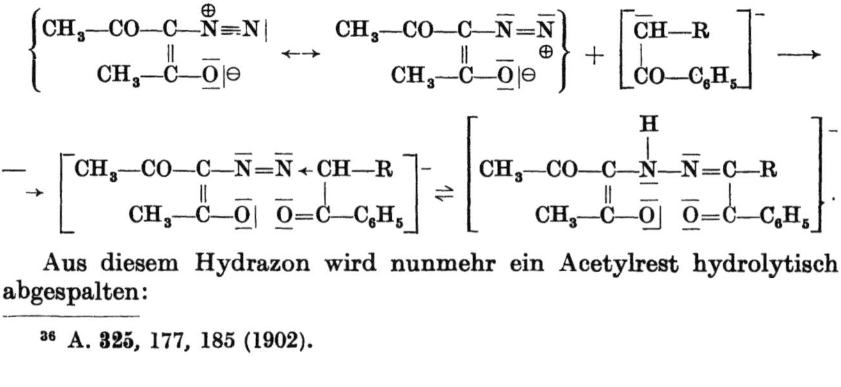

$$\left\{
\begin{array}{c}
CH_3\text{—CO—C—}\overset{\oplus}{N}\text{≡N}| \\
\| \\
CH_3\text{—C—}\bar{O}|^{\ominus}
\end{array}
\longleftrightarrow
\begin{array}{c}
CH_3\text{—CO—C—}\bar{N}\text{=}\bar{N} \\
\| \quad \oplus \\
CH_3\text{—C—}\bar{O}|^{\ominus}
\end{array}
\right\}
+
\left[
\begin{array}{c}
\bar{C}H\text{—R} \\
| \\
CO\text{—}C_6H_5
\end{array}
\right]^{-}
\longrightarrow$$

$$\longrightarrow
\left[
\begin{array}{c}
CH_3\text{—CO—C—}\bar{N}\text{=}\bar{N}\leftarrow CH\text{—R} \\
\| \quad | \\
CH_3\text{—C—}\bar{O}| \quad \bar{O}\text{=C—}C_6H_5
\end{array}
\right]^{-}
\rightleftharpoons
\left[
\begin{array}{c}
\text{H} \\
| \\
CH_3\text{—CO—C—}\underline{N}\text{—}\bar{N}\text{=C—R} \\
\| \quad | \\
CH_3\text{—C—}\bar{O}| \quad \bar{O}\text{=C—}C_6H_5
\end{array}
\right]^{-} .$$

Aus diesem Hydrazon wird nunmehr ein Acetylrest hydrolytisch abgespalten:

---

[36] A. **325**, 177, 185 (1902).

$$\left[\begin{array}{l} CH_3-CO-C-\overline{N}H-\overline{N}=C-R \\ \quad\quad\quad \| \\ CH_3-C-\overline{O}| \quad\quad \overline{O}=C-C_6H_5 \end{array}\right]^- + OH^- \longrightarrow$$

$$\longrightarrow \left[\begin{array}{l} CH_3-CO-\overline{C}-\overline{N}H-\overline{N}=C-R \\ \quad\quad CH_3-C-\overline{O}| \quad \overline{O}=C-C_6H_5 \\ \quad\quad\quad\quad |\underline{O}-H \end{array}\right]^{--} \longrightarrow$$

$$\left[\begin{array}{l} |O| \\ \| \\ CH_3-C-\overline{O}| \end{array}\right]^- + \left[\begin{array}{l} CO-CH_3 \\ H\leftarrow C-\overline{N}H \\ \overline{O}=C-C{\diagdown}N| \\ \quad\quad |\quad {\diagdown}R \\ \quad\quad C_6H_5 \end{array}\right. \leftrightarrow \left.\begin{array}{l} CO-CH_3 \\ H-C-\overline{N}H \\ \quad\quad\oplus \\ {}^\ominus\overline{O}-C-C{\diagdown}N| \\ \quad\quad |\quad {\diagdown}R \\ \quad\quad C_6H_5 \end{array}\right]^- .$$

Die so entstehende Acetonyl-hydrazoverbindung schließt nunmehr den Ring durch eine innermolekulare Aldol-kondensation:

$$\left[\begin{array}{l} CO-CH_3 \\ H-C-\overline{N}H \\ {}^\ominus\overline{O}-\overset{\oplus}{C}-C{\diagdown}N| \\ \quad\quad |\quad {\diagdown}R \\ \quad\quad C_6H_5 \end{array}\right]^- \longrightarrow \left[\begin{array}{l} CO-CH_3 \\ H-C-\overline{N}H \\ \overline{O}-C-C{\diagdown}N| \\ \quad\quad |\quad {\diagdown}R \\ \quad\quad C_6H_5 \end{array}\right]^- \longrightarrow \begin{array}{l} CO-CH_3 \\ C-\overline{N}H \\ \| \\ C-C{\diagdown}N| \\ \quad |\quad {\diagdown}R \\ \quad C_6H_5 \end{array} + \left[\overline{O}\to H\right]^- .$$

Auf diese Weise entsteht als Reaktionsprodukt der 3-Acetyl-4-phenyl-pyrazol-5-carbonsäureester.

In analoger Reaktion erhält man aus einem Diazoketon wie beispielsweise Diazo-acetophenon, und Acetessigester den 3-Benzoyl-4-methyl-pyrazol-5-carbonsäureester nach dem gleichen inneren Mechanismus:

$$\left\{C_6H_5-CO-\overline{C}H-N\equiv N| \atop \quad\quad\quad\quad\quad\quad \oplus \leftrightarrow C_6H_5-CO-\overline{C}H-\overline{N}=\overline{N} \atop \quad\quad\quad\quad\quad\quad\quad \ominus \quad\quad \oplus \right\} + \left[\begin{array}{l}\overline{C}H-COOC_2H_5 \\ CO-CH_3\end{array}\right]^- \longrightarrow$$

$$\left[\begin{array}{l} C_6H_5-CO-\overline{C}H-\overline{N}{\diagdown} \\ \quad\quad\quad\quad\quad\quad {\diagup}N| \\ \overline{O}=C-C{\diagup}H \\ \quad\quad | \\ H_3C \quad COOC_2H_5\end{array}\right]^- \longrightarrow \left[\begin{array}{l} C_6H_5-CO-\overline{C}H-\overline{N}\to H \\ \quad\quad\quad\quad\quad\quad\oplus {\diagdown}N| \\ {}^\ominus\overline{O}-C-C{\diagup} \\ \quad\quad | \\ H_3C \quad COOC_2H_5\end{array}\right]^- \longrightarrow$$

$$\longrightarrow \left[\begin{array}{l} C_6H_5-CO-CH-\overline{N}H \\ \quad\quad\quad\quad\quad\quad{\diagdown}N^. \\ |\overline{O}-C-C{\diagdown} \\ \quad\quad | \\ H_3C \quad COOC_2H_5\end{array}\right]^- \longrightarrow \left[\overline{O}\to H\right]^- + \begin{array}{l} C_6H_5-CO-C-\overline{N}H \\ \quad\quad\quad\quad\quad\quad {\diagdown}N| \\ CH_3-C-C{\diagup} \\ \quad\quad | \\ \quad\quad COOC_2H_5\end{array} .$$

Es ist klar ersichtlich, daß diese elegante Reaktion weiter Verallgemeinerung fähig ist, zumal an Stelle der Diazoketone auch Diazoessigester anwendbar ist.

Eng verwandt mit dieser WOLFFschen Synthese von Pyrazolen ist die Kondensationsfähigkeit aliphatischer Diazoverbindungen mit

Alkyliden-β-dicarbonylderivaten[37], die beispielsweise bei Anwendung von Äthyliden-acetessigester und Diazo-essigester zum 4-Methyl-5-acetyl-pyrazolin-3,5-dicarbonsäureester führt. Diese bereits bei gelindem Erwärmen eintretende Reaktion verläuft nach folgendem Mechanismus: zunächst entsteht durch Addition des Diazoessigesters an den Äthyliden-acetessigester eine Azo-verbindung, die sich cyclisiert und in die tautomere Hydrazon-form umlagert:

$$
\left\{
\begin{array}{c}
\text{H} \\
\text{CH}_3\!-\!\text{C} \\
\parallel \\
\text{CH}_3\!-\!\text{CO}\!-\!\text{C} \\
\text{COOCH}_3
\end{array}
\longleftrightarrow
\begin{array}{c}
\text{H} \\
\text{CH}_3\!-\!\overset{\oplus}{\text{C}} \\
\\
\text{CH}_3\!-\!\text{CO}\!-\!\overset{\ominus}{\text{C}} \\
\text{COOCH}_3
\end{array}
\right\}
+
\begin{array}{c}
\overset{\oplus}{\text{N}}\!=\!\text{N}\!-\!\overset{\ominus}{\text{CH}} \\
\text{COOCH}_3
\end{array}
\longrightarrow
$$

$$
\longrightarrow
\begin{array}{c}
\text{H} \\
\text{CH}_3\!-\!\overset{\oplus}{\text{C}} \\
\\
\text{CH}_3\!-\!\text{CO}\!-\!\text{C}\!\rightarrow\!\text{N}\!=\!\text{N}\!-\!\overset{\ominus}{\text{CH}} \\
\text{COOCH}_3 \qquad \text{COOCH}_3
\end{array}
$$

$$
\longrightarrow
\begin{array}{c}
\text{H} \qquad \text{H}\!-\!\text{C}\!\diagup\!\text{COOCH}_3 \\
\text{CH}_3\!-\!\text{C}\!\leftarrow\!\text{C} \quad \text{N} \\
\\
\text{CH}_3\!-\!\text{CO}\!-\!\text{C}\!-\!\text{N} \\
\text{COOCH}_3
\end{array}
\rightleftarrows
\begin{array}{c}
\text{H} \qquad \text{C}\!\diagup\!\text{COOCH}_3 \\
\text{CH}_3\!-\!\text{C}\!-\!\text{C} \quad \text{N} \\
\\
\text{CH}_3\!-\!\text{CO}\!-\!\text{C}\!-\!\text{N}\!\diagdown\!\text{H} \\
\text{COOCH}_3
\end{array}
\qquad .
$$

Dieses bei 85° C schmelzende Pyrazolin-derivat ist nun dadurch besonders bemerkenswert, daß es thermolabil ist und beim Erhitzen über den Schmelzpunkt unter Abspaltung von Stickstoff und Methanol in *Isodehydracetsäureester* übergeht. Zur Deutung dieser Reaktion kann man annehmen, daß sich die in der Kälte stabile Hydrazon-form in der Hitze wieder tautomer umlagert in die energie-reichere Azo-form, in der die Elektronenkonfiguration des molekularen Stickstoffs bereits vorgebildet ist. Dieser spaltet sich in der Folge als molekularer Stickstoff ab unter Hinterlassung eines Molekül-torso, der sich nun nicht in das noch mögliche Cyclopropan-derivat umwandelt, sondern unter Prototropie in den 4-Methyl-penten-(4)-on-(2)-dicarbonsäureester-(3,5):

$$
\begin{array}{c}
\text{H} \qquad \text{COOCH}_3 \\
\text{CH}_3\!-\!\text{C}\!-\!\text{CH} \\
\qquad\qquad \diagdown\!\text{N} \\
\text{CH}_3\!-\!\text{CO}\!-\!\text{C}\!-\!\text{N} \\
\text{COOCH}_3
\end{array}
\longrightarrow
|\text{N}\!\equiv\!\text{N}|
+
\begin{array}{c}
\text{H} \\
\text{CH}_3\!-\!\text{C}\!-\!\overset{\oplus}{\text{CH}}\!-\!\text{COOCH}_3 \\
\\
\text{CH}_3\!-\!\text{CO}\!-\!\overset{\ominus}{\text{C}} \\
\text{COOCH}_3
\end{array}
\longrightarrow
$$

$$
\begin{array}{c}
\text{H} \quad \text{CH}_3 \\
\uparrow \qquad | \\
\text{CH}_3\!-\!\text{CO}\!-\!\text{C}\!-\!\text{C}\!=\!\text{CH}\!-\!\text{COOCH}_3 \\
| \\
\text{COOCH}_3
\end{array}
\quad .
$$

---

[37] KLAGES: J. pr. [2] **65**, 387 (1902). — WOLFF, L.: A. **325**, 181 (1902). — BUCHNER u. SCHRÖDER: B. **35**, 1128 (1903). — KLAGES u. RÖNNEBURG: B. **36**, 1128 (1903).

Nunmehr tritt, bedingt durch die Möglichkeit der Ausbildung aromatischer Mesomerie, Ringschluß ein zum Isodehydracetsäureester, indem die zugehörige Enol-form als Alkoholkomponente mit der außenstehenden Carbomethoxy-gruppe unter Abspaltung von Methanol sich umestert:

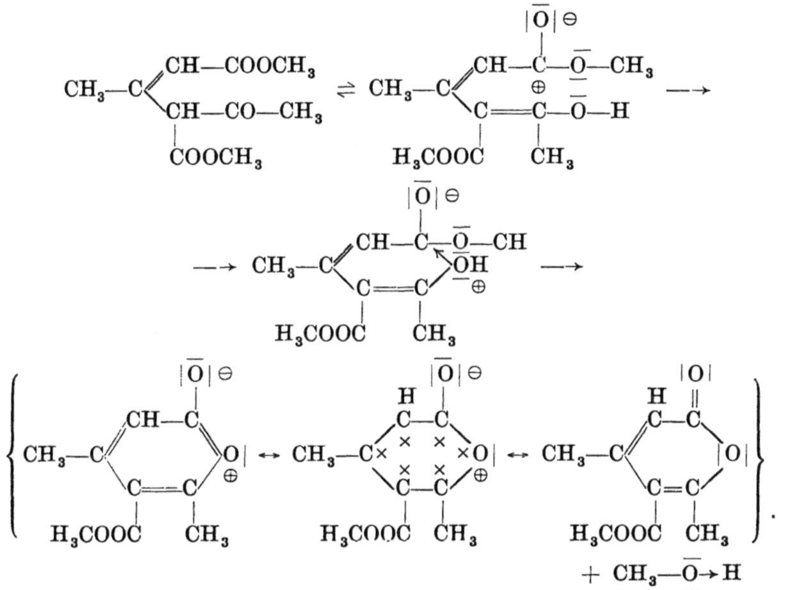

$$
\begin{array}{ccc}
\text{CH}_3\text{—C} \begin{array}{l} \text{CH—COOCH}_3 \\ \text{CH—CO—CH}_3 \\ \text{COOCH}_3 \end{array}
& \rightleftharpoons &
\text{CH}_3\text{—C} \begin{array}{l} \text{CH—C—O—CH}_3 \\ \text{C}=\text{C—O—H} \\ \text{H}_3\text{COOC} \quad \text{CH}_3 \end{array}
\longrightarrow
\end{array}
$$

$$
\longrightarrow \text{CH}_3\text{—C} \begin{array}{l} \text{CH—C—O—CH} \\ \text{C}=\text{C} \quad \text{OH} \\ \text{H}_3\text{COOC} \quad \text{CH}_3 \end{array} \longrightarrow
$$

$$
\left\{ \ \ldots \ \right\} .
$$

$$
+ \ \text{CH}_3\text{—O} \rightarrow \text{H}
$$

Schließlich ist noch einer eleganten Synthese eines echten „Phenols" der Pyrazol-reihe Erwähnung zu tun, die vom γ-Brom-acetessigester ausgeht. Das aus diesem Ester durch Kupplung mit Phenyldiazoniumchlorid entstehende Phenylhydrazon geht beim Behandeln mit Alkali unter HBr-Abspaltung in den aromatischen 1-Phenyl-4-oxy-pyrazol-3-carbonsäureester über[38].

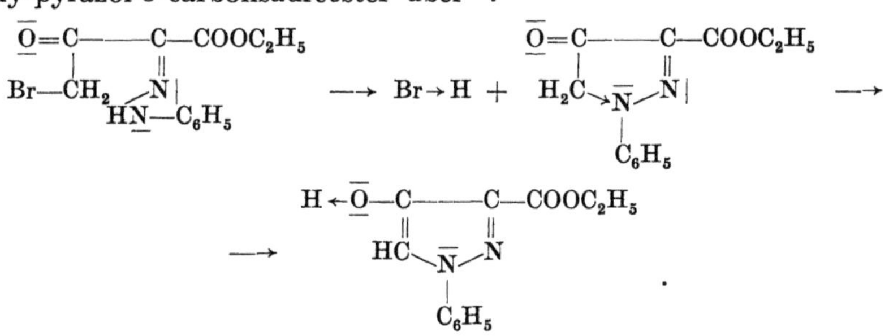

$$
\begin{array}{l}
\text{O}=\text{C——C—COOC}_2\text{H}_5 \\
\text{Br—CH}_2 \quad \text{N} \\
\text{HN—C}_6\text{H}_5
\end{array}
\longrightarrow \text{Br} \rightarrow \text{H} +
\begin{array}{l}
\text{O}=\text{C——C—COOC}_2\text{H}_5 \\
\text{H}_2\text{C} \quad \text{N—N} \\
\text{C}_6\text{H}_5
\end{array}
\longrightarrow
$$

$$
\longrightarrow
\begin{array}{l}
\text{H}\leftarrow\text{O—C——C—COOC}_2\text{H}_5 \\
\text{HC} \quad \text{N—N} \\
\text{C}_6\text{H}_5
\end{array}
$$

der ähnlich wie Salicylsäureester durch eine tiefblaue Eisenchloridreaktion charakterisiert ist.

Zur 4-Oxy-pyrazol-carbonsäure selbst gelangte L. WOLFF ausgehend vom Diazoanhydrid der Tetronsäure durch Erwärmen des

---

[38] WOLFF, L., u. LÜTTRINGHAUS: A. **313**, 6 (1900).

Natriumsulfit-Additionsproduktes in alkalischer Lösung, wobei zunächst der Laktonring der Tetronsäure hydrolytisch geöffnet wird[39]:

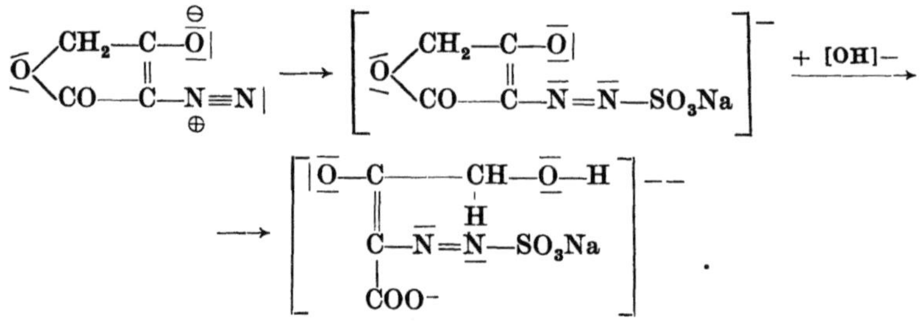

Dieses Zwischenprodukt lagert sich nunmehr unter Prototropie und Elektromerie in die tautomere Hydrazon-form um:

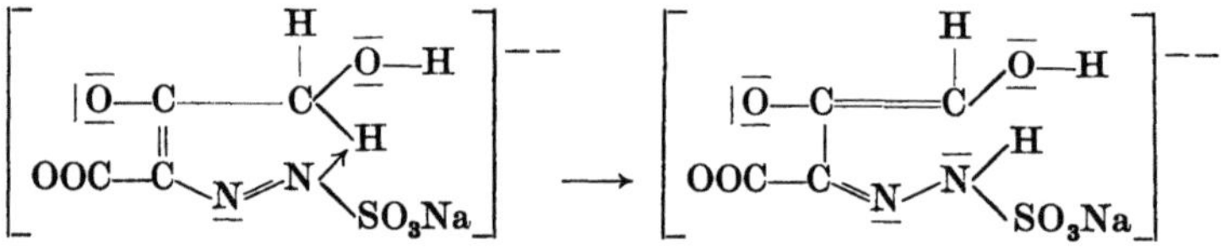

Nach Abspaltung der SO_3Na-Gruppe als $NaHSO_4$ bzw. Na_2SO_4 findet dann der Pyrazol-ringschluß statt:

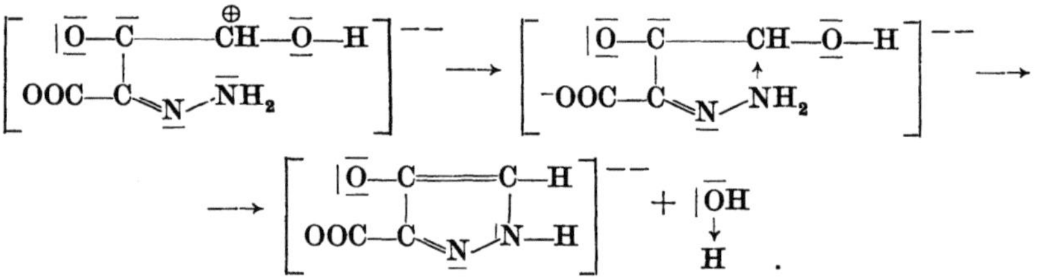

2. Isoxazole und Isoxazolone.

Läßt man auf β-Dicarbonylverbindungen Hydroxylamin einwirken, so gehen die intermediär entstehenden Monoxime[40] unter Cyclisierung über in Derivate des Isoxazols bzw. Isoxazolons, einer Körperklasse, deren Entdeckung und wesentlicher Ausbau L. Claisen zu danken ist[41].

Durch Einwirkung von Hydroxylamin auf Acetylaceton entsteht das 3,5-Dimethyl-isoxazol nach folgendem Mechanismus: als erstes Reaktionsprodukt bildet sich das Monoxim des Acetylacetons:

[39] Wolff, L.: A. **313**, 1 (1900). — Dimroth: A. **335**, 109 (1904); s. a. Sachs u. Röhmer: B. **35**, 3313 (1902).

[40] Beständige Monoxime von β-Dicarbonylverbindungen sind nur in wenigen Fällen isoliert worden: Dibenzoyl-methan-monoxim: J. Wislicenus: A. **308**, 250 (1899); Benzoylacetaldehyd-monoxim: A. Hantzsch: B. **24**, 505 (1891); s. a. Claisen: B. **24**, 132 (1891).

[41] Claisen: B. **24**, 3900 (1891).

$$\text{CH}_3-\overset{\oplus}{\underset{\ominus|\overline{\text{O}}|}{\text{C}}}-\text{CH}_2-\text{CO}-\text{CH}_3 \quad\longrightarrow\quad \text{CH}_3-\overset{\ominus|\overline{\text{O}}|}{\text{C}}-\text{CH}_2-\text{CO}-\text{CH}_3 \quad\longrightarrow$$
$$+\ \text{H}_2\overline{\text{N}}-\overline{\text{O}}-\text{H} \qquad \underset{\oplus}{\text{H}_2\text{N}}-\overline{\text{O}}-\text{H}$$

$$\longrightarrow\quad \text{CH}_3-\underset{\overline{\text{N}}-\overline{\text{O}}-\text{H}}{\overset{\|}{\text{C}}}-\text{CH}_2-\text{CO}-\text{CH}_3 \ +\ \overline{\text{O}}\!\!<\!\!{}^{\text{H}}_{\text{H}} \ .$$

In zweiter Stufe entsteht nun durch Reaktion des Hydroxylamin-Sauerstoff-atoms mit der polarisierten Enolform unter abermaliger Wasserabspaltung das Ringsystem des Isoxazols; auch diese Cyclisierung ist bedingt und nur möglich durch die Tendenz des reagierenden Systems, den energetisch begünstigten aromatischen Cyclus auszubilden:

$$\left\{ \text{CH}_3-\underset{\overline{\text{N}}-\overline{\text{O}}-\text{H}}{\overset{\|}{\text{C}}}-\overset{|\overline{\text{O}}-\text{H}}{\text{CH}}=\text{C}-\text{CH}_3 \quad\longleftrightarrow\quad \text{CH}_3-\underset{\overline{\text{N}}-\overline{\text{O}}-\text{H}}{\overset{\|}{\text{C}}}-\overset{\ominus}{\text{CH}}-\overset{|\overline{\text{O}}-\text{H}}{\underset{\oplus}{\text{C}}}-\text{CH}_3 \right\} \longrightarrow$$

$$\longrightarrow\quad \text{CH}_3-\text{C}\text{---}\overset{\ominus}{\text{CH}} \ \underset{\underset{\oplus}{|\text{N}}\diagdown_{\text{O}}\diagup\underset{\text{H}}{\text{C}}\diagdown_{\text{CH}_3}}{\overset{\|}{}}\ \overset{}{\underset{}{}}\overline{\text{O}}-\text{H} \quad\longrightarrow\quad \overline{\text{O}}\!\!<\!\!{}^{\text{H}}_{\text{H}} \ +$$

$$\left\{ \text{CH}_3-\overset{\|}{\text{C}}\text{---}\overset{\ominus}{\text{CH}} \atop |\text{N}\diagdown_{\overline{\text{O}}}\diagup\underset{\oplus}{\text{C}}-\text{CH}_3 \ \longleftrightarrow\ \text{CH}_3-\overset{\|}{\text{C}}\text{---}\overset{\|}{\text{CH}} \atop |\text{N}\diagdown_{\overline{\text{O}}}\diagup\text{C}-\text{CH}_3 \ \longleftrightarrow\ \text{CH}_3-\text{C}\text{---}\text{CH} \atop |\text{N}\diagdown_{\overline{\text{O}}}\diagup\text{C}-\text{CH}_3 \right\} .$$

Da der Ringschluß die Möglichkeit zur Enolisierung des zunächst entstehenden Monoxims voraussetzt, sind die Monoxime α,α-disubstituierter β-Diketone zur Isoxazolbildung nicht mehr befähigt, wohl aber die entsprechenden α-monosubstituierten β-Diketone, deren Monoxime 3,4,5-trisubstituierte Isoxazole bilden.

Während aus unsymmetrischen β-Diketonen bei der Einwirkung von Hydrazin der H-Brücken-mesomerie wegen nur ein einziges Pyrazol entsteht, gibt die Bildung der entsprechenden Isoxazole Anlaß zur Bildung von zwei Isomeren: so erhält man aus Oxymethylen-aceton bei der Einwirkung von Hydroxylamin sowohl das 3- als auch das 5-Methyl-isoxazol[42]:

$$\text{CH}_3-\overset{\|}{\text{C}}\text{---}\overset{\|}{\text{CH}} \atop |\text{N}\diagdown_{\overline{\text{O}}}\diagup\text{CH} \qquad\qquad \text{und} \qquad\qquad \overset{\|}{\text{CH}}\text{---}\overset{\|}{\text{CH}} \atop |\text{N}\diagdown_{\overline{\text{O}}}\diagup\text{C}-\text{CH}_3$$

3-Methyl-isoxazol   5-Methyl-isoxazol

---

[42] CLAISEN, L., u. E. HORI: B. **24**, 130, 139 (1891); **25**, 1787 (1892); — VIGUIER: A. ch. [8] **28**, 487 (1913). — MUMM u. BERGEL: B. **45**, 3041 (1912). — Über „Sesquioxime" aus Oxymethylenketonen und ihre Übergänge in Isoxazole s. L. CLAISEN u. E. HORI: l. c. — v. AUWERS, K., u. H. WUNDERLING: B. **67**, 638, 1062 (1934). — JUSTONI, R.: Gazz. **70**, 796, 804 (1940). — BELL, F.: J. chem. Soc. London **1941**, 285.

Aus Benzoyl-aceton entsteht mit Hydroxylamin jedoch fast ausschließlich das 3-Methyl-5-phenyl-isoxazol:

$$C_6H_5-\underset{\underset{OH}{|}}{C}=CH-CO-CH_3 \;+\; NH_2OH \;\longrightarrow\; C_6H_5-\underset{\underset{O\text{------}N}{|}}{C}=CH-\underset{\|}{C}-CH_3$$

während aus dem O-Äthyl-benzoyl-aceton das isomere 3-Phenyl-5-methyl-isoxazol gebildet wird[43]:

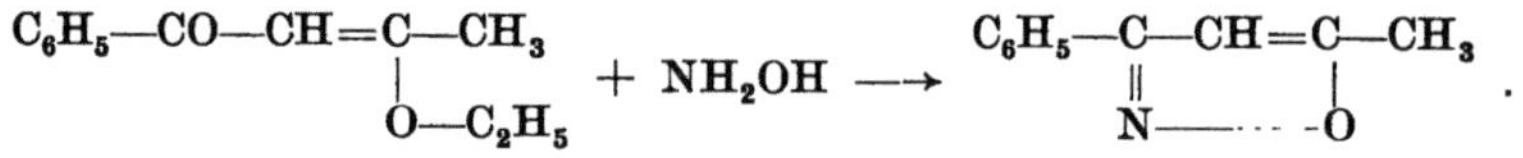

$$C_6H_5-CO-CH=\underset{\underset{O-C_2H_5}{|}}{C}-CH_3 \;+\; NH_2OH \;\longrightarrow\; C_6H_5-\underset{\underset{N\text{------}\cdots\text{-}O}{\|}}{C}-CH=\underset{|}{C}-CH_3 \quad.$$

Die 5-Alkyl- bzw. Aryl-isoxazole sind nun, ebenso wie auch das Isoxazol selbst, durch eine interessante Spaltungsreaktion ausgezeichnet, die beim Behandeln mit alkoholischem Kali oder Natriumäthylat sehr leicht eintritt[44]; durch Ringspaltung zwischen dem Stickstoff- und dem Sauerstoff-atom des Heterocyclus entstehen hierbei die Alkalisalze von β-Cyanketonen, den β-Ketocarbonsäurenitrilen, dadurch, daß aus dem zunächst gebildeten betain-artigen Spaltprodukt das H-Atom in 3-Stellung als Proton abgespalten wird:

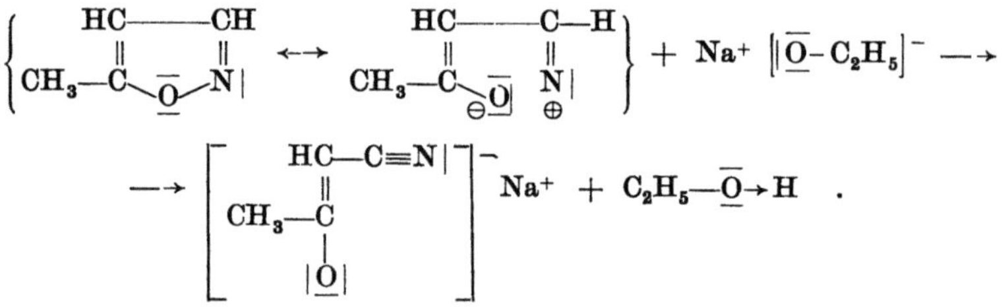

In dieser Weise erhält man aus 5-Methyl-isoxazol das Na-salz des Cyanacetons, des Acetessigsäurenitrils, während Isoxazol selbst in das Salz des Oxymethylen-acetonitrils (Cyanacetaldehyd) übergeht.

Interessante Ringsprengungen lassen sich mittels dieser Reaktion bei alicyclischen Oxymethylenketonen erzielen: so geht das Oxymethylen-α-tetralon mit Hydroxylamin in ein Isoxazol über, das mit Kalilauge zur γ-o-Carboxyphenylbuttersäure hydrolysiert wird[45]:

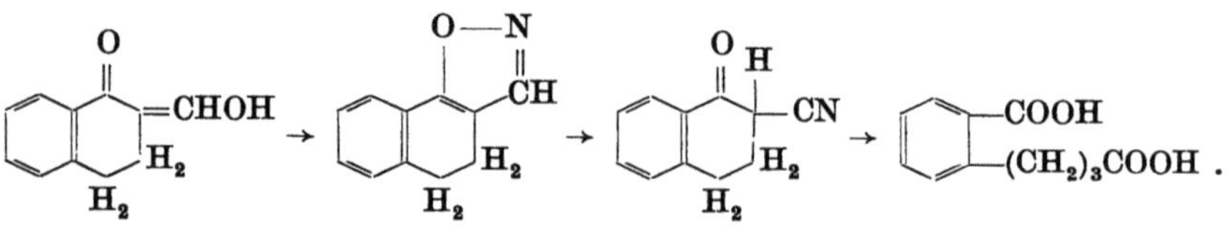

[43] CLAISEN, L.: B. **59**, 144 (1926); s. a. K. v. AUWERS u. H. MÜLLER: J. pr. [2] **137**, 81, 102 (1933); ferner Kap. VII, 2, S. 202. — Über die Einwirkung von Hydroxylamin auf Phenylazo-benzoylaceton s. G. WITTIG, F. BANGERT u. H. KLEINER: B. **61**, 1140 (1928).

[44] CLAISEN, L.: B. **24**, 3904 (1891); **36**, 3672 (1903).

[45] JOHNSON, W. S., u. W. E. SHELBERG: J. Amer. chem. Soc. **67**, 1745 (1945).

Läßt man auf das 5-Methyl-isoxazol Phenylhydrazin in der Hitze einwirken, so erhält man in einer interessanten Reaktionsfolge schließlich das 1-Phenyl-3-methyl-5-pyrazolonimid[46]. Auch diese Reaktion verläuft über die energiereichere zwitterionische Form, die zunächst normal mit Phenylhydrazin reagiert unter Bildung eines Hydrazons a

$$
\begin{array}{c}
HC\!-\!CH\!=\!\overset{\oplus}{N}| \\
\|\quad\quad\quad \\
CH_3\!-\!C \quad + \quad C_6H_5\overline{N}H\overline{N}H_2 \quad\longrightarrow\quad
\overset{\ominus}{\overline{HC}}\!-\!CH\!=\!\overset{\oplus}{N}| \\
\underset{\ominus\,|\underline{O}|}{|} \quad\quad\quad\quad\quad CH_3\!-\!\underset{\ominus\,|\underline{O}|}{C}\!\leftarrow\!\!-\!N\!-\!\overline{N}H\!-\!C_6H_5 \;\;\xrightarrow[-\,H_2O]{}
\end{array}
$$

$$
\begin{array}{c}
\overset{\ominus}{\overline{HC}}\!-\!CH\!=\!\overset{\oplus}{N}| \\
\longrightarrow\quad CH_3\!-\!C\!=\!\underline{N}\!-\!\underline{N}H\!-\!C_6H_5 \;\; ,
\end{array}
$$

a

das sich nunmehr ebenfalls durch einfache Prototropie des H-Atoms in 3-Stellung in die Nitril-form b umlagert, die dann in normaler Reaktion zum entsprechenden Pyrazolonimid cyclisiert:

Auf einem ähnlichen inneren Mechanismus beruht die Umwandlung des Jodmethylats des 5-Methyl-isoxazols durch Silberoxyd in wäßriger Lösung in das Acetessigsäure-methylamid[47] und durch Kaliumcyanid in das Methylimid des Aceton-oxalonitrils[48].

Bei beiden Reaktionen entsteht zunächst durch Ringsprengung des Kations der Ammoniumbase vermutlich ein äußerst unbeständiges Kation a, das sofort

[46] CLAISEN, L.: B. **42**, 67 (1909); s. a. MOHR: J. pr. [2] **79**, 16 (1909). — WALTHER: J. pr. [2] **55**, 143 (1897).

[47] CLAISEN, L.: B. **42**, 67 (1909).

[48] MUMM, O., u. CL. BERGELL: B. **45**, 3041 (1912); s. a. MUMM u. MÜNCHMEYER: B. **43**, 3335 (1910).

unter Abgabe des 3ständigen Protons in ein betainartiges Zwischenprodukt b übergeht:

$$\left[\begin{array}{c} HC\text{------}CH \\ \| \quad\quad \| \\ CH_3\text{---}N\diagdown\underline{O}\diagup C\text{---}CH_3 \end{array}\right]^+ \longrightarrow \left[\begin{array}{c} HC\text{---}CH \\ \| \quad\| \\ CH_3\text{---}N \quad C\text{---}CH_3 \\ a \quad\quad |\underline{O}|\ominus \end{array}\right] \longrightarrow H^+ +$$

$$+\ \begin{array}{c} \oplus C\text{---}CH \\ \| \quad\| \\ CH_3\text{---}N|\ C\text{---}CH_3 , \\ b \quad |\underline{O}|\ominus \end{array}$$

durch Wiederanlagerung von Wasser entsteht dann aus b das Methylamid der Acetessigsäure c:

$$\begin{array}{c} \oplus C\text{---}CH \\ \| \quad\| \\ CH_3\text{---}N|\ C\text{---}CH_3 \\ |\underline{O}|\ominus \end{array} +\ |\overline{O}\text{---}H|^- \longrightarrow \left[\begin{array}{c} H\text{---}\overline{O}\rightarrow C\text{---}CH \\ \| \quad\| \\ CH_3\text{---}N|\ C\text{---}CH_3 \\ |\underline{O}| \end{array}\right]^- \rightleftharpoons$$

$$\rightleftharpoons \left[\begin{array}{c} \overline{O}=C\text{---}CH \\ \| \\ CH_3\text{---}N|\ C\text{---}CH_3 \\ \downarrow \quad\quad \\ H\ |\underline{O}| \end{array}\right]^-$$

$$\xrightarrow{+\ H^+}\ CH_3\text{---}\overline{N}H\text{---}CO\text{---}CH=\underset{|\underline{O}\text{---}H}{C}\text{---}CH_3 \rightleftharpoons CH_3\text{---}\overline{N}H\text{---}CO\text{---}CH_2\text{---}CO\text{---}CH_3 .$$

Bei der Einwirkung von Cyankali auf das N-Methyl-isoxazolonium-jodid erhält man aus dem Zwitterion b das Enolat-Anion des α-Methylimids des Aceton-oxalonitrils d:

$$\begin{array}{c} \oplus C\text{---}CH \\ \| \quad\| \\ CH_3\text{---}N|\ C\text{---}CH_3 \\ b \quad |\underline{O}|\ominus \end{array} +\ CN^- \longrightarrow \left[\begin{array}{c} NC\rightarrow C\text{---}CH \\ \| \quad\| \\ CH_3\text{---}N|\ C\text{---}CH_3 \\ d \quad |\underline{O}| \end{array}\right]^-\ \xrightarrow{+\ H^+}$$

$$\longrightarrow \begin{array}{c} NC\text{---}C\text{---}CH=C\text{---}CH_3 \\ \| \quad\quad | \\ CH_3\text{---}N| \quad |\underline{O}\rightarrow H \end{array}\ .$$

Ähnliche Ringsprengungen unter dem Einfluß alkalischer Mittel erleiden nun auch die isomeren 3-Alkyl-isoxazole; hierbei tritt jedoch bei diesen Verbindungen vollkommener Zerfall ein in Alkylnitril und Essigsäure, da nunmehr nach der Öffnung des Ringes zwischen O und N an dem dem Stickstoff benachbarten C-Atom kein prototropie-fähiges H-Atom zur Stabilisierung des offenen betainartigen Spaltungs-produktes mehr zur Verfügung steht, z. B.:

$$\left\{\begin{array}{cc} CH_3\text{---}C\text{------}CH & CH_3\text{---}C\text{------}CH \\ \| \quad\quad \| & \| \quad\quad \| \\ |N\diagdown\underline{O}\diagup CH & |N \quad CH \\ & \oplus \quad | \\ & \ominus|\underline{O}| \end{array}\right\} \longrightarrow \left\{\begin{array}{cc} CH_3\text{---}\overset{\ominus}{C}| & CH_3\text{---}C \\ \| & \||| \\ |N & N \\ \oplus & \end{array}\right\} + \begin{array}{c} \oplus \\ C\text{---}H \\ \| \\ C\text{---}H \\ | \\ |\underline{O}|\ominus \end{array}$$

Der so zunächst gebildete Molekültorso geht in Essigsäure über, was folgendermaßen formuliert werden kann:

$$
\begin{array}{c}
\overset{\oplus}{C}\!-\!H \\
\parallel \\
C\!-\!H \\
\mid \\
\overset{\ominus}{|\underline{O}|}
\end{array}
\longrightarrow
\left\{
\begin{array}{ccc}
H\!\to\!C\!-\!H & H\!-\!C\!-\!H & H\!-\!\overset{\ominus}{C}\!-\!H \\
\parallel & \parallel & \mid \\
C\,\oplus & C & C\,\oplus \\
\mid & \parallel & \parallel \\
|\underline{O}|\ominus & |O| & |O|
\end{array}
\right\}
\xrightarrow{\;+\,H_2O\;}
\begin{array}{c}
H_2C\!\to\!H \\
\mid \\
C\!\leftarrow\!\overline{O}\!-\!H\,, \\
\parallel \\
|O|
\end{array}
$$

wobei also die intermediäre Bildung von *Keten* angenommen wird.

Diese Deutung der Spaltungsreaktionen der 3- und 5-Alkylisoxazole läßt es verständlich erscheinen, daß 3,5-dialkylierte Isoxazole gegen Alkali absolut beständig sind, da weder die mit der Abspaltung eines Protons aus der 3-Stellung verknüpfte Spaltung der 5-Alkyl-isoxazole, noch die H-Anionotropie aus der 5-Stellung bei der Spaltung der 3-Alkyl-isoxazole mehr möglich ist.

Die Spaltbarkeit der 3- und 5-Alkyl-isoxazole zeigt, daß der Isoxazolring unbeständiger ist als der Pyrazolring; diese Spaltung setzt an der schwächsten Stelle des Ringes ein, der Stickstoff-Sauerstoffbindung. Dies kommt überzeugend zum Ausdruck in der reduktiven Spaltbarkeit aller Isoxazole, auch der 3,4,5-trisubstituierten, zu Ketimiden bzw. Enaminen der zugrundeliegenden β-Diketone, die bei der Behandlung mit Natrium in feuchtem Äther eintritt[49], z. B.:

$$
\left\{
\begin{array}{l}
CH_3\!-\!C\!=\!\!=\!C\!-\!CH_3 \\
\quad\ \ \,CH_3\!-\!C\!\!\diagdown\!\!N\!\diagup\!O|
\end{array}
\leftrightarrow
\begin{array}{l}
\qquad\quad CH_3 \\
\qquad\quad\ | \\
CH_3\!-\!C\!-\!C\!=\!C\!-\!CH_3 \\
\qquad\ \ \parallel \qquad\ \ | \\
\qquad\ \ N\!\cdot \quad\ \ \cdot\underline{O}|
\end{array}
\right\}
+\,2\,H\cdot \longrightarrow
$$

$$
\longrightarrow
\begin{array}{l}
\qquad\quad CH_3 \\
\qquad\quad\ | \\
CH_3\!-\!C\!-\!C\!=\!C\!-\!CH_3 \\
\qquad\ \ \parallel \ \ | \\
\qquad\ \ \underline{N}\!-\!H\ |\underline{O}\!-\!H
\end{array}
\rightleftarrows
\begin{array}{l}
\qquad\quad CH_3 \\
\qquad\quad\ | \\
CH_3\!-\!C\!-\!CH\!-\!C\!-\!CH_3 \\
\qquad\ \ \parallel \qquad\ \parallel \\
\qquad\ \ NH \qquad |O|
\end{array}
\rightleftarrows
\begin{array}{l}
\qquad\quad CH_3 \\
\qquad\quad\ | \\
CH_3\!-\!C\!=\!C\!-\!C\!-\!CH_3 \\
\qquad\ \ | \qquad\ \parallel \\
\qquad H_2N \quad\ |O|
\end{array}.
$$

Wählt man als β-Dicarbonylverbindung einen β-Ketocarbonsäureester zur Reaktion mit dem Hydroxylamin, so erhält man aus dem zunächst entstehenden Oxim unter innermolekularer Umesterung ein Isoxazolon[50], bzw. das tautomere Oxy-isoxazol; z. B. aus Acetessigester und Hydroxylamin das 5-Methyl-isoxazolon-(3):

$$
\left\{
\begin{array}{l}
\qquad\qquad |O| \\
\qquad\qquad \parallel \\
CH_2\!-\!C\!-\!\overline{O}\!-\!C_2H_5 \\
\ | \\
CH_3\!-\!C\!=\!\overline{N}\!-\!\overline{O}\!-\!H
\end{array}
\leftrightarrow
\begin{array}{l}
\qquad\qquad |\overline{O}|\ominus \\
\qquad\qquad | \\
CH_2\!-\!C\!-\!\overline{O}\!-\!C_2H_5 \\
\ | \qquad\ \ \oplus \\
CH_3\!-\!C\!=\!\underline{N}\!-\!\overline{O}\!-\!H
\end{array}
\right\}
\longrightarrow
$$

$$
\longrightarrow
\begin{array}{l}
\qquad\qquad\ |\overline{O}|\ominus \\
\qquad\qquad\ | \\
H_2C\!-\!\!-\!\!-\!C\!-\!\overline{O}\!-\!C_2H_5 \\
\ | \qquad\quad \wedge \\
CH_3\!-\!C\!\!\diagdown\!\!\underline{N}\!\diagup\!\overset{\ }{O}\!-\!H \\
\qquad\qquad \oplus
\end{array}
\xrightarrow{\ -C_2H_5OH\ }
\begin{array}{l}
H_2C\!-\!\!-\!\!-\!C\!=\!\overline{O} \\
\ | \qquad\quad | \\
CH_3\!-\!C\!\!\diagdown\!\!\underline{N}\!\diagup\!O|
\end{array}
\rightleftarrows
$$

$$
\rightleftarrows
\left\{
\begin{array}{l}
HC\!=\!\!=\!C\!-\!\overline{O}\!-\!H \\
\ | \qquad\quad | \\
CH_3\!-\!C\!\!\diagdown\!\!\underline{N}\!\diagup\!O|
\end{array}
\leftrightarrow
\begin{array}{l}
HC\!\!\diagdown\!\!\times\!\!\diagup\!C\!-\!\overline{O}\!-\!H \\
\ | \quad \times\ \times\ | \\
CH_3\!-\!C\!\!\overset{\times}{\diagdown}\!\!\underline{N}\!\!\overset{\times}{\diagup}\!O|
\end{array}
\right\}.
$$

<hr>

[49] CLAISEN: B. **24**, 3912 (1891).

[50] CLAISEN: B. **24**, 140 (1891). — HANTZSCH: B. **24**, 495 (1891).

Letzteres dürfte, bedingt durch die Möglichkeit der Ausbildung aromatischer Mesomerie, vornehmlich in der tautomeren Oxy-isoxazol-form vorliegen[51].

Durch Kondensation von Äthoxymethylen-malonester mit Hydroxylamin erhält man einen β-Ketocarbonsäureester der Isoxazolreihe, den Isoxazolon-(5)-carbonsäureester-(4)[52],

$$
\begin{array}{ccc}
HC{-}{-}CH{-}COOC_2H_5 & & HC{-}{-}C{-}COOC_2H_5 \\
\|\quad\ |\quad\quad & \rightleftharpoons & \|\quad\ \|\quad\quad \\
|N\diagdown O\diagup C{=}\bar O & & |N\diagdown O\diagup C{-}\bar O{\rightarrow}H
\end{array}
\qquad ,
$$

der infolge Einbaus des β-Dicarbonylsystems in einen zu aromatischer Mesomerie fähigen Cyclus, eine hohe Enolacidität besitzt. Bei der Alkylierung dieses β-Ketocarbonsäureesters entsteht, ähnlich wie bei den Pyrazolonen, das zugehörige N-Alkyl-derivat:

$$
\left\{
\begin{array}{l}
HC{-}{-}C{-}COOC_2H_5 \\
CH_3{-}N\diagdown O\diagup C{-}\bar O|
\end{array}
\longleftrightarrow
\begin{array}{l}
HC{-}{-}C{-}COOC_2H_5 \\
CH_3{-}N\diagdown O\diagup C{-}\bar O|
\end{array}
\longleftrightarrow
\right.
$$

$$
\left.
\begin{array}{l}
HC{=}{=}C{-}COOC_2H_5 \\
CH_3{-}N\diagdown O\diagup C{=}\bar O
\end{array}
\right\} .
$$

Die Keto-Enol-tautomerie der Isoxazolone entspricht durchaus der analogen Tautomerie der Pyrazolone; aus diesem Grunde zeigen die Isoxazolone in ihren Reaktionen weitgehende Ähnlichkeit mit den Pyrazolonen. Besonders bemerkenswert ist auch hier die Analogie der Reaktionen der Isoxazolone mit wesentlichen Reaktionen der β-Keto-carbonsäureester selbst.

Da ist zunächst zu nennen die Nitrosierbarkeit der Isoxazolone zu 4-Isonitroso-derivaten[53]; auch hierbei dürfte die Carbeniatgrenzform die reagierende Grenzformel der Mesomerie darstellen:

$$
\left[
\begin{array}{l}
H\bar C{-}{-}C{=}\bar O \\
C_6H_5{-}C{=}N\diagup O|
\end{array}
\right]^{-}
+
\left[
\begin{array}{c}
|O| \\
\| \\
N|
\end{array}
\right]^{+}
\longrightarrow
$$

$$
\longrightarrow
\begin{array}{l}
\ \ \ \ \ \ \ \overset{H}{} \\
\bar O{=}\bar N{\leftarrow}C{-}{-}C{=}\bar O \\
C_6H_5{-}C{=}N\diagup O|
\end{array}
\longrightarrow
\begin{array}{l}
H{\leftarrow}\bar O{-}\bar N{=}C{-}{-}C{=}\bar O \\
C_6H_5{-}C{=}N\diagup O|
\end{array}
\ .
$$

Die gelbrote Farbe der alkalischen Lösung dieser Isonitroso-isoxazolone ist wohl in der Hauptsache durch die Mesomerie des Anions

[51] RABE: B. **30**, 1614 (1897). — BÜLOW u. HECKING: B. **44**, 239 (1911). — OLIVERI-MANDALA u. COPPOLA: R. A. L. [5] **20**, I, 244 (1911).

[52] RUHEMANN: B. **30**, 1085, 2031 (1897). — CLAISEN u. HAASE: B. **30**, 1480 (1897); A. **297**, 81 (1897).

[53] CLAISEN, L.: B. **24**, 142 (1891).— DUTT, S., u. J. N. D. DASS: Proc. Indian Acad. Sci. A **10**, 55 (1939).

in Analogie zu gleichartigen Verhältnissen bei den Pyrazolonen bedingt:

$$\left[\; |\overline{O}-\overline{N}=C-\!\!-\!\!-C=\overline{O}\quad\overline{O}=\overline{N}-C=\!\!=\!\!C-\overline{O}|\quad\overline{O}=\overline{N}-C\cdots C-\overline{O}| \;\right]^{-}$$

Ähnlich wie in 4-Stellung unsubstituierte Pyrazolone und in Analogie
zur entsprechenden Reaktionsbereitschaft der β-Ketocarbonsäure-
ester kuppeln auch die Isoxazolone mit Phenyl-diazoniumchlorid zu
Phenyl-azoderivaten, die sich über die tautomere Oxy-isoxazolform
unter Zwischenbildung eines Chelats mit pseudo-aromatischer Mesomerie in die tautomeren Hydrazonformen[54] umwandeln:

$$C_6H_5-\overline{N}=\overline{N}\cdot \overset{H}{\underset{}{C}}\cdots C-CH_3 \rightleftharpoons \left\{ C_6H_5-\overline{N}=\overline{N}-C\cdots C-CH_3 \right. \leftrightarrow$$

Eine weitere Analogie zu den Reaktionen der Pyrazolone und der
β-Ketocarbonsäureester stellt die Kondensationsfähigkeit der Isoxazolone mit Aldehyden dar: aus 3-Phenyl-isoxazolon-(5) entsteht bei
der Kondensation mit Benzaldehyd die 4-Benzal-verbindung[55]:

$$C_6H_5-CH=C\cdots C-C_6H_5 \quad ;$$

bei der Bromierung der Isoxazolone-(5) schließlich die 4,4-Dibrom-
verbindung[56].

Ähnlich wie die 5-Amino-pyrazole durch Cyclisierung von Hydra-
zonen von β-Ketocarbonsäurenitrilen unter dem Einfluß von Chlorwasserstoff entstehen, gehen auch die entsprechenden Ketoxime unter
den gleichen Bedingungen in 5-Amino-isoxazole über. So wird aus

---

[54] Knorr u. Reuter: B. **27**, 1174 (1894). — Schiff: B. **28**, 2732 (1895);
30, 1163 (1897); **30**, 1342 (1897). — Bülow u. Hecking: B. **44**, 238, 467 (1911).

[55] Wahl u. A. Meyer: Bull. Soc. chim. France [4] **3**, 952 (1908).— Meyer, A.:
Bull. Soc. chim. France [4] **13**, 1106 (1913). — Betti: Gazz. **45**, I, 362 (1915);
45, II, 80 (1915); s. a. A. Meyer: C. r. Acad. Sci. **156**, 716 (1913).

[56] Meyer, A.: C. r. Acad. Sci. **154**, 1511 (1912).

Diacetonitril und Hydroxylaminchlorhydrat zunächst das Cyanacetoxim gebildet, das sich beim Erwärmen in wäßriger Lösung in das isomere 3-Methyl-5-amino-isoxazol umwandelt[57]:

$$
\left\{
\begin{array}{c}
|NH_2 \\
| \\
CH_3-C=CH-C\equiv N|
\end{array}
\leftrightarrow
\begin{array}{c}
|NH_2 \\
| \\
CH_3-\overset{\oplus}{C}-\overset{\ominus}{\overline{C}H}-C\equiv N| \\
+\ H_2\overline{N}-\overline{\underline{O}}-H
\end{array}
\right\}
\rightarrow
\begin{array}{c}
|NH_2 \\
| \\
CH_3-C-\overline{C}H-C\equiv N| \\
\uparrow \quad \overset{\ominus}{\overline{\underline{O}}} \\
H_2\underset{\oplus}{N}-\overline{\underline{O}}-H
\end{array}
\xrightarrow[-\overline{N}H_2]{}
$$

$$
\begin{array}{c}
CH_3-\overset{\oplus}{\overset{}{C}}-\overset{\ominus}{\overline{\overline{C}}}H-C\equiv N| \\
| \\
H-N-\overline{\underline{O}}-H
\end{array}
\longrightarrow
\left\{
\begin{array}{c}
CH_3-C-CH_2-C\equiv N| \\
\| \\
|\underline{N}-\overline{\underline{O}}-H
\end{array}
\leftrightarrow
\begin{array}{c}
H_2C\quad\quad\overset{\oplus}{\overset{}{C}}=\overset{\ominus}{\overline{N}} \\
\quad\quad\underline{\quad} \\
CH_3-C\diagdown_{\underline{N}}\diagup\overline{\underline{O}}-H
\end{array}
\right\}
\longrightarrow
$$

$$
\begin{array}{c}
H_2C\underline{\quad\quad}C=\overset{\ominus}{\overline{\underline{N}}} \\
| \quad\quad \uparrow \\
CH_3-C\diagdown_{\underline{N}}\diagup\underset{\oplus}{\overline{O}}-H
\end{array}
\longrightarrow
\begin{array}{c}
H_2C\underline{\quad\quad}C=\overline{N}\rightarrow H \\
| \quad\quad | \\
CH_3-C\diagdown_{\underline{N}}\diagup\overline{\underline{O}}|
\end{array}
\rightleftharpoons
\begin{array}{c}
HC\underline{\quad\quad}C-\overline{N}H_2 \\
| \quad\quad | \\
CH_3-C\diagdown_{\underline{N}}\diagup\overline{O}|
\end{array}\quad.
$$

Diese Umwandlung des Cyanacetoxims in 3-Methyl-5-amino-isoxazol geht in exothermer Reaktion vor sich, ein besonders bemerkenswertes Beispiel für die bei der Aromatisierung freiwerdende Resonanzenergie:

$$
\left\{
\begin{array}{c}
HC\underline{\quad\quad}C-\overline{N}H_2 \\
| \quad\quad | \\
CH_3-C\diagdown_{\underline{N}}\diagup\overline{\underline{O}}|
\end{array}
\leftrightarrow
\begin{array}{c}
HC\underset{\times\ \ \times}{\overset{\times\quad\times}{}}C-\overline{N}H_2 \\
|\ {\times} \quad {\times}\ | \\
CH_3-C^{\times}\!\!\underset{\underline{N}}{}{\times}{\times}{\times}O|
\end{array}
\right\}\quad.
$$

3. Pyrimidine und Pyrimidone.

a) Synthesen mit Hilfe von Amidinen, Harnstoffen etc.

Die cyclisierende Kondensation von Amidinen, Isoharnstoff- und Isothioharnstoff-derivaten, Harnstoffen, Thioharnstoffen und Guanidinen mit β-Dicarbonylverbindungen zu Pyrimidinen und Pyrimidonen stellt den Schlüssel dar zum Ausbau dieser rein wissenschaftlich sowohl physiologisch als auch pharmazeutisch und technisch gleich bedeutungsvollen Verbindungsklasse; gehören doch biologisch wichtige Stoffe wie die Nucleinsäuren und ihre Spalt- und Abbauprodukte wie auch die hypnotisch bzw. narkotisch wirksamen Barbitursäuren zur Reihe der Pyrimidin- bzw. Pyrimidon-derivate.

Kondensiert man beispielsweise Acetamidin mit β-Diketonen wie Acetylaceton, so gelangt man nach dem im folgenden erläuterten Reaktionsmechanismus zu sauerstoff-freien Derivaten des Pyrimidins[58] selbst; im angeführten Beispiel zum 2,4,6-Trimethyl-pyrimidin. Zu-

---

[57] Burns: J. pr. [2] 47, 121, 129 (1893); s. a. Hanriot: C. r. Acad. Sci. 112, 796 (1891); Bull. Soc. chim. France [3] 21, 14 (1899).
[58] Vgl. Pinner: B. 26, 2124 (1893); s. a. P. Ch. Mitter u. A. Bhattacharya: J. Indian chem. Soc. 4, 149 (1927).

nächst kondensiert sich die Aminogruppe des Acetamidins mit einer Ketogruppe des Acetylacetons unter Bildung eines ketimidartigen Zwischenprodukts:

$$CH_3\!-\!\overset{\ominus\,|\overline{O}|}{\underset{\oplus}{C}}\!-\!CH_2\!-\!\overset{|O|}{\overset{\|}{C}}\!-\!CH_3 \ +\ H_2\overline{N}\!-\!\underset{CH_3}{C}\!=\!\overline{N}H \ \longrightarrow \ CH_3\!-\!\overset{\ominus\,|\overline{O}|}{C}\!-\!CH_2\!-\!\overset{|O|}{\overset{\|}{C}}\!-\!CH_3 \ \underset{\oplus}{H_2N}\!-\!\underset{CH_3}{C}\!=\!\overline{N}H \ \longrightarrow$$

$$\longrightarrow \ CH_3\!-\!\overset{|O|}{\underset{\|}{C}}\!-\!CH_2\!-\!\overset{|O|}{\overset{\|}{C}}\!-\!CH_3,\ \underset{CH_3}{|N\!-\!C}\!=\!\overline{N}H \ +\ \overline{O}\!\!<\!\!{}^{H}_{H} \ .$$

Die polarisierte Enolform dieser Ketimid-verbindung cyclisiert sich dann in analoger Reaktion zum aromatischen System des Pyrimidins; auch diese cyclisierenden Kondensationen werden daher geleitet und nur möglich durch den Gewinn des „Sonderanteils an Energie" (E. Hückel), der Aromatisierungsenergie, als Ausfluß des Bestrebens des reagierenden Systems, den stabilsten, weil energieärmsten, d. h. den aromatischen Zustand auszubilden:

$$CH_3\!-\!\overset{|O|}{\underset{\|}{C}}\!-\!CH_2\!-\!\overset{|O|}{\overset{\|}{C}}\!-\!CH_3,\ \underset{CH_3}{N\!-\!C}\!=\!\overline{N}H \ \longrightarrow$$

$$\left\{ CH_3\!-\!\overset{|\overline{O}\to H}{C}\!-\!CH\!=\!\overset{}{C}\!-\!CH_3,\ \underset{CH_3}{N\!-\!C}\!=\!\overline{N}H \ \longleftrightarrow \ CH_3\!-\!\overset{|\overline{O}\!-\!H}{C}\!-\!\overset{\ominus}{CH}\!-\!\overset{\oplus}{C}\!-\!CH_3,\ \underset{CH_3}{N\!-\!C}\!=\!\overline{N}H \right\} \longrightarrow$$

$$CH_3\!-\!\overset{}{C}\!-\!\overset{\ominus}{CH}\!-\!\overset{|\overline{O}\!-\!H}{C}\!-\!CH_3,\ \underset{CH_3}{N\!=\!\underset{\oplus}{C}\!=\!N\!-\!H} \ \longrightarrow$$

$$\longrightarrow \left\{ \ \text{[Pyrimidin-Grenzformeln]} \ \right\} \ +\ H\!\leftarrow\!\overline{O}\!-\!H$$

Erst die Möglichkeit des Abgleitens des reagierenden Systems in den aromatischen Zustand schafft daher die Voraussetzung, das zunächst entstehende Gleichgewicht irreversibel zugunsten der intramolekular cyclisierten Komponente zu verschieben.

Ersetzt man bei dieser Kondensation das Acetamidin durch Harnstoff oder Harnstoffderivate, so gelangt man bei Gegenwart sowohl alkalischer als auch saurer Kondensationsmittel zu 2-Pyrimidonen[59]; hierbei reagiert der Harnstoff offenbar in der tautomeren Isoform:

$$\overline{O}=C\underset{\overline{N}H_2}{\overset{\overline{N}H_2}{<}} \;\rightleftharpoons\; H\leftarrow\overline{O}-C\underset{\overline{N}H_2}{\overset{\overline{N}H}{<}} \;;$$

Kondensation von β-Diketonen mit Thioharnstoff führt zu 2-Thiopyrimidinen[60], mit Isothioharnstoffäthern zu den entsprechenden 2-Alkylmercapto-pyrimidinen[61]; schließlich entstehen durch Kondensation von Guanidin mit β-Diketonen Derivate des 2-Amino-pyrimidins[62].

Ähnlich wie bei den Pyrazolonen reagieren die Pyrimidone tautomer im Sinne der Laktam-Laktim-Tautomerie, wobei hervorzuheben ist, daß sowohl die Laktim- als auch die Laktam-form aromatische Mesomerie zeigen:

$$\left\{ \text{(Oxy-pyrimidin-Formen)} \right\} \rightleftharpoons \left\{ \text{(Pyrimidon-Formen)} \right\}.$$

Es ist wohl anzunehmen, daß im festen Zustand und in neutraler oder saurer Lösung die Pyrimidon-form vorherrscht, während in alkalischer Lösung sich wohl überwiegend die tautomere Oxy-pyrimidinform befindet.

Ebenso leicht wie mit β-Diketonen reagieren nun in alkalischem Medium auch die β-Ketocarbonsäureester ebenso wie Malonester, Cyanessigester oder Malodinitril mit Amidinen und Harnstoffen.

---

[59] Evans: J. pr. [2] 48, 491 (1893). — Angerstein: B. 34, 3956 (1901). — Wheeler u. Jamieson: Amer. chem. J. 32, 357 (1904). — De Haan: R. 27, 162 (1908). — Stark: B. 42, 699 (1909); 43, 1126 (1910); A. 381, 143 (1911). — Hale: Amer. chem. J. 36, 104 (1914).

[60] Evans: l. c.

[61] Wheeler: l. c.

[62] Combes, A., u. C. Combes: Bull. Soc. chim. France [3] 7, 791 (1892).

Beispielweise entsteht aus Harnstoff und Acetessigester das 6-Methyl-uracil[63]:

$$\left\{\overline{O}{=}C\!\!\diagup\!\!\!\!\!\diagdown\begin{matrix}\overline{N}H_2\\\overline{N}H_2\end{matrix}\ \rightleftharpoons\ H{-}\overline{O}{-}C\!\!\diagup\!\!\!\!\!\diagdown\begin{matrix}\overline{N}H\\\overline{N}H_2\end{matrix}\right\}+\ CH_3{-}\overset{|\overline{O}|^{\ominus}}{\underset{\oplus}{C}}{-}CH_2{-}COOC_2H_5\ \longrightarrow$$

$$\longrightarrow\ CH_3{-}\overset{|\overline{O}|^{\ominus}}{C}{-}CH_2{-}\overset{|O|}{C}{-}\overline{O}{-}C_2H_5\quad\xrightarrow{-H_2O}\quad CH_3{-}\overset{|\overline{O}|^{\ominus}}{C}{-}CH_2{-}\overset{|\overline{O}|^{\ominus}}{\underset{\oplus}{C}}{-}\overline{O}{-}C_2H_5\ \longrightarrow$$

$$\longrightarrow\ CH_3{-}C{-}CH_2{-}\overset{|\overline{O}|^{\ominus}}{C}{-}\overline{O}{-}C_2H_5\quad\xrightarrow{-C_2H_5\overline{O}H}\quad CH_3{-}C{-}CH_2{-}\overset{|\overline{O}|^{\ominus}}{C}\oplus\ \longrightarrow$$

$$\longrightarrow\quad\rightleftharpoons\quad\rightleftharpoons$$

$$\rightleftharpoons\quad\rightleftharpoons$$

---

[63] BEHREND, R.: A. **229**, 8 (1885).— BEHREND, R. B., u. O. ROOSEN: A. **251**, 238 (1889). — BILTZ, H., u. M. MEYER: A. **413**, 109 (1917). — Über die Kondensation von Äthoxymethylen-β-dicarbonylverbindungen mit Harnstoff- und Harnstoffderivaten s. WHEELER, T. B. JOHNSON u. JOHNS: Amer. chem. J. **37**, 396 (1907). — MITTER u. PALIT: J. chem. Soc. London **123**, 2179 (1924); J. Indian chem. Soc. **2**, 61 (1925). — BENARY, E.: B. **63**, 2602 (1930). — BASTERFIELD, S., u. E. C. POWELL: C. **1930** I, 368, 968. — SCHERP, H. W.: J. Amer. chem. Soc. **68**, 912 (1946). — WORRALL, D. E.: J. Amer. chem. Soc. **65**, 2053 (1943). — Über die Kondensation von α-Aminopyridin mit Acetessigester s. S. N. CHITRICK: C. **1940** I, 915; α-Aminopyridin/Benzoylessigester: O. SEIDE: B. **58**, 352 (1925); s. a. G. B. CRIPPA u. E. SCEVOLA: Gazz. **67**, 327 (1937); α-Aminobenzimidazol/β-Dicarbonylverbindungen: H. HENECKA: DRP. 641598 (1935). — CRIPPA, G. B., u. P. PENONCITO: Gazz. **65**, 1067 (1935). — Über die Kondensation von Amidinen mit Malodinitril vgl. G. W. KENNA, B. LYTHGOE, A. R. TODD u. A. TOPHAN: J. chem. Soc. London **1943**, 388. — Über die Kondensation von Benzaldehyd, Acetessigester und Harnstoff zu 4-Methyl-6-phenyl-2-oxy-dihydropyrimidin-5-carbonester s. BIGINELLI: B. **24**, 1317 (1891); Gazz. **23**, 360 (1893). — FOLKERS, K., u. T. B. JOHNSON: J. Amer. chem. Soc. **54**, 3751 (1932); **55**, 3784 (1933). — Über die Kondensation von Biguanid mit β-Dicarbonylverbindungen s. F. H. CURD, W. GRAHAM u. F. L. ROSE: J. chem. Soc. London **1948**, 594.

Dieses 2,4-Dioxy-pyrimidin ist also einer tautomeren Umwandlung in zwei Oxy-pyrimidon-formen, eine Dioxy-pyrimidin-form und eine Di-oxo-pyrimidin-form fähig. Besonders bemerkenswert erscheint auch hier, daß sämtliche tautomeren Formen eine innere Gruppe von 6 π-Elektronen besitzen und somit aromatische Mesomerie zeigen. Da nach Abdissoziation eines Protons ein hoch mesomeriefähiges Anion entsteht, sind die Uracile so sauer, daß sie sich bereits in verdünntem Ammoniak lösen.

Monoalkyl-acetessigester sind im allgemeinen zu dieser Kondensation ebenfalls befähigt; Dialkyl-acetessigester hingegen sind nicht mehr zu Pyrimidonen kondensierbar, da sich nunmehr eine aromatische Mesomerie bei den zu erwartenden Reaktionsprodukten nicht mehr ausbilden kann.

Von besonderer synthetischer Bedeutung ist die Kondensation von Cyanessigester bzw. Cyanessigsäure mit Harnstoff, alkylierten Harnstoffen und Guanidin, die zu Amino-oxypyrimidinen führt, die leicht in Purin-Derivate abgewandelt werden können. So zeigte W. TRAUBE[64], daß man durch Kondensation von Cyanessigsäure in Pyridin durch Phosphoroxychlorid oder mittels Acetanhydrid zunächst zum Cyanacetyl-harnstoff gelangt, der bereits unter der Wirkung schwachen Alkalis beim Erhitzen in wäßriger Lösung cyclisiert zum 2,6-Dioxy-4-aminopyrimidin:

$$\left\{ \begin{array}{c} |N\equiv C-CH_2-CO \\ H_2\bar{N}-CO-\underline{N}H \end{array} \right. \longleftrightarrow \left. \begin{array}{c} \overset{\ominus}{\bar{N}}=\overset{\oplus}{C}-CH_2-CO \\ H_2\bar{N}-CO-\underline{N}H \end{array} \right\} \longrightarrow \begin{array}{c} \overset{\ominus}{\bar{N}}=C-CH_2-CO \\ \underset{\oplus}{H_2N}-CO-\underline{N}H \end{array} \longrightarrow$$

$$\longrightarrow \begin{array}{c} H\leftarrow\bar{N}=C-CH_2-CO \\ H\underline{N}-CO-\underline{N}H \end{array} \rightleftharpoons \text{2,4-Diamino-6-oxypyrimidin-Ring} \quad .$$

Aus dem bereits aus Cyanessigester und Guanidin bei Gegenwart von Natriumäthylat entstehenden Cyanacetyl-guanidin gewinnt man besonders leicht das 2,4-Diamino-6-oxypyrimidin[65].

Durch Hydrierung dieser Cyanacetyl-harnstoffe gelangt man, wie H. RUPE[66] fand, unter Abspaltung von Ammoniak ebenfalls zu Di-oxypyrimidinen. Diese Reaktion verläuft nach einem ähnlichen Mechanismus wie die Hydrierung der 1-Cyanpentanone-(4) bzw. der γ-Cyanbuttersäureester zu Derivaten des Piperidins: die Hydrierung setzt an der Cyangruppe ein, die zunächst zur Aldimid-Stufe a reduziert wird:

<hr>

[64] B. **33**, 1371, 3035 (1900); s. a. F. BAUM: B. **41**, 532 (1908).— HEPNER, B., u. S. FRENKENBERG: Helvet. chim. Acta **15**, 350 (1932).

[65] Über die Überführung dieser Aminooxypyrimidine in Purinderivate s. S. 375.

[66] RUPE, H., A. METZGER u. H. VOGLER: Helvet. chim. Acta **8**, 850 (1925).

$$|N{\equiv}C-CH_2-CO \atop H_2\bar{N}-CO-NH \quad \xrightarrow{+\,2\,H} \quad H\bar{N}{=}CH-CH_2-CO \atop H_2\bar{N}-CO-NH \quad (a) \quad \longrightarrow \quad H\bar{N}-CH-CH_2-CO \atop H_2N-CO-NH \quad (b) \quad \xrightarrow{-NH_3}$$

$$\longrightarrow \quad HC-CH_2-CO \atop N-CO-NH \quad \rightleftharpoons \quad HO-\underset{N}{\overset{N}{\bigcirc}}-OH \;.$$

Darauf tritt Ringschluß ein zu b, das sich unter Abspaltung von Ammoniak zum aromatischen System des Uracils stabilisiert. Auf entsprechende Weise erhält man aus dem α-Cyanpropionyl-harnstoff das wichtige Thymin, das 5-Methyluracil[67].

Bei der Alkylierung der Oxy-pyrimidone vom Typus des Uracils entstehen lediglich N-Alkyl-derivate und zwar die beiden möglichen strukturisomeren N-Monoalkyl-derivate neben dem N,N'-Dialkyl-derivat; in der Mesomerie des Anions der Oxy-pyrimidone überwiegen daher die Azeniatgrenzformeln als die reaktionsfähigeren, da das einsame Elektronenpaar des Azeniat-stickstoffs leichter anteilig wird als eines des Enol-sauerstoffs:

$$\left[\text{(mesomere Grenzformeln des Anions)}\right]^{--} + R^+ \rightarrow$$

$$\left[\text{(mesomere Grenzformeln)}\right]^{-} + R^+ \longrightarrow$$

$$\longrightarrow \left\{\text{(mesomere Grenzformeln des N-Methyl-derivats)}\right\}$$

bzw. die analoge Formulierung für das 1-Methyl-derivat.

Durch Kondensation von Harnstoff mit Malonester entsteht das Phloroglucin der Pyrimidin-reihe, das 2,4,6-Trioxy-pyrimidin, die

[67] BERGMANN, W., u. T. B. JOHNSON: J. Amer. chem. Soc. 55, 1733 (1933).

Barbitursäure[68]; auch diese Kondensation wird bei Gegenwart von Natriumäthylat durchgeführt:

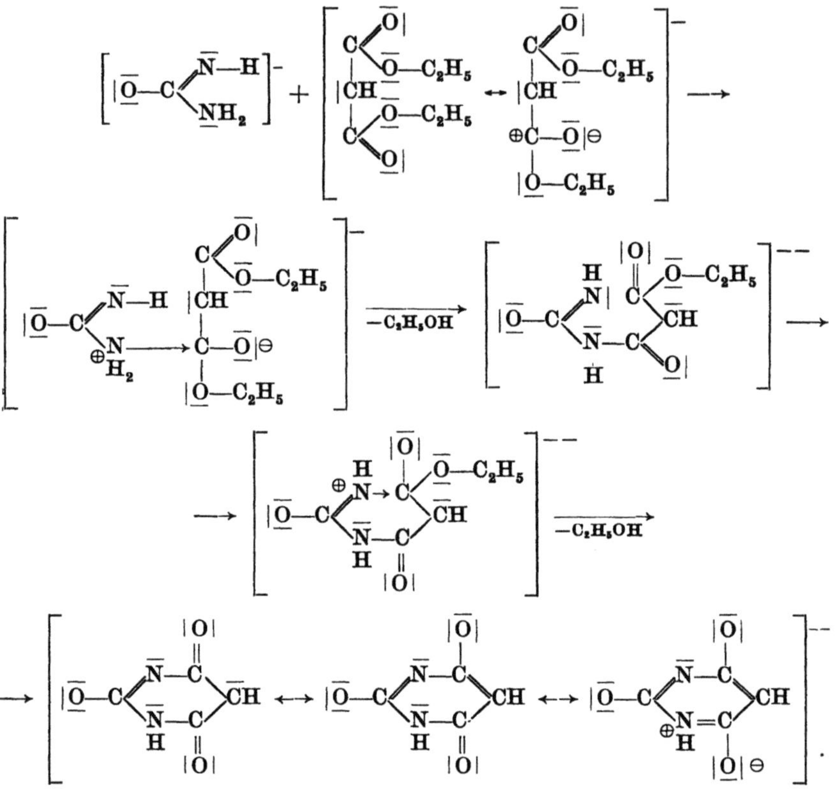

Die bekannte saure Natur der Barbitursäure ($K = 10,5 \times 10^3$ im Gegensatz zu $K_{CH_3COOH} = 1,82 \times 10^{-3}$)[69] ist wohl darauf zurückzuführen, daß, ähnlich wie bei anderen β-Dicarbonylverbindungen der alicyclischen Reihe (Dihydroresorcin, Tetronsäure) durch Abdissoziation eines Protons ein besonders mesomeriefähiges Anion entsteht (hoher Synionie-Effekt):

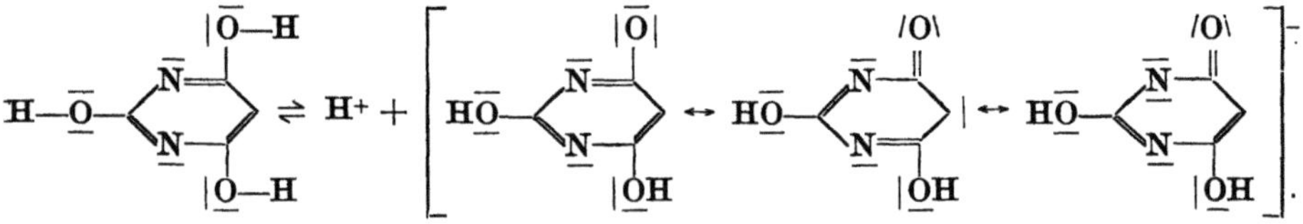

[68] TAFEL u. MICHAEL: J. pr. [2] **35**, 456 (1887). — TAFEL u. WEINSCHENK: B. **33**, 3383 (1900). — GABRIEL u. COLMAN: B. **37**, 3657 (1904). — SLIMMER u. STIEGLITZ: Amer. chem. J. **31**, 677 (1904).

[69] MATIGNON: A. ch. [6] **28**, 295 (1893).— TRÜBSACH: Ph. Ch. **16**, 717 (1895). — HANTZSCH u. VOEGELEN: B. **35**, 1006 (1902).— WOOD: J. chem. Soc. London **89**, 1835 (1906); **95**, 979 (1909).— BILTZ: A. **404**, 186 (1914).

Es ist nun leicht einzusehen, daß das zweite oder gar das dritte Proton deswegen weit schwieriger abdissoziieren, weil in dem dadurch entstehenden Anion die Mesomerie-möglichkeiten nicht weiter erhöht werden. Die Barbitursäure ist somit ein drastisches Beispiel dafür, wie durch den Einbau einer β-Dicarbonylverbindung in ein zu aromatischer Mesomerie fähiges System die an sich geringe Acidität der β-Dicarbonylverbindung, hier des Malonesters, so stark erhöht wird, daß eine Säure entsteht, die die Acidität der Essigsäure bei weitem übertrifft.

Da die Kondensationsprodukte von Amidinen, Harnstoffen, Thioharnstoffen, Guanidinen usw. mit Malonester, Cyanessigester und Malodinitril zur Ausbildung einer Carbeniat-grenzform befähigt sind, zeigen diese Substanzen eine Reihe von Reaktionen, die für die β-Dicarbonylverbindungen charakteristisch sind. Hier ist zunächst die Alkylierbarkeit zu nennen: Barbitursäure läßt sich in alkalischer Lösung ähnlich wie die β-Dicarbonylverbindungen selbst zu den 5-Monoalkyl- und 5,5-Dialkyl-barbitursäuren alkylieren[70]:

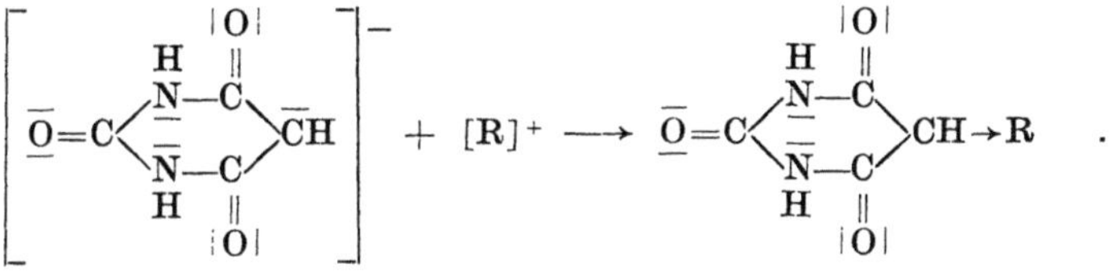

Aus den analog entstehenden 5,5-Dialkyl-barbitursäuren erhält man bei weiterer Alkylierung schließlich N-Alkyl-derivate, z. B.:

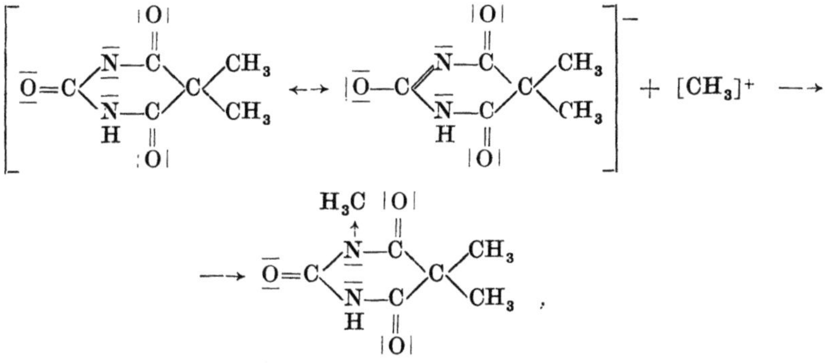

da das einsame Elektronenpaar der Azeniatgrenzformel der geringeren Elektronenaffinität des Stickstoffs wegen leichter anteilig wird als das am Sauerstoff sitzende einsame Elektronenpaar der Oxypyrimidinform.

Im Gegensatz zu den α,α-disubstituierten β-Ketocarbonsäureestern sind disubstituierte Derivate des Malonesters, Cyanessigesters oder Malodinitrils mit Harnstoff noch leicht zu 5,5-disubstituierten Barbitur-

<hr>

[70] Conrad u. Guthzeit: B. **14**, 1643 (1881); **15**, 2848 (1882); DRP. 268158 (Ciba) (1911).— Fischer, E., u. A. Dilthey: A. **335**, 357 (1904). — N-Alkylierung s. z. B. Conrad u. Zart: A. **340**, 328 (1905).

säuren kondensierbar, eine Reaktion, der bekanntlich besondere technische Bedeutung zukommt. Daß diese Kondensation hier noch eintritt, obwohl die Reaktionsprodukte weder zu aromatischer, noch zu pseudo-aromatischer Mesomerie fähig sind, ist wohl zurückzuführen auf die relativ stabile und weitgehend mesomeriefähige Diacyl-ureidkonstitution,

während andererseits hierdurch gleichzeitig die leichte hydrolytische Spaltbarkeit der Dialkyl-barbitursäuren zu Ureido-carbonsäuren verständlich erscheint.

Ähnlich wie die stark sauren alicyclischen β-Dicarbonylverbindungen, die Dihydroresorcine oder die Tetronsäuren, so neigt auch die Barbitursäure zur Selbstkondensation nach dem Chemismus der Aldolkondensation: beim Erhitzen in Glycerin[71] oder in wäßriger Lösung bei Gegenwart von Natriumacetat[72] entsteht die Dibarbitursäure:

Typisch für die Analogie der Reaktionen dieser Pyrimidone mit denen der zugrundeliegenden β-Dicarbonylverbindungen ist die Nitrosierbarkeit zu Isonitrosoderivaten[73], ebenfalls eine Reaktion der Carbeniatgrenzformel:

[71] v. Baeyer, A.: A. **130**, 145 (1864); Hotchkins, R. D., u. T. B. Johnson: J. Amer. chem. Scc. **58**, 525 (1936).
[72] Ridi, M., u. P. Papin: Gazz. **78**, 11, 13 (1948).
[73] v. Baeyer, A.: A. **130**, 140 (1864); Traube: B. **26**, 2555 (1893).

Für die leuchtenden Farben dieser Isonitroso-derivate und ihrer Alkalilösungen ist wahrscheinlich Tautomerie bzw. Mesomerie zwischen der Isonitroso- und der Oxy-nitrosoform verantwortlich zu machen; im betrachteten Falle der *Violursäure* wie auch bei analogen Imid-derivaten sind die leuchtenden Farberscheinungen dieser Verbindungen vielleicht als eine H-Brücken-mesomerie aufzufassen:

was deswegen besonders einleuchtend erscheint, weil die formulierten mesomeren Grenzformeln in bezug auf den Pyrimidonring merichinoid sind. Dadurch würde sich dann gleichzeitig erklären, warum die Isonitrosoverbindungen der β-Dicarbonylverbindungen selbst solche auffallenden Farberscheinungen nicht zeigen.

Diese Isonitrosoverbindungen stellen wichtige Zwischenprodukte der von W. TRAUBE[74] durchgeführten Synthesen von Purinderivaten dar. So geht das durch Cyclisierung von Cyanacetyl-guanidin entstehende 2,4-Diamino-6-oxypyrimidin beim Nitrosieren in die 5-Isonitrosoverbindung über; das durch Reduktion hieraus entstehende 2,4,5-Triamino-6-oxypyrimidin bildet beim Behandeln mit Ameisensäure das *Guanin*:

---

[74] B. **33**, 1371, 3035 (1900).

Aus dem durch Cyclisieren von Cyanacetylharnstoff entstehenden 4-Amino-2,6-dioxypyrimidin ist über die 5-Isonitrosoverbindung das 4,5-Diamino-2,6-dioxypyrimidin darstellbar, dessen Monoformyl-Derivat als Natriumsalz bei 220° in *Xanthin* übergeht:

$$
\begin{array}{c}
\text{HN} \overset{\text{O}}{\underset{}{\underset{\text{C}}{\parallel}}} \text{C}=\text{NOH} \\
\text{O}=\text{C} \quad \underset{\text{H}}{\text{N}} \quad \text{C}=\text{NH}
\end{array}
\longrightarrow
\begin{array}{c}
\text{HN} \overset{\text{O}}{\underset{\text{C}}{\parallel}} \text{C}-\text{NH}_2 \\
\text{O}=\text{C} \quad \underset{\text{H}}{\text{N}} \quad \text{C}-\text{NH}_2
\end{array}
\longrightarrow
$$

$$
\longrightarrow
\begin{array}{c}
\text{HN} \overset{\text{O}}{\underset{\text{C}}{\parallel}} \text{C}-\text{NH}-\text{CHO} \\
\text{OC} \quad \underset{\text{H}}{\text{N}} \quad \text{C}-\text{NH}_2
\end{array}
\longrightarrow
\begin{array}{c}
\text{HN} \overset{\text{O}}{\underset{\text{C}}{\parallel}} \text{C} \text{---} \text{NH} \\
\text{OC} \quad \underset{\text{H}}{\text{N}} \quad \text{C} \quad \text{N}{=}\text{CH}
\end{array}
\cdot
$$

Das Monourethan des 4,5-Diamino-2,6-dioxypyrimidins bildet auf analoge Weise die *Harnsäure*:

$$
\begin{array}{c}
\text{HN} \overset{\text{O}}{\underset{\text{C}}{\parallel}} \text{C}-\text{NH}-\text{COOR} \\
\text{OC} \quad \underset{\text{H}}{\text{N}} \quad \text{C}-\text{NH}_2
\end{array}
\longrightarrow
\begin{array}{c}
\text{HN} \overset{\text{O}}{\underset{\text{C}}{\parallel}} \text{C} \text{---} \text{NH} \\
\text{OC} \quad \underset{\text{H}}{\text{N}} \quad \text{C} \quad \underset{\text{H}}{\text{N}} \quad \text{CO}
\end{array}
\rightleftharpoons
\begin{array}{c}
\text{N} \overset{\text{OH}}{\underset{\text{C}}{\mid}} \text{C} \text{---} \text{N} \\
\text{HO}-\text{C} \quad \text{N} \quad \text{C} \quad \underset{\text{H}}{\text{N}} \quad \text{C}-\text{OH}
\end{array}
$$

Aus Cyanacetyl-monomethylharnstoff entsteht nach der gleichen Reaktionsfolge das 3-Methyl-xanthin, das durch Methylieren in *Theobromin* übergeht und aus Cyanacetyldimethylharnstoff erhält man in entsprechender Weise das *Coffein*.

b) Kyanalkine.

Die Trimerisation von Alkylcyaniden mit Hilfe von Alkalimetallen, -alkoholaten oder -amiden, die zu 2,6-Dialkyl-4-amino-pyrimidinen führt und bereits sehr lange bekannt ist[75], stellt eine außerordentlich interessante Reaktion dar; E. v. MEYER[76], der die Reaktion eingehend untersucht hat, ist es gelungen, die einzelnen Stufen dieser Trimerisation aufzuklären. Die Reaktion verläuft über die E. v. MEYERschen „Dinitrile", die durch eine nach dem Mechanismus der Claisen-Kondensation analoge Umsetzung durch Einwirkung von Natrium auf Alkylcyanide zunächst entstehen[77]. Die Cyclisation der Dinitrile mit einem weiteren Mol des Alkylcyanids kommt nun dadurch zustande, daß sowohl das Dinitril als auch das Alkylcyanid mit jeweils polarisierter Nitrilgruppe in Reaktion treten:

[75] FRANKLAND u. KOLBE: A. **65**, 269 (1848).
[76] J. pr. [2] **39**, 262 (1889); C. **1906** I, 941.
[77] Vgl. VII, 1a, S. 194.

In diesem ersten Addukt tritt nunmehr Stabilisierung ein durch
Prototropie des H-Atoms vom zunächst vierbindigen Stickstoff an den
außenstehenden Azeniatstickstoff, unmittelbar gefolgt von der Aromatisierung des entstandenen Cyclus:

beim Zerlegen des Reaktionsgemisches mit Wasser entsteht dann das
freie 2,6-Dimethyl-4-amino-pyrimidin. Wie stets bei analogen Cyclisierungen ermöglicht und bestimmt der bei dieser Reaktion durch die
Aromatisierung eintretende Energiegewinn den Reaktionsablauf.

Die Zergliederung des Reaktionsmechanismus läßt leicht erkennen,
daß auch die Bildung sog. „gemischter" Kyanalkine[78] möglich ist:
aus 1 Mol Acetonitril und 2 Mol Propionitril entsteht das „Kyanmethäthin", 2,5-Dimethyl-6-äthyl-4-amino-pyrimidin, dadurch, daß das als
Zwischenprodukt zunächst gebildete „Dipropionitril",

$$H_5C_2-\overset{\|}{\underset{NH}{C}}-CH(CH_3)-CN \quad ,$$

mit Acetonitril zum 4-Amino-pyrimidin-derivat cyclisiert.

4. Pyrrole.

Nach KNORR[79] erhält man Pyrrol-derivate durch Reduktion eines
Gemisches eines Isonitroso-ketons und eines Ketons mit Zinkstaub in
essigsaurer Lösung. Diese allgemein gültige Reaktion läßt sich auch auf
β-Ketocarbonsäureester und β-Diketone anwenden. So erhält man beispielsweise durch Reduktion eines Gemisches von Isonitroso-acetessigester und Acetessigester den 2,4-Dimethyl-pyrrol-3,5-dicarbonsäure-

[78] RIESS u. E. v. MEYER: J. pr. [2] **31**, 112 (1885). — WACHE: J. pr. [2] **39**, 247 (1889).

[79] KNORR u. HESS: B. **44**, 2759 (1911); **45**, 2628 (1912). — FISCHER, H., u. BARTHOLOMÄUS: B. **45**, 1920, 1983 (1912). — PILOTY u. HIRSCH: A. **395**, 63 (1913).

ester[80]. Dabei entsteht aus dem Isonitroso-acetessigester zunächst durch Reduktion der α-Amino-acetessigester, der sich in statu nascendi ketimidartig mit der Carbonylgruppe des anwesenden Acetessigesters kondensiert: $(R = COOC_2H_5)$

$$CH_3{-}CO \atop R{-}C{=}N{-}OH \longrightarrow CH_3{-}CO \atop R{-}CH{-}NH_2 \; ; \; CH_3{-}C{=}\overline{O} \atop R{-}CH{-}\overline{N}H_2 + H_2C{-}R \atop \oplus C{-}\overline{O}|^{\ominus} \atop CH_3 \longrightarrow$$

$$\longrightarrow CH_3{-}C{=}\overline{O} \quad CH_2{-}R \atop R{-}CH{-}\overset{\oplus}{N}H_2{\rightarrow}C{-}\overline{O}|^{\ominus} \atop CH_3 \longrightarrow CH_3{-}C{=}\overline{O} \quad CH_2{-}R \atop R{-}CH{-}\overline{N}{=}C{-}CH_3 + H{\leftarrow}\overline{O}{\rightarrow}H \; .$$

Nunmehr findet, vermutlich über einen H-Brückenmechanismus, aldolartige Kondensation zum Pyrrolringsystem statt, die durch die damit verknüpfte aromatische Mesomerie ermöglicht wird:

$$CH_3{-}C{=}\overline{O} \quad HC{-}R \atop R{-}C{-}\overline{N}{=}C{-}CH_3 \atop H \rightarrow CH_3{-}C^{\overline{O}\rightarrow H} \quad CH{-}R \atop R{-}C{-}\overline{N}{=}C{-}CH_3 \atop H \rightarrow CH_3{-}C^{|\overline{O}{-}H \; H}{\leftarrow} C{-}R \atop R{-}C{\diagdown}N{\diagup}C{-}CH_3 \atop H \xrightarrow{-H{-}\overline{O}{\rightarrow}H}$$

$$CH_3{-}C{=}C{-}R \atop R{-}C{\diagdown}N{\diagup}C{-}CH_3 \atop H \longrightarrow CH_3{-}C{=}C{-}R \atop R{-}C{\diagdown}\overset{\oplus}{N}{\diagup}C{-}CH_3 \atop H \longrightarrow CH_3{-}C{=}C{-}R \atop R{-}C{\diagdown}\overline{N}{\diagup}C{-}CH_3 \atop H \; .$$

Diese Synthese ist daher auch in ihrer Übertragung auf β-Dicarbonylverbindungen weitgehender Anwendung fähig.

Neben dieser KNORRschen Synthese von Pyrrolen kennt man noch mehrere andere von β-Dicarbonylverbindungen ausgehende Bildungsweisen von Derivaten des Pyrrols. So erhält man aus Diacetbernsteinsäureester, der gleichzeitig ein 1,4-Diketon ist, nach der allgemeinen Pyrrolsynthese durch Einwirkung von Ammoniak und primären Aminen auf 1,4-Diketone, den 2,5-Dimethyl-pyrrol-3,4-dicarbonsäureester[81]: $(R = COOC_2H_5)$

$$R{-}CH{-}CH{-}R \atop CH_3{-}CO \quad CO{-}CH_3 \xrightarrow{+ NH_3} R{-}C{-}C{-}R \atop CH_3{-}C{\diagdown}NH_2 \; C{-}CH_3 \atop OH \xrightarrow{-H_2O} R{-}C{-}C{-}R \atop CH_3{-}C{\diagdown}N{\diagup}C{-}CH_3 \atop H \; .$$

[80] KNORR: A. **236**, 317 (1886). — MAGNANINI: B. **21**, 2874 (1888). — ANGELI: Gazz. **22**, II, 15 (1892). — KNORR u. HESS: B. **45**, 2629 (1912). — KNORR u. LANGE: B. **35**, 2998 (1902). — BONDIETTI u. LIONS: J. Proc. roy. Soc. New-South Wales **66**, 477 (1933). — FISCHER, H., u. H. ANDERSAG: A. **458**, 117 (1927). — KONDO u. OHNO: J. pharm. Soc. Japan **54**, 123 (1934). — OCHIAI u. MIYAKI: J. pharm. Soc. Japan **57**, 119 (1937). — Siehe auch H. FISCHER u. E. FINK: Hoppe-Seylers Z. physiol. Chem. **283**, 152 (1948): Verwendung von Oxymethylenketonen.

[81] KNORR: B. **18**, 302, 1558 (1885); **33**, 3803 (1900). — ANGELI: Gazz. **22**, II, 15 (1892). — PAAL u. HÄRTEL: B. **30**, 1995 (1897). — BÜLOW: B. **38**, 189 (1905). — ROSSI: Gazz. **36**, II, 866 (1906).

In enger Beziehung zu dieser Reaktion steht die HANTZSCHsche
Synthese von Pyrrolen durch Kondensation eines α-Halogenketons mit
einer β-Dicarbonylverbindung unter der Einwirkung von Ammoniak[82].
Hierbei bildet sich in erster Stufe durch Alkylierung der β-Dicarbonyl-
verbindung mit dem α-Halogenketon ebenfalls ein Derivat eines 1,4-
Diketons, das dann unter der Einwirkung des Ammoniaks in das zugehörige Pyrrolderivat übergeht.:

$$
\begin{array}{c}
CH_2{-}Cl \\
| \\
CH_3{-}CO
\end{array}
+
\begin{array}{c}
CH_2{-}COOR \\
| \\
CO{-}CH_3
\end{array}
\longrightarrow
\begin{array}{c}
CH_2{-}CH{-}COOR \\
| \quad | \\
CH_3{-}CO \quad CO{-}CH_3
\end{array}
\xrightarrow{+ NH_3}
$$

$$
\longrightarrow
\begin{array}{c}
HC{-\!-\!-}CCOOR \\
\| \quad \| \\
CH_3{-}C\diagdown{}_{\underset{H}{N}}\diagup C{-}CH_3
\end{array}.
$$

Durch Einwirkung alkoholischen Kalis auf den α-Chloracetyl-
β-amino-crotonsäureester erhielt BENARY[83] den 3-Oxy- 5-methyl-pyrrol-
4-carbonsäureester:

$$
\begin{array}{c}
ROOC{-}C{-\!-\!-}CO \\
\| \quad | \\
CH_3{-}C\diagdown{}_{NH_2} CH_2Cl
\end{array}
\xrightarrow{-HCl}
\begin{array}{c}
ROOC{-}C{-\!-\!-}CO \\
\| \quad | \\
CH_3{-}C\diagdown{}_{\underset{H}{N}}\diagup CH_2
\end{array}
\rightleftharpoons
\begin{array}{c}
ROOC{-}C{-\!-\!-}C{-}OH \\
\| \quad \| \\
CH_3{-}C\diagdown{}_{\underset{H}{N}}\diagup CH
\end{array}.
$$

Der durch Einwirkung von Ammoniak auf Acetbernsteinsäureester
entstehende substituierte β-Amino-crotonsäureester geht beim Erhitzen leicht in den 2-Methyl-5-oxy-pyrrol-3-carbonsäureester[84] über:

$$
\begin{array}{c}
ROOC{-}CH{-}CH_2 \\
| \quad | \\
CH_3{-}CO \quad COOR
\end{array}
\xrightarrow{+ NH_3}
\begin{array}{c}
ROOC{-}C{-\!-\!-}CH_2 \\
\| \quad | \\
CH_3{-}C\diagdown{}_{NH_2} COOR
\end{array}
\xrightarrow{-ROH}
\begin{array}{c}
ROOC{-}C\cdot{-\!-\!-}CH \\
\| \quad \| \\
CH_3{-}C\diagdown{}_{\underset{H}{N}}\diagup C{-}OH
\end{array}.
$$

5. Sonstige N-haltige Heterocyclen.

Ausgehend von den von L. WOLFF entdeckten „Diazoanhydriden"
gelangt man zu verschiedenen N-haltigen fünfgliedrigen Heterocyclen,
und zwar zu *Triazolen, Thiodiazolen* und *Pyrazolen*[85]; auch diese Ring-
schlüsse werden energetisch ermöglicht durch das Abgleiten des reagierenden Systems in einen Cyclus mit aromatischer Mesomerie.

a) Triazole, ausgehend von Diazoanhydriden.

Behandelt man Acetessigester-diazoanhydrid mit Ammonacetat,
so entsteht 5-Methyl-1,2,3-triazol-4-carbonsäureester[86]. Diese Reaktion kann man in folgende Stufen zerlegen: zunächst bildet sich durch

[82] HANTZSCH: B. **23**, 1474 (1890). — FEIST: B. **35**, 1539 (1902). — PLANCHER:
R. A. L. [5] **13**, I, 41 (1904). — KORSCHUN: B. **37**, 2196 (1904); **38**, 1126 (1905);
Bull. Soc. chim. France [4] **3**, 59 ͻ (1908). — BENARY: B. **44**, 494 (1911). —
KONDO, OHNO u. IRIE: J. pharmac. Soc. Japan **57**, 78 (1937); s. a. S. 169.
[83] BENARY u. SILBERMANN: B. **46**, 1363 (1913). — FISCHER, H., u. RÖSE:
Z. physiol. Chem. **89**, 266 (1914). — BENARY: B. **60**, 1826 (1927).
[84] EMERY: A. **260**, 137, 144 (1890).
[85] Vgl. XI, 1d, S. 354.
[86] WOLFF, L.: A. **325**, 132, 153 (1902); **394**, 26, 48 (1912); B. **36**, 3616 (1903).

Einwirkung von Ammoniak auf das als Diazonium-enolbetain aufzufassende Diazoanhydrid intermediär die zugehörige Enaminverbindung,
die zum Triazol cyclisiert:

$$CH_3-C(\overset{\ominus}{|\underline{O}|})=C(N\overset{\oplus}{\equiv}N|)-COOC_2H_5 \;\;+\;NH_3 \;\longrightarrow\; CH_3-\overset{\overset{\ominus}{|\overline{O}|}}{\underset{\overset{\uparrow}{H_2\overset{\oplus}{N}H}}{C}}-\overset{\ominus}{\underset{N\overset{\oplus}{\equiv}N|}{C}}-COOC_2H_5 \;\xrightarrow{-H_2O}\;$$

$$\longrightarrow\; CH_3-\overset{}{\underset{H\underline{N}|}{C}}{=}\quad\overset{\ominus}{\underset{\underline{N}\overset{\oplus}{=}N|}{C}}-COOC_2H_5 \;\longrightarrow$$

$$\longrightarrow\; \left\{ CH_3-\overset{}{\underset{H-\underset{\oplus}{N}\to\underline{N}}{C}}\quad\overset{\ominus}{\underset{\underline{N}|}{C}}-COOC_2H_5 \;\leftrightarrow\; CH_3-\overset{}{\underset{H-N\;\underline{N}}{C}}{=\!\!=}\overset{}{\underset{N|}{C}}-COOC_2H_5 \;\leftrightarrow\right.$$

$$\left.\leftrightarrow\; CH_3-\overset{}{\underset{H-N\;\;N\;\;N|}{C}}\cdots\overset{}{\underset{\underline{N}}{C}}-COOC_2H_5 \right\}.$$

Im Gegensatz zum Acetessigester-diazoanhydrid als acyclischem
Diazonium-enolbetain wird hier der Ringschluß durch die geringere
Elektronenaffinität des Stickstoffs in der Ketimidgruppe möglich.

Bei der Einwirkung von Methylamin[87] entsteht das entsprechende
1-Methyl-derivat; mit Phenylhydrazin geht das Acetessigester-diazoanhydrid über in 1-Anilino-5-methyl-1,2,3-triazol-4-carbonsäureester.

Behandelt man hingegen Acetessigester-diazoanhydrid mit konzen-
triertem Ammoniak, so entsteht 5-Oxy-4-acetotriazol; ausgehend von
der zunächst wohl ebenfalls intermediär entstehenden Enaminverbindung ist diese Reaktion folgendermaßen deutbar:

$$CH_3-\overset{}{\underset{H\underline{N}}{C}}-\overset{\overset{\ominus}{}}{\underset{\underset{\oplus}{N{=}N}}{C}}-\overset{\overset{|O|}{\|}}{C}-\overline{O}-C_2H_5 \;+\;N\overline{H}_3 \;\longrightarrow\; CH_3-\overset{}{\underset{H\underline{N}}{C}}-\overset{\ominus}{\underset{N{=}N\leftarrow\overset{\oplus}{N}H_3}{C}}-\overset{|\overline{O}|\ominus}{\underset{\oplus}{C}}-\overline{O}-C_2H_5 \;\longrightarrow$$

$$\longrightarrow\; CH_3-\overset{}{\underset{H\underline{N}}{C}}-\overset{}{\underset{|N}{C}}\quad\overset{|\overline{O}|\ominus}{\underset{\overset{\oplus}{N}H_2}{\underset{\downarrow}{\underset{H}{C}}}}-\overline{O}-C_2H_5 \;\longrightarrow\; CH_3-\overset{}{\underset{H\underline{N}}{C}}-\overset{}{\underset{N}{C}}\quad\overset{|\overline{O}|\ominus}{\underset{\overset{\oplus}{N}H_2\atop H}{\underset{\uparrow}{C}}}-\overline{O}-C_2H_5 \;\longrightarrow$$

$$\xrightarrow{-C_2H_5OH}\; CH_3-\overset{}{\underset{H\underline{N}}{C}}-\overset{}{\underset{N}{C}}\quad\overset{\overset{\oplus}{}\;\overset{\ominus}{}}{\underset{N-H\atop H}{C}}-\overline{O}| \;\xrightarrow[-NH_3]{+H_2O}\; CH_3-\overset{}{\underset{|O|}{C}}-\overset{}{\underset{N}{C}}\quad\overset{}{\underset{N|\atop H}{C}}-\overline{O}{\to}H \quad.$$

[87] WOLFF, L.: A. 394, 54 (1912); s. a. DIMROTH u. FESTER: B. 43, 2223 (1910).

Bezüglich der Stellung des Imidwasserstoffatoms der Triazole gilt das Gleiche wie für die Stellung des H-Atoms der Pyrazole.

b) Triazole, ausgehend von Aryl- oder Alkylaziden.

O. DIMROTH[88] fand, daß β-Dicarbonylverbindungen bei Gegenwart von Natriumäthylat glatt Aryl- oder Alkylazide addieren unter Bildung von 1,2,3-Triazolderivaten. So läßt sich durch Kondensation von Phenylazid mit Natracetessigester der 1-Phenyl-5-methyl-1,2,3-triazol-4-carbonsäureester herstellen. Diese Reaktion beginnt mit einer Anlagerung des Phenylazids

$$\left\{\; C_6H_5-\overline{N}-\overline{N}=\overline{N} \;\longleftrightarrow\; C_6H_5-\overline{N}-\overline{N}=\overline{N} \;\right\}$$

an die Carbeniatgrenzanordnung des Anions des Natracetessigesters:

$$\left[CH_3-C(=O)-\overline{C}H-COOC_2H_5 \right] + C_6H_5-\overline{N}-\overline{N}=\overline{N} \longrightarrow$$

$$\longrightarrow \left[\begin{array}{c} CH_3-C(=O)-\overset{H}{C}-COOC_2H_5 \\ C_6H_5-\overline{N}-\overline{N}=\overline{N} \end{array} \right].$$

In zweiter Reaktionsstufe findet dann Ringschluß statt zum aromatischen System des 1,2,3-Triazols dadurch, daß zunächst der Azeniatstickstoff in die aufgerichtete Carbonylgruppe eingreift:

$$\left[\begin{array}{c} CH_3-C-\overset{H}{C}-COOC_2H_5 \\ C_6H_5-\overline{N}-N=N \end{array} \right] \longrightarrow \left[\begin{array}{c} CH_3-C-\overset{H}{C}-COOC_2H_5 \\ C_6H_5-\overline{N}-N=N \end{array} \right];$$

durch anionische Abspaltung von [OH]$^-$ tritt dann Stabilisierung ein unter Aromatisierung:

$$\left[\begin{array}{c} CH_3-C-\overset{H}{C}-COOC_2H_5 \\ C_6H_5-\overline{N}-N=N \end{array} \right] \longrightarrow \left[\overline{O}{\rightarrow}H\right]^- + \begin{array}{c} CH_3-C=C-COOC_2H_5 \\ C_6H_5-\overline{N}-N=N \end{array}.$$

Bei der Einwirkung von Phenylazid auf Natriummalonester entsteht in lebhafter Reaktion der 1-Phenyl-5-oxy-1,2,3-triazol-4-carbon-

<hr>

[88] B. 35, 1029, 4041 (1902). — DIMROTH, FRISONI u. MARSHALL: B. 39, 3922 (1906).

säureester, da nunmehr Stabilisierung des Addukts durch Abspaltung von Alkohol stattfinden kann:

$$\left[\mathrm{HC}\diagdown\begin{matrix}\overset{-}{}\mathrm{COOC_2H_5}\\ \overset{\oplus}{\mathrm{C}}\!-\!\overset{-}{\mathrm{O}}\!-\!\mathrm{C_2H_5}\\ |\,\underline{\mathrm{O}}\,|\end{matrix}\right]^{-} + \;\mathrm{C_6H_5}\!-\!\underset{\ominus}{\overset{-}{\mathrm{N}}}\!-\!\overset{-}{\mathrm{N}}\!=\!\underset{\oplus}{\overset{-}{\mathrm{N}}} \longrightarrow$$

$$\longrightarrow \left[\begin{matrix}|\,\underline{\mathrm{O}}\,| & \mathrm{H}\\ \mathrm{C_2H_5}\!-\!\overset{-}{\mathrm{O}}\!-\!\mathrm{C}\!-\!-\!-\!-\!\mathrm{C}\!-\!\mathrm{COOC_2H_5}\\ \mathrm{C_6H_5}\!-\!\overset{-}{\mathrm{N}}\diagdown_{\mathrm{N}}\diagup\!=\!\mathrm{N}\,|\end{matrix}\right]^{-} \longrightarrow \;\mathrm{C_2H_5}\!-\!\overset{-}{\mathrm{O}}\!\rightarrow\!\mathrm{H} \;+$$

$$+ \left[\begin{matrix}|\,\overset{-}{\mathrm{O}}\!-\!\mathrm{C}\!=\!=\!\mathrm{C}\!-\!\mathrm{COOC_2H_5}\\ \mathrm{C_6H_5}\!-\!\overset{-}{\mathrm{N}}\diagdown_{\mathrm{N}}\diagup\!=\!\mathrm{N}\,|\end{matrix}\right]^{-} .$$

Aus Phenylazid und Natrium-cyanessigester erhält man in analoger Reaktion den 1-Phenyl-5-amino-1,2,3-triazol-4-carbonsäureester; Stabilisierung des ersten Addukts kommt hierbei durch einfache Prototropie zustande, ausgelöst durch das Aromatisierungsbestreben des reagierenden Systems:

$$\left[\begin{matrix}\mathrm{H}\\ \overset{-}{\mathrm{N}}\!=\!\overset{\oplus}{\mathrm{C}}\!-\!\overset{-}{\mathrm{C}}\!-\!\mathrm{COOC_2H_5}\end{matrix}\right]^{-} + \;\mathrm{C_6H_5}\!-\!\underset{\ominus}{\overset{-}{\mathrm{N}}}\!-\!\overset{-}{\mathrm{N}}\!=\!\underset{\oplus}{\overset{-}{\mathrm{N}}} \longrightarrow \left[\begin{matrix}\mathrm{H}\\ \overset{\ominus}{\overset{-}{\mathrm{N}}}\!=\!\mathrm{C}\!-\!-\!-\!-\!\mathrm{C}\!-\!\mathrm{COOC_2H_5}\\ \mathrm{C_6H_5}\!-\!\overset{-}{\mathrm{N}}\diagdown_{\mathrm{N}}\diagup\!=\!\mathrm{N}\,|\end{matrix}\right]^{-} \longrightarrow$$

$$\longrightarrow \left[\begin{matrix}\mathrm{H}\!\leftarrow\!\overset{-}{\mathrm{N}}\!=\!\mathrm{C}\!-\!-\!-\!\overset{-}{\mathrm{C}}\!-\!\mathrm{COOC_2H_5}\\ \mathrm{C_6H_5}\!-\!\overset{-}{\mathrm{N}}\diagdown_{\mathrm{N}}\diagup\!=\!\mathrm{N}\,|\end{matrix}\right] \longleftrightarrow \left[\begin{matrix}\mathrm{H}\overset{-}{\mathrm{N}}\!-\!\mathrm{C}\!=\!=\!\mathrm{C}\!-\!\mathrm{COOC_2H_5}\\ \mathrm{C_6H_5}\!-\!\overset{-}{\mathrm{N}}\diagdown_{\mathrm{N}}\diagup\!=\!\mathrm{N}\,|\end{matrix}\right]^{-} \longrightarrow$$

$$\overset{+\,\mathrm{H^+}}{\longrightarrow} + \begin{matrix}\mathrm{H_2\overset{-}{N}}\!-\!\mathrm{C}\!=\!=\!\mathrm{C}\!-\!\mathrm{COOC_2H_5}\\ \mathrm{C_6H_5}\!-\!\overset{-}{\mathrm{N}}\diagdown_{\mathrm{N}}\diagup\!=\!\mathrm{N}\,|\end{matrix} .$$

Sowohl der 5-Oxy- als auch der 5-Amino-1-phenyl-1,2,3-triazol-4-carbonsäureester sind nun durch eine bemerkenswerte Tautomerisierung ausgezeichnet, die bei beiden Substanzen ihrem Wesen nach auf die gleiche Ursache zurückzuführen ist[89].

Der 1-Phenyl-5-oxy-1,2,3-triazol-4-carbonsäureester ist durch den Einbau des β-Dicarbonylsystems in einen Ring mit aromatischer Mesomerie eine starke Säure geworden ($K = 1{,}58 \cdot 10^{-2}$), die sich beim Schmelzen (F. 74° für den Methylester) oder beim Kochen seiner Lösung umlagert in eine neutrale tautomere Verbindung, die beim Erwärmen mit Natriumäthylat-Lösung wiederum in den sauren Ester zurückverwandelt werden kann. Diese Tautomerisierung ist elektronisch folgendermaßen deutbar: zunächst tritt am N-Atom in 1-Stel-

[89] DIMROTH, O.: A. **377**, 127 (1910); **399**, 91 (1919); s. a. B. R. BROWN u. D. LL. HAMMICK: J. chem. Soc. London **1947**, 1384.

lung, das induktiv hoch stabilisiert ist, Ringsprengung ein zu einem
Spaltprodukt

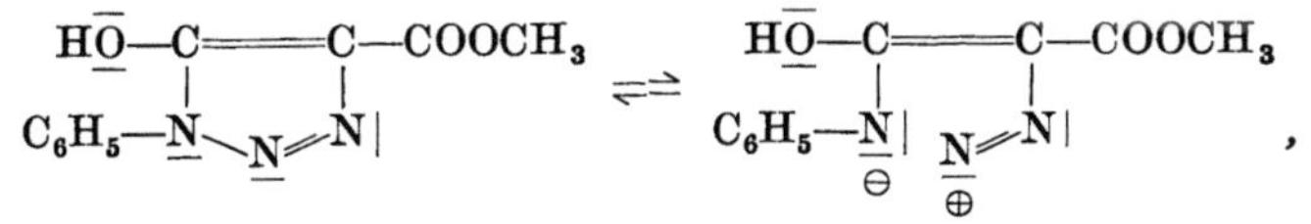

$$HO-C{=}{=}C-COOCH_3 \quad\rightleftharpoons\quad HO-C{=}{=}C-COOCH_3$$
$$C_6H_5-N{\diagdown}{}_N{\diagup}N| \qquad\qquad C_6H_5-\underset{\ominus}{N}| \ \underset{\oplus}{N}{\diagup}N| \qquad ,$$

das sich unter Prototropie und Elektromerie stabilisiert zu α-Diazo-
malonanilidsäureester, der als Diazonium-enolbetain aufzufassen ist:

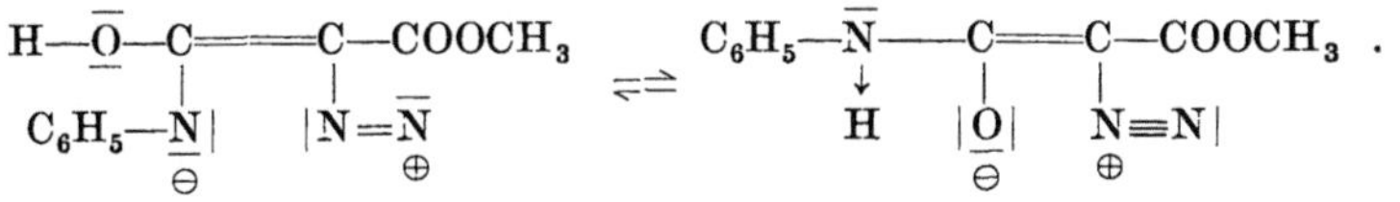

$$H-O-C{=}{=}C-COOCH_3 \quad\rightleftharpoons\quad C_6H_5-N{-}{-}C{=}C-COOCH_3 \ .$$
$$C_6H_5-\underset{\ominus}{N}| \quad |N{=}\overset{-}{\underset{\oplus}{N}} \qquad\qquad\quad H \quad \underset{\ominus}{|O|} \quad \underset{\oplus}{N{\equiv}N|}$$

Nach einem analogen Mechanismus entsteht aus dem basischen
1-Phenyl-5-amino-1,2,3-triazol-4-carbonsäureester der ausgesprochen
saure 5-Anilino-1,2,3-triazol-4-carbonsäureester (beim Erhitzen auf
145° oder beim Kochen in Pyridin bzw. Essigsäureanhydrid):

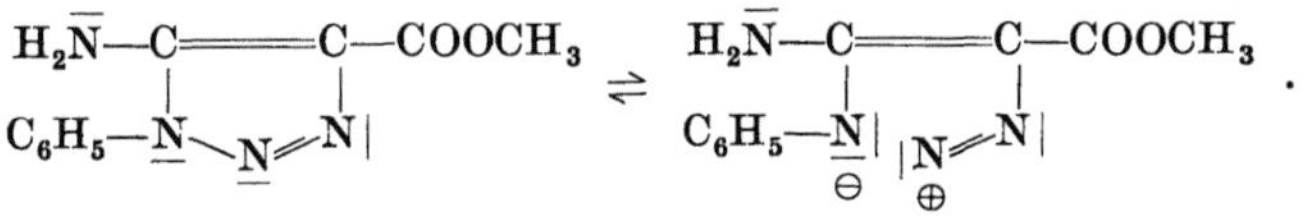

$$H_2N-C{=}{=}C-COOCH_3 \quad\rightleftharpoons\quad H_2N-C{=}{=}C-COOCH_3 \ .$$
$$C_6H_5-N{\diagdown}{}_N{\diagup}N| \qquad\qquad C_6H_5-\underset{\ominus}{N}| \ \underset{\oplus}{|N}{\diagup}N|$$

Der zunächst analog der Oxyverbindung erfolgenden Ringsprengung folgt Prototropie und danach erneuter Triazolringschluß:

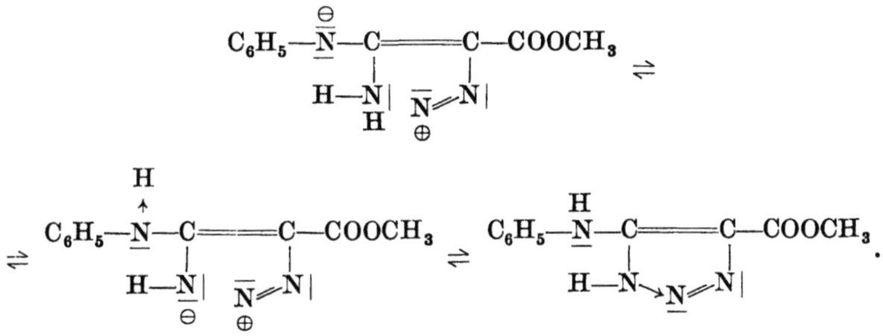

$$C_6H_5-\overset{\ominus}{\underset{}{N}}-C{=}{=}C-COOCH_3 \quad\rightleftharpoons$$
$$H-N| \quad \overset{-}{N}{\diagup}N|$$
$$\underset{\oplus}{H}$$

$$\overset{H}{\underset{}{\uparrow}}$$
$$\rightleftharpoons\quad C_6H_5-N-C{=}{=}C-COOCH_3 \quad\rightleftharpoons\quad C_6H_5-\overset{H}{N}-C{=}{=}C-COOCH_3 \ .$$
$$H-\underset{\ominus}{N}| \quad \underset{\oplus}{\overset{-}{N}{\diagup}N|} \qquad\qquad H-N{\diagdown}{}_N{\diagup}N|$$

Diese Tautomerisierungen sind deswegen besonders bemerkenswert,
weil DIMROTH durch Untersuchung der Abhängigkeit des Tautomeriegleichgewichts von der Löslichkeit der Tautomeren im jeweiligen
Lösungsmittel exakt die Gültigkeit der bekannten VAN'T HOFFschen
Beziehung

$$\frac{c_A}{c_B} = \frac{L_A}{L_B} \cdot G$$

beweisen konnte[90].

So wurden bei der Untersuchung dieser Löslichkeitsabhängigkeit
des Gleichgewichts beim Tautomerenpaar 1-Phenyl-5-amino-triazol-

---

[90] Vgl. auch I, 2, S. 8.

carbonsäuremethylester $\rightleftharpoons$ 5-Anilino-triazolcarbonsäuremethylester folgende Werte erhalten:

Lösungsmittel	C_s/C_n	L_s/L_n	G
Äther . . .	21,7	53,0	0,4
Methanol .	2,3	7,0	0,33
Benzol . .	1,02	3,2	0,32
Nitrobenzol	0,8	2,2	0,36
Chloroform .	0,32	1,1	0,32

Index s = Werte für 5-Anilino-triazolcarbonester.
Index n = Werte für 1-Phenyl-5-amino-triazolcarbonester.

Außerdem konnte DIMROTH durch Bestimmung derUmlagerungsgeschwindigkeit des Phenyl-oxy-triazolcarbonesters und des Methyl-oxy-triazolcarbonesters (aus Methylazid + Natrium-malonester) zeigen, daß, entsprechend einer theoretischen Überlegung VAN'T HOFFs die Umlagerungsgeschwindigkeit angenähert umgekehrt proportional ist der Löslichkeit des sich umlagernden Isomeren.

c) Thiodiazole.

Läßt man auf Diazoanhydride nach L. WOLFF[91] verdünnte Ammoniumhydrosulfidlösung in der Kälte einwirken, so bilden sich Derivate des *Thiodiazols*:

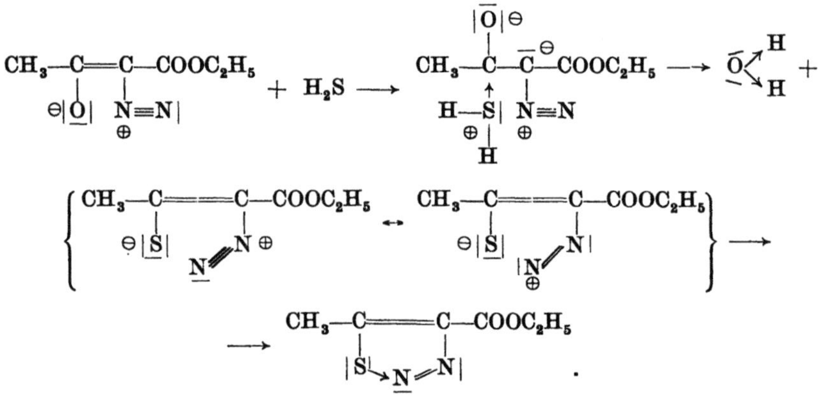

$$CH_3\text{—}C\text{==}C\text{—}COOC_2H_5 \;+\; H_2S \;\longrightarrow\;$$

$$CH_3\text{—}C\text{—}C\text{—}COOC_2H_5 \;\longrightarrow\; O\!\!\begin{array}{c}H\\H\end{array} \;+$$

$$\left\{ CH_3\text{—}C\text{==}C\text{—}COOC_2H_5 \;\leftrightarrow\; CH_3\text{—}C\text{==}C\text{—}COOC_2H_5 \right\} \;\longrightarrow$$

$$\longrightarrow\; CH_3\text{—}C\text{==}C\text{—}COOC_2H_5 \qquad .$$

Die dem Stickstoff in gewisser Weise ähnliche Elektronenaffinität des Schwefels führt hier, ähnlich wie bei der Einwirkung von Ammonacetat, zur Bildung des cyclischen Systems mit aromatischer Mesomerie-

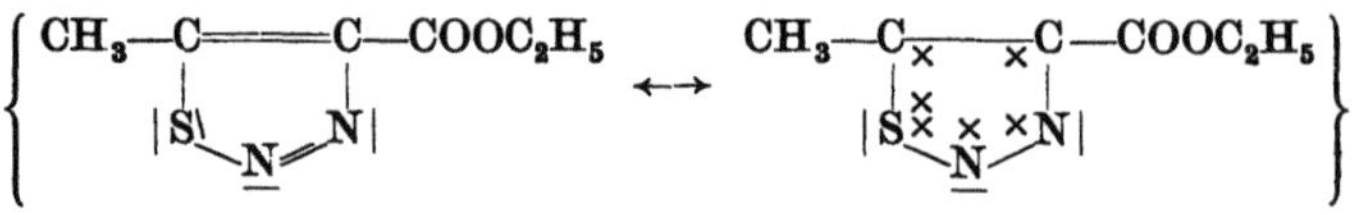

$$\left\{ CH_3\text{—}C\text{==}C\text{—}COOC_2H_5 \;\leftrightarrow\; CH_3\text{—}C\text{—}C\text{—}COOC_2H_5 \right\} \qquad .$$

---

[91] A. **325**, 169 (1902); vgl. a. F. ARNDT u. B. EISTERT: B. **68**, 196, 208, 396 (1935).

6. Cumarine; Benzopyryliumsalze.

a) Cumarine.

Behandelt man Acetessigester mit starken Säuren, so besteht die
erste Stufe der dadurch eintretenden Selbstkondensation in einer Um-
esterungsreaktion unter Bildung des Acetessigsäure-β-oxycrotonsäure-
esters (vergl. X, 1, S. 301):

$$CH_3\text{—}CO\text{—}CH_2\text{—}COO\text{—}\underset{\underset{CH_3}{|}}{C}{=}CH\text{—}COOC_2H_5$$

Unterwirft man daher ein Gemisch eines Phenols mit Acetessigester der gleichen Behandlung mit starken Säuren [92], so bildet sich in
erster Stufe analog durch Umesterung der Acetessigsäure-phenylester:

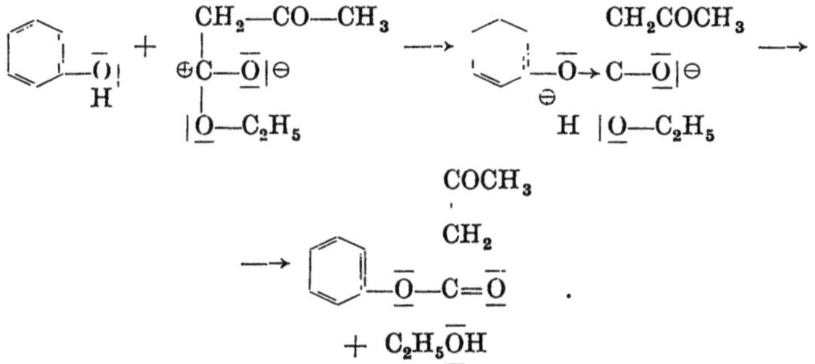

Nunmehr findet unter dem Einfluß der Säure Cyclisierung statt, indem die aktivierte Enolform mit polarisierter Doppelbindung an dem
durch die Wirkung des $+$ E-Effekts in o-Stellung reaktionsbereiten
einsamen Elektronenpaar anteilig wird; unter Wasserabspaltung bildet sich der aromatische Ring des Cumarins:

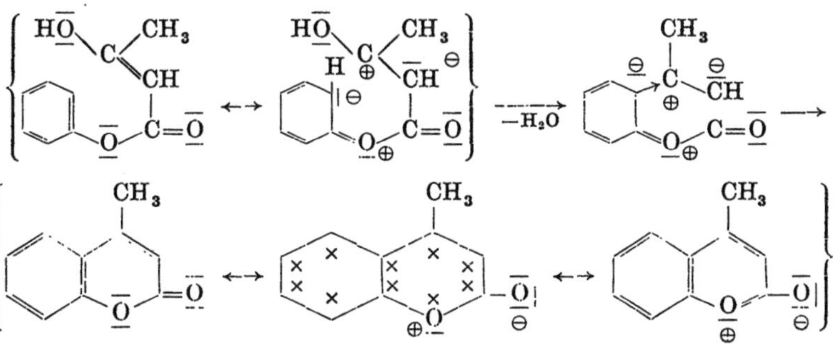

Man erkennt unschwer, daß die Möglichkeit der Ausbildung des
energiearmen aromatischen Systems auch hier die treibende Kraft dieser Umsetzung darstellt.

---

[92] v. Pechmann u. C. Duisberg: B. **16**, 2122 (1883). — v. Pechmann: B. **17**,
2187 (1884); **32**, 3681 (1899); **34**, 421 (1901).

Es ist bekannt, daß besonders m-substituierte Phenole in glatter Reaktion und mit guten Ausbeuten bei der Kondensation mit β-Keto-carbonsäureestern in Cumarine übergehen[93]. Diese Tatsache ist elektronentheoretisch leicht verständlich, da durch eine solche m-Substitution vornehmlich mit einem Substituenten mit $+$ E-Effekt die Ausbildung der reaktionsbereiten polarisierten Grenzformel wesentlich erleichtert wird; das charakteristische Beispiel hierfür ist das *Resorcin*:

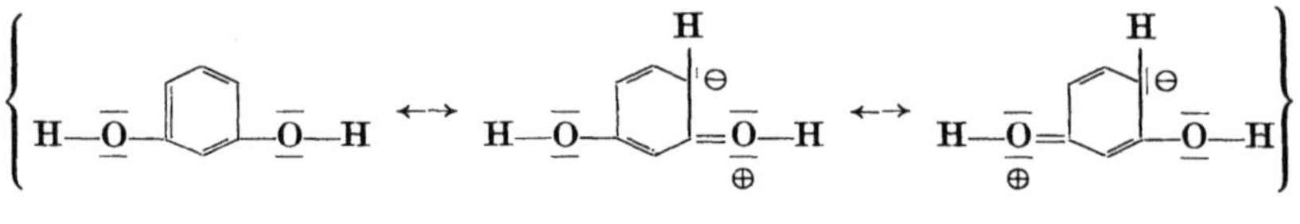

$$\left\{ \text{H—O—}\bigcirc\text{—O—H} \longleftrightarrow \text{H—O—}\bigcirc\text{=O—H} \longleftrightarrow \text{H—O=}\bigcirc\text{—O—H} \right\}.$$

Besonders bemerkenswert erscheint, daß bereits durch eine Methylgruppe in m-Stellung diese Aktivierung begünstigt wird: m-Kresol gibt bessere Ausbeuten als die Isomeren[94].

Wählt man Oxymethylen-essigester als Ausgangsmaterial zur Kondensation mit dem Phenol, so gelangt man zu den Cumarinen selbst; zweckmäßig verfährt man hierbei nach dem Verfahren v. Pechmanns[95], indem man Apfelsäure mit Phenol durch konzentrierte Schwefelsäure kondensiert, wobei aus der Apfelsäure durch Abspaltung von Ameisensäure, bzw. von Kohlenoxyd und Wasser, intermediär die Oxymethylen-essigsäure entsteht.

Die Duisberg-v. Pechmannsche Cumarinsynthese ist in weiten Grenzen variierbar; so sind an Stelle der unsubstituierten β-Ketocarbonsäureester ganz allgemein auch α-monosubstituierte Derivate der Reaktion zugänglich[96]. Aus Äthoxymethylen-β-dicarbonylverbindungen erhält man 3-Acylcumarine[97], während sich aus Acetondicarbonsäure 4-Essigsäure-Derivate gewinnen lassen[98]. Die Reaktion ist nicht auf die Anwendung starker Schwefelsäure als Kondensationsmittel beschränkt; Cumarin-Bildung tritt ebenfalls ein mit Aluminiumchlorid

[93] v. Pechmann u. Duisberg: l. c.

[94] Siehe H. Simonis: Die Cumarine. S. 116. Stuttgart: Enke-Verlag 1936.

[95] v. Pechmann: B. **17**, 929 (1884); A. **264**, 284 (1891).

[96] Siehe z. B. W. Dieckmann: A. **317**, 27 (1901). — Banerjee, S. K.: J. Indian chem. Soc. **8**, 777 (1931). — Chakravarti, D., u. Mitarb.: J. Indian chem. Soc. **13**, 619, 649 (1936); Sci. a. Cult. **1**, 783 (1936). — Ahmad, S. Z., u. R. D. Desai: Proc. Indian Acad. Sci. Sect. A **5**, 277 (1937). — Shah, N. M.: J. Univ. Bombay (N. s.) **8**, 205 (1939). — Sethnau, S. M., u. Mitarb.: J. Indian chem. Soc. **15**, 383 (1938); **17**, 37 (1940). — α-Formyl-phenylessigester: Baker, W.: J. chem. Soc. London **1927**, 2898; **1931**, 1541. — Siehe ferner die Cannabinol-Synthesen von Roger Adams u. Mitarb., z. B.: J. Amer. chem. Soc. **62**, 2401 (1940); **63**, 1971 ff., 2205 (1941). — Über die Kondensation von Phenolen mit α-substituierten Malonestern zu 4-Oxycumarin-3-carbonestern vgl. G. Urbain u. C. Mentzer: Bull. Soc. chim. France [5] **10**, 404 (1943); s. a. Kap. VI.

[97] Weiss, R., u. Mitarb.: Mh. Chem. **50**, 115 (1928); **51**, 386 (1929).

[98] Dey: J. chem. Soc. London **107**, 1606 (1915). — Dixit, V. M., u. G. N. Gokhale: J. Univ. Bombay **3**, 80 (1934).

in Nitrobenzol[99], mit Phosphoroxychlorid[100], mit Phosphorpentoxyd[101] oder mit Chlorwasserstoff in Eisessig[102] oder Alkohol[103].

Auch durch Anwendung von Malonsäure kann man nach einem von KNOEVENAGEL[104] aufgefundenen Verfahren dadurch zum Cumarin und seinen Bz-Derivaten gelangen, daß man zunächst Salicylaldehyd mit Malonsäure bei Gegenwart eines Protonacceptors (z. B. Anilin) aldolartig zur Salicyliden-malonsäure kondensiert:

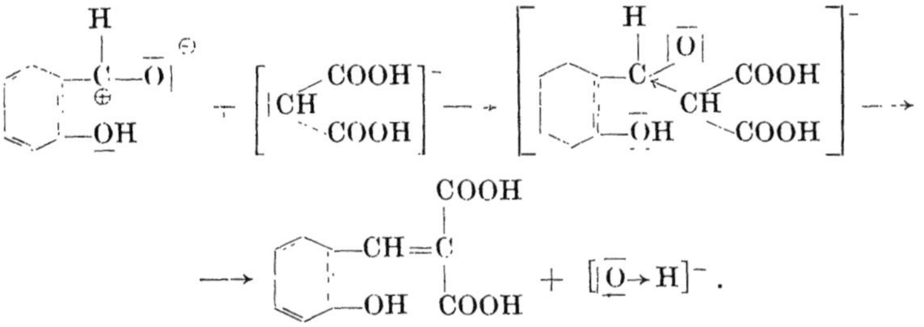

Beim Behandeln dieses Zwischenprodukts mit verdünnter Mineralsäure tritt dann Laktonisierung ein zur Cumarin-3-carbonsäure, die beim Erhitzen über den Schmelzpunkt leicht decarboxylierbar ist zu Cumarin:

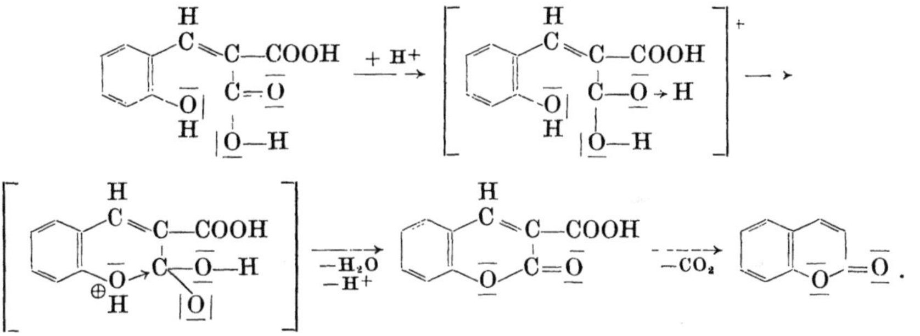

Entsprechend der Ketonsynthese von HOESCH[105] erhielt A. SONN[106] durch Einwirkung von Cyanessigester auf Resorcin bei Gegenwart von

<hr>

[99] SHAH, R. C.. u. Mitarb.: Current Sci. **6**, 93 (1937); J. chem. Soc. London **1938**, 228; 1066; 1424; B. **71**, 2075 (1938); **72**, 215 (1939). — DESAI, R. S., u. SH. A. HAMID: Proc. Indian Acad. Sci. Sect. A **6**, 185 (1937). — DELIWALA C. V., u. N. M. SHAH: J. chem. Soc. London **1939**, 1250.

[100] DESAI, R. D., u. Mitarb.: Current Sci. **6**, 56 (1937); Proc. Indian Acad. Sci. Sect. A **8**, 1, 12, 567 (1938).

[101] CHAKRAVARTI, D.: J. Indian chem. Soc. **8**, 407 (1931).

[102] BORSCHE, W., u. J. NIEMANN: B. **62**, 2043 (1929).

[103] APPEL, H.: J. chem. Soc. London **1935**, 1031.

[104] B. **31**, 2618 (1898); s. a. P. N. KURIEN, K. C. PANDYA u. V. R. SURANGE: J. Indian chem. Soc. **11**, 823 (1934). — HORNING, C., u. M. HORNING: J. Amer. chem. Soc. **69**, 968 (1947).

[105] B. **48**, 1122 (1915); **50**, 462 (1917).

[106] B. **50**, 1292 (1917); über die Reaktion mit Malonitril s. a. J. SHINODA: J. pharmac. Soc. Japan **1927**, 111.

Chlorzink unter dem Einfluß von Chlorwasserstoff das 4-Amino-7-oxy-cumarin; diese Reaktion verläuft wohl derart, daß zunächst entsprechend dem Chemismus der HOESCHschen Synthese Ketimidbildung eintritt und danach Cyclisierung zum Cumarin unter Umesterung:

$$\text{HO-C}_6\text{H}_3(\text{OH}) + NC-CH_2-COOC_2H_5 \longrightarrow$$

$$\longrightarrow \text{HO-C}_6\text{H}_3(\text{OH})-C(=NH)-CH_2-COOC_2H_5 \xrightarrow{-C_2H_5OH}$$

Hierbei ist besonders bemerkenswert, daß durch den Einbau der Ketimidgruppe in einen zu aromatischer Mesomerie fähigen Cyclus die Ketimidgruppe durch die durch die Aromatisierung erzwungene Tautomerisierung zur Enaminform weit beständiger geworden ist als eine in offener Kette stehende Ketimidgruppe.

b) Benzo-pyrylium-salze.

Bei der Erörterung der Cumarinsynthese ist bereits erwähnt worden, daß mehrwertige Phenole, besonders Resorcin und seine Derivate, sehr leicht mit β-Ketocarbonsäureestern Derivate des Cumarins bilden. BÜLOW[107] hat nun gefunden, daß sich auch β-Diketone unter denn Einfluß von Chlorwasserstoff mit Resorcin kondensieren lassen, wobei nunmehr Salze des Benzo-pyryliums sich bilden. Diese interessante Reaktion läßt sich elektronentheoretisch folgendermaßen interpretieren: zunächst entsteht beispielsweise aus Acetylaceton durch HCl ein Hydroxy-carbeniumchlorid, das mit einer phenolischen Hydroxylgruppe des Resorcins reagiert:

$$CH_3-C(OH)=CH-C(=O)-CH_3 + H^+Cl^- \longrightarrow [CH_3-C(OH)=CH-\overset{\oplus}{C}(O \rightarrow H)-CH_3]\, Cl^-$$

Dieses zunächst entstehende Addukt stabilisiert sich unter Wasserabspaltung und Bildung eines Oxonium-kations, das unter Reaktion der aktivierten Enoldoppelbindung, ausgelöst durch den hohen elektromeren Effekt des Resorcins und energetisch ermöglicht durch das Aromati-

[107] B. 34, 1189 (1901); 34, 3919 (1901); 36, 190 (1903); 37, 1791, 4528 (1904). — DECKER: A. 356, 296 (1907); B. 41, 2999 (1908). — PERKIN W. H., JUN., ROBINSON u. TURNER: J. chem. Soc. London 93, 1088 (1908).

sierungsbestreben des reagierenden Systems, den Ring schließt unter
Bildung eines Pyrylium-kations:

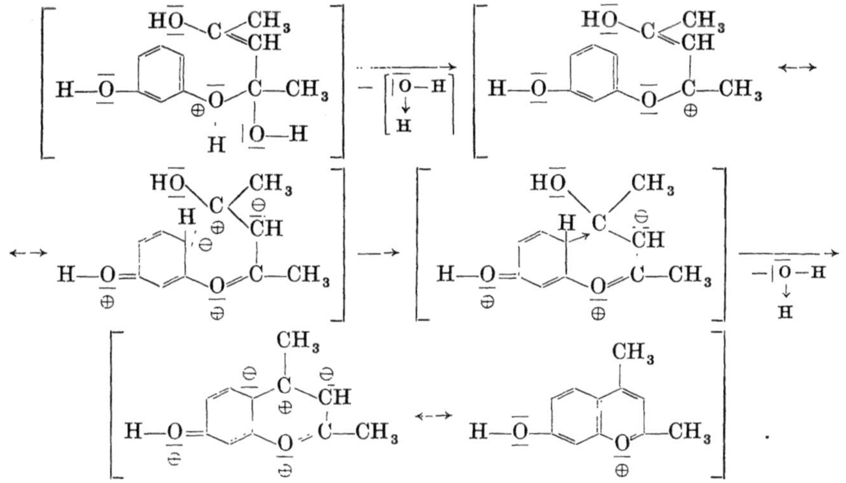

Der Farbstoffcharakter des so entstehenden Pyryliumsalzes ist auf
folgende merichinoide Mesomerie zurückzuführen:

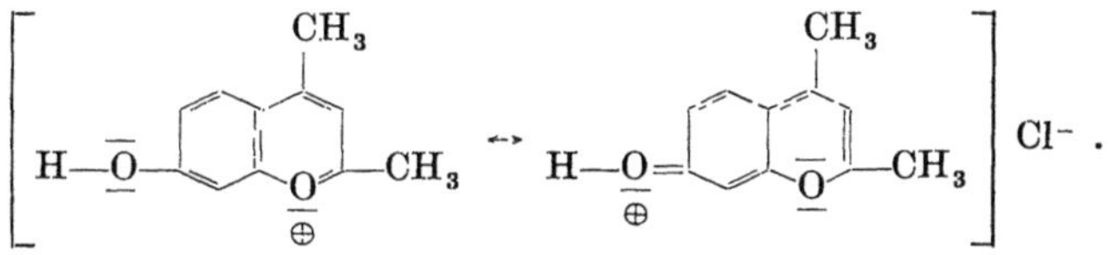

α- oder γ-Methylsubstituierte Benzopyryliumsalze sind, ähnlich wie
die entsprechenden Chinolinderivate, mit Aldehyden leicht zu tiefgefärb-
ten Styrylverbindungen kondensierbar[108].

Kondensiert man Salicylaldehyd mit β-Dicarbonylverbindungen
unter dem Einfluß von Chlorwasserstoff, so entstehen ebenfalls Benzopyryliumsalze: dabei bildet sich zunächst aus Salicylaldehyd und der
β-Dicarbonylverbindung, wie beispielsweise Benzoylaceton[109], unter
Aldolkondensation die entsprechende Salicyliden-Verbindung, die sich
unter dem Einfluß von Chlorwasserstoff cyclisiert:

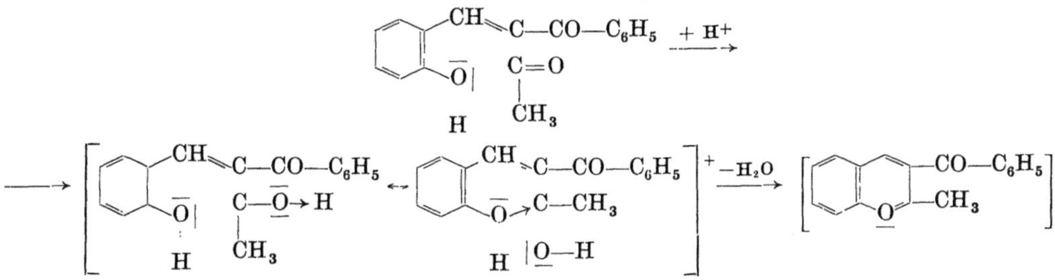

[108] BORSCHE, W., u. K. WUNDER: A. 411, 38 (1916). — BORSCHE, W.: B. 80,
278 (1947).
[109] LE FÈVRE, R. J. W., u. J. PEARSON: J. chem. Soc. London 1933, 1197.

Ein ähnliches Salz wurde durch Kondensation von Dimethyl-dihydroresorcin[110] oder von Indandion[111] mit Salicylaldehyd erhalten, während mit α-substituierten Acetessigestern unter Verseifung und Decarboxylierung Salze des 5-Methyl-3-alkylbenzopyryliums entstehen[112].

7. Chromone.

Aus Phenolen und β-Ketocarbonsäureestern entstehen unter dem Einfluß von konzentrierter Schwefelsäure fast ausnahmslos Cumarine. Da die Ausbeuten nur bei m-substituierten Phenolen befriedigend sind, war es naheliegend, zu versuchen, eine Erhöhung der Ausbeute durch Änderung des Kondensationsmittels zu erzielen. Gelegentlich solcher Versuche fand nun H. Simonis[113], daß gewisse Phenole mit β-Ketocarbonsäureestern unter dem Einfluß von *Phosphorpentoxyd* nicht die erwarteten Cumarine, sondern die isomeren *Chromone* geben. Man muß daher annehmen, daß das Phenol unter dem Einfluß von Phosphorpentoxyd zunächst mit der aktivierten Enolform des β-Ketocarbonsäureesters reagiert unter Bildung eines β-Phenoxy-crotonsäureesters, der sich unter Alkohol-Abspaltung zum aromatischen System des Chromons cyclisiert:

Die andere, an sich naheliegende Deutung der Reaktion als Friessche Verschiebung des zunächst durch Umesterung entstehenden

---

[110] Chakravarti, G. Ch., H. Chattopadhyaya u. P. C. Ghosh: J. Indian Inst. Sci. A **14**, 141 (1931); s. a. R. D. Desai: J. Univ. Bombay **2**, 62 (1933).

[111] Sastry, S. G., u. B. N. Gosh: J. chem. Soc. London **107**, 1442 (1915); **109**, 177 (1916).

[112] De, S. Ch.: J. Indian chem. Soc. **4**, 23 (1927); über die Kondensation des Acetessigesters mit Salicylaldehyd s. R. J. W. Le Fèvre: J. chem. Soc. London **1934**, 450.

[113] B. **46**, 2014 (1913); **47**, 692 (1914); **50**, 779, 787 (1917).

Phenylesters der β-Ketocarbonsäure und anschließender Cyclisierung über das aktivierte Enol

erscheint deswegen unwahrscheinlich, weil unter dem Einfluß von Aluminiumchlorid aus β-Ketocarbonsäureestern und Phenolen stets Cumarine entstehen.

Die hohe Bedeutung der Chromone als Stammsubstanzen großer Gruppen von Pflanzenfarbstoffen (Oxy-flavone, Gerbstoffe) läßt es verständlich erscheinen, daß die SIMONISsche Pentoxyd-Methode als relativ einfachem Zugang zur Chromon-Gruppe von verschiedenen Arbeitskreisen (A. ROBERTSON, D. CHAKRAVARTI) eingehend bearbeitet und in ihrem Geltungsbereich abgegrenzt wurde. Das Ergebnis dieser Untersuchungen läßt sich dahingehend zusammenfassen, daß nahezu alle jene Phenole, die unter dem Einfluß von Schwefelsäure nur schlecht Cumarine geben, unter der Einwirkung von Phosphorpentoxyd zumeist glatt in die entsprechenden Chromone übergehen, während Phenole, die mit Schwefelsäure leicht Cumarine bilden, auch unter dem Einfluß von Pentoxyd zumeist ebenfalls recht glatt Cumarinderivate liefern[114]. Dabei hat man feststellen können, daß Substitution des Phenols durch Halogene, die Nitro- oder Carboxyl-Gruppe die Chromon-Bildung erleichtert[115]; ebenso geben α-substituierte β-Ketocarbonsäureester zumeist unter dem Einfluß von Pentoxyd leichter Chromone als mit Schwefelsäure die entsprechenden Cumarine[116]. Die Lenkung der Reaktion hängt also von der Natur *beider* Komponenten, des Phenols *und* des β-Ketocarbonsäureesters, ab, so daß nicht ohne weiteres vorherzusagen ist, ob ein bestimmtes Verbindungspaar die Simonis-Reaktion eingeht[117].

Das größte Verdienst um den Ausbau der Chromon-Gruppe, insbesondere der als *Flavone* bezeichneten α-Phenyl-chromone, kommt ohne Zweifel ST. v. KOSTANECKI zu, der, etwa seit 1893, im Verein mit

[114] CHAKRAVARTI, D.: J. Indian chem Soc 8, 407, 639 (1931); 12, 536 (1935) — JOHN, W., PH GÜNTHER u. M. SCHMEIL: B. 71, 2637 (1938)

[115] CHAKRAVARTI, D.: J. Indian chem. Soc. 9, 25, 31 (1932). — CHAKRAVARTI, D., u. B. GHOSH: J. Indian chem. Soc. 12, 622 (1935). — CHAKRAVARTI, D., u. B. CH. BANERJEE: J. Indian chem. Soc. 13, 619 (1936); Sci. a. Cult. 1, 783 (1936). — CHAKRAVARTI, D., u. P. N. BAGELU: J. Indian chem. Soc. 13, 649 (1936). — ADAMS, R., u. J. W. MECOMEY: J. Amer. chem. Soc. 66, 802 (1944).

[116] ROBERTSON, A., W. F. SANDROCK u. C. B. HENDRY: J. chem. Soc. London 1931, 2426. — ROBERTSON, A.: Nature (London) 128, 908 (1931). — ROBERTSON, A., u. W. F. SANDROCK: J. chem. Soc. London 1932. 1180. — ROBERTSON, A., u. R. B. WATERS, E. TH. JONES: J. chem. Soc. London 1932, 1681. — ROBERTSON, A., u. D. G. FLYNN: J. chem. Soc. London 1936, 215. — ROBERTSON, A., u. J. GRODALL: J. chem. Soc. London 1936, 426.

[117] CHAKRAVARTI, D.: J. Indian chem. Soc. 9, 389 (1932).

seinen Schülern durch meisterhafte Experimentaluntersuchungen das
Gebiet erschlossen und die Chromone durch eine Reihe eleganter Synthesen zugänglich gemacht hat.

Bei der Besprechung der Variationsmöglichkeiten der Claisen-Kondensation wurde bereits die Überführung des Aceton-dioxalesters durch
H^+-Ion-katalyse in γ-Pyron-α,α'-dicarbonsäureester (Chelidonsäureester) behandelt[118]. Auf analoge Weise gelang es nun St. v. Kostanecki,
ausgehend von den Kondensationsprodukten von Carbonsäureestern mit
o-Oxy-acetophenonderivaten zu α,β-Benzo-γ-pyronen, den *Chromonen*,
zu gelangen[119]: kondensiert man z. B. Oxalester mit o-Oxyacetophenon, so gelangt man zum o-Oxy-benzoylbrenztraubensäureester:

$$\text{[o-Oxyacetophenon]} + C_2H_5O\text{—}CO\text{—}COOC_2H_5 \longrightarrow$$

$$\text{[o-Oxy-benzoylbrenztraubensäureester]} + C_2H_5\text{—}OH$$

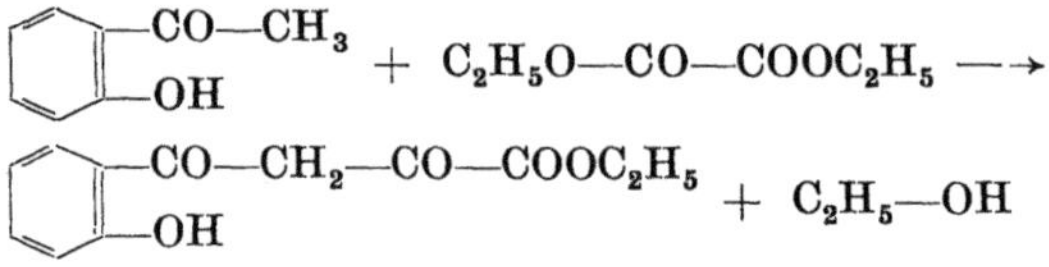

Behandelt man nunmehr diese β-Dicarbonylverbindung mit alkoholischer Salzsäure, so tritt in einer der Cyclisierung des Aceton-dioxalesters analogen Weise Ringschluß ein zum Chromon-α-carbonsäureester:

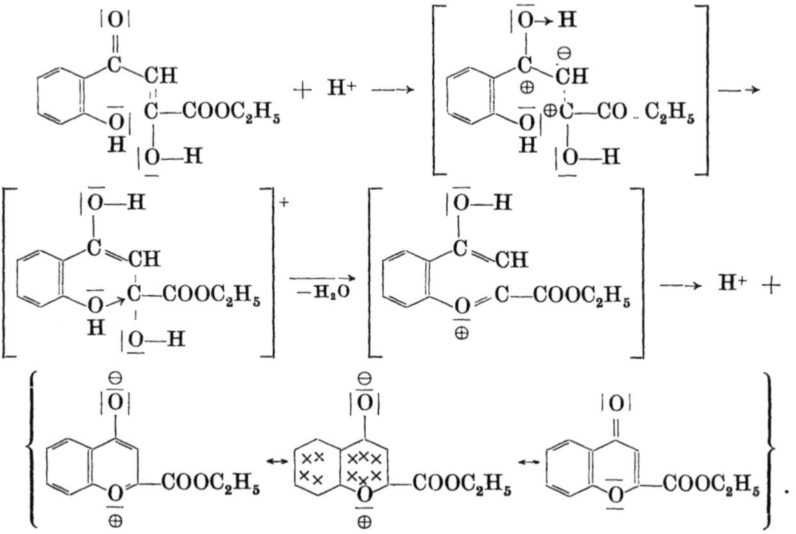

Die Chromonbildung ist nun nicht auf o-Oxy-benzoyl-brenztrau-
bensäureester beschränkt; nach v. Kostanecki[120] gehen auch β-Di-
ketone der allgemeinen Formel

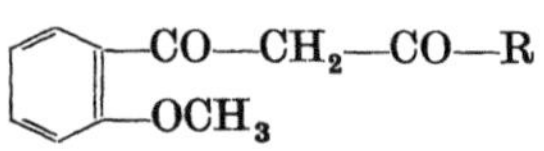

$$\text{[o-CH}_3\text{O-Aryl]}\text{—}CO\text{—}CH_2\text{—}CO\text{—}R$$

---

[118] Vgl. Kap. VI, 2, S. 159.

[119] v. Kostanecki, St., u. Mitarb.: B. **33**, 471 (1900); **34**, 2475 (1901); **35**,
859, 861, 2475, 2547, 2888 (1902).

[120] B. **33**, 471 (1900).

beim Behandeln mit konzentrierter Jodwasserstoffsäure in Derivate des Chromons über. Hierbei findet zunächst Verseifung der Methoxygruppe und danach Ringschluß statt:

Diese Reaktion gelingt auch dann, wenn R = H ist, d. h. wenn man von Derivaten des Formyl-o-oxyacetophenons[121] ausgeht. Wie G. WITTIG[122] fand, ist es bei diesen Reaktionen, ähnlich wie bei der Umsetzung des o-Oxyacetophenons mit Oxalester, nicht notwendig, bei Durchführung der Esterkondensation von den Äthern des o-Oxyacetophenons auszugehen: durch Kondensation des freien o-Oxy-p-chloracetophenons mit Essigester unter der Einwirkung metallischen Natriums erhält man direkt das o-Oxy-p-chlorbenzoylaceton, das unter dem Einfluß von Mineralsäure dann leicht das 5-Methyl-6-chlorchromon gibt.

Behandelt man o-Oxyacetophenon und seine Substitutionsprodukte mit Säureanhydriden bei Gegenwart des Natriumsalzes der entsprechenden Säure, so erhält man ebenfalls Derivate des Chromons. So geht das Resacetophenon bei der Behandlung mit Essigsäureanhydrid in Gegenwart von Natriumacetat in das 2-Methyl-3-aceto-7-acetoxychromon über[123], das bereits bei der Einwirkung verdünnter Sodalösung 2-Methyl-7-oxychromon liefert:

Den Schlüssel zur Deutung dieser wichtigen synthetischen Reaktion bildet die Entdeckung W. BAKERs, der fand, daß sich z. B. o,p-Dibenzoyloxy-acetophenon schon beim Erhitzen in benzolischer Lösung in

---

[121] S. a. CH. MENTZER u. P. MEUNIER: Bull. Soc. chim. France [5] 10, 405 (1943).

[122] B. 57, 88 (1924).

[123] NAGAI: B. 25, 1284 (1892). — TAHARA: B. 25, 1292 (1892). — v. KOSTANECKI, ST., u. Mitarb.: B. 34, 102, 2942 (1901). — ANSCHÜTZ, L.: A. 367 194 (1909). — WITTIG, G.: A. 446, 155 (1926).

Gegenwart von Kaliumcarbonat in das 2-Oxy-4-benzoyloxydibenzoyl-methan[124] umlagert:

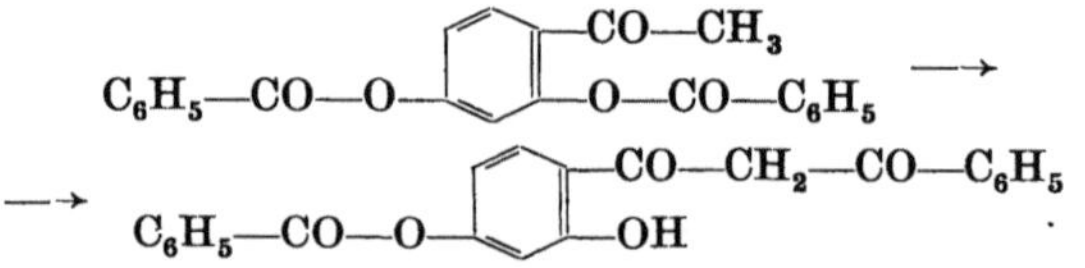

$$C_6H_5{-}CO{-}O{-}\underset{\quad}{\fbox{}}{<}^{CO{-}CH_3}_{O{-}CO{-}C_6H_5} \longrightarrow$$

$$\longrightarrow C_6H_5{-}CO{-}O{-}\underset{\quad}{\fbox{}}{<}^{CO{-}CH_2{-}CO{-}C_6H_5}_{OH}$$

Behandelt man daher o-Oxyacetophenon mit Acetanhydrid bei Gegenwart von Natriumacetat, so geht das zunächst entstehende o-Acetoxyacetophenon unter dem Einfluß des Natriumacetats als Protonacceptor unter innerer Esterkondensation in o-Oxybenzoylaceton über:

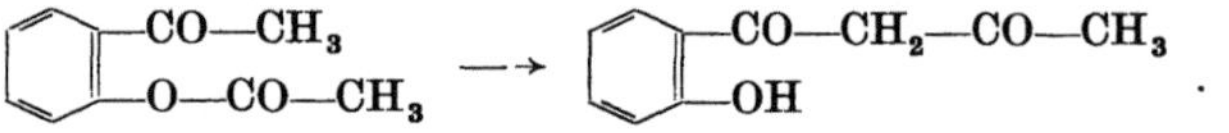

$$\underset{\quad}{\fbox{}}{<}^{CO{-}CH_3}_{O{-}CO{-}CH_3} \longrightarrow \underset{\quad}{\fbox{}}{<}^{CO{-}CH_2{-}CO{-}CH_3}_{OH}$$

Die gleiche Reaktion findet dann abermals statt, indem das zunächst gebildete o-Acetoxy-benzoylaceton sich durch innermolekulare Acetylierung zum α-o-Oxybenzoyl-acetylaceton umlagert, das nunmehr zum Chromon cyclisiert:

$$\underset{\quad}{\fbox{}}{<}^{CO{-}CH_2{-}CO{-}CH_3}_{O{-}CO{-}CH_3} \longrightarrow \longrightarrow$$

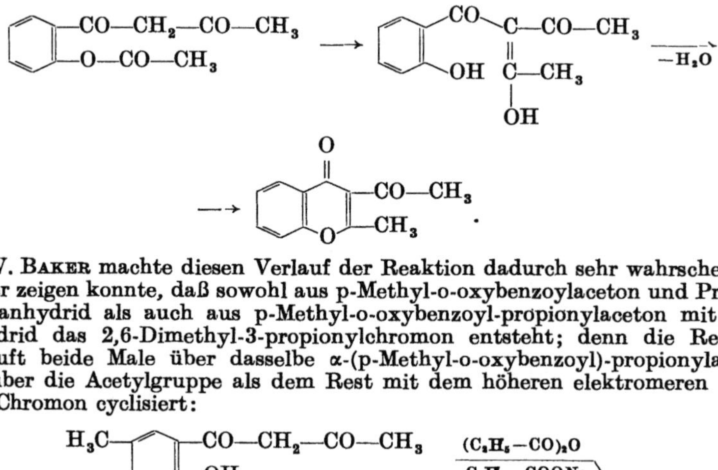

W. Baker machte diesen Verlauf der Reaktion dadurch sehr wahrscheinlich, daß er zeigen konnte, daß sowohl aus p-Methyl-o-oxybenzoylaceton und Propionsäureanhydrid als auch aus p-Methyl-o-oxybenzoyl-propionylaceton mit Acetanhydrid das 2,6-Dimethyl-3-propionylchromon entsteht; denn die Reaktion verläuft beide Male über dasselbe α-(p-Methyl-o-oxybenzoyl)-propionylaceton, das über die Acetylgruppe als dem Rest mit dem höheren elektromeren Effekt zum Chromon cyclisiert:

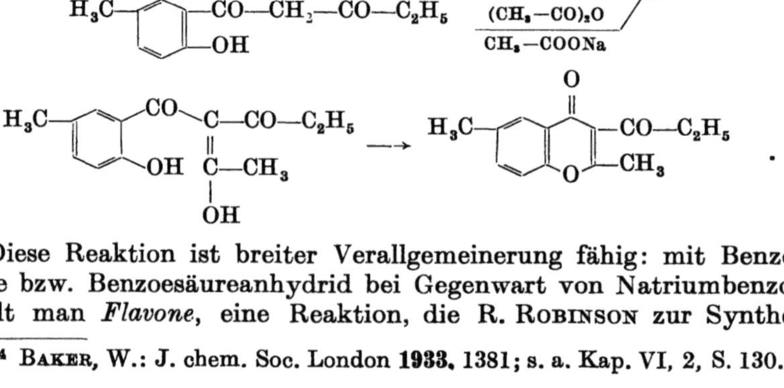

Diese Reaktion ist breiter Verallgemeinerung fähig: mit Benzoesäure bzw. Benzoesäureanhydrid bei Gegenwart von Natriumbenzoat erhält man *Flavone*, eine Reaktion, die R. Robinson zur Synthese

---

[124] Baker, W.: J. chem. Soc. London **1933**, 1381; s. a. Kap. VI, 2, S. 130.

einer ganzen Reihe natürlich vorkommender Pflanzenfarbstoffe auswertete[125]. Dabei wurden auch Derivate des 3-Oxychromons dadurch erhalten, daß man von Oxy- bzw. Alkoxyderivaten des o-Oxy-ω-methoxyacetophenons ausging. Auch aus o-Oxy-ω-chloracetophenonen erhält man bei der Behandlung mit Acetanhydrid-Natriumacetat Derivate der wichtigen 3-Oxychromone[126]:

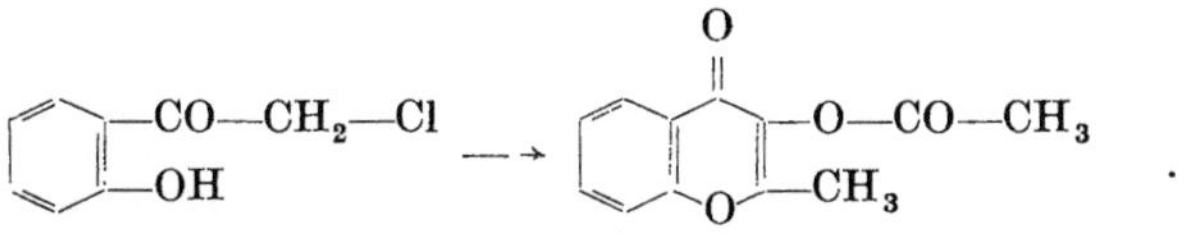

$$\text{[C}_6\text{H}_4(\text{CO}-\text{CH}_2-\text{Cl})(\text{OH})] \longrightarrow \text{Chromon-Derivat } (=\!\!O),\ -O-CO-CH_3,\ -CH_3$$

Bei diesen, von ω-Substitutionsprodukten des o-Oxyacetophenons ausgehenden Synthesen findet der Ringschluß zum Chromon bereits nach einmaliger innerer Acylierung statt, da eine abermalige C-Acetylierung bei den als Zwischenprodukt entstehenden α-substituierten β-Diketonen nicht mehr möglich ist:

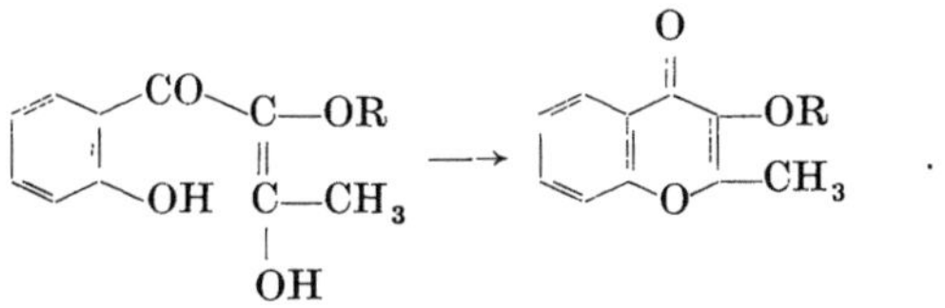

$$\text{[C}_6\text{H}_4(\text{CO}-\text{C}(\text{OR})\!=\!\text{C}(\text{CH}_3)(\text{OH}))(\text{OH})] \longrightarrow \text{Chromon-Derivat } (=\!\!O),\ -OR,\ -CH_3$$

Als Nebenprodukte findet man bei diesen Synthesen nach G. WITTIG[127] zuweilen die entsprechenden Cumarine, die wahrscheinlich über intermediär, wenn auch nur in geringer Menge, durch normale Perkin-Reaktion gebildete Cumarinsäuren entstanden sind[128].

---

[125] ROBINSON, R., u. Mitarb.: J. chem. Soc. London **125**, 2192 (1924); **127,** 181 (Galangin, Myricetin), 1968 (Datiscetin), 1973, 1981 (1925); **1926,** 2334 (Fisetin, Quercetin), 2336 (Galangin, Kämpferid, Isorhamnetin), 2344 (Chrysin, Acacetin). — MAHAL, H. S., u. K. VENKATARAMAN: Current Sci. **2**, 214 (1933); C. **1934** II, 1461. — RAO, K. V., u. T. R. SESHADRI: J. chem. Soc. London **1947,** 122.

[126] WITTIG, G.: A. **446**, 155 (1926).

[127] l. c.

[128] Siehe hierzu auch J. M. HEILBRON u. Mitarb.: J. chem. Soc. London **1933,** 1263; **1934,** 1311, 1581.

Sachverzeichnis.

If you have any concerns about our products,
you can contact us on
ProductSafety@springernature.com

In case Publisher is established outside the EU,
the EU authorized representative is:
**Springer Nature Customer Service Center GmbH
Europaplatz 3, 69115 Heidelberg, Germany**

Printed by Libri Plureos GmbH
in Hamburg, Germany